51CTO学堂丛书

U0650068

vmware

虚拟化与云计算
应用案例详解

王春海◎著

第3版

中国铁道出版社有限公司
CHINA RAILWAY PUBLISHING HOUSE CO., LTD.

内 容 简 介

虚拟化技术是对资源进行有效管理的主要方式，更是云计算的基础。本书定位于 vSphere 7.0 和 Horizon 8.1（Horizon 2012），先用 10 个 VMware 虚拟化应用案例描绘出实践应用框架，然后梳理了在生产环境中服务器虚拟化与桌面虚拟化产品选型、规划设计、项目实施；重点阐述了从物理环境到虚拟化环境的迁移以及两种环境的备份与恢复。另外，基于 Veeam Backup& Replication 11.0 的数据容灾解决方案，书中介绍了如何使用 Veeam 实现物理机与虚拟机的备份与恢复，以及将物理机备份转换成虚拟机的具体实践操作。

本书内容紧扣完整虚拟化项目所需知识和操作实践，步骤翔实，讲解细致，适合虚拟化数据中心管理员、系统集成工程师以及虚拟化技术爱好者学习使用；除此之外，本书也可作为相关虚拟化技术培训机构的课堂参考用书。

图书在版编目(CIP)数据

VMware 虚拟化与云计算应用案例详解/王春海著. —3 版. —北京：中国铁道出版社有限公司, 2021.8
ISBN 978-7-113-28158-8

I.①V… Ⅱ.①王… Ⅲ.①虚拟处理机②云计算 Ⅳ.①TP317 ②TP393.027

中国版本图书馆 CIP 数据核字(2021)第 138493 号

书 名：VMware 虚拟化与云计算应用案例详解
VMware XUNIHUA YU YUNJISUAN YINGYONG ANLI XIANGJIE
作 者：王春海

责任编辑：荆 波	编辑部电话：(010) 51873026	邮箱：the-tradeoff@qq.com
封面设计：MXK DESIGN STUDIO		
责任校对：孙 玫		
责任印制：赵星辰		

出版发行：中国铁道出版社有限公司（100054，北京市西城区右安门西街 8 号）
印　　刷：国铁印务有限公司
版　　次：2013 年 10 月第 1 版　2016 年 6 月第 2 版　2021 年 8 月第 3 版　2021 年 8 月第 1 次印刷
开　　本：787mm×1092mm 1/16　印张：31　字数：720 千
书　　号：ISBN 978-7-113-28158-8
定　　价：99.00 元

前 言

《VMware 虚拟化与云计算应用案例详解》首版在 2013 年 11 月出版，介绍了 VMware Workstation 9、vSphere 5.0、Horizon View 5.0 的内容。《VMware 虚拟化与云计算应用案例详解（第 2 版）》在 2016 年 6 月出版，介绍了 vSphere 6.0、Horizon View 6.2 的内容。本书是《VMware 虚拟化与云计算应用案例详解（第 3 版）》，介绍 vSphere 7.0、Horizon 8.1（Horizon 2012）和 Veeam Backup & Replication 11.0 的内容。

一个完整的虚拟化项目应该包括产品选型、安装配置、产品运维（备份恢复和故障解决）、迁移升级四个阶段，我们来了解一下各阶段主要内容。

（1）产品选型阶段

在这个阶段，根据用户的需求、现状、预算、场地等情况，为用户选择合适的软、硬件产品。软件包括虚拟化软件、备份与运维管理软件；硬件包括服务器（品牌、CPU、内存、硬盘、网卡等）和网络设备（交换机、路由器、网络安全设备、存储等）。这一阶段通常持续数周或数月时间。

（2）安装配置阶段

当软、硬件产品到位后，根据企业的现状进行物理与逻辑的规划。所谓物理的规划包括网络机柜以及服务器与网络设备的排列与摆放、服务器各端口（电接口网卡与光纤接口网卡）与网络设备连接关系，以及交换机、路由器、防火墙等网络设备各端口的划分，这些都要规划到位。逻辑的规划是网络与 IP 地址的规划，包括为 ESXi 与 vCenter Server 管理分配单独的 IP 地址段，为 vSAN 管理流量、vCenter Server HA 流量、VMotion、FT 流量规划单独的 VLAN 等。在规划后安装 ESXi、vCenter Server、vSAN 等，之后还要进行虚拟化环境配置，包括虚拟交换机配置、端口组、准备模板、在虚拟机中安装操作系统等。这一阶段一般在 2~5 个工作日内完成。

（3）运行维护阶段

运行维护阶段又分以下 4 个阶段：

初期：在虚拟化环境安装配置完成后的初期，需要将当前环境中（要迁移的）物理机迁移到虚拟机中运行，不适合迁移或不需要迁移的应用，按照 1∶1 的比例创建对应的虚拟机。通常情况下，在实施物理机到虚拟机迁移时，在 1Gbit/s 的网络环境中，每小时可以迁移 100GB 的数据；

备份：等所有系统都迁移到虚拟化环境后，需要对重要的虚拟机进行备份。可根据不同的需求创建不同的备份策略。在运维开始后，对于备份任务，应该每个月进行一次恢复操作，验证备份是否可用；

运维检查：项目交接后，管理员应该定期对整体环境进行检查，包括每天登录运维平台检查状况，每周至少一次去服务器前查看硬件设备是否有报警等。可通过安装运维软件提高运维管理水平；

补丁安装：vSphere 定期发布补丁，管理员可以登录 https://my.vmware.com 网站检查并下载补丁程序，并视补丁情况决定是否进行安装。对于纯内网的 vSphere 环境可以不安装，只有在有重大的安全补丁或者需要新的功能时才需要安装。

（4）迁移升级阶段

一个虚拟化环境在设计时，一般能满足当前企业 3~5 年的需求，产品的设计寿命一般不超过 5 年，第 6 年开始就需要进行迁移升级，此时需要采购新的服务器，将现有的虚拟化环境及虚拟机迁移到新的服务器及新的网络环境中，旧的服务器及对应的网络设备下架。

综上所述，组建与维护 vSphere 数据中心是一个综合与系统的工程，要对服务器的配置、服务器数量、存储的性能与容量以及接口、网络交换机等方面进行合理的规划与选择。

vSphere 数据中心构成的三要素是服务器、存储和网络。其中，服务器与网络变化不大，主要是存储的选择。在 vSphere 6.0 及其之前，传统的 vSphere 数据中心普遍采用共享存储，一般优先选择 FC 接口，其次是 SAS 及基于网络的 iSCSI。在 vSphere 6.0 推出后，还可以使用普通的 X86 服务器、基于服务器的本地硬盘以及通过网络组成的 vSAN 存储。

简单来说，一名虚拟化系统工程师，除了要了解硬件产品的参数、报价外，还要根据用户的需求，为用户进行合理的选型，并且在硬件到位后，进行项目的实施（安装、配置等）；在项目完成后，要将项目移交给用户，并对用户进行简单的培训。

在整个项目的生命周期内，能让项目稳定、安全、可靠的运行，并且在运行过程中，对系统故障能进行分析、判断、定位与解决。

如何学习本书

学习本书需要有一定的实验条件，例如至少需要有一台主机用于安装 ESXi，有一台笔记本电脑或台式机用来管理 vSphere。

学习本书还需要有一定的计算机和网络基础，例如安装操作系统，能安装使用常用的工具软件，还需要有一定的网络基础，需要了解 IP 地址、子网掩码、路由和交换等基础的网络知识。

本书每一章都包含一个或多个实验环境，每个实验环境都有网络拓扑图，实验中用到的物理机或虚拟机、物理交换机或虚拟交换机、物理路由器或虚拟网络设备都规划了 IP 地址、子网掩码、网关和 DNS，读者在学习这些内容时，最好将对应章节的拓扑图打印或画出来，然后根据自己的实验环境做一个对比表格，在对比表格中分别记录书中示例的 IP 和自己实验环境中规划的 IP，子网掩码、网关和 DNS 等参数也要对照列出，对照书中的内容进行实验。先按照书中的内容操作一遍，在实验成功后，再根据自己的实际情况做出改动。

尽管写作本书时，笔者已经精心为每章设置了应用场景和实验案例，并且已经考虑到一些相关企业的共性问题。但是，世界上没有两片完全相同的树叶，每家企业都有自己的特点和特定的需求。所以，书中设计的案例可能并不完全适合你的企业，在实际应用时应根据实际情况进行变更。

笔者写书时，都会尽自己最大的努力来完成，但有些技术问题，尤其是比较难的问题落实到书面上时，可能不好理解。读者在阅读时，看一遍可能会看不懂，这就需要多思考多实践。技术类图书尤其是专业技术类图书的学习相对来说都是比较枯燥的。但是，"世上无难事，只要肯登攀"，通过我们不懈的学习和努力，肯定可以达成我们的学习目标！

作者介绍

笔者 1995 年开始从事网络与系统集成方面的工作。近年来一直从事政府与企事业单位虚拟化数据中心的规划设计与实施，相关经验比较丰富，在多年的工作中解决过许多疑难问题，受到用户的好评。

2000 年开始学习使用 VMware 公司的虚拟化产品，例如从最初的 VMware Workstation 1.0 到现在的 VMware Workstation 16.0，从 VMware GSX Server 1.0 到 VMware GSX Server 3.0 和 VMware Server，从 VMware ESX Server 1.0 再到 VMware ESXi 7.0 U2，笔者亲历过每个产品中每个版本的使用。从 2004 年即开始使用并部署 VMware Server（VMware GSX Server）和 VMware ESXi（VMware ESX Server），已经为许多地方政府和企业成功部署并应用至今。最近一两年，笔者已经为多家企事业单位实施了从 vSphere 6.0 到 vSphere 6.5 或 vSphere 6.7 以及到 vSphere 7.0 的升级或全新安装工作，笔者早期实施的虚拟化项目已经正常运行多年并且在需要的时候顺利升级到了更新的版本。

早在 2003 年，笔者即编写并出版了虚拟机方面的图书专著《虚拟机配置与应用完全手册》，近几年出版的图书有《VMware Horizon 虚拟桌面应用指南》《VMware 虚拟化与云计算：vSphere 运维卷》《VMware 虚拟化与云计算：故障排除卷》，分别介绍 Horizon 虚拟桌面应用和 vSphere 产品运维使用中常见故障与解决方法，有需要的读者可以参考选用。

整体下载包

为了方便读者学习和提升本书的性价比，笔者以本书为基础录制了相关的视频，连同部分内容以电子档的形式放到整体下载包里，读者可通过封底二维码和下载链接获取。其中：

- 视频包含书中第 6、8、9、11 章内容的翔实操作步骤；
- 电子档包含升级 vSphere 与 Horizon 服务器、配置 KMS 服务器等两部分内容。

整体下载包备份网盘链接如下：

链接：https://pan.baidu.com/s/1q4lPzgMvPdTH5SzNZsesXA

提取码：n56m

提问与反馈

由于笔者水平有限，并且本书涉及的系统与知识点很多，尽管力求完善，但书中难免有不妥和错误之处，恳请广大读者和各位专家不吝赐教。

如果读者遇到 VMware 虚拟化方面的问题，百度搜索笔者的名字，再加上问题的关键字，可能会找到笔者写的相关文章。例如，如果读者有 VMware Workstation 虚拟机与 vSphere 虚拟机导入导出方面的问题，可以搜索"王春海 虚拟机交互"；如果碰到 Horizon 虚拟桌面登录后黑屏故障可以搜索"王春海 黑屏"。

最后，谢谢大家，感谢每一位读者！你们的认可，就是我前进的动力！

王春海
2021 年 4 月

目 录

第 1 章 企业虚拟化典型应用案例

第 2 章　虚拟化生命周期与产品选型

第 3 章　搭建 vSphere 虚拟化环境

第 4 章　为生产环境配置业务虚拟机

第 7 章　使用 VBR 备份物理机和配置备份代理

第 8 章　使用 Veeam 实现 CDP 备份与恢复

第 9 章　安装配置 Horizon 虚拟桌面

第 10 章　将虚拟桌面发布到 Internet

第 1 章　企业虚拟化典型应用案例

虚拟化已经是大多数企业的基础架构，企业有众多的服务器运行在虚拟化平台中。使用虚拟化技术，企业申请开通业务计算机的速度由传统的 1～3 天降低到几分钟。在大多数的虚拟化平台中，只要资源足够，为企业创建所需的虚拟机一般不超过 3～5 分钟。使用虚拟化技术，减少运维与维护成本，提高了硬件资源的利用率和整合率，提升了整体业务应用水平，减少故障停机与维护的时间，提升了 IT 业务应用系统的可靠性级别。

对于众多虚拟化技术的初学者，或者想从事虚拟化与系统集成工作的工程师，或者想了解虚拟化技术具体应用的信息中心主管与技术人员，学习参考借鉴其他企业成功案例，是一个不可缺少的步骤。他山之石，可以攻玉。本章将介绍几个企业虚拟化典型应用案例。

对于本章介绍的每个案例，都会介绍虚拟化的规模和案例所用的硬件产品，用在何种场合，用在什么地方，是给谁用的，怎么使用和管理，出了故障怎么修复。这样让读者对虚拟化技术有一个较为全面的了解。当然，本章的每个案例是以概述的方式介绍，关于每个案例对应的技术细节会在后面的章节逐渐展开。

1.1　某单位 48 个 GPU 虚拟桌面案例

某单位需要支持图形图像设计功能的虚拟桌面。用户需要并发 48 个桌面，每个桌面运行 64 位的 Windows 10 操作系统，每台虚拟机需要 6 个 vCPU 和 16GB 内存，需要 50GB 的操作系统空间和 30GB 的用户数据空间。虚拟桌面需要运行 Lumion 6.0、草图大师 2019、3D Max 2018、VRay 3.6 和 AutoCAD 2014 等软件。

1.1.1　单服务器桌面虚拟化规划设计

根据用户的需求和现状，新采购配置 1 台 DELL R940xa 的服务器，这台服务器配置 2 个 Intel Gold 6254 的 CPU，1024GB 内存，1 块 256GB 的 SATA 接口的 SSD 用作 ESXi 6.7 的系统盘，配置 2 块 PCIe 接口的三星 PM1725A 的 3.2TB 的 NVMe SSD，配置 2 个 1Gbit/s 的 RJ-45 接口，配置 2 个 10Gbit/s 的光接口。为了实现 GPU 的虚拟化，配置 2 块 RTX 8000 显卡，该显卡配置了 48GB 显存，4 608 个 NVIDIA CUDA 核心，576 个 TENSOR 核心。每块显卡最多支持 32 台虚拟机。在本案例中，为每台虚拟机配置 2GB 的显存，每块显卡支持 24 台虚拟机。2 块显卡支持 48 台虚拟机。

另外，用户现有 1 台 DELL R720 的服务器。在本案例中，将该服务器扩充到 64GB 内存，配置 8 块 4TB 的硬盘。在这台服务器安装 ESXi 6.7，并在该服务器安装桌面虚拟化所需的支持软件，包括 Active Directory 服务器、VMware Horizon 连接服务器、Horizon Composer 服务器，还配置了 AutoDesk 许可服务器和 NVIDIA 许可服务器。该服务器集成 4 个 1Gbit/s 的 RJ-45 端口，另外配置 1 块 2 个 10Gbit/s 的光接口。vCenter Server 也安装在这台 R720 服务器中。

为了连接这 2 台服务器还配置 1 台华为 S5720S-28X-SI-AC 的交换机，该交换机配置有 24 个 1Gbit/s 的 RJ-45 接口和 4 个 10Gbit/s 的光接口。这 4 个光接口用来连接 R940xa 和 R720 的 2 个 10Gbit/s 的光接口。24 个 RJ-45 接口连接到物理网络。

终端用户安装 Horizon Client 登录到 Horizon 连接服务器，在登录使用 GPU 的虚拟桌面。

当前带 GPU 的桌面虚拟化案例拓扑与网络连接示意如图 1-1-1 所示。

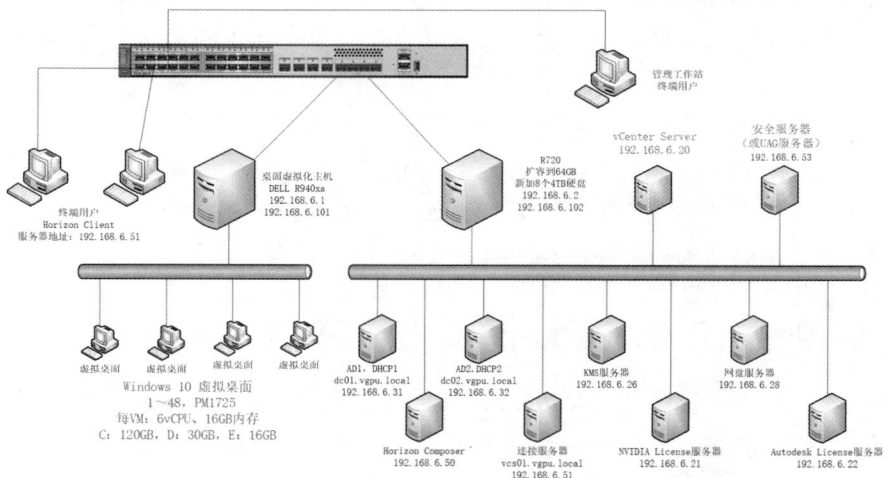

图 1-1-1　48 用户 GPU 桌面虚拟化网络拓扑

VMware Horizon 虚拟桌面底层需要 VMware vSphere（vCenter Server、ESXi），身份认证需要 Active Directory，虚拟桌面账户权限与策略可以使用 Active Directory 组策略配置。虚拟桌面所用的其他应用还需要 DHCP、DNS、KMS，虚拟桌面的管理与配置需要使用 Horizon 连接服务器、安全服务器、Composer。我们来详细了解一下 Horizon 需要用到的服务。

（1）Active Directory 服务器，这是基础架构服务器，用来对虚拟桌面进行授权。虚拟桌面的用户是使用 Active Directory 账户进行访问。推荐配置 2 台物理机或虚拟机安装 Active Directory 服务器。

（2）DHCP 与 DNS 服务器。虚拟桌面虚拟机的 IP 地址等参数需要通过 DHCP 获得和分配。如果虚拟桌面数量较多，可以为虚拟桌面 IP 地址配置多个 C 类地址池。推荐配置 2 台 DHCP 服务器。DHCP 与 DNS 可以与 Active Directory 部署在同一台虚拟机中。

（3）Windows KMS 服务器。虚拟桌面操作系统通常是 Windows 7 或 Windows 10 的操作系统。如果是 Windows 7 操作系统则会选择企业版或专业版；如果是 Windows 10 操作系统则会选择企业版、专业版、专业工作站版、教育版或专业教育版等版本。 虚拟桌面通常还需要安装 Office。Windows 与 Office 需要通过网络中的 KMS 服务器激活。不能使用 MAK 密钥对 Windows 操作系统激活。因为虚拟桌面需要重构，如果使用 MAK 密钥，很容易达到 MAK 密钥所允许的激活上限。一般情况下，网络中配置 1 台 KMS Server 即可。在从桌面池置备新的虚拟桌面时要求 KMS Server 在线，在虚拟桌面生成后，KMS 服务器偶尔出现问题不会影响虚拟桌面的使用。

（4）NVIDIA License 服务器。如果虚拟桌面需要进行图形、图像处理，需要使用支持 GPU 虚拟化的显卡，例如 NVIDIA 系列 GPU 显卡，该显卡需要配置 License Server。如果虚拟桌面数量较小，可以配置 1 台 NVIDIA License 服务器；如果虚拟桌面数据较多，需要配置 2 台 NVIDIA License 服务器用于冗余。

（5）Autodesk 网络激活服务器。如果虚拟桌面需要使用 Autodesk 的系列产品，例如 AutoCAD 等，可以使用 Autodesk 网络激活服务器激活。如果虚拟桌面数量较小，可以配置一台网络激活服务器，如果虚拟桌面数据较多，需要配置 3 台网络激活服务器。

（6）Horizon Connection 服务器（Horizon 连接服务器）。Horizon 连接服务器是 Horizon 虚拟桌面必需的产品，Horizon 用来管理、配置虚拟桌面。当虚拟桌面数量较小时可以配置一台 Horizon 连接服务器；如果虚拟桌面数量较多，需要配置 2 台到多台 Horizon 连接服务器。如果虚拟桌面只用于局域网内部，在用户数量较少时可以只配置 1 台。如果虚拟桌面同时用于局域网内部以及 Internet 用户访问，如果 Internet 对外提供的服务端口是 443 以外的端口，为了使用方便，也需要配置多台 Horizon 连接服务器。当 Horizon 虚拟桌面提供 Internet 用户访问时，需要配置 Horizon 安全服务器或 UAG 服务器提供外网访问。

（7）Horizon 安全服务器或 UAG 服务器。Horizon 安全服务器（或 UAG 服务器）用于将虚拟桌面发布到 Internet。如果企业有多条外线，每一条外线（或每一个不同的公网 IP 地址）需要配置 1 台 Horizon 安全服务器。

（8）Composer 服务器。Horizon Composer 服务器用于创建"克隆链接"的虚拟桌面，克隆链接的虚拟桌面可以共享使用系统磁盘（C 盘）的空间，这可以极大地节省虚拟桌面对存储空间的需求。

（9）App Volumes。App Volumes 可以将应用程序与操作系统分离。在网络中通常配置 1 台 App Volumes 服务器即可。

（10）JMP Server。JMP 是 Just-in-Time Management Platform 的简称，安装 JMP Server 并配置 JMP 设置后，可以使用 VMware Horizon Console 中的 JMP Integrated Workflow 功

能开始定义 JMP 分配。

接下来梳理一下 Horizon 虚拟桌面 IP 地址的规划原则。

（1）虚拟化基础架构服务器 VMware vCenter Server、VMware ESXi，以及 ESXi 主机底层管理 IP 地址（例如 DELL 服务器的 iDRAC、联想 SR 服务器的 iMM、HP 服务器的 iLO），需要规划使用一个 VLAN。

（2）基础应用服务器，Active Directory、Composer、Horizon 连接服务器、Horizon 安全服务器、App Volumes 使用另一个 VLAN。

（3）虚拟桌面：每 150～200 个虚拟桌面使用一个单独的 VLAN。

针对当前需要 48 个 GPU 的虚拟桌面，在项目实施前需要规划服务器的 IP 地址段和虚拟桌面的 IP 地址段，并与现有网络做好互接。在本示例中，VMware ESXi 服务器、vCenter Server、Active Directory 以使用 192.168.6.0/24 为例，Horizon 虚拟桌面使用 192.168.8.0/24 为例。物理服务器与相关虚拟机规划 IP 地址如表 1-1-1 所示。

表 1-1-1　Horizon 虚拟桌面相关服务器配置信息

服务器/虚拟机	IP 地址	备注
ESXi01（DELL R940xa）	192.168.6.1	用于 ESXi 的管理
ESXi02（DELL R720）	192.168.6.2	用于 ESXi 的管理
iDRAC（DELL R940xa）	192.168.6.101	用于 DELL 服务器底层管理
iDRAC（DELL R720）	192.168.6.102	用于 DELL 服务器底层管理
vcsa_192.168.6.20	192.168.6.20	vCenter Server 服务器
WS16EN_LicSer_192.168.6.21	192.168.6.21	NVIDIA License 服务器，为 GPU 虚拟化授权
WS19_AutoCAD_LicSer_6.22	192.168.6.22	Autodesk License 服务器，为 Autodesk 软件提供许可
KMS_192.168.6.26	192.168.6.26	用于 Windows 与 Office 激活
DC01.vgpu.local	192.168.6.31	Active Directory
DC02.vgpu.local	192.168.6.32	Active Directory
Composer_192.168.6.50	192.168.6.50	Composer 服务器
vcs01.vgpu.local_192.168.6.51	192.168.6.51	连接服务器 1
VCS02.vgpu.local（规划预留）	192.168.6.52	连接服务器 2
View_192.168.6.53	192.168.6.53	安全服务器（或 UAG 服务器）

1.1.2　服务器网络连接与交换机配置

在本案例中，其中 R940xa 服务器主机配置 2 个 1Gbit/s 的 RJ-45 端口和 2 个 10Gbit/s 的光接口，其中 2 个光端口连接到华为 S5720S 交换机的前 2 个光接口中。R720 添加 1 块 2 端口 10Gbit/s 的光接口网卡，这 2 个光接口连接到华为 S5720S 交换机的后 2 个光接口中。在本案例中，每台服务器的 2 个 10Gbit/s 的光接口用作主要端口，使用每台服务器的 2 个 1Gbit/s 的接口用作备用接口。这 4 个 RJ-45 接口和 4 个光接口连接到交换机的

端口都需要配置为 Trunk（本示例中为交换机的 G0/0/13～G0/0/24 接口和 XG0/0/1～
XG0/0/4）。DELL 服务器还有一个 iDRAC 的远程管理端口（RJ-45 接口），这 2 台服务器
的 iDRAC 管理接口连接到交换机划分为 Access 的端口（本示例中为 S5720S 的 G0/0/1～
G0/0/12 端口）。服务器与交换机连接示意如图 1-1-2 所示。

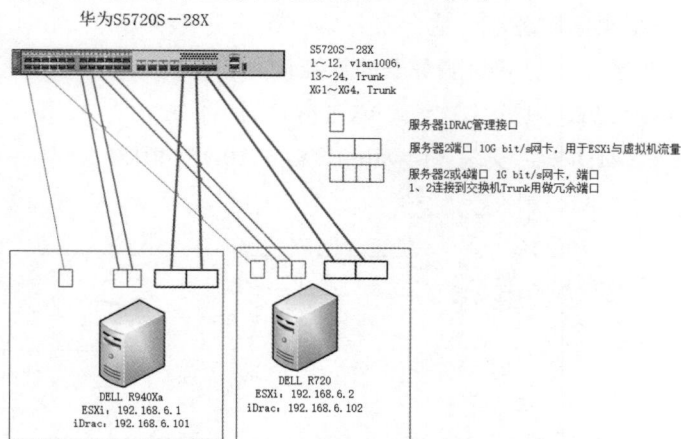

图 1-1-2　服务器网络与交换机连接示意

在当前项目中，华为 S5720S-28X 主要配置如下：

```
vlan 1006
interface vlan 1006
ip addr 192.168.6.254 24
vlan 1008
interface vlan 1008
ip addr 192.168.8.254 24

port-group group-member  GigabitEthernet0/0/1  to GigabitEthernet0/0/12
port link-type access
port default vlan 1006
quit

port-group group-member GigabitEthernet0/0/13  to GigabitEthernet0/0/24
port link-type trunk
port trunk allow-pass vlan 2 to 4094
quit

port-group group-member  XGigabitEthernet 0/0/1 to XGigabitEthernet 0/0/4
port link-type trunk
port trunk allow-pass vlan 2 to 4094
loopback-detect enable
quit

dhcp enable
 interface vlanif 1008`
dhcp select relay
  dhcp select relay
 dhcp relay server-ip 192.168.6.31
 dhcp relay server-ip 192.168.6.32
quit
```

1.1.3 实施完成后截图

在本案例中使用 2 台服务器,其中一台 R720 的服务器用作基础架构服务器(包括 vCenter Server Appliance、Active Directory、Horizon 连接服务器、Composer 服务器等):另一台 R40xa 提供 GPU 虚拟桌面服务器,这台服务器配置 2 块 RTX 8000 GPU 显卡,用于承载虚拟桌面。下面我们看一下这两台服务器的详细信息。

服务器 1:DELL R720,1 个 E5-2650 V2 的 CPU,64GB 内存,2 端口 10 Gbit/s 网卡,8 块 4TB NL-SAS(RAID-5),安装 VMware ESXi 6.7.0-15160138 版本,如图 1-1-3 所示。

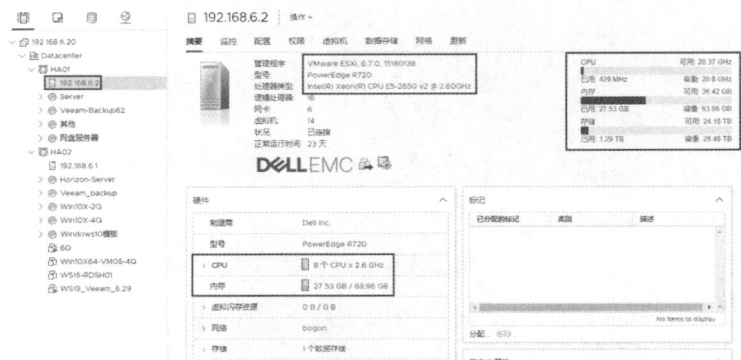

图 1-1-3　管理服务器

该服务器用于管理,在这台主机上配置 vCenter Server、Active Directory、NVIDIA License Server、Horizon View 连接服务器、Horizon Composer 服务器等虚拟机。

服务器 2:DELL R940xa,配置 2 个 Intel Gold 6254 的 CPU 和 1024GB 内存,1 块 240GB SSD 安装 ESXi 6.7.0 15160138,2 块 3.2TB 三星 PM1725 A 的 PCIe SSD(分别放置 24 个配置 RTX8000-2Q vGPU 的 Windows 10 虚拟机)。配置 2 块 RTX 8000 显卡,服务器配置有 2 个 2000W 电源,GPU 显卡安装套件。服务器配置如图 1-1-4 所示。

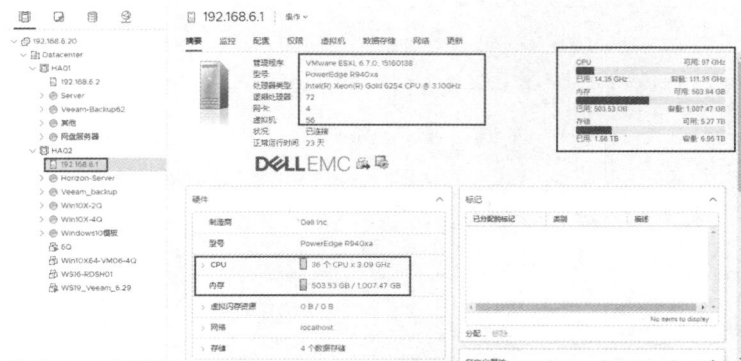

图 1-1-4　虚拟桌面服务器

安装好 vCenter Server 后，创建 1 个数据中心，在数据中心中创建 2 个群集（HA），每个群集添加 1 台主机。其中 HA01 这个群集添加 DELL R720 的服务器，HA02 这个群集添加 DELL R940xa 的服务器，只用来承载虚拟桌面，如图 1-1-5 所示。

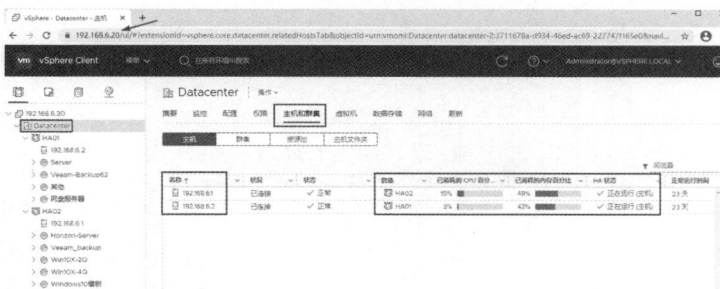

图 1-1-5　配置好的 ESXi 主机

在 vSphere Client 的导航器中单击数据中心（当前示例名称为 Datacenter），在右侧"虚拟机"选项卡中可以看到当前数据中心中所有的虚拟机，如图 1-1-6 所示。当前已经有 70 台虚拟机（包括 48 个虚拟桌面以及提供其他服务的虚拟机）。

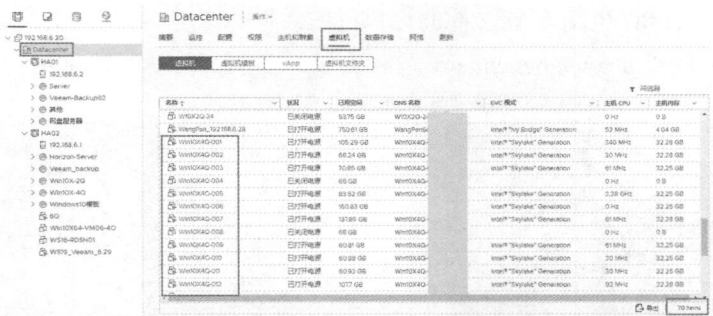

图 1-1-6　虚拟机列表

在本案例中，虚拟桌面保存在 2 块 3.2TB 的 SSD 中，应用虚拟机保存在 R720 的存储中（8 块 4TB 硬盘，划分 RAID 并减去 ESXi 系统分区所占空间后约为 25.46TB），如图 1-1-7 所示。

图 1-1-7　存储空间

在生成 48 个带有 GPU 的虚拟桌面后，在左侧选中 192.168.6.1 的 ESXi 主机，在"配置→硬件→图形→图形设置"中查看显卡分配的虚拟机，如图 1-1-8 所示。

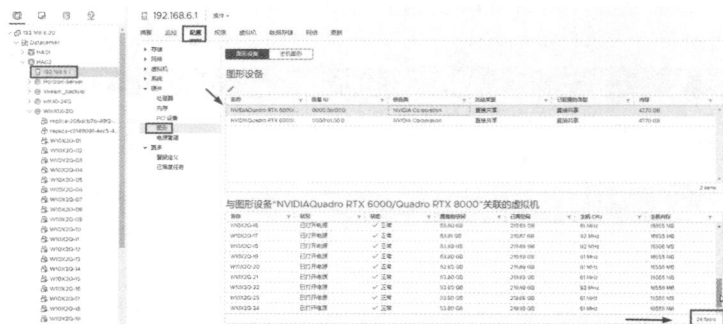

图 1-1-8　查看显卡分配的虚拟机

【说明】当前配置 2 块 RTX 8000 显卡，每块显卡分配 2GB 显存，每块显卡支持 24 个桌面，2 块显卡支持 48 个桌面。

下面是分配 rtx-8000-2q 配置文件的虚拟机的效果，图 1-1-9 所示为登录后锁屏界面，图 1-1-10 所示为使用 heaven benchmark 软件测试的截图，FPS 可以到 62。

图 1-1-9　锁屏界面

图 1-1-10　heaven benchmark 测试

heaven benchmark 4.0 基础测试结果如图 1-1-11 和图 1-1-12 所示。

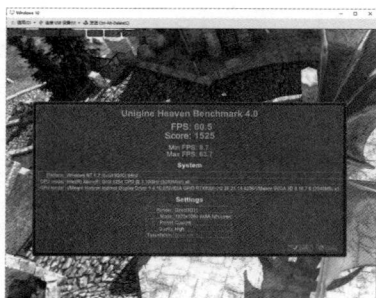

图 1-1-11　基准测试 1

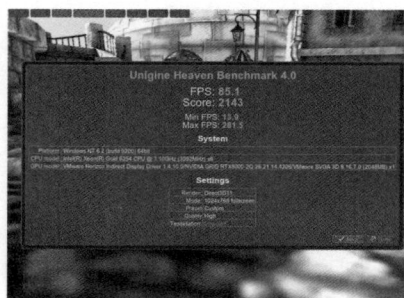

图 1-1-12　基准测试 2

1.1.4　项目硬件配置及项目总结

本项目是在 2019 年底完成硬件的招标采购和实施的工作，截止到本书完稿时已经正常运行 1 年多的时间。项目整体稳定，达到设计目标。本项目用到的产品清单如表 1-1-2 所示。

表 1-1-2　单台服务器 GPU 虚拟化配置清单

序号	项目	内容描述	数量	单位
1	虚拟化主机和显卡-DELL R940xa			
1.1	DELL R940xa	DELL R940XA，2 个 Intel Gold 6254（18C/36T/3.1G），16 条 64GB DDR-4,2666Mhz（1TB 内存），H330,无光驱。2000W*2，导轨，LED 面板，GPU 安装套件，2.5 英寸盘位，2 个 1Gbit/s RJ-45 接口，2 个 10Gbit/s　SFP+接口（带模块）	1	台
1.2	R940 系统硬盘	256GB 2.5 英寸　SSD	1	块
1.3	R940 数据硬盘	三星 PM1725A，PCIe NVM SSD，3.2TB	2	块
1.4	Nvidia 显卡	RTX8000　48G　4608 个个 NVIDIA CUDA 核心 576 个 TENSOR CORE	2	块
2	虚拟化管理主机 R720 配件			
2.1	万兆网卡	Intel X520 2 端口　10G bi/s SFP+网卡，用于 R940	1	块
2.2	数据硬盘	DELL 3.5 英寸　4TB NL-SAS，7200 转/分	8	块
2.3	服务器内存	DELL R720 服务器　内存，DDR3，单条 32GB	2	条
3	网络交换机			
3.1	交换机	华为 S5720S-28X-SI-AC 交换机，24 个 1Gbit/s 的 RJ-45 接口，4 个 10Gbit/s SFP 光口，可网管交换机	1	台
3.2	万兆光纤模块	光模块-SFP+-10G-多模光纤模块(850nm,0.22km,LC,LRM)	8	块
3.3	万兆光纤跳线	万兆多模光纤跳线 SFP+	5	条
4	虚拟化软件系统			
4.1	Nvidia 软件	Quadro vDWS Perpetual License, 1 CCU，永久授权	48	套
4.2	Nvidia 软件	Quadro vDWS Production SUMS 3 year 1CCU，3 年原厂服务（电话、邮件、升级、驱动版本）	48	套

在项目刚开始实施时，NVIDIA GRID 是 10.0 版本，这个版本有一个 bug，当为虚拟机分配 RTX8000-2Q 的配置文件时，每块显卡只能支持 23 个虚拟桌面，在启动第 24 个虚拟桌面时，第 24 个虚拟桌面蓝屏死机。这个问题在 NVIDIA 推出 GRID 11.0 版本时解

决。在本案例中用到的虚拟化软件与版本如表 1-1-3 所示。

表 1-1-3　单台服务器 48 个 GPU 桌面虚拟化软件清单

软件名称	安装文件名	文件大小	说明
vCenter Server	VMware-VCSA-all-6.7.0-15132721.iso	3.95 GB	项目实施时最初安装的 vCenter Server 版本
ESXi 安装程序	VMware-VMvisor-Installer-201912001-15160138.x86_64.iso	335 MB	项目实施时安装的 ESXi 版本
Horizon	VMware Horizon 7.11.0		项目实施时的桌面虚拟化安装的版本
NVIDIA GRID 10.0	NVIDIA-GRID-vSphere-6.7-440.43-441.66.zip	992.65 MB	项目开始安装的 RTX 8000 显卡驱动程序包

后来在使用过程中升级了 vCenter Server Appliance 和 NVIDIA 驱动程序,现在最终版本如表 1-1-4 所示。

表 1-1-4　当前用户桌面虚拟化软件版本

软件名称	安装文件名	文件大小	说明
vCenter Server	VMware-vCenter-Server-Appliance-6.7.0.44200-16616482-patch-FP.iso	1.86 GB	vCenter Server Appliance 6.7 升级包
Horizon	VMware Horizon 7.13.0 安装包		Horizon 虚拟桌面安装与升级包
NVIDIA GRID 12.0	NVIDIA-GRID-vSphere-6.7-460.32.04-460.32.03-461.09.zip	1.05 GB	NVIDIA GRID 12.0 安装与升级包

1.2　单台服务器虚拟化应用案例介绍

如果企业同时运行的虚拟机数量较小,并且在不考虑硬件冗余的前提下,可以配置单台服务器实施虚拟化。单台服务器的硬件选择包括服务器的 CPU、内存、硬盘和网络的选择。

1.2.1　单台服务器虚拟化应用概述

单台服务器提供虚拟化应用只是没有多台服务器的冗余,但服务器本身的配件还需要有一定的冗余。例如,为服务器配置 2 个电源和 2 个 CPU,配置多块硬盘和 RAID 卡为数据保存提供冗余,服务器还可以通过配置多块网卡或多端口网卡实现网络的冗余。单台服务器虚拟化网络拓扑如图 1-2-1 所示。

出于实验测试需求或者可靠性要求不高的场合下,单台服务器虚拟化可以不配置冗余硬件,例如服务器可以配置 1 个电源和 1 颗 CPU,可以配置单条内存和 1 块硬盘。当中小企业原有物理机数量较少,并且允许服务器硬件故障后有停机维修时间时,单台服务器虚拟化比较适合中小企业。下面介绍一个具体的应用案例。

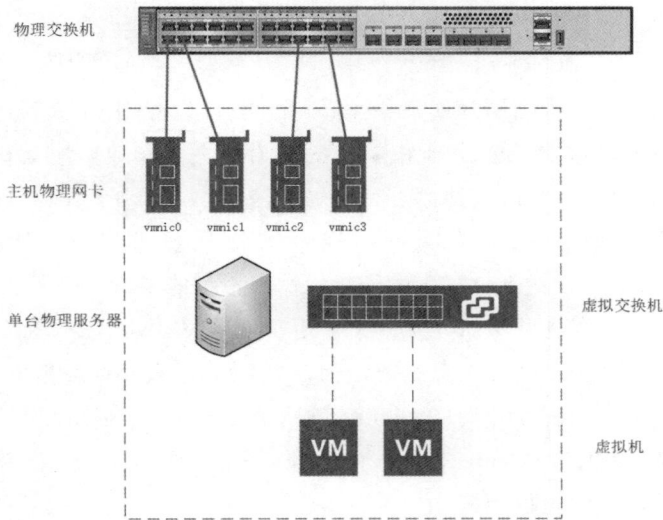

图 1-2-1　单台服务器虚拟化

1.2.2　单台服务器案例概述

　　某单位原有 9 台物理服务器，这些服务器已经使用多年需要更换。现有服务器的用途和 IP 地址等情况整理如表 1-2-1 所示。

表 1-2-1　现有服务器清单

序号	业务系统名称	IP 地址	主机 CPU		内　　存			硬盘
			型号	使用率（%）	配置内存(GB)	已使用(GB)		使用（GB）
1	主域控服务器	172.16.100.254	Xeon E5410	28	2	1.1		52.8
2	辅助域服务器	172.16.100.250	Xeon E5110	46	4	2		63.1
3	迈克菲杀毒服务器	172.16.100.242	Xeon E5410	88	2	1.57		25
4	补丁服务器	172.16.100.220	Xeon E5110	42	5	3.8		81.1
5	办事处远程服务器	172.16.100.249	I5-2300	30	8	3		50
6	项目管理系统	172.16.100.248	I5 4690	15	8	2.5		46
7	辅助 ERP 服务器	172.16.100.247	Core E4650	30	4	1.5		54
8	主 ERP 服务器	172.16.100.251	Xeon 5160	35	4	1.5		102
9	数据库服务器	172.16.100.252	Xeon 5160	30	4	2.3		58
合计						19.27		532

　　对于表 1-2-1 所示的现有物理机，如果使用虚拟化技术，一般按以下原则配置：

　　（1）根据现有业务系统服务器及应用，按 1∶1 的比例配置虚拟机，即原有 1 台物理机则配置 1 台对应的虚拟机；

　　（2）在配置每台虚拟机时，CPU 资源按原主机已使用资源 3～5 倍分配，内存按已使用内存 3～5 倍分配，虚拟机硬盘容量大小按现有使用空间 2～3 倍分配。

1.2.3　单台服务器虚拟化实施步骤与应用效果介绍

对于当前应用案例，根据用户现状和预算，配置了 1 台 DELL R740 的服务器，该服务器配置 1 颗 Intel Gold 5218 的 CPU 和 128GB 内存，系统和数据配置 6 块 1.2TB 硬盘，数据备份配置 1 块 12TB 硬盘。当前选择的服务器配置 12 个 3.5 英寸盘位。配置的 6 块 1.2TB 的硬盘是 2.5 英寸 SAS 接口，采用 3.5 英寸转 2.5 英寸的转换托架。12TB 的硬盘是 3.5 英寸的 NL-SAS 接口，这块 12TB 的硬盘用作虚拟机的备份。6 块 1.2TB 的硬盘使用 RAID-5 划分为 2 个卷，第 1 个卷大小为 10GB 用于安装 VMware ESXi 6.0 的虚拟化系统，剩余的空间划分为第 2 个卷（剩余总空间约为 5.45TB）用来保存虚拟机。

当前选择的服务器配置了 4 端口 1Gbit/s 的网卡，其中 2 个端口配置为 vSwitch0 虚拟交换机，用于 ESXi 主机与 vCenter Server 的管理；另 2 个端口配置为 vSwitch1 虚拟交换机，用于虚拟机的流量。虚拟化拓扑如图 1-2-2 所示。

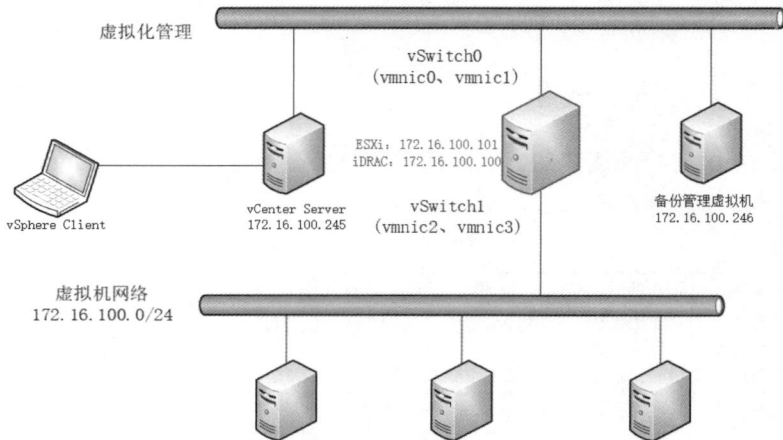

图 1-2-2　单台服务器虚拟化拓扑

虚拟化平台规划 IP 地址与用途如表 1-2-2 所示。

表 1-2-2　虚拟化平台 IP 地址规划

序号	IP 地址	用途
1	172.16.100.100	用于物理服务器安装 ESXi 之后的管理地址
2	172.16.100.101	服务器 iDRAC 的 IP 地址，可以通过浏览器登录管理服务器，查看服务器的硬件信息，也能以远程 KVM 方式管理服务器，例如服务器开机、关机、重启等操作，重启服务器并进入 BIOS 设置，为服务器安装系统等
3	172.16.100.245	vCenter Server 的 IP 地址，用来管理 ESXi 服务器

主要安装配置步骤和过程如下：

（1）服务器到位后，将 6 块 1.2TB 的硬盘安装在服务器前 6 个插槽中，将 12TB 的 3.5 英寸硬盘安装在第 7 个插槽中；

（2）打开服务器的电源并进入 RAID 配置界面，将 6 块 1.2TB 的硬盘采用 RAID-5 配置并划分为 2 个卷。第 1 个卷大小为 10GB，第 2 个卷使用剩余的空间（大小约为 5.45TB），初始化第 1 个卷和第 2 个卷。将 12TB 硬盘配置为 Non-RAID 方式。配置完成后退出 RAID 配置界面，按 Ctrl+Alt+Del 组合键重新启动服务器；

（3）使用 VMware ESXi 6.0 的安装盘启动服务器，将 VMware ESXi 6.0 安装到 10GB 大小的卷中。安装完成后重新启动服务器。再次进入 ESXi 系统后按 F2 键进入 ESXi 控制台配置界面，选择 vmnic0 和 vmnic1 为管理接口，并设置 ESXi 服务器的管理 IP 地址为 172.16.100.101。子网掩码与网关根据实际情况设置；

（4）将服务器的 4 块网卡接入网络。在本示例中，4 块网卡都连接到交换机的 Access 端口，并且划分的地址属于 172.16.100.0/24 的网段；

（5）使用网络中 1 台计算机用作管理工作站，在该计算机安装 vSphere Client 6.0，安装之后运行 vSphere　Client 并连接到 VMware ESXi，然后安装 vCenter Server 6.0。本示例中 vCenter Server 的 IP 地址为 172.16.100.245；

（6）将 6 块 1.2TB 硬盘划分的 RAID-5 的第 2 个卷添加为 VMFS 数据存储，本示例中数据存储名称为 Data。将 12TB 的硬盘添加为 VMFS 数据存储，数据存储名称为 Veeam-backup。删除安装 ESXi 系统存储所在的 VMFS 卷（该卷剩余大小为 5GB 多，这是划分的第 1 个 10GB 的卷），因为该卷剩余空间很小，后期也不会用到。删除此数据存储不影响 ESXi 主机的启动；

（7）使用 vSphere Client 连接到 vCenter Server，在 vCenter Server 中创建数据中心，并添加 IP 地址为 172.16.100.101 的 ESXi；

（8）创建名为 vSwitch1 的虚拟交换机，使用 vmnic2 和 vnic3 的端口，并为 vSwitch1 创建端口组；

（9）使用 VMware Converter 迁移原来物理机到虚拟机。在迁移的过程中，目标虚拟机保存在名为 Data 的数据存储中，不要保存在 12TB 的数据存储中。每迁移完成 1 台虚拟机，把原来的物理机网线拔下或者关闭原来的物理机，进入虚拟机控制台，在虚拟机中设置原来物理服务器对应的 IP 地址、子网掩码、网关与 DNS，用虚拟机代替原来物理机对外提供服务。如果虚拟机对外服务正常，原来的物理机下架。这样一一将所有的物理机迁移到虚拟机；

（10）创建 1 台 Windows Server 2016 或 Windows Server 2019 的虚拟机，安装 Veeam 10.0 的备份软件，将生产虚拟机以复制的方式，复制到名为 Veeam-backup 的数据存储中。

项目实施完成后如图 1-2-3 所示。在图中可以看到已经将原有物理机迁移到虚拟机中，并且当前有 2 个数据存储，名称分别为 Data 和 Veeam-backup。如果由于病毒或误操作或其他故障导致虚拟机出现问题或数据丢失或数据损坏，可以通过备份进行恢复。

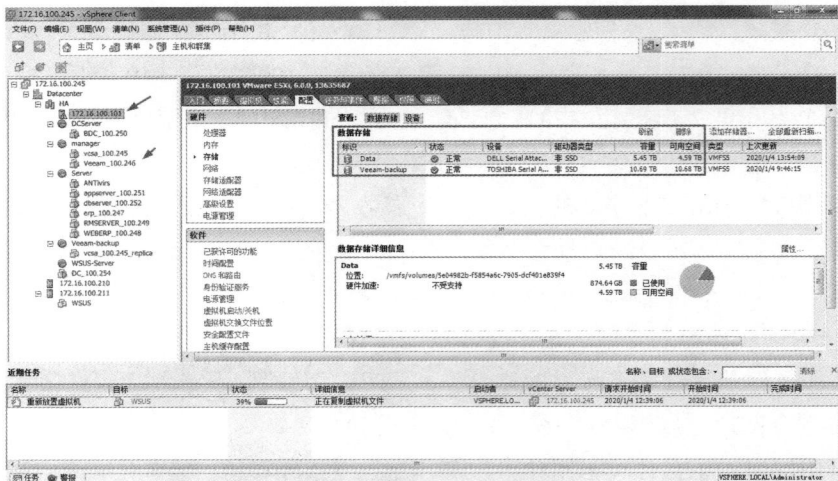

图 1-2-3　项目完成

1.2.4　项目硬件配置及项目总结

本项目是在 2020 年 3 月完成硬件采购和实施工作，截止到本书完稿时已经正常运行了 1 年多的时间。项目整体稳定，达到了设计的目标。本项目用到的产品清单如表 1-2-3 所示。

表 1-2-3　单台服务器虚拟化配置清单

序号	项目	内容描述	数量	单位
1	虚拟化服务器主机 DELL R740	1 个 Intel Gold 5218R（20C/40T/2.1G），H730P RAID 卡，8 个 3.5 英寸盘位，双电源，导轨	1	台
2	服务器内存	DDR-4, Dual Rank, 2666MHz，32GB	8	条
3	数据存储硬盘	2.5 英寸，10K SAS，2.4TB 硬盘	6	块
4	数据备份硬盘	3.5 英寸　12TB NL－SAS 硬盘	1	块

在本案例中用到的虚拟化软件与版本如表 1-2-4 所示。

表 1-2-4　单台服务器虚拟化软件清单

软件名称	安装文件名	文件大小	说明
vCenter Server Appliance 6.0 U3i 安装程序	VMware-VCSA-all-6.0.0-13638623.iso	3.08 GB	项目实施时最初安装的 vCenter Server 版本
VMware ESXi 6.0U3 安装程序	VMware-VMvisor-Installer-6.0.0.update03-5050593.x86_64.iso	360 MB	项目实施时安装的 ESXi 版本。
ESXI 补丁程序	ESXi600-201905001.zip	347 MB	ESXi 6.0 的 2019 年 5 月发布的版本，版本号 13635687
vSphere Client	VMware-viclient-all-6.0.0-5112508.exe	362 MB	vSphere 客户端安装程序

1.3　共享存储虚拟化应用案例介绍

在软件分布式共享存储推出之前，虚拟机系统运行在物理服务器上，而虚拟机数据保存在专业共享存储中。服务器本身不配硬盘（使用共享存储分配的小容量卷）或者配容量较小的硬盘用于安装虚拟化系统。使用共享存储的虚拟化拓扑如图 1-3-1 所示。

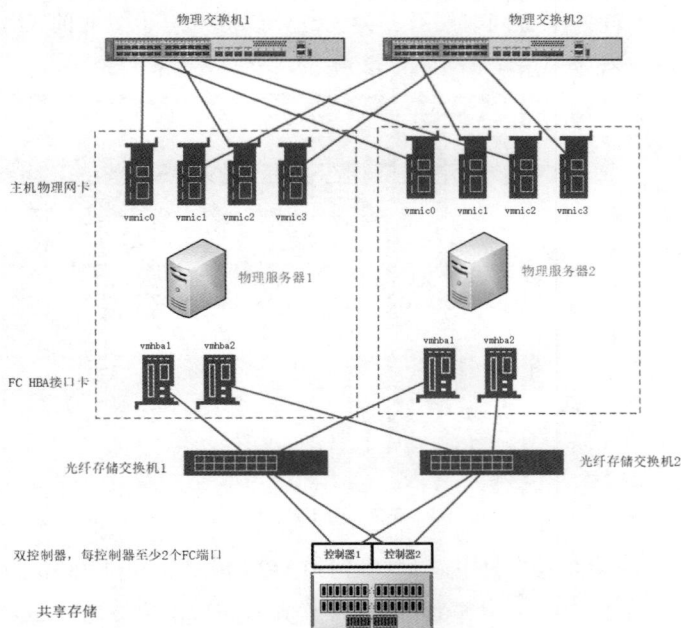

图 1-3-1　使用共享存储的服务器虚拟化

在图 1-3-1 中画出 2 台服务器和 1 台共享存储的连接示意。在使用共享存储的虚拟化架构中可以配置更多数量的物理服务器，其连接方式与图 1-3-1 中的 2 台连接物理服务器的连接相同。每台服务器一般配置至少 4 块网卡和 2 块 FC HBA 接口卡。4 块网卡中每 2 块组成一组，其中一组用于虚拟化主机的管理，另一组用于虚拟机的流量。2 块 FC HBA 接口卡分别连接到 2 台光纤存储交换机。共享存储配置 2 个控制器，每个控制器至少有 2 个 FC HBA 接口，每个控制器的不同接口分别连接到 2 台不同的光纤存储交换机。在此种连接方式下，服务器到存储是冗余连接的。任何一台光纤存储交换机、任何一条链路和任何一台服务器的任何一块 FC HBA 卡故障都不会导致服务器到存储的连接中断。同样，在网络方面，2 台网络交换机采用堆叠方式（或者采用其他冗余方式）连接到核心交换机。任意一台服务器到核心交换机都是 2 条独立的链路连接，任何一处的故障都不会导致管理网络或虚拟机业务网络中断。这样就形成了网络与存储的全冗余连接。

在中小企业虚拟化环境中，使用共享存储的虚拟化架构，一般配置 3～10 台服务器和 1～2 台共享存储。在服务器与存储配置足够的前提下，可以提供 30～150 台的虚拟机，可以满足大多数中小企业的需求。下面介绍一个使用共享存储的虚拟化案例。

1.3.1 使用共享存储虚拟化案例介绍

某企业配置 2 台联想 3650 M5 的服务器（每台服务器配置 1 颗 Intel Xeon E5-2650 V4 的 CPU、512GB 内存、4 端口 1Gbit/s 网卡、2 端口 6Gbit/s SAS HBA 接口卡）和 1 台 IBM V3500 存储（配置了 11 块 900GB 的 2.5 英寸 SAS 磁盘和 13 块 1.2TB 的 2.5 英寸磁盘）组成虚拟化环境，该硬件配置同时运行 30 多台虚拟机，用于企业的 OA、ERP、文件服务器、文档加密服务器等应用，如图 1-3-2 所示。

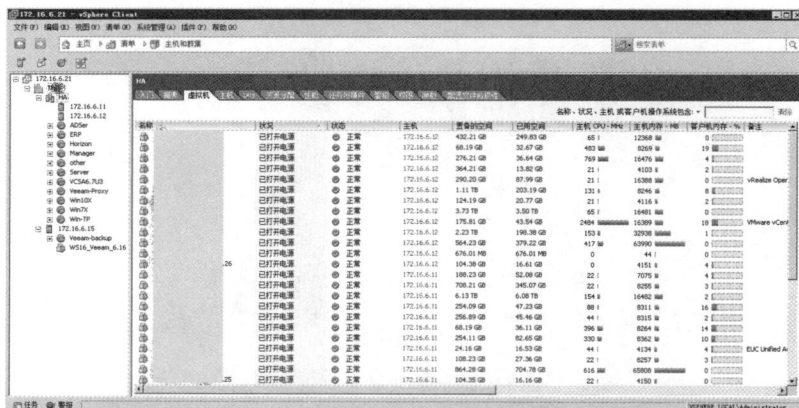

图 1-3-2　虚拟机列表

在图 1-3-2 中，每台虚拟化主机（联想 3650 M5）配置 1 块 240GB 的 SATA 接口的固态硬盘，安装 VMware ESXi 6.0 用作系统。每台服务器配置 1 块 2 端口 6Gbit/s 的 SAS HBA 接口卡，每个端口连接到 IBM V3500 存储的一个控制器上的一个 SAS 接口，形成冗余连接。虚拟机保存在 IBM V3500 提供的存储空间上。

在本项目中还配置 1 台 1U 的机架式服务器（图 1-3-2 中左侧 IP 地址为 172.16.6.15 的主机）用于备份，这台备份主机配置 4 块 12TB 的硬盘，使用 RAID-5 划分为 2 个卷，第 1 个卷为 10GB 安装 ESXi 系统，剩余的空间大约 32.05TB 划分为第 2 个卷用作备份。如图 1-3-3 所示，在存储中名为 Data-esx15 的 VMFS 卷是备份服务器存储空间。这台服务器用作备份，2 台联想 3650 M5 上运行的虚拟机每天备份到这台备份服务器。

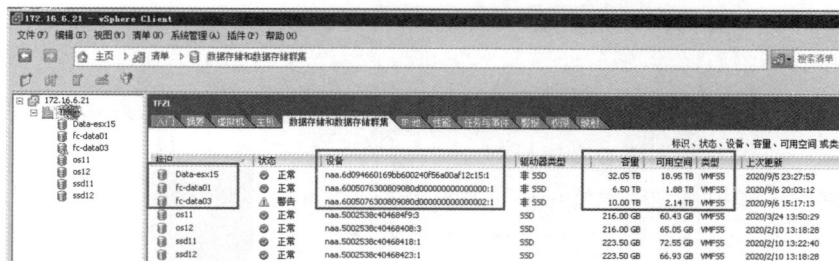

图 1-3-3　查看存储空间

在图 1-3-3 中，名为 fc-data01 的是 IBM
V3500 存储 11 块 900GB 的空间（1 块为全局
热备磁盘，另外 10 块配置 2 组 RAID-5），名
为 fc-data03 的是 IBM V3500 存储 13 块 1.2TB
的空间（1 块为全局热备磁盘，另外 12 块配
置 2 组 RAID-5）。登录 IBM V3500 存储管理
界面可以看到磁盘的配置情况，如图 1-3-4
所示。

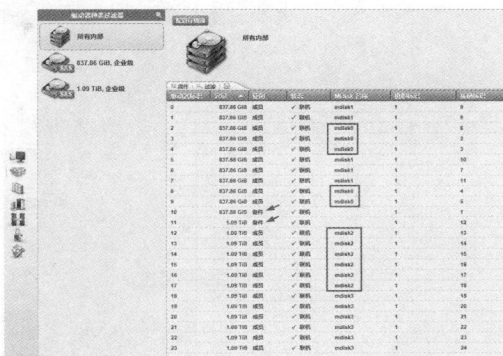

图 1-3-4　查看存储磁盘使用情况

1.3.2　项目硬件配置及项目总结

本项目是在 2017 年 10 月完成硬件采购和实施工作，2017 年项目用到的服务器虚拟
化配置清单如表 1-3-1 所示。

表 1-3-1　服务器虚拟化配置清单

序号	项目	内容描述	数量	单位
1	虚拟化硬件平台（2 台服务器，每台服务器配置如下）			
1.1	虚拟化服务器主机联想 3650 M5	1 个 Intel Xeon E5-2650 V4，8 个 2.5 英寸盘位，双电源，导轨	1	台
1.2	服务器内存	DDR-4, Dual Rank, 2400 MHz，64 GB	8	条
1.3	系统磁盘	2.5 英寸 SATA 接口 2.5 英寸，240GB 固态硬盘	1	块
1.4	SAS 接口卡	2 端口 6Gbit/s，SAS HBA 接口卡	1	块
2	共享存储-提供虚拟机存放位置			
2.1	存储主机	IBM V3500 存储主机，2 个控制器，每个控制器 8GB 缓存，3 个 mini-SAS 接口，24 个 2.5 英寸盘位	1	台
2.2	存储硬盘	IBM 900GB　6Gbit/s SAS 接口 2.5 英寸硬盘，10000r/min	11	块
2.3	SAS 连接线缆	2 米 SAS SFF 8644 转 SFF 8088 线	4	条
3	备份主机			
3.1	DELL R330	1 个 Intel E3-1220 V5 CPU（4 核心，3.0GHz），16GB 内存，4 块 12TB 3.5 英寸 NL-SAS 磁盘。H730 RAID 卡	1	台

在 2018 年 7 月的例行检查中发现部分虚拟机可用空间只剩下 76.4GB，如图 1-3-5 所
示，并且该虚拟机所在的存储空间只有 144.51GB 可用空间，另一存储 LUN 可用空间只
剩下 316.27GB 空间，如图 1-3-6 所示。

如果该虚拟机的使用空间继续增加，未来将会由于空间不足导致虚拟机关机，有磁
盘溢出导致数据丢失的风险。基于此，根据现有存储的配置，提出扩容方案。

（1）当前存储采用 IBM V3500 存储，配置有 11 块 900GB 的硬盘，如图 1-3-7 所示。

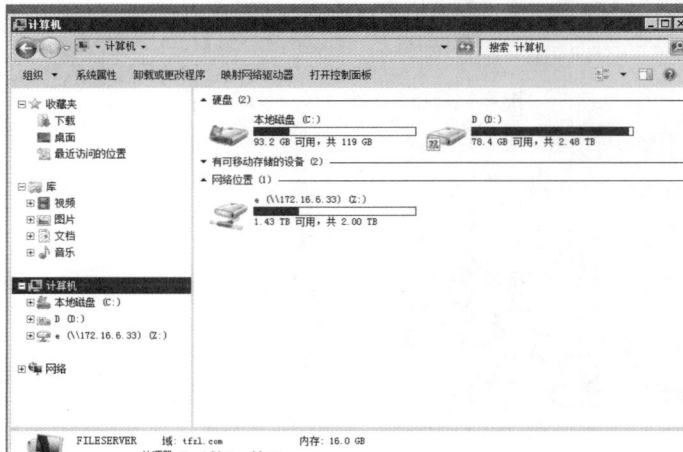

图 1-3-5　部门虚拟机 D 盘使用

图 1-3-6　存储可用空间

图 1-3-7　当前配有 11 块 900GB 硬盘

（2）该存储最大支持 24 个 2.5 英寸盘位。推荐采购 13 块 1.2TB 的硬盘，采用 6+6+1 的方式配置，实际可用容量约 12TB。增加此配置后，可以满足未来 3 年的需求。配置如表 1-3-2 所示。

表 1-3-2　存储扩容清单

序号	配件	数量
存储硬盘	IBM V3500 1.2TB SAS 2.5 英寸 10000 转/分	13 块

在扩容后，将新的 12 块 1.2TB 的空间划分为 1 个 LUN，将原来的虚拟机迁移到新的

LUN 上。将原来的第 2 个 LUN 的 VMFS 存储删除并将第 2 个 LUN 空间扩展到第 1 个 LUN 所组成的 VMFS 中。

从 2017 年实施到现在，除了期间有过一次存储扩容外，系统已经连续运行 3 年多的时间，项目整体稳定，达到设计的目标。

项目最初实施时使用 VMware VDP 备份虚拟机，在 2018 年 8 月更换为 Veeam Backup & Replication 9.5 进行备份。2020 年将 Veeam Backup & Replication 升级到 10.0。在本案例中用到的虚拟化软件与版本如表 1-3-3 所示。

表 1-3-3 共享存储虚拟化与备份软件清单

软件名称	安装文件名	文件大小	说明
vCenter Server Appliance 6.0 U3B 安装程序	VMware-VCSA-all-6.0.0-5326177.iso	3.27 GB	项目实施时最初安装的 vCenter Server 版本
vCenter Server Appliance 6.0 U3i 补丁程序	VMware-vCenter-Server-Appliance-6.0.0.30900-13638471-patch-FP.iso	1806 MB	vCenter Server Appliance 在 2019 年 5 月 14 日发布的补丁程序
VMware ESXi 6.0.U3 安装程序	VMware-VMvisor-Installer-6.0.0.update03-5050593.x86_64.iso	360 MB	项目实施时安装的 ESXi 版本
ESXi 补丁程序	ESXi600-201706001.zip	527.2 MB	ESXi 6.0 的 2017 年 6 月发布的版本，版本号 5572656
vSphere Client	VMware-viclient-all-6.0.0-5112508.exe	362 MB	vSphere 客户端安装程序
VDP 6.1.5	vSphereDataProtection-6.1.5.iso	5.28 GB	项目最初使用 VDP 6.1.5 进行备份
Veeam 9.5 U3	VeeamBackup&Replication_9.5.0.1922.Update3a.iso	2.85 GB	2018 年备份软件更换为 Veeam 9.5
Veeam 10.0.1	VeeamBackup&Replication_10.0.1.4854.iso	3.69 GB	2020 年备份软件升级到 10.0.1

1.4 某企业 2 节点直连 vSAN 延伸群集

在虚拟化环境中，除了使用共享存储承载虚拟机数据外，还可以使用软件分布式共享存储。在小型的应用环境中，可以配置 2 节点直连的 vSAN 延伸群集。在中大型的应用环境中，可以配置标准 vSAN 群集。如果需要组建双活数据中心，可以使用 vSAN 延伸群集。本节介绍小型应用环境中的 2 节点直连 vSAN 延伸群集。

1.4.1 某单位 2 节点直连 vSAN 群集应用概述

某单位配置了 2 台 H3C 6900 G3 服务器和 1 台 DELL R740 XD 的服务器组成 2 节点直连 vSAN 延伸群集。其中，2 台 H3C 6900 G3 服务器用作计算与存储资源，R740 提供见证虚拟机的宿主机，并用作备份服务器。每台 H3C 6900 G3 服务器配置 1 块 480GB 的 SATA 接口的 SSD 安装 ESXi 系统，配置 3 块 400GB 的 Intel DC S3710 PCIe 接口的 SSD

用作缓存，配置 15 块 1.2TB 的 2.5 英寸 SAS 磁盘用作容量磁盘。服务器配置 1 块 4 端口 1 Gbit/s 网卡，另外添加 2 块 2 端口 10 Gbit/s 网卡。每台 H3C 6900 服务器配置 2 个 Intel Gold 5118 的 CPU 和 512GB 内存。

DELL R740 XD 配置了 11 块 1.2TB 2.5 英寸 SAS 磁盘，使用 10 块以 RAID-50 的方式划分为 2 个卷，第 1 个卷划分 10GB 用来安装 ESXi 系统，剩余空间划分为另一个卷用作 VMFS 数据存储。剩余 1 块磁盘用作全局热备磁盘。DELL 服务器配置 128GB 内存。

2 台 H3C 6900 服务器与 DELL 服务器连接方式如图 1-4-1 所示。

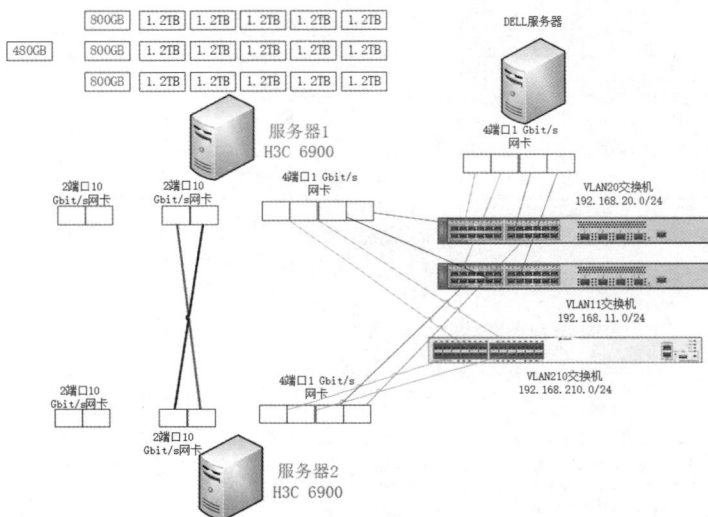

图 1-4-1 服务器连接示意

2 台 H3C 6900 服务器各有 2 块 2 端口 10 Gbit/s 网卡，使用其中一块 10 Gbit/s 网卡，使用直连光纤，交叉连接到另一台服务器相同位置网卡的另一个端口。即服务器 1 的网卡 1 的端口 1 连接服务器 2 的网卡 1 的端口 2，服务器 1 的网卡 1 的端口 2 连接服务器 2 的网卡 2 的端口 1。

H3C 6900 的 4 端口 1 Gbit/s 网卡的端口 1 和端口 2 连接 VLAN210 网段的交换机，端口 3 连接 VLAN11 网段的交换机，端口 4 连接 VLAN20 网段的交换机。其中，VLAN 210 交换机用于 ESXi 主机的管理，VLAN11 交换机和 VLAN20 交换机连接到不同的网线。

DELL R740XD 服务器使用端口 1 和端口 2 连接到 VLAN210 交换机。

1.4.2　应用效果截图

本项目在 2018 年 10 月实施，下面是当前 2 节点 vSAN 延伸群集配置好后的部分截图。

（1）服务器安装配置好后如图 1-4-2 所示。

（2）IP 地址为 192.168.210.28 是 DELL 服务器，用来放置见证虚拟机及 Veeam 备份虚拟机，在"配置→虚拟启动/关机"中将这 2 台虚拟机配置为"自动启动"，如图 1-4-3 所示。

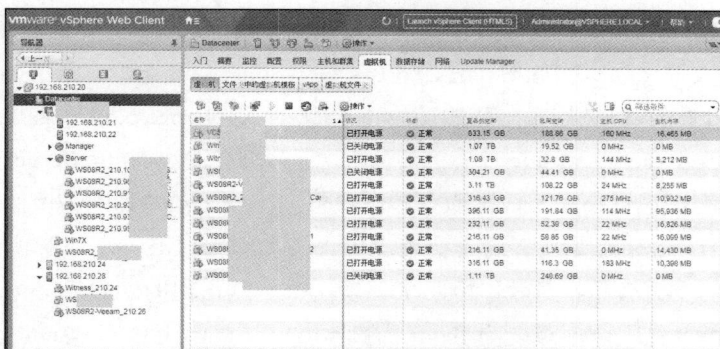

图 1-4-2　2 节点直连 vSAN 群集

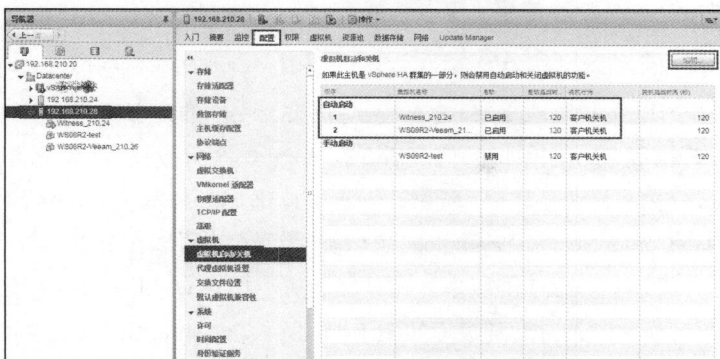

图 1-4-3　见证虚拟机与 Veeam 备份虚拟机

（3）在"监控→vSAN→运行状况"中只有警告信息，没有故障信息，如图 1-4-4 所示。

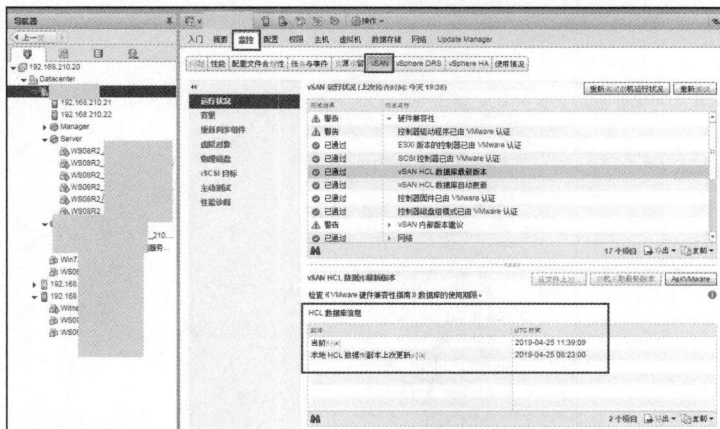

图 1-4-4　运行状况

1.4.3　项目硬件配置及项目总结

该 2 节点 vSAN 延伸群集从 2018 年 10 月实施，到作者写本节内容时，已经正常运行 2 年多，这期间经历机房整体断电和见证虚拟机所在主机断电重新启动等多种情况，但虚拟机的数据不受影响。在机房整体断电并恢复供电后，业务虚拟机可以正常自己启动。

在 2018 年虚拟化项目实施时，使用 VMware vSphere 6.5 U2 的版本，这个版本在当时是稳定可靠的版本。但是与其配套的 vCenter Server Appliance 6.5 U2 有个 bug，这个 bug 在 https://kb.vmware.com/s/article/76719 有说明。主要问题是 vCenter Server 6.5 U2 的 STS（安全令牌服务）证书过期时，内部服务和解决方案用户无法获取有效令牌，并且无法按预期工作。当 STS 证书过期时，它不会发出警告。在 vCenter Server Appliance 6.5 U2 中，此期限可能会在首次部署后的两年内发生。当这个问题出现时，登录 https://kb.vmware.com/s/article/76719 在右侧下载名为 fixsts 的脚本并将该脚本上传到 vCenter Server 并执行该脚本解决 STS 证书过期问题。

同时，vSphere 6.5 管理界面使用基于 Adobe Flash 技术的 vSphere Web Client（FLEX），而 Adobe Flash 在 2020 年 12 月 31 日停止支持及使用，到时所有基于 Adobe Flash 技术的软件都将不能使用。所以在发现 vCenter Server Appliance 6.5 的证书即将失效时，并且 Adobe Flash 将于 2020 年 12 月底无法使用的情况后，在 2020 年 8 月提醒客户，需要对 vSphere 6.5 进行升级。因为客户在 8 月业务较多，所以计划将虚拟化主机 ESXi 的升级推迟到 2020 年底。但在 9 月可以先将 vCenter Server Appliance 从 6.5 升级到 6.7。所以在 2020 年 9 月时，将 vCenter Server Appliance 升级到 6.7.0 U3 的版本。在升级之后，续订 vCenter Server Appliance 的证书并使用 fixsts 修复替换 STS 证书。升级后如图 1-4-5 所示。vCenter Server 6.7 U3 基于 HTML 5 技术，不受 Adobe Flash 技术影响。

图 1-4-5　升级到 vCenter Server 6.7 并续订证书

【说明】即使 vCenter Server Appliance 由于证书过期而无法使用，但 ESXi 中的虚拟机不受影响。

在 2020 年 12 月底时，将正在使用的虚拟化平台从 vSphere 6.5 升级到 vSphere 6.7。同时将 vCenter Server Appliance 6.7 U3 升级到 U3l，如图 1-4-6 所示。

在将 vSphere 6.5 U2 升级到 vSphere 6.7 U3 后，升级 vSAN 磁盘格式，将 vSAN 磁盘格式升级到 10.0，如图 1-4-7 所示。

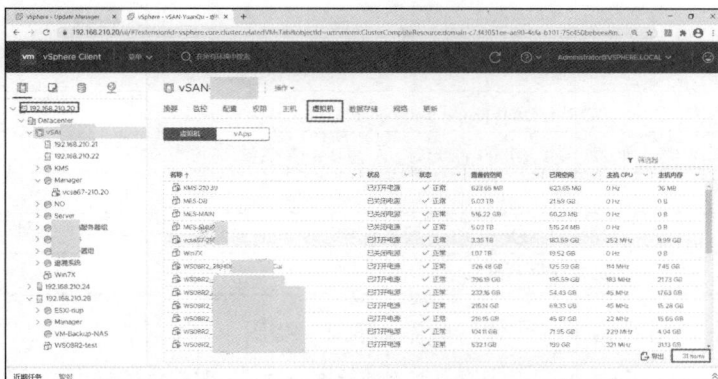

图 1-4-6　升级到 vSphere 6.7 U3

图 1-4-7　升级 vSAN 磁盘模式

本次项目用到的产品清单如表 1-4-1 所示。

表 1-4-1　2 节点直连 vSAN 延伸群集产品清单

序号	项目	内容描述	数量	单位
1	2 节点直连 vSAN 群集-虚拟化主机（2 台，每台配置如下）			
1.1	虚拟化服务器主机 H3C 6900 G3	2 个 Intel Xeon Gold 5118，　16 个 2.5 英寸盘位，双电源，导轨	1	台
1.2	服务器内存	UN-DDR4-2666-32G-2Rx4-R，32GB 2Rx4 DDR4-2666P-R 内存模块	16	条
1.3	系统磁盘	UN-SSD-480G-SATA-6G-SFF-2，480GB 6G SATA 2.5 英寸 EV 5200 SSD 通用硬盘模块	1	块
1.4	缓存磁盘	Intel DC-P3700 PCIe SSD，800G	3	块
1.5	数据磁盘	UN-HDD-1.2T-SAS-12G-10K-SFF，1.2TB 12G SAS 10K 2.5 英寸 EP HDD 硬盘	15	块
1.6	网卡	Intel 520 DA2，2 端口 10Gbit/s SFP 光纤接口	2	块
2	vSAN 见证主机和管理主机：1 台，配置如下			
2.1	管理主机 DELL R740 XD	2 个 Intel Xeon Gold 5118，　24 个 2.5 英寸盘位，双电源，导轨，集成 4 端口 1Gbit/s RJ-45 接口	1	台

续表

序号	项目	内容描述	数量	单位
2.2	服务器内存	DDR-4, Dual Rank, 2400 MHz，64 GB	2	条
2.3	数据硬盘	2.5 英寸 10000 转/分钟，1.2TB SAS 磁盘	11	块
3	网络配件			
3.1	光纤模块	光模块-SFP+-10G-多模光纤模块(850nm,0.22km,LC,LRM)	4	块
3.2	光纤跳线	多模光纤跳线 SFP+	2	条

在本案例中用到的虚拟化软件与版本如表 1-4-2 所示。

表 1-4-2　2 节点直连延伸群集项目实施时软件清单

软件名称	安装文件名	文件大小	说明
vCenter Server Appliance 6.5 U2 安装程序	VMware-VCSA-all-6.5.0-8307201.iso	3.32 GB	项目实施时最初安装的 vCenter Server 版本
VMware ESXi 6.5 U2 安装程序	VMware-VMvisor-Installer-6.5.0.update02-8294253.x86_64.iso	337.94 MB	项目实施时安装的 ESXi 版本
vSAN 见证虚拟机导入文件	VMware-vSAN-Witness-6.5.0.update02-8294253.ova	482.6 MB	vSAN 见证虚拟机的 OVA 导入文件，用来部署 vSAN 见证虚拟机
Veeam 9.5 U3	VeeamBackup&Replication_9.5.0.1922.Update3a.iso	2.85 GB	最初使用的备份软件为 Veeam 9.5
Veeam 9.5 U4b	VeeamBackup&Replication_9.5.4.2866.Update4b.iso	4.94 GB	2019 年将备份软件升级到 9.5 U4b

在 2020 年 9 月和 12 月升级用到的虚拟化软件与版本清单如表 1-4-3 所示。

表 1-4-3　升级时 2 节点直连延伸群集项目所用软件清单

软件名称	安装文件名	文件大小	说明
vCenter Server Appliance 6.7 U3 安装程序	VMware-VCSA-all-6.7.0-14367737.iso	3.93 GB	vCenter 安装程序，可以用来从 6.5 升级到 6.7，9 月用来升级 VCSA
vCenter Server Appliance 6.7 U3l 升级程序	VMware-vCenter-Server-Appliance-6.7.0.46000-17138064-patch-FP.iso	1.89 GB	vCenter 升级程序，可以用来从 6.7 U3 升级到 6.7 U3l
VMware ESXi 6.7U3b 安装程序	VMware-VMvisor-Installer-201912001-15160138.x86_64.iso	335.02 MB	ESXi 6.7 安装程序，可以将 ESXi 6.5 升级到 6.7
vSAN 见证虚拟机导入文件	VMware-VirtualSAN-Witness-201912001-15160138.ova	475 MB	vSAN 见证虚拟机的 OVA 导入文件，用来部署 vSAN 见证虚拟机

1.5 某连锁机构 vSAN 应用案例

在 2017 年以前的虚拟化项目中是使用共享存储用作虚拟机的存储设备，在 2017 年以后的项目中使用 VMware vSAN 作共享存储。VMware vSAN 具有安装配置简单，后期升级扩容方便，无传统共享存储单点故障和扩容困难等一系列优点。VMware vSAN 是使用普通 x86 架构服务器的本地硬盘和传统以太网组成软件分布式共享存储，虚拟化还是使用 vSphere 来实现。vSAN 集成在 VMware ESXi 内核中。本节及后面的章节将介绍使用 vSAN 的应用案例。这些案例可以使用现有服务器通过采购硬盘等配件组建，也可以新采购服务器组建。

1.5.1 某连锁机构虚拟化项目概述

某连锁机构原有 80 多台物理服务器（主要是 2U 的机架式服务器）托管在联通机房，每年托管费用 40 多万元（每台服务器每年托管费用 5000 元）。这 80 多台服务器中有 60 多台用于门店（每个门店 1 台物理服务器，每台服务器配置 1 个 CPU、16GB 内存、3 块 300GB 的硬盘配置 RAID-5，也有部分服务器采用 2 块硬盘做 RAID-1，部分采用 4 块硬盘做 RAID-5）。还有几台配置较高的服务器（一般为 32GB 或 64GB，3～6 块硬盘，采用一组或两组 RAID-5 的方式）用于总部业务应用，这些应用有 OA 和业务中心等。现在存在以下问题：

（1）每台服务器对应 1 个门店。托管物理服务器的数量会随着新开门店的增加而增加；

（2）现有业务中心应用处理速度比较慢，业务中心服务器需要升级；

（3）每天总部业务服务器处理所有门店的日结和每月处理所有门店的月结速度非常慢。

集团技术部主管经过多方评估，决定采用 VMware vSAN 及虚拟化技术解决此上述问题。

在本次项目中没有采购新的服务器，而是使用现有 4 台联想 3650 M5 服务器，将服务器扩容后安装 VMware ESXi 6.5，安装配置 vCenter Server 后配置 vSAN，然后将现有的 60 台门店服务器分批分阶段迁移到虚拟化环境中，整个项目前后持续了 3 周的时间（周六、周日集中配置虚拟化环境，以后晚上闭店之后迁移物理机到虚拟机）。本项目中硬件和软件清单如表 1-5-1 所示。

表 1-5-1 4 台联想 3650 M5 硬件扩容及虚拟化产品清单

序号	项目	描述	数量	单位
1	分布式服务器配件（联想 3650 M5 服务器配件）			
1.1	服务器 CPU	Intel E5-2620 V4 CPU（散热器及原装风扇）	4	颗
1.2	服务器内存	32GB DDR4 PC4-2400MHz	32	条
1.3	固态硬盘	Intel S3710 400GB	8	块
1.4	数据硬盘	900GB 10K 6Gbit/s SAS 2.5"	40	块
1.6	硬盘扩展板	联想 X3650M5 系列硬盘扩展背板，2.5 英寸 8 盘位	4	块
1.7	10 Gbit/s 接口卡	Intel x520 2 端口 10 Gbit/s 网卡	4	块

续表

2	网络设备			
2.1	S6720-30C-EI-24S	24 个 10 Gbit/s SFP+，2 个 40GE QSFP+，单子卡槽位，含 1 个 600W 交流电源	2	台
2.2	S5720S-52X-SI-AC	华为 48 个 10/100/1000 Base-T，4 个 10 Gbit/sSFP+交换机	2	台
2.3	光纤模块	多模光模块-SFP+-10G	18	块
2.4	光纤	光纤跳线	20	条
2.5	QSFP-40G	40G 转 40G 高速电缆直连线 3m	2	条
3	虚拟化平台			
3.1	vCenter Server	vCenter Server 标准版（含一年服务）	1	套
3.2	vSphere	vSphere 企业增强版（每 CPU）	8	个
3.3	vSAN	VMware 超融合软件 Virtual SAN	8	个

在虚拟化项目成功实施一月后，总结如下：

（1）服务器托管运营成本大大降低。采用虚拟化，将集团原有 86 台服务器全部迁移到由 4 台物理服务器组成的虚拟化环境中，托管到联通机房的服务器数量由原来的 86 台减少到 4 台，托管费每年节省 40 万元；

（2）业务处理速度明显提升。每个连锁店的业务处理速度比原来有很大的提升。这从每天的日结和每月月底的月结处理完成时间可以看出来：

- 日结：虚拟化之前每个门店日结大约到第二天上午才能完成，虚拟化之后当天凌晨前完成；
- 月结：平时业务中心处理完门店数据就得第二天中午，下午完成月结。本次凌晨 1:56 就完成月结。

（3）管理更加便捷。原来 80 多台物理服务器采用远程桌面管理，需要开多个窗口，现在使用 vSphere Web Client，在一个界面即可完成管理。vSphere 具有良好的管理界面，可以查看虚拟机的运行状况；

（4）业务可靠性提高。原来门店采用 1:1 的物理机，如果某个门店的物理机出现故障需要修复才能使用，现在虚拟机出现问题可以很容易恢复或重新配置。

现在项目成功实施接近一年的时间，项目整体运行效果良好。下面介绍项目的主要内容。

1.5.2　网络拓扑与交换机连接配置

在本项目中，每台联想 3650 M5 集成 4 端口 1 Gbit/s 网卡，添加了 1 块 2 端口 10 Gbit/s 网卡。其中 4 端口 1 Gbit/s 网卡的前两个端口用于 ESXi 的管理，后两个端口用于虚拟机的流量，2 端口 10 Gbit/s 网卡用于 vSAN 流量。

本项目共配置 4 台交换机，2 台华为 S5720S-52X-SI-AC 用于 ESXi 管理与虚拟机流量，这 2 台交换机采用"堆叠"的方式配置并连接到核心网络；另外 2 台华为

S6720-30C-EI-24S 专用于 vSAN 流量，这 2 台交换机也采用堆叠方式配置，但这 2 台交换机独立不与其他网络连接。网络拓扑如图 1-5-1 所示。

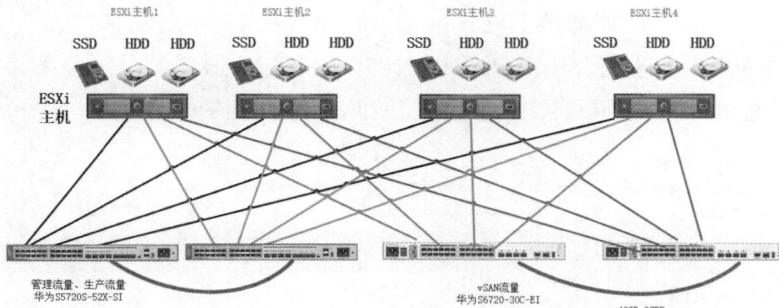

图 1-5-1　某连锁机构 4 台主机组成标准 vSAN 群集

1.5.3　安装配置主要步骤

关于 VMware ESXi 与 vSAN 的详细安装将在后面章节介绍，本章只介绍主要步骤。

（1）ESXi 系统安装在原有的 300GB 硬盘上。因为本项目"利旧"使用已有的服务器，所以在本次项目中没有单独为 ESXi 配置系统盘，而是使用系统原有的 300GB 硬盘。每台服务器配置 1 块 300GB 的硬盘安装 ESXi、2 块 400GB 的 SSD 和 10 块 900GB 的 HDD 组成 2 个磁盘组。

（2）将每个硬盘配置为 JBOD 模式：本次项目中使用的联想 3650 M5 配置 RAID 卡，为了将硬件配置为 JBOD 模式需要移除联想 3650 M5 RAID 卡的缓存模块。

（3）将 2 台华为 S5720S 和 2 台华为 S6720 配置并进行堆叠，将 4 台服务器按照图 1-5-1 的方式进行连接。

（4）在其中 1 台主机安装 vCenter Server Appliance 6.5 并启用 vSAN，安装 vCenter Server 之后将另外 3 台主机添加到 vSAN 群集，并为 vSAN 流量配置 VMkernel。

（5）启用 vSAN 群集。当前项目使用 4 台主机，每台主机 2 个磁盘组，如图 1-5-2 所示。

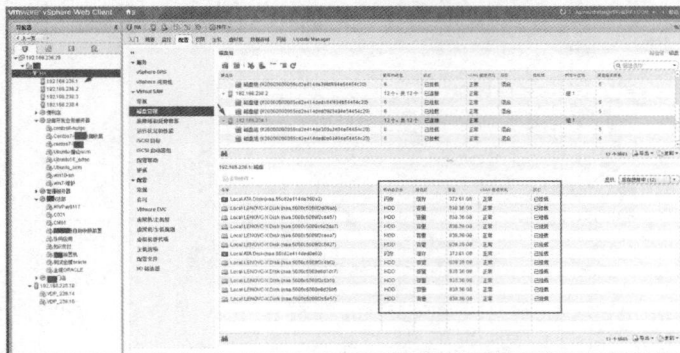

图 1-5-2　共 4 台主机，每台主机 2 个磁盘组

（6）创建门店和业务中心等环境使用的虚拟机，按照原来门店和业务中心的需求安装操作系统和数据库并进行环境配置，然后将门店和业务中心的数据一一迁移到对应的虚拟机中，原有门店物理服务器的网线拔下（暂不关机），在虚拟机设置门店原来的 IP 地址对外提供服务，等业务运行几天无误之后，原有门店服务器关机并下架。每个门店业务虚拟机分配 4 个 CPU 和 16GB 内存，迁移后虚拟机清单如图 1-5-3 所示。

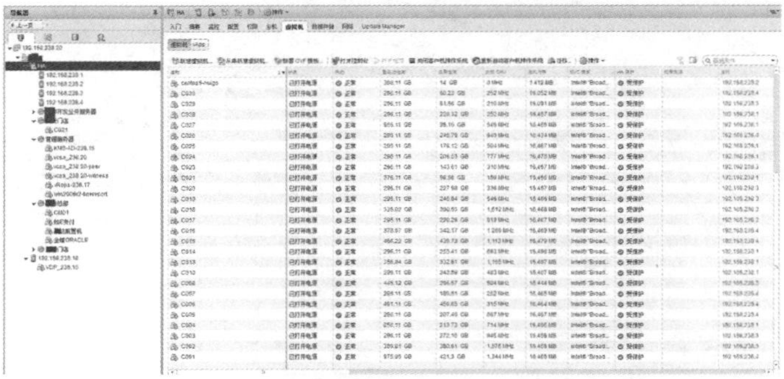

图 1-5-3　虚拟化后门店虚拟机列表（部分）

1.5.4　评估闪存设备的生命周期

在使用闪存设备时，可监控闪存设备的使用频率并估算其生命周期。

在产品规划设计时，为 vSAN 选择的较高持久性的 SSD。但在产品上线一段时间后，还需要实际统计计算 ESXi 主机中用于缓存设备的 SSD 的实际写入量，以及在全闪存架构中缓存 SSD 与容量 SSD 的实际写入量，以正确的评估闪存设备的寿命。下面介绍评估闪存设备生命周期的方法。

（1）本项目使用 4 台联想 3650 M5 服务器组成标准 vSAN 群集，每台服务器配置有 2 个 E5-2620 V4、256GB 内存、2 块 Intel S3700 400GB SSD、10 块 900GB 10000r/min 的 2.5 寸 SAS 磁盘、2 端口 10 Gbit/s 网卡，如图 1-5-4 所示。

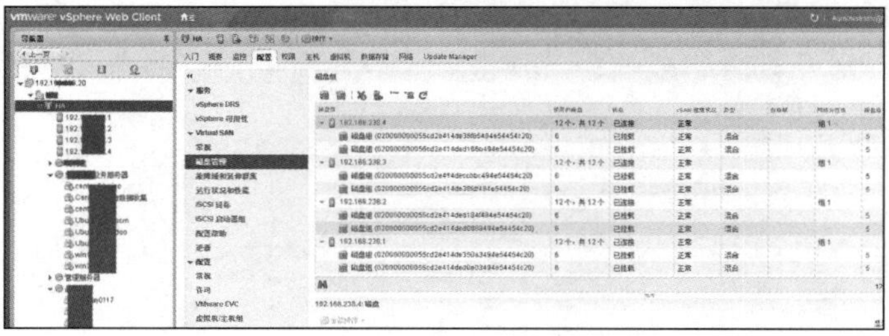

图 1-5-4　某 4 节点 vSAN 群集

（2）在 vSphere Web Client 中导航器中选择群集或数据中心，在右侧单击"主机"选项卡，查看并记录每台主机正常运行时间，如图 1-5-5 所示。此时看到 3 台服务器连续运行 83 天，一台运行 35 天。

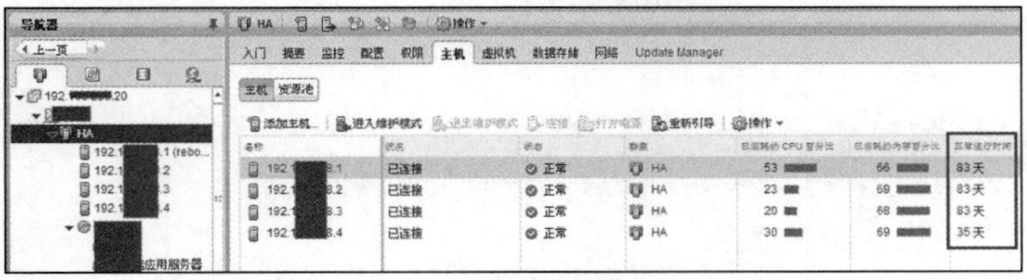

图 1-5-5 计算每台主机连续运行时间

（3）记录每台主机闪存设备的标识符。本示例以记录其中一台主机为例。在导航器中选中一台主机，在"配置→存储设备"中，查看并记录闪存设备的"标识符"，如图 1-5-6 所示。

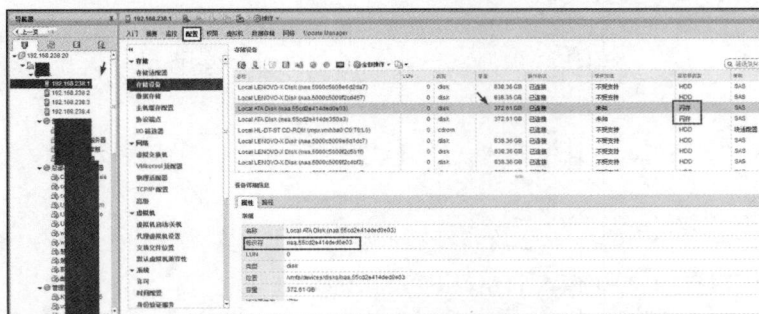

图 1-5-6 记录每块闪存设备的标识符

可以将这 4 台主机每块 SSD 的标识符复制、粘贴并保存到"记事本"中，例如：

```
ESXi 主机-1
naa.55cd2e414ded0e03
naa.55cd2e414de350a3

ESXi 主机-2
naa.55cd2e414ded0888
naa.55cd2e414ded184f

ESXi 主机-3
naa.55cd2e414deccbbc
naa.55cd2e414de38fdf

ESXi 主机-24
naa.55cd2e414de38f65
naa.55cd2e414ded166b
```

（4）为主机启用 SSH，使用 xShell 等软件以 SSH 方式登录到 ESXi 主机，运行 esxcli storage core device stats get -d=device_ID 命令。

例如，对于 ESXi 主机-1 的第 1 块 SSD 来说，其命令格式为：

```
esxcli storage core device stats get -d=naa.55cd2e414ded0e03
```

部分命令结果如下：

```
Device: naa.55cd2e414ded0e03
Successful Commands: 3190094452
Blocks Read: 41641358703
Blocks Written: 121329054632
```

```
Read Operations: 828716557
Write Operations: 2361168211
```

Blocks Written 后面的数据显示从上次重新启动后写入设备的块的数量。在本示例中，该值为 121329054632。每次重新引导后，该值会重置为 0。

之后在该主机执行如下命令：

```
esxcli storage core device stats get -d=naa.55cd2e414de350a3
```

部分命令结果如下：

```
Device: naa.55cd2e414de350a3
Successful Commands: 3918767831
Blocks Read: 59665895412
Blocks Written: 134830864944
```

然后在其他主机，分别执行类似命令获得该主机每块 SSD 的写入块数并记录下来。

（5）计算每块 SSD 的总写入量。

一个块是 512 字节。要计算写入的总量，将"写入的块"值乘以 512，然后将得到的值转换为 GB。

在 ESXi 主机-1 的示例中，从上次重新启动后写入的总量分别为 62120 GB 和 69033 GB。

其计算公式：写入的块值×512÷(1 000×1 000×1 000)

【说明】正常情况下 1GB = 1 024MB，1MB = 1 024KB，1KB = 1 024B。但设备厂商是 10 进制，即 1GB = 1 000MB。例如 120GB 的固态硬盘，实际是 111.79GB。为了计算方便，在计算时以 1 000 为例计算。这并不影响实际的计算结果。

（6）估算每天平均写入数据大小（以 GB 单位），这可以用距上次重新启动后写入的总量除以距上次重新启动的天数。

在本示例中，ESXi 主机-1 正常运行时间为 83 天，硬盘大小为 400GB，则 2 块 SSD 每天写入数量约为 748.44GB 和 831.73GB。本示例中 4 台主机每块 SSD 写入数据统计如表 1-5-2 所示。

表 1-5-2 某 vSAN 群集中 SSD 写入数据统计。

主机	硬盘	硬盘大小（GB）	记录值	累计写入数据（GB）	正常运行时间（天）	每天写入数据（GB）
192.168.238.1	SSD1	400	121 329 054 632	62 120.47597	83	748.4394695
192.168.238.1	SSD2	400	134 830 864 944	69 033.40285	83	831.7277452
192.168.238.2	SSD1	400	60 187 031 224	30 815.75999	83	371.2742167
192.168.238.2	SSD2	400	115 255 564 208	59 010.84887	83	710.9740828
192.168.238.3	SSD1	400	183 217 224 984	93 807.21919	83	1 130.20746
192.168.238.3	SSD2	400	108 203 056 024	55 399.96468	83	667.469454
192.168.238.4	SSD1	400	15 582 691 472	7 978.338034	35	227.9525152
192.168.238.4	SSD2	400	70 037 186 656	35 859.03957	35	1 024.543988

（7）使用以下公式估算设备的生命周期。

生命周期=供应商提供的每天写入量×供应商提供的生命周期÷每天实际平均写入量。

例如，如果供应商保证在每天写入 20 GB 的情况下生命周期为 5 年，而每天实际写入量为 30 GB，则闪存设备的生命周期约为 3.3 年。

当前选择的 Intel S3700 固态硬盘，其 400GB 的写入寿命约为 7.25PB，800GB 的写入寿命约为 14.5PB。其 P/E 次数为 18 125。

当前 ESXi 主机 1 配置的 2 块 400GB 的固态硬盘，其每天的 P/E 次数分别为 1.87、2.08。以当前选择的 P/E 次数大于 18 125 次的固态硬盘来说，当前固态硬盘的使用寿命约为 25 年。当然，一个 vSphere 群集的设计寿命一般是 5～8 年。在生命周期内，不需要更换固态硬盘。

1.5.5　项目两年后升级扩容

项目的预期是将在使用的 80 多台物理服务器迁移到使用 4 台服务器组成的 vSphere 虚拟化环境。但实际情况是，在项目上线之后不到 2 年的时间里，除了将原计划的 80 多台物理服务器迁移到这 4 台主机组成的虚拟化环境中之外，又增加 20 多台新上业务的虚拟机，现在已经运行 103 台虚拟机，承载单位全部服务器的应用。在此期间这 4 台服务器的内存扩容过 2 次，现在每台服务器内存是 384GB。

采用服务器虚拟化后，大大提高了主机资源的利用率，同时利用虚拟化的高可用性，使所有的业务虚拟机都受 HA 保护，在很大程度上降低了业务服务中断的风险。但随着业务系统的增加，伴随着数据量的增长，现在的服务器的存储资源、内存资源已经不能满足未来 1 年的业务发展需求，计划通过增加主机实现存储资源、内存资源及 CUP 资源的扩充（当前 4 台主机合计配置 1 536GB 内存和 38T 的硬盘容量），以满足未来 1 年的业务发展需要。现在当前存储可用空间为 4.53TB，小于 1 台主机所能提供的存储容量（每台主机提供 8.2TB 存储空间），当 1 台主机宕机后，剩余的 3 台主机没有足够的存储空间承载宕机主机所存储的虚拟机的数据。

在与客户分析现状并就未来的需求进行交流后，客户选择了三个升级方案。

（1）在集团下架的服务器中，选择 1 台较新的联想 3650 M5 的服务器（其他的服务器是 3650 M4 或更早的型号），但这台服务器是 E5-2609 V3 的 CPU。而现在虚拟化中 4 台 3650 M5 采用 E5-2620 V4 的 CPU，这台是 V3 的 CPU，需要购买 2 块 E5-2620 V4 的 CPU 进行更换，同时将内存扩充到 384GB，配置 2 块 2 端口 10 Gbit/s 网卡、2 块 800GB 的 Intel DC P3700 PCIe 接口的固态硬盘、10 块 1.2TB 的 2.5 英寸 SAS 磁盘、1 块 300GB 的 2.5 英寸 SAS 磁盘（用来安装 ESXi 系统），准备将这台服务器添加到现有虚拟化环境中，组成 5 节点标准 vSAN 群集，扩充虚拟化的资源。

（2）为了保证数据的安全，在项目初期配置备份服务器。当时采用 1 台 DELL R720

服务器，配置 8 块 4TB 的硬盘，采用 RAID-50 后可用容量约 22TB。现在随着业务数据量增加整个虚拟化平台存储达到 32T（标准 vSAN 群集，混合架构磁盘组，虚拟机实际占用的空间是使用空间的一半，虚拟机实际数据量约 16TB），备份服务器的容量已经不能很好地对现有的业务虚拟机进行完全的备份。给客户的建议是再增加 1 台服务器用作备份或者将现有的备份服务器的硬盘替换成 8 块 12TB 的硬盘。客户选择更换硬盘，采用 RAID-50 之后容量约 64TB，可以满足现有业务虚拟机的完全备份以及未来 1～2 年的需要。

（3）原来的虚拟化主机管理网络采用 1 Gbit/s 速度，随着虚拟机数量的增加，以及备份占用带宽，将原来虚拟化主机管理网络与虚拟机流量网络升级为 10 Gbit/s 网络、将备份数据传输升级到 10 Gbit/s 网络，这样可以获得更好的性能，数据备份恢复效率更高。为此需要为原有 4 台主机与备份服务器各添加 1 块 10 Gbit/s 网卡，新采购 2 台 10 Gbit/s 交换机并与现有 1 Gbit/s 交换机互连。

1.5.6 现有网络架构及迁移方案

本项目的关键之处是管理网络与虚拟机流量网络从 4 条 1 Gbit/s 上行链路迁移到 2 条 10 Gbit/s 上行链路，迁移前使用 4 条上行链路，其中 2 条上行链路连接到交换机的 Access 端口，另外 2 条上行链路连接到交换机的 Trunk 端口，如图 1-5-7 所示。

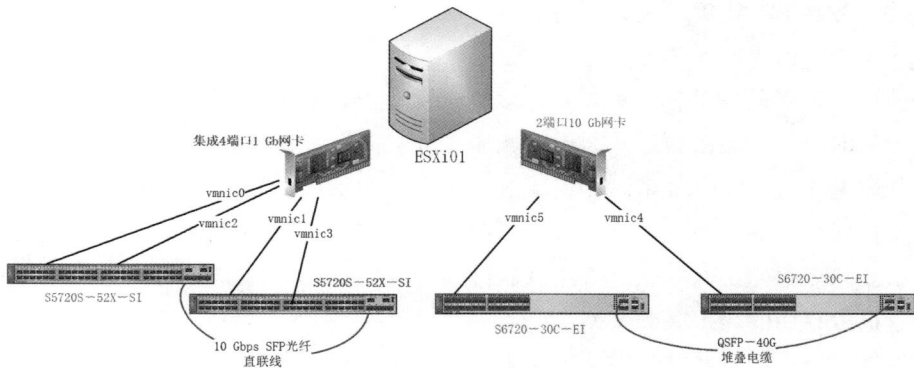

图 1-5-7 升级前主机网络连接示意

迁移后 2 条 10 Gbit/s 作为上行链路，另外 2 条 1 Gbit/s 链路备用。升级后网络拓扑如图 1-5-8 所示。

在升级的过程中，虚拟化主机的管理与虚拟机的业务不中断是最基本的要求。我们来看一下本次网络 1 Gbit/s 改为 10 Gbit/s 需要注意的问题。

（1）vSAN 网络原来使用 1 块 2 端口 10 Gbit/s 网卡，升级后使用每块网卡的端口 1。这样避免由于单块网卡故障导致整台主机的 vSAN 流量中断。

（2）原来 2 台 S5720 从级联改为堆叠。在将交换机配置为堆叠时，需要将 2 台交换机下电并重新加电。在启用堆叠后，原来的交换机 2 的配置会丢失，需要重新配置。

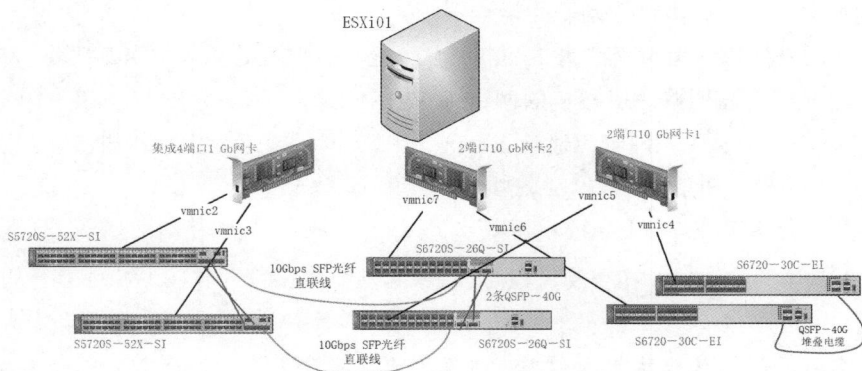

图 1-5-8　升级后网络连接示意

（3）原来每台 ESXi 主机有 3 台虚拟交换机，具体如下：

- vSwitch0：使用 1 Gbit/s 网卡的端口 1、端口 2 连接到物理交换机的 Access 端口，用于主机的管理。vSwitch0 有 1 个 VMkernel（无 VLAN ID）、1 个 VM Network 端口组（无 VLAN ID）；
- vSwitch1：使用 1 Gbit/s 网卡的端口 3、端口 4 连接到物理交换机的 Trunk 端口，用于虚拟机流量。vSwitch1 有 2 个端口组，分别是 vlan2831（VLAN ID：2831）、vlan250（VLAN ID：250）；
- vSwitch2：使用 1 块 10 Gbit/s 网卡的 2 端口连接到 2 台 S6720-30C（这 2 台配置为堆叠模式），用于 vSAN 流量。这 2 台 10 Gbit/s 交换机不与其他网络连接。vSwitch2 有 2 个端口组，每个端口组都未配置 VLAN ID。

迁移后将名称为 vSwitch1 虚拟机交换机删除，在 vSwitch0 虚拟交换机添加原 vSwitch1 虚拟交换机同名的端口组。原来 vSwitch0 上的所有端口组都要指定 VLAN ID，因为迁移后的上行链路所连接到新配置的 2 台 10 Gbit/s 交换机的 Trunk 端口。

在升级时，需要将每台主机一一置于维护模式，将虚拟机迁移到其他主机之后再关闭当前主机，添加 10 Gbit/s 网卡。使用新添加的 2 端口 10 Gbit/s 网卡，代替原来的 1 Gbit/s 网卡。原来的 1 Gbit/s 网卡用于冗余。不能同时为所有主机进行迁移。

1.5.7　升级过程与操作步骤

升级的主要步骤如下：

（1）配置新采购的 2 台华为 S6720S-SI 交换机，并与 S5720S 进行连接；

（2）将新配置的服务器连接到网络，并加入现有 vSAN；

（3）依次将原来的每台主机进入维护模式，重新分配 vSAN 流量上行链路、删除 vvSwitch1、重新配置 vSwitch0，配置完成后退出维护模式；

（4）对 vSAN 磁盘执行主动平衡操作；

（5）虚拟机默认的虚拟网卡为 Intel E1000，这是 1 块 1 Gbit/s 网卡，要将虚拟机网络升级到 10 Gbit/s，需要修改虚拟机的网卡为 VMXNET3，删除原来的 Intel E1000 虚拟网卡。添加 VMXNET3 虚拟网卡、删除 E1000 虚拟网卡后，进入虚拟机设置，为新添加的网卡设置 IP 地址、子网掩码、网关、DNS。

1．将 2 台 S6720S-SI 交换机配置为堆叠

首先配置 2 台 S6720S-SI 交换机，然后将这 2 台 10 Gbit/s 交换机与原来的 2 台 1 Gbit/s 交换机级联。

（1）将新采购的 2 台华为 S6720S-SI 交换机配置为堆叠，每台交换机使用 2 个 40G 端口。将每台交换机的业务口 40GE0/0/1、40GE0/0/2 配置为物理成员端口，并加入相应的逻辑堆叠端口。下面是第 1 台交换机的配置命令（设置堆叠优先级为 200）。

```
system-view
sysname SwitchA
 interface stack-port 0/1
 port interface 40GE0/0/1  enable
 y
 quit
 interface stack-port 0/2
 port interface 40GE0/0/2  enable
 y
quit
stack slot 0 priority 200
```

上面命令中的"Y"是确认命令。设置完成后保存配置。另一台交换机的配置与此相同，只是设置交换机的名称为 SwitchB，设置堆叠优先级为 100。其他配置相同。配置完成后保存退出。

（2）将 2 台交换机下电，使用 QSFP-40G 的堆叠线将 2 台交换机连接起来，在连接时，第 1 台交换机的 40GE0/0/1 的端口连接第 2 台交换机的 40GE0/0/2 端口，第 1 台交换机的 40GE0/0/2 端口连接第 2 台交换机的 40GE0/0/1 端口，简单地说就是 1 连 2、2 连 1。

【说明】华为交换机配置堆叠时，同一条链路上相连交换机的堆叠物理接口必须加入不同的堆叠端口，是交叉的，也就是说本端交换机的堆叠端口 1 必须和对端交换机的堆叠端口 2 连接。

（3）连接好之后，打开 2 台交换机的电源，等交换机启动后，按任意 1 台交换机面板上的 Mode 按钮将模式状态灯切换到 Stack。如果所有成员交换机的模式状态灯都被切换到了 Stack 模式，说明堆叠组建成功。此时主交换机的端口 1 到端口 8 的指示灯闪烁，从交换机的端口 1、端口 2 闪烁，表示堆叠成功。

如果有部分成员交换机的模式状态灯没有被切换到 Stack 模式，说明堆叠组建不成功。需要检查配置。

（4）当交换机配置堆叠成功后，进入交换机配置页，为交换机设置新的名称、划分 VLAN 并设置 VLAN 接口的 IP 地址。本示例配置如下：

```
sysname S6720S-26Q
vlan batch 250 2381 to 2383
interface Vlanif250
 ip address 192.168.250.5 255.255.255.0

interface Vlanif2381
 ip address 192.168.238.60 255.255.255.192

interface Vlanif2383
 ip address 192.168.238.140 255.255.255.240
```

（5）在本项目中，服务器上行链路需要连接到交换机的 Trunk 端口。下面的命令将 2 台 S6720S-SI 交换机的端口 1 到端口 22 配置为 Trunk 端口并允许所有 VLAN 通过。

```
port-group group-member  XGigabitEthernet0/0/1  to XGigabitEthernet0/0/22
port link-type trunk
 port trunk allow-pass vlan 2 to 4094
quit

port-group group-member  XGigabitEthernet1/0/1  to XGigabitEthernet1/0/22
port link-type trunk
 port trunk allow-pass vlan 2 to 4094
quit
```

（6）将每 2 台 S6720S-SI 交换机的端口 23、24 配置为链路聚合，设置为 Trunk 并允许所有 VLAN 通过，命令如下：

```
interface Eth-Trunk1
port link-type trunk
port trunk allow-pass vlan 2 to 4094
mode lacp

interface XGigabitEthernet0/0/23
Eth-Trunk 1
interface XGigabitEthernet0/0/24
Eth-Trunk 1
interface XGigabitEthernet1/0/23
Eth-Trunk 1
interface XGigabitEthernet1/0/24
Eth-Trunk 1
quit
```

（7）然后为交换机添加静态路由，指向原来的 S5720S 交换机。

2．配置 2 台 S5720S 交换机

原来的 2 台华为 S5720S-52X-SI 有 4 个 10 Gbit/s 端口。本项目中使用每台交换机的 XG0/0/1 和 XG0/0/2 用作 2 台交换机的堆叠端口，将 XG0/0/3 配置为链路聚合连接到 2 台 S6720S 的 23 或 24 端口。原计划是将 2 台交换机的 XG0/0/3 和 XG0/0/4 共 4 个端口用作

链路聚合，后来用户说需要将其中的一个端口连接到外网交换机，所以只用了每台交换机的 XG0/0/3 端口用作链路聚合。

（1）配置交换机 1 的业务口 XG0/0/1 和 XG0/0/2 为物理成员端口，并加入相应的逻辑堆叠端口。

```
system-view
sysname SwitchA
 interface stack-port 0/1
 port interface XG0/0/1   enable
 quit
 interface stack-port 0/2
 port interface XG0/0/2   enable
quit
stack slot 0 priority 200
```

交换机 2 的配置与此相同，只是修改交换机名称为 SwitchB、设置堆叠优先级为 100。

（2）将 2 台交换机下电，使用 10G 的直连光纤将 2 台交换机连接起来，在连接时，第一台交换机的 XG0/0/1 的端口连接第二台交换机的 XG0/0/2 端口，第一台交换机的 XG0/0/2 端口连接第二台交换机的 XG0/0/1 端口。连接正确之后将交换机重新加电，等交换机启动后按 Mode 键到 Stack 处进行测试。

（3）堆叠成功后，将交换机的 XG0/0/3 与 XG1/0/3 配置为链路聚合，端口属性为 Trunk 并允许所有 VLAN 通过。配置命令如下：

```
interface Eth-Trunk1
port link-type trunk
port trunk allow-pass vlan 2 to 4094
mode lacp

interface XGigabitEthernet0/0/3
Eth-Trunk 1
interface XGigabitEthernet1/0/3
Eth-Trunk 1
```

（4）将 S6720S 与 S5720S 的进行级联，S5720S 主交换机的 XG0/0/3 连接到 S6720S 主交换机的 23 或 24 端口；S5720S 从交换机的 XG1/0/3 连接到 S6720S 从交换机的 23 或 24 端口，连接示意如图 1-5-9 所示。

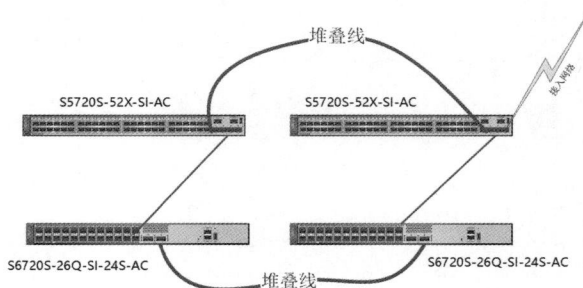

图 1-5-9　连接示意

【说明】本配置中，2 台 S5720S 的 XG0/0/3 和 XG1/0/3 共 2 个端口进行聚合，2 台交换机 S6720S 的 XG0/0/23、XG0/0/24、XG1/0/23 和 XG1/0/24 共 4 个端口进行聚合。也可以从 2 台 S6720S 各选择一个端口例如 XG0/0/24、XG1/0/24 进行聚合。

（5）因为配置堆叠后从（备）交换机的配置清空，所以参照 S5720S-52X 主交换机的端口配置，将 S5720S 从交换机的 GigabitEthernet1/0/1 到 GigabitEthernet1/0/48 进行重新配置。

（6）因为原来的 2 台 S5720S 进行了级联，没有配置堆叠。在配置堆叠后，原来 S5720S 从交换机中 VLAN 的 IP 也被清除。在虚拟机中有些虚拟机的网关地址设置的是原 S5720S 的 IP 地址，可以在 S5720S 的 VLAN 配置中，添加子 IP 地址。

示例：原来主交换机 vlan2381 的 VLAN 的 IP 地址是 192.168.238.61，子网掩码是 255.255.255.192；从交换机的 VLAN 的 IP 地址是 192.168.238.62，新添加的 10 Gbit/s 交换机 VLAN2381 的 IP 地址是 192.168.238.60。在 2 台 S5720 配置堆叠后 192.168.238.62 的 IP 地址被清除，可以进入 vlan2381 配置视图中，执行 ip addr 192.168.238.62 255.255.255.192 sub 的命令添加子 IP 地址。这样每个 VLAN 实际上有 3 个"网关"地址，例如，对于 vlan2381 来说，10 Gbit/s 交换机上设置的 IP 地址是 192.168.238.60，1 Gbit/s 交换机上是 192.168.238.61、192.168.238.62，使用这 3 个地址都可以作为网关地址。但建议在以后的使用中将网关地址改为 10 Gbit/s 交换机的地址 192.168.238.60。

（7）最后进行测试，使用 PING 命令测试从 S5720S 到 S6720S 的连通性，这个操作比较简单不再介绍。

3. 新添加主机连接配置

在配置好网络后，可以将新添加的服务器上架，主要内容如下。

（1）打开服务器机箱，移除 RAID 缓存。为服务器添加硬盘扩展背板、添加 PCIe 扩展板，添加 2 块 10 Gbit/s 网卡、添加 2 块 PCIe 固态硬盘；

（2）进入 BIOS 设置，为服务器进入设置 iMM 的 IP 地址用于后期的管理与维护；

（3）进入 RAID 配置界面，将每块硬盘配置为 JBOD 模式；

（4）安装 ESXi 6.5.0 U2 到第 1 块 300GB 的硬盘中（这块硬盘是原来下架服务器不用的硬盘，现在用来装系统）。

【说明】新上架的联想 3650 M5 服务器，原来是 1 颗 E5-2609 V3 的 CPU，再更换为 2 块 E5-2620 V4 的 CPU 后，开机无显示。将 2 块 E5-2620 V4 的 CPU 拆下并换上原来的 E5-2609 V3 的 CPU，从联想官网下载最新的固件，升级之后关闭服务器的电源，然后将 CPU 更换为 E5-2620 V4 的 CPU，再次开机工作正常。

在安装 ESXi 后为服务器设置 IP 地址并添加到 vCenter Server。之后将这台主机的网卡连接到网络。总体配置原则：10 Gbit/s 网卡的端口 2 用于 ESXi 主机管理流量与虚拟机流量，连接到新配置的 2 台 10 Gbit/s 交换机的 TRUNK 端口。10 Gbit/s 网卡的端口 1 用于 vSAN 流量，连接到 vSAN 专用交换机 1、2。1 Gbit/s 网卡用于主机管理流量与虚拟机流量的备用；

（5）新连接的主机，网卡 1 的端口 1、网卡 2 的端口 1 连接到新配置的 S6720S-26Q 的端口 5，配置为 vSwitch0，添加 vlan2383、vlan250、VM Network（VLAN ID 2381，192.168.238.0/26），Management Network（VLAN ID：2381）等端口组；

（6）新连接主机的网卡 1 的端口 2、网卡 2 的端口 2 连接到原来交换机 S6720S-EI 的端口 5，配置为 vSwitch1，配置 vSAN 的 VMkernel 的 IP 地址为 192.168.238.197，子网掩码 255.255.255.192；

本项目中，vSAN 流量虚拟交换机用于 VMotion。需要为 vSwitch1 的 VMkernel 启用 VMotion 服务；

（7）在磁盘管理中为新添加的主机添加磁盘组，这些不再介绍。

4．原有 vSphere 主机的网络迁移升级

最后迁移原来 4 台主机的网络。为了保证业务的连续性，在迁移主机的网络之前，将主机置于维护模式，等虚拟机迁移到其他主机之后再进行迁移。其中的关键之处：1 Gbit/s 换 10 Gbit/s，删除 vSwitch1，更改 VLAN ID。

因为升级之后有 2 块 2 端口 10 Gbit/s 网卡，为了避免单块网卡带来的单点故障，每个虚拟交换机只使用每块网卡的一个端口，不能将 1 块网卡的 2 个端口用于同一个虚拟交换机。本例以 IP 地址为 192.168.238.1 的主机为例，其他主机与此相同。

（1）将主机置于维护模式，不迁移数据。

（2）关闭服务器电源，添加 10 Gbit/s 网卡。

（3）打开服务器电源，进入 BIOS，为 iMM 设置 IP 地址。

（4）将网卡 2（新添加的 10 Gbit/s 网卡）的端口 1，连接到原来的 10 Gbit/s 交换机（vSAN 流量专用交换机）。

（5）修改 vSwitch2 虚拟交换机的配置，添加网卡 2 的端口 1，删除 10 Gbit/s 网卡 1 的端口 2。此时通过插拔网卡 1 的端口 2 的光纤进行确认。这一步不要删除错了网卡，应慎重操作。例如，在左侧导航窗格中选择 192.168.238.1，在右侧"配置→网络→虚拟交换机"中单击 vSwitch2，此时看到 vmnic5 状态为断开。

在本次项目中，2 端口 10 Gbit/s 网卡靠近金手指的为端口 2，远离金手指的为端口 1。

（6）在确认了 10 Gbit/s 网卡端口 2 后，修改 vSwitch2 虚拟交换机的上行链路，删除 vmnic5（10 Gbit/s 网卡 1 的端口 2），添加 vmnic6（10 Gbit/s 网卡 2 的端口 1）。

（7）然后将 10 Gbit/s 网卡 1 的端口 2（vmnic5）与 10 Gbit/s 网卡 2 的端口 2（vmnic7）分别连接到 2 台新 10 Gbit/s 交换机端口 1。

（8）为虚拟机交换机 vSwitch0，添加 10 Gbit/s 网卡 1 的端口 2、10 Gbit/s 网卡 2 的

端口 2。并将新添加的网卡移动到 备用适配器。

（9）修改 vSwitch0 上行链路，添加 vmnic5、vmnic7 并将其移动到"备用适配器"中，因为 vmnic0、vmnic1 连接到交换机的 Access 端口（属于 VLAN 2381），vmnic5、vmnic7 连接到交换机的 Trunk 端口，如果 vmnic5、vmnic7 也是活动适配器，网络有可能中断，如图 1-5-10 所示。

（10）此时"Management Network"端口组绑定的 VMkernel 的活动链路为 vmnic0 和 vmnic1，vmnic5 与 vmnic7 处于备用状态。下一步修改 Management Network 的上行链路为 10 Gbit/s 网卡，原来的 1 Gbit/s 网卡调整为备用。并修改 VLAN ID

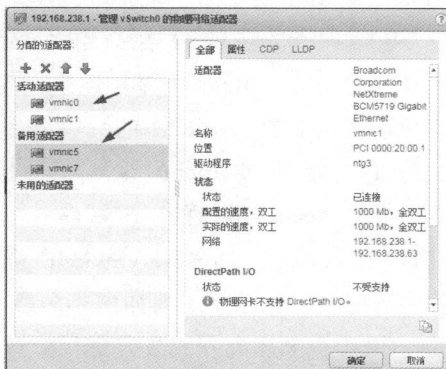

图 1-5-10　添加并调整上行链路

为 2381，注意，这是最关键的一步。如果配置出错导致网络中断，vCenter 会返回原来的配置。单击 Management Network，然后单击" ✐ "图标，如图 1-5-11 所示。

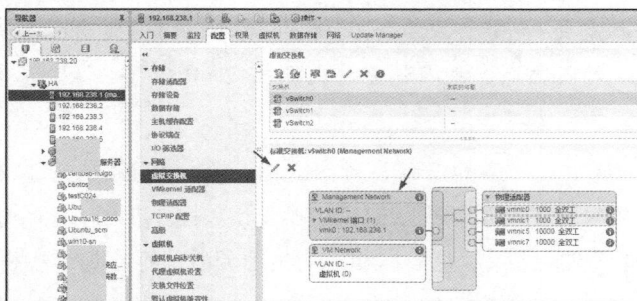

图 1-5-11　修改端口组属性

（11）在"Management Network-编辑设置"对话框的"属性→VLAN ID"处设置 VLAN 数值，本示例为 2381，在"绑定和故障切换"中将 vmnic5、vmnic7 上移到活动适配器位置，将 vmnic0、vmnic1 下移到未用的适配器处，如图 1-5-12 所示，然后单击"确定"完成配置。

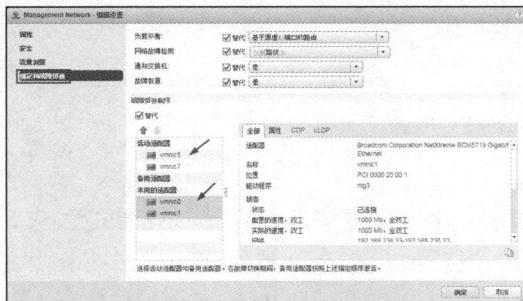

图 1-5-12　指定故障切换顺序

（12）参照第（11）步将 VM Network 端口组的 ID 设置为 2381，同样调整 vmnic5、vmnic7 为活动适配器，将 vmnic0、vmnic1 调整为未用适配器，此时 vSwitch0 使用 2 块 10 Gbit/s 网卡的端口 2。然后删除 vSwitch1 虚拟交换机。

（13）在 vSwitch0 上添加原来 vSwitch1 虚拟交换机的端口组 vlan2383 和 vlan250，至此等于将原来的 vSwitch1 的端口组合并迁移到 vSwitch0 虚拟交换机。

（14）修改 vSwitch0 的上行链路，删除 vmnic0、vmnic1（这是连接到原来 1 Gbit/s 交换机的 Access 端口的网卡端口），添加 vmnic2、vmnic3（这是连接到原来 1 Gbit/s 交换机的 Trunk 端口，原来是 vSwitch1 虚拟交换机的上行链路），并将 vmnic2、vmnic3 移到备用适配器中，调整之后如图 1-5-13 所示。

（15）等上述配置完成并进行检查后，将主机退出维护模式。至此第 1 台主机 1 Gbit/s 升级到 10 Gbit/s 完成。

其他主机也参照上述操作执行，故在此不再赘述。

【说明】联想 3650 M5 服务器开机自检较慢，从服务器进入维护模式到服务器关机、插上 10 Gbit/s 网卡，再开机进入系统，大约需要 25 分钟，其他的操作大约需要 15 分钟，迁移升级 1 台服务器需要 40 分钟左右。在 vSAN 的项目中，1 台服务器从关机到再次进入系统，最好在 1 小时内完成。如果服务器离线超过 60 分钟，这台主机上的数据有可能在其他主机重建。

（16）等所有主机完成网络的迁移与升级之后，在"监控→vSAN→运行状况"中的"vSAN 磁盘平衡"中执行主动重新平衡磁盘的操作，如图 1-5-14 所示。执行此操作后，部分数据会迁移到新上架的主机中，使数据相对均匀地分散保存在每台主机的每个磁盘组中。

图 1-5-13　虚拟交换机 vSwitch1 最新配置　　　　图 1-5-14　主动重新平衡磁盘

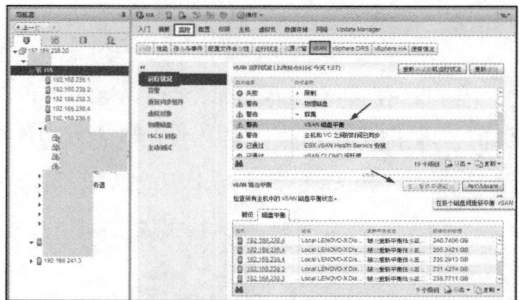

5．备份服务器

由于硬件故障、病毒、误操作等情况，系统数据可能丢失或损坏，而数据备份则是保证数据完好的最后一道防线。一个完整的架构一定要有单独的备份设备，如果备份目标与备份源在相同的存储设备上，如果存储设备故障，备份数据也无法读取，此时备份是没有意义的。在 2017 年项目规划时配置了 1 台服务器用于备份，因为空间不足需要升级。本次操作将原来的 8 块 4TB 硬盘更换为 12TB 硬盘。这次更换主要步骤如下：

（1）将备份服务器关机，关机前确认备份任务顺利完成，不要有遗留未完成的备份任务；

（2）依次拆下原来的 4TB 的硬盘，记下硬盘的位置并做好标记。因为这些硬盘还有近期的备份，需要存档一段时间，等新换上的硬盘备份成功一次并且连续备份一段时间后，这些 4TB 的硬盘可以另做他用；

（3）安装新的 12TB 硬盘，添加 1 块 2 端口 10 Gbit/s 网卡，连接到新的 10 Gbit/s 交换机；

（4）打开服务器电源，进入 RAID 卡配置界面，配置为 RAID-50，划分 2 个卷。第 1 个卷 100GB，剩余的空间划分为第 2 个卷，容量约 64TB，如图 1-5-15 所示；

（5）在第 1 个卷上安装 Windows Server 操作系统和 Veeam 备份软件，在第 2 个卷上保存备份。这些内容不再介绍。

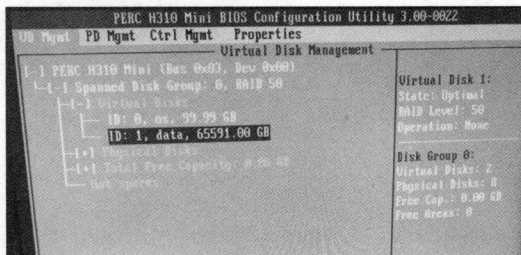

图 1-5-15　8 块 12TB 采用 RAID-50 划分为 2 个卷

1.5.8　项目使用软件与总结

本次虚拟化项目从 2017 年 11 月上线到 2020 年 1 月，服务器从最初的 4 台扩展到现在的 6 台。虚拟机数量从最初的 60 多台到现在的 130 台。项目总体运行稳定。虚拟化软件从最初的 vSphere 6.5 升级到现在的 vSphere 6.7 U3。虚拟机备份从最初的 VDP 6.1 更换为现有的 Veeam 10.0.1。无论是在从最初的 4 台服务器增加到 5 台后再增加到 6 台，还是将 ESXi 管理网络和虚拟机网络从 1Gbit/s 的升级到 10Gbit/s。升级的过程中业务都没有中断。现在 6 台主机共运行 135 台（打开电源的）虚拟机，如图 1-5-16 所示。

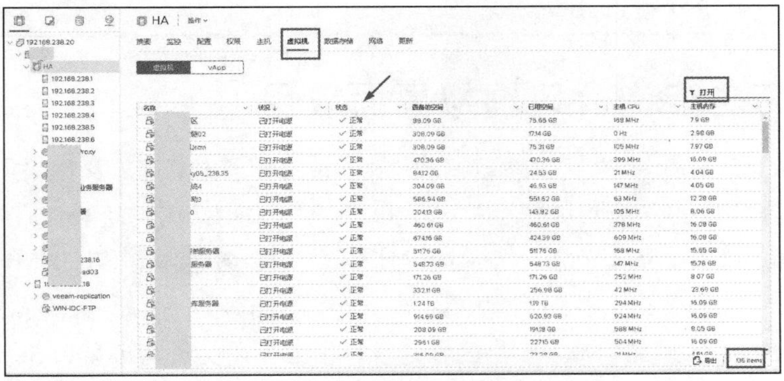

图 1-5-16　当前环境虚拟机列表

本次项目中最初使用的软件清单如表 1-5-3 所示，在 2019 年升级扩容时将 vSphere 6.5

升级到 6.7，同时将备份软件从 VDP 更换为 Veeam 9.5 U4。以后又将 vSphere 6.7 升级到最新补丁，使用的软件清单如表 1-5-4 所示。

表 1-5-3　标准 vSAN 群集项目实施时软件清单

软件名称	安装文件名	文件大小	说明
vCenter Server Appliance 6.5 U1 安装程序	VMware-VCSA-all-6.5.0-5973321.iso	3.44 GB	项目实施时最初安装的 vCenter Server 版本
VMware ESXi 6.5 U1 安装程序	VMware-VMvisor-Installer-6.5.0.update01-5969303.x86_64.iso	332.634 MB	项目实施时安装的 ESXi 版本
VDP 6.1.5	vSphereDataProtection-6.1.5.ova	5.61 GB	最初使用 VDP 6.1.5 备份虚拟机

表 1-5-4　升级时所用软件清单

软件名称	安装文件名	文件大小	说明
vCenter Server Appliance 6.7 U1 安装程序	VMware-VCSA-all-6.7.0-10244745.iso	3.95 GB	vCenter 安装程序，可以用来从 6.5 升级到 6.7
vCenter Server Appliance 6.7 U3l 升级程序	VMware-vCenter-Server-Appliance-6.7.0.46000-17138064-patch-FP.iso	1.89 GB	vCenter 升级程序，可以用来从 6.7 U3 升级到 6.7 U3l
VMware ESXi 6.7 U1 安装程序	VMware-VMvisor-Installer-6.7.0.update01-10302608.x86_64.iso	314.34 MB	ESXi 6.7 安装程序，可以用来将 ESXi 6.5 升级到 6.7
ESXi 6.7 补丁程序	ESXi670-202011002.zip	453 MB	VMware ESXi 6.7.0- 17167734 升级程序，用来升级 ESXi 主机
VMware ESXi 6.7 U3b 安装程序	VMware-VMvisor-Installer-201912001-15160138.x86_64.iso	335 MB	ESXi 6.7 U3b 安装程序，用来升级 ESXi
Veeam 9.5 U4	VeeamBackup&Replication_9.5.4.2615.Update4.iso	4.94 GB	2019年升级扩容时将备份软件从 VDP 更换为 Veeam 9.5 U4
Veeam 10.0.1	VeeamBackup&Replication_10.0.1.4854.iso	3.69GB	Veeam 10.0.1 安装升级程序，将 Veeam 从 9.5 升级到 10.0.1

1.6　某商务咨询公司虚拟桌面应用

某商务咨询公司有 60 名员工使用 VMware Horizon 虚拟桌面，终端采用 DELL Wyse P25 5030 瘦客户机，终端外形如图 1-6-1 所示，服务器采用某品牌超融合服务器 1 台（2U 机架式服务器，最大支持 4 节点，当前配置 3 个节点），服务器安装了 VMware ESXi 6.5 及 vSAN，采用 VMware Horizon 7.5.0 虚拟化软件，Active Directory 采用 Windows Server 2016 操作系统，其应用如 Horizon 连接服务器等也运行在安装 Windows Server 2016 操作系统的虚拟机中。超融合服务器外形如图 1-6-2 所示。

图 1-6-1　DELL Wyse P25 5030 瘦客户机

图 1-6-2　某品牌超融合一体机

1.6.1　服务器概述

笔者接手该项目时，用户的服务器和瘦客户机已经采购完成，笔者帮用户安装配置 VMware ESXi 6.5、vCenter Server 6.5、vSAN，以及安装配置 Windows Server 2016 Active Directory、文件服务器、Horizon 7.5 连接服务器等。用户采购的硬件如表 1-6-1 所示。

表 1-6-1　某公司 Horizon 虚拟桌面硬件配置

设备名称	节点数量	配置
XX 超融合	3	2 个 E5-2603 V3 的 CPU，256GB 内存，1 块 1.2TB SSD，2 块 6TB HDD（数据盘），2 个 10 Gbit/s 网卡
H3C 交换机	1	24 个 10/100/1000 BASE-T 端口，8 个 10Gbit/s SFP 光端口
瘦客户端	90	瘦终端设备，DELL Wyse P25

仔细检查服务器发现"XX 超融合"一体机使用超微 2028TR-HTR 2U 四子星的服务器，该服务器 2U 机箱规格，采用刀片式设计，最大支持 4 个节点。该产品规格如表 1-6-2 所示。

表 1-6-2　超微 2028TR-HTR 规格

机箱规格	2U 机架式。高：88mm，宽：438mm，深：724mm
芯片组	Intel C612
主板	X10DRT-H
CPU 类型	Intel Xeon E5-2600 V4 系列、Intel Xeon E5-2600 V3 系列
内存	8 个内存插槽，最大支持 1TB，支持 DDR 4 ECC 2133 2400MHz
扩展槽	1 个 PCE-E 3.0（×16）半高插槽
硬盘	6 个 3.5 英寸热插拔 SATA 3 硬盘位
背板接口	2 端口 Intel i350 1 Gbit/s 网卡、1 个 IPMI 2.0 远程管理网卡、2 个 USB 3.0 接口、1 个 VGA 接口
电源	1200W、1800W、1980W、2200W

该服务器每个节点支持 2 个 E5-2600 系列的 CPU、支持 8 条 DDR4 内存、2 个 SuperDOM 端口，如图 1-6-3 所示。

在图 1-6-3 中两个黄色的 SuperDOM 端口，可以安装两个 SATADOM 电子盘，配置为 RAID-1 后安装系统。SATADOM 电子盘外形如图 1-6-4 所示。

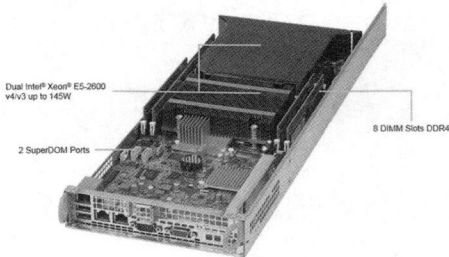

图 1-6-3　2028TR-HTR 节点　　　　　　　　　图 1-6-4　SATADOM 电子盘

超微 2028TR-HTR 背面如图 1-6-5 所示。该服务器最多可以安装 4 个节点，双电源。在安装配置时，可以依次在每个节点接上鼠标、键盘、显示器用于安装配置。

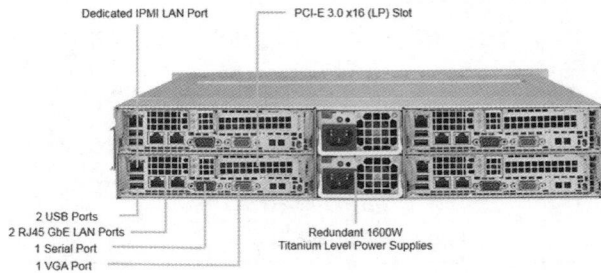

图 1-6-5　背面视图

1.6.2　已安装配置好环境介绍

本项目的安装配置及测试花费了 1 天的时间，其中上午 3 小时用来安装 ESXi、vCenter Server、vSAN 及 Windows Server 2016 的 Active Directory、Horizon 连接服务器等，下午 3 小时用来配置并生成 Horizon 7 的虚拟桌面、文件服务器并在瘦终端上测试。下面是已经安装配置好的 Horizon 桌面环境。

（1）当前一共 3 台服务器，每台服务器的 ESXi 安装在 64GB 的电子盘中，如图 1-6-6 所示。安装配置完 vSAN 后，vSAN 存储容量是 32.75TB。

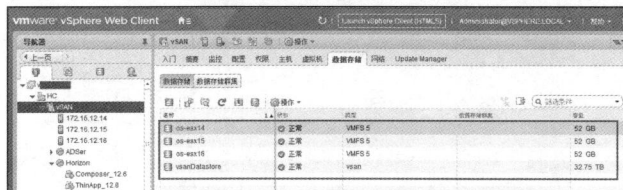

图 1-6-6　ESXi 系统盘及 vSAN 存储盘

（2）在 vSAN 群集中有 3 个节点主机，每台主机有 1 个磁盘组，每个磁盘组有 1 块 1.2TB 的 SSD 和 2 块 6TB 的 HDD，如图 1-6-7 所示。

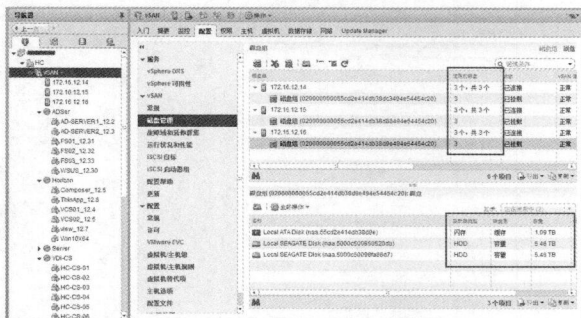

图 1-6-7　共 3 台主机，每台主机 1 个 1.2TB 和 2 个 6TB

（3）在 vSAN 群集中，配置了 2 台 Active Directory 的服务器（IP 地址为 172.16.12.2 和 172.16.12.3）、2 台文件服务器（IP 地址分别为 172.16.12.31、172.16.12.32）、一台 Horizon Composer 服务器（IP 地址为 172.16.12.6）和 2 台 Horizon 连接服务器（IP 地址分别是 172.16.12.4、172.16.12.5），如图 1-6-8 所示。

（4）在 Active Directory 服务器的"Active Directory 用户和计算机"中，为每个用户配置了"配置文件路径"，每个用户的配置文件路径以 UNC 网络路径的方式保存在文件服务器中，如图 1-6-9 所示。

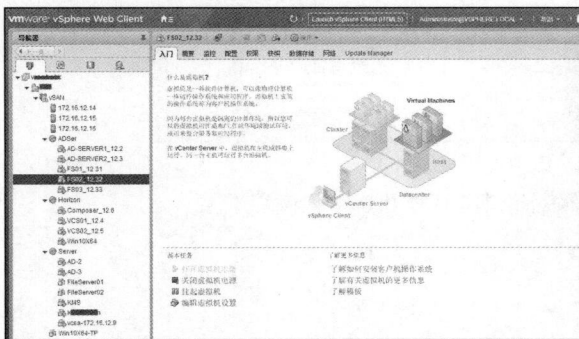

图 1-6-8　安装配置好的服务器（虚拟机）

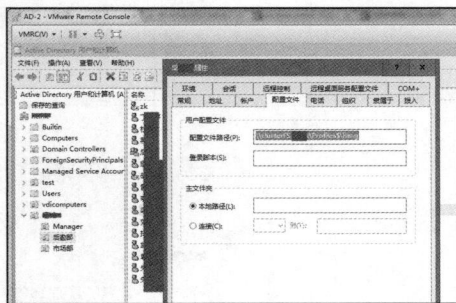

图 1-6-9　配置文件路径

（5）在"组策略"管理中，为用户所在的 OU 创建策略，启用并配置"文件夹重定向"功能，如图 1-6-10 所示。

（6）使用 Horizon Administrator 创建并生成虚拟桌面，在"资源→计算机"中可以看到生成的虚拟桌面计算机，如图 1-6-11 所示。

（7）当所有员工登录并使用 Horizon 虚拟桌面时，在 vSAN 管理界面的"监控→性能→vSAN 虚拟机消耗"中可以看到，其读取 IOPS 最高为 1392，写入 IOPS 最高 696 左右，如图 1-6-12 所示。

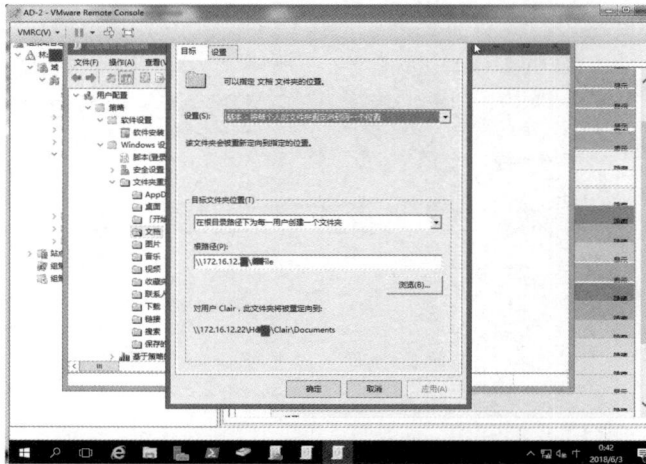

图 1-6-10　文件夹重定向

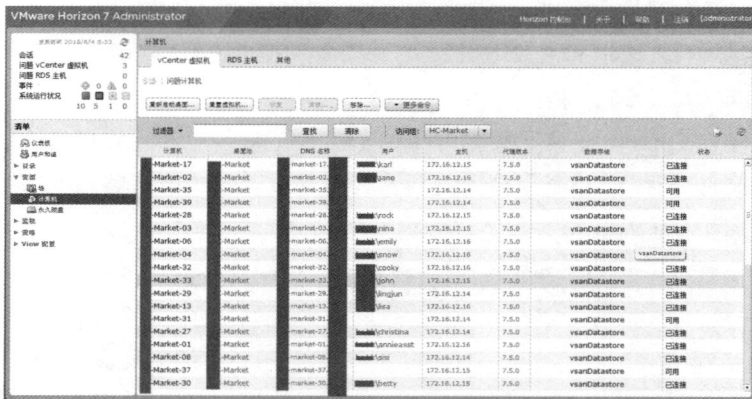

图 1-6-11　虚拟桌面计算机

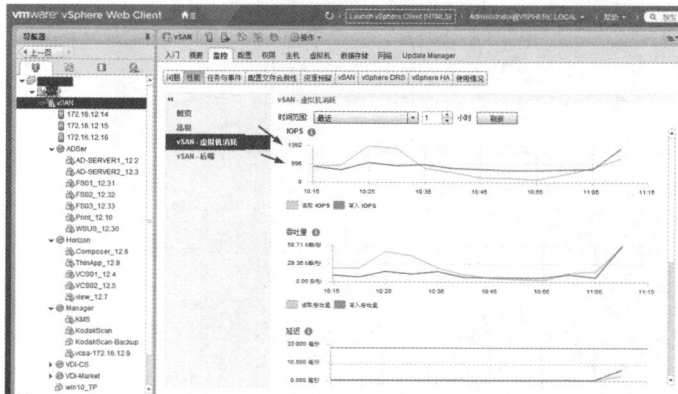

图 1-6-12　vSAN 消耗

（8）将"时间范围"调整为 24 小时，可以看到最高的 IOPS 需求为 1978，如图 1-6-13 所示。

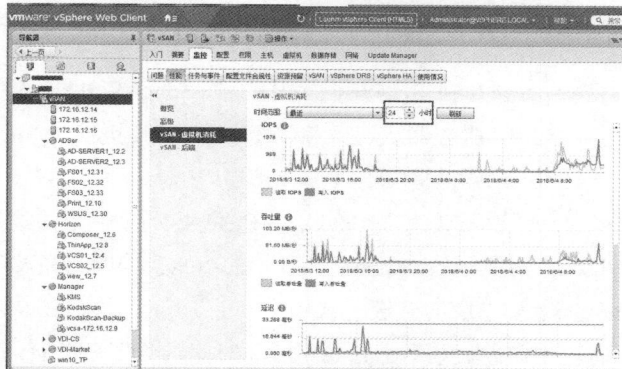

图 1-6-13　查看 24 小时消耗

（9）在"主机"列表中看到，一共运行 2 台 Active Directory 服务器、3 台文件服务器、1 台扫描服务器、其他 7 台虚拟机、60 台 Windows 10 64 位企业版（Windows 10 的 1803 版本，4 个 CPU，6GB 内存）虚拟桌面时资源消耗的情况，如图 1-6-14 所示。可以看到总的 CPU 使用率是 40%左右，内存使用率 61%左右。

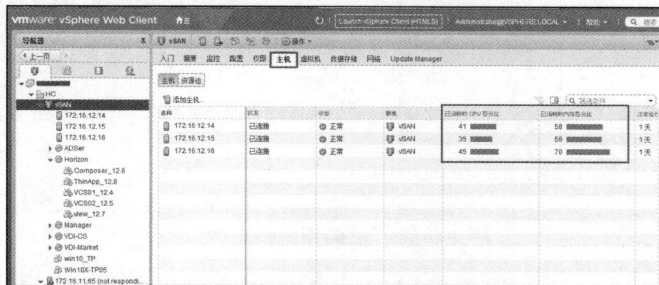

图 1-6-14　全部负载工作时主机占用资源

（10）在"虚拟机列表"中可以看到当前一共运行 73 台虚拟机，如图 1-6-15 所示。

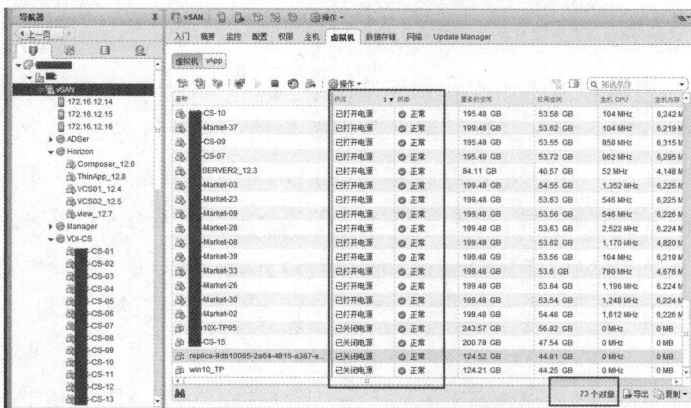

图 1-6-15　虚拟机列表

1.6.3 项目总结

项目最初安装的是 vSphere 6.5 U2，现在已经升级到 vSphere 7.0 U2 的版本。Horizon Client 从 7.5.0 升级到现在的 7.13.0，服务器从超微 2028TR 3 个节点更换为 Intel 2U 四子星 4 节点服务器（每个节点 2 个 Intel E5-2660 V4 的 CPU、256GB 内存、6 块 2.4TB 2.5 英寸 SAS 磁盘、2 端口 10Gbit/s SFP 网卡、1 块 Intel DC P4600 2TB PCIe SSD)。使用总结如下：

（1）从 vSphere 6.5 U2 到现在的 vSphere 7.0 U2 的版本，这期间经过了从 vSphere 6.5 U2 到 vSphere 6.7 U1、vSphere 6.7 U3 的升级，再到 vSphere 7.0、7.0 U1、7.0 U1C、7.0 U2。升级过程比较平顺，没有出现问题。基本上是利用晚上时间，首先升级 vCenter Server，然后升级 4 台 ESXi 主机。升级 vCenter Server 需要 30 分钟至 1 个小时，升级每台 ESXi 主机需要 30～50 分钟。（在书稿完成时）当前虚拟机共有 122 台，如图 1-6-16 所示；

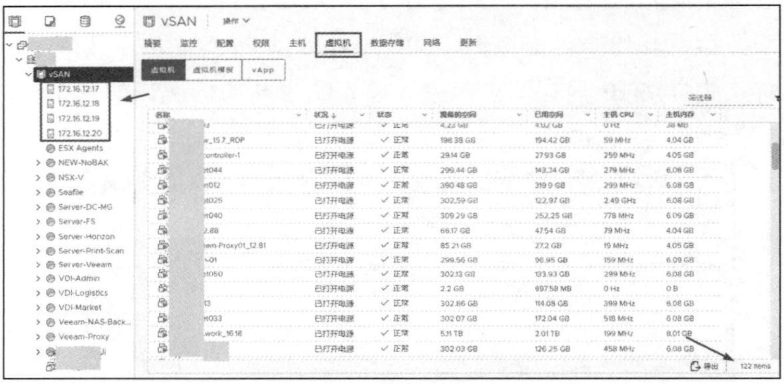

图 1-6-16　主机与虚拟机列表

（2）VMware Horizon 升级比较顺利。一般是按照升级 Composer、Horizon 连接服务器、Horizon 安全服务器的步骤进行升级。升级之前对这 3 个 Horizon 虚拟机创建快照，升级完成后快照保留 1 天，第 2 天使用无问题之后，下班后删除快照；

（3）Horizon 虚拟桌面从最初使用"文件夹重定向"换成 Seafile 企业网盘专业版代替。在使用文件夹重定向时，如果用户有较多小文件时，文件夹重定向所使用的共享文件夹效率较低。经过多次产品测试之后，用户数据改为使用企业网盘保存；

（4）本案例配置了 1 台 QNAP TVS-872N 的 NAS 用于数据备份。该 NAS 配置了 6 块 3.5 英寸 SATA 接口 8TB 硬盘，配置成 iSCSI 存储分配给 4 台 ESXi 主机，用作虚拟机备份的存储空间。在图 1-6-17 中名称为 Veeam-QTS-Datastore 的 VMFS 存储即是 QNAP TVS-872N 提供的 iSCSI 存储，该存储用来保存 Veeam 复制后的虚拟机；

（5）在本案例中，使用 Veeam 11.0，使用虚拟机复制技术，将当前环境中重要的虚拟机，例如 Active Directory 服务器、Seafile 企业网盘服务器、Horizon 相关服务器、打印服务器和其他服务器虚拟机，复制保存到 QNAP TVS-872N 提供的 iSCSI 存储中。当前复制的虚拟机有 16 台，如图 1-6-18 所示；

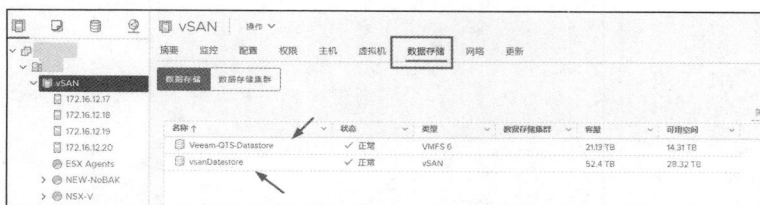

图 1-6-17　NAS 存储

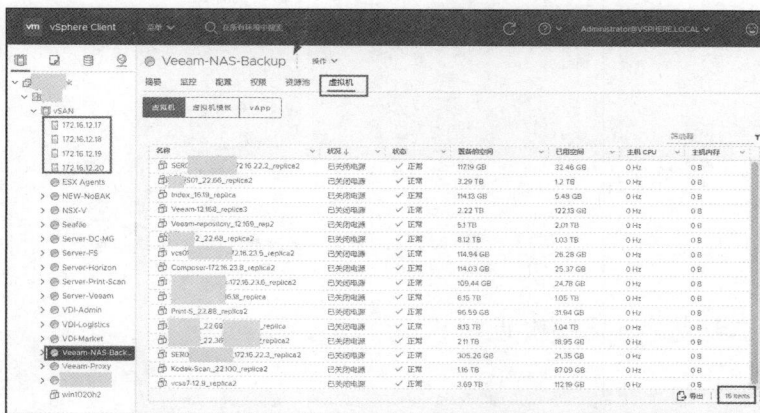

图 1-6-18　使用复制技术备份的虚拟机

（6）当前环境中 Horizon 虚拟桌面有 75 台，每台虚拟桌面分配了 4 个 vCPU 和 6GB 内存。其中操作系统的磁盘空间 60GB，数据磁盘空间 150GB，临时文件磁盘空间 6GB。操作系统安装了 Windows 10 企业版（20H2 版本），安装的软件有微信、企业微信、企业 QQ、Office 2019、Chrome 浏览器等软件，使用速度快，运行稳定。该虚拟桌面从最初的 Windows 10 1803 版本，到现在使用 Windows 10 20H2 版本，期间虚拟桌面经过多次重构，但在重构后用户的配置与数据均未丢失；

（7）该单位 Horizon 虚拟桌面前期配置了 Horizon 安全服务器，可以让员工通过 Internet 登录内网虚拟桌面，用于远程办公。后来用 UAG 服务器代替安全服务器。该单位使用电信 ADSL（500M，动态获得公网 IP 地址），使用电信天翼网关将端口映射给出口防火墙，出口防火墙将虚拟桌面外网访问所需要的端口映射到安全服务器或 UAG 服务器，Internet 用户通过花生壳动态域名解析登录到 UAG 服务器访问虚拟桌面。

1.7　某数据测试中心全闪存 vSAN 应用

某单位组建测试用的数据中心，采用 8 台服务器和 2 台 10 Gbit/s 交换机，配置全闪存 vSAN 群集，项目拓扑如图 1-7-1 所示（图 1-7-1 中画出了 2 台服务器，其他服务器未列出）。

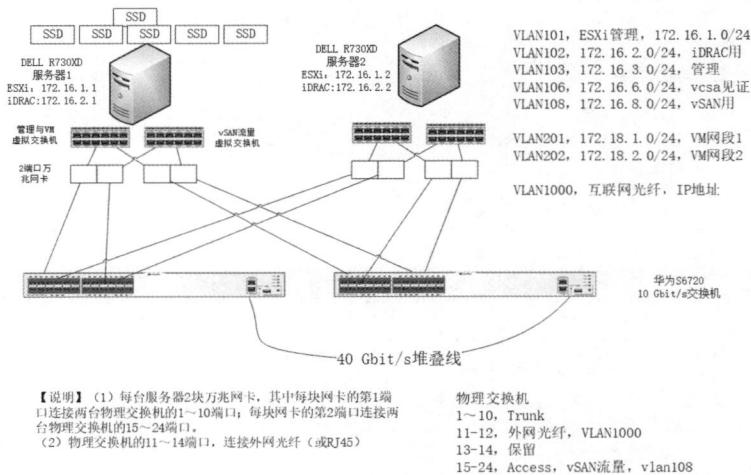

图 1-7-1　8 节点标准 vSAN 群集

1.7.1　服务器配置与交换机连接说明

下面是该项目的一些信息。

（1）服务器配置：每台服务器配置 2 个 E5-2686 V4 的 CPU 和 256GB 内存，1 块 120GB 的固态硬盘安装 ESXi 6.5，6 块 1.6TB 企业级固态硬盘，2 块 2 端口 10 Gbit/s 网卡（光纤接口）。

（2）配置 2 台华为 S6720S-26Q-EI-24S 采用 40Gb 堆叠连接。

（3）交换机 VLAN 划分：划分 VLAN101、VLAN102、VLAN103、VLAN106、VLAN108 5 个 VLAN。各网段规划如下：

- VLAN101，172.16.1.0/24 ，用于 ESXi 管理和 vCenter Server 地址使用；
- VLAN102，172.16.2.0/24，虚拟机网段 1；
- VLAN103，172.16.3.0/24，虚拟机网段 2；
- VLAN106，172.16.6.0/24，配置 vCenter HA 见证流量使用；
- VLAN108，172.16.8.0/24，专用于 vSAN 流量。

（4）每台服务器 2 块 2 端口 10 Gbit/s 网卡，其中每块网卡的第 1 端口连接 2 台物理交换机的 1～10 端口；每块网卡的第 2 端口连接 2 台物理交换机的 15～24 端口。物理交换机的 11～14 端口连接外网光纤。

本项目实施的主要流程和步骤如下：

（1）每台主机贴标签和安装配件（硬盘、10 Gbit/s 网卡、内存）后打开电源，进入 BIOS 设置 iDRAC 地址。每台服务器的 iDRAC 地址依次是 172.16.1.101～172.16.2.108，子网掩码 255.255.255.0，网关 172.16.1.254；

（2）每台服务器进 RAID 配置，将所有磁盘设置为 Non-RAID 模式；

（3）安装 ESXi 到 120GB 的 SSD，安装完成后，按 F2 键，选择网卡端口 0 和 2（实际上是第 1 和第 3 端口），设置 IP 地址依次是 172.16.1.1～172.16.1.8，VLAN 为 101。此时每台服务器光纤插到网卡 1 的 1 端口和网卡 2 的 1 端口，连接到每台交换机的 1～10 端口；

（4）在此期间，同时对华为 S6720S 进行配置，根据规划表划分 VLAN、设置 telnet 远程登录、配置堆叠；

（5）在安装好的第 1 台 ESXi 中安装 vCenter Server Appliance，设置 IP 地址为 172.16.1.20，子网掩码为 255.255.255.0，网关为 172.16.1.254；

（6）将每台 ESXi 添加到 vCenter Server。为每台 ESXi 配置 vSAN 流量（使用 VDS），vSAN 流量使用网卡 1 与网卡 2 的第 2 端口。连接到交换机的 vlan108，每台交换机的 15～24 端口；

（7）启用并配置 vSAN。（修改 vCenter Server 的密码策略、root 密码策略、添加许可）；

（8）配置 vCenter Server HA；

（9）配置 HA 与 DRS；

（10）虚拟机配置 VDS（用于管理与虚拟机流量）。一共 2 台 VDS，另一台为 vSAN 流量；

（11）创建模板虚拟机。

项目完成后如图 1-7-2 所示。

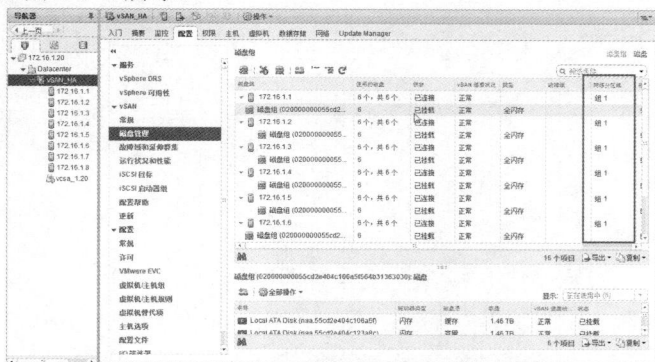

图 1-7-2　创建磁盘组完成

在"监控→vSAN→运行状况"中，当前群集只有警告，没有错误信息，如图 1-7-3 所示。

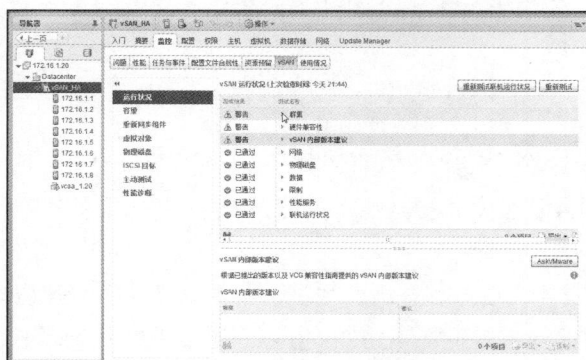

图 1-7-3　vSAN 群集正常

1.7.2 虚拟机延迟很大故障解决

在项目上线 3 个多月后，客户联系笔者，说在监控程序中看到虚拟机延迟非常大，让笔者帮助检查一下。

1．初步检查判断是某台主机有问题

用户的管理流量、虚拟机流量以及 vSAN 流量由 2 台华为 S6720 交换机分担，正常情况下不可能出现延迟的现象。下面是检查的过程：

（1）使用 vSphere Web Client 登录到 vCenter Server，在左侧导航器中选择 vSAN 群集，在右侧"主机"选项卡中查看主机状态，在清单中可以看到 8 台主机状态正常，主机的 CPU 消耗、内存消耗都在正常范围以内，主机正常运行时间 99 天，如图 1-7-4 所示；

（2）在"虚拟机"列表中看到虚拟机的状态正常，如图 1-7-5 所示；

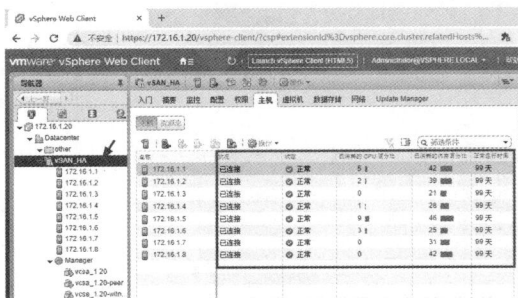

图 1-7-4　查看主机列表

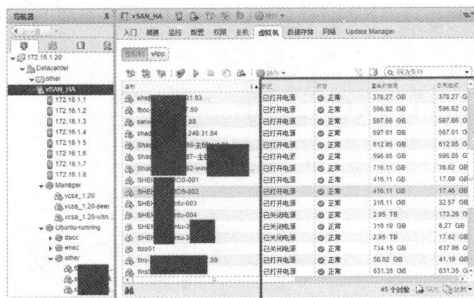

图 1-7-5　虚拟机正常

（3）在"监控→问题→所有问题"中查看的有三条警告信息，其中有一条"网络延迟检查"的警告信息，如图 1-7-6 所示；

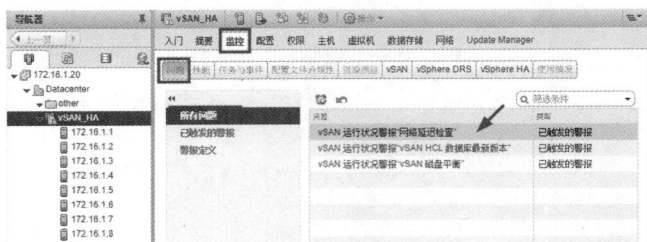

图 1-7-6　网络延迟检查

（4）在"监控→vSAN→运行状况"的"网络→网络延迟检查"选项中的"网络延迟检查结果"表示 172.16.1.4 这台主机与其他主机延迟较大，其他主机延时较为正常，如图 1-7-7 所示。除此以外其他信息正常；

（5）在导航器中选中 172.16.1.4 这台主机，在"配置→网络→物理适配器"中查看物理网卡状态，查看到链路速度正常（10 000Mb），如图 1-7-8 所示。

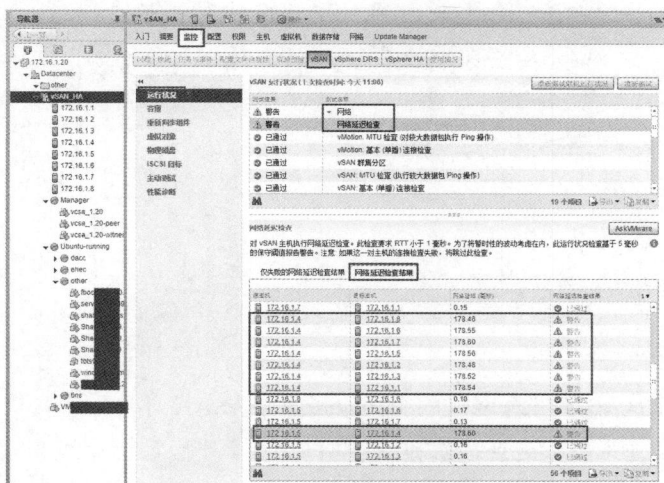

图 1-7-7　172.16.1.4 主机延迟较大

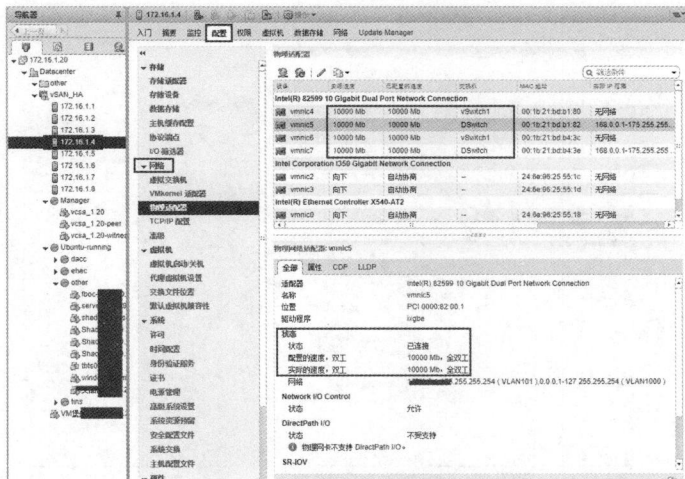

图 1-7-8　主机网卡链路速度正常

其他主机网卡状态及链路速度正常。因为现在检查到的问题是 172.16.1.4 这台主机与其他主机之间延迟较大，初步想法是先将这台主机下线检查，迁移数据与虚拟机到其他主机。

2．在迁移过程中发现新的问题

因为怀疑是 172.16.1.4 这台主机有问题，所以想先将有问题主机下线，然后看故障能否解决。

（1）在导航器中右击 172.16.1.4 主机，在弹出的快捷菜单中选择"维护模式→进入维护模式"命令，如图 1-7-9 所示。当前主机有 4 台虚拟机正在运行。

（2）因为当前主机是 vSAN 环境并且想要下线检查，所以将进入维护模式前需要将当前主机上的虚拟机迁移到其他主机，勾选"将关闭电源和挂起的虚拟机移动到群集中的其他主机上"复选框，同时选中"将所有数据撤出到其他主机"单选按钮，如图 1-7-10 所示。

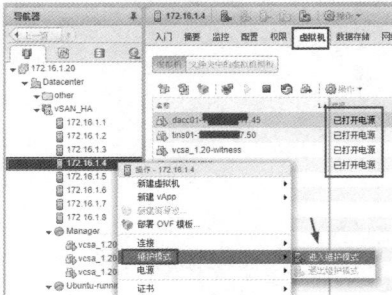

图 1-7-9　进入维护模式

图 1-7-10　迁移数据到其他主机

（3）当前环境是 10 Gbit/s 网络的全闪存磁盘组 vSAN 环境，正常情况下迁移这 4 台虚拟机的数据到其他主机，应该很快完成，但 10 多个小时后仍然没有完成数据的迁移。在"群集→监控→vSAN→重新同步组件"中看到仍然还有 2.03TB 数据需要重新同步，如图 1-7-11 所示。

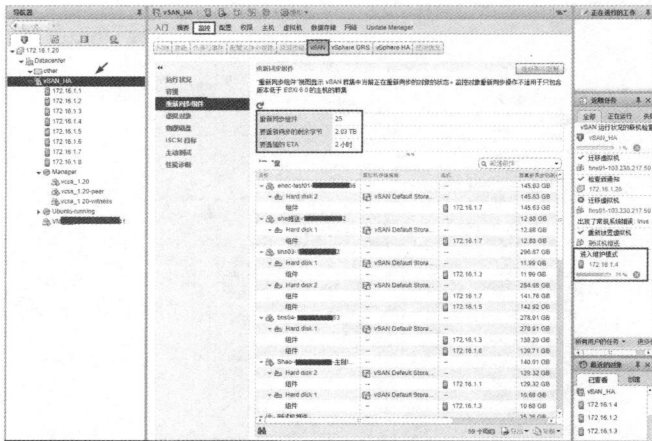

图 1-7-11　剩余同步的数据量

（4）这时，我分析可能不是服务器的问题，而是其他问题引起的。登录 vSAN 主机的交换机，发现交换机的每个端口都被添加了以下两行配置信息：

```
qos lr outbound cir 45000 cbs 5625000
qos lr inbound cir 45000 cbs 5625000
```

如图 1-7-12 所示。

询问管理员得知，因为有 1 台机器大量向外发包，机房管理员为了找出是那个 IP，对交换机进行了限速，但找到问题之后没有取消限速。

```
interface XGigabitEthernet0/0/2
 port link-type trunk
 port trunk allow-pass vlan 2 to 4094
 qos lr outbound cir 45000 cbs 5625000
 qos lr inbound cir 45000 cbs 5625000
#
interface XGigabitEthernet0/0/3
 port link-type trunk
 port trunk allow-pass vlan 2 to 4094
 qos lr outbound cir 45000 cbs 5625000
 qos lr inbound cir 45000 cbs 5625000
#
interface XGigabitEthernet0/0/4
 port link-type trunk
 port trunk allow-pass vlan 2 to 4094
 qos lr outbound cir 45000 cbs 5625000
 qos lr inbound cir 45000 cbs 5625000
#
```

图 1-7-12　交换机每个端口被限速

3．取消交换机端口限速故障解决

找到问题的根源所在之后，将交换机端口取消限速即可。另外，为了避免再有虚拟机对外发包对其他网络造成影响，可以将 vSAN 及虚拟化环境的交换机的级联端口进行限速。

（1）在本示例中每台交换机的 23、24 与核心交换机级联，登录每台交换机，将 1～22 端口取消限速并保存配置即可。批量为 1～22 端口取消限速的命令格式如下：

```
port-group group-member  XGigabitEthernet0/0/1  to XGigabitEthernet0/0/24
undo qos lr inb
undo qos lr out
quit
```

（2）交换机取消限速后，在"监控→vSAN→网络→网络延迟检查"中重新测试，此时已经没有延迟，如图 1-7-13 所示。

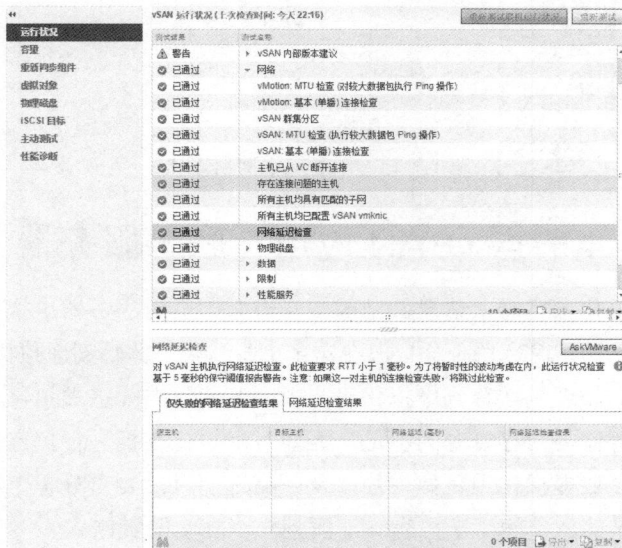

图 1-7-13　网络延迟检查

（3）交换机端口速度恢复正常之后，数据同步很快完成。172.16.1.4 进入维护模式。然后将该主机退出维护模式，至此虚拟机的 IO 延迟问题得到解决。

（4）在"监控→性能→vSAN-虚拟机消耗"，将"时间范围"改为 24 小时，查看取消交换机限速 6 小时后前后速度对比可以发现，取消交换机端口限速之后吞吐量增加、延迟减小到接近 0 的状态，如图 1-7-14 所示。这样说明，检查出交换机端口被限速是 10 月 20 日晚上 10 点左右。图 1-7-14 是 21 日上午 7 点的截图。

【说明】交换机端口 qos 命令格式如下：

```
qos lr cir cir cbs cbs
```

cir cir 表示承诺信息速率，整数形式，取值范围是 64 至接口自带带宽，例如 Ethernet 接口带宽为 100 000（100 Mbit/s）、GE 接口带宽为 1 000 000（1 000 Mbit/s，1 Gbit/s）、XG 接口带宽为 10 000 000（10 Gbit/s）。

cbs cbs 表示承诺突发尺寸，整数形式，每次突发所允许的最大的流量尺寸，设置的突发尺寸必须大于最大报文长度，单位是 byte。

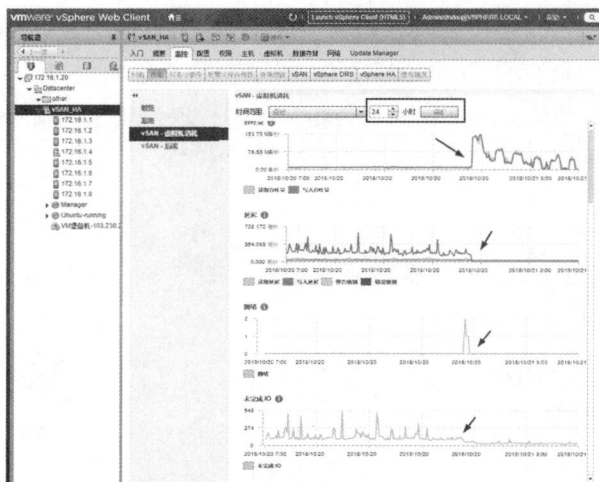

图 1-7-14　限速取消前后对比

1.8　某企业 4 节点 vSAN 应用（联想服务器）

在企业实施虚拟化项目时，信息部门的主管有时，会对服务器虚拟化的使用有顾虑，这就导致在前期产品选型时有些保守。但在实施虚拟化后，体验到虚拟化所带来的优势后，会将许多清单以外的物理机迁移到虚拟化平台中，这就导致一些虚拟化项目，在运行短短几个月之后就面临存储与内存资源的不足，需要对虚拟化主机进行扩容。所以，对于系统集成商而言，在为企业虚拟化项目做规划以及产品选型时，要充分考虑项目后期的扩容。所选的服务器要有足够的空间用于扩容。下面是一个真实的案例。

某企业最初是想购买 4 台物理机升级原来的 OA 与 ERP 的服务器（这些服务器使用多年需要升级），在项目的前期阶段，我们和客户交流，推荐该企业使用虚拟化技术。客户说只有 4 台服务器需要升级，没必要用虚拟化。我们陪同客户去其他已经使用虚拟化的企业参观后，客户转变了观点同意用虚拟化。但客户初期还是不想将大量的服务器迁移到虚拟化平台。所以在项目的初期配置 4 台服务器，每台服务器想配置两颗低端的 CPU。但是因为考虑到后期扩容的需要，我们为服务器选择 1 个 Intel Gold 5118 的 CPU 代替两个 4110 的 CPU，配置 24 个 2.5 英寸盘位的服务器，为后期扩容打下基础。

不出所料，在实施服务器虚拟化后，客户体验到虚拟化带来的优势后，客户除了迁移原来的 OA 与 ERP 等服务器外，还把机房内其他的物理服务器都迁移到新的虚拟化平台中。这就导致虚拟化集群中剩余内存空间和剩余存储空间不足，在项目实施 3 个月后进行扩容。

1.8.1　某企业 4 节点服务器虚拟化情况说明

某企业在 2019 年 10 月使用 4 台服务器组成 VMware vSphere 虚拟化平台，使用 vSAN

提供软件分布式共享存储。该企业最初规划是将 OA 与 ERP 等有限的应用从原来物理服务器迁移到虚拟化平台，计划迁移的物理服务器数量不超过 10 台。所以每台服务器只配置 1 个 Intel Gold 5118 的 CPU，每台服务器配置 256GB 内存，每台服务器配置 1 个磁盘组，每个磁盘组配置 1 块 2TB PCIe NVME 的 SSD 和 7 块 1.2TB 2.5 英寸 10 000r/min 的 SAS 磁盘。设计总内存 1TB，总存储容量 33.6TB。虚拟化项目配件清单如表 1-8-1 所示。

表 1-8-1　某企业 4 节点 vSAN 虚拟化项目清单

序号	项目	描述	数量	单位
1	分布式服务器 SR650：4 台，每台配置如下			
1.1	联想 ThinkSystem SR650	1 颗 Intel Xeon Gold 5118（12C/24T，2.3GHz）；2 块 750W 服务器专用电源，24 个 2.5 英寸盘位，930 24i RAID 卡，2U 机箱，带导轨	4	颗
1.2	服务器内存	32GB DDR4 PC4-2400MHz	8	条
1.3	PCIe 提升卡	ThinkSystem SR550/SR590/SR650 x16/x8 PCIe FH Riser 1 Kit	1	块
1.4	硬盘扩展背板	ThinkSystem SR550/SR650 2.5" SATA/SAS 8-Bay Backplane Kit	1	块
1.5	系统硬盘	M.2 with Mirroring Enablement Kit，2 块 128GB 的 M.2 SSD	1	块
1.6	缓存硬盘	Intel DC P3610，2TB PCIe NVME3.0 企业级固态硬盘（用作高速数据缓存）	1	块
1.7	数据硬盘	1.2T 10K 6Gbit/s SAS 2.5* G3HS HDD（用作容量磁盘）	7	块
1.8	10 Gbit/s 接口卡	Intel x520 2 端口 10 Gbit/s SFP 接口网卡	1	块
2	网络设备			
2.1	vSAN 流量交换机	华为 S6720S-26Q-SI-24S-AC，24 个 10 Gbit/sSFP+，2 个 40GE QSFP 端口	2	台
2.2	三层数据交换机	华为 S5720-28X-SI，24 个 10/100/1000 Base-T，4 个 10 Gbit/sSFP+交换机	2	台
2.3	光纤模块	光模块-SFP+-10G-多模光纤模块(1310nm,0.22km,LC,LRM)	20	块
2.4	光纤	万兆多模光纤跳线 SFP+（1m，3m，5m）	10	条
2.5	QSFP-40G-CU 连接线	QSFP+-40G-高速电缆-3m-(QSFP+38 公)-(CC8P0.32 黑(S))-(QSFP+38 公)-室内用	2	条
3	虚拟化平台			
3.1	vCenter Server	vCenter Server 标准版（含一年服务）	1	套
3.2	vSphere	vSphere 企业增强版（每 CPU）	4	个
3.3	vSAN	VMware 超融合软件 Virtual SAN	4	个

在本项目中，服务器采用联想 SR650，集成 4 端口 1Gbit/s 的 RJ-45 端口网卡，另外配置了一块 2 端口 10Gbit/s 的 SFP 光接口网卡。配置华为 S5720S-28X-SI 交换机 2 台用作数据网络交换机，配置华为 S6720S-26Q-SI 交换机 2 台用作 vSAN 流量交换机，网络拓扑如图 1-8-1 所示。

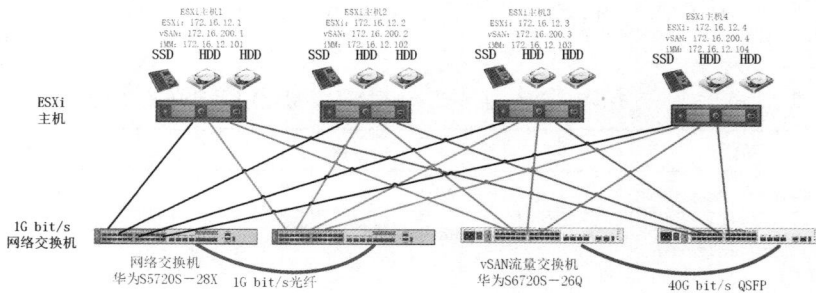

图 1-8-1　4 节点服务器虚拟化项目拓扑

在本项目中，2 台 S5720S-28X-SI 配置成堆叠模式（使用 2 个 10Gbit/s 端口堆叠），用作服务器虚拟化主机的管理网络和虚拟机流量。每台 S5720S 交换机的第 1～12 端口划分为 VLAN1012，每台 S5720S 交换机的第 13～24 端口划分为 Trunk 并允许所有 VLAN 通过。每台服务器集成了 4 端口 1Gbit/s 网卡，其中第 1 个端口和第 2 个端口分别连接到每台 S5720S 交换机的 1～12 的端口中，第 3 个端口和第 4 个端口分别连接到每台 S5720S 交换机的第 13～24 的端口中。每台服务器 iMM 管理端口也连接到第 1 台 S5720S 交换机的 1～12 端口。2 台 S6720S 交换机配置为堆叠，使用 40Gbit/s 端口进行堆叠，每台 S6720S 的端口 1～12 划分为 VLAN200。服务器的 2 端口 10Gbit/s 的网卡分别连接每台 S6720S 的 1～12 的端口中。服务器连接示意如图 1-8-2 所示。

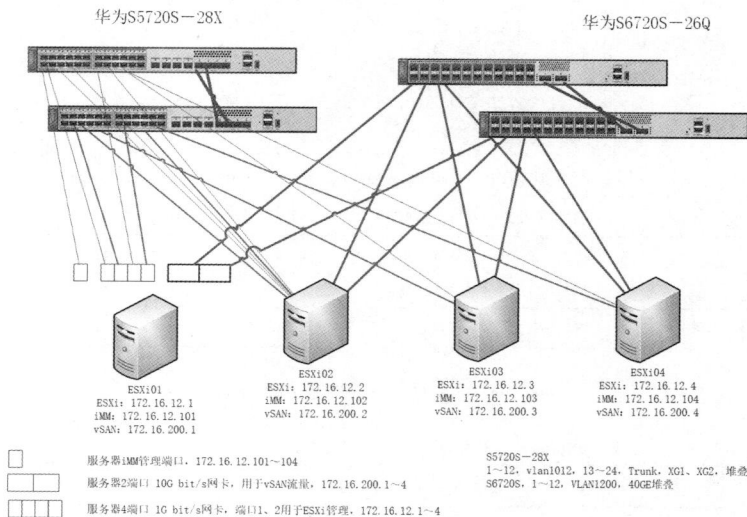

图 1-8-2　服务器虚拟化连接示意

这 4 台服务器和 4 台交换机放在 1 个机柜中，摆放示意如图 1-8-3 所示。

在本项目中，安装 VMware ESXi 的系统盘配置了一个联想 ThinkSystem 服务器提供的 M.2 with Mirroring Enablement Kit 套件，如图 1-8-4 所示，通过该套件并配置 2 块较小容量例如 128GB 的 M.2 SSD，在配置为 RAID-1 后用来安装 ESXi 系统。该套件安装在服务器主板中，有一个接口可以安装该套件。如果不使用这个 M.2 产品套件，也可以使用一个 120GB 或 240GB 的 SATA 接口的 2.5 英寸固态硬盘用作 ESXi 系统盘。

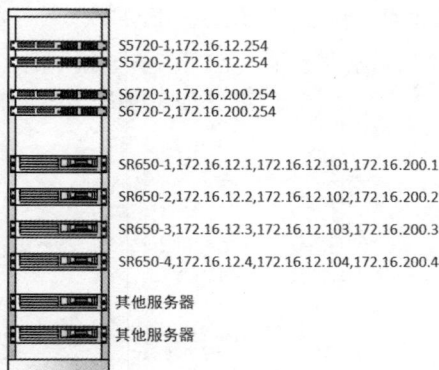

图 1-8-3　服务器摆放示意

服务器虚拟化安装配置完成后，使用 VMware Converter 将 OA 和 ERP 等物理机迁移到虚拟化平台，图 1-8-5 所示为使用 VMware vCenter Converter 迁移 1 台 Windows Server 2008 R2 物理机的截图。

图 1-8-4　联想服务器双 M.2 SSD 模块

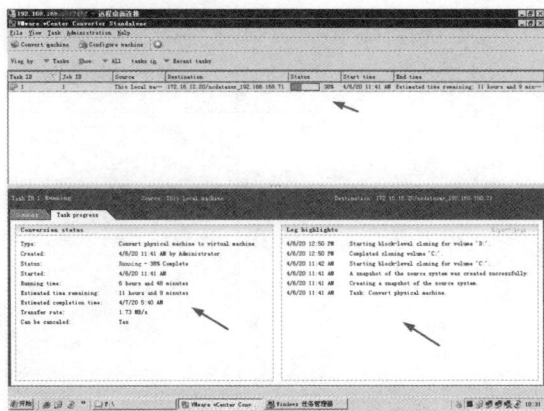

图 1-8-5　迁移过程截图

使用 VMware vCenter Converter 迁移物理机到虚拟机一般是 2 个阶段，第 1 个阶段是复制整个物理服务器数据到虚拟机中，第 1 阶段花费的时间较长，通常在 1Gbit/s 的网络中，每小时可以复制 100GB 左右的数据。1 台总数据量有 1TB 的服务器，需要 8～12 小时甚至更长时间。在此期间也有新数据产生。第 2 个阶段是数据同步阶段，第 2 阶段将第 1 阶段运行期间的差异数据同步到虚拟机，第 2 阶段一般需要 7～10 分钟。在将物理机以 P2V 的方式迁移到虚拟化平台中时，服务器停机时间为 10～15 分钟（10 分钟同步，5 分钟启动迁移后的虚拟机，安装 VMware Tools，设置 IP 地址并对外提供服务）。一般不会超过 30 分钟。所以使用 P2V 时可以申请 30 分钟的停机时间。

在项目实施的 1 个月内，客户将机房内大多数的物理服务器还有一些运行在 PC 上的软件都迁移到虚拟化的平台中，并且将原来 1 台运行在 DELL R910 上运行的虚拟机也迁移到新的平台中，如图 1-8-6 所示。

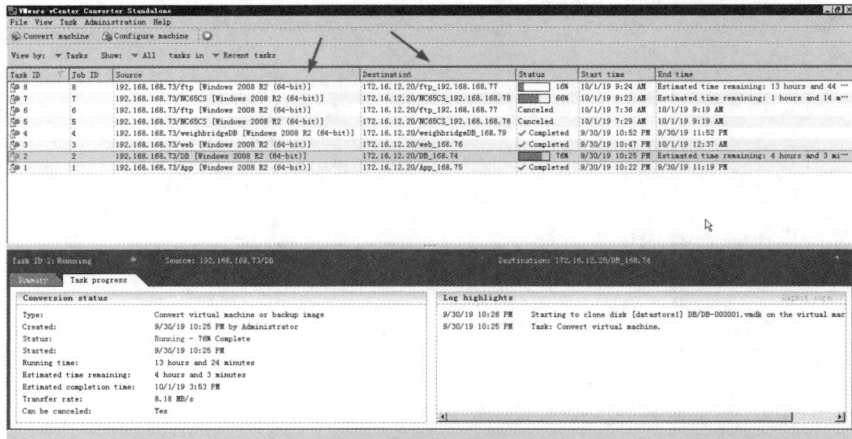

图 1-8-6　迁移 ESXi 5.5 的虚拟机到 6.7

因为运行的虚拟机和使用的存储已经远远超过所规划时的数量，所以需要对现有的虚拟化平台进行扩容。图 1-8-7 所示为项目实施 29 天时的截图，当前显示每台服务器有 1 个 5118 的 CPU，256GB 内存。存储总容量 30.56TB，可用 7.58TB（已经使用 22.98TB）。

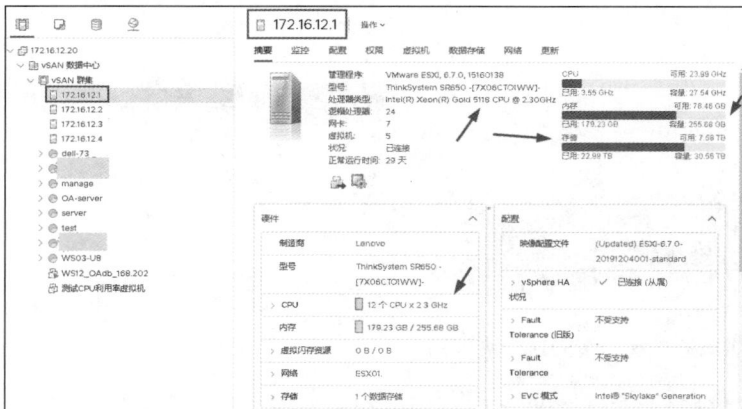

图 1-8-7　单台主机与 vSAN 共享存储容量使用

1.8.2　服务器扩容与虚拟桌面

因为迁移到虚拟化平台中的物理机和虚拟机超过原来规划的数量，导致现在虚拟化平台可用内存和存储空间较低，需要对现有的虚拟化平台进行扩容。另外，用户想在现有虚拟化平台提供 50 个桌面虚拟机逐渐替换部分办公用机。通过和用户讨论和分析，决定对现有服务器进行扩容，所需要的软硬件清单如表 1-8-2 所示。

表 1-8-2　服务器虚拟化扩容和桌面虚拟化清单

序号	项目	描述	数量	单位
1	分布式服务器 SR650 扩容清单			
1.1	服务器 CPU	Intel 5218 CPU（16 核 2.3G 主频 16.5M）	4	颗
1.2	服务器内存	64GB DDR4 PC4-2400MHz	32	条
1.3	PCIe 提升卡	ThinkSystem SR550/SR590/SR650 x16/x8 PCIe FH Riser 1 Kit	4	块
1.4	缓存硬盘	三星 PM1725A 1.6TB PCIe NVME3.0 企业级固态硬盘	4	块
1.5	数据硬盘	2.4T 10K 6Gbit/s SAS 2.5* G3HS HDD（用作容量磁盘）	28	块
2	云桌面终端设备			
2.1	终端显示器	DELL SE2218HV 21.5 英寸 LED 宽屏液晶显示器；键盘鼠标：DELL KB216+MS116，黑色	50	套
2.2	零终端客户机	DELL WYSE P25 5030 瘦终端机	50	台
3	虚拟化平台			
3.1	Horizon	VMware Horizon 10 用户包，标准版	5	套
3.2	vSphere	vSphere 企业增强版（每 CPU）	4	个
3.3	vSAN	VMware 超融合软件 Virtual SAN	4	个

我们详细了解一下扩容方案。

（1）CPU 扩容方案。原有 4 台服务器，每服务器 1 颗 Intel 5118 的 CPU。合计 4 颗 Intel 5118 的 CPU。新采购 4 颗 Intel 5218 的 CPU。扩容后，第 1 台与第 2 台服务器各安装 2 颗 Intel 5218 的 CPU，第 3 台与第 4 台服务器安装 2 颗 Intel 5118 的 CPU。SR650 的服务器支持 Intel 52 系列的 CPU。

（2）内存扩容方案。原有 4 台服务器，每台服务器配置 8 条 32GB 的内存，合计 32 条 32GB 的内存。新采购 32 条 64GB 的内存。在扩容后每台服务器有 768GB 内存。服务器与内存安装情况如表 1-8-3 所示。

表 1-8-3　服务器与内存安装情况

序号	内存	CPU
第 1 台服务器	12 条 64GB 内存	2 颗 Intel 5218
第 2 台服务器	12 条 64GB 内存	2 颗 Intel 5218
第 3 台服务器	24 条 32GB 内存	2 颗 Intel 5118
第 4 台服务器	8 条 64GB 内存，8 条 32GB 内存	2 颗 Intel 5118

（3）存储扩容方案。每台服务器添加 1 块 PCIe 提升卡，每台服务器添加 1 块三星 PM1725A 1.6TB 的 PCIe 接口的 NVMe SSD，增加 7 块 2.4TB 2.5 英寸 SAS 磁盘。

我们来看一下升级扩容的主要过程。

（1）使用 vSphere Client 登录到 vCenter Server，将第 1 台服务器置于维护模式。等服务器进入维护模式后，将第 1 台服务器关机。等服务器关机后，断电，打开机箱，拆下服务器的 CPU 和内存，换上 2 个 Intel 5218 的 CPU 和 12 条 64GB 内存。然后添加 PCIe 扩展卡，安装三星 PM1725A 固态硬盘，在服务器前面板硬盘插槽剩余位置安装 7 块 2.4TB 的 2.5 英寸硬盘。然后打开第 1 台服务器的电源，进入 ESXi 系统后退出维护模式。

（2）参照第（1）步的步骤，为第 2 台服务器更换 CPU 和内存，安装 PCIe 扩展卡和硬盘。

（3）将第 3 台服务器进入维护模式并关机。关机后断电，将第 1 台和第 2 台服务器拆下的内存插到第 3 台服务器，将第 1 台或第 2 台拆下的 Intel 5118 的 CPU 安装在 CPU 2 的插槽上。然后安装 PCIe 扩展卡和硬盘。配件安装好后打开第 3 台服务器的电源，进入 ESXi 系统后退出维护模式。

（4）将第 4 台服务器进入维护模式后关机，关机后断电，在 CPU 2 的插槽安装剩下的 Intel 5118 的 CPU。先将 8 条 32GB 内存拆下，然后按照服务器机箱背面的提示，在每个 CPU 所属的内存插槽分别安装 4 条 64GB 内存和 4 条 32GB 内存。然后安装 PCIe 扩展卡和硬盘。

等所有主机 CPU、内存、硬盘等配件安装完成后，进入磁盘管理，将每台主机新添加的硬盘配置为第 2 个磁盘组。其中第 1 台和第 2 台服务器扩容后如图 1-8-8 所示。第 3 台和第 4 台服务器扩容后如图 1-8-9 所示。

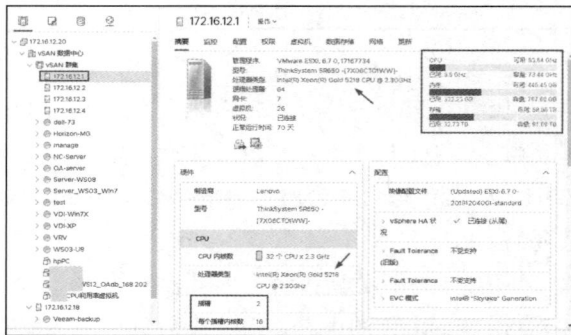

图 1-8-8　第 1 台和第 2 台服务器配置

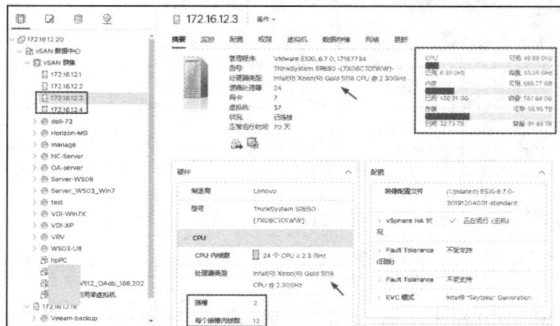

图 1-8-9　第 3 台和第 4 台服务器配置

在扩容完成后，配置 Horizon 管理服务器（包括 Active Directory 的服务器、Horizon 连接服务器、Composer 服务器、UAG 服务器），以及 50 个虚拟桌面，其中有 40 个 Windows 7 操作系统，10 个运行 Windows XP 操作系统。迁移到当前虚拟化平台中的虚拟机操作系统主流是 Windows Server 2008 R2，还有一部分 Windows Server 2003 和 Red Hat Linux 的操作系统，还有 1 台 Windows XP 操作系统的计算机。截止到本书完稿时，当前虚拟化平台运行了 120 台虚拟机，如图 1-8-10 所示。

图 1-8-10　部分虚拟机清单

虽然运行了 120 台虚拟机，但 CPU 在 15%以下，内存使用率在 41%以下，如图 1-8-11 所示。

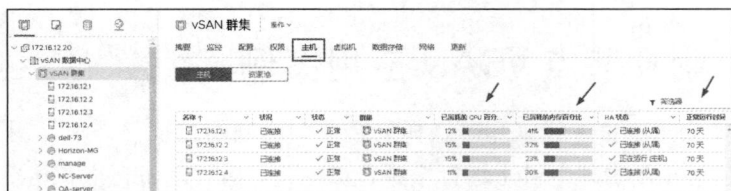

图 1-8-11　查看主机使用率

【说明】主机正常运行时间显示 70 天，是因为在 70 天之前对 vCenter Server 及 ESXi 主机进行了升级。升级后重新启动服务器，正常运行时间重新计数。

扩容后每台服务器有 2 个磁盘组，每个磁盘组有 1 个固态硬盘 7 个容量磁盘，磁盘格式是 10.0。当前一共有 64 个磁盘，如图 1-8-12 所示。

vSAN 存储总容量为 91.69TB。当前使用了 33.05TB，可用 58.64TB。存储容量使用情况如图 1-8-13 所示。

项目从最初上线到后面扩容并使用至今，项目整体运行良好，达到了设计要求。现在该单位的业务系统主要运行在这 4 台 SR650 的服务器上，另外使用一台下架的 DELL R720 的服务器配置 8 块 6TB 的硬盘，该服务器用作备份使用。这些不再介绍。

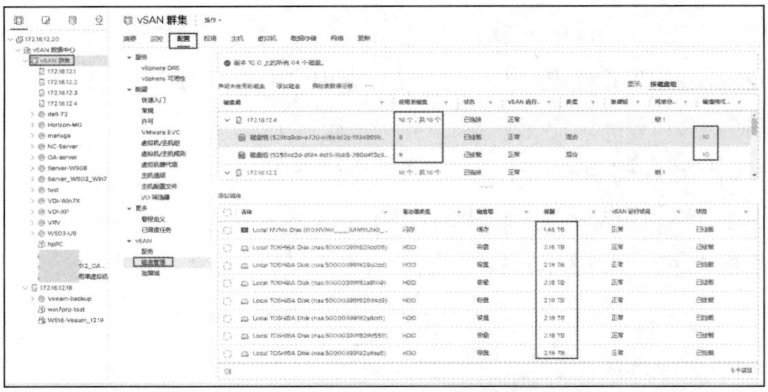

图 1-8-12　磁盘组

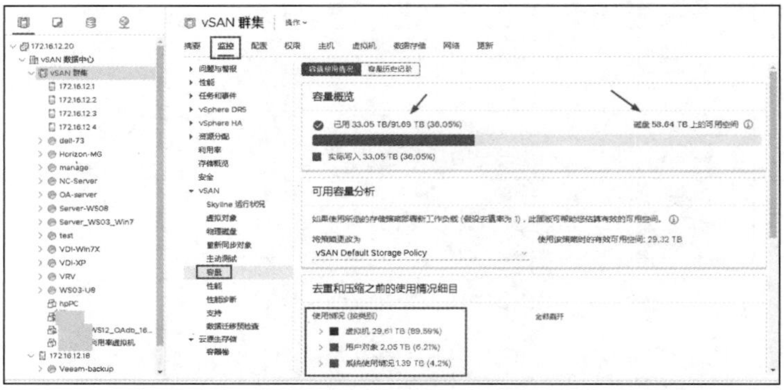

图 1-8-13　vSAN 存储容量使用情况

1.9　某企业 6 节点 vSAN 应用案例

在为企业虚拟化项目进行规划时，如果企业有明确的虚拟化需求，例如需要配置几台物理主机，在这几台物理主机上运行多少台虚拟机，运行的每台虚拟机需要多少 CPU、多大内存和多大的硬盘空间等明确的需求时，实施后的虚拟化应用和预期的规划不会有太大的区别。但是有时，企业对虚拟化本着"试一试"的态度，对虚拟化的需求不明确，但在实施虚拟化之后，企业又发现了虚拟化的优势，可能迁移到虚拟化平台上的虚拟机远远超过我们的设想。但是，VMware vSphere 虚拟化平台的高性能、高可靠性和高稳定性也会给客户带来惊喜。

1.9.1　某企业 6 节点虚拟化应用概述

某集团公司 6 台为 SAP 项目配套的服务器使用 VMware vSphere 虚拟化技术。最初这个虚拟化平台只是为 SAP 提供前端服务使用。但由于这 6 台服务器配置较高，性能较好，在项目实施后的一年多的时间内，企业将机房内其他使用时间较长的物理机（一般是使用 5 年以上）或其他虚拟化平台的虚拟机迁移到这 6 台服务器中，现在已经运行了 200 多台虚拟机。其他虚拟化平台的虚拟机主要是 5 年以前运行的 vSphere 6.0 的虚拟机，还有一些非 VMware vSphere 虚拟化的虚拟机。当前的虚拟化平台使用 vSphere 6.7 U3 的版本。

（1）当前 vSAN 群集已经打开电源的虚拟机有 231 台，如图 1-9-1 所示。一些虚拟机分配 128GB、96GB、64GB 等较大内存。在图 1-9-1 右侧的筛选器中输入"打开"（不包括双引号）并按回车键将显示所有打开电源的虚拟机。

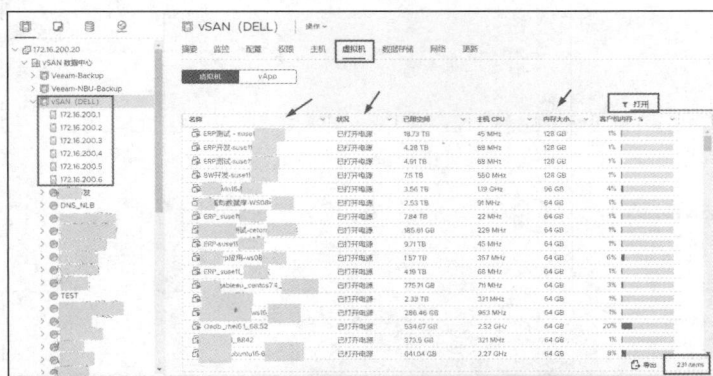

图 1-9-1　打开电源的虚拟机共 231 台

（2）系统整体运行负载较轻。在"主机"选项卡列表中可以看到，一般主机的 CPU 使用率在 20%～28%，内存使用率在 56%～57%，如图 1-9-2 所示。

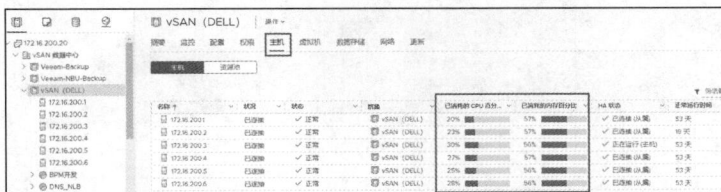

图 1-9-2　主机 CPU 与内存使用率

（3）在当前的项目中，每台主机配置 2 个 Intel Gold 5218 的 CPU，配置 1.5TB 内存，12 块 12TB 的 NL-SAS 磁盘，配置 3 块 2TB PCIe 接口的固态硬盘。群集总 CPU 资源是 440.64GHz、9TB 内存和 769.85TB 存储空间，如图 1-9-3 所示。

图 1-9-3　系统资源摘要

（4）每台主机配置 3 个磁盘组，每个磁盘组配置 1 块 2TB 的固态硬盘和 4 块 12TB 的 SAS 磁盘，如图 1-9-4 所示。

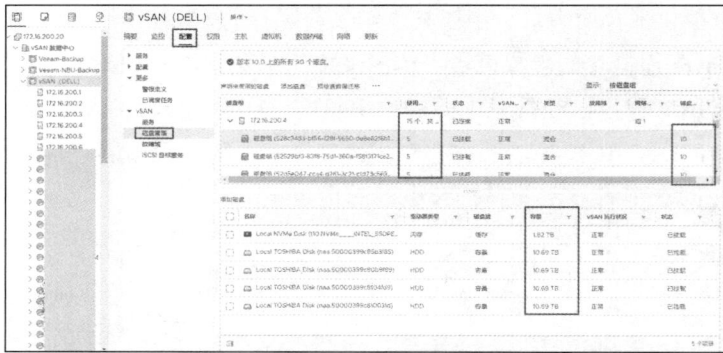

图 1-9-4　磁盘组

（5）当前 vSAN 存储总容量为 769.85TB，已经使用 259.10TB，可用容量 510.75TB，如图 1-9-5 所示。

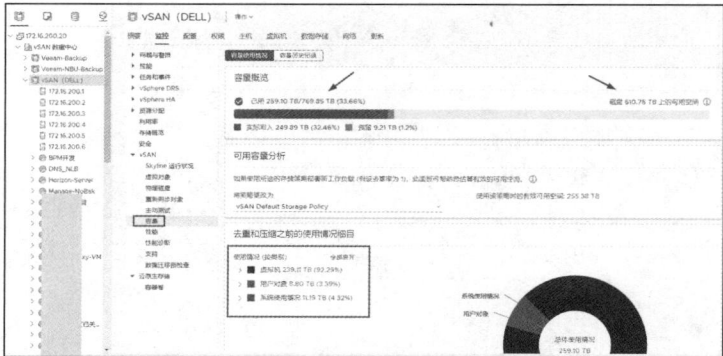

图 1-9-5　vSAN 存储容量使用情况

（6）当前有 6 台主机，虚拟机存储策略配置 FTT＝2（允许的故障数是 2），这样虚拟机都有 3 个副本和 2 个见证文件。在当前的应用中，允许任意的 2 个故障，例如有任意 2 台主机故障，或者任意 2 个磁盘组故障（或者任意 2 个磁盘故障），虚拟机数据都是完整的。当前虚拟机存储策略如图 1-9-6 所示。

图 1-9-6　允许的故障数为 2

1.9.2　项目硬件配置清单

在当前虚拟化应用中，6 台服务器组成 VMware vSphere 虚拟化环境，是为同项目另外 2 台物理机和 1 台全闪存的存储组成的 Suse SAP 高可用群集配套使用的。在项目规划时是使用这 6 台服务器提供 20 台左右的 SAP 的前端应用和测试服务器使用。这 6 台服务器开始的规划就是较高主频和较多核心的 CPU，配置较大内存和较大硬盘空间，并不追求存储系统的高性能。该项目中 6 台虚拟化主机配置清单如表 1-9-1 所示。

表 1-9-1　由 6 台服务器组成的 vSphere 虚拟化平台硬件清单

序号	项目	内容描述	数量	单位
1	虚拟化主机			
1.1	虚拟化主机　DELL R740XD	2 个 Intel Gold 5218（16C/32T/2.3G），HBA 330 SAS 控制器，12 个 3.5 英寸盘位，双电源，导轨，iDRAC 企业版	1	台
1.2	服务器内存	DDR-4, Dual Rank, 2666MHz，64GB	24	条
1.3	系统硬盘	BOSS controller card + with 2 M.2 Sticks 240G (RAID 1)	1	套
1.4	数据缓存硬盘	Intel DC P4600，2TB　，NVME SSD	3	块
1.5	数据存储硬盘	DELL 3.5 英寸 12TB NL－SAS（硬盘三年保留服务）	12	块
1.6	10G 网卡	Intel X520 2 端口 10Gb SFP+网卡	2	块
2	数据中心交换机			
2.1	数据中心网络交换机 S6720S-26Q-SI-24S-AC	产品参数：提供 24 个 10GE SFP+端口，2 个 40GE QSFP+端口。交换容量 2.56T；包转发率 480Mpps	2	台
2.2	vSAN 流量交换机 S6720S-26Q-LI-24S-AC	产品参数：提供 24 个 10GE SFP+端口，2 个 40GE QSFP+端口。交换容量 1.26T；包转发率 480Mpps	2	台
2.3	万兆光纤模块	光模块-SFP+-10G-多模光纤模块(850nm,0.22km, LC,LRM)	48	块
2.4	万兆光纤跳线	万兆多模光纤跳线 SFP+	24	条
2.5	QSFP-40G 连接线	QSFP+-40G 高速电缆 -3m-(QSFP+38 公)-(CC8P0.32 黑 (S))-(QSFP+38 公)-室内用	4	条

在本项目中，每台服务器配置 1 块 DELL BOSS 卡，卡上配置 2 块 240GB 的 M.2 SSD，如图 1-9-7 所示。这 2 块 M.2 SSD 配置为 RAID-1 并用来安装 VMware ESXi 6.7.0 U3 的操作系统。

服务器配置 2 颗 CPU，配置 24 条 64GB 的内存，如图 1-9-8 所示。当前服务器共有 24 个内存插槽，每个 CPU 使用 12 个内存插槽。

图 1-9-7　DELL BOSS 卡和 2 块 M.2 SSD　　图 1-9-8　服务器配置了 2 个 CPU 和 24 条内存条

服务器上架之前前面板和后面板如图 1-9-9 和图 1-9-10 所示。图中共有 9 台服务器，除了虚拟化的 6 台服务器，另外 3 台服务器其中 2 台配置了 SAP 高可用，还有 1 台配置 SAP BW 服务器。

图 1-9-9　前面板

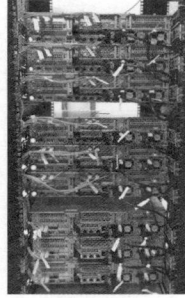

图 1-9-10　后面板

4 台网络交换机放置在机柜后面顶端，其中最上面 2 台是网络交换机，连接到企业核心网络交换机。下面 2 台是 vSAN 流量交换机，只连接 6 台虚拟化服务器，不连接到企业核心网络交换机，如图 1-9-11 所示。

服务器与交换机连接示意如图 1-9-12 所示。

图 1-9-11　网络交换机

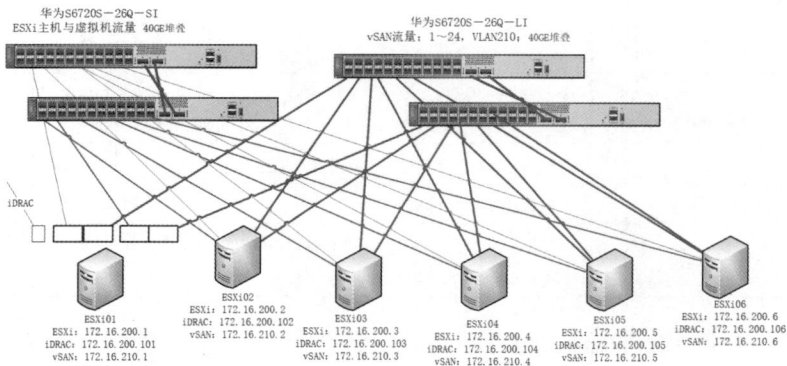

图 1-9-12　服务器与交换机连接示意

在图 1-9-12 中，每台服务器 iDRAC 管理端口连接到 RJ-45 接口的网络交换机。每台服务器配置了 2 块 2 端口 10Gbit/s 网卡，其中每块网卡的第 1 端口用于 ESXi 管理和虚拟机流量（交换机一端配置为 TRUNK），每块网卡的第 2 端口用于 vSAN 流量。

现在项目实施完成已经 1 年多的时间，虚拟机从最初的 20 多台到后面的 100 多台，一直到现在的 200 多台，系统运行稳定，每台虚拟机的性能也足够，项目效果已经远远超过了客户预期的需求。

1.10　某企业单机服务器改为虚拟化与 vSAN 应用

对于信息中心的工作人员来说，有时候上级配置的服务器和实际的需求会有差异，这就需要信息中心的工作人员利用现有的条件，根据自己的实际需求做出改变。下面是一个将单机改为虚拟化群集的应用。改变之后效果非常好。

1.10.1　用户现状

某企业为新上业务系统采购了 46 台联想 SR650 的服务器，每台服务器主要配置如下：

- CPU：2 个 Intel Gold 6240R；
- 内存：16 个单条 32GB DDR4 内存，合计 512GB 内存；
- 硬盘：4 块 3.84 TB 的 SSD，4 块 2.4 TB 10 000r/min 的 SAS 磁盘（注：都是 2.5 英寸磁盘）；
- 网络：2 个 1Gbit/s 的电接口，4 个 10Gbit/s 的光接口。

上级设计部门规划的这 46 台服务器 "跑" 单机的虚拟化，每台服务器中运行 1 台虚拟机，每个虚拟机运行 1 个应用。

该企业信息中心收到服务器比较纠结：46 台服务器，没有共享存储，跑虚拟化。如果其中 1 台服务器出现故障，这台服务器上的虚拟机死机，业务就会停止。如果想将虚拟化配置成高可用，但没有共享存储怎么办？

从配置清单中可以看出，每台服务器配置，如果只 "跑" 1 台虚拟机，那么单台服务器的配置已经比较高了。但如果要 "跑" 虚拟化，配置还是有点不太合理。但现实条件就是这样。经过检查，这些 SR650 的服务器虽然有 16 个 2.5 英寸的盘位，但只有前 8 个盘位有硬盘背板，后 8 个盘位没有硬盘背板，如图 1-10-1 所示。

图 1-10-1　硬盘位与背板

综合考虑，我们设计了以下的方案。

（1）每台服务器的 CPU 和内存不变，硬盘主要分配成适合 vSAN 架构的需要。

（2）46 台服务器拆成 2 组，第 1 组服务器 23 台，每台安装 1 块 2.4 TB 的 SAS 磁盘和 7 块 3.84 TB 的 SSD 硬盘，其中 2.4TB 的磁盘安装 VMware ESXi 用作系统磁盘，另 7 块磁盘用作全闪存的磁盘组。

（3）第 2 组服务器 23 台，每台安装 7 块 2.4 TB 的 SAS 磁盘和 1 块 3.84 TB 的 SSD 硬盘，其中 1 块 2.4TB 的磁盘安装 VMware ESXi 用作系统磁盘，另外 6 块 2.4 TB 磁盘和 1 块 3.84 TB 的 SSD 组成混合架构的磁盘组。

这样就将 46 台服务器组成 2 个 vSAN 架构的虚拟化平台，1 个是全闪存架构；另 1 个是混合架构。

1.10.2　组成 vSAN 架构

在做好规划后，信息中心根据自己修改后的规划搭建 vSphere 虚拟化与 vSAN 群集。当前使用 vSphere 6.7.0 U3 版本。

（1）这 46 台服务器一共放在 2 个机柜中，每个机柜放 2 台华为 CloudEngine 6880- 48T4Q2CQ-EI 的交换机，2 个机柜使用 4 台交换机并做堆叠。46 台服务器组成 3 个 vSAN 群集，群集的管理地址使用一个 VLAN，例如 1255。每个 vSAN 群集的 vSAN 流量使用一个单独的 VLAN，分别是 vlan 1252、1253 和 1254。部分服务器相片如图 1-10-2 所示。

图 1-10-2　全闪存架构服务器

（2）23 台服务器组成的全闪存架构合计 161 个磁盘，vSAN 架构为全闪存，如图 1-10-3 所示。

图 1-10-3　由 23 台服务器组成的全闪存架构的 vSAN 群集

（3）23 台混合架构的服务器在实际配置时分成了 2 个 vSAN 群集，其中 1 个有 10 台服务器，如图 1-10-4 所示，另 1 个有 13 台服务器，如图 1-10-5 所示。

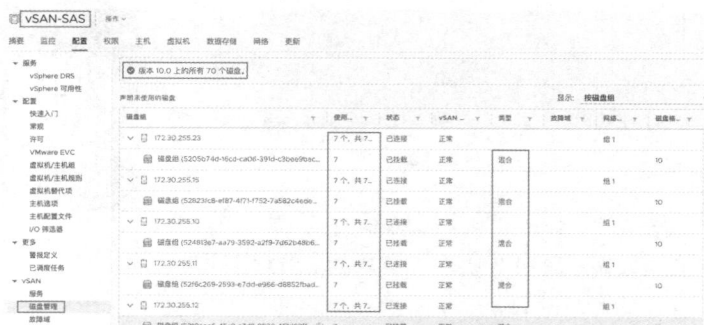

图 1-10-4　由 10 台服务器组成的 vSAN 群集

（4）至此，服务器已经上线 8 个多月，运行正常，如图 1-10-6 所示。

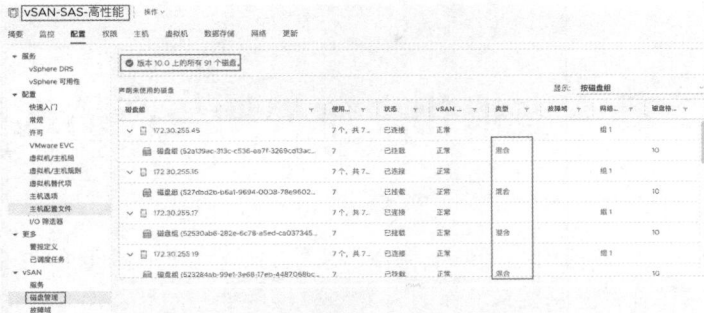

图 1-10-5　由 13 台服务器组成的 vSAN 群集

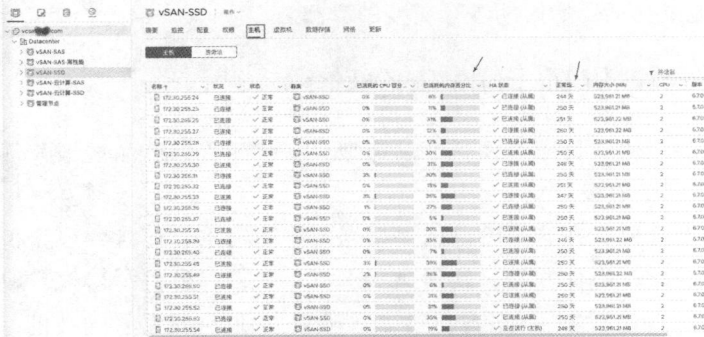

图 1-10-6　服务器正常运行时间

关于企业虚拟化应用案例本章就介绍到这里。

第 2 章　虚拟化生命周期与产品选型

组建与维护虚拟化数据中心是一个综合与系统的工程,每个项目的生命周期一般 5~8 年。在项目前期要进行产品选项,在项目开始要进行安装配置,在项目运行维护阶段要迁移系统到虚拟化环境中。在项目运行期间要做好备份和运维以及补丁的升级工作,在项目的后期要做好升级规划,然后开始下一个新的周期(在此阶段开启系统的迁移与升级)。本节将对虚拟化项目的周期进行简要的介绍。

2.1　实施虚拟化项目的几个阶段

一个完整的虚拟化项目应该包括产品选型、安装配置、产品运维(备份恢复、故障解决)、迁移升级四个阶段。

(1)产品选型阶段。在这个阶段,要根据用户的需求、现状、预算和场地等情况,为客户选择合适的软、硬件产品。软件包括虚拟化软件、备份与运维管理软件,硬件包括服务器(品牌、CPU、内存、硬盘、网卡等配置)、网络设备(交换机、路由器、网络安全设备)和存储等。这一阶段通常持续数周或数月时间。

(2)安装配置阶段。当软、硬件产品到位后,根据企业的现状进行物理与逻辑的规划。所谓物理的规划包括网络机柜以及服务器与网络设备的排列与摆放、服务器各端口(电接口网卡与光接口网卡)与网络设备连接关系,以及交换机、路由器、防火墙等网络设备各端口的划分,这些都要规划到位。逻辑的规划是网络与 IP 地址的规划,包括为 ESXi 与 vCenter Server 管理分配单独的 IP 地址段、为 vSAN 管理流量、vCenter Server HA 流量、VMotion、FT 流量规划单独的 VLAN 等。在规划后安装 ESXi、vCenter Server、vSAN 等,之后还要进行虚拟化环境配置,包括虚拟交换机配置、端口组、准备模板、在虚拟机中安装操作系统等基础操作。这一阶段在 2~5 个工作日内完成。

(3)运行维护阶段。运行维护阶段又划分为初期、备份、运维检查和补丁安装等 4个阶段。

- 初期:在虚拟化环境安装配置完成后的初期,需要将当前环境中要迁移的物理机迁移到虚拟机中运行,不适合迁移或不需要迁移的应用,按照 1:1 的比例创建对应的虚拟机。这一阶段视需要迁移的物理机及数据量可能持续几天或数天不等。通常情况下,在实施物理机到虚拟机迁移时,在 1Gbit/s 网络环境中,每小时可以迁移 100~300GB 的数据。
- 备份:等所有系统都迁移到虚拟化环境之后,对重要的虚拟机进行备份。可以根据不同的需求创建不同的备份策略。在运维开始后，对于备份任务，应该每个月进行一次恢复操作，验证备份是否可用。

- 运维检查：项目交接之后，管理员应该定期对整体环境进行检查，包括每天登录运维平台检查状况、每周至少一次去服务器前查看硬件设备是否有报警等。可以通过安装运维软件提高运维管理水平。

- 补丁安装：vSphere 每月定期发布补丁，管理员可以登录 https://my.vmware.com 网站检查并下载补丁程序，并视补丁情况决定是否进行安装。对于纯内网的 vSphere 环境，一般的补丁可以不进行安装。只有在有重大的安全补丁或者需要新的功能时才需要安装。

（4）迁移升级阶段。一个虚拟化环境在设计时，一般能满足当前企业 3～5 年的需求，产品的设计寿命一般不超过 5～8 年，在第 6 年开始就需要规划迁移升级，此时可以采购新的服务器，将现有的虚拟化环境及虚拟机迁移到新的服务器及新的网络环境中，旧的服务器及对应的网络设备下架。

综上所述，组建与维护 vSphere 数据中心，是一个综合与系统的工程，要对服务器的配置与服务器数量、存储的性能与容量以及接口、网络交换机等方面进行合理地配置与选择。

vSphere 数据中心构成的三要素服务器、存储、网络。服务器与网络变化不大，主要是存储的选择。在 vSphere 6.0 及其之前，传统的 vSphere 数据中心普遍采用共享存储，一般优先选择 FC 接口，其次是 SAS 及基于网络的 iSCSI。在 vSphere 6.0 推出后，还可以使用普通的 X86 服务器、基于服务器本地硬盘、通过网络组成的 vSAN 存储。

简单来说，一名虚拟化系统工程师，除了要了解硬件产品的参数、报价外，还要根据客户的需求，为客户进行合理的选型，并且在硬件到位之后，进行项目的实施（安装、配置等），在项目完成后，要将项目移交给用户，并对用户进行简单的培训。

用户的交接文档包括但不限于以下这些。

（1）交换机 VLAN 划分、IP 地址分配、交换机端口与服务器连接配置表。

（2）设备排列示意、连接示意和网络拓扑图等，相关示例如图 2-1-1、图 2-1-2 所示。

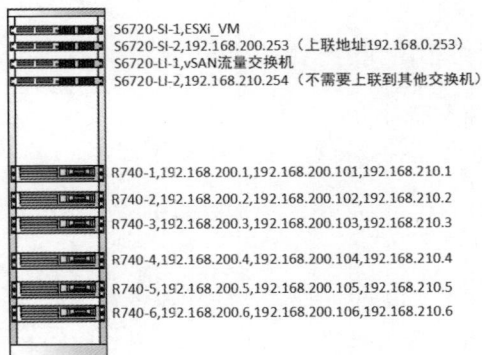

图 2-1-1　设备排列示意

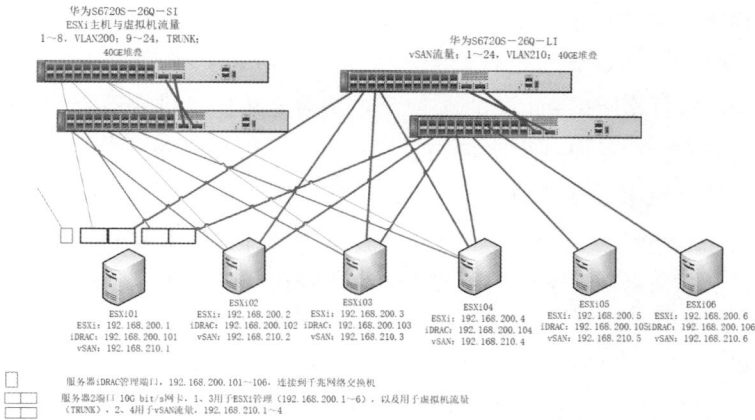

图 2-1-2　服务器与交换机连接示意

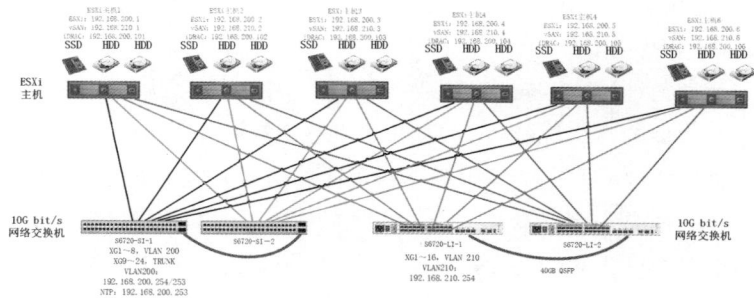

图 2-1-3　虚拟化拓扑

（3）提交给用户的使用手册和培训资料，要写上规划设置、安装配置主要步骤、用户维护注意事项和后期常见故障处理等内容。

在整个项目正常运行的生命周期（一般的服务器虚拟化等产品为 5～6 年）内，能让项目稳定、安全和可靠的运行，并且在运行过程中，能够解决用户遇到的大多数问题，对系统故障能进行分析、判断、定位与解决。

2.2　需要虚拟化的企业

虚拟化已经成为数据中心的基础架构，许多企业正在从虚拟化中受益。使用虚拟化后可以获得（包括但不限于）以下的收益。

（1）使用虚拟化可以节省资金，不管是初始的组建成本还是后期的运维成本，甚至将来的升级成本。

（2）使用虚拟化提高了系统的可靠性。与传统服务器硬件故障需要 1 小时甚至更长时间修复为例（有时候等维修配件可能需要 1 天甚至更长时间），在虚拟化系统中，单台服务器的硬件故障不会对业务系统造成较大影响，通常情况下，如果虚拟化群集中单台服务器出现故障，这台故障主机上正在运行的虚拟机一般会在 3～5 分钟内完成在群集中其他主机重新注册、重新启动并恢复对外提供的服务。使用虚拟化前后，由于硬件损坏造成的业务中断时间可以从传统服务器的 10 多个小时减少到 5 分钟以内，由此系统的可靠性可以从传统的 99% 提升到 99.999%。对于使用 vSphere Fault tolerance(FT) 虚拟机容错技术保护的虚拟机，其业务中断时间会小于 2 秒，业务可靠性可达到 99.9999%。

（3）虚拟化并没有降低业务系统的性能，相反，使用虚拟化后，大多数都会提升业务系统的性能，后文会对此做出进一步的解释。

（4）采用虚拟化后，操作系统与应用程序运行在由虚拟化软件提供的一个统一的虚拟硬件环境中，虚拟机的硬件环境（主板芯片、RAID 卡、SAS 卡网卡、硬盘、内存）与主机无关，虚拟机可以在不同厂商、不同品牌的服务器之间迁移。这减少了将来由于服务器寿命到期后所带来的系统迁移成本。只要新的服务器和新的存储加入现有群集，可以在虚拟机运行的过程中，迁移到新的服务器和新的存储。

（5）由于采用虚拟化后，物理服务器的数量远远少于传统物理机的数量，这减少了硬件的维护量，减少了空间场地占用，减少空调制冷等一系列的成本。初步统计，单台 2U 的机架式服务器，在 24 小时开机的情况下，每年的电费和相关的空调制冷费用，每年在 3 500～4 000 元。

（6）使用虚拟化后，可以在虚拟化层对虚拟机进行备份和恢复，并且可以根据需要将备份恢复到原来位置或新位置，甚至可以直接从备份环境启动，极大减少了业务系统的恢复难度和恢复时间。

在大多数情况下，只要单位服务器的数量超过 3 台，就可以使用虚拟化技术。传统的一台服务器运安装 1 个系统、为 1 个应用提供服务的方式已经跟不上形式。使用虚拟化技术，可以减少物理服务器的数量。

通常情况下，物理服务器与虚拟服务器的比例可以实现 1：10 至 1：50。简单来说，在采用虚拟化技术后，使用 3～10 台服务器可以代替原来需要 30～500 台物理服务器才能完成的任务，而运行在虚拟化技术上的虚拟服务器，业务的运行速度和响应速度不受影响，并且会提供比传统服务器更高的可靠性。下面是最近几年，作者帮企业规划与实施的一些虚拟化案例。

1. 案例 1：生产制造企业虚拟化项目

某生产制造企业，原来有 20 个机柜，60 多台物理服务器，机房机柜情况如图 2-2-1 所示。虚拟化后，使用 6 台 H3C R6900 服务器代替，占用 2 个机柜，部分虚拟化服务器如图 2-2-2 所示。物理服务器数量减少 90%。

该项目在 2018 年底上线，在 2020 年 6 月例行检查时，6 台物理主机运行了 71 台虚拟机如图 2-2-3 所示，（当时实施的时候使用的是 vSphere 6.5.0 U2 的版本，在 2020 年底升级到 6.7.0 U3 的版本）。

图 2-2-1　服务器虚拟化前使用机柜

图 2-2-2　虚拟化主机

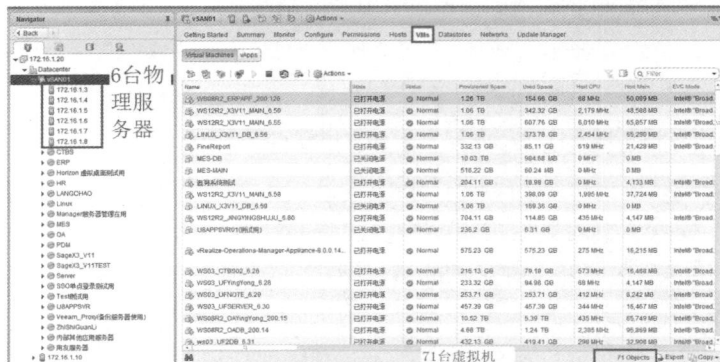

图 2-2-3　物理机与虚拟机数量

　　这些服务器是不是占用了很大的资源呢？在"summary（摘要）"视图中可以看到，当前环境中 CPU 使用率约 16%，内存使用率约 47%，存储使用率约 28%，当前还有足够的可用容量，如图 2-2-4 所示。

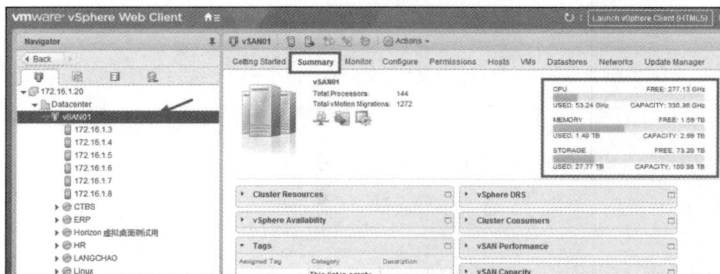

图 2-2-4　查看资源使用情况

　　同时，内存使用偏高也是当前环境中虚拟机内存过量分配造成的，因为大多数的虚拟机在需要 8GB 或 16GB 就能很好地满足需求的前提下，用户为虚拟机分配 32GB 或 64GB 甚至更多的内存。

　　在虚拟化环境中，为虚拟机分配 CPU、内存、硬盘容量。在为虚拟机分配过多的 CPU、内存、硬盘资源时，CPU 与硬盘占用是按虚拟机的实际使用按需分配的，但内存资源例外，为虚拟机分配的内存，虚拟机启动后从所在主机申请并占用对应的资源。例如，为虚拟机分配 96GB，但虚拟机操作系统和应用程序实际只需要 16GB，虚拟机也会从主机申请并占用 96GB 的内存。使用 VMware vRealize Operations Manager 的“容量过剩虚拟机”报表可以查看资源过量分配的虚拟机，以及系统建议的回收 CPU 数量与内存大小，如图 2-2-5 所示。

1. 容量过剩虚拟机

标记为容量过剩的虚拟机的列表。请从这些虚拟机回收以减少浪费和提高性能。
二月 07, 2020 09:34 - 四月 07, 2020 09:34 (GMT+08:00)

名称	已配置的 vCPU	可回收 vCPU	已配置的内存	可回收内存	父 vCenter
OAdb_08_168.202_replica	18	9	96 GB	48 GB	vSphere
OAdb_08_168.202	18	9	96 GB	0 GB	vSphere
OAserver_08_168.200	12	6	32 GB	3 GB	vSphere
暂时不用 WS12_OAdb_168.202	12	6	96 GB	48 GB	vSphere
OAserver_08_168.200_replica	12	6	32 GB	16 GB	vSphere
ncdataser_192.168.168.71	8	4	32 GB	16 GB	vSphere
CRM_192.168.168.223	8	4	8 GB	0 GB	vSphere
lims_DB_192.168.168.206	8	4	32 GB	0 GB	vSphere
ldserver_192.168.168.199	8	4	16 GB	7 GB	vSphere
WS03_U8_192.168.168.216	8	4	8 GB	0 GB	vSphere
kaipiao_168.100	8	4	8 GB	0 GB	vSphere
WS16-Veeam_12.19	8	4	16 GB	8 GB	vSphere
guobang-NEW 168.221	8	4	11.72 GB	2 GB	vSphere

图 2-2-5　容量过剩的虚拟机

【说明】 vSphere 的虚拟机可以在开机的情况下为虚拟机增加 CPU 插槽数量、内存容量以及硬盘的容量，但如果需要减少虚拟机的 CPU 与内存大小，需要将虚拟机关机后才能减少，在虚拟机开机的情况下无法减少 CPU 与内存的大小。

2. 案例 2：连锁超市虚拟化项目

某超市连锁，在当地联通机房托管有 80 多台服务器。初期使用 4 台联想 3650 M5 代替 60 多台门店服务器。一年后将添加 2 台服务器，一共 6 台 3650 M4，将原来所有物理机迁移到虚拟化环境中。现在运行 100 台虚拟机，如图 2-2-6 所示。

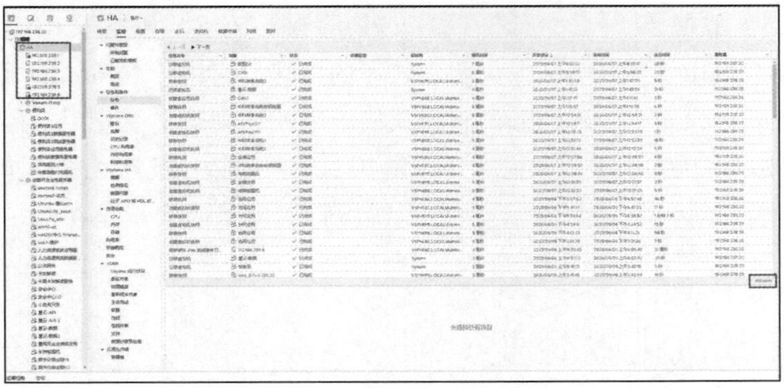

图 2-2-6　物理机与虚拟机数量对比

在项目实施的初期采用 vSphere 6.5 的版本，后来升级到 vSphere 6.7 U2、U3。当时该连锁超市在联通机房的服务器托管费是每台每年 5000 元，使用虚拟化后，托管的物理服务器数量减少了 80 多台，每年的托管费节省 40 多万元。现在项目已经稳定运行 3 年多的时间，这 3 台节省的托管费就是 120 多万元，已经收回当初的软、硬件投资。

现在虚拟化系统使用资源，CPU 平均使用 31.67%，内存使用 55.33%，根据这些数据测量，当前环境还可以再运行 50 台左右的虚拟机，如图 2-2-7 所示。

图 2-2-7　当前虚拟化环境使用资源

通过案例 1 和案例 2 可以看到，使用服务器虚拟化可以极大地减少物理服务器的数量。那么，在使用虚拟化后，物理服务器的数量减少了，那么原来运行在物理机中的操作系统和应用程序，更主要的是业务系统，性能怎么样，速度是不是比原来慢了？请看下面的数据。

在案例 1 的应用中，用户的 OA 系统运行在物理服务器上，OA 系统中有一个"个人桌面"模块，在虚拟化之前，在物理服务器运行时，用户从单击"个人桌面"到显示出内容，需要用 38 秒；在使用虚拟化之后，将 OA 物理机以 P2V 的方式迁移到虚拟化环境中，打开"个人桌面"是 5～6 秒。

在案例 2 的应用中，每个门店日结到第二天上午才能完成，虚拟化之后当天凌晨前完成。每个月初时，业务系统处理上个月的月结数据，平时业务中心处理完所有门店数据到第二天中午，下午完成月结。而使用虚拟化之后月结在凌晨 1:56 就完成。

为什么虚拟化后业务系统有这么大的提升？主要还是传统物理单机、虚拟化主机配置不同造成的。

传统服务器一般配置 1～2 个低主频的 CPU、配置 3～5 块硬盘做 RAID-5，配置比较小的内存，例如 32GB 或 64GB，很少配置较大的内存。而用于虚拟化的服务器，通常配置较高主频和较多核心的 2 个 CPU，满配或接近满配的硬盘，配置用于提升磁盘性能的 PCIe 接口 NVMe 的 SSD，配置大内存（通常 512GB 以上）。服务器及存储性能的提升是业务系统提升的关键因素。因为现有业务系统慢，大多数的因素是存储（硬盘）性能跟不上造成的。

2.3　已有虚拟化的企业

有的单位已经实施了服务器虚拟化，但物理主机的数量也不少，这是为什么呢？大多数情况下，是因为服务器配置不够高。简单来说，一台 2U 的服务器，可以配置 2 个 CPU 和 24 个内存插槽（配置单条 64GB 内存最大支持 1.5TB 内存，配置单条 128GB 内存最大支持 3TB 内存）、24 个 2.5 英寸或 12 个 3.5 英寸盘位盘、7 个 PCIe 的接口设备，服务器配置的 RAID 卡和服务器集成 4 端口千兆或 2 端口/4 端口万兆不占用 PCIe 接口插槽。如果单位的虚拟化主机，实际配置远远低于这些，那么虚拟化的程度就不会太高。图 2-3-1 是某单位服务器虚拟化主机的配置，在这个截图中可以看到每台服务器配置了 2 个 CPU、每台服务器配置了 128GB 内存、配置了 6 块网卡（其中服务器集成 4 个 1Gbit/s 的 RJ-45 电接口，2 个 10 Gbit/s 的 SFP+光接口），服务器最长运行时间 1 226 天。在这个截图中可以看到当前服务器的 CPU 利用率很低（使用最少的 2%，最高的 11%），但内存使用比较大（最小 63%，最大 90%），这是因为服务器内存配置较小的原因。如果我们为这个项目进行配置，只需配置 4 台物理服务器，但每台物理服务器的内存初始配置是 256GB 甚至 512GB。这样将节省 2 台服务器的费用，还节省 4 个 CPU 的授权许可。

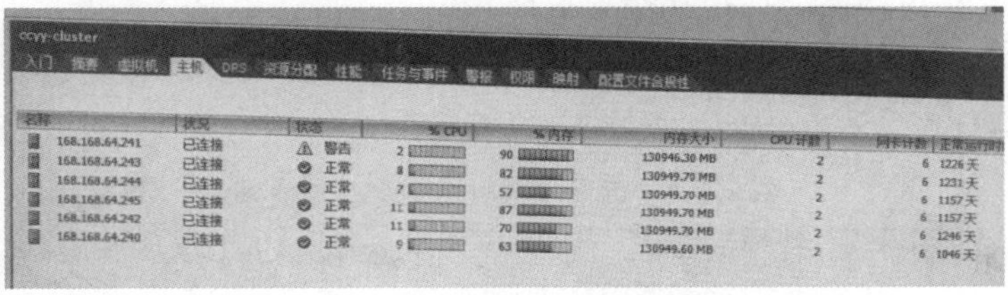

图 2-3-1　某虚拟化环境中主机配置

2.3.1　VMware 产品生命周期

如果单位已经配置了虚拟化，是不是就可以一直使用下去了？对于一般不做虚拟化的服务器，其硬件使用寿命一般是 6～8 年。用于虚拟化的服务器，使用寿命一般不建议超过 6～7 年。对于管理员来说，需要经常登录虚拟化管理平台，检查虚拟化主机数量、资源是否满足需求，当前是否有报警或瓶颈，有没有潜在的安全风险。还要检查当前虚拟化产品的版本，有没有重大的 bug，是否需要升级，还要检查当前的虚拟化版本是否仍然在支持期。

VMware 产品从主机版本全面上市开始提供 7 年的支持，其中 5 年的标准技术支持和 2 年的技术指导支持。接下来我们了解一下 VMware 产品生命周期政策。

（1）标准技术支持阶段。标准技术支持阶段自主要版本正式发布（General Availability，GA）之日开始，并持续一段固定时间，此时间一般是 5 年。在此阶段，对于购买了 VMware 技术支持服务的客户，VMware 将根据产品升级和技术支持服务条款和条件提供维护更新和升级、错误和安全修复以及技术协助。在标准技术支持阶段，VMware 提供了新的硬件支持和客户机操作系统更新。VMware 将使用经过测试和认证的新硬件平台更新《硬件兼容性指南》。对选定的新硬件技术（如服务器，处理器，芯片组和附加卡）的常规支持取决于 VMware 的判断和 OEM 合作伙伴的意见和客户的意见。当主要的或次要的 vSphere

版本普遍可用时，将启动 18 个月的硬件支持窗口。在 vSphere 的主要/次要版本中，将以兼容模式支持在 18 个月内启动的新硬件技术；该版本通常不支持在 18 个月的期限之后推出的硬件技术。VMware 只会在主要或次要版本的 vSphere 中引入新的硬件版本，尽管每个版本均不能保证新的硬件版本。VMware 会酌情根据一般支持的头两年内客户的意见提供非关键的错误修复。

（2）技术指导阶段。技术指导（如果有）将从标准技术支持阶段结束时开始提供，并持续一段固定时间（此时间一般为 2 年）。技术指导主要通过自助门户提供，但不提供电话支持。此阶段面向在稳定环境中操作，且环境中的系统在适度稳定的负载下运行的客户。

（3）终止支持（EOSL）。产品已到其支持期终止之日，此时 VMware 不再提供标准技术支持。某个特定产品的终止支持是指标准技术支持终止或技术指导（如果为该特定产品提供）终止。

VMware 部分产品生命周期如表 2-3-1 所示。

表 2-3-1　部分 VMware 产品生命周期

产品名称	产品上市时间	标准技术支持终止时间	技术指导支持终止时间
ESXi 5.5、vCenter Server 5.5	2013-09-19	2018-09-19	2020-09-19
vSAN 5.5	2014-03-11	2018-09-19	2020-09-19
ESXi 6.0、vCenter Server 6.0 vSAN 6.0, 6.1 and 6.2	2015-03-12	2020-03-12	2022-03-12
ESXi 6.5、vCenter Server 6.5 vSAN 6.5, 6.6	2016-11-15	2021-11-15	2023-11-15
ESXi 6.7、vCenter Server 6.7 vSAN 6.7	2018-04-17	2022-10-15	2023-11-15
ESXi 7.0、vCenter Server 7.0 vSAN 7.0	2020-04-02	2025-04-02	2027-04-02
Horizon View 6.x	2014-06-19	2019-06-19	2021-06-19
Horizon 6 for Linux 6.1.1	2015-06-04	2019-06-09	2021-06-09
Horizon 7.0 – 7.12	2016-03-22	2021-03-22	2023-03-22
Horizon 8.0	2020-08-11	2025-08-11	2027-08-11
NSX for vSphere 6.3	2017-02-02	2020-02-02	2021-02-02
NSX for vSphere 6.4	2018-01-16	2022-01-16	2023-01-16
NSX-T Data Center 2.4	2019-02-28	2020-09-07	2021-09-07
NSX-T Data Center 2.5	2019-09-19	2021-09-19	2022-09-19
NSX-T Data Center 3.0	2020-04-07	2022-04-07	2023-04-07
vSphere Data Protection 6.x	2015-03-12	2020-03-12	2022-03-12

在产品生命周期终止时间之前应该考虑对产品进行升级。

2.3.2　vSphere 产品的升级

对于在使用 VMware 的虚拟化，如果产品运行稳定并且不向现有的环境中添加新的主机和存储，建议使用原来的版本。确实需要升级 vSphere 时，建议升级与这些服务器配置相合适的版本，并不需要升级到最高的版本。例如某企业使用 vSphere 5.0，服务器配置较低（内存 16GB），如果要升级只建议升级到 vSphere 5.5，不建议升级到 6.0 的版本。

涉及 vSphere 版本的升级时，除了硬件配置要满足需求外，还要在“VMware 产品互操作列表→升级途径”中查找当前版本能否升级到目标版本（网址 https://www.vmware.com/resources/compatibility/sim/interop_matrix.php#upgrade&solution=2），如果不能直接升级到所需要的版本，可以通过多次升级完成。通常情况下，VMware vSphere 支持前后 2 个版本的升级。例如，对于 vSphere 6.0 来说，前 2 个版本是 5.1 和 5.5，可以从 5.1 与 5.5 升级到 6.0。其后 2 个版本是 6.5 和 6.7，可以从 6.0 升级到 6.5 或 6.7，但不能从 5.0 升级到 6.0，也不能从 6.0 升级到 7.0。vCenter Server 不同版本升级路径如图 2-3-2 所示，ESXi 不同版本升级路径如图 2-3-3 所示。

vCenter Server	7.0 U2	7.0 U1	7	6.7 U3	6.7 U2	6.7 U1	6.7.0	6.5 U3	6.5 U2	6.5 U1	6.5.0	6.0 U3	6.0.0 U2	6.0.0 U1	6.0.0	5.5 U3	5.5 U2	5.5 U1	5.5	5.1 U3	5.1 U2	5.1 U1	5.1	5.0 U3	5.0 U2	5.0 U1	5
7.0 U1	√																										
7	√	√																									
6.7 U3	√	√	√																								
6.7 U2	√	√	√	√																							
6.7 U1	√	√	√	√	√																						
6.7.0	√	√	√	√	√	√																					
6.5 U3	√	√	√	√	×	×	×																				
6.5 U2	√	√	√	√	√	√		√																			
6.5 U1	√	√	√	√	√	√	√	√	√																		
6.5.0	√	√	√	√	√	√	√	√	√	√																	
6.0 U3	×			√	√	√	√	√	√	√																	
6.0.0 U2	×			√	√	√	√	√	√	√	√	√															
6.0.0 U1	×			√	√	√	√	√	√	√	√	√	√														
6.0.0	×			√	√	√	√	√	√	√	√	√	√	√													
5.5 U3	×	×	×	×	×	×		√	√	√	√	√	√	×	×												
5.5 U2	×	×	×	×	×	×		√	√	√	√	√	√	√	√	√											
5.5 U1	×	×	×	×	×	×		√	√	√	√	√	√	√	√	√	√										
5.5	×	×	×	×	×	×		√	√	√	√	√	√	√	√	√	√	√									
5.1 U3	×	×	×	×	×	×	×	×	×	×	×	×	√	√	√	√	×	×	×								
5.1 U2	×	×	×	×	×	×	×	×	×	×	×	×	√	√	√	√	√	√	×	√							
5.1 U1	×	×	×	×	×	×	×	×	×	×	×	×	√	√	√	√	√	√	√	√	√						
5.1	×	×	×	×	×	×	×	×	×	×	×	×	√	√	√	√	√	√	√	√	√	√					
5.0 U3	×	×	×	×	×	×	×	×	×	×	×	×	√	√	√	√	√	√	×	√	√	×	×				
5.0 U2	×	×	×	×	×	×	×	×	×	×	×	×	√	√	√	√	√	√	√	√	√	√	√	√			
5.0 U1	×	×	×	×	×	×	×	×	×	×	×	×	√	√	√	√	√	√	√	√	√	√	√	√	√		
5	×	×	×	×	×	×	×	×	×	×	×	×	√	√	√	√	√	√	√	√	√	√	√	√	√	√	

图 2-3-2　vCenter Server 升级路径

ESXi	7.0 U2	7.0 U1	7	6.7 U3	6.7 U2	6.7 U1	6.7.0	6.5 U3	6.5 U2	6.5 U1	6.5.0	6.0 U3	6.0.0 U2	6.0.0 U1	6.0.0	5.5 U3	5.5 U2	5.5 U1	5.5	5.1 U3	5.1 U2	5.1 U1	5.1	5.0 U3	5.0 U2	5.0 U1	5
7.0 U1	√																										
7	√	√																									
6.7 U3	√	√	√																								
6.7 U2	√	√	√	√																							
6.7 U1	√	√	√	√	√																						
6.7.0	√	√	√	√	√	√																					
6.5 U3	√	√	√	√	×	×	×																				
6.5 U2	√	√	√	√	√	√		√																			
6.5 U1				√	√	√	√	√	√																		
6.5.0				√	√	√	√	√	√	√																	
6.0 U3	×			√	√	√	√	√	√	√																	
6.0.0 U2	×			√	√	√	√	√	√	√	√	√															
6.0.0 U1	×			√	√	√	√	√	√	√	√	√	√														
6.0.0	×			√	√	√	√	√	√	√	√	√	√	√													
5.5 U3	×	×	×	×	×	×		√	√	√	√	√	√	×	×												
5.5 U2	×	×	×	×	×	×		√	√	√	√	√	√	√	√	√											
5.5 U1	×	×	×	×	×	×		√	√	√	√	√	√	√	√	√	√										
5.5	×	×	×	×	×	×		√	√	√	√	√	√	√	√	√	√	√									
5.1 U3	×	×	×	×	×	×	×	×	×	×	×	×	√	√	√	√	×	×	×								
5.1 U2	×	×	×	×	×	×	×	×	×	×	×	×	√	√	√	√	√	√	×	√							
5.1 U1	×	×	×	×	×	×	×	×	×	×	×	×	√	√	√	√	√	√	√	√	√						
5.1	×	×	×	×	×	×	×	×	×	×	×	×	√	√	√	√	√	√	√	√	√	√					
5.0 U3	×	×	×	×	×	×	×	×	×	×	×	×	√	√	√	√	√	√	×	√	√	×	×				
5.0 U2	×	×	×	×	×	×	×	×	×	×	×	×	√	√	√	√	√	√	√	√	√	√	√	√			
5.0 U1	×	×	×	×	×	×	×	×	×	×	×	×	√	√	√	√	√	√	√	√	√	√	√	√	√		
5	×	×	×	×	×	×	×	×	×	×	×	×	√	√	√	√	√	√	√	√	√	√	√	√	√	√	

图 2-3-3　ESXi 产品升级路径

2.4 实施虚拟化流程

如果你是系统工程师，或者你负责单位信息化建设，并且想要实施虚拟化，可以遵循以下的步骤：

（1）统计现有硬件资源；

（2）选择虚拟化架构；

（3）硬件到位后安装 ESXi 与 vCenter。

下面介绍这些内容。

2.4.1 统计现有硬件资源

如果要实施虚拟化，需要明确用户需求，了解用户现状。单位现有多少台物理机、虚拟机，物理机与虚拟机的配置（服务器品牌、型号，CPU 的型号、主频与数量、硬盘的数量与 RAID 方式，划分的卷（分区）大小、已用空间、剩余空间等情况）、安装的操作系统、运行的数据库及应用软件，并且填写如表 2-4-1 所示的现有服务器与存储统计。

表 2-4-1　现有服务器与存储统计

序号	业务系统名称	IP 地址	服务器品牌型号	CPU	CPU 使用率	硬盘	硬盘使用空间	内存	已使用
01	OA	192.168.1.1	联想 3650 M5	E5-2609 V4	5%	3 块 600GB，RAID5	500GB	32GB	22.9GB
02	ERP	192.168.1.2	DELL R720	E5-2620 V4	10%	4 块 600GB，RAID5	800GB	64GB	52GB
合计									

在统计现有服务器的情况时，首先查看服务器的外观，记录服务器的品牌型号，还要看服务器有几个硬盘插槽，是多大的插槽（3.5 英寸还是 2.5 英寸），装了几块硬盘、是什么接口、硬盘容量是多大的。还要看服务器配了几个电源、每个电源功能是多少瓦特的，服务器有几个 PCIe 插槽、哪个插槽有何设备，还剩余几个插槽。服务器集成几个网卡。这些也要整理记录。然后以管理员身份登录进入系统，查看并记录以下的信息。

（1）如果是 Windows，查看以下几个信息。打开"系统"状态，查看服务器的 CPU 型号、内存大小，如图 2-4-1 所示。

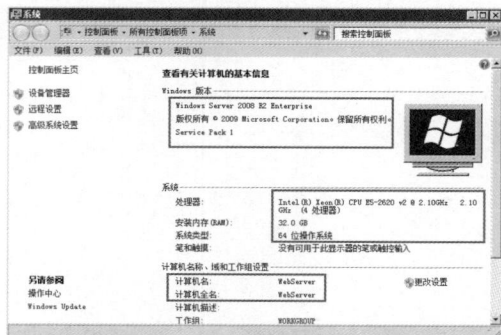

图 2-4-1　查看系统状态

（2）打开资源管理器，记录硬盘使用的空间（查看每个分区的大小，减去可用空间就是已用空间），如图 2-4-2 所示。

（3）在"任务管理器"的"性能"选项卡中，查看 CPU 使用率与内存使用，如图 2-4-3 所示。

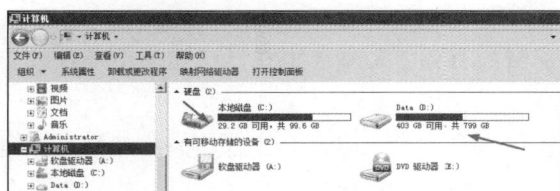

图 2-4-2　硬盘使用空间

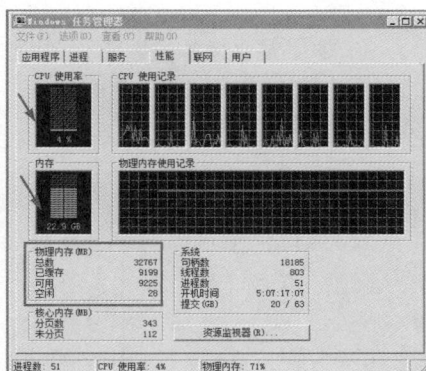

图 2-4-3　查看 CPU 与内存使用

（4）如果是 Linux 操作系统，在命令行中输入 cat /proc/cpuinfo | grep name 可以查询 CPU 的型号，如图 2-4-4 所示。

（5）执行 df -h 查看分区大小和已用空间，如图 2-4-5 所示。

图 2-4-4　查看 CPU 型号

图 2-4-5　查看硬盘使用空间

（6）执行 top 命令可以看到总体的系统运行状态和 CPU 使用率，如图 2-4-6 所示。

图 2-4-6　查看 CPU 使用率与内存使用

在收集整理好资料后，可以参考以下的规则配置虚拟机。

（1）在虚拟化服务器中，将根据现有业务系统主机配置，按 1:1 的数量配置虚拟机。

（2）每台虚拟机的配置，CPU 资源按原主机已使用资源 2～4 倍分配；内存按已使用内存 1.5～2 倍分配；硬盘按现有使用空间 2～3 倍分配。创建虚拟机硬盘时，一般选择精简置备方式。

（3）如果某台虚拟机需要更多的资源，例如 CPU、内存、硬盘，应在"备注"一栏记录。

2.4.2 何种虚拟化方式

企业准备实施虚拟化之后，需要考虑以下几个问题。

（1）虚拟化主机如何选择：是全部采购新的服务器实施虚拟化，还是使用现有服务器，通过扩容后安装虚拟化系统。

（2）存储架构选择：使用虚拟化，有 2 种存储架构可供选择：传统的基于共享存储的架构，全新的软件分布式共享存储架构。如果新上虚拟化系统并且采用全新配置的服务器，推荐采用 VMware vSAN 作为共享存储，这是 VMware 软件分布式共享存储架构。

（3）如果使用现有服务器还要考虑，哪些服务器可以利旧。哪些可以整合，哪些可以升级后使用。即使是利旧，也要考虑是用共享存储还是用 vSAN 架构。

2.4.3 传统共享存储架构与分布式共享存储架构

从存储的角度来看，虚拟化有 2 种架构：传统的基于共享存储的架构，全新的分布式共享存储架构。在共享存储架构中，服务器连接到（承载数据的）光纤存储交换机，通过光纤存储交换机连接到共享存储,虚拟机保存在共享存储设备中,网络拓扑如图 2-4-7 所示。

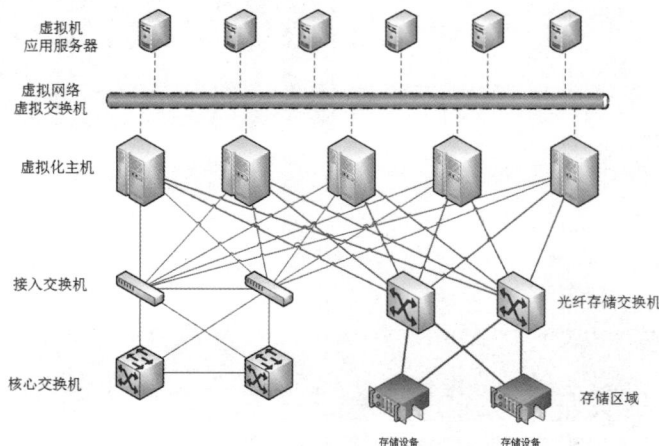

图 2-4-7　共享存储架构

简单来说，在传统的 vSphere 数据中心组成中，物理主机不配置硬盘（从存储划分

LUN 启动）或配置较小容量的硬盘，或者每台服务器配置一个 2GB 左右的 U 盘或 SD 卡用来安装 ESXi 的系统，虚拟机则保存在共享存储中。传统数据中心的共享存储很容易是一个单点故障及一个速度瓶颈节点，为了避免从物理主机到存储连接（包括存储本身）出现的故障，一般从物理主机到存储、存储本身都具备冗余，避免产生单点故障点或单点连接点。这表现在以下方面：

（1）每台存储配置 2 个控制器，每个控制器有 2 个或更多的接口，同一控制器的 2 个不同接口分别连接到 2 台独立的存储交换机（FC 光纤交换机或 SAS 交换机）；

（2）每台服务器配置 2 块 HBA 接口卡（或 2 端口的 HBA 接口卡），每块 HBA 接口卡连接到 1 台单独的存储交换机；

（3）存储磁盘采用 RAID-5、RAID-6、RAID-10 或 RAID-50 等磁盘冗余技术，并且在存储插槽中还有全局热备磁盘，当磁盘阵列中出现故障磁盘时，热备磁盘代替故障磁盘；

（4）为了进一步提高可靠性，还可以配置 2 个存储，使用存储厂商提供的存储同步或镜像技术实现存储的完全复制。

为了解决速度瓶颈，一般存储采用 8 Gbit/s 或 16 Gbit/s 的 FC 接口，或者采用 6 Gbit/s 或 12 Gbit/s 的 SAS 接口。也有提供 10 Gbit/s iSCSI 接口的网络存储，但在大多数传统的 vSphere 数据中心中，一般采用光纤存储。在小规模的应用中，可以不采用光纤存储交换机，而是将存储与服务器直接相连，当需要扩充更多主机时，可以添加光纤存储交换机。

共享存储的另一个缺点是存储的性能和存储的容量受限。随着同一群集中物理服务器数量的增加以及虚拟机数量的增加，每台虚拟机的性能受限于存储控制器性能、存储接口、存储磁盘数量。

从 VMware vSphere 5.5 U1 版本开始推出的 vSAN 架构，使用服务器本地硬盘和以太网组成软件分布式共享存储，很好地解决了传统共享存储的缺点。这一架构的网络拓扑如图 2-4-8 所示。

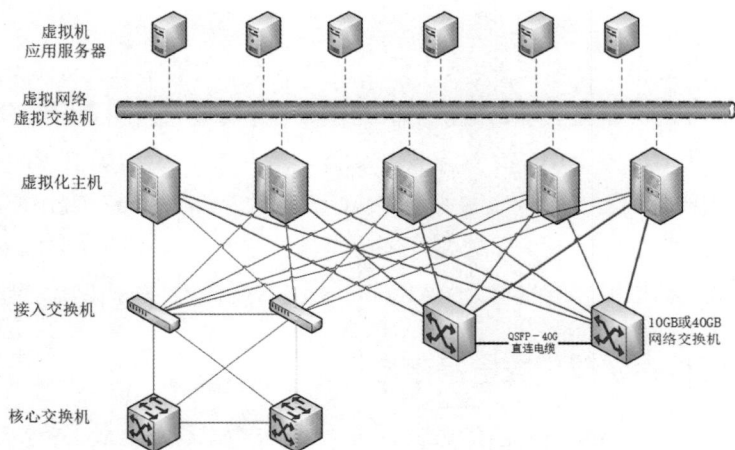

图 2-4-8　软件分布式共享存储架构

在软件分布式共享存储架构中，不需要配置传统的共享存储，也不需要传统的光纤存储交换机，使用服务器本地硬盘，以软件的方式、通过传统的以太网络交换机组成分布式共享存储。对比图 2-4-7 与图 2-4-8 的架构，图中左侧接入交换机是传统以太网交换机，用于将物理服务器接入企业网络，右侧在传统共享存储中是光纤存储交换机，而在软件分布式共享存储架构中也是采用传统的以太网交换机。

在 vSAN 架构中不配备共享存储，采用服务器本地硬盘组成磁盘组。磁盘组中的磁盘以 RAID-0、RAID-5 或 RAID-6 的方式保存数据，服务器之间通过网络实现类似 RAID-10、RAID-50 或 RAID-60 的整体效果。多台服务器的多块磁盘组共同组成可以在服务器之间共享的 vSAN 存储。任何 1 台虚拟机保存在某台主机的 1 个或多块磁盘组中，并且至少有 1 个完全的副本保存在其他主机中，这台虚拟机在不同主机的磁盘组中的数据是使用 vSAN 流量的 VMkernel 进行同步的，vSAN 架构（图 2-4-8 右边的网络交换机）中为 vSAN 流量推荐采用 10 Gbit/s 网络。

在 vSAN 架构中，每台虚拟主机可以提供 1～5 个磁盘组。每个磁盘组至少 1 块 SSD 用作缓存磁盘，1 块 HDD 或 1 块 SSD 用作容量磁盘。推荐每台主机不少于 2 个磁盘组，每组 1 块 SSD 和 4～7 块 HDD 或 SSD。软件定义并且通过网络组成的 vSAN 共享存储，整体相当于 RAID-10、RAID-5、RAID-6 或 RAID-50、RAID-60 的效果。

从图 2-4-7 与图 2-4-8 可以看出，无论是传统数据中心还是超融合架构的数据中心，用于虚拟机流量的网络交换机可以采用同一个标准进行选择。

物理主机的选择，在传统数据中心中，可以不考虑或少考虑本机磁盘的数量；如果采用 vSAN 架构，则尽可能选择支持较多盘位的服务器。物理主机的 CPU、内存和网卡等其他配置，选择方式相同。

传统架构中需要为物理主机配置 FC 或 SAS HBA 接口卡，并配置 FC 或 SAS 存储交换机；vSAN 架构中需要为物理主机配置 10 Gbit/s 以太网网卡，并且配置 10 Gbit/s 以太网交换机。

无论是在传统架构还是在超融合架构中，对 RAID 卡的要求都比较低。前者是因为采用共享存储（虚拟机保存在共享存储，不保存在服务器本地硬盘），不需要为服务器配置过多磁盘，所以就不需要 RAID-5 等方式的支持，最多 2 块磁盘配置 RAID-1 用于安装 VMware ESXi 系统；而在 vSAN 架构中，VMware ESXi Hypervisor 直接控制每块磁盘。如果服务器已经配置 RAID 卡，则需要将每块磁盘配置为直通模式（有的 RAID 卡支持，例如 DELL H730 或 H330）或配置为 RAID-0（不支持磁盘直通的 RAID 卡）。

2.4.4 了解两种存储架构数据保存方式

为了近一步介绍 vSAN 架构的优点，下面介绍共享存储与 vSAN 存储数据保存方式。假设有 1 台 IBM V5000 存储，如图 2-4-9 所示，配置了 11 块磁盘，其中 10 块磁盘创建一个存储池，创建了 2 个磁盘组，每个磁盘组 5 块磁盘，另外 1 块磁盘为全局热备磁盘。

图 2-4-9　IBM V5000 存储

对于本示例中的存储配置，数据保存方式如图 2-4-10 所示。

图 2-4-10　示例数据保存方式

假设要往存储上保存数据 1，这个数据 1 分成 2 部分，其中第 1 部分再分成 4 块，依次保存在 1、2、3、4 磁盘，在第 5 块磁盘保存前 4 块数据的效验数据；第 2 部分再分成 4 块，依次保存在 6、7、8、9、磁盘，在第 10 块磁盘保存后 4 块的效验数据。在这种保存方式中，允许前 5 块、后 5 块磁盘各坏 1 块磁盘，磁盘有效使用率为 80%。如果算上热备磁盘，那么磁盘有效使用率为 8/11。

1 台存储是为多台服务器提供空间，每台服务器会创建多台虚拟机，每台虚拟机中会有多个文件。每台虚拟机中的每个文件的读写，都会涉及 10 块磁盘。当服务器数量较小、虚拟机数量较小时，存储能满足响应；当存储同时连接的服务器数量较多，并且虚拟机数量较多时，存储有可能效果不够造成延迟。

软件分布式共享存储架构是怎么一个数据保存方式呢？本例以 vSAN 为例进行说明。

1 个 vCenter Server 可以创建多个数据中心，1 个数据中心可以创建多个 vSAN 群集，每个 vSAN 群集最多支持 64 台主机（vSphere 5.5 时支持 32 台，从 vSphere 6.0 开始支持 64 台主机）。每台主机最多 5 个磁盘组，每个磁盘组需要 1 个用作缓存的 SSD，最少 1 个、最多 7 个用作数据的 SSD 或 HDD 磁盘。

假设有 3 台主机，每台主机有 3 个磁盘组，每个磁盘组有 1 个 SSD 和 5 个 HDD，如图 2-4-11 所示。

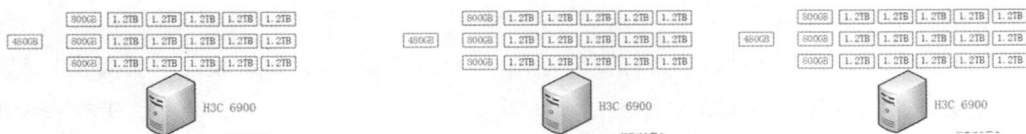

图 2-4-11　3 台主机组成的 vSAN 群集

每台主机有 15 个 HDD，这 15 个 HDD 的顺序为 HDD0、HDD1……HDD14。

对于大多数的虚拟机，会以以下的方式保存数据：

- 虚拟机 1：使用主机 1 的 HDD0、使用主机 2 的 HDD1，在主机 3 的 HDD2 创建见证文件；

- 虚拟机 2：使用 2 的 HDD2、主机 3 的 HDD5，在主机 1 的 HDD7 创建见证文件；
- 虚拟机 3：使用主机 3 的 HDD9、主机 1 的 HDD10，在主机 2 的 HDD10 创建见证文件。

对于大多数的虚拟机，每台虚拟机会保存在 3 台主机，其中 2 台主机上的数据完全一样（相当于 RAID-1），并且每台主机只使用其中的 1 块 HDD 保存。在另 1 台主机上创建 1 个见证文件（见证文件占用较小的空间，用于仲裁）。

如果虚拟机 4 使用较大的硬盘空间，例如虚拟机硬盘为 1 300GB，那么虚拟机 4 的保存方式可能如下：

- 使用主机 1 的 HDD0、HDD1、HDD2、HDD3、HDD10、HDD15（RAID-0）；
- 使用主机 2 的 HDD0、HDD1、HDD2、HDD3、HDD10、HDD15（RAID-0）；
- 使用主机 3 的 HDD0 创建见证文件。

在这种方式下，虚拟机 4 在主机 1、主机 2 各占用 6 块磁盘（每台主机上 6 块磁盘的数据保存方式相当于 RAID-0），并且主机 1 与主机 2 上的数据完全一样（相当于跨主机做 RAID-1），在主机 3 创建一个较小的见证文件用于仲裁。数据保存方式总体相当于 RAID-10。

在此可以看出，在 vSAN 架构中，物理主机配置了较多容量磁盘，但虚拟机保存时，大多数情况下并不会占用每台主机的多个磁盘，而只是占用其中的 1 块磁盘。

在 vSAN 架构中，还有用于缓存的 SSD。在混合架构（磁盘组中容量盘是 HDD）中，SSD 容量的 70%用于读缓存，30%用于写缓存。在全闪存架构中（磁盘组中容量盘也是用 SSD 提供），用作缓存的 SSD 磁盘容量的 100%用于读缓存。

从以上举例可以看出，vSAN 实现了数据的冗余。另外 vSAN 可以根据虚拟机的实际需求，使用主机上的 1 个或多个磁盘（在 vSAN 中，虚拟机磁盘大小超过 255GB 时进行拆分）。

vSAN 架构还有如下的一系列优点：

（1）vSAN 是 1 个可以进行扩展和收缩的架构。在使用过程中，可以通过向主机添加或减小磁盘或磁盘组的方式添加或减小容量，也可以通过主 vSAN 群集添加或减少主机的方式进行扩容和收缩；

（2）vSAN 是 1 个自愈合、自修复的系统。在使用过程中，如果某台主机离线，或者某台主机的某块 SSD 或 HDD 故障出错，如果 60 分钟内没有恢复，故障主机或故障 SSD 或 HDD 上的数据，会使用现有的数据在剩余的其他主机重建，以保证至少有 2 个副本、1 个见证的情况；

（3）vSAN 根据虚拟机存储策略，可以支持 2 个副本 1 个见证、3 个副本 2 个见证、4 个副本 3 个见证的情况，在 4 个副本 3 个见证的前提下，vSAN 群集中任意 3 台主机宕机而不会影响虚拟机的使用；

（4）vSAN 支持故障域，在多机柜环境下，可能通过配置故障域方式，避免单个机柜掉电而影响虚拟化环境的使用；

（5）vSAN 可以实现远程双活数据中心。

vSAN 还有一系列优点，关于 vSAN 的更多知识，可以参考作者的另一本图书《VMware vSAN 超融合企业应用实战》，该书比较详细地介绍了 vSAN 更多知识以及 vSAN 在企业中的应用案例。

2.4.5　选择虚拟化版本与系统安装位置

下面介绍 VMware 虚拟化产品的版本。

（1）如果使用现有的服务器，并且服务器的 CPU 比较旧，例如是 Intel E5-26XX、E5-26XX V2、E5-26XX V3、E5-26XX V4，或者 E7-47XX V4 及以前的 E7，并且使用共享存储，那么推荐使用 vSphere 6.0.0 U3 的版本。

（2）如果是新采购服务器，或虽然是利旧但服务器的 CPU 比较新，例如是 Intel Gold 51XX 或 Silver 4XXX 及更高的 CPU，并且准备采用 vSAN 架构，推荐使用 vSphere 6.7.0 U3 或 vSphere 7.0.0 U2 及以后的版本。

如果虚拟化不考虑高可用，并且虚拟机数量较小，可以使用服务器本地硬盘作为存储的方案，最小 1 台主机就可以实施虚拟化，也可以 3 台及以下数量的主机、每台主机使用服务器本地硬盘保存虚拟机的方式。

在选择服务器时，还要考虑虚拟化系统（VMware ESXi）安装在何位置。如果使用单机虚拟化，服务器本地硬盘在配置有 RAID 卡的前提下，可以使用 RAID 卡划分为 2 个卷，第一个卷大小在 5~10GB，用来安装虚拟化系统（VMware ESXi）；剩余的空间划分第 2 个卷，用来保存虚拟机。

如果使用共享存储架构，服务器可以不配硬盘，从存储划分较小的 LUN（10~20GB）分配给服务器，VMware ESXi 可以安装到存储映射给服务器的 LUN 并且可以从存储启动。

如果使用 vSAN 架构，可以为 ESXi 选择较小容量（一般 32GB 即可，但现在最小的固态硬盘可能是 120GB 或 240GB）的固态硬盘。

也可以将 VMware ESXi 系统安装在 U 盘、服务器内部集成的 USB 接口或 SD 卡，某些服务器支持的双 SD 卡（做 RAID1）或双 M.2 硬盘（做 RAID1）。

2.4.6　安装 ESXi 的方法

在为服务器选择了 ESXi 系统盘之后，就要考虑怎样为服务器安装 ESXi 系统。安装 ESXi 的方法比较多，主要有以下几种。

（1）如果服务器使用网络版 KVM 管理，可以通过 KVM 加载 VMware ESXi 的安装

ISO 文件引导服务器，用来安装 ESXi。

（2）现在服务器提供远程管理功能，在购买相应的许可证后，通过网络可以登录服务器的远程管理控制台界面（如 DELL 服务器的 iDRAC、HP 服务器的 iLO、联想服务器的 iMM 等），通过加载 VMware ESXi 的安装 ISO 文件引导服务器并安装系统。

（3）使用安装光盘光驱引导并安装系统。

（4）使用工具 U 盘引导 ESXi 并安装系统。

（5）通过网络 TFTP 服务器或 vCenter Server 部署服务，服务器使用网卡 TFTP 引导方式安装系统。

在使用工具 U 盘为服务器安装系统时，要考虑服务器的引导方式有传统的 LEGACY 和新型的 UEFI。如果服务器只支持 UEFI 引导方式，例如 HP DL580 G9 系列、华为、华三的服务器，那么，在制作启动 U 盘时，需要将 VMware ESXi 的安装 ISO 文件以镜像方式写入到 U 盘来引导服务器。

如果服务器支持 LEGACY 方式，可以使用常见的 U 盘制作工具软件，例如电脑店 U 盘启动盘制作工具制作的工具 U 盘，并且将 VMware ESXi 的安装 ISO 文件拷贝到 U 盘的 DND 目录中，在 U 盘启动后，通过加载自定义 ISO 的方式启动 ESXi 的安装程序。

IBM 服务器（联想 3650 系列、联想 SR650 系列），即使在 BIOS 中将引导方式改为 UEFI 的引导方式，但在服务器 BIOS 自检后按 F12 引导菜单，在出现引导菜单时，可以将当前引导方式修改为 LEGACY 方式并且以传统方式引导 U 盘并加载 ESXi 安装程序用来安装 ESXi。

对于 DELL 服务器，可以在 BIOS 中选择引导方式为 BIOS 或 UEFI。

除了将 ISO 文件直接写到 U 盘外，还可以使用一种称为 IODD 的可移动硬盘加载 VMware ESXi 的 ISO 文件，IODD 可以将 ISO 文件加载为光驱的方式启动服务器，这种方式支持 LEGACY 和 UEFI。

2.4.7　学习虚拟化

如果你想学习虚拟化，至少要有 1 台较高配置的物理机，例如需要相当于 Intel i5 系列或以上的 CPU，具有 48GB 以上内存和 2 块固态硬盘，可以 1 块 250GB 以上的 M.2 或 PCIe 的 NVME 的固态硬盘和 1 块 250GB 以上的 SATA 硬盘，推荐采用 2 块 M.2 或 PCIe 的固态硬盘。同时需要有 1 块 1TB 以上的 7 200r/min 的硬盘用于保存实验中的数据。

推荐将 VMware ESXi 安装在物理机上，通过网络中另 1 台计算机（台式机或笔记本）进行远程管理。

如果你只有 1 个笔记本电脑或 1 个台式机，可以在主机安装 Windows 或 Linux 操作系统，或者使用 Mac 笔记本电脑，在安装 VMware Workstation 软件，通过虚拟机来模拟学习虚拟化。

2.5　虚拟化项目中服务器的选择

组建 vSphere 数据中心是一个综合与系统的工程，这需要对服务器的配置与服务器数量、存储的性能与容量以及接口、网络交换机等方面进行合理的配置与选择。在 vSphere 数据中心构成的三要素服务器、存储、网络中，服务器与网络变化不大，主要是存储的选择。在 vSphere 6.0 及其以前，传统的 vSphere 数据中心普遍采用共享存储，一般优先选择 FC 接口，其次是 SAS 及基于网络的 iSCSI。在 vSphere 6.0 推出后，还可以使用普通的 X86 服务器使用服务器本地硬盘通过网络组成 vSAN 存储。vSphere 6.5 与 6.7 的版本，最大的改进之一就是对 vSAN 版本的持续升级。vSphere 7.0 版本，最大的改进之一是对容器的支持。对于新组建的数据中心，推荐采用 vSAN 架构。

使用 vSAN 架构组建 vSphere 数据中心，主要是对虚拟化主机-服务器的选择，以及连接服务器的以太网交换机的选择。本节先介绍服务器的选择，后文介绍以太网交换机的选择。

2.5.1　vSAN 主机选择注意事项

用于虚拟化的服务器选择是非常灵活的，可以选择 1U、2U、3U 和 4U 的机架式服务器或者塔式服务器，也可以选择刀片服务器，或者较高密度的 2U4 节点的服务器，这些都可以根据用户的实际情况进行选择。对于虚拟化环境尤其是使用 vSAN 架构的 vSphere 虚拟化环境，优先选择较多盘位的 2U 机架式服务器。

在选择服务器时，主要看 CPU、内存、硬盘、PCIe 插槽这几个参数。大多数的 2U 服务器有以下的配置。

（1）CPU：2U 服务器一般支持 2 个 CPU，3U 或 4U 服务器支持 4 个 CPU。当前主流的服务器支持 Intel 第三代至强可扩展处理器。

（2）内存：2U 服务器一般配置 24 个内存插槽。支持 RDIMM 内存（最大支持 1.5TB 内存）、支持 LRDIMM（最大支持 3TB 内存）、支持 NVDIMM（192GB）、支持 DCPMM 6.14TB（Intel 傲腾 DC 持久内存，如果是 LRDIMM 最大支持 7.68TB）。

（3）硬盘：2U 机架式服务器一般支持 24 个或 26 个 2.5 英寸硬盘，或者支持 12 个或 14 个 3.5 英寸硬盘。选择 2.5 英寸 SSD 单盘最大 7.68TB，选择 2.5 英寸 SAS 单盘最大 2.4TB，选择 3.5 英寸 HDD 单盘最大 14TB。

（4）PCIe 插槽：支持 8 个第三代插槽，其中 4 个 X16 插槽。

下面通过具体实例介绍几款服务器。

2.5.2　联想 ThinkSystem SR650

联想 ThinkSystem SR650 支持 2 个理器和 24 个内存插槽，最高支持 24 个 2.5 或 12

个 2.5 英寸前置驱动器，支持 2 个后置驱动器。联想的 AnyBay 支持同一个驱动器托架中的 SAS、SATA、标准 SSD 或 U.2（NVMe PCIe）SSD 接口。SR650 提供混合驱动器支持。使用 24 个 15.36TB 2.5 英寸 SSD 和 2 个 14 TB 3.5 英寸 HDD 时最高可提供 396 TB。使用 14 个 14TB 3.5 英寸 HDD 时最高容量为 196TB。

SR650 标准机型有 3 种，如图 2-5-1 所示，分别是 24 个 2.5 英寸驱动器（使用最多 4 个 AnyBay）、12 个 3.5 英寸盘位（使用最多 4 个 AnyBay）和 16 个 2.5 英寸盘位（使用最多 8 个 AnyBay），还可以配置 2 个 3.5 英寸后置驱动器（需要安装在 12×3.5 英寸机箱中），最多支持 2 个内置 M.2。

在选择标准机型时，可以配 2 个转接卡、1 个主板集成的 PCIe×8 的插槽，如图 2-5-2 所示。

图 2-5-1　SR650 标准机型

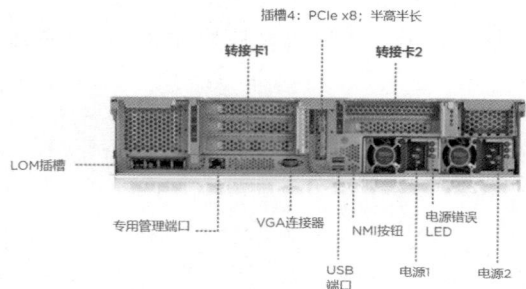

图 2-5-2　SR650 后视图

其中转接卡 1 有 5 个选项：
- 选项 1：3 个全高半高的 X8 的接口在插槽位置 1、2、3；
- 选项 2：1 个全高全长的 X16 的接口在位置 1，1 个全高半长 X8 的接口在位置 3；
- 选项 3：2 个全高半长 X8 ML2 的接口在位置 1、3，1 个全高全长 X16 ML2 的接口在位置 2；
- 选项 4：3 个全高半长 X8 ML2 的接口在位置 1、2、3；
- 选项 5：2 个 3.5 英寸 HDD 驱动器托架，此选型只在 12×3.5 机箱中提供。

转接卡 2 只提供一个选项：1 个全高全长×16 的接口在位置 5，一个全高半长 X16 的接口在插槽 6。

SR650 还提供大容量 NVMe 机型，最多支持 24 个 NVMe 驱动器，此种机型提供 3 种配置，分别提供 16 个 NVMe 驱动器和 8 个 SATA/SAS 驱动器、20 个 NVMe 驱动器、24 个 NVMe 驱动器，如图 2-5-3 所示。

在大容量 NVMe 机型中，在 20NVMe 机型中只有插槽 3 提供一个 X8 的接口供客户使用，另外 2 种配置插槽 3 与插槽 5 可用，如图 2-5-4 所示。

图 2-5-3 SR650 大容量 NVMe 机型

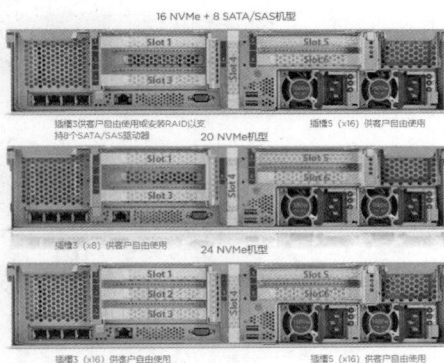

图 2-5-4 大容量 NVMe 机型后视图

SR650 内部结构示意如图 2-5-5 所示。

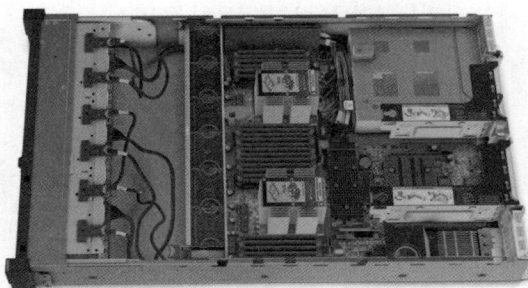

图 2-5-5 SR650 内部结构示意

2.5.3 DELL R740 xd

DELL R740 xd 是 2U 机架式服务器，支持 2 个第二代 Intel 至强可扩展处理器，每个处理器最多 28 个核心。R740 xd 支持的内存速度最高为 2933 MT/s，支持的内存类型为 RDIMM、LRDIMM、NVDIMM、DCPMM(英特尔傲腾 DC 持久内存)。R740 xd 配置 24 个 DDR 4 DIMM 插槽（仅支持 12 个 NVDIMM 或 12 个 DCPMM），最大内存支持：RDIMM 1.53 TB、LRDIMM 3 TB 、NVDIMM 192 GB、DCPMM 6.14 TB（7.68 TB 采用 LRDIMM）。

DELL R740 xd 存储可配置前置托架、中间托架、后置托架。其中前置托架支持 24 个 2.5 英寸 SAS/SSD/NVMe，容量最高为 184 TB，或者配置 12 个 3.5 英寸 SAS，容量最高为 168 TB；中间托架支持最多 4 个 3.5 英寸或 4 个 2.5 英寸 SAS/SSD/NVMe；后置托架最多支持 4 个 2.5 英寸或 2 个 3.5 英寸硬盘。

DELL 服务器前视图、后视图如图 2-5-6～图 2-5-8 所示。

图 2-5-6 前置托架配置 12 个 3.5 英寸盘位的 DELL 服务器

图 2-5-7　前置托架配置 24 个 2.5 英寸盘位的 DELL 服务器

图 2-5-8　DELL R740 xd 服务器配置 8 个 PCIe 插槽

DELL R740 支持最多 8 个 PCIe 插槽，其中 4 个 X16 接口。

DELL R740 提供 4 种控制器，分别是 PERC H330、H730P、H740P、HBA330。

DELL R740 电源可选 495W、750W、110W、1 600W、2 000W。

DELL Boss 卡可提供 2 个 M.2 SSD（120 GB 或 240 GB）。

DELL R740 xd 板载网络子卡选项如下：

- 4 个 RJ-45 端口，支持 10 Mbit/s、100 Mbit/s 和 1 000 Mbit/s；
- 4 个 RJ-45 端口，支持 100 Mbit/s、1 Gbit/s 和 10 Gbit/s；
- 4 个 RJ-45 端口，其中 2 个端口支持最高 10 Gbit/s，另外 2 个端口支持最高 1 Gbit/s；
- 2 个 RJ-45 端口支持最高 1 Gbit/s，2 个 SFP+端口支持最高 10 Gbit/s；
- 4 个 SFP+端口，支持最高 10 Gbit/s；
- 2 个 SFP28 端口，支持最高 25 Gbit/s。

DELL R740 xd 比较适合用于 vSAN，可以配置 24 个 2.5 英寸磁盘，可以板载支持 4 个 10 Git/s 的 SFP+光端口，8 个 PCIe 插槽可以配置 4 块 PCIe 接口 NVMe 的 SSD，剩余的 4 块可以配置网卡、GPU 显卡等配件。DELL R740 xd 支持 Nvidia Tesla P100、K80、K40，Grid M60、M10、P4，Quadro P4000 与 AMD S7150、S7150X2 等 GPU 显卡。

2.5.4　DELL R740 xd2

DELL R740 xd2 是高容量 2U 设计，最多支持 2 个 Intel 至强可扩展处理器，支持 16 个 DDR4 RDIMM 插槽（最大 1TB），最多 5 个 PCIe 插槽（3 个 X16 接口，2 个 X4 接口）。支持 PERC H730P、H330、HBA330 共 3 种控制器。R740 xd2 主要是支持更多数量的磁盘。

R740 xd2 前置驱动器托架最多支持 24 个 3.5 英寸 SAS/SATA (HDD)（单盘容量 14TB，合计 336 TB），或者最多 16 个 3.5 英寸 SAS/SATA (HDD)加上 8 个 2.5 英寸 SAS/SATA (SSD)，最高 285.44 TB。

后置驱动器托架支持最多 2 个 3.5 英寸 SAS/SATA (HDD)，或者最多 2 个 2.5 英寸 SAS/SATA (SSD)驱动器。

【说明】R740 xd2 支持的 2.5 英寸 SSD 单盘容量最大 7.68TB，3.5 英寸 HDD 单盘容量最大 14TB。

DELL R740 xd2 正面视图如图 2-5-9 所示。

图 2-5-9　DELL R740 xd2 正面视图

DELL R740 xd2 可以在 PCIe 插槽添加 2 个硬盘托架，如图 2-5-10 所示。

图 2-5-10　背面视图

如果不添加硬盘托架，PCIe 插槽如图 2-5-11 所示。

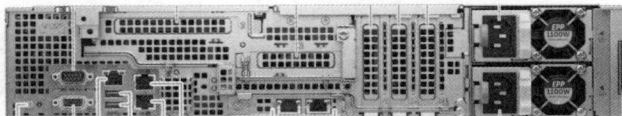

图 2-5-11　DELL R740 xd2 后视图

DELL R740 xd2 安装 24 块 3.5 英寸示意如图 2-5-12 所示。

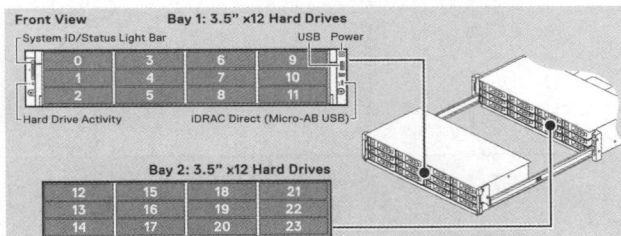

图 2-5-12　配置 24 块 3.5 英寸热插拔硬盘

2.5.5　服务器 CPU 选择

Intel 在 2017 年 7 月发布了全新架构的 Xeon Scalable 可扩展至强处理器（代号 Skylake，SKL），原来的 Xeon E7、Xeon E5 将成为历史，Xeon Scalable 可扩展家族从上到下分为白金、金、银、铜四个级别。Intel 可扩展至终处理器白金系列型号为 81XX、金系列型号为 61XX 和 51XX、银系列型号为 41XX、铜系列型号为 31XX。例如 Intel Platinum 8158、Intel Gold 5118、Intel Silver 4114、Intel Bronze 3104。

Intel 在 2019 年 4 月发布了第二代至强可扩展处理器（代号 Cascade Lake，CLX），架构和工艺都与上一代相比没有明显的改变。第二代至强可扩展处理器从铜牌 Intel Bronze 32xx 系列到白金 Intel Platinum 82xx 系列，数字从 1 变成 2（第一代和第二代），另一个变化是基频（Base）和睿频（Turbo）有 100～300MHz 的提高，处理器最多 28 核心 56 线程、6 通道 DDR4 和 48 条 PCIe，都与上一代保持一致。第二代至强可扩展处理器增加了 Platinum 9200 系列。

2020 年 2 月 24 日，Intel 第二代可扩展至强处理器的升级版本，升级版本以 R 字母结尾，例如 Intel Gold 6246R。新版本针对性能和性价比全方位优化，面向云、网络、边缘领域，相比于第一代至强金牌，性能平均提升了 36%，性价比则增加了 42%。

Intel 可扩展至强处理器（初代）与第二代可扩展至强处理器具有相同的外形和针脚（接口），大多数支持第一代至强处理器的服务器可以通过升级服务器固件支持第 2 代可扩展至强处理器。2020 年的主流服务器主要支持第二代可扩展至强处理器（同时也支持第一代可扩展至强处理器）。

第二代英特尔至强可扩展处理器家族的处理器编号采用字母数字的排列形式，即以品牌及其类别开头，随后是性能、功能、处理器代系和任何选项，如表 2-5-1 所示。

表 2-5-1　第二代英特尔至强可扩展处理器命令规则

系列	级别	代数	SKU		选项		
Intel Xeon Platinum	9	2	#	#	a	a	processor
Intel Xeon Platinum	8	2	#	#	a	a	processor
Intel Xeon Gold	6	2	#	#	a	a	processor
Intel Xeon Gold	5	2	#	#	a	a	processor
Intel Xeon Silver	4	2	#	#	a	a	processor
Intel Xeon Bronze	3	2	#	#	a	a	processor

第二代可扩展至强处理器选项有 Platinum（铂金）、Gold（金牌）、Silver（银牌）、Bronze（铜牌）4 个系列，有 3、4、5、6、8、9 共 6 个级别，代数用数字 2 表示第 2 代，如果是数字 1 表示代 1 代。SKU 是 2 从位数字，例如 09、20、34、48 等。选型有 L、N、R、S、T、V、Y 等。

- L：Lagre DDR Memory Tier Support（大型 DDR 内存支持，最大到 4.5TB）；
- N：Networking/Network Function Virtualization（网络功能虚拟化）；
- R：Refresh，2020 年 4 月 24 日推出的更新版本；
- S：Search，用于搜索；
- T：Thermal，用于较高工作温度的场合；
- V：VM Density Value，虚拟机密度型，用于需要提供较多虚拟机的环境；
- Y：Intel Speed Select Technology，支持 Intel 速度选择技术。

下面是几种不同选型处理器的介绍。

（1）T：Thermal。主要针对长生命周期和 NEBS 较高工作温度的要求，除了电信（Telecom）行业，还可用于工业自动化（如 IoT）和航天等运行环境较为严苛的领域。T

系列处理器型号、核心等参数如表 2-5-2 所示。

表 2-5-2　Intel 第二代至强可扩展处理器 T 系列

型号	核心/线程	基准频率（GHz）	睿频（GHz）	缓存（MB）	TDP（W）
6238T	22/44	1.9	3.7	30.25	125
6230T	20/40	2.1	3.9	27.5	125
5220T	18/36	1.9	3.9	24.75	105
5218T	16/32	2.1	3.8	22	105
4209T	8/16	2.2	3.2	11	70

（2）V：VM 密度专用。加 V 的只有 2 个型号，在核数相当的产品中 TDP 最低，差距最小也有 10W，很大程度上得益于它们不到 2.0GHz 的基频。这意味着它们可以在同等（功耗）开销下，获得更高的虚拟机（VM）密度，如表 2-5-3 所示。

表 2-5-3　Intel 第二代至强可扩展处理器 V 系列

型号	核心/线程	基准频率（GHz）	睿频（GHz）	缓存（MB）	TDP（W）
6226V	24/48	1.9	3.6	33	135
6222V	20/40	1.8	3.6	27.5	115

（3）Y：可变的核数与频率。这 3 款 CPU 支持英特尔速度选择技术（Intel Speed Select Technology，Intel SST）让特定的 CPU 可以运行在多达 3 种不同的核数（core count）与频率组合下，例如 Intel Gold 6240Y 有 18C@2.6GHz、14C@2.8GHz、8C@3.1GHz 的不同配置，8260Y 和 4214Y 有 24/20/16C、12/10/8C 的可选状态。这主要是为了简化云服务提供商（CSP）和企业的基础架构，让用户用一种类型的服务器就可以满足多种业务需求，如表 2-5-4 所示。

表 2-5-4　Intel 第二代至强可扩展处理器 Y 系列

型号	核心/线程	基准频率（GHz）	睿频（GHz）	缓存（MB）	TDP（W）
8260Y	24/48	2.4	3.9	35.75	165
6240Y	18/36	2.6	3.9	24.75	150
4214Y	12/24	2.2	3.2	16.5	85

（4）N：网络专用。N 系列处理器也支持 SST 技术，型号如表 2-5-5 所示。

表 2-5-5　Intel 第二代至强可扩展处理器 N 系列

型号	核心/线程	基准频率（GHz）	睿频（GHz）	缓存（MB）	TDP（W）
6252N	24/48	2.3	3.6	35.75	150
6230N	20/40	2.3	3.9	27.5	125
5218N	16/32	2.3	3.7	22	105

（5）S：搜索专用，如表 2-5-6 所示。

表 2-5-6　Intel 第二代至强可扩展处理器

型号	核心/线程	基准频率（GHz)	睿频（GHz)	缓存（MB）	TDP（W）
5220S	18/36	2.7	3.9	24.75	125

其他 Intel 至强可扩展处理器（第一代）与 Intel 第二代至强可扩展处理器的核心、功耗、频率如表 2-5-7 所示。

表 2-5-7　部分 Intel 至强可扩展处理器参数

处理器标识符	内核/线程	TDP（瓦）	高速缓存(MB)	基准频率/睿频频率(GHz)
Platinum 8380HL	28/56	250	38.5	2.9/4.3
Platinum 8376HL	28/56	205	35.75	2.6/4.3
Platinum 8354H	18/36	205	24.75	3.1/4.3
Platinum 8353H	18/36	150	24.75	2.5/3.8
Gold 6348H	24/48	165	33	2.3/4.2
Gold 6328HL	16/32	165	22	2.8/4.3
Gold 6254	18/36	200	24.75	3.1/4.0
Gold 6250	8/16	185	35.75	3.9/4.5
Gold 6246R	16/32	205	35.75	3.4/4.1
Gold 6240R	24/48	165	35.75	2.4/4.0
Gold 6240	18/36	150	24.75	2.6/3.9
Gold 6238R	28/56	165	38.5	2.2/4.0
Gold 6230R	26/52	150	35.75	2.1/4.0
Gold 6226R	16/32	150	22	2.9/3.9
GOLD 5320H	20/40	150	27.5	2.4/4.2
GOLD 5318H	18/36	150	24.75	2.5/3.8
Gold 5220R	24/48	150	35.75	2.2/4.0
Gold 5220	18/36	125	24.75	2.2/3.9
Gold 5218R	20/40	125	27.5	2.1/4.0
Gold 5218R	16/32	125	22	2.3/3.9
Silver 4210R	10/20	100	13.75	2.4/3.2
Silver 4214R	12/24	100	16.5	2.4/3.5
Silver 4215R	8/16	130	11	3.2/4.0
Silver 4209T	8/16	70	11	2.2/3.2
Silver 4210	10/20	85	13.75	2.2/3.2
Silver 4214	12/24	85	16.5	2.2/3.2

在规划设计时，需要根据物理服务器的数量、支持的虚拟机的数量，以及虚拟机的

用途，规划选择处理器。对于大多数的服务器虚拟化，例如 Web 服务器、OA 服务器、ERP 服务器，选择 Intel Gold 5218R 系列可满足需求。当虚拟机数量较小的数据库处理要求，可以选择较高主频、核心数较小的 CPU。对于虚拟机数量较多的一般应用，可以选择核心数较多、主频较低的 CPU。对于需要支持 GPU 虚拟化的虚拟桌面，应该配置较高主频和较多内核的 CPU，例如 Intel Gold 6254、Intel Gold 6240R 等。

2.5.6　服务器硬盘选择

服务器可以使用的硬盘，如果从硬盘尺寸来区分，主要有 2.5 英寸和 3.5 英寸两种。从接口来区分，有 STAT、SAS、NL-SAS、U.2 接口。2.5 英寸硬盘具有较高的 IOPS，但容量一般较小。当前主流的 2.5 英寸硬盘是 SAS 接口、10 000 转/分、2.4TB 的容量，也有 1.8TB、1.2TB、900GB、600GB、300GB 的容量。但现在使用较多的是 2.4TB。3.5 英寸具有较大的容量，例如 4TB、6TB、8TB、10TB、12TB、14TB 几种，一般是 NL-SAS 接口，7 200 转/分。在需要较高的 IOPS 时，可以选择 2.5 英寸 10 000 转/分的 SAS 磁盘；如果需要较大的容量，可以选择 3.5 英寸 7 200r/min 的 NL-SAS 磁盘。3.5 英寸的磁盘也有 15 000 转/分的，但容量相对较小，一般是 300GB 或 600GB 等几种。

U.2 接口一般是用在 SSD 中，U.2 接口的固态硬盘支持 NVMe 协议，走 PCI-E 3.0 ×4 通道，它的理论传输速度高达 32Gbit/s。U.2 接口与 SAS、SATA 接口外形相似、大小相同。图 2-5-13 和图 2-5-14 是 U.2 接口的 Intel DC P3700 SSD 的图片。

图 2-5-13　U.2 接口的 SSD　　　　　图 2-5-14　Intel DC P3700 SSD

除了 SAS、SATA、NL-SAS、U.2 接口外，服务器还支持 PCIe 接口的固态硬盘。

传统的 SATA 接口的固态硬盘，受限于接口速度的限制（SATA 3.0 最大速度 6Gbit/s），磁盘的速度最大为 560MB/s。PCIe 的速度最高是 32Gbit/s，当前大多数的 PCIe 接口的 NVMe 固态硬盘，其读取速度可以到 2 000MB/s 以上，持续写入速度可以到 1 500MB/s 以上。为了让 vSAN 磁盘组获得更好的性能，可以用 PCIe 接口的 NVMe 的固态硬盘代替 SATA 或 SAS 接口的固态硬盘。同样 PCIe 的固态硬盘会占用 PCIe 槽位。SATA 与 PCIe 接口设备的速度如表 2-5-8 所示。

表 2-5-8   SATA 与 PCIe 接口速度对比

版本	SATA		PCI Express	
	2.0	3.0	2.0	3.0
连接速度	3 Gbit/s	6 Gbit/s	8 Gbit/s（×2） 16 Gbit/s（×4）	16 Gbit/s（×2） 32 Gbit/s（×4）
有效数据速率	约 275 MBit/s	约 560 MBit/s	约 780 MBit/s 约 1 560 Mbit/s	约 1 560 MBit/s 约 3 120 MBit/s

2.5.7   vSAN 项目中 SSD 选择

在 vSAN 架构中，vSAN 群集（存储）的总体性能与节点主机数、每个节点的磁盘组数量、每块磁盘组所配的缓存磁盘、容量磁盘的性能、容量、大小都有关系；除此之外，还与节点之间 vSAN 流量网络速度有关，可以说，vSAN 群集的总体性能是一个综合的参数。

本节重点介绍用作缓存层的 SSD（闪存磁盘，也称固态硬盘）。SSD 既是磁盘组读写性能的关键，它的寿命也对数据的安全性有重要的影响。对于磁盘组来说，如果其中某个容量磁盘损坏，只会影响这块磁盘所涉及的虚拟机；但如果某个缓存磁盘损坏，这个缓存盘所组成的磁盘组将整体不可使用（在 vSAN 存储中总容量会减少这一个磁盘组的容量，这个磁盘组中所有的虚拟机对应的 VMDK 文件会提示"可用性降低但未重建"。如果在 60 分钟该磁盘组还没有修复，缺失的冗余文件会在其他主机其他磁盘组重建）。在机械磁盘中，很少有机械磁盘在短时间内连续出错，所以如果用作容量磁盘的机械磁盘（HDD）出错，vSAN 还有重建或恢复的时间，但如果用作缓存磁盘的 SSD 在短时间内同时连续出错，导致受影响的虚拟机没有在其他磁盘组重建完成，或者没有剩余的磁盘组用于数据重建，那么影响的有可能是整个架构。

SSD 有擦写寿命，在使用相对平均的 vSAN 磁盘组中，同一批闪存磁盘有可能是同一时间达到其寿命，从而导致闪存磁盘报废！所以，在 vSAN 架构中，闪存磁盘的选择与使用期限至关重要。

在规划 vSAN 群集时，要合理地评估磁盘组数据变动量（写入、删除、重复数据写入），并根据所用 SSD 的容量、寿命，合理评估缓存磁盘的使用寿命，在其寿命终结之前逐步且有序地用全新及更高级别和更大容量的闪存磁盘替换。

例如，在一个 vSAN 群集系统中，每块磁盘组选择 MLC 的 400GB 的 SSD，设计（评估）SSD 的使用寿命是 1000 天，则应该在第 900～950 天的时间，花费大约 1 周至 1 个月的时间，用 800GB 的 SSD 一一替换原来 400GB 的 SSD（不要一次全部替换，采用正常步骤，先从磁盘组撤出数据后再删除原来的 400GB 的缓存磁盘，然后用新的 800GB 代替后再重新添加磁盘组），等这一磁盘组数据同步完成后，再替换下一个磁盘组中的 SSD。用 800GB 的 SSD 替换，原因有 2 点：首先 vSAN 群集的数据写入量整体应该是持续上升的，用容量增加 1 倍的 SSD，相同 P/E 次数的持久性会增加；其次电子产品整体价格是下降的，900 天后 800GB 的 SSD 的费用应该比现在 400GB 的 SSD 的费用还要低。

　　为 vSAN 选择 SSD 时，主要考虑性能与使用寿命这两个重要参数。由于 SSD 所选择的芯片不同，其每秒写入次数决定了其读写性能，而 P/E 次数（闪存完全擦写次数）决定了其使用寿命。下面首先介绍 VMware 定义的闪存设备的性能分级，然后介绍 VMware 定义的持久性，最后介绍常用闪存颗粒的使用寿命区分。

　　（1）VMware 兼容性指南中闪存设备的性能分级（SSD Performance Classes）

Class A：每秒写入 2 500～5 000 次（已从列表删除）

Class B：每秒写入 5 000～10 000 次

Class C：每秒写入 10 000～20 000 次

Class D：每秒写入 20 000～30 000 次

Class E：每秒写入 30 000 次～100 000 次

Class F：每秒写入 100 000 次以上

　　（2）VMware 闪存持久性定义分类

Class A：TBW ≥ 365

Class B：TBW ≥ 1 825

Class C：TBW ≥ 3 650

Class D：TBW ≥ 7 300

　　（3）闪存持久性（TBW）选择注意事项

　　随着全闪存配置在容量层中引入了闪存设备，现在重要的是针对容量闪存层和缓存闪存层的持久性进行优化。在混合配置中，只有缓存闪存层需要考虑闪存持久性。

　　在 Virtual SAN 6.0 中，持久性等级已更新，现在使用在供应商的驱动器保修期内写入的 TB 量（TBW）表示。此前，此规格为每日完整驱动器写入次数（DWPD）。

　　例如，某 SSD 厂家的保修期是 5 年，该 SSD DWPD 为 10，对于 400GB 的 SSD 来计算，其 TBW 计算公式为：

TBW (5 年) = SSD 容量 × DWPD × 365 × 5

TBW＝0.4TB×10 DWPD/天 ×365 天/年 × 5 年＝7 300TBW

　　通过这次 TBW 规格的更新，VMware 允许供应商灵活使用完整 DWPD 规格较低，但容量更大的驱动器。

　　例如，从持久性角度来讲，规格为 10 次完整 DWPD 的 200GB 驱动器与规格为 5 次完整 DWPD 的 400GB 驱动器相当。如果 VMware 要求 Virtual SAN 闪存设备具有 10 次 DWPD，则会将具有 5 次 DWPD 的 400GB 驱动器排除出 Virtual SAN 认证范围。

　　例如，将规格更改为每日 2 TBW 后，200GB 驱动器和 400GB 驱驱动器都将符合认证资格——每日 2 TBW 相当于 400GB 驱动器的 5 次 DWPD 以及 200GB 驱动器的 10 次 DWPD。

　　对于运行高工作负载的 VSAN 全闪存配置，闪存缓存设备规格为每日 4 TBW。这相当于 400GB 的 SSD 每日完全写入 10 次，相当于 5 年内写入 7 300 TB 数据。当然，在容量层上使用的闪存设备的持久性也可以此为参考，但是，这些设备往往不需要与用作缓存层的闪存设备具备相同级别的持久性。

根据 VMware 建议，在全闪存架构中，作为缓存层的 SSD 应选择 Class C 及其以上级别；在混合架构中，作为缓存层的 SSD 至少要选择 Class B 级别。VMware 的建议如表 2-5-9 所示。

表 2-5-9　SSD 耐用等级

持久性级别	5 年写入量（TB）	混合架构缓存层	全闪存架构缓存层	全闪存架构容量层
Class A	≥ 365	不支持	不支持	支持
Class B	≥1 825	支持	不支持	支持
Class C	≥3 650	支持	支持	支持
Class D	≥7 300	支持	支持	支持

在 vSAN 中，优先推荐选择 PCIe 接口或 U.2 接口的 NVMe SSD，其次是 SAS 或 SATA 接口的 SSD。近 2 年推荐选择的 SSD 如表 2-5-10 所示。

表 2-5-10　vSAN 项目中推荐选择的 SSD

产品型号	接口	容量（TB）	DWPD	顺序读取速度（MB/s）	顺序写速度（MB/s）
Intel DC S3710	SATA	0.4、0.8	10	550	450
Intel D3-S4510	SATA	1.92、2、3.84、4	2	560	510
Intel D3-S4610	SATA	1.92、2、3.84、4	3	560	510
Intel DC P3500	PCIe	2.0	0.3	2 500	1 700
Intel DC P3600	PCIe	1.6	3	2 600	1 700
Intel DC P3608	PCIe	1.6	3	4 500	2 600
Intel DC P3700	PCIe	0.8	10	2 800	1 900
Intel DC P4600	PCIe	1.6、2.0	3	3 200	1 325
三星 PM1733	U.2	1.92	1	6 400	3 800
三星 PM1725A	PCIe	1.6、3.2	5	6 200	2 600
三星 PM1735	PCIe	1.6、3.2	3	8 000	3 800

Intel 3500 和 4500 系列 SSD 的 DWPD 只有 0.3，一般只用作系统磁盘，或者用作 vSAN 的容量磁盘，不要用作 vSAN 缓存磁盘，如图 2-5-15 所示。

Intel DC P3600 如图 2-5-16 所示、Intel DC P3700 如图 2-5-17 所示和三星 PM1725A 或三星 PM1735 如图 2-5-18 所示，可以用作 vSAN 中的缓存磁盘。在全闪存架构的 vSAN 群集中，三星 PM 1733 可以用作磁盘组中的容量磁盘。

图 2-5-15　Intel S4510 可作系统盘

图 2-5-16　Intel DC P3600

图 2-5-17　Intel DC P3700

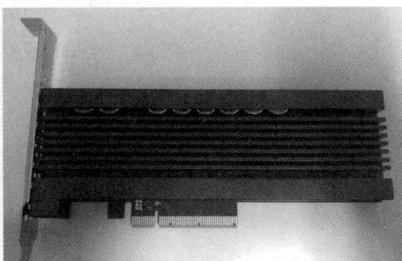

图 2-5-18　三星 PM1725 和 PM1735

图 2-5-19　三星 PM1733 U.2 SSD

Intel DC S3710 与 Intel DC P3700 使用相同的芯片，只是 S3710 是 SATA 接口（2.5 英寸硬盘），P3700 是 PCIe 接口。而 PCIe 接口所有更多的速度和更好的性能，所以在 vSAN 中，优先选择使用 PCIe 接口的 SSD 用作缓存层。

在为 vSAN 选择缓存磁盘时，除了 SATA 与 PCIe 接口的 SSD，还可以选择 U.2 接口的 SSD。SATA、M.2、U.2、PCIe 等不同接口固态硬盘最高速度如表 2-5-11 所示。

表 2-5-11　不同接口固态硬盘协议最高速度

接口	协议、速度
SATA	AHCI 协议，最高速度 6 Gbit/s
SATA-Express	AHCI 协议，最高速度为 12 Gbit/s
M.2	分 2 种协议。其中 AHCI 协议最高速度为 6 Gbit/s，NVME 协议最高速度为 32 Gbit/s
U.2	NVME 协议，最高速度为 32 Gbit/s
PCIe	NVME 协议，最高速度为 32 Gbit/s

U.2 接口的 SSD 外形大小与普通 2.5 英寸硬盘相同，占用 2.5 英寸盘位。但需要为 U.2 硬盘配置专用的接口。U.2 接口的 SSD 还需要配置专用的 RAID 卡，与普通的 2.5 英寸硬盘所用 RAID 卡应该分开配置。

2.6　网络及交换机的选择

在一个虚拟化环境里，每台物理服务器一般至少配置 4 块网卡（2 块用于 ESXi 主机管理，2 块用于虚拟机流量），如果是 vSAN 架构，还要配置 2 块 10 Gbit/s 网卡用于 vSAN 流量。另外，服务器远程管理端口（如 HP 的 iLO、联想 TinkSystem 的 IMM、DELL 的 iDRAC）也要连接到网络，这样每台服务器至少需要 5 条 RJ-45 网线，如果要配置 vSAN，每台服务器还需要增加 2 条 10 Gbit/s 光纤连线。一般每个机架会放置 6～10 台主机，这样就需要至少 30～60 条网线。在这种情况下，传统的布线预留的接口将不能满足需求（传统机架一般不会预留超过 20 条网线）。一个解决的方法是为每个虚拟化的机架配置接入交换机，再通过 10 Gbit/s 光纤以链路聚合方式上连到核心交换机。

2.6.1 常用 vSAN 网络拓扑

对于中小企业虚拟化环境，为虚拟化主机配置华为 S57 系列 1 Gbit/s 交换机即可满足大多数的需求。如果是在 vSAN 架构中，为 vSAN 流量配置 S67 系列 10 Gbit/s 的交换机即可满足需求。

在 vSAN 项目中，优先为 vSAN 流量单独配置 10 Gbit/s 交换机，其次是为 vSAN 流量与其他流量（如 ESXi 主机管理、虚拟机流量）共用 10 Gbit/s 交换机，再次是单独为 vSAN 流量单独配置 1 Gbit/s 交换机。在标准 vSAN 群集中，网络设备的配置有以下几种：

（1）全 10 Gbit/s 网络，流量在一起：管理流量、生产流量（虚拟机流量）、vSAN 流量使用 2 台高配置的 10 Gbit/s 交换机，如图 2-6-1 所示；

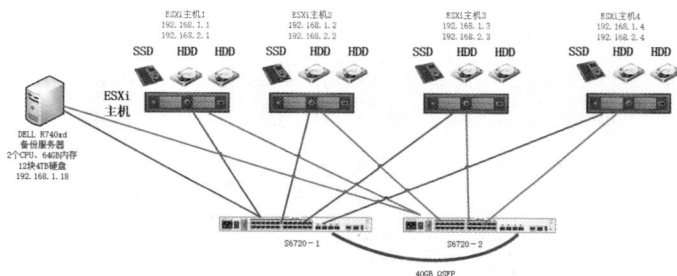

图 2-6-1　全 10 Gbit/s，管理流量、生产流量、vSAN 流量使用一组交换机

（2）全 10 Gbit/s 网络，流量分离：管理流量与生产流量使用一组（一般 2 台）较高配置的 10 Gbit/s 交换机，vSAN 流量使用一组（2 台）较低配置的 10 Gbit/s 交换机，如图 2-6-2 所示；

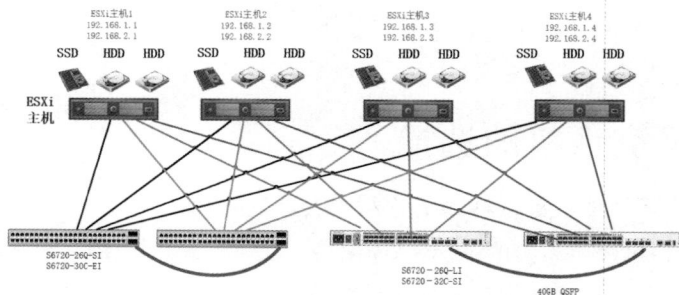

图 2-6-2　全 10 Gbit/s，vSAN 流量独立，ESXi 与虚拟机流量独立

（3）管理与生产 1Gbit/s，vSAN 流量 10Gbit/s：管理流量与生产流量使用 1Gbit/s 交换机，vSAN 流量使用较低配置的 10 Gbit/s 交换机，如图 2-6-3 所示。

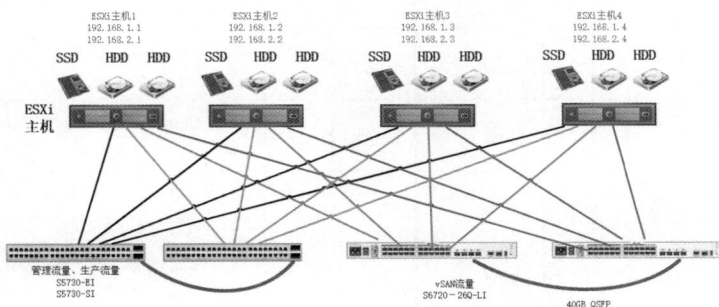

图 2-6-3　管理与生产流量 1 Gbit/s，vSAN 流量 10 Gbit/s

2.6.2　虚拟化项目中交换机选择

对于 vSAN 环境中网络交换机的选择，如果用于管理与生产流量，选择华为 S5730S-SI 或 EI 系列的交换机；如果专用于 vSAN 流量的交换机，选择华为 S6720S-LI 系列的低端型号 10 Gbit/s 交换机即可；用于管理与虚拟机流量的 10 Gbit/s 交换机，选择华为 S6720S-SI 或 S6720S-EI 系列的交换机。

选择交换机时，同一用途的交换机需要选择 2 台同型号的并且要支持堆叠（推荐使用 QSFP-40G-CU 连接线堆叠连接）。华为交换机的型号及配置可以浏览网址 http://e.huawei.com/cn/products/enterprise-networking/switches/campus-switches。

在 4～20 台主机组成的 vSAN 环境中，选择交换机时可以参考以下数据。

（1）选择华为园区交换机中的盒式交换机即可，不需要选择框式交换机或数据中心交换机。

（2）选择交换机时，1 Gbit/s 交换机选择华为 S5700、S5720 或 S5730 系列，10 Gbit/s 交换机选择华为 S6720 或 S6730 系列。同一型号华为交换机从高到低以 HI、EI、SI、LI 划分：

- LI（Lite software Image）：表示设备为弱特性版本；
- SI（Standard software Image）：表示设备为标准版本，包含基础特性；
- EI（Enhanced software Image）：表示设备为增强版本，包含某些高级特性；
- HI（Hyper software Image）：表示设备为高级版本，包含某些更高级特性。

（3）在选择交换机时，需要对比的参数是交换容量、包转发率、固定端口（数量、接口形式、端口速度）。如果交换机需要配置堆叠时，最好选择配有 40GE 接口的交换机。最后还要注意交换机的供电方式。表 2-6-1 所示为华为 S6720 系列部分型号主要参数，表 2-6-2 所示为华为 S5730 系列部分型号主要参数。

表 2-6-1   华为 S6720 系列部分型号主要参数

产品型号	交换容量 （Tbit/s）	包转发率 （Mpps）	固定端口
S6720-54C-EI-48S-AC S6720-54C-EI-48S-DC	2.56 /23.04	1 080	48×10 Gbit/s SFP+端口，2×40 Gbit/s QSFP+端口，1 个扩展插槽
S6720-30C-EI-24S-AC S6720-30C-EI-24S-DC	2.56 /23.04	720	24×10 Gbit/s SFP+端口，2×40 Gbit/s QSFP+端口，1 个扩展插槽
S6720S-26Q-EI-24S-AC S6720S-26Q-EI-24S-DC	2.56 /23.04	480	24×10 Gbit/s SFP+端口，2×40 Gbit/s QSFP+端口不支持扩展插槽
S6720-52X-PWH-SI	2.56 /23.04	780	48 个（0.1/1/2.5/5/10）GBit/s 以太网端口，4 个 10 Gbit/s 接口。不支持扩展插槽
S6720-56C-PWH-SI-AC S6720-56C-PWH-SI	2.56 /23.04	780	32 个（10/100/1000）Mbit/s 以太网端口，16 个（0.1/1/2.5/5/10）GBit/s 以太网端口，4 个 10 Gbit/s。1 个扩展插槽
S6720-32X-SI-32S-AC	2.56 /23.04	780	32×10 Gbit/s 端口。不支持扩展插槽
S6720-26Q-SI-24S-AC S6720S-26Q-SI-24S-AC	2.56 /23.04	480	24×10 Gbit/s 端口，2×40 Gbit/s QSFP+端口不支持扩展插槽
S6720-32X-LI-32S-AC S6720S-32X-LI-32S-AC	1.28/12.8	480	32×10 Gbit/s SFP+端口
S6720-26Q-LI-24S-AC S6720S-26Q-LI-24S-AC	1.28/12.8	480	24×10 Gbit/s SFP+端口，2×40 Gbit/s QSFP+端口
S6720-16X-LI-16S-AC S6720S-16X-LI-16S-AC	1.28/12.8	240	16×10 Gbit/s SFP+端口

表 2-6-2   华为 S5730 系列部分型号主要参数

产品型号	交换容量 （Tbit/s）	包转发率 （Mpps）	固定端口
S5730S-68C-PWR-EI	0.68/6.8	420	48 个 10/100/1000 Mbit/s，4 个 10 Gbit/s
S5730S-68C-EI-AC	0.68/6.8	420	48 个 10/100/1000 Mbit/s，4 个 10 Gbit/s
S5730S-48C-EI-AC S5730S-48C-PWR-EI	0.68/6.8	444	24 个 10/100/1000 Mbit/s，8 个 10 Gbit/s
S5730-68C-PWR-SI-AC S5730-68C-PWR-SI	0.68/6.8	420	48 个 10/100/1000 Mbit/s，4 个 10 Gbit/s
S5730-68C-SI-AC	0.68/6.8	420	48 个 10/100/1000 Mbit/s，4 个 10 Gbit/s
S5730-48C-PWR-SI-AC S5730-48C-SI-AC	0.68/6.8	444	24 个 10/100/1000 Mbit/s，8 个 10 Gbit/s

2.6.3　部分华为系列园区交换机介绍

　　S6720-EI 系列增强型 10 Gbit/s 交换机支持丰富的业务特性、完善的安全控制策略、丰富的 QoS 等特性，可用于数据中心，服务器接入及园区网核心。S6720-EI 支持 iStack 堆叠，双向可达 480Gbit/s 堆叠带宽，支持免配置堆叠。S6720-EI 全线 10 Gbit/s 接入接口和 40 Gbit/s 上行接口，最高可扩展至 6 个 40G 上行端口。图 2-6-4 所示为华为 S6720-54C-EI-48C 交换机的正面。

图 2-6-4　华为 S6720-54C-EI-48C 交换机外形

　　S6720-SI 系列交换机可用于高速率无线设备接入、数据中心 10 Gbit/s 服务器接入、园区网的接入或汇聚等应用场景。S6720-SI 系列可提供 16/24/48 个 Multi-GE 端口（1/2.5/5/10）GBit/s。图 2-6-5 所示为华为 S6720-32C-PWH-SI 交换机的正面。

图 2-6-5　华为 S6720-32C-PWH-SI 交换机外形

　　S6720-LI 系列 10 Gbit/s 交换机是华为开发的新一代精简型全 10 Gbit/s 盒式交换机，可用于园区网和数据中心 10 Gbit/s 接入。图 2-6-6 所示为华为 S6720-26Q-LI-24S-AC 交换机的正面。

图 2-6-6　华为 S6720-26Q-LI-24S-AC 交换机外形

　　S5730S-EI 系列交换机是华为全新的三层 1 Gbit/s 以太网交换机，提供灵活的全 1 Gbit/s 接入以及高性价比的固定 10 Gbit/s 上行接口，同时可提供一个子卡槽位用于 40 Gbit/s 上行端口扩展。S5730S-EI 系列支持 iStack 堆叠，多台交换机可虚拟为一台，提高设备可靠性，简化配置和管理，整机可提供 544Gbit 的堆叠带宽，广泛应用于企业园区接入和汇聚、数据中心接入等多种应用场景。图 2-6-7 所示为华为 S5730S-48C-EI 交换机的前面。

图 2-6-7　华为 S5730S-48C-EI 交换机外形

　　S5730-SI 系列交换机是新一代标准型三层 1 Gbit/s 以太网交换机，支持灵活的全 1 Gbit/s 接入以及高性价比的固定 10 Gbit/s 上行接口，同时可提供一个子卡槽位用于 4 个 40 Gbit/s 上行端口的扩展，适用于企业园区接入和汇聚、数据中心接入等多种应用场景。最大可提供 544Gbit/s 的堆叠带宽。图 2-6-8 所示为华为 S5730-SI 系列交换机外形。

图 2-6-8　华为 S5730-SI 系列交换机外形图

了解了华为 S5730 和 S6720 系列交换机的主要参数后，在 vSAN 环境中可以根据 ESXi 主机数量和每台主机配置的 1 Gbit/s 与 10 Gbit/s 网卡的数量进行选择。一般情况下用于 vSAN 流量的 10 Gbit/s 交换机不需要使用太高的配置，例如使用华为 S6720S-LI 或 SI 系列的交换机即可满足需求，用于 ESXi 主机与虚拟机流量的交换机可以采用 S6720S-SI 或 S6720S-EI 系列。

2.6.4　较大 vSAN 群集交换机选择与配置注意事项

在 VMware 虚拟化项目中，一个 vSAN 群集最多支持 64 台主机。对于超过 32 台主机的 vSAN 群集属于大型群集。虽然一个 vSAN 群集支持 64 台主机，但不建议在一个群集中配置超过 30 台主机。对于需要使用 vSAN 架构的较大型的 VMware 虚拟化环境，建议小于 30 台主机组成一个群集，使用多个群集或多个数据中心的方式配置。下面是几种示例，供大家参考选择。

示例 1：虚拟化环境小于 24 台主机，配置一个 vSAN 群集。在这种情况下，使用 2 台 S6720-26Q-LI-24S-AC 或 S6720S-26Q-LI-24S-AC 用作 vSAN 流量的交换机，2 台交换机配置为堆叠方式。S6720-26Q-LI-24S-AC 或 S6720S-26Q-LI-24S-AC 有 24 个 10 Gbit/s 端口用于连接主机，2 个 40 Gbit/s 用于堆叠。此时 2 台 S6720 的端口 1～24 可以划分到同一个 VLAN，也可以不划分 VLAN。

示例 2：虚拟化环境小于 24 台主机，配置 2 个 vSAN 群集。需要注意的是，在一个 vCenter 中配置 2 个 vSAN 群集时，每个 vSAN 群集用于 vSAN 流量的 VMkernel，应该属于不同的网段，不能使用同一个网段。例如，第一个群集使用 172.16.251.0/24 的网段，另一个群集使用 172.16.252.0/24 的网段。在这种情况下，优化是为每个 vSAN 群集使用 2 台 10 Gbit/s 交换机并配置堆叠。如果条件不具备，可以配置 2 台 S6720-26Q-LI-24S-AC 或 S6720S-26Q-LI-24S-AC 用作 vSAN 流量的交换机，2 台交换机配置为堆叠方式。此时 2 台 S6720 的端口 1～端口 12 划分在一个 VLAN（用于连接 vSAN 群集 1 的主机），端口 13～端口 24 划分到另一个 VLAN（用于连接 vSAN 群集 2 的主机）。

示例 3：当虚拟化环境大于 24 台主机，不大于 48 台主机时，如果划分为 1 个 vSAN 群集，有 2 种连接方式。第一种连接方式是这 48 台主机连接到 2 台 S6720-54C-EI-48S-AC（或 S6720-54C-EI-48S-DC）交换机，2 台交换机仍然做堆叠，每台主机使用 2 个 10 Gbit/s 端口分别各连接到 1 台 S6720。交换机的端口 1～端口 48 不做配置或者划分到 1 个 VLAN。另一种接法是 48 台主机分在 3 个或 4 个机柜中，每个机柜配 2 台 S6720-26Q-LI-24S-AC 或 S6720S-26Q-LI-24S-AC 用作机柜接入交换机，这 4 个机柜中的交换机堆叠连接，连接示意如图 2-6-9 所示。此时每个机柜可以配置为一个故障域，单个机柜出现故障时不会影响虚拟化环境。

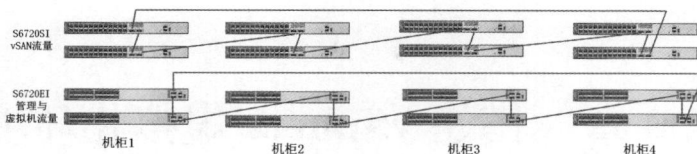

图 2-6-9　4 机柜 8 交换机堆叠

2.6.5　较远距离网络连接

如果两个数据中心之间距离较远，并且有裸光纤连接时，光纤连接距离在 40km 以内时，可以为交换机配置 40Gbit/s 的单模光纤模块进行连接。在有多条光纤时，可以每条光纤使用 2 芯连接另一端。图 2-6-10 是 2 个厂区使用 40G 光纤模块连接示意。

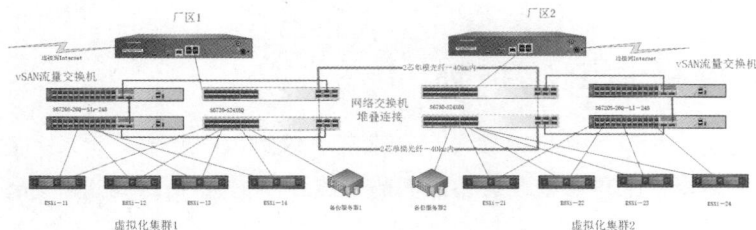

图 2-6-10　两个厂区之间网络连接

在图 2-6-10 中，配置了 4 台 S6730-S24X6Q，该交换机配置有 24 个 10Gbit/s 端口和 6 个 40Gbit/s 的端口。每个厂区配置 2 台 S6730-S24X6Q，使用 QSFP-40G-CU3M 进行堆叠连接。2 个厂区之间通过 2 对光纤，使用 QSFP-40G-ER4（40km，单模模块）模块堆叠连接。这样 4 台交换机以堆叠方式连接到一起，用作核心交换机。

每个厂区还配置了 2 台 S6720S-26Q-SI-24S 交换机，使用 QSFP-40G-CU3M 进行堆叠连接。这 2 台交换机用作 vSAN 流量交换机。如果 2 个厂区内的虚拟化集群独立运行，分成 2 个独立的虚拟化与 vSAN 集群，每个厂区的 S6720S-26Q-SI-24S 交换机不需要连接到核心交换机 S6730-S24X6Q。如果两个厂商内的虚拟化集群配置延伸集群，并想以双活数据中心的方式配置，此时每个厂区的 S6720S-26Q-SI-24S 交换机需要连接到核心交换机 S6730-S24X6Q（这 2 台 vSAN 交换机堆叠连接后以链路聚合 40GE 上链到核心交换机），并且在第 3 个位置配置见证主机并提供见证流量。

在本示例案例中，在每个厂区放置 4 台虚拟化主机，使用虚拟机复制技术，将 2 个厂区的关键业务虚拟机复制到对端。关键虚拟机可以每天备份多次。最关键业务虚拟机可以实时复制到对端（如使用 Veeam V11 版本的 CDP 技术）。这些可以根据实际情况进行选择。

第 3 章　搭建 vSphere 虚拟化环境

在经过了产品项目选项阶段后，当硬件到位后进入虚拟化实施阶段。虚拟化实施阶段包括服务器与设备摆放排列、虚拟化网络规划、VMware ESXi 系统安装、vCenter Server 安装等内容，以及创建数据中心、创建群集，将主机添加到 vCenter，根据规划配置虚拟网络，配置共享存储或 vSAN 存储，在存储位置创建模板虚拟机，从模板创建虚拟机等内容。

3.1　设备摆放与网络规划

在服务器与交换机及其他网络设备到位之后，就进入产品实施阶段。在此阶段将设备上架并规划网络端口配置，以及设备之间的互连。

3.1.1　设备摆放示意

需要根据用户场地空间合理地选择服务器与网络设备的存放位置，预留电源插排位置和网络接线口。在一般中小型的虚拟化项目中，10 台以下的服务器和 6 台以下的网络设备可以放到一个机柜中。如果设备数量较多时，可以放到邻近的几个机柜中。在摆放设备时，体积比较大和质量比较重的设备优先放在机柜的底部或下层，如图 3-1-1 和图 3-1-2 所示，比较轻的设备如交换机、防火墙或路由器可以放在机柜的顶端。交换机可以放在机柜的背面，这样可以方便服务器与交换机之间接线，如图 3-1-3 所示。

图 3-1-1　机柜正面　　　　图 3-1-2　机柜背面　　　　图 3-1-3　交换机放在机柜顶端背面

在本项目中，1 个 42U 的标准服务器机柜，在机柜背面顶端从上到下依次放置 4 台

1U 的网络交换机，然后间隔 1U 的位置，放置 2 台 1U 的光纤存储交换机。间隔 4U 的位置，依次放置 9 台 2U 的机架式服务器，每 3 台服务器之间间隔 1U 的空闲位置。在 9 台服务器之后放置 1 台 3U 的共享存储。其中 4 台网络交换机和 2 台光纤存储交换机安装在机柜的背面，这样方便交换机与服务器与存储之间的连线。服务器与存储配置 2 台电源，当前机柜配置 2 路 UPS 分别供电，每台服务器与存储各接到其中 1 路 UPS 供电线路中。

在确定了设备摆放位置后，按规划将设备上架。

3.1.2 设备连接示意

设备上架后，接下来是服务器、存储、交换机之间的连接线。管理员要明确每个设备有哪些端口，这些端口要进行怎样的规划和连接。要明确每台服务器有几个 RJ-45 接口或光纤接口，每个接口的数量和端口速率及连接方式，要明确服务器的各接口与网络交换机之间怎样连接。如果有 FC 或 SAS HBA 卡，要明确 FC 或 SAS 接口怎样连接到存储交换机，再通过存储交换机连接到共享存储。对于虚拟化数据中心，根据虚拟机保存的位置不同，一般有 2 种架构，即使用共享存储的虚拟化架构，以及使用软件分布式共享存储的超融合架构。

对于使用传统共享存储的虚拟化架构来说，一般配置 2 台以上的虚拟化主机，配置至少 1 台共享存储。在这种虚拟化架构中，每台服务器配置 2 端口或 4 端口 1Gbit/s 或 10Gbit/s 的以太网卡，配置 2 端口 FC HBA 接口卡，配置 2 台光纤存储交换机。其中每台服务器的每个 FC HBA 端口连接到其中 1 台光纤存储交换机。共享存储配置 2 个控制器，每个控制器至少 2 个 FC 接口，每个控制器分别各连接到 1 台光纤存储交换机。服务器到存储是冗余连接，如图 3-1-4 所示。

在图 3-1-4 中，用于网络的 2 台 S5720S-28X 配置为堆叠模式。每台交换机的第 1～12 端口配置为 Access，并且配置到同一个 VLAN。交换机的第 13～22 端口配置为 Trunk 并允许所有 VLAN 通过。交换机的第 23 端口和第 24 端口配置为 Access，配置为另一个 VLAN，上连到出口防火墙。这 2 台 S5720S 需要上连到核心交换机，可以通过第 3 个、第 4 个 10Gbit/s 的光口上连到核心交换机。服务器的 4 个 RJ-45 端口，第 1 个和第 2 个分别连接到每台 S5720S-28X 交换机的 1～12 端口（用于 ESXi 主机管理），第 3 个和第 4 个端口分别连接到每台 S5720S-28X 的第 13～22 端口（用于虚拟机流量）。

对于使用分布式软件共享存储的虚拟化架构（例如 vSAN），不需要配置专用的共享存储和光纤存储交换机。相比传统共享存储架构要增加承载 vSAN 流量的虚拟交换机。对于物理网络推荐配置 2 组物理交换机，每组物理交换机配置 2 台相同型号的交换机。其中一组作为虚拟化主机管理与虚拟机流量的交换机，另一组用作 vSAN 流量，如图 3-1-5 所示。

在图 3-1-5 中，每台主机配置 4 块 10Gbit/s 网卡。其中 2 块网卡用于 ESXi 主机管理、VMotion 流量、虚拟机流量和 FT 流量。另 2 块网卡用于 vSAN 流量。

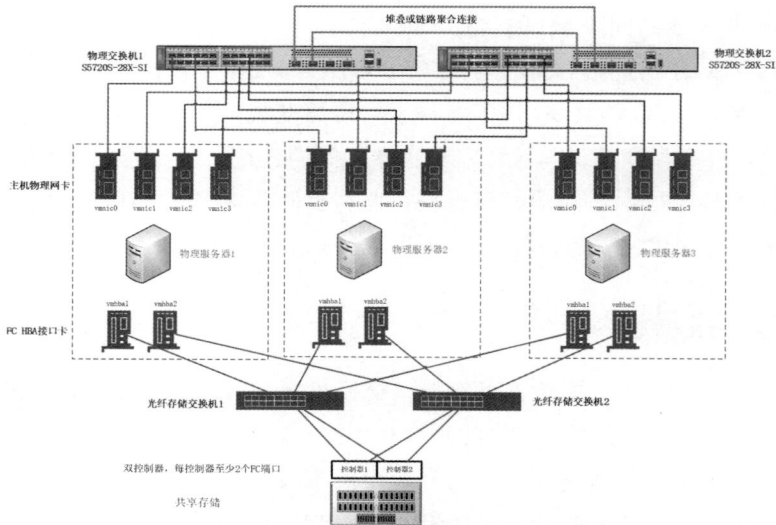

图 3-1-4　共享存储虚拟化连接示意

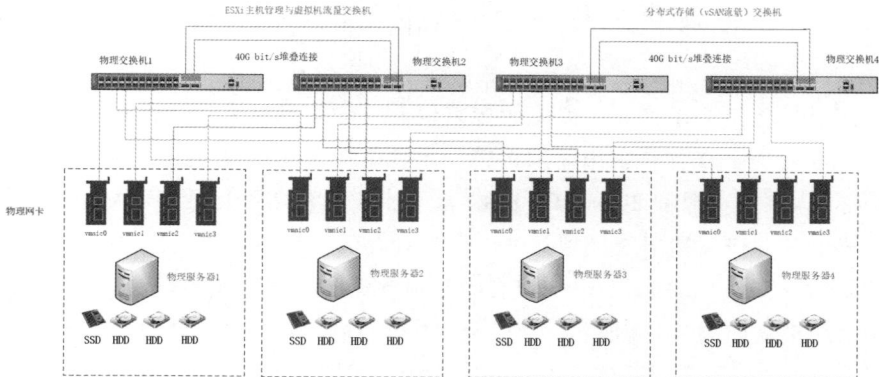

图 3-1-5　vSAN 架构物理网络与虚拟网络示例

对于 vSAN 流量的交换机，交换机可以划分为同一个 VLAN（如 VLAN1000），2 台 vSAN 流量交换机配置为堆叠。用于 vSAN 流量交换机独立使用不需要与其他交换机互连。

对于 ESXi 主机管理与虚拟机流量的交换机，2 台交换机配置为堆叠，服务器连接这 2 台交换机的端口配置为 Trunk 并允许所有 VLAN 通过。用于 ESXi 主机管理与虚拟机流量的交换机需要连接到网络中核心交换机。

3.1.3　实验环境介绍

对于企业虚拟化应用环境，受限于企业的预算、需要运行的虚拟机配置和数量不同、操作系统不同，以及用户现有的网络环境不同。对于虚拟化项目来说，基础的原则是冗余。对于服务器和连接服务器的网络交换机，一般是具有冗余的连接与设计。对于存储来说，需要配置 2 个控制器，并且每个控制器有多个接口。对于服务器来说，有双电源和双 CPU，服务器有多端口网卡等。在规划有多台 ESXi 主机的数据中心时，vSphere 网络的规划就比较重要。下面介绍一些推荐以及被认可的规则。

（1）管理与生产分离。用于管理 ESXi 主机的网络以及用于虚拟机流量的网络要分离。一般用于管理的网段与用于虚拟机的流量的网段是分开的，即用于管理的是一个单独的网段（VLAN）（如 192.168.1.0/24 的地址段），用于生产的虚拟机网络是另一个或多个单独的网段（VLAN）（如 192.168.2.0/24、192.168.3.0/24 和 192.168.4.0/24 的地址段）。

（2）冗余的原则。无论是管理还是生产，每个物理网络连接（上行链路适配器）必须是冗余的。一般情况下，每台虚拟交换机需要配置 2 条上行链路，不需要配置更多链路。

（3）负载平衡原则。在虚拟化的数据中心中由于有多台虚拟机的存在，虚拟化主机的物理网卡要承担比不采用虚拟化的物理服务器更多的网络流量。如果这些网络流量加在一起，超过了单块网卡的负载能力，那么网络的性能会下降。所以，在使用多块网卡时，除了有冗余功能外，还可以起到负载平衡能力。

（4）链路聚合。为了提供比单块物理网卡更高的带宽，可以将主机多块网卡进行聚合以便提供更高的带宽，但这需要物理交换机的支持。链路聚合只是增加总的带宽，但不会对单台虚拟机的带宽有用。例如，采用 4 个 1Gbit/s 网络组成链路聚合，使用这个链路聚合的所有虚拟机可用的总带宽是 4Gbit/s，但单台虚拟机单块网卡的最大带宽仍然是 1Gbit/s。链路聚合需要物理交换机的支持，并且是 vSphere 分布式交换机才支持的功能。一般情况下，链路聚合只为生产环境业务虚拟机提供网络连接，对于 ESXi 主机管理流量和 vSAN 流量的上行链路不要配置链路聚合。对于重要与关键的业务虚拟机，例如 vCenter 和 NSX 相关的虚拟机流量，也不要配置使用链路聚合。

本章以一个由 4 台主机组成的 vSAN 实验环境介绍 vSphere 虚拟网络网络规划，并且介绍 vSphere ESXi 主机与 vCenter Server 的安装配置。本节所用的实验拓扑与连接示意如图 3-1-6 所示。

在本示例中，每台主机配置有 4 个 1Gbit/s 的 RJ-45 端口和 2 个 10 Gbit/s 的光纤端口，服务器接入物理交换机配置有 2 台 S5720S-28X-SI-AC 和 2 台 S6720S-26Q-LI-AC 交换机，2 台 S5720S-28X-SI-AC 接入核心交换机 S7706，S7706 通过防火墙连接到 Internet。

在本章实验环境中，连接 4 台虚拟化主机的 4 块 1Gbit/s 的网卡由 2 台 S5720S-28X-SI 的交换机以堆叠方式组成。交换机堆叠端口为 XG0/0/1、XG0/0/2、XG1/0/1 和 XG1/0/2。其中交换机 1 的 XG0/0/1 连接到交换机 2 的 XG1/0/2（使用图 3-1-6 中线标为 101 的光纤连接），其中交换机 1 的 XG0/0/2 连接到交换机 2 的 XG1/0/1（使用图 3-1-6 中线标为 102 的光纤连接）。

核心交换机由 1 台 S7706 交换机组成。这台 S7706 交换机配置 2 块 48 端口 10Gbit/s 的以太网光纤接口板安装在插槽 1 和插槽 2 的位置，配置 2 块 48 端口 10M/100M/1Gbit/s 的 RJ-45 以太网电接口板安装在插槽 5 和插槽 6 的位置。

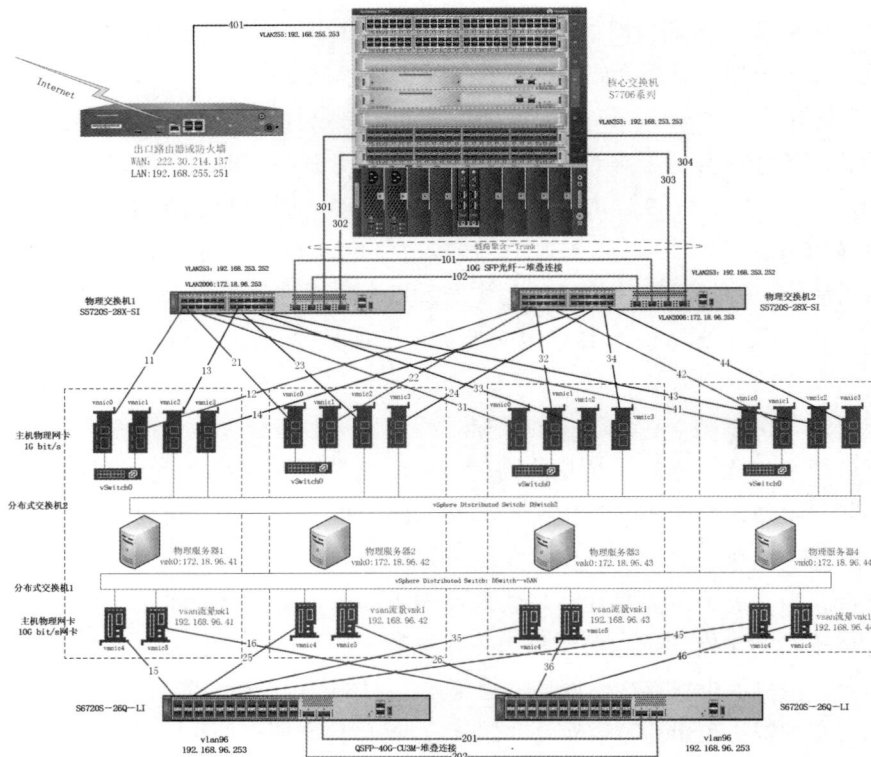

图 3-1-6　实验拓扑

2 台交换机 S5720S-28X-SI 的 XG0/0/0/3、XG0/0/4、XG1/0/3 和 XG1/0/4 连接到 S7706 的 XG1/0/46、XG1/0/47、XG2/0/46 和 XG2/0/47 的端口，S5720S-28X-SI 的 XG0/0/0/3、XG0/0/4、XG1/0/3 和 XG1/0/4 的 4 个端口配置为链路聚合，S7706 的 XG1/0/46、XG1/0/47、XG2/0/46 和 XG2/0/47 的端口配置为链路聚合。使用图 3-4-4 中线标为 301、302、303 和 304 共 4 条光纤互连。

2 台 S5720S-28X-SI 堆叠后将 XG0/0/0/3、XG0/0/4、XG1/0/3 和 XG1/0/4 端口配置为链路聚合方式的命令如下：

```
interface Eth-Trunk11
port link-type trunk
port trunk allow-pass vlan 2 to 4094
mode lacp
quit
port-group group-member XGigabitEthernet0/0/3 to XGigabitEthernet0/0/4
Eth-Trunk 11
quit
port-group group-member XGigabitEthernet1/0/3 to XGigabitEthernet1/0/4
Eth-Trunk 11
quit
```

S7706 交换机 XG1/0/46、XG1/0/47、XG2/0/46 和 XG2/0/47 的端口配置为链路聚合

方式的命令如下：

```
interface Eth-Trunk11
port link-type trunk
port trunk allow-pass vlan 2 to 4094
mode lacp
quit
port-group group-member XGigabitEthernet1/0/46 to XGigabitEthernet0/0/47
Eth-Trunk 11
quit
port-group group-member XGigabitEthernet2/0/46 to XGigabitEthernet1/0/47
Eth-Trunk 11
quit
```

S7706 的 G6/0/47 连接到出口路由器或防火墙的 LAN 端口（线标为 401 的 RJ-45 网线），出口路由器或防火墙的 WAN 端口连接到 Internet。S7706 配置如下：

```
vlan 255
interface Vlanif255
ip address 192.168.255.253 255.255.255.0
interface GigabitEthernet6/0/47
 port link-type access
 port default vlan 255
ip route-static 0.0.0.0 0.0.0.0 192.168.255.251
```

在本实验环境中，物理网络规划 VLAN2001～VLAN2006 共 6 个 VLAN 用于虚拟机或物理机流量。VLAN2001～VLAN2006 的配置命令如下。这些 VLAN 配置在 S5720S-28X-SI 的交换机中。另外配置一个 VLAN253 用来与 S7706 互连。

```
vlan batch 253 2001 to 2006
interface Vlanif253
ip address 192.168.253.252 255.255.255.0
interface Vlanif2001
ip address 172.18.91.253 255.255.255.0
interface Vlanif2002
ip address 172.18.92.253 255.255.255.0
interface Vlanif2003
ip address 172.18.93.253 255.255.255.0
interface Vlanif2004
ip address 172.18.94.253 255.255.255.0
interface Vlanif2005
ip address 172.18.95.253 255.255.255.0
interface Vlanif2006
ip address 172.18.96.253 255.255.255.0
```

S7706 与 S5720S 互连使用 VLAN 253 网段，S7706 交换机一端配置 IP 地址为 192.168.253.253，S5720S 一端配置为 192.168.253.252。S7706 配置 VLAN253 并添加静态路由指向 S5720S。

```
vlan 253
interface Vlanif253
ip address 192.168.253.253 255.255.255.0

ip route-static 172.18.91.0  255.255.255.0 192.168.253.252
ip route-static 172.18.92.0  255.255.255.0 192.168.253.252
ip route-static 172.18.93.0  255.255.255.0 192.168.253.252
ip route-static 172.18.94.0  255.255.255.0 192.168.253.252
ip route-static 172.18.95.0  255.255.255.0 192.168.253.252
ip route-static 172.18.96.0  255.255.255.0 192.168.253.252
```

在华为 S5720S 交换机一端，配置默认路由指向 S7706。

```
ip route-static 0.0.0.0  0.0.0.0  192.168.253.253
```

在本示例中，2 台 S6720S-26Q-LI 配置为堆叠方式，这 2 台交换机专用于 vSAN 流量，不需要连接到核心交换机。这 2 台交换机只需划分 1 个 VLAN 用于 vSAN 流量即可，在本示例中划分为 vlan96，管理地址为 192.168.96.253。将每台 S6720S-26Q-LI 的 1～12 端口划分为 vlan96。13～24 端口先不划分，留做备用。每台服务器其中 2 个 10Gbit/s 的端口用于 vSAN 网络。其中第 1 个 10Gbit/s 的端口连接到第 1 台 S6720S 交换机的 1～12 端口，第 2 个 10Gbit/s 的端口连接到第 2 台 S6720S 交换机的 1～12 端口。交换机配置堆叠之后，划分 VLAN 与配置端口的主要命令如下：

```
vlan 96
interface Vlanif96
ip address 192.168.96.253 255.255.255.0
port-group group-member  XGigabitEthernet0/0/1 to XGigabitEthernet 0/0/12
port link-type access
port default vlan 96
quit
port-group group-member  XGigabitEthernet1/0/1 to XGigabitEthernet1/0/12
port link-type access
port default vlan 96
quit
```

在当前的示例中，每台主机有 4 个 1Gbit/s 的端口和 2 个 10Gbit/s 的端口。第 1 个和第 2 个 1Gbit/s 的端口组成 vSwitch0 用于每台主机的管理，第 3 个和第 4 个 1Gbit/s 配置成分布式交换机 DSwitch2。

在本示例中，配置 1 台 vSphere 标准交换机和 2 台 vSphere 分布式交换机。其中每台主机的 vmnic0（第 1 个 1Gbit/s 端口）和 vmnic1（第 2 个 1Gbit/s 端口）组成第 1 台标准交换机 vSwitch0（这是安装 ESXi 时系统默认安装的虚拟交换机），每台主机的 vmnic2（第 3 个 1Gbit/s 端口）和 vmnic3（第 4 个 1Gbit/s 端口）组成第 2 台分布式交换机 DSwitch2（这是安装系统后由管理员配置的），每台主机的 vmnic4（第 1 个 10Gbit/s 端口）和 vmnic5（第 2 个 10Gbit/s 端口）组成第 1 台 vSphere 分布式交换机（交换机名称为 DSwitch-vSAN）。

在图 3-1-6 中，4 台 ESXi 主机的管理地址依次是 172.18.96.41、172.18.96.42、172.18.96.43 和 172.18.96.44。这 4 台主机组成 vSAN 群集，vSAN 群集流量地址依次是 192.168.96.41、192.168.96.42、192.168.96.43 和 192.168.96.44。每台主机配置 1 块 250GB 的 SATA 硬盘作为 ESXi 系统磁盘，每台主机配置 1 块 PCIe 接口的 256GB 的 NVME SSD 作为缓存磁盘，每台主机配置 2 块 2TB SATA 接口的硬盘作为容量磁盘。配置清单如表 3-1-1 所示。

表 3-1-1　4 节点 vSAN 群集配置清单

主机或虚拟机名称	ESXi 管理 IP 地址	vSAN 流量 IP 地址	说　明
esx41	172.18.96.41	192.168.96.41	第 1 台主机的 IP 地址
esx42	172.18.96.42	192.168.96.42	第 2 台主机的 IP 地址
esx43	172.18.96.43	192.168.96.43	第 3 台主机的 IP 地址
esx44	172.18.96.44	192.168.96.44	第 4 台主机的 IP 地址
vcsa-96.20	172.18.96.20	无，不需要	vCenter Server Appliance 6.7.0

在本案例中，2 台 S5720S-28X-SI 用作 ESXi 主机管理与虚拟机流量的接入交换机。将第 1 台交换机的端口 1 到端口 12 批量配置为 Access 模式，并划分到 VLAN2006。每台主机的第 1 个 1Gbit/s 端口连接到第 1 台交换机的 1～12 端口，每台主机第 2 个 1Gbit/s 端口连接到第 2 台交换机的 1～12 端口。

将每台交换机的第 13～24 配置为 Trunk 模式，并允许所有 VLAN 通过。每台主机的第 3 个 1Gbit/s 端口连接到第 1 台交换机的 13～24 端口，每台主机的第 4 个 1Gbit/s 端口连接到第 2 台交换机的 13～24 端口。

S5720S-28X-SI 交换机配置如下：

```
port-group group-member  GigabitEthernet0/0/1 to  GigabitEthernet0 /0/12
port link-type access
port default vlan 2006
quit

port-group group-member  GigabitEthernet1/0/1 to GigabitEthernet 1/0/12
port link-type access
port default vlan 2006
quit

port-group group-member GigabitEthernet0/0/13 to GigabitEthernet0/ 0/24
port link-type trunk
port trunk allow-pass vlan 2 to 4094
quit

port-group group-member GigabitEthernet1/0/13 to GigabitEthernet1 /0/24
port link-type trunk
port trunk allow-pass vlan 2 to 4094
quit
```

配置之后保存退出，然后将 ESXi 服务器按照规划连接网线。在规划配置好网络后，下面是在物理主机安装 ESXi，然后安装 vCenter Server 并配置 vSphere 群集。

3.2　安装配置 vSphere 群集

将主机与交换机按规划顺序连接之后，开始配置 vSphere 群集。这主要涉及物理主机安装 VMware ESXi，然后在其中一台主机的 ESXi 中安装配置 vCenter Server。在 vCenter Server 中创建数据中心、创建群集、将 ESXi 主机加入群集。本节所用的软件清单如表 3-2-1 所示。

表 3-2-1　vSphere 虚拟化环境软件清单

软件名称	安装文件名	文件大小	说　明
ESXi 安装程序	VMware-VMvisor-Installer-7.0U1c-17325551.x86_64.iso	368MB	用于大多数的服务器、安装了 ESXi 支持的网卡的 PC
vCenter Server	VMware-VCSA-all-7.0.1-17491101.iso	7.53GB	vCenter Server Appliance 7.0.1 u1d 安装程序

【说明】vSphere 的版本一直在迭代和更新。本文写作时 vCenter Server 的最高版本是 7.0.1 u1d。在写作本书最后的章节时，vSphere 推出了 7.0 U2 的版本。读者阅读此书时，最新的版本可能是 7.0 U3 或者更高的版本。但无论读者使用的是哪一个版本，只要是 7.0 主版本号不变，其功能、用途和操作与本书所介绍的不会有太大的偏差。

3.2.1　安装配置 ESXi 7.0

安装 ESXi 有多种方式，可以制作 ESXi 的安装光盘启动安装，也可以制作 ESXi 的启动 U 盘进行安装，还可以通过配置 TFTP 服务器通过网络引导安装。有些服务器也可以通过服务器的底层 KVM 功能加载 ESXi 的安装 ISO 文件引导服务器来安装。无论采用何种方式，安装的方法都是相同的。下面介绍主要的安装步骤。

（1）安装 VMware ESXi 7.0，在安装的过程中会检测到硬件信息，本示例中显示的信息是 Intel i5-8500 的 CPU 和 64GB 内存，如图 3-2-1 所示。

（2）进入 ESXi 安装程序，在"Select a Disk to Install or Upgrade"对话框中选择要安装 ESXi 的硬盘，显示 1 块 232.89GB、2 块 1.82TB 和 1 块 238.47GB 的硬盘，将 ESXi 安装在容量为 232.89GB 的硬盘上，如图 3-2-2 所示。

【说明】硬盘厂商的容量计算是十进制，计算机容量计算是二进制，这就导致硬盘厂商说的硬盘容量在计算机中显示要小于标称容量。硬盘厂商标称 2TB 容量的硬盘，在计算机中显示的计算数值 = $2 \times 10^{12} \div 2^{40} = 1.81899$。所以在图 3-2-2 中显示为 1.82TB。硬盘厂商标称容量为 256GB 的硬盘在计算机中显示的数值 = $256 \times 10^9 \div 2^{40} \approx 238.42$，240GB 的硬盘在计算机中显示约为 232.83。

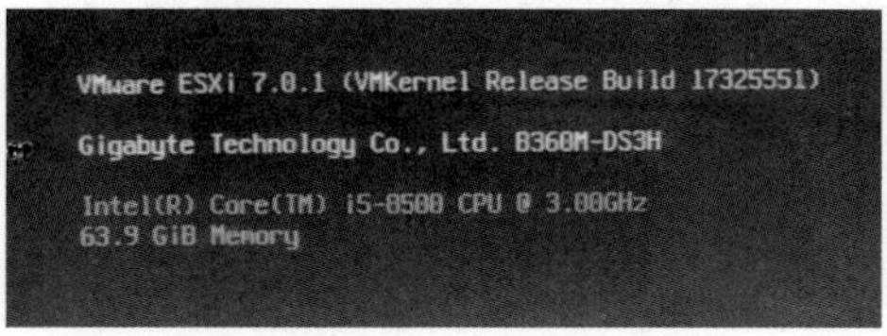

图 3-2-1　检测到的主机配置

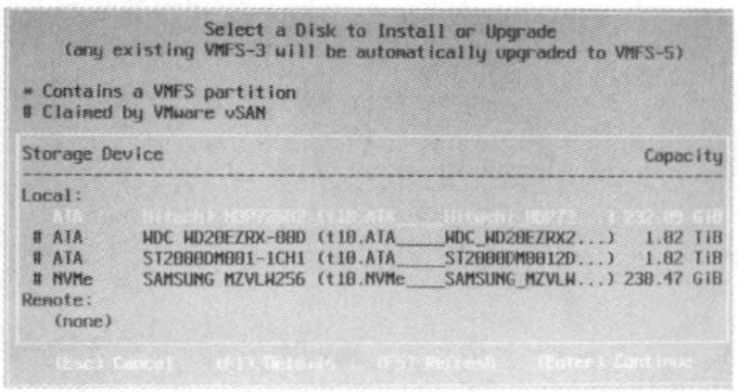

图 3-2-2　选择一块磁盘安装或升级 ESXi

（3）安装完成后重新启动计算机，再次进入系统后进入控制台界面，如图 3-2-3 所示。在控制台界面按 F2 键输入密码后进入系统配置界面，按 F12 键进入关机或重启界面。

（4）进入"System Customization"（系统定制）对话框，如图 3-2-4 所示，在该对话框中能完成口令修改、管理网络配置、管理网络测试和网络设置恢复等工作。

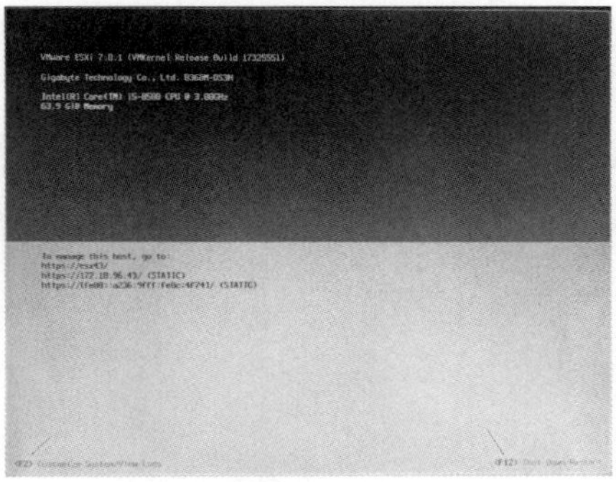

图 3-2-3　控制台界面

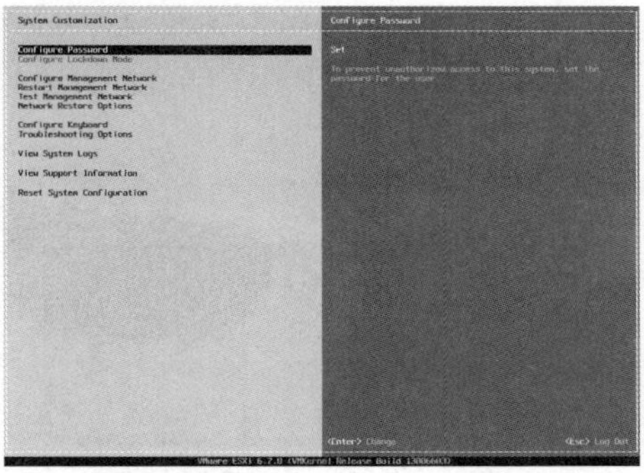

图 3-2-4　系统定制

（5）在图 3-2-4 中，将光标移动到"Configure Management Network"，按回车键进入"Configure Management Network"对话框，如图 3-2-5 所示，在"Network Adapters"选项中按回车键打开"Network Adapters"对话框，选择 ESXi 主机管理网卡。当主机有多块物理网卡时，可以从中选择要使用的网卡。在"Status"列表中会显示出每块网卡的状态。当前服务器有 6 块网卡，本示例中将第 1（标示为 vmnic0）和第 2 块网卡（标示为 vmnic1）用于主机管理。移动"↑"和"↓"光标键到选中的网卡，然后按空格键选中，按回车键确认，如图 3-2-6 所示。

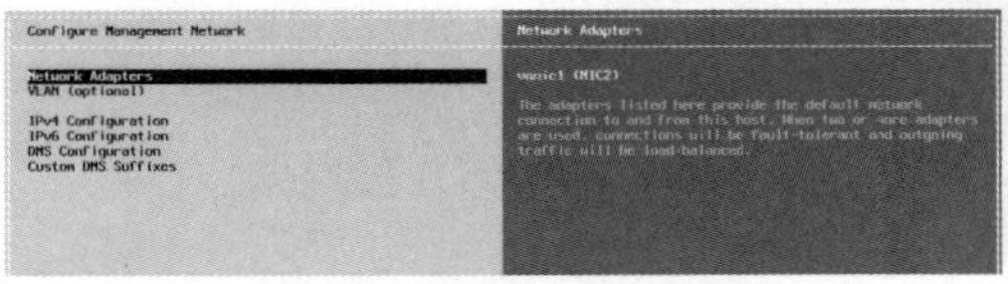

图 3-2-5　配置管理网络

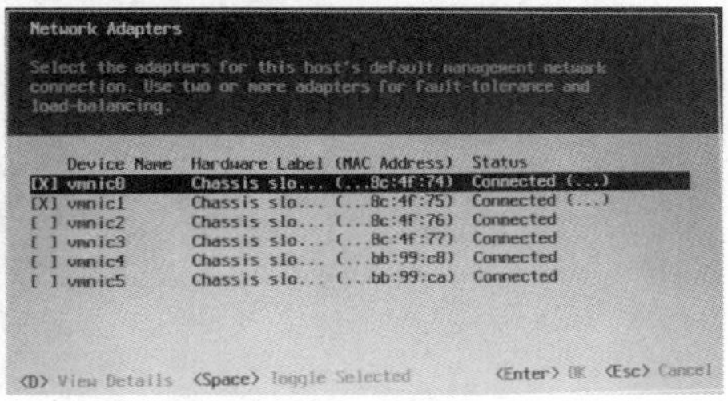

图 3-2-6　选择管理网卡

【说明】根据网卡的 MAC 地址也可以看出哪些网卡端口属于同一个物理设备。例如，图 3-2-6 中 vmnic0 到 vmnic3 的网卡 MAC 地址后两位依次是 74、75、76、77，这就表明这是同一个物理设备。vmnic4 和 vmnic5 的最后两位是 c8 和 ca（当中跳过了 c9，最后缺少了 cb），这是典型的 2 端口网络设备的分配方法。

（6）在"VLAN（Optional）"选项中，可以为管理网络设置一个 VLAN ID，如图 3-2-7 所示。如果主机管理网卡（图 3-2-6 中的 vmnic0 和 vmnic1）连接到物理交换机划分为 Trunk 的端口，应需要在此设置 VLAN ID。如果主机管理网络连接到交换机的 Access 端口则不需要配置。在本示例中，vmnic0 与 vmnic1 连接到交换机的 Access 端口，不需要配置 VLAN。

（7）在"IP Configuration"选项中设置 ESXi 的管理地址。默认情况下，当 ESXi 完成安装时，默认选择是"Use dynamic IP address and network configuration"（使用 DHCP 分配网络配置），在实际使用中，应该为 ESXi 设置一个静态地址。在本例中将为 ESXi 设置 172.18.96.43 的地址，如图 3-2-8 所示。选择"Set static IP address and network configuration"，并在"IP Address"地址栏中输入 172.18.96.43，为其设置子网掩码与网关地址。

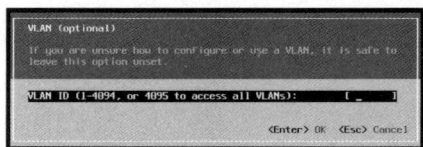

图 3-2-7　VLAN 设置　　　　　　　图 3-2-8　设置管理地址

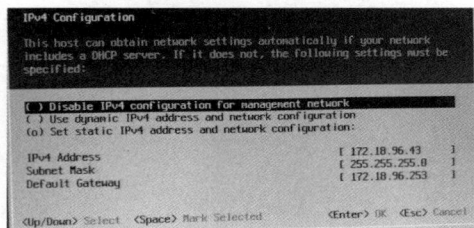

（8）在"DNS Configuration"选项中设置 DNS 的地址与 ESXi 主机名称。如果要让 ESXi 使用 Internet 的 NTP（网络时间服务器）进行时间同步，除了要在图 3-2-8 中设置正确的子网掩码和网关地址外，还要在此选项中设置正确的 DNS 服务器以便能实现 NTP 服务器的域名解析。如果使用内部的 NTP 服务器并且是使用 IP 地址的方式进行时间同步，是否设置正确的 DNS 地址并不是必需的。在"Hostname"处设置 ESXi 主机的名称。当网络中有多台 ESXi 服务器时，为每台 ESXi 主机规划合理的名称有利于后期的管理。在本例中，为 ESXi 的主机命名为 esx43，如图 3-2-9 所示。

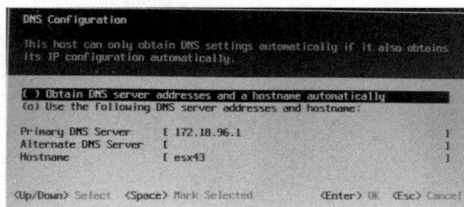

图 3-2-9　为 ESXi 设置 DNS 和计算机名

（9）在设置（或修改）完网络参数后，按【Esc】键，在弹出"Configure Management Network: Confirm"对话框时提示是否更改并重启管理网络，按 Y 确认并重新启动管理网络，如图 3-2-10 所示。

（10）在配置 ESXi 管理网络时，如果出现错误而导致 vSphere Client 无法连接到 ESXi，可以在图 3-2-11 中，选择"Restart Management Network"，在弹出的"Restart Management Network：Confirm"对话框中按【F11】键将重新启动管理网络，如图 3-2-11 所示。

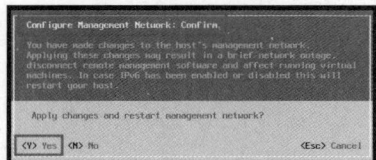
图 3-2-10 保存参数

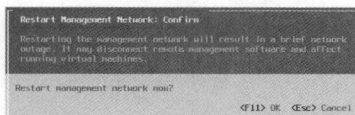
图 3-2-11 重新配置管理网络

（11）如果希望测试当前 ESXi 的网络参数设置是否正确，可以选择"Test Management Network"，在弹出的"Test Management Network"对话框中测试到网关地址或者指定的其他地址的 ping 测试，如图 3-2-12 所示。在使用 Ping 命令并且有回应时，在相应的地址后面显示"OK"提示，如图 3-2-13 所示。

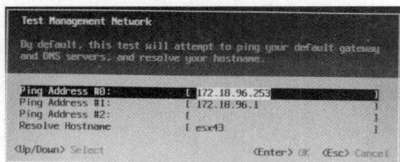
图 3-2-12 测试管理网络

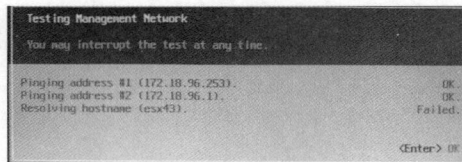
图 3-2-13 测试通过

（12）配置完成后按【Esc】键返回系统管理界面，如图 3-2-14 所示。

（13）参照上面的步骤将网络中另外 3 台也安装 ESXi 并根据规划设置管理地址并选择管理网卡（每台机器使用 vmnic0、vmnic1）。另外 3 台安装配置后如图 3-2-15～图 3-2-17 所示。

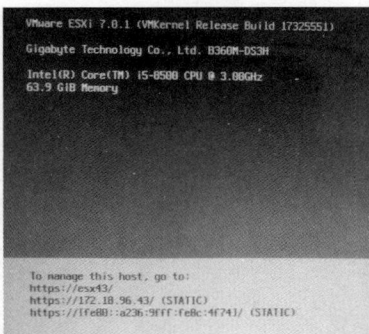
图 3-2-14 esx43

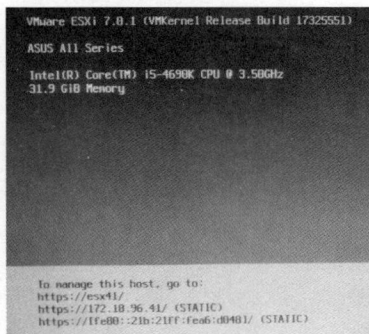
图 3-2-15 esx41

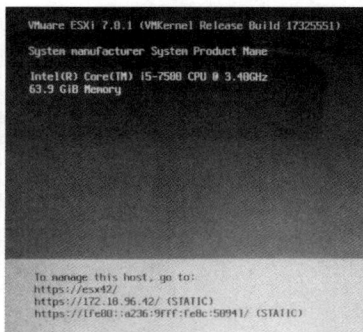

图 3-2-16　esx42

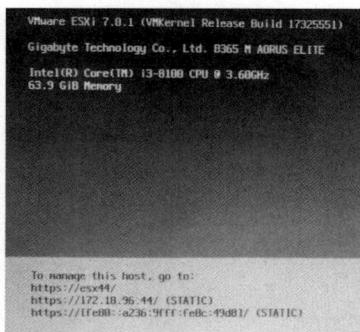

图 3-2-17　esx44

3.2.2　安装 vCenter Server 7.0

在配置好 4 台 ESXi 主机并且为每台主机设置好管理网络，同时能从网络上访问这 4 台主机后（可以使用 ping 命令测试到这 4 台主机的连通性），然后在网络中找 1 台运行 Windows 或 Mac 操作系统的计算机或笔记本，加载 vCenter Server Appliance 7.0 的安装程序安装 vCenter Server。当前实验环境中有 4 台主机，每台主机有 1 块容量为 250GB 的系统盘，可以暂时将 ESXi 装在这个 250GB 的系统盘，在配置好 vSAN 后将 vCenter Server 迁移到 vSAN 存储中。本示例中将 vCenter Server 安装在 IP 地址为 172.18.96.42 的 ESXi 主机中，我们来看一下主要步骤：

（1）在网络中的 1 台 Windows 计算机中（本实验中所用计算机操作系统为 Windows 10 20H2），加载 VMware-VCSA-all-7.0.1-17491101.iso 的镜像，执行光盘\ vcsa-ui-installer\win32\ 目录中的 installer.exe 程序进入安装界面，在右上角选择"简体中文"，然后单击"安装"链接开始安装，如图 3-2-18 所示。

图 3-2-18　安装 vCenter Server Appliance

（2）在"简介"中查看 vCenter Server 的部署阶段，如图 3-2-19 所示。

图 3-2-19　部署类型

（3）在"设备部署目标"对话框输入要运行 vCenter Server 虚拟机的 ESXi 主机。在本示例中 IP 地址为 172.18.96.42 的 ESXi 主机，输入这台主机的用户名及密码，如图 3-2-20 所示。单击"下一步"按钮，在弹出的"证书警告"对话框中单击"是"按钮确认证书指纹。

图 3-2-20　设备部署目标

（4）在"设置设备虚拟机"对话框设置要部署的虚拟机名称和 root 密码，如图 3-2-21 所示。本示例中虚拟机名称为 vcsa7_172.18.96.20。密码需要同时包括大写字母、小写字母、数字和特殊符号，密码长度至少为 8 位，最多 20 位，并且使用 A-Z、a-z、0-9 和标点符号，不允许使用空格。

图 3-2-21　设置设备虚拟机

（5）在"选择部署大小"中选择 vCenter Server 部署大小。如果选择超大型部署，最多支持 2 000 台主机和 3.5 万台虚拟机，这一部署足以满足大多数企业的需求。本示例是实验环境选择微型部署，此部署支持 10 台主机和 100 台虚拟机，可以满足大多数实验需求，如图 3-2-22 所示。如果以后 vCenter Server Appliance 要管理更多的主机，增加 vCenter Server Appliance 虚拟机的内存与 CPU 即可。

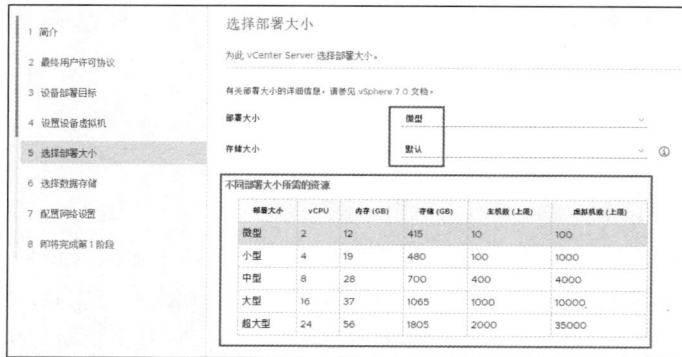

图 3-2-22 选择部署大小

（6）在"选择数据存储"对话框为此 vCenter 选择存储位置，单击并选择当前主机的本地存储，本示例为 datastore1 的存储，并勾选"启用精简磁盘模式"复选框，如图 3-2-23 所示。在实际的生产环境部署中，也可以选中"安装在包含目标主机的新 vSAN 集群上"单选按钮，安装程序将为当前主机配置为单节点 vSAN 群集，在安装 vCenter Server 完成后，管理员可以手动将其他节点添加到 vSAN 群集以形成标准的 vSAN 群集。

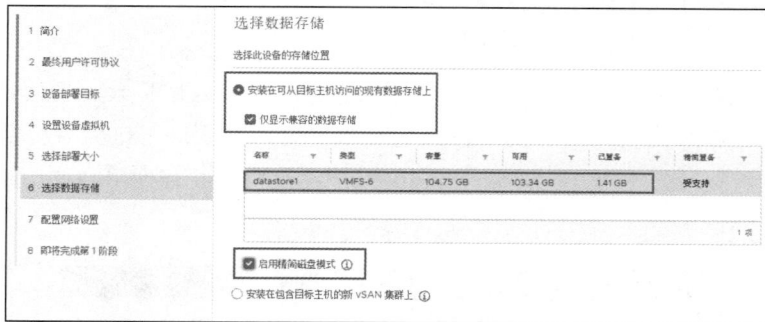

图 3-2-23 选择数据存储

（7）在"配置网络设置"对话框中为将要部署的 vCenter 配置网络参数，包括系统名称、IP 地址、子网掩码、网关与 DNS。在生产环境中要为 vCenter Server 规划一个 DNS 名称。如果网络中没有 DNS 服务器则应将 FQDN 名称留空。在本示例中，IP 地址为 172.18.96.20，FQDN 名称不设置，如图 3-2-24 所示。

（8）在"即将完成第 1 阶段"对话框中显示了部署详细信息，检查无误后单击"完成"按钮，如图 3-2-25 所示。

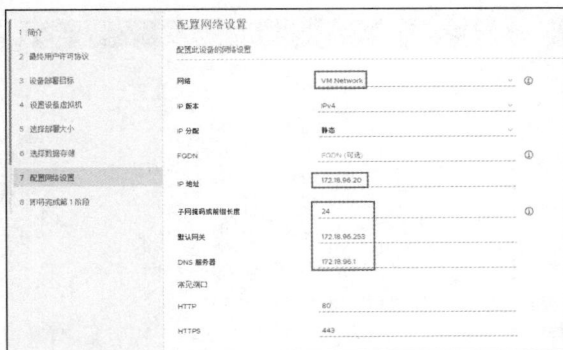

图 3-2-24　配置网络设置

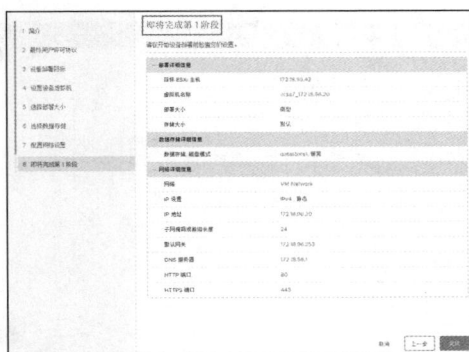

图 3-2-25　即将完成第一阶段部署

（9）开始部署 vCenter Server Appliance 并直到部署完成，如图 3-2-26 所示。单击"继续"按钮开始第二阶段部署。

图 3-2-26　第一阶段部署完成

（10）开始第二阶段的部署，在"设备配置"对话框中设置时间同步模式以及是否启用 SSH 访问，如图 3-2-27 所示。在本示例中选择"与 ESXi 主机同步时间"选项。

图 3-2-27　设备配置

（11）在"SSO 配置"对话框设置 SSO 域名（在此设置为 vsphere.local）、用户名（默认为 administrator）和密码（需要至少设置 1 个大写字母、1 个小写字母、1 个数字和 1 个特殊字符，长度至少为 8 个字符并且不超过 20 个字符），如图 3-2-28 所示。

（12）在"即将完成"中显示第二阶段的设置，当前"主机名称"为 localhost，有的 vCenter Server Appliance 版本中，主机名称也有可能是 python。这两者都是正确的。检查无误之后单击"完成"按钮，如图 3-2-29 所示。

（13）单击"完成"按钮之后，开始设置 vCenter Server Appliance，设置完成后显示设备入门页面，如图 3-2-30 所示。至此 vCenter Server Appliance 部署完成。单击展开"vSAN 配置指令"可以看到后续的任务。

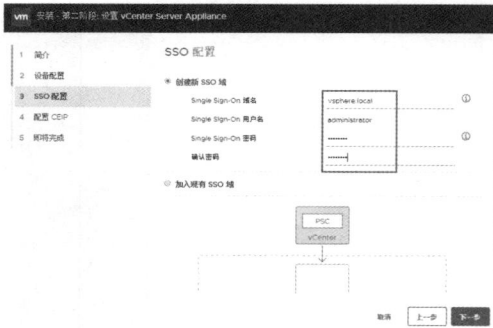

图 3-2-28　SSO 配置　　　　　　　　　图 3-2-29　即将完成第二阶段部署

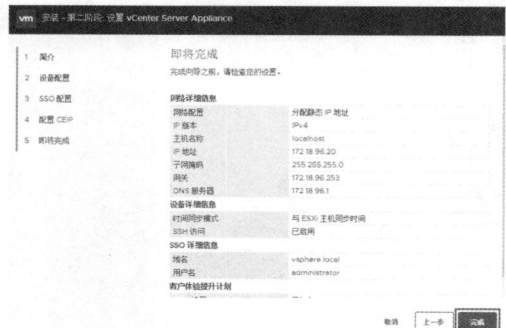

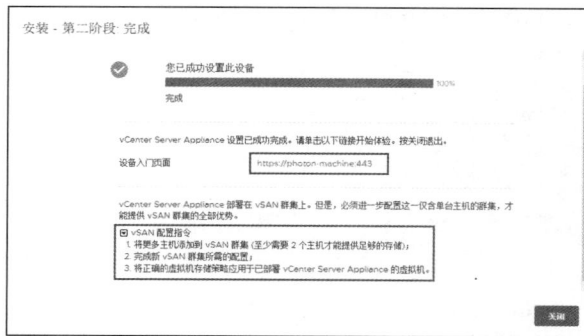

图 3-2-30　部署 vcsa 完成

【说明】没有内部 DNS 服务器的前提下部署 vCenter Server Appliance，当 FQDN 名称留空时，部署完成后设备入门页面显示为 https://python-machine:443 是正常；在管理 vCenter Server 时，用安装时的 IP 地址代替 python-machine 来访问。

【注意】在安装 vCenter Server Appliance 时，如果在第二阶段异常缓慢，应登录到 vCenter Server Appliance 虚拟机或通过 SSH 登录到 vCenter Server Appliance，编辑/etc/hosts 文件，添加一行，将图 3-3-29 主机名称（本示例为 localhost）解析为 vCenter Server 的 IP 地址即可，示例如下：

```
172.18.96.20  localhost
```

修改之后如图 3-2-31 所示。

修改之后保存退出，不需要重新启动，vCenter Server Appliance 在第二阶段的进度将会恢复正常。

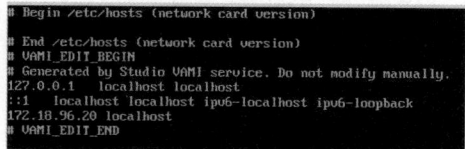

图 3-2-31　修改 hosts 文件

部署完成后登录 vSphere Client 页面，第一次登录时需要添加创建数据中心、创建群集并向群集中添加 ESXi 主机 IP 地址，然后添加 vCenter 与 ESXi 许可证等，这些将在后面一一介绍。

3.2.3　登录 vCenter Server

在安装完 vCenter Server Appliance 后，在浏览器中输入 vCenter Server 的 IP 地址，在本示例中为 https://172.18.96.20（如果安装时配置了域名则输入域名），打开 vCenter Server 界面，如图 3-2-32 所示。

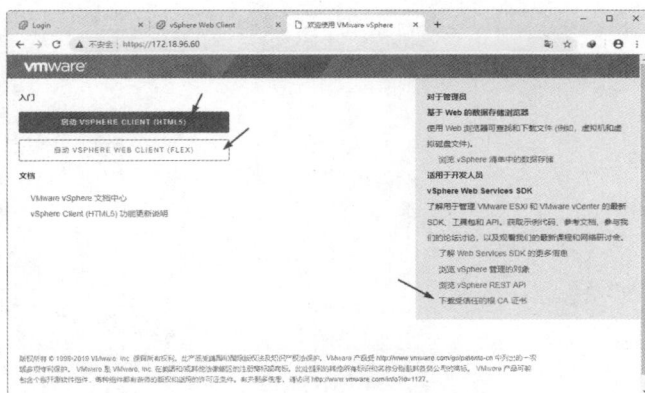

图 3-2-32　vCenter 界面

在 vCenter Server 界面（当前是 vCenter Server 7.0.0 的版本）提供了 HTML 5 的 vSphere Client。从 vSphere 7.0 开始，只提供基于 HTML 5 的客户端（称为 vSphere Client），基于 Adobe Flash 的 vSphere Web Client 不再提供。在 vCenter Server 界面右侧还提供了浏览 vSphere 清单中的数据存储、浏览 vSphere 管理的对象和下载受信任的根 CA 证书内容。

在 Windows 10 中使用 vSphere Client 时，如果显示英文界面，单击右上角登录账户 Administrator@vsphere.local 下拉按钮，在弹出的下拉菜单中选择"我的首选项"，在弹出的"我的首选项"对话框的"语言"选项卡中单击"指定语言"并在弹出的下拉菜单中选择合适的语言。vCenter 提供了英语、法语、德语、西班牙语、日语、韩语、简体中文和繁体中文等几种语言版本，如图 3-2-33 所示。

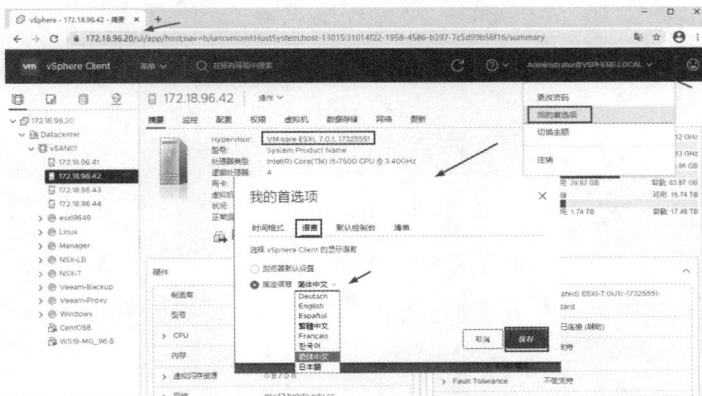

图 3-2-33　语言选择

基于 HTML 5 的 vSphere Client 登录后，如图 3-2-34 所示（当前管理计算机使用 Windows 10 操作系统，使用 Chrome 浏览器）。

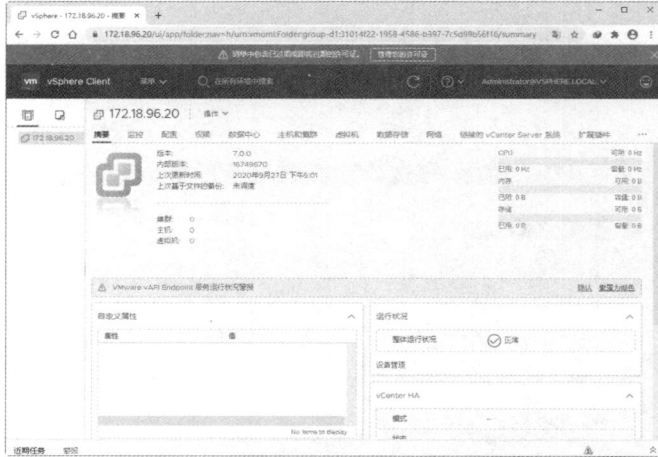

图 3-2-34　vSphere Client

3.2.4　信任 vCenter Server 根证书

在 Chrome 浏览器输入 vCenter Server Appliance 的 IP 地址 172.18.96.20 并按回车键，进入 vCenter Server Appliance 入门界面，如图 3-2-35 所示。

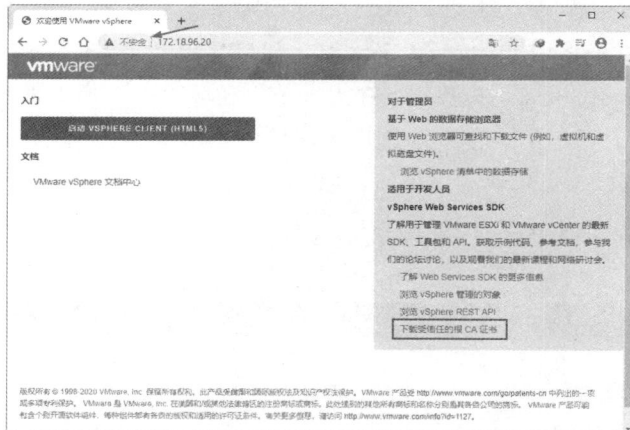

图 3-2-35　vCenter Server 登录界面

在地址栏中会看到"不安全"（Chrome 浏览器）或"证书错误"（IE 浏览器）的红色警报信息，要取消证书的报警需要信任并下载根证书，并使用 vCenter Server 安装时注册的名称（IP 地址或域名）登录。

（1）单击图 3-2-35 中的"不安全"链接，在弹出的下拉列表中单击"证书（无效）"，打开"证书"对话框查看证书的名称，在"颁发给"中显示当前证书名称为 172.18.96.20，如图 3-2-36 所示。然后单击"确定"按钮关闭证书。

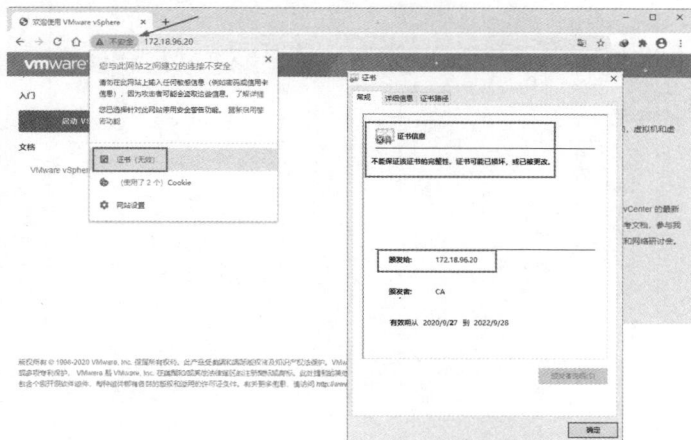

图 3-2-36　查看证书

【说明】如果使用 IE 浏览器则单击"证书错误"链接，在弹出的"不受信任的证书"对话框中单击"查看证书"。

（2）在图 3-2-35 中右击右侧的"下载受信任的 root CA 证书"链接，在弹出的对话框中选择"链接另存为"，下载并保存根证书压缩文件。双击下载的 download.zip 文件，在证书文件的 certs\win 目录中，双击扩展名为.crt 的根证书文件，在"证书"对话框的"常规"选项卡中可以看到"证书信息"为"此 CA 根目录证书不受信任"单击"安装证书"链接，在"证书导入向导→证书存储"对话框中选中"将所有的证书放入下列存储"单选按钮，单击"浏览"按钮选择"受信任的根证书颁发机构"如图 3-2-37 所示。

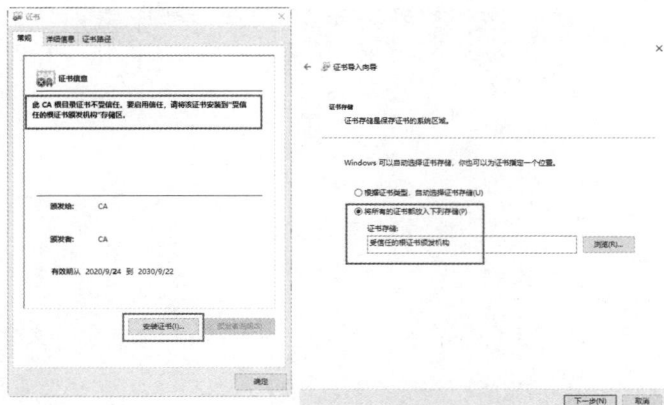

图 3-2-37　信任根证书

（3）安装并信任根证书后关闭浏览器，重新打开 vSphere Client 并登录，此时可以看到证书已经被信任，如图 3-2-38 所示。

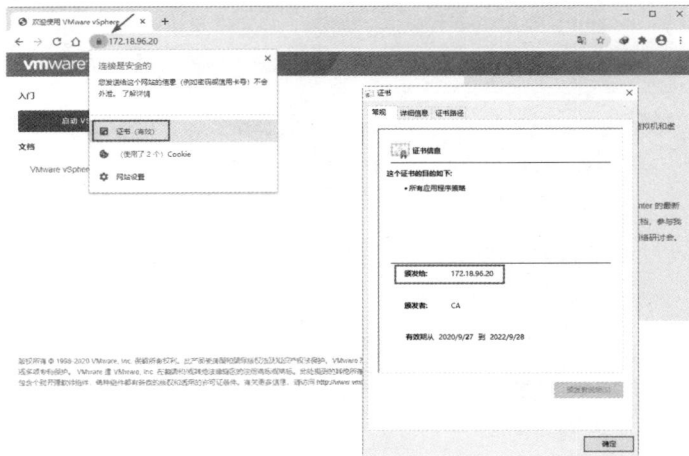

图 3-2-38　根证书已经被信任的信息

【说明】如果将文件上传到 ESXi 的存储，需要在使用 vSphere Client 的管理工作站完成"证书信任"的操作。

【事件回放】在一次为企业实施 vSAN 时，重新以相同的名称安装了 vCenter Server Appliance，并且将所有主机加入新的 vCenter Server 后，因为没有信任新的 vCenter Server 的根证书，在浏览器中输入 vSphere Web Client 的登录地址时，提示"此网站的安全证书存在问题"，只能选择"单击此处关闭该网页"链接关闭该网页，如图 3-2-39 所示。如果在 Windows 10 的操作系统中出现此问题，可以尝试更换其他浏览器（如 Edge 浏览器）来登录到 vCenter Server 后下载根证书。

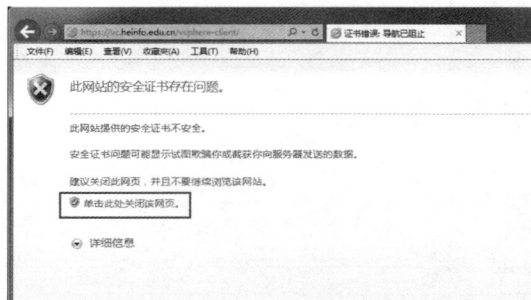

图 3-2-39　此网站的安全证书存在问题

对于这一问题应使用 MMC（管理控制台插件）添加"证书（本地计算机）"管理单元，在"受信任的根证书颁发机构"删除所有颁发者名为 CA 并且颁发给名称为 CA 的所有根证书即可，如图 3-2-40 所示。

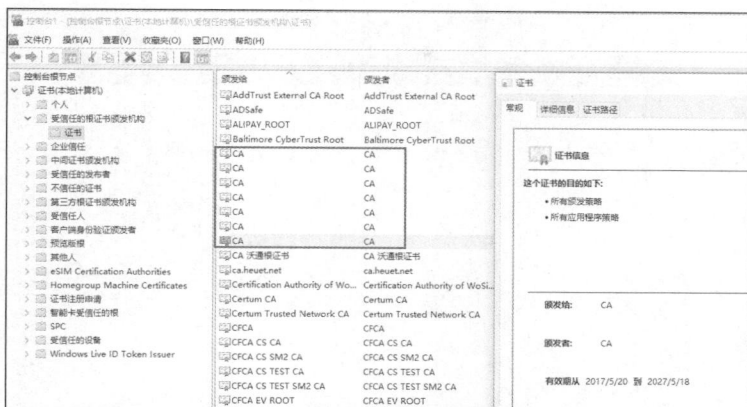

图 3-2-40 删除颁发者为 CA 的根证书

3.2.5 将主机添加到群集

使用浏览器登录到 vCenter Server，添加其他主机到集群中，我们看一下主要步骤。

（1）右击 172.18.96.20，在弹出的快捷菜单中选择"新建数据中心"命令，如图 3-2-41 所示，在弹出的"新建数据中心"中的"名称"中输入数据中心名称，本示例采用默认值 Datacenter，如图 3-2-42 所示。

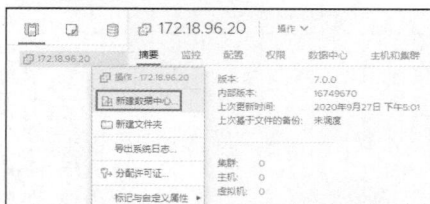

图 3-2-41 新建数据中心

图 3-2-42 设置数据中心名称

（2）右击 Datacenter，在弹出的快捷菜单中选择"新建集群"命令，如图 3-2-43 所示，在弹出的"新建集群"对话框的"名称"文本框中输入新建集群的名称，本示例为 vSAN01，并打开 vSAN 开关选项，如图 3-2-44 所示。

图 3-2-43 新建集群

图 3-2-44 设置集群名称

（3）右击"vSAN01"集群，在弹出的快捷菜单中选择"添加主机"命令，如图 3-2-45 所示。

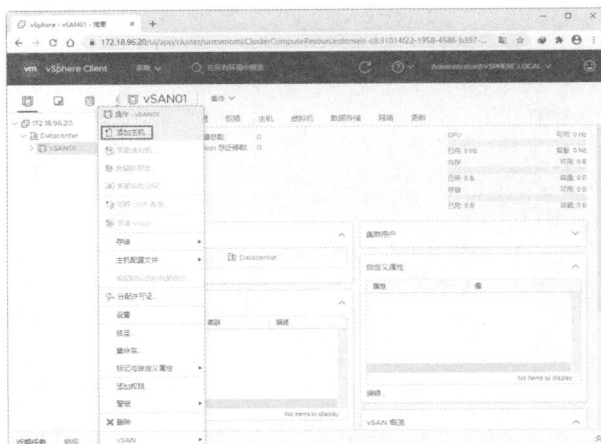

图 3-2-45　添加主机

（4）在"将新主机和现有主机添加到您的集群"对话框中，将要添加的主机 IP 地址添加到列表中，如图 3-2-46 所示。如果每台主机的管理员账户密码相同，可以勾选"对所有主机使用相同凭据"复选框。在本示例中，将 IP 地址为 172.18.96.41 到 172.18.96.44 的主机添加到集群中。

（5）在"安全警示"对话框选中所有主机，单击"确定"按钮。如图 3-2-47 所示。

图 3-2-46　将主机添加到集群

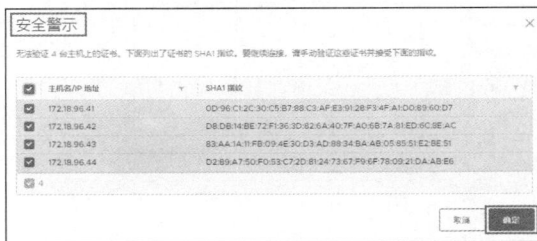

图 3-2-47　安全警示

（6）在"主机摘要"对话框显示了将要添加的主机版本和型号，如图 3-2-48 所示。

图 3-2-48　主机摘要

（7）在"检查并完成"对话框中提示将主机添加到集群后，新添加的主机将进入维护模式，如图 3-2-49 所示。确认无误后单击"完成"按钮。

图 3-2-49 检查并完成

（8）添加后如图 3-2-50 所示，新添加的主机处于维护模式。选中进入维护模式的主机，右击，在弹出的快捷菜单中选择"退出维护模式"命令，将主机退出维护模式。

（9）在导航器中选中每台主机，在"配置→系统→时间配置"中，为每台主机启用 NTP 并指定 NTP 服务器，本示例中 NTP 服务器的 IP 地址为 172.18.96.252。IP 地址为 172.18.96.41 主机的 NTP 配置，如图 3-2-51 所示。其他主机配置 NTP 的方法与此相同。

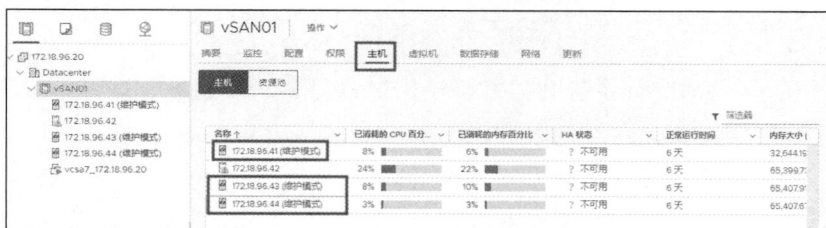

图 3-2-50 主机添加到集群

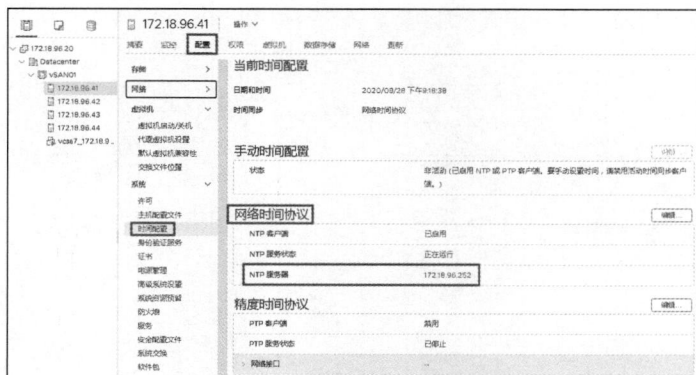

图 3-2-51 为 ESXi 主机配置 NTP

3.2.6　为 vSphere 分配许可证

在安装 vCenter Server 并向 vCenter Server 添加 ESXi 主机后需要添加许可证。如果是测试环境，在不添加许可证的情况下可以免费测试 60 天。超过 60 天后，不能启动新的虚拟机，只能在添加许可证之后才可以继续使用。

（1）在"系统管理→许可→许可证"中单击"添加新许可证"链接然后添加序列号，每个产品的序列号在一行输入。添加后会显示许可的产品（如 vCenter Server、vSphere 和 vSAN 等许可）以及产品的数量，如图 3-2-52 所示。

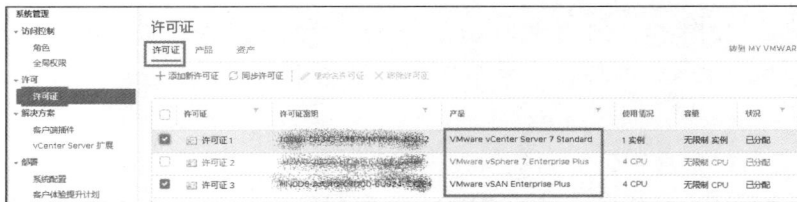

图 3-2-52　添加许可证

（2）添加许可证后，在"资产"中单击每个产品然后单击"分配许可证"链接为产品分配许可证，通常要为 vCenter Server 和 ESXi 主机分配许可证，如果有其他产品，例如 vSAN 或 NSX，也需要为这些产品分配许可证。为 vCenter Server 分配许可证操作如图 3-2-53 所示，为 ESXi 主机分配许可证操作如图 3-2-54 所示，为 vSAN 分配许可证操作如图 3-2-55 所示。

图 3-2-53　为 vCenter Server 分配许可证

图 3-2-54　为 ESXi 主机分配许可证

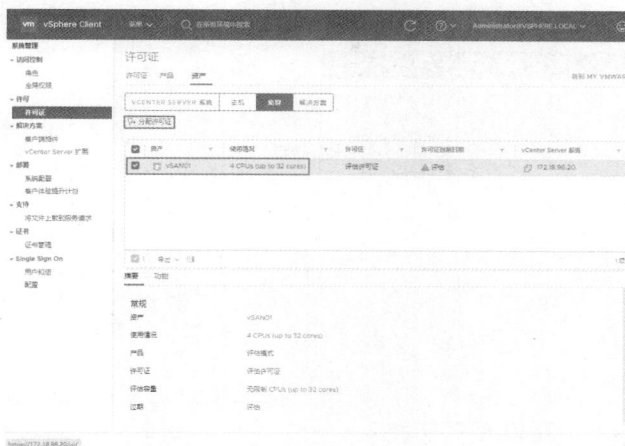

图 3-2-55　为 vSAN 分配许可证

3.2.7　修改 SSO 与 root 账户密码过期策略

从 vCenter Server Appliance 5.5 Update 1 版本开始，vCenter Server Appliance 强制执行密码策略，该策略会导致 SSO 账号密码会在 90 天后过期，当密码到期后会将账号锁定。

vCenter Server Appliance 6.0 的 root 账户密码默认 365 天有效，vCenter Server Appliance 6.5 和 6.7 的 root 账户密码默认 60 天有效，vCenter Server Appliance 7.0 的 root 账户密码默认 90 天有效。在安装完 vCenter Server Appliance 之后，需要修改 SSO 与 root 账户密码过期策略。

（1）登录 vSphere Client，使用 SSO 账户（默认为 administrator@vsphere.local）登录。登录后在导航器中单击"系统管理"，在"系统管理→Single Sign-On→配置"中，在"策略"选项卡可以看到最长生命周期为"密码必需每 90 天更改一次"，如图 3-2-56 所示。

（2）在"编辑密码策略"对话框，将最长生命周期修改为 0 天，表示密码永不过期，如图 3-2-57 所示，然后单击"确定"按钮。在"密码格式要求"选项中，还可以修改密码的最大长度、最小长度、字符要求等条件，这些要求比较简单，每个管理员都能理解其字面意思，在此不再介绍。

（3）登录 vCenter Server Appliance 控制台界面，本示例中登录地址为 https://172.18.96.20:5480，使用用户名 root 及密码登录。

（4）在"系统管理"中的"密码过期设置"中可以看到密码有效期为 90 天，单击右侧的"编辑"按钮，在弹出的"密码过期设置"中选择"否"，单击"保存"按钮退出，设置之后如图 3-2-58 所示。

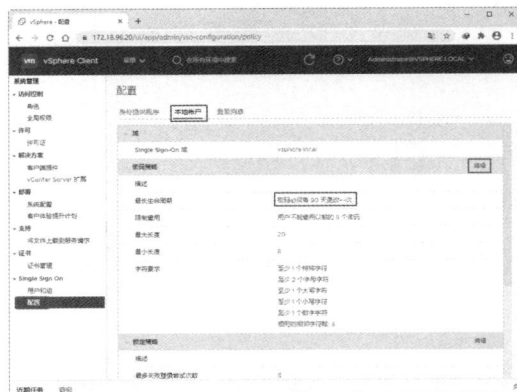

图 3-2-56　密码策略　　　　　　　　图 3-2-57　编辑密码策略

图 3-2-58　密码永不过期

3.3　配置分布交换机并启用 vSAN 群集

在安装好 ESXi 与 vCenter Server 并将 ESXi 添加到 vCenter Server 之后，下面的任务是为 vSAN 流量创建虚拟交换机并启用 vSAN 流量，然后启用 vSAN 并向 vSAN 中添加磁盘组，最后创建虚拟交换机。

3.3.1　创建分布式交换机

本节为 4 台主机配置 vSphere 分布式交换机，然后添加用于 vSAN 流量的 VMkernel。

（1）使用 vSphere Client 登录到 vCenter Server，单击"🖳"图标，右击 Datacenter，在弹出的快捷菜单中选择"Distributed Switch→新建 Distributed Switch"命令，如图 3-3-1 所示。

（2）在"新建 Distributed Switch"对话框的"名称和位置→名称"处输入新建交换机的名称，在此设置名称为 DSwitch-vSAN，如图 3-3-2 所示。

图 3-3-1 新建分布式交换机

图 3-3-2 设置交换机名称

（3）在"选择版本"对话框中选择"7.0.0 - ESXi 7.0 及更高版本"，如图 3-3-3 所示。

（4）在"编辑设置"对话框的"上行链路数"中选择 2。该数目是每台主机使用的网卡数，不是所有主机使用网卡数的总和，在当前示例中，每台主机使用 2 个 10 Gbit/s 端口组成分布式交换机的上行链路，选中"创建默认端口组"并设置端口组名称为 DPortGroup-vSAN，如图 3-3-4 所示。

图 3-3-3 选择分布式交换机的版本

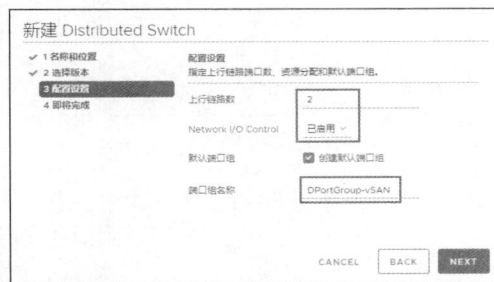

图 3-3-4 编辑设置

【说明】在创建端口组时，如果端口组的名称包括短横线，应确保使用英文半角的-，不要使用中文全角的短横线。

（5）在"即将完成"对话框中显示了新建分布式虚拟交换机的信息，检查无误后单击"FINISH"按钮，如图 3-3-5 所示。

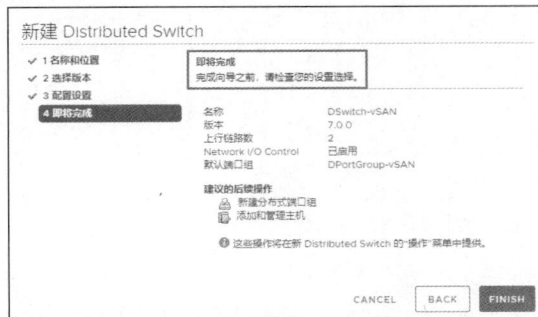

图 3-3-5 即将完成

3.3.2　为分布式交换机分配上行链路

在创建分布式虚拟交换机后需要添加上行链路，下面是操作方法和步骤。

（1）在 vSphere Client 的"网络"界面中，右击新建的虚拟交换机 DSwitch-vSAN，在弹出的快捷菜单中选择"添加和管理主机"命令，如图 3-3-6 所示。

（2）在"添加和管理主机→选择任务"对话框中选中"添加主机"单选按钮，如图 3-3-7 所示。

（3）在"选择主机"对话框中单击"新主机"链接，在弹出的"选择新主机"对话框中选中所有的主机，如图 3-3-8 所示。

图 3-3-6　添加和管理主机　　　　　　图 3-3-7　添加主机

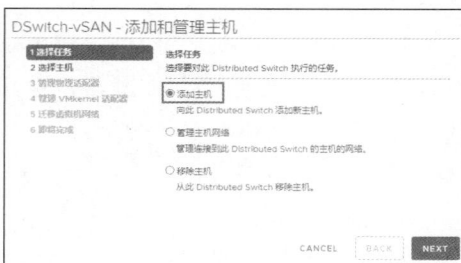

（4）在"选择主机"对话框的"主机"列表中显示了添加的主机，如图 3-3-9 所示。

（5）在"管理物理适配器"对话框中为此分布式交换机添加或移除物理网卡。在"主机/物理网络适配器"中选中每个未分配的端口（本示例为 vmnic4），单击"分配上行链路"链接，如图 3-3-10 所示，在弹出的"选择上行链路"对话框选择上行链路 1 或上行链路 2，如图 3-3-11 所示。如果每台主机的网络配置相同，可以选中"将此上行链路分配应用于其余主机"。当每台主机的配置不同时不要选中这一项，而是每台主机手动一一选择。在本示例中，每台主机的 vmnic4 用于上行链路 1。

图 3-3-8　选择新主机　　　　　　图 3-3-9　主机列表

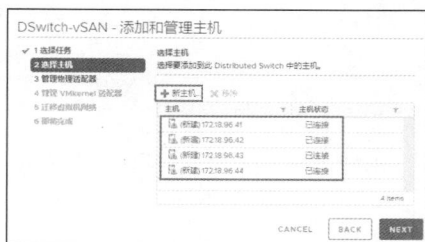

（6）在"主机/物理网络适配器"列表中为上行链路 2 选择 vmnic5 网卡并应用于其余主机，分配之后如图 3-3-12 所示。注意，不要将已经分配给 vSwitch0 的网卡重新分配为上行链路 1 或上行链路 2，除非是在执行从标准交换机到分布式交换机迁移任务时才允许重新分配上行链路。

图 3-3-10　分配上行链路

图 3-3-11　选择上行链路

（7）在"管理 VMkernel 网络适配器"对话框中单击"Next"按钮，如图 3-3-13 所示。

图 3-3-12　分配上行链路

图 3-3-13　管理 VMkernel 适配器

（8）在"迁移虚拟机网络"对话框中单击"Next"按钮，如图 3-3-14 所示。

（9）在"即将完成"对话框中单击"FINISH"按钮完成上行链路分配。如图 3-3-15 所示。

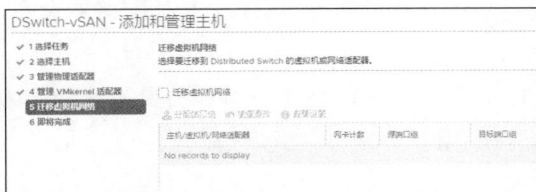

图 3-3-14　迁移虚拟机网络

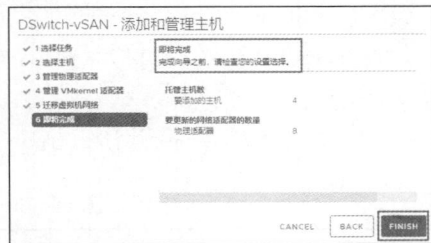

图 3-3-15　即将完成

3.3.3　修改 MTU 为 9 000

在本实验环境中已经为物理交换机配置了巨型帧支持。如果 vSAN 流量所在物理交换机端口没有启用巨型帧支持，必须先修改 MTU 为 9216 或更高。默认创建的虚拟交换机的 MTU 值为 1 500，本示例中将其修改为 9 000。注意，在 vSAN 中启用巨型帧之后，如果没有特别的需求不要再进行修改，以后新添加的节点主机也应该启用巨型帧。在启用 vSAN 后修改 MTU 参数可能会导致 vSAN 流量中断，造成虚拟机离线的故障。

（1）在 vSphere Client 中的"网络"选项卡中右击 DSwitch-vSAN，选择"设置→编辑设置"命令，如图 3-3-16 所示。

（2）在"DSwitch-vSAN - 编辑设置"对话框的"高级"选项中修改 MTU 为 9 000，单击"OK"按钮完成设置，如图 3-3-17 所示。

图 3-3-16　编辑

图 3-3-17　修改 MTU

【说明】使用域名登录 vCenter Server 有时不会出现左侧的"常规和高级"等选项，如果出现这种情况，应该换用 vCenter 的 IP 地址登录 vCenter Server。如果使用的是 chrome 浏览器，可以尝试将浏览器缓存清空，然后重新登录 vCenter Server。

3.3.4　为 vSAN 流量添加 VMkernel

下面为每台主机添加一个用于 vSAN 流量的 VMkernel。

（1）在 vSphere Client 的"网络"选项卡中，右击 DSwitch-vSAN 分布式交换机名为 DPortGroup-vSAN 的端口组，在弹出的快捷菜单中选择"添加 VMkernel 适配器"命令，如图 3-3-18 所示。

（2）在"选择主机"对话框中添加 172.18.96.41～172.18.96.45 的所有主机，如图 3-3-19 所示。

图 3-3-18　添加 VMkernel 适配器

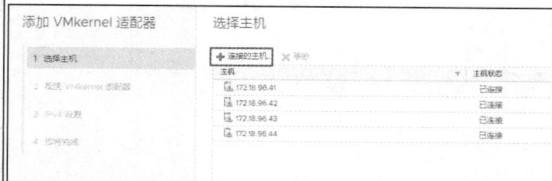

图 3-3-19　选择要添加 VMkernel 的主机

（3）在"配置 VMkernel 适配器"对话框的"可用服务"中选择 vSAN，如图 3-3-20 所示。在 MTU 中可以看到从交换机获取的 MTU 为 9000。

（4）在"IPv4 设置"对话框中为每台主机设置 VMkernel 的 IP 地址。本示例中 VMkernel 的 IP 地址依次是 192.168.96.41 到 192.168.96.44。选择"使用静态 IPv4 设置"，在为第 1 台 ESXi 主机添加了 VMkernel 的 IP 地址和子网掩码后，如果其他的主机的 VMkernel 的地址也是连续分配的，配置向导会自动填充其余地址，如图 3-3-21 所示。

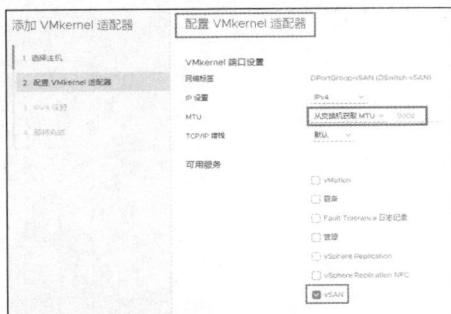

图 3-3-20　启用 vSAN

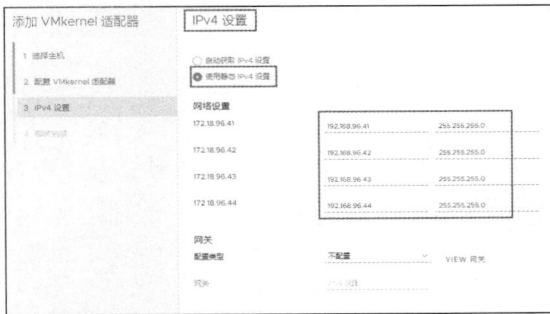

图 3-3-21　配置 VMkernel 的 IP 地址

（5）在"即将完成"对话框显示了每台主机的 IP 地址及新添加的 VMkernel 的 IP 地址，检查无误后单击"完成"按钮，如图 3-3-22 所示。

（6）为每台主机添加了用于 vSAN 的 VMkernel 之后，在导航器中选中 ESXi 主机，在右侧的"配置→网络→VMkernel 适配器"中单击名为 vmk1 的设备，可以看到新配置的 VMkernel 的 IP 地址及启用 vSAN 服务，如图 3-3-23 所示。

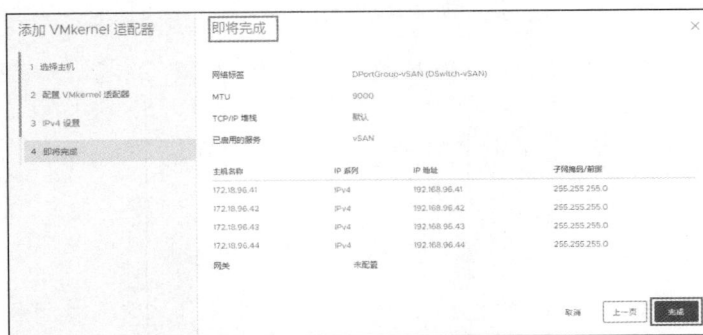

图 3-3-22　即将完成

最后为每台主机启用 VMotion 流量与置备流量。在本示例中，VMotion 与 vSAN 流量共用一个 VMkernel，置备流量和管理流量可以使用 vmk0 的 VMkernel，具体操作步骤如下。

（1）在 vSphere Client 的导航器中选中一台主机，例如 172.18.96.41，在"配置→网络→VMkernel 适配器"中选中名为 vmk0 的 VMkernel，单击"编辑"按钮，如图 3-3-24 所示。

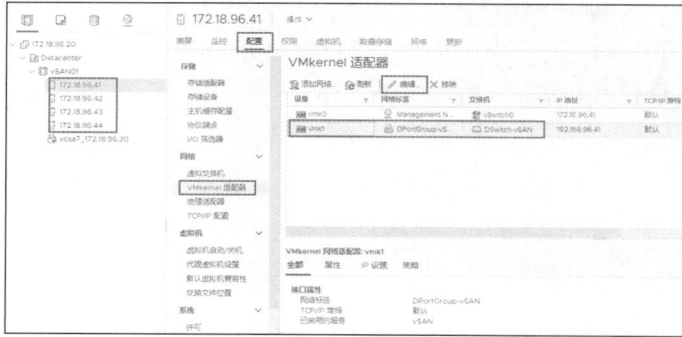

图 3-3-23　检查 VMkernel

（2）在"vmk0-编辑设置"对话框中确认选中置备和管理，如图 3-3-25 所示。单击"OK"按钮完成设置。

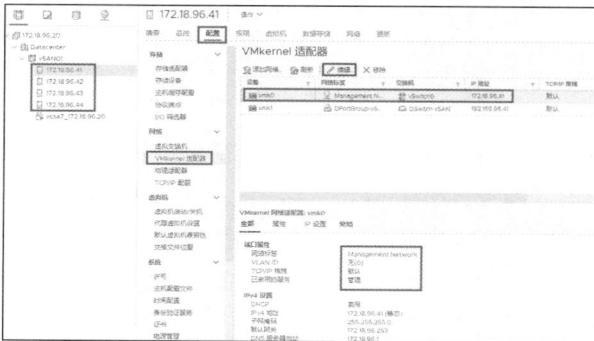

图 3-3-24　编辑 vmk0

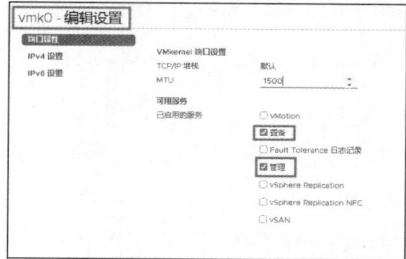

图 3-3-25　启用置备流量

（3）为 vmk1 启用 VMotion 和 vSAN 流量，如图 3-3-26 所示。

图 3-3-26　为 vmk1 启用 VMotion 流量

【说明】在同一个集群中，相同的流量应该使用相同网段的 VMkernel，不建议在多个 VMkernel 启用相同的服务。如果同一流量选择不同网段的 VMkernel 有可能造成相对应的服务无法使用。

3.3.5 向标准 vSAN 群集中添加磁盘组

在启用 vSAN 流量之后可以配置磁盘组。

（1）在 vSphere Client 的"主机和群集"选项中单击 vSAN 群集（本示例为 vSAN01），在"配置→vSAN→磁盘管理"中看到当前有 4 台主机，每台主机有 3 个磁盘，使用的磁盘是 0 个。单击" "按钮，声明未使用的磁盘以供 vSAN 使用，如图 3-3-27 所示。

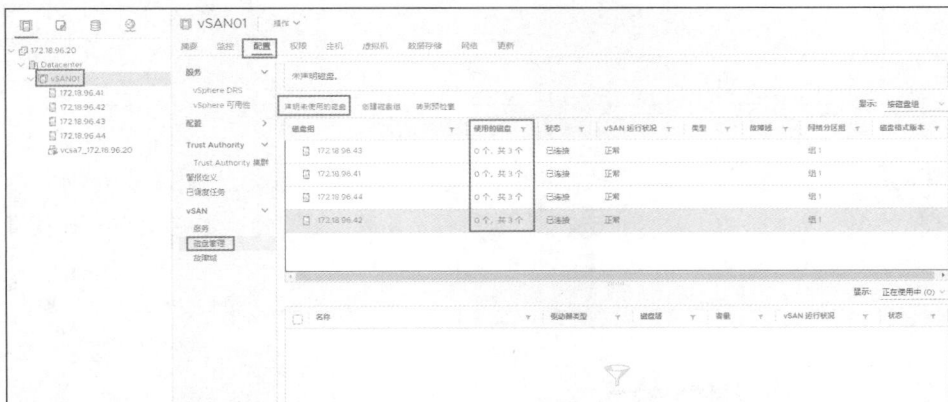

图 3-3-27 声明磁盘

（2）在"声明未使用的磁盘以供 vSAN 使用"对话框的"磁盘型号/序列号"中将闪存磁盘声明为"缓存层"，将 HDD 声明为"容量层"，在右上角"已声明的容量"和"已声明的缓存"中显示了已经声明为容量磁盘和缓存磁盘的总容量。单击右侧的"滑动"条向下翻页，将未使用的每块磁盘都要进行声明，如图 3-3-28 所示。声明后单击"创建"按钮。

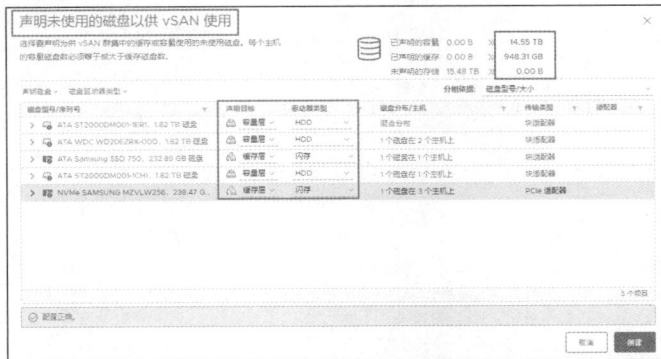

图 3-3-28 声明未使用的磁盘

（3）添加磁盘后，在"配置→磁盘管理"中看到每台主机都配置了一个磁盘组，在"vSAN 运行状况"中看到每台主机状况正常，在"网络分区组"中同一个群集都在"组 1"表示正确，在"磁盘格式版本"中显示了 vSAN 磁盘的格式，当前版本为 11，如图 3-3-29 所示。

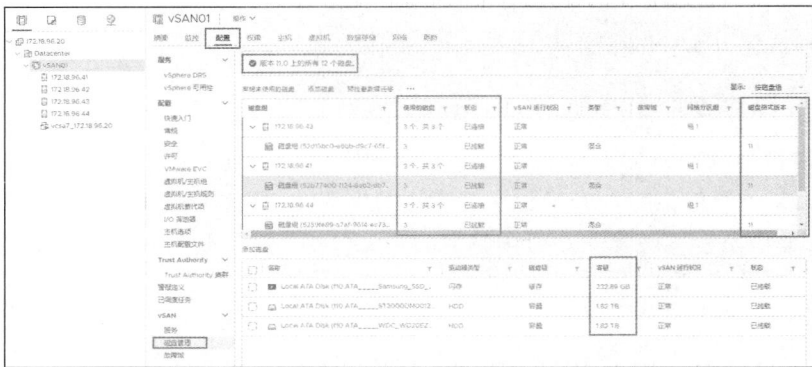

图 3-3-29　磁盘管理

（4）在"数据存储"选项界面中可以看到，配置磁盘组之后 vSAN 存储总容量是 14.55TB，如图 3-3-30 所示。当前 4 台主机一共 8 块 2TB 的容量，总容量根据计算为 $16×10^{12}÷2^{40}=14.5519$。

图 3-3-30　vSAN 总容量

3.3.6　更改 vCenter Server 存储位置

如果在安装 vCenter Server 时，将该虚拟机部署在 ESXi 本地存储，要配置 vSAN 共享存储之后，将 vCenter Server 迁移到 vSAN 存储，主要步骤如下。

（1）使用 vSphere Client 登录到 vCenter Server，右击 vCenter Server Appliance 虚拟机的名称，本示例为 vcsa7_172.18.96.20，在弹出的快捷菜单中选择"迁移"命令，如图 3-3-31 所示。

图 3-3-31　迁移

（2）在"迁移 | vcsa7_172.18.96.20"对话框中选中"仅更改存储"单选按钮，如图 3-3-32 所示。

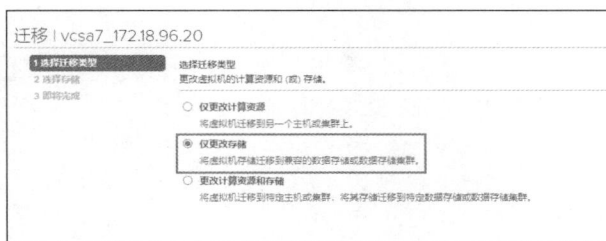

图 3-3-32　更改存储

（3）在"选择存储"对话框中选择名称为 vsanDatastore 的 vSAN 存储，在"虚拟机存储策略"下拉列表中选择 vSAN Default Storage Policy，如图 3-3-33 所示。

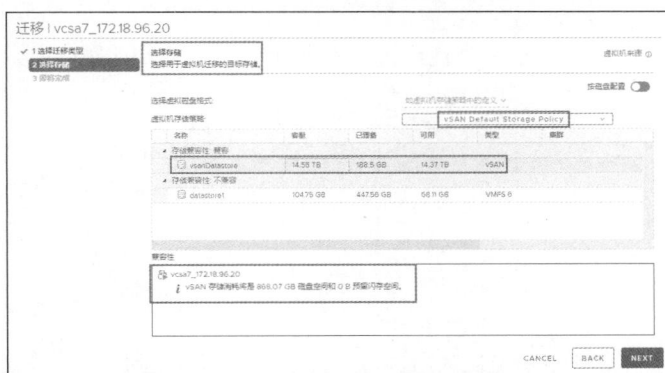

图 3-3-33　选择 vSAN 存储

（4）在"即将完成"对话框中单击"FINISH"按钮，如图 3-3-34 所示。

图 3-3-34　完成

3.3.7　启用 HA、DRS 与 EVC

在启用 vSAN 群集后，后续任务一般是为群集启用 HA、DRS、EVC。如果 ESXi 主机与 vSAN 存储使用同一个 RAID 阵列卡，建议删除系统卷所在的 VMFS 存储卷。为群集启用 HA、DRS 与 EVC，以获得高可靠性、动态资源调度和 VMotion 兼容性（EVC）。

（1）在 vSphere Client 的导航器中单击 vSAN 群集，在"配置→服务→vSphere 可用性"中可以看到，当前 vSphere HA 是关闭状态，单击"编辑"按钮，如图 3-3-35 所示。

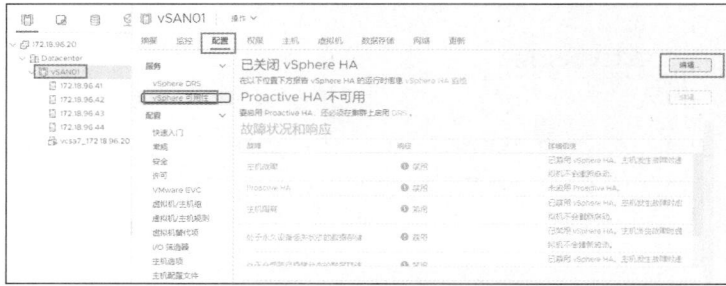

图 3-3-35　编辑

（2）在"编辑集群设置"中启用 vSphere HA 和主机监控，如图 3-3-36 所示。

图 3-3-36　启用 vSphere HA 和主机监控

（3）在"配置→vSphere DRS"中单击"编辑"按钮，打开"编辑集群设置"，启用 vSphere DRS，如图 3-3-37 所示。

（4）默认情况下 EVC 禁用，在"配置→VMware EVC"中单击"编辑"按钮，如图 3-3-38 所示。

图 3-3-37　启用 vSphere DRS

图 3-3-38　编辑 EVC

（5）在"更改 EVC 模式"中选中"为 Intel 主机启用 EVC"单选按钮，并在 VMware EVC 模式中选择合适的选项，在"兼容性"列表中显示"验证成功"，如图 3-3-39 所示。

（6）如果选择错误会提示"主机的 CPU 硬件不支持群集当前的增强型 VMotion 兼容性模式。主机缺少该模式所需的功能"，如图 3-3-40 所示。

图 3-3-39　选择正确的 EVC 模式

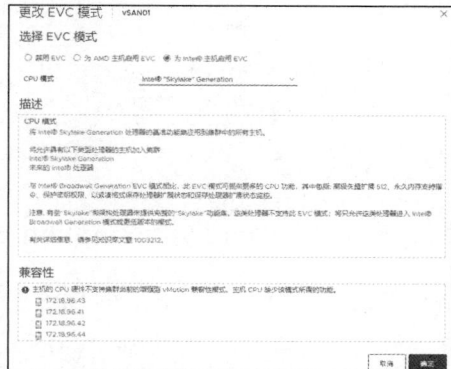

图 3-3-40　EVC 选择不正确

（7）如果要查看每台主机的 EVC 模式，在导航器中选择主机，在"摘要"选项卡的"配置→EVC"选项中查看主机支持的 EVC 模式，最后一行为当前主机 CPU 所能支持的最高项，如图 3-3-41 所示。在同一个群集中 EVC 的配置是以群集中支持的 EVC 最低的主机为基准的。

【说明】关于在不同主机配置 EVC 的内容可以查看作者的文章"在 vSphere 群集中配置 EVC 的注意事项"，链接地址为 https://blog.51cto.com/wangchunhai/2084434。

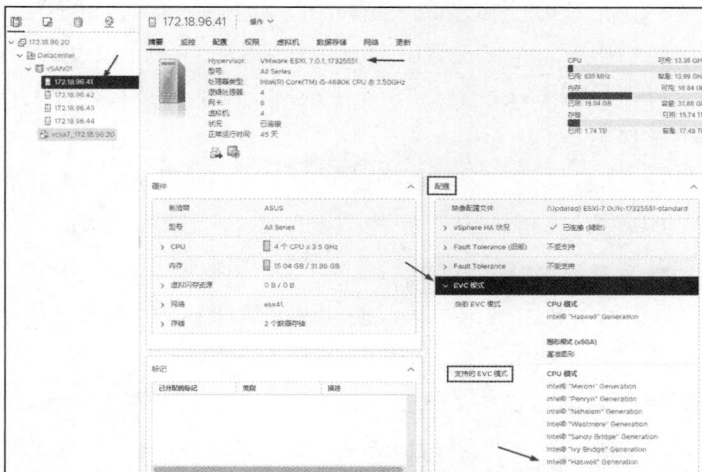

图 3-3-41　查看主机支持的 EVC 模式

（8）启用 EVC 之后，界面如图 3-3-42 所示。

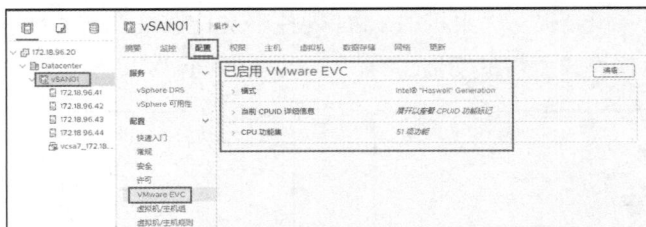

图 3-3-42　已启用 EVC

3.3.8　为 VMkernel 启用 VMotion 流量

在为 vSphere 群集启用 HA 与 DRS 后，需要配置 VMotion 流量。VMotion 实现了虚拟机在不同主机之间迁移的功能。VMotion 可以实现以下几个主要功能。

（1）仅更改主机。当虚拟机保存在共享存储时，虚拟机可以更改运行主机，虚拟机存储位置不变。实现范围是需要同一 vCenter Server 管理的不同集群或同一集群的不同主机。

（2）更改主机和存储。虚拟机可以同时跨主机和跨存储迁移。实现范围是需要同一 vCenter Server 管理的不同集群或同一集群的不同主机。

（3）跨不同 vCenter Server 迁移。在 vCenter Server 7.0 U1C 及其以后的版本中，可以将受其他 vCenter 管理的 ESXi 主机中的虚拟机迁移到当前 vCenter Server 7.0 U1C 管理的 ESXi 主机中，也可以将当前 vCenter Server 7.0U1C 管理的虚拟机迁移到其他 vCenter Server 所管理的 ESXi 主机中。这样就实现了跨不同 vCenter Server 的迁移。

需要注意的是，无论是同一 vCenter Server 平台，还是跨 vCenter Server 平台。在迁移虚拟机（或同时包括虚拟机存储位置）时，目标 ESXi 主机的 EVC 要不低于源 ESXi 主机所运行的虚拟机使用的 EVC。目标 ESXi 主机所支持的虚拟机硬件版本不低于源虚拟机所使用的虚拟机硬件版本。

不同版本的 ESXi 主机支持的虚拟机硬件版本不同。不同主机 CPU 所支持的 EVC 也不同。简单来说，可以平级（相当 EVC 及相当硬件版本）迁移，或者向上迁移（低 EVC、低硬件版本支持迁移到更高 EVC 的主机、更高 ESXi 版本的主机），但不能向下迁移。

对于高 EVC 版本的主机上的虚拟机，想迁移到低 EVC 版本支持的主机，需要将虚拟机关机。

VMotion 流量与其他流量可以共存在同一 VMkernel，也可以为 VMotion 流量规划单独的 VMkernel。一般情况下，需要为负载较轻、速度较快的 VMkernel 启用 VMotion 流量。在当前的实验环境中，将 VMotion 流量配置 vSAN 流量所在 VMkernel，本示例为 vmk1。配置步骤如下。

（1）使用 vSphere Client 登录到 vCenter Server，在导航器中选中其中一台主机，例如 IP 地址为 172.18.96.41 的主机，在右侧"配置→网络→VMkernel 适配器"，单击 vmk0 查看当前的流量，当前已启用的服务是管理，如图 3-3-43 所示。选中 vmk0 单击"编辑"链接，在弹出的"vmk0-编辑设置"对话框中，勾选"置备"和"管理"复选框，如图 3-3-44

所示。单击"OK"按钮。

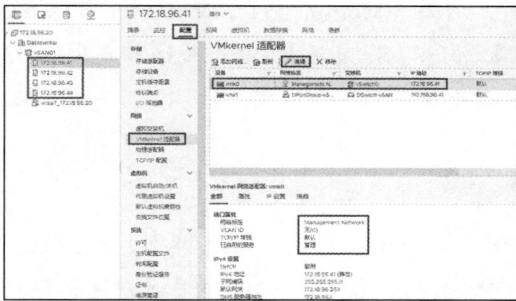

图 3-3-43　查看 vmk0 的流量　　　　图 3-3-44　置备和管理流量

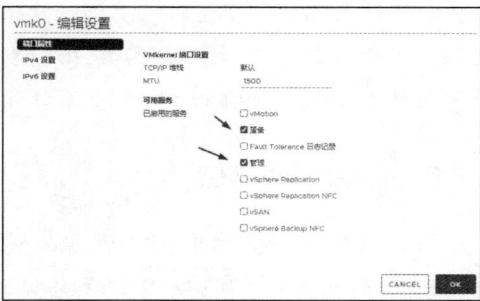

（2）选择 vmk1，单击"编辑"链接，在"vmk1-编辑设置"对话框中，勾选"VMotion"和"vSAN"复选框，如图 3-3-45 所示。然后单击"OK"按钮。配置之后如图 3-3-46 所示。

图 3-3-45　启用 VMotion 流量

（3）参照第（1）～（2）步骤，将另外 3 台主机的 vmk1 也启用 VMotion 流量，这些不再赘述。

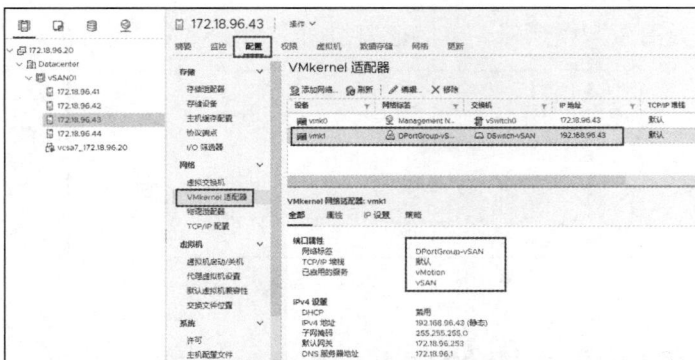

图 3-3-46　检查 vmk1 的流量

【说明】

（1）在任意一台主机中有多个 VMkernel，同一流量最好只在一个 VMkernel 上配置，不要在多个 VMkernel 配置同一流量。

（2）同一集群的同一流量（如 VMotion）需要能互通。不同集群之间如果使用相同的流量，集群主机之间相同的流量应该能互通。例如 VMotion 流量。VMotion 可以在不同集群之间迁移虚拟机。对于不需要互通的流量，例如 vSAN 流量，每个 vSAN 集群的 vSAN流量应该与其他集群的 vSAN 流量不能互通也应该在不同的网段。

3.3.9　删除本地存储

在 vSAN 集群中，如果 ESXi 主机的系统磁盘与 vSAN 磁盘使用同一阵列卡，系统磁盘在安装 ESXi 时被格式化为 VMFS（本地磁盘），而 vSAN 磁盘组成 vSAN 存储。vSAN 和非 vSAN工作负载在处理磁盘管理 IO、重试和报错等物理存储方面，采用的是不同的管理方式。

如果 vSAN 和非 vSAN 磁盘用于在同一存储控制器上执行大容量操作，或如果控制器采用 JBOD+RAID 混合模式，则会因磁盘误报故障而导致 vSAN 群集中的数据不可用。在最坏的情况下，此情况还可能导致 vSAN 群集中的数据丢失。为避免冲突或有关 vSAN基础架构的其他问题，可以卸载并删除这些安装了 ESXi 系统的 VMFS 卷。删除这些 VMFS卷不影响 ESXi 主机的重新引导和系统使用。

（1）在 vSphere Client 导航器中选中 vSAN 群集，在"数据存储"选项卡的"数据存储"列表中显示了当前主机所有的存储，在本示例中有一个名为 vsanDatastore 的 vSAN存储，另外 4 个本地 VMFS 卷，第 1 台加入群集系统存储的名称 datastore1，后面 3 台的名称是 datastore1(1)、datastore1(2)和 datastore1(3)。选中一个卷例如名称为 datastore1 的卷，在弹出的快捷菜单中选择"删除数据存储"，将选中的存储删除。在"确认删除数据存储"对话框中单击"是"按钮，删除数据存储。

（2）删除其他主机安装 ESXi 之后系统空间所使创建的存储，另外 3 台名称依次为datastore1(1)、datastore1(2)和 datastore1(3)，删除后在数据存储中只剩下名为 vsanDatastore的 vSAN 存储，如图 3-3-47 所示。以后数据都会保存在 vSAN 数据存储。

图 3-3-47　vSAN 数据存储

3.4　配置虚拟机使用的虚拟网络

本节配置虚拟机使用的虚拟网络。当前环境中有 4 台 ESXi 主机，每台主机有 6 块网卡，其中每台主机的第 1 块和第 2 块网卡创建标准交换机 vSwitch0，这 2 块网卡连接到物理交换机的 Access 端口，属于 vlan2006。每台主机的第 5 块和第 6 块网卡创建第 1 台分布式交换机 DSwitch-vSAN。在本节中，每台主机第 3 块和第 4 块网卡连接到物理交换机的 Trunk 端口，创建虚拟交换机并用于虚拟机的流量。

主机所连接的物理交换机规划了 VLAN 2001～2006，在虚拟机中也将使用这 6 个地址段。在本节中创建分布式交换机 DSwitch2，并在 DSwitch2 中创建 VLAN2001～2006 的端口组，端口组名称、所属 VLAN 与网关信息如表 3-4-1 所示。

表 3-4-1　本节实验部分 VLAN 划分

端口组名称	VLAN ID	IP 地址段	网关
vlan2001	2001	172.18.91.0/24	172.18.91.253
vlan2002	2002	172.18.92.0/24	172.18.92.253
vlan2003	2003	172.18.93.0/24	172.18.93.253
vlan2004	2004	172.18.94.0/24	172.18.95.253
vlan2005	2005	172.18.95.0/24	172.18.94.253

本节将创建名为 DSwitch2 的分布式交换机以及名为 vlan2001、vlan2002、vlan2003、vlan2004 和 vlan2005 的分布式端口组，在本示例中分布式交换机有 2 条上行链路，这 2 条上行链路是从原标准交换机 vSwitch1 的上行链路迁移而来。

（1）参照 3.3.1 节，创建名称为 DSwitch2 的分布式交换机。然后参照 3.3.2 节，为 DSwitch2 分配 vmnic2 和 vmnic3 为上行链路。如图 3-4-1 所示。

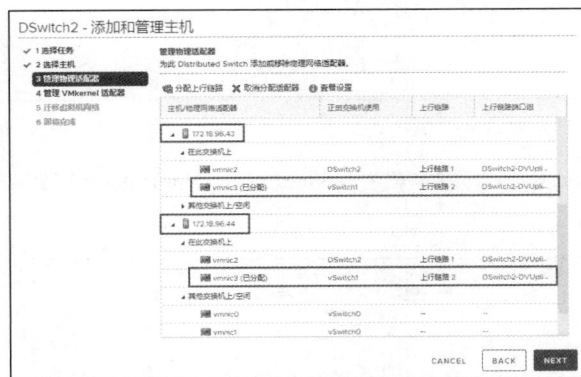

图 3-4-1　分配上行链路

（2）在创建名为 DSwitch2 的分布式交换机后，右击 DSwitch2，在弹出的快捷菜单中选择"分布式端口组→新建分布式端口组"命令，如图 3-4-2 所示。

（3）在弹出的"新建分布式端口组"对话框的"名称"中输入新建端口组的名称，本示例为 vlan2003，如图 3-4-3 所示。

（4）在"配置设置"对话框的"VLAN 类型"下拉列表中选择 VLAN，并在 VLAN ID 中输入新建分布式端口组属于的 VLAN ID 标号，本示例为 2003，如图 3-4-4 所示。

图 3-4-2　新建分布式端口组

图 3-4-3　设置分布式端口组名称

（5）在"即将完成"对话框显示了新建分布式端口组的信息，检查无误后单击"FINISH"按钮，如图 3-4-5 所示。

（6）参照第（2）～（5）步骤，创建名为 vlan2001、vlan2002、vlan2004 和 vlan2005 的端口组。

图 3-4-4　设置 VLAN 类型

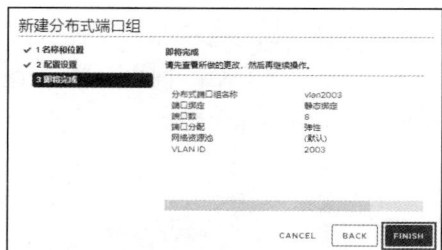

图 3-4-5　创建完成

（7）在创建 DSwitch2，当前主机有 vSwitch0、DSwitch2 和 DSwitch-vSAN 共 3 台虚拟交换机，如图 3-4-6 所示。

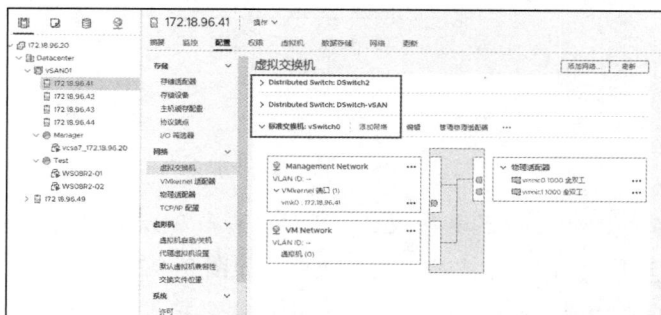

图 3-4-6　查看虚拟交换机

在生产环境安装配置 vCenter Server 与 ESXi 就介绍到这里，下一章介绍为生产环境配置业务虚拟机的内容。

第 4 章　为生产环境配置业务虚拟机

初学虚拟化的读者在使用虚拟机向导创建虚拟机时有选择客户机操作系统的选项，发现常用的 Windows、Linux 操作系统都在清单中，初学者以为创建的这些虚拟机是"带"操作系统，创建完成后开机就能进入这些操作系统。实际情况是使用虚拟机向导创建虚拟机，向导会根据用户将要在虚拟机中安装的操作系统选择合理的虚拟机硬件和配置，创建的虚拟机相当于一台新组装的计算机裸机，用户还需要向裸机（虚拟机）中安装操作系统才可以使用。本章介绍创建虚拟机、在虚拟机中安装操作系统以及配置管理虚拟机的内容。

4.1　配置虚拟机

在搭建好虚拟化环境后，应该根据用户的需求创建不同的虚拟机并安装不同的操作系统。

常用的操作系统是 Windows 与 Linux。Windows 与 Linux 有不同的版本，要根据用户的实际需求进行选择。主要选择内容包括：

（1）虚拟机中要运行的操作系统及版本，例如 Windows Server 2019、Cent OS 8.0；

（2）虚拟机的配置，包括虚拟机的 CPU 数量（vCPU）、内存大小、硬盘数量和大小；是否启用 CPU 与内存的插添加，以便在虚拟机运行的过程中增加 CPU 数量和内存的大小；

（3）在为虚拟机分配硬盘空间时，对于 Windows 操作系统，每个盘符例如 C、D、E 等使用一个单独的虚拟硬盘，这可以方便后期的硬盘扩容。对于 Linux 操作系统，保存用户数据的分区单独使用一个虚拟硬盘，并且使用 LVM 分区，这也方便后期数据分区的扩容。

使用虚拟机还有一个问题，就是怎样在虚拟机中使用加密狗或其他外部设备。常用的外部设备是 USB 接口，只要是标准的 USB 接口都可以在虚拟机中使用。对于一些 COM 串口设备，vSphere 虚拟机也能很好的支持。

对于其他的设备，例如 PCIe 接口的设备，可以使用直通的方式分配给虚拟机。

对于需要裸磁盘映射的设备，例如共享存储划分的 LUN 直接分配给虚拟机，可以裸磁盘映射的方式分配给虚拟机。

对于在虚拟化环境中需要经常用到的操作系统的虚拟机，可以创建一个模板虚拟机，然后从模板置备虚拟机。模板虚拟机是一个已经安装好操作系统和常用软件并进行配置的虚拟机。

在本章中创建 2 台 Windows 的虚拟机和 1 台 Linux 的虚拟机。Windows 的虚拟机分别安装 Windows 10 和 Windows Server 2019 操作系统，Linux 安装 Cent OS 8 操作系统。
然后再介绍将虚拟机转换为模板和从模板创建虚拟机的内容。

4.1.1　资源池

在创建虚拟机前先介绍资源池。资源池是灵活管理资源的逻辑抽象。资源池可以分
组为层次结构，用于对可用的 CPU 和内存资源按层次结构进行分区。简单来说，在主机
和群集中，在配置了 HA 之后创建的资源池，可以当成管理不同虚拟机的文件夹，可以根
据不同的操作系统、不同用途或不同部门创建资源池，并且将对应的虚拟机移入对应的
资源池，如图 4-1-1 所示。在第 3 章安装配置好的 4 台 ESXi 主机组成的 vSAN 实验环境，
后期创建 8 个资源池和 23 台虚拟机，其中有 22 台虚拟机移入对应的资源池，如图 4-1-1
所示。

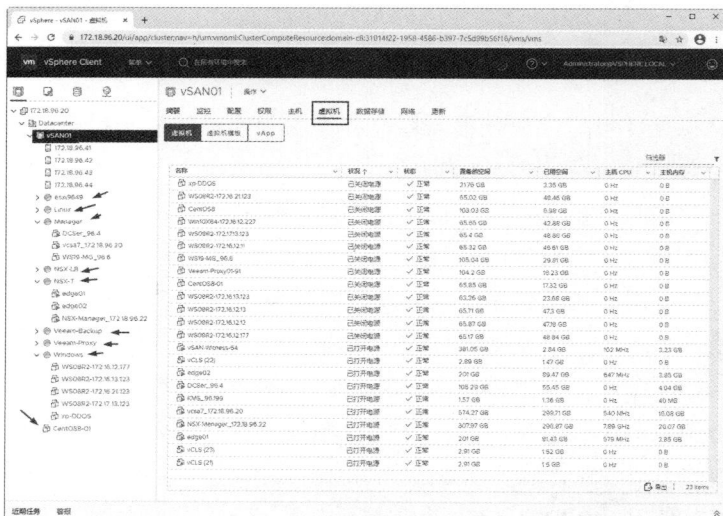

图 4-1-1　资源池与虚拟机

在图 4-1-1 中，图标为"⬤"的是资源池，图标为"🖵"是处于关闭状态的虚拟机，
图标为"🖵"是打开电源的虚拟机。每台虚拟机可以放置在群集的根目录（如图 4-1-1 中
名称为 CentOS8-01 的虚拟机），也可以移入某一个资源池。一台虚拟机只能处在一个位
置：不在根目录就在某一个资源池中。在资源池中还可以再创建子资源池。

笔者见过一些单位的虚拟机都在根目录中，没有配置资源池，这样无论是管理还是
创建备份策略都很不方便。如果你管理的虚拟化环境中也是如此，可以根据需要创建资
源池，并且将虚拟机移入资源池。将虚拟机移入资源池并不会对正在运行的虚拟机造成
影响。

【说明】在虚拟化环境中，主机和群集所提供的资源在大多数的情况下都是足够的，
所以不会出现资源争用的情况。只有当主机和群集提供的资源不够时，分配到每台虚拟

机的资源是由虚拟机的配置、虚拟机所在资源池的份额、资源池中虚拟机的数量按比例分配。本章先介绍资源池的创建，以及将虚拟机移入资源池的方法，稍后介绍出现资源争用下资源的分配方式。

1．创建资源池

在生产环境中，一般是根据虚拟机的用途或所在部门创建资源池，简单来说，可以将资源池看成文件夹，将虚拟机分类放在不同的资源池中，方便管理与维护。

（1）在当前的演示环境中 4 台主机组成 vSAN 群集，在群集中已经有 8 个资源池和 23 台虚拟机。

（2）右击 vSAN 群集，在弹出的快捷菜单中选择"新建资源池"命令，如图 4-1-2 所示。

（3）在"新建资源池"对话框的"名称"文本框中为新建资源池命名，本示例中创建的第一个资源池名为 Test01。资源池中的资源是 CPU 和内存，

图 4-1-2　新建资源池

可以为资源配置份额：低、正常、高、自定义来分配，其中低、正常、高的分配比较为 1：2：4。还可以为资源设置预留和限制。在"预留"选项中为此资源池指定保证的 CPU 或内存分配量，默认值为 0。在"限制"选项中指定此资源池的 CPU 或内存分配量的上限，默认为无限制。本示例中 CPU 与内存都使用默认值，如图 4-1-3 所示。

（4）创建资源池后，选中虚拟机将其拖动到资源池中，如图 4-1-4 所示。

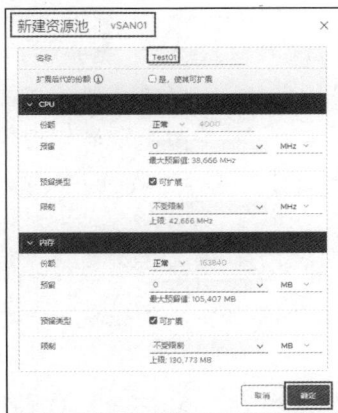

图 4-1-3　创建名为 Test01 的资源池

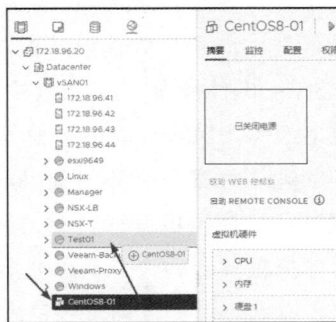

图 4-1-4　将虚拟机移动到资源池

（5）除了可以为资源池设置份额与限制外，还可以为虚拟机设置份额。修改虚拟机的配置，在 CPU 与内存选项中有"份额"设置，默认为正常，可以在低、正常、高、自定义之间设置，如图 4-1-5 所示。可以为每台虚拟机的 CPU 和内存分别设置份额。低、正常、高之间的资源分配比例是 0.5：1：2。

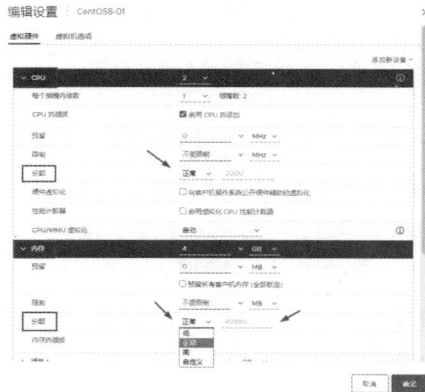

图 4-1-5　虚拟机份额

2．为何使用资源池

通过资源池可以委派对主机或群集资源的控制权，在使用资源池划分群集内的所有资源时，其优势非常明显。可以创建多个资源池作为主机或群集的直接子级，并对它们进行配置。然后便可向其他个人或组织委派对资源池的控制权。

使用资源池具有下列优点。

（1）灵活的层次结构组织。根据需要添加、移除或重组资源池，或者更改资源分配。

（2）资源池之间相互隔离，资源池内部相互共享。顶级管理员可向部门级管理员提供一个资源池。部门资源池内部的资源分配变化不会对其他不相关的资源池造成不公平的影响。

（3）访问控制和委派。顶级管理员使资源池可供部门级管理员使用后，该管理员可以设置向该资源池授予的资源范围内进行分配。委派通常结合权限设置一起执行。

（4）资源与硬件的分离。如果使用的是已启用 DRS 的群集，则所有主机的资源始终会分配给群集。这意味着管理员可以独立于提供资源的实际主机来进行资源管理。如果将 3 台 2GB 主机替换为 2 台 3GB 主机，管理员无须对资源分配进行更改。这一分离可使管理员更多地考虑聚合计算能力而非各个主机。

（5）管理运行多层服务的各组虚拟机，为资源池中的多层服务进行虚拟机分组。管理员无须对每台虚拟机进行资源设置，相反，通过更改所属资源池上的设置，管理员可以控制对虚拟机集合的聚合资源分配。

例如，假定一台主机拥有多台虚拟机。营销部门使用其中的 3 台虚拟机，QA 部门使用 2 台虚拟机。由于 QA 部门需要更多的 CPU 和内存，管理员为每组创建了 1 个资源池。管理员将 QA 部门资源池和营销部门资源池的 CPU 份额分别设置为高和正常，以便 QA 部门的用户可以运行自动测试。CPU 和内存资源较少的第 2 个资源池足以满足营销工作人员的较低负载要求。只要 QA 部门未完全利用所分配到的资源，营销部门就可以使用这些可用资源。

3．资源分配

本节通过具体的实例来介绍资源池资源分配的方式。

（1）在 vSphere Client 中单击 vSAN 群集，在"摘要"中查看并记录当前可用资源，在当前的示例中，CPU 可用资源为 60.02 GHz，内存可用资源为 223.5 GB，如图 4-1-6 所示。

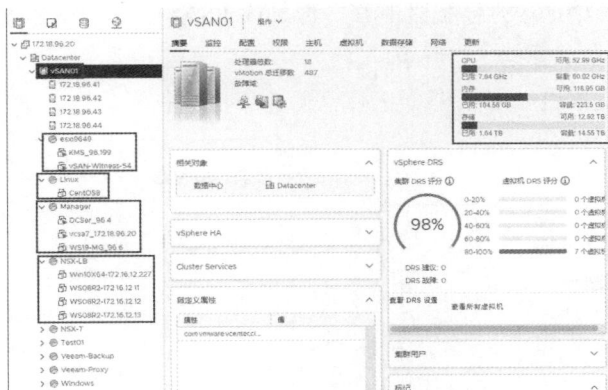

图 4-1-6　查看可用资源

（2）当前共有 9 个资源池，每个资源池分配方式都是正常。在这种情况下每个资源池将平均获得所有可用资源。例如，对于图 4-1-6 中的名称为 esxi9649、Linux、Manager、NSX-LB、NSX-T、Test01、Veeam-Backup、Veeam-Proxy、Windows 共 9 个资源池来说，每个资源池都将获得总 CPU 与内存资源的 1/9。

图 4-1-6 所示环境中共有 23 台虚拟机。当所有虚拟机使用的资源之和没有超过群集所能提供的资源时，每台虚拟机获得所需要的资源。当资源不足时，每个资源池获得 1/9 的 CPU 和内存资源。每个资源池中的虚拟机，再根据当前资源池中虚拟机的数量、每台虚拟机分配的 CPU、内存资源及份额二次分配。

例如，对于资源池 esxi9649，它有 2 台虚拟机，其中 KMS_96.199 分配 1 个 CPU 和 1GB 内存，而 vSAN-Witness-54 分配了 4 个 CPU 和 8GB 内存。对于 KMS_96.199 虚拟机来说，其在资源池中的 CPU 资源分配比例是 1/(1+4)＝20%，内存资源是 1/(1+8)≈11.11%。当前资源池获得 1/9 的 CPU 与内存资源，然后虚拟机从获得的 1/9 中再按 11∶89 的比例分配。

同样，对于资源池 esxi9649，如果 KMS_96.199 的虚拟机配额为高，而 vSAN-Witness-54 的配额为正常。那么 KMS_96.199 分配 1 个 CPU、1GB 内存实际占用 2 个 CPU 与 2GB 的内存配额。那么可获得的 CPU 资源比例为 2/(2+4)≈33.33%，内存配额为 2/(2+8)＝20%。

对于资源池来说，假设 Manager 的资源池分配为高，其他为正常，在当前有 9 个资源池的前提下，Manager 的资源池从集群中获得的资源比是 2/(2+8)＝20%，剩余的 8 个资源池分别获得 10%的可用资源。

4.1.2 创建虚拟机

下面介绍使用 vSphere Client 创建虚拟机的方法和步骤。本节以创建用于安装 Windows 10 操作系统的虚拟机为例进行介绍。

（1）在 vSphere Client 的导航器中右击群集或 ESXi 主机，在弹出的快捷菜单中选择 "新建虚拟机"命令，如图 4-1-7 所示。

（2）在"新建虚拟机"对话框中选择"创建新虚拟机"选项，如图 4-1-8 所示。

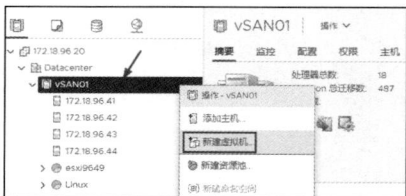

图 4-1-7　新建虚拟机

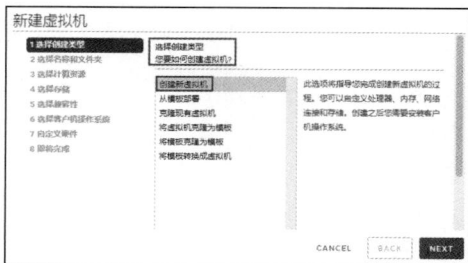

图 4-1-8　创建新虚拟机

（3）在"选择名称和文件夹"对话框的"虚拟机名称"文本框中为新建的虚拟机设置名称，本示例为 Win10X64_20H2_TP，如图 4-1-9 所示。在生产环境中，为了后期管理方便，建议为虚拟机的命名设置统一的规范。例如，可以使用"操作系统的名称_位数_版本_用途_IP 地址"的方式来定义规范。

（4）在"选择计算资源"中对话框选择群集、资源池或指定的主机。

（5）在"选择存储"对话框中，默认虚拟机存储策略为"数据存储默认值"，对于 vSAN 存储，可以选择"vSAN Default Storage Policy"，如图 4-1-10 所示。

图 4-1-9　设置虚拟机名称

图 4-1-10　默认 vSAN 存储策略

（6）在"选择兼容性"对话框中选择 ESXi 7.0 U1 及更高版本。

（7）在"选择客户机操作系统"对话框中选择 Microsoft Windows 10（64 位），如图 4-1-11 所示。

（8）在"自定义硬件"中，设置虚拟机的 CPU、内存和硬盘的大小；本示例中选择 2 个CPU、4GB内存和48GB硬盘，显卡为"自动检测设置"，网卡为VMXNET3，网络为vlan2001，如图 4-1-12 所示。如果要创建 Server 类的虚拟机（如 Windows Server 2019 和 CentOS 等），可以启用 CPU 热插拔与内存热插拔功能，启用这项功能后，虚拟机在运行过程中可以添加 CPU 与内存。注意，CPU 与内存的热插拔启用后，当虚拟机运行时（打开电源）只能增加 CPU 和内存的配置而不能减少，如果需要减少 CPU 与内存配置，需要将虚拟机关机再修改。

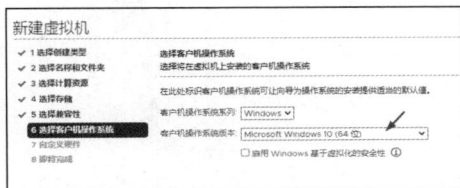

图 4-1-11　客户机操作系统

图 4-1-12　自定义硬件

（9）在"即将完成"显示了将要创建虚拟机的名称及配置信息，检查无误后单击"FINISH"按钮，完成虚拟机的创建，如图 4-1-13 所示。

图 4-1-13　即将完成

4.1.3　安装 VMRC 控制台

在 vSphere Client 中，启动虚拟机后，如果要查看虚拟机的窗口，可以在 Web 控制台和远程控制台查看。Web 控制台不需要安装软件可直接在浏览器中查看，但效果不好。

如果需要获得较好的效果必须使用远程控制台 VMware Remote Console 软件。

（1）创建完第一台虚拟机后在导航器中选中该虚拟机，在"摘要"选项卡中单击"启动 Remote Console"链接，在弹出的"启动 Remote Console"对话框中单击"下载 Remote Console"链接，进入 VMware Remote Console（简称 VMRC）下载页（链接地址为 http://www.vmware. com/go/download-vmrc），如图 4-1-14 所示。

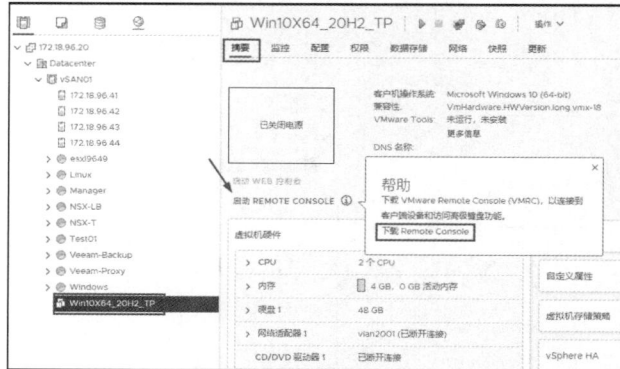

图 4-1-14　摘要

（2）打开 Download VMware Remote Console 下载页，当前最新版本是 12.0.0，VMware Remote Console 软件有 Windows、Linux 和 Mac 版本，根据需要下载相应的版本，如图 4-1-15 所示。

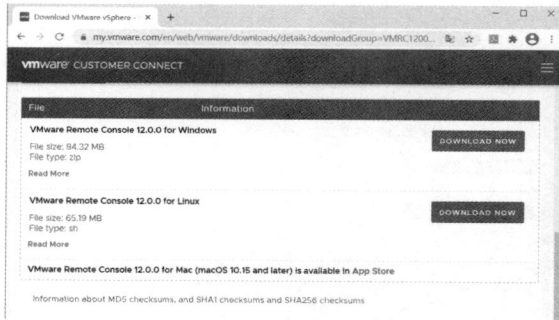

图 4-1-15　下载 VMware Remote Console

（3）下载后关闭当前所有打开的浏览器软件，在安装 VMware Remote Console 软件后打开浏览器重新登录 vSphere Client。

（4）打开 Win10X64_20H2_TP 虚拟机的电源，在"摘要"单击"启动 Remote Console"链接，在弹出的"要打开 VMware Remote Console"对话框中选中"始终允许 172.18.96.20 在关联的应用中打开此类链接"，然后单击"打开 VMware Remote Console"链接，即可启动 VMRC 控制台，如图 4-1-16 所示。

图 4-1-16　启动 VMRC 控制台

4.1.4　在虚拟机中安装操作系统

现在实验环境中已经创建了 1 台虚拟机，准备安装 64 位的 Windows 10 操作系统。在虚拟机中安装操作系统有多种方法，较为常用的是使用 Windows 部署服务通过网络启动的方式安装操作系统，或者是为虚拟机加载（映射）操作系统的 ISO 文件引导加载。本节介绍后者，此时需要有对应的操作系统的安装镜像文件（ISO 格式）。

（1）启动虚拟机的电源，使用 VMRC 控制台打开虚拟机，在"VMRC"菜单中选择"可移动设备→CD/DVD 驱动器 1→连接硬盘映像文件"选项，如图 4-1-17 所示。在实际的生产环境中，通常都是将常用的镜像文件上传到共享存储。如果使用共享存储中的镜像文件，在图 4-1-17 中选择"设置"选项，然后根据向导浏览选择。

（2）打"选择映像"对话框，浏览选择 64 位 Windows 10 操作系统的安装 ISO 文件，如图 4-1-18 所示。本示例中使用的镜像文件名为 cn_windows_10_business_editions_version_20h2_x64_dvd_f978664f.iso，大小为 5.49GB。

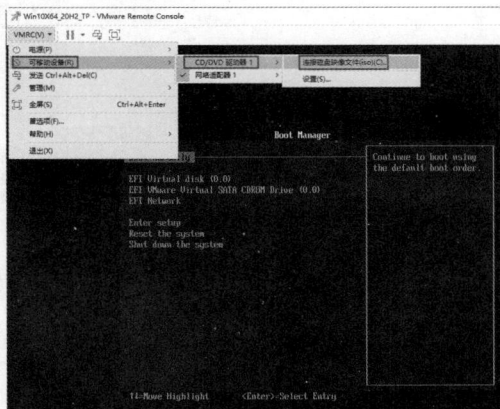

图 4-1-17　连接硬盘映像文件

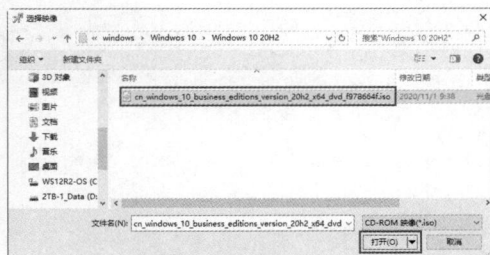

图 4-1-18　选择镜像文件

在图 4-1-17 中移动下箭头"↓"到 EFI VMware Virtual SATA CDROM 处按回车键从光盘启动。

（3）加载镜像文件后进入 Windows 安装界面，本示例中选择 Windows 10 企业版，如图 4-1-19 所示。

（4）在"你想将 Windows 安装在哪里"中选择 48GB 的硬盘，如图 4-1-20 所示。

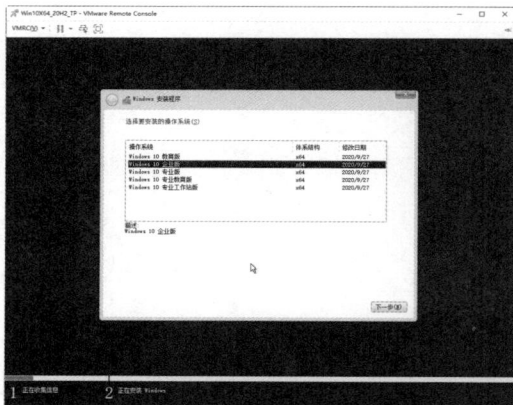

图 4-1-19　在虚拟机中安装操作系统

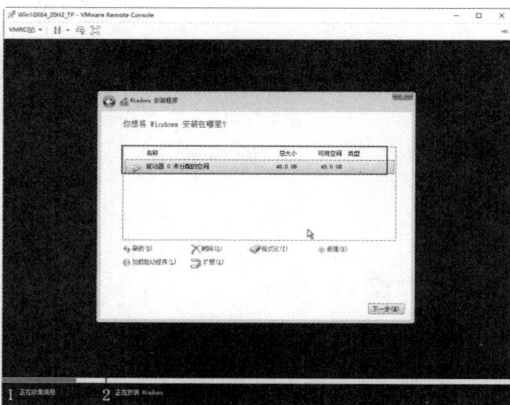

图 4-1-20　安装位置

（5）安装完操作系统后，在"VMRC"菜单中选择"管理→安装 VMware Tools"选项，如图 4-1-21 所示。

（6）安装完 VMware Tools 后，重新启动虚拟机。再次进入虚拟机后，在虚拟机中安装应用软件，激活 Windows 10 操作系统，如图 4-1-22 所示。

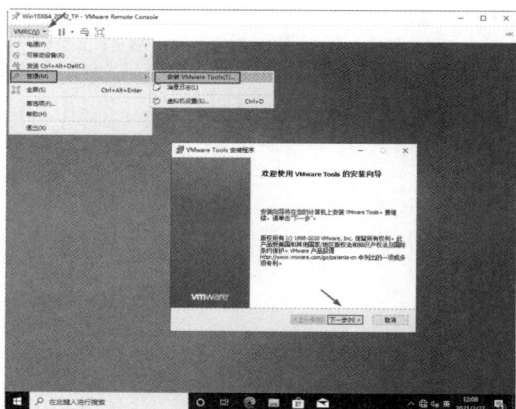

图 4-1-21　安装 VMware Tools

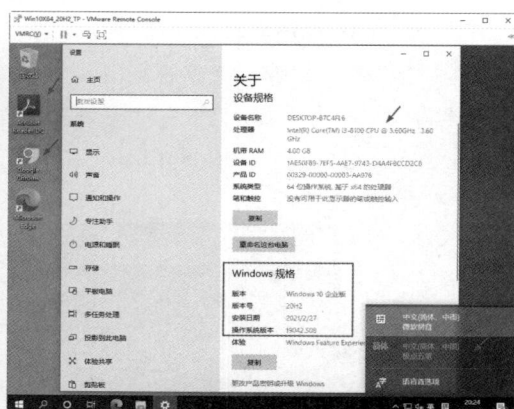

图 4-1-22　Windows 10 操作系统安装完成

（7）在虚拟机中做各种测试，测试完成后将虚拟机关机。

4.2　使用虚拟机模板

模板是 VMware 为虚拟机提供的一项功能，可以让用户在其中 1 台安装好操作系统和应用软件并进行适当配置的虚拟机为基准，从此基准克隆出多台相同配置的虚拟机。

在配置好 vSphere 虚拟化环境后，通常将企业经常用的操作系统和应用环境配置为虚拟机模板，在需要时直接从模板部署虚拟机。这样就减轻了管理员的负担。

4.2.1　为企业规划虚拟机模板

在使用模板之前，需要安装样板虚拟机，并且将该虚拟机转化或克隆成模板，以后再需要此类虚拟机时，可以此为模板派生或克隆出多台相同的虚拟机。

VMware ESXi 支持安装了 VMware Tools 的 Windows 及 Linux 等操作系统作为模板。

管理员可以为常用的操作系统创建一个模板备用。对于管理员来说，同一类系统创建一个模板即可通用。对于大多数情况下，有以下这些可供创建的模板。

（1）WS03R2 模板，安装 32 位的 Windows Server 2003 R2 企业版，该模板可以满足需要 Windows Server 2003 操作系统的需求。

（2）WS08X86 模板，安装 32 位的 Windows Server 2008 企业版，该模板可满足 32 位 Windows Server 2008 操作系统的需求。

（3）WS08R2 模板，安装 Windows Server 2008 R2 企业版（只有 64 位版本），该模板可以满足 64 位 Windows Server 2008 与 Windows Server 2008 R2 的需求。

（4）WS12R2 模板，安装 Windows Server 2012 R2 数据中心版，该模板可以满足 Windows Server 2012 与 Windows Server 2012 R2 的需求。

（5）WS16 模板，安装 Windows Server 2016 数据中心版，该模板可以满足 Windows Server 2016 的需求。

（6）WS19 模板，安装 Windows Server 2019 数据中心版，该模板可以满足 Windows Server 2019 的需求。

（7）Win10X64-TP，安装 64 位 Windows 10 操作系统，该模板可以满足 64 位 Windows 10 的需求。

（8）Linux 模板，安装符合企业需要的 Linux 操作系统，例如 CentOS、Ubuntu 等。如果需要多种不同的 Linux 发行版，模板名称可以根据安装的操作系统设置名称为 RHEL-TP、CentOS8X64-TP、Ubuntu-TP 等。

此外，还需要创建一些安装了工作站操作系统的虚拟机模板。例如，Windows XP 和 Windows 7 等操作系统的虚拟机环境。

上面介绍的这些模板是可能会用到的操作系统。在实际的生产环境中，可以根据需要选择创建其中一个或多个模板。

在创建模板虚拟机时，要考虑所创建的虚拟机的用途，并考虑将来虚拟机的扩展性。例如，如果创建的模板虚拟机的 C 盘空间太小，在许多时候可能不能满足需要。通常情况下，为 Windows XP 和 Windows 2003 等虚拟机的 C 盘分配 40～60GB 可以满足需求，为 Windows 7、Windows 10、Windows Server 2008 R2、Windows Server 2016、Windows

Server 2019 等操作系统的 C 盘分配 80～120GB 可以满足需求。在虚拟化环境中，不建议为虚拟硬盘划分多个分区，而是创建多个硬盘并且每个硬盘划分一个分区。大多数情况下，为模板虚拟机分配一个硬盘，并且在这一个硬盘上安装操作系统。从模板部署虚拟机后，如果需要数据分区，应该修改虚拟机的配置并添加虚拟机硬盘，将数据保存在第 2 块硬盘上。使用这种多硬盘的优点是可以根据需要随时增加或扩展虚拟机硬盘的空间，方便后期使用与管理。

在本实验环境中，分别创建 Windows Server 2019 与 Cent OS 8 的虚拟机模板。下面介绍关键的步骤。

（1）使用 vSphere Client 登录到 vCenter，新建虚拟机，设置虚拟机名称为 WS19-TP，如图 4-2-1 所示。

（2）在"选择客户机操作系统"对话框中选择 Windows Server 2019。在"自定义硬件"中，为 Windows Server 2019 虚拟机分配 2 个 CPU、4GB 内存和 100GB 硬盘空间，显示选择自动检测设置，网卡使用 VMXNET3，CPU 与内存启用热插拔功能，如图 4-2-2 所示。

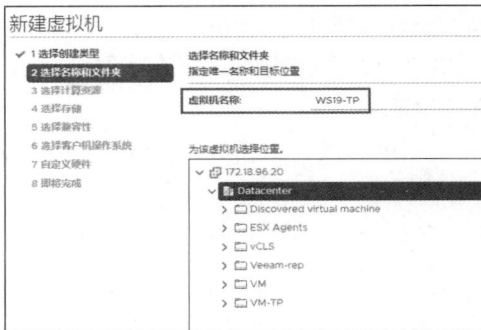

图 4-2-1　设置虚拟机名称　　　　　图 4-2-2　自定义硬件

（3）创建虚拟机完成后，在虚拟机中安装 Windows Server 2019 数据中心版。安装完成后，安装 VMware Tools，如图 4-2-3 所示。

（4）对于 Windows Server 操作系统，需要进行优化。执行 gpedit.msc，在"本地计算机策略→计算机配置→Windows 设置→安全设置→账户策略→密码策略"中，将"密码最长使用期限"从默认的 42 改为 0，如图 4-2-4 所示。

（5）在"本地计算机策略→计算机配置→Windows 设置→安全设置→本地策略→安全选择"中，将"交互式登录：无须按 Ctrl + Alt + Del"设置为"已启用"，如图 4-2-5 所示。

（6）在"计算机管理"的"存储→硬盘管理"中，将光驱盘符从默认的 D 调整为一个比较靠后的盘符，例如 G，这样为以后新添加的数据盘预留 D、E、F 等盘符，如图 4-2-6 所示。

图 4-2-3　安装 VMware Tools

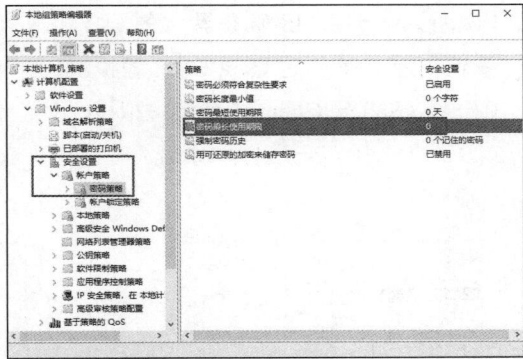

图 4-2-4　密码永不过期

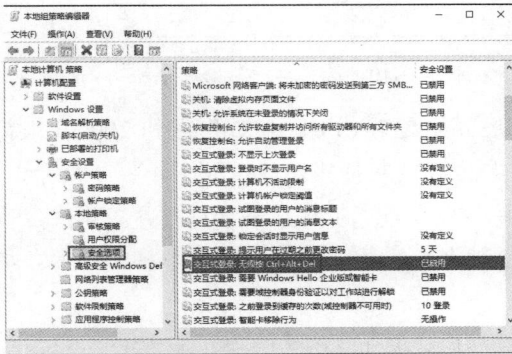

图 4-2-5　交互式登录

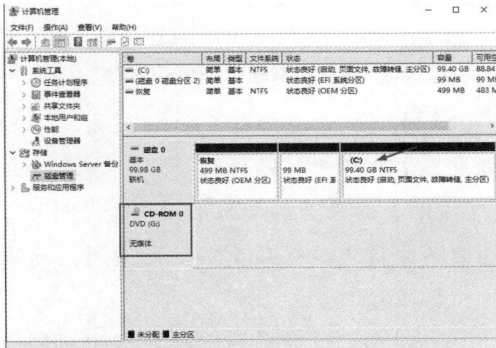

图 4-2-6　修改光驱盘符

（7）修改完成后重新启动虚拟机，再次进入操作系统后打开网络和连接，查看网卡信息是否是 VMXNET3，该网卡支持 10 Gbit/s，如图 4-2-7 所示。

（8）在企业网络中，需要为 Windows 配置 KMS 服务器用来激活网络中的 Windows 操作系统和 Office 软件。本节中的 Windows Server 2019 也是通过 KMS 激活的，如图 4-2-8 所示。最后在这台服务器中安装常用软件，安装完成后关闭虚拟机。

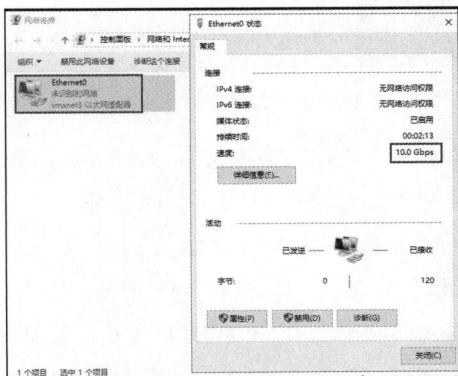

图 4-2-7　检查网卡

图 4-2-8　激活 Windows

【说明】关于 KMS 服务器的配置将在本书第 7 章介绍。

我们再看一下创建 Cent OS 8 虚拟机的主要步骤。

（1）在 vSphere Client 中新建虚拟机，设置虚拟机名称为：CentOS8-TP，如图 4-2-9 所示。

（2）在"选择客户机操作系统"对话框中选择 Linux 和 CentOS 8（64 位），如图 4-2-10 所示。

图 4-2-9　设置虚拟机名称

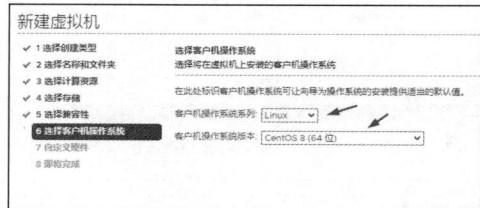

图 4-2-10　选择客户机操作系统

（3）在"自定义硬件"中为 Linux 的虚拟机分配 2 个 CPU、4GB 内存和 200GB 虚拟硬盘，显卡选择"自动检测设置"，启用 CPU 与内存的热插拔功能，如图 4-2-11 所示。

【说明】如果为虚拟机显卡设置了过小的显示内存，虚拟机在启动后打开控制台，有可能分辨率过低造成显示不全的问题。如果碰到此类问题，可以关闭虚拟机的电源，增加虚拟机显存设置。

（4）创建完虚拟机后，打开虚拟机的电源，加载 Cent OS 8 的 ISO 启动虚拟机，如图 4-2-12 所示。

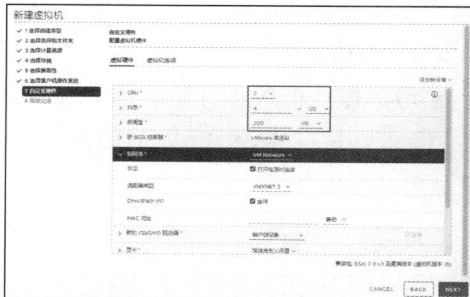

图 4-2-11　自定义硬件

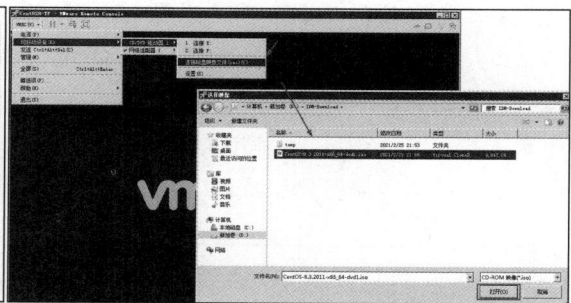

图 4-2-12　加载 ISO 安装

（5）在"欢迎使用 CentOS LINUX 8"对话框选择"中文-简体中文"，如图 4-2-13 所示。

（6）在"安装信息摘要"对话框显示了需要配置的选项，如图 4-2-14 所示。

（7）在"安装目标位置"中选择 200GB 的硬盘，如图 4-2-15 所示。

（8）在"KDUMP"对话框取消"启用 kdump"的选择，如图 4-2-16 所示。

（9）在"网络和主机名"窗口中"打开"以太网选择，如图 4-2-17 所示，然后单击"配置"按钮。

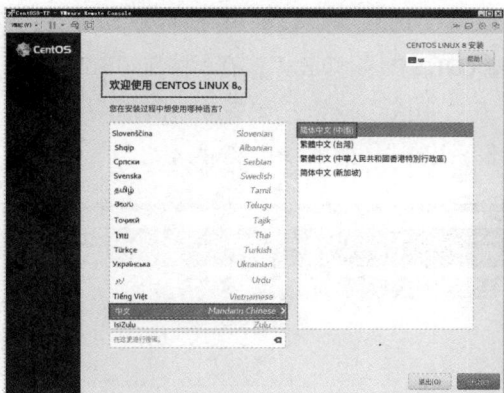

图 4-2-13　选择简体中文

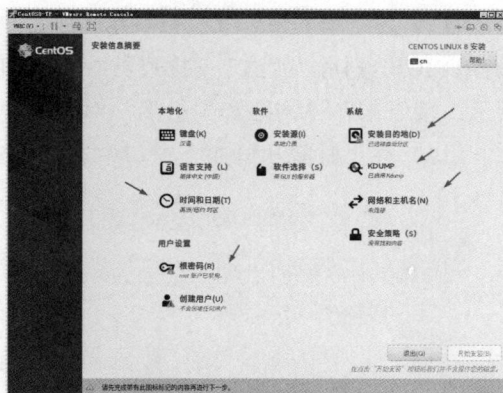

图 4-2-14　安装摘要

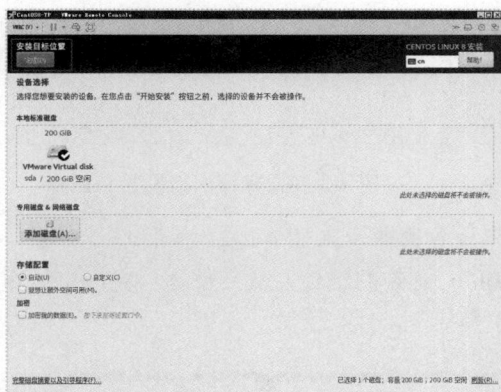

图 4-2-15　安装位置目标

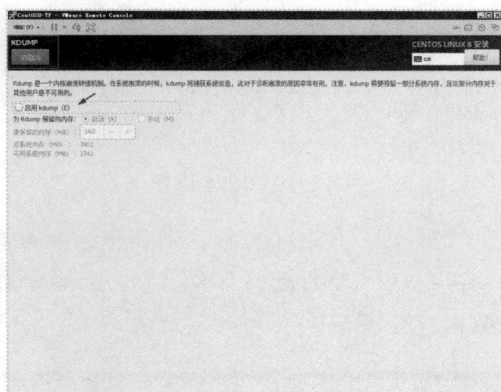

图 4-2-16　取消 kdump

（10）在"编辑 ens192"对话框的"常规"选项卡中勾选"自动以优先级连接"复选框，然后单击"保存"按钮，如图 4-2-18 所示。

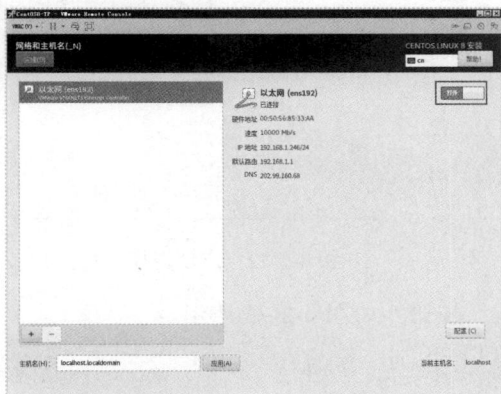

图 4-2-17　打开网络

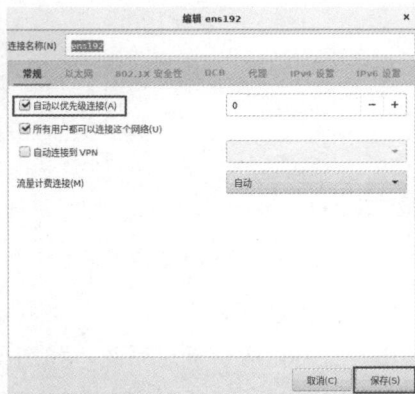

图 4-2-18　自动连接

（11）在"编辑 ens192 对话框"的"IPv4 设置"选项卡中设置 IP 地址，如果当前网络有 DHCP，则在"方法"下拉列表中选择"自动（DHCP）"，单击"保存"按钮，如图 4-2-19 所示；接下来在"网络和主机名"对话框中单击"完成"按钮，如图 4-2-20 所示。

（12）在"时间和日期"窗口中选择"亚洲→上海"，如图 4-2-20 所示。

图 4-2-19　IPv4 设置

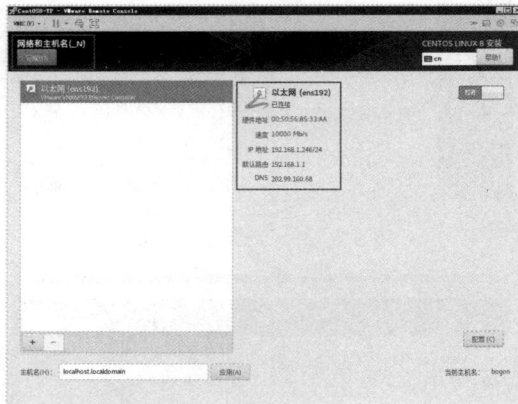

图 4-2-20　保存网络设置

（13）在"ROOT 密码"窗口中为 root 账户设置密码，如图 4-2-21 所示。

（14）在"软件选择"窗口中，选择要为 Linux 安装的组件，然后单击"完成"按钮，如图 4-2-22 所示。

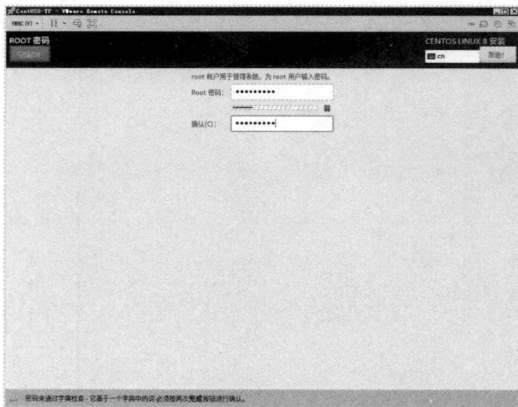

图 4-2-21　为 root 账户设置密码

图 4-2-22　组件选择

（15）相关设置完成后，单击"开始安装"按钮，如图 4-2-23 所示。

（16）安装完成后重启系统，如图 4-2-24 所示。

（17）在"初始配置"中接受许可证，如图 4-2-25 所示。

（18）安装完成后关闭 Linux 虚拟机，如图 4-2-26 所示。

图 4-2-23　开始安装

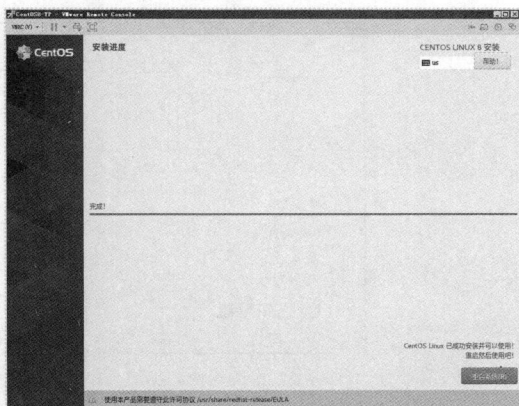

图 4-2-24　安装完成

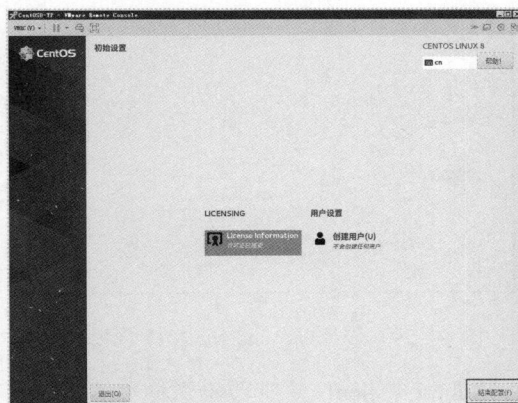

图 4-2-25　结束配置

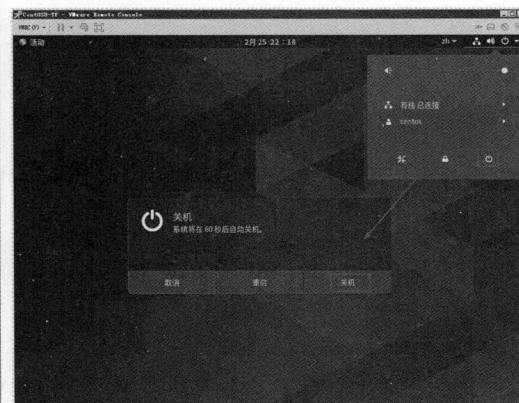

图 4-2-26　关闭虚拟机

4.2.2　将虚拟机转换成模板

可以将安装好操作系统和应用软件并配置好的虚拟机转换成模板，以后可以从模板置备虚拟机。如果模板需要更新，可以将模板转换为虚拟机，在更新模板虚拟机后，再将虚拟机转换成模板。

（1）使用 vSphere Client 登录到 vCenter Server，右击已经关闭电源的虚拟机，例如名称为 CentOS8-TP 的虚拟机，在弹出的快捷菜单中选择"模板→转换成模板"命令，在弹出的"确认转换"对话框中单击"是"按钮，将虚拟机转换成模板，如图 4-2-27所示。

（2）然后将前面创建的名称为 Win10X64_20H2_TP 和 WS19_TP 的虚拟机分别转换成模板，如图 4-2-28 和图 4-2-29 所示。将虚拟机转换成模板后，虚拟机将不再在主机和群集清单中显示。

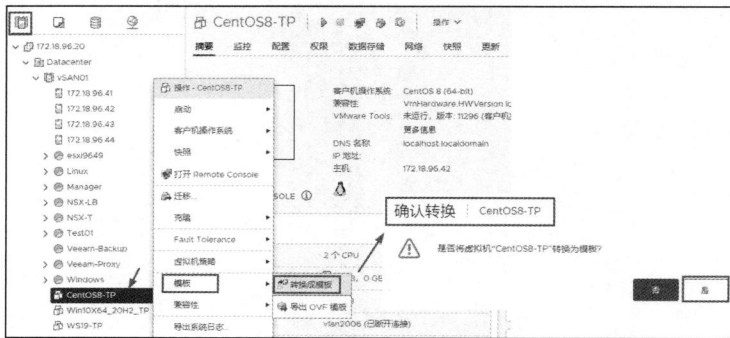

图 4-2-27　将虚拟机转换成模板

图 4-2-28　转换成 Windows 模板

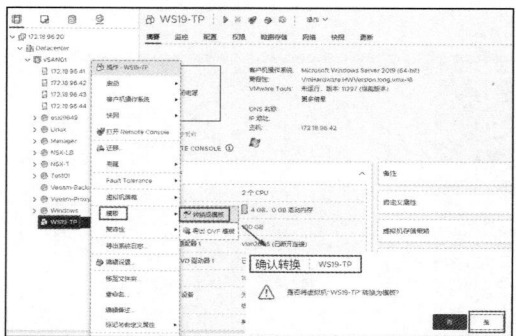

图 4-2-29　转换成 Windows 2019 模板

（3）如果要查看虚拟机和模板，可以在 vSphere Client 导航器中选中数据中心或 vCenter Server 根目录，然后单击"▣"图标，在"虚拟机→文件夹中的虚拟机模板"中查看当前环境中的模板。为了管理方便，可以在此创建虚拟机和模板文件夹，将模板移入到该文件夹。右击 Datacenter，在弹出的快捷菜单中选择"新建文件夹→新建虚拟机和模板文件夹"命令，在弹出的名称为"新建文件夹"的对话框中输入新建文件夹的名称，本示例为 VM-TP，如图 4-2-30 所示。

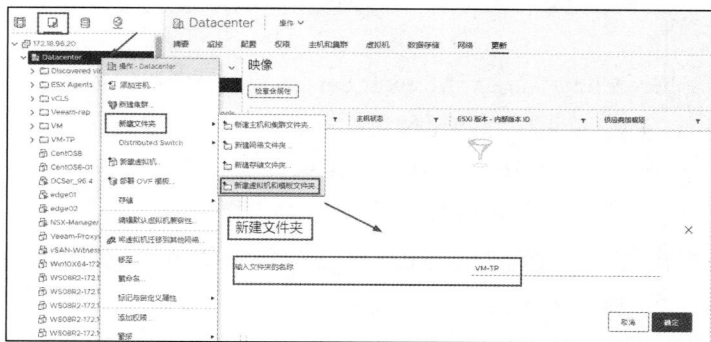

图 4-2-30　创建文件夹

（4）现在转化的虚拟机模板在清单下面，单击选中模板虚拟机然后将其移入新建的名称为 **VM-TP** 的文件夹中，如图 4-2-31 所示。

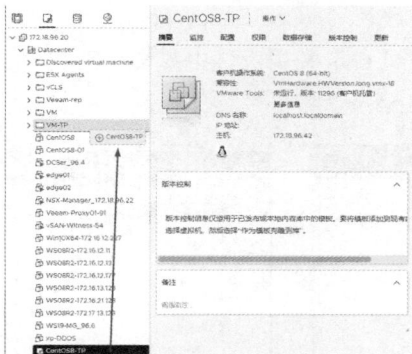

图 4-2-31　将模板移入指定文件夹

（5）将 WS19-TP 和 Win10X64_20H2_TP 移入 VM-TP 的模板，选中 VM-TP，在"虚拟机→虚拟机模板"中查看当前文件夹中的模板虚拟机，如图 4-2-32 所示。名称为 WS08R2-TP 和 WS10X64-TP 是另外配置的模板。

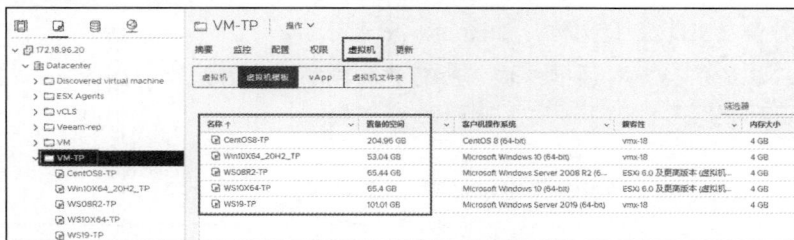

图 4-2-32　查看模板

（6）右击模板，在弹出的快捷菜单中可以进行从此模板新建虚拟机、转换为虚拟机、克隆为模板等操作，如图 4-2-33 所示。

图 4-2-33　对模板操作

下面从实际需求的角度介绍模板的使用。

4.2.3　创建自定义规范

从模板创建虚拟机时，可以定制计算机的名称和 IP 地址，这需要使用自定义规范。

本节分别为 Windows 与 Linux 的虚拟机创建自定义规范。首先为分配 vlan2001 的 IP 地址的 Windows 计算机创建自定义规范。

（1）使用 vSphere Client 登录到 vCenter Server，在主页菜单中选择"策略和配置文件"，如图 4-2-34 所示，在"虚拟机自定义规范"中单击"新建"链接，如图 4-2-35 所示。

图 4-2-34　策略和配置文件　　　　　图 4-2-35　新建虚拟机自定义规范

（2）在"名称和目标操作系统"对话框的"名称"中，设置规范名称为：Windows-VLAN2006，在"目标客户机操作系统"中选中"Windows"单选按钮，勾选"生成新的安全身份（SID）"复选框，如图 4-2-36 所示。

（3）在"注册信息"对话框中输入所有者名称和所有者组织，如图 4-2-37 所示。

图 4-2-36　设置规范名称　　　　　　图 4-2-37　注册信息

（4）在"计算机名称"对话框中选中"在克隆/部署向导中输入名称"单选按钮，如图 4-2-38 所示。

（5）在"Windows 许可证"对话框中勾选"包括服务器许可证信息"复选框，最大连接数根据需要设置，例如设置为 200。产品密钥一行留空，这样将使用模板虚拟机的序列号，如图 4-2-39 所示。

（6）在"管理员密码"对话框中设置虚拟机的 Administrator 账户的密码，如图 4-2-40 所示。

（7）在"时区"对话框中选择"北京，重庆，香港特别行政区，乌鲁木齐"时区，如图 4-2-41 所示。

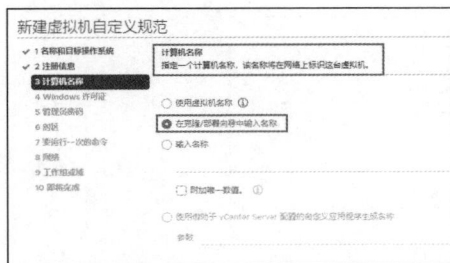

图 4-2-38　计算机名称

图 4-2-39　许可证

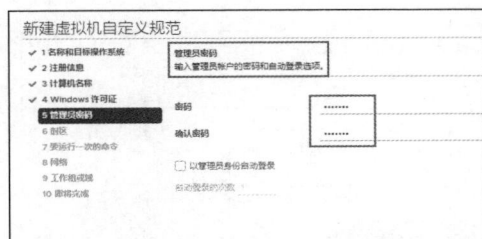

图 4-2-40　设置管理员密码

图 4-2-41　时区

（8）在"要运行一次的命令"对话框中保留默认值。

（9）在"网络"对话框中选中"手动选择自定义设置"单选按钮，选中"网卡 1"单选按钮，单击"编辑"链接进入网络设置，如图 4-2-42 所示。

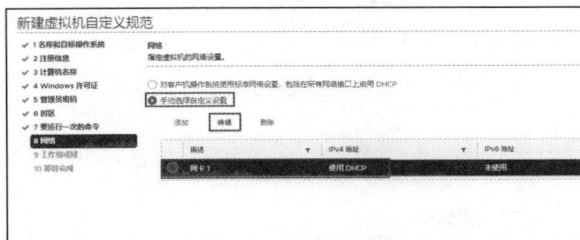

图 4-2-42　编辑网络设置

（10）在"编辑网络"对话框的"IPv4"选项卡中，选中"当使用规范时，提示用户输入 IPv4 地址"单选按钮，在"子网和网关"选项中输入 vlan2006 网段的子网掩码、默认网关和备用网关地址，如图 4-2-43 所示。

（11）在"IPv6"选项卡中选择"不使用 IPv6"。在"DNS"选项卡中，设置 DNS 地址和添加 DNS 后缀，本示例中 DNS 服务器地址是 172.18.96.1 和 172.18.96.4，DNS 后缀
是 heinfo.edu.cn，如图 4-2-44 所示。设置完成后单击"确定"按钮。

图 4-2-43　IPv4 设置

（12）在"工作组或域"对话框中选中"工作组"单选按钮，如图 4-2-45 所示。如果
当前计算机需要加入域，应选中"Windows 服务器域"单选按钮，并输入域名和具有将
计算机添加到域的账户和密码。

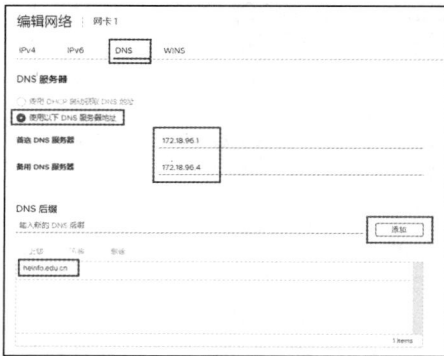

图 4-2-44　编辑网络

图 4-2-45　工作组或域

（13）在"即将完成"对话框中显示了新建虚拟机自定义规范的信息，检查无误后单
击"FINISH"按钮完成创建，如图 4-2-46 所示。

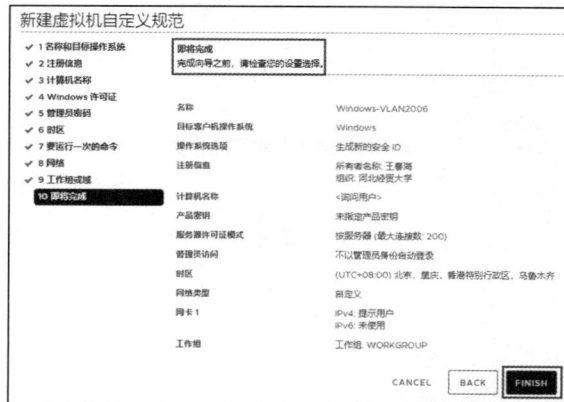

图 4-2-46　创建自定义规范完成

在为 VLAN2006 创建了自定义规范后，如图 4-2-47 所示，还可以将该规范复制为一个新规范，通过修改规范为其他 vlan 服务，读者可自行尝试操作，不再赘述。

图 4-2-47　创建好的自定义规范

下面我们新建一个用于 Linux 操作系统的自定义规范。

（1）新建虚拟机自定义规范，设置规范名为 Linux，目标客户机操作系统为 Linux，如图 4-2-48 所示。单击"确定"按钮。

（2）在"计算机名称"对话框中选中"在克隆/部署向导中输入名称"单选按钮，如图 4-2-49 所示。

图 4-2-48　为 Linux 创建自定义规范　　　　图 4-2-49　计算机名称

（3）在"时区"对话框的"区域"中选择亚洲，在"位置"下拉列表中选择上海，如图 4-2-50 所示。

（4）在"自定义脚本"对话框中指定要上载的脚本或直接编辑文本框，本示例留空，如图 4-2-51 所示。

图 4-2-50　时区

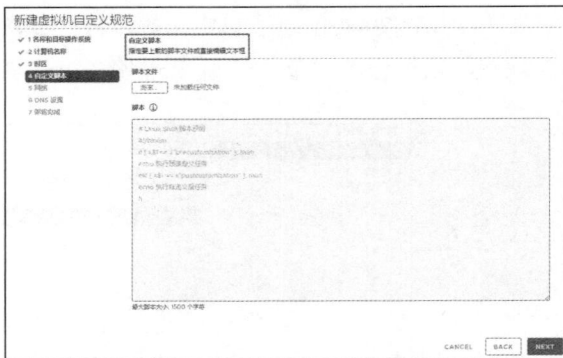

图 4-2-51　脚本

（5）在"网络"对话框中选择"手动选择自定义设置"，选中网卡 1 然后单击"编辑"链接。在"编辑网络"对话框的"IPv4"选项卡中，选中"当使用规范时，提示用户输入 IPv4 地址"单选按钮，在"子网和网关"选项中输入 vlan2006 网段的子网掩码、默认网关、备用网关地址，如图 4-2-52 所示。本示例中将把 Linux 部署在 VLAN2006 的网段中。

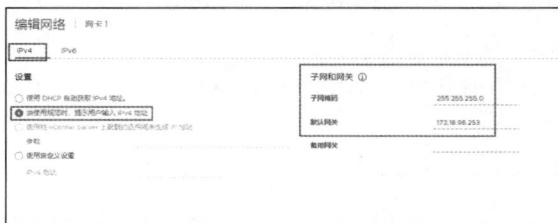

图 4-2-52　IPv4 设置

（6）在"DNS 设置"对话框中，设置 DNS 地址和添加 DNS 搜索路径，本示例中 DNS 服务器地址是 172.18.96.1，DNS 搜索路径是 heinfo.edu.cn，如图 4-2-53 所示。设置完成后单击"确定"按钮。

（7）在"即将完成"对话框中显示了创建的自定义规范的信息，检查无误后单击"FINISH"按钮完成创建，如图 4-2-54 所示。

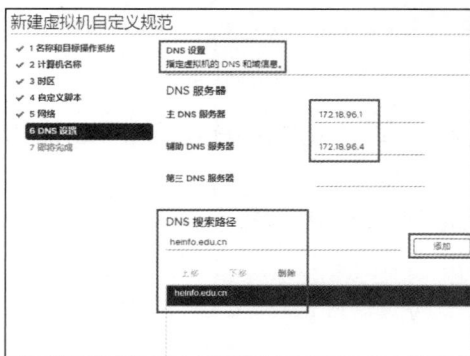

图 4-2-53　DNS 设置

图 4-2-54　创建自定义规范完成

创建完成后如图 4-2-55 所示，当前各有一个分别用于 Windows 和 Linux 的自定义规范。

图 4-2-55　创建好的自定义规范

4.2.4　从模板定制置备虚拟机

笔者在总结企业中使用虚拟化的经验后发现，虽然在为企业规划虚拟化环境时，已经预留了足够的资源（规划时是根据企业当前的实际使用需求，再乘 5～10 倍的资源来进行规划），但使用不长时间发现，资源尤其是内存会报警。除了一些无用的虚拟机运行占用资源外，另一个主要的原因就是客户在创建虚拟机、为虚拟机分配资源时超量分配造成的。

例如，一些单位在物理机运行时，其物理机是 2 个 CPU 和 32GB 内存，实际使用中 CPU 使用率 5%以下、内存 4GB 以下和硬盘使用空间 200GB 以下。将这种配置的物理机使用 P2V 工具虚拟化后，一般为虚拟机分配 4 个 vCPU、8GB 内存和 500GB 硬盘已经足够，但用户还是按照使用物理机情况进行分配，动辄为虚拟机分配 16 个或 32 个 CPU 以及 32GB、64GB 甚至 128GB 内存，这严重浪费了虚拟化的资源。在虚拟化中，如果 CPU 过量分配，但虚拟机使用的 CPU 很低的情况下，不使用的 CPU 资源实际上并不占用主机 CPU 资源。但为虚拟机分配的内存即使虚拟机运行的操作系统和应用软件不需要这么大内存，只要虚拟机启动，这些内存将从 ESXi 主机的内存资源池中分配出去。

为了避免过度分配资源，为虚拟机分配 CPU、内存与硬盘空间时，建议内存与硬盘空间按照最高使用量的 2 倍进行分配，CPU 可以适当地多分配一些但也不要过度。一般情况为虚拟机分配 4～8 个 CPU 可以满足大多数需求。同时，由于虚拟机支持内存和 CPU 的热插拔，当资源不够时可以通过修改虚拟机的配置来增加这些参数，所以更是没必要超量配置虚拟机。下面通过具体的需求介绍从模板置备虚拟机的方法。

示例：当前配置了 Windows Server 2019 的虚拟机，模板虚拟机有一个硬盘，大小为 100GB，划分为一个分区并安装 Windows Server 2019 的操作系统。

需求：用户需要配置 1 台 Windows Server 2019 的虚拟机，安装 SQL Server 数据库，

要求为虚拟机配置 8 个 CPU 和 128GB 内存，数据盘需要 500GB 的硬盘空间。

Windows 操作系统运行时，交换文件占用的空间是内存容量的 1～1.5 倍，交换文件默认保存在系统硬盘。在使用 Windows 的虚拟机时要考虑这个问题。如果虚拟机内存为 128GB，系统文件的空间应该在 80GB 的基础上扩展 128～192GB，所以系统硬盘需要在 208～272GB，取个整数可以扩大到 300GB。数据硬盘需要 500GB，初期可以分配 800～1 000GB。考虑到后期的容量扩充可能超过 2TB，在创建数据硬盘时使用 GPT 分区。

（1）在 vSphere Client 中右击数据中心、群集或某台主机，在弹出的快捷菜单中选择"新建虚拟机"命令，如图 4-2-56 所示。

（2）在"选择创建类型"对话框中选择"从模板部署"选项，如图 4-2-57 所示。

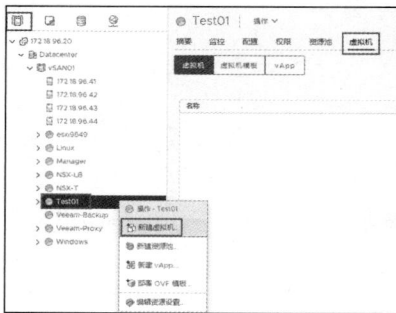

图 4-2-56　新建虚拟机

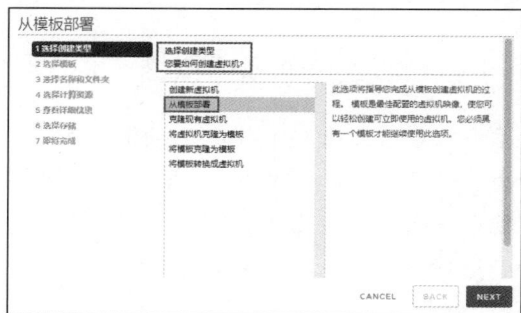

图 4-2-57　从模板部署

（3）在"选择模板"对话框的"数据中心"选项组中，选择名为 WS19-TP 的模板，如图 4-2-58 所示。

（4）在"选择名称和文件夹"对话框的"虚拟机名称"文本框中输入虚拟机的名称，本示例为 WS19_SQL_172.18.96.101，如图 4-2-59 所示。这表示创建的是一台操作系统为 Windows Server 2019，准备安装 SQL Server 数据库，规划计算机的 IP 地址为 172.18.96.101。

图 4-2-58　选择模板

图 4-2-59　设置虚拟机名称

（5）在"选择克隆选项"对话框中勾选"自定义操作系统、自定义此虚拟机的硬件和创建后打开虚拟机电源"复选框，如图 4-2-60 所示。

（6）在"自定义客户机操作系统"对话框中选择名为 Windows-VLAN2006 的自定义规范，如图 4-2-61 所示。

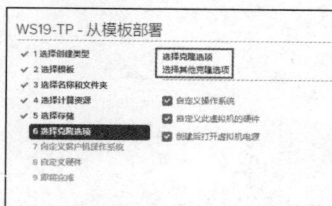

图 4-2-60　克隆选项

图 4-2-61　选择自定义规范

（7）在"用户设置"对话框的"计算机名称"中设置计算机名称，本示例为 SQLSer01，在"网络适配器设置"中的 IPv4 地址中输入为虚拟机规划的 IP 地址 172.18.96.101，如图 4-2-62 所示。

（8）在"自定义硬件"对话框中，为虚拟机选择 2 个 CPU 和 4GB 内存，修改 Hard Disk1 为 300GB，修改 Network adapter 1 使用 VLAN2006，然后单击"添加新设备→硬盘"，添加一个新硬盘并设置新硬盘大小为 800GB，如图 4-2-63 所示。

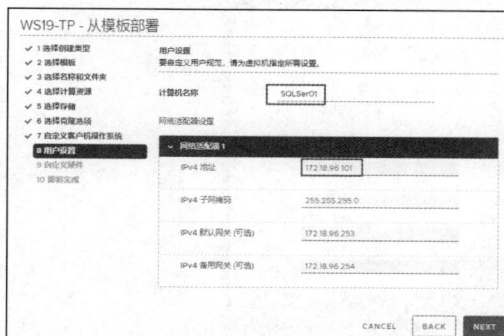

图 4-2-62　设置计算机名称和 IP 地址

图 4-2-63　自定义虚拟机硬件

【说明】如果虚拟机保存在服务器本地存储或共享存储，硬盘格式一般选择"精简置备（Thin Provision）"，而对于有性能要求的虚拟机硬盘可以选择"厚置备延迟置零"或"厚置备立刻置零"。如果虚拟机保存在 vSAN 存储中，使用默认值即可。

（9）在"即将完成"对话框中显示了从模板新建虚拟机的选项，检查无误后单击"FINISH"按钮，如图 4-2-64 所示。

（10）当虚拟机置备完成后，打开虚拟机控制台，使用模板中设置的密码登录，如图 4-2-65 所示。

图 4-2-64　即将完成

图 4-2-65　登录进入系统

（11）进入系统后，依次打开"控制面板→系统和安全→系统"查看计算机名称是否置备虚拟机时指定的名称，打开"网络连接详细信息"查看 IP 地址也是置备虚拟机时规划的 IP 地址，如图 4-2-66 所示。

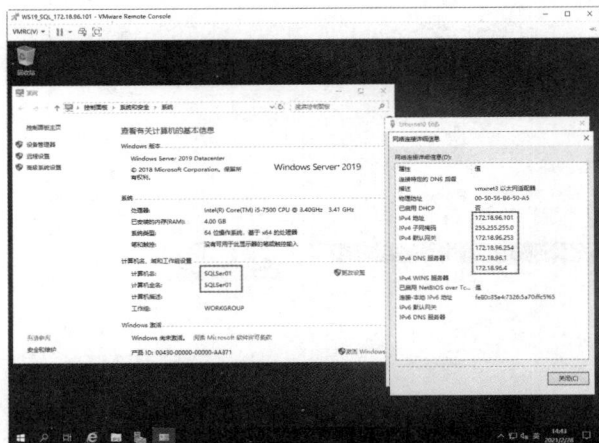

图 4-2-66　查看计算机名称和 IP 地址

（12）在"运行"中执行 diskmgmt.msc 进入"磁盘管理"，当前有 2 块磁盘，一块是 300GB 磁盘，另一块为 800GB 磁盘。磁盘 0 是从 80GB 扩展 300GB，所以在 C 分区后面有 220GB 的空闲空间，磁盘 1 是新添加的还没有配置，所以是脱机状态。如图 4-2-67 所示。

（13）右击 C 盘，在弹出的快捷菜单中选择"扩展卷"命令，然后按照向导将 C 盘扩展到 300GB。

（14）右击"磁盘 1"，在弹出的快捷菜单中选择"联机"命令；等磁盘联机之后再次右击，在弹出的快捷菜单中选择"初始化磁盘"命令，在弹出的"初始化磁盘"对话框中为所选磁盘选择 GPT 分区。

（15）在初始化磁盘后为磁盘 1 新建卷并为其分配盘符为 D 在格式化时可以选择 NTFS 或 ReFS 文件系统，如图 4-2-68 所示。

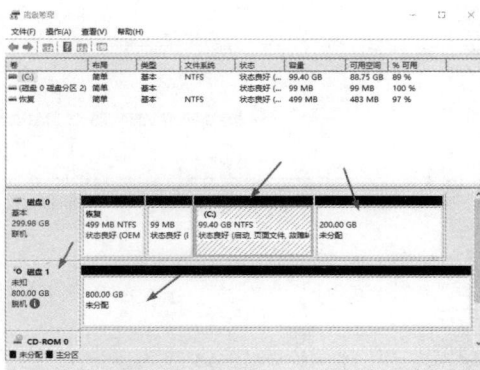

图 4-2-67 系统部署完现状

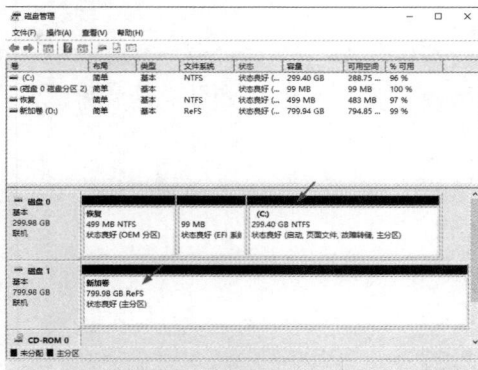

图 4-2-68 配置完磁盘之后截图

4.2.5 从模板置备 CentOS 虚拟机

下面介绍从模板置备 CentOS 虚拟机的方法和主要步骤。

（1）在 vSphere Client 中右击数据中心、群集或某台主机，在弹出的快捷菜单中选择"新建虚拟机"命令。

（2）在"选择创建类型"对话框中选择"从模板部署"。

（3）在"选择模板"对话框中的"数据中心"选项组中，选择名为 CentOS8-TP 的模板，如图 4-2-69 所示。

（4）在"选择名称和文件夹"对话框的"虚拟机名称"文本框中输入虚拟机的名称，本示例为 CentOS8_172.18.96.102，如图 4-2-70 所示。表示创建的是一台操作系统为 CentOS8、IP 地址为 172.18.96.102 的虚拟机。

图 4-2-69 选择模板

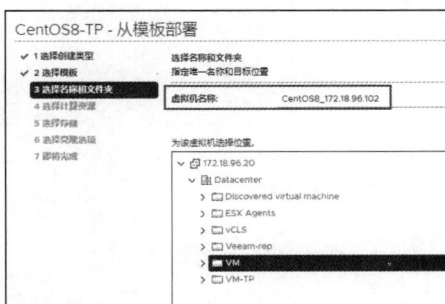

图 4-2-70 设置虚拟机名称

（5）在"选择克隆选项"对话框中勾选"自定义操作系统、自定义此虚拟机的硬件和创建后打开虚拟机电源"复选框。

（6）在"自定义客户机操作系统"对话框中选择名为 Linux 的自定义规范，如图 4-2-71 所示。

（7）在"用户设置"对话框的"计算机名称"中设置计算机名称，本示例为 CentOS8-102，在"网络适配器设置"中的 IPv4 地址中输入为虚拟机规划的 IP 地址 172.18.96.102，如图 4-2-72 所示。

（8）在"自定义硬件"对话框中，为虚拟机选择 2 个 CPU 和 4GB 内存，如图 4-2-73 所示。

图 4-2-71　选择自定义规范

图 4-2-72　设置计算机名称和 IP 地址

图 4-2-73　自定义虚拟机硬件

（9）在"即将完成"对话框中显示了从模板新建虚拟机的选项，检查无误后单击"FINISH"按钮，如图 4-2-74 所示。

（10）当虚拟机置备完成后，打开虚拟机控制台，使用模板中设置的密码登录。进入终端，执行 ifconfig 命令，查看 IP 地址是从模板置备时所设置的 IP 地址，如图 4-2-75 所示。

图 4-2-74　即将完成

图 4-2-75　初次登录须更改密码

关于 Linux 虚拟机置备就介绍到这里。

4.3　管理虚拟机

在搭建好虚拟化环境后，如果是生产环境，就需要创建业务所用的虚拟机。此时需要注意以下两点。

（1）规划业务虚拟机所使用的网络。通常情况下要做到管理与应用分离，即管理 ESXi 主机的网络与提供服务的网络最好是在不同的网段。这就需要为虚拟机规划单独的网段（VLAN）。

（2）虚拟化环境中提供业务的虚拟机，来源有两种：一种是使用 P2V 工具将原来的物理机迁移到虚拟化环境中；另一种是新上业务，为业务系统配置新的虚拟机。

在规划虚拟化环境之前，应该考虑现有的网络环境。一般情况下不对现有的网络环境做大的变动，尤其是正在运行的业务系统的 IP 地址，这些都要保留不变。所以，为了做到管理与业务系统分离，可以为 ESXi 的管理新规划一个 VLAN。例如，大多数单位的服务器使用了 192.168.0.0/24 或 192.168.1.0/24 的地址段，在为 ESXi 主机规划新的管理地址时，可以避开这两个地址段，还要避免单位中工作站计算机使用的地址段。如果单位虚拟化规模较少，采用虚拟化之后运行的虚拟机数量较小，ESXi 主机的管理与虚拟机的流量可以仍然沿用现有的地址段，只要使用当前网络中空闲的 IP 地址即可。

在本节中演示的是管理网络与虚拟机网络相分离。当前 ESXi 主机与 vCenter Server 使用 172.18.96.0/24 的地址段。当时配置时，网络中交换机配置 VLAN2001～VLAN2006 的地址段，本示例中为虚拟化环境配置这些网段并在虚拟机中分配。

关于物理机到虚拟机的迁移将在第 5 章介绍。

4.3.1　在虚拟机运行期间增加内存、CPU 与扩展磁盘空间

需求：使用一段时间之后发现 CPU、内存不足，磁盘需要进一步扩容，当磁盘容量在 2TB 以内时，可以在第 2 块磁盘扩容。当容量超过 2TB 后，将当前数据磁盘扩容到 2TB 后，添加新的磁盘组成扩展卷方式进行扩容。在配置模板时，为虚拟机启用了 CPU 与内存的热插拔，则在虚拟机中运行时可以添加内存和 CPU。需要注意的是，在添加 CPU 时只能添加 CPU 的插槽数量（相当于物理机的 CPU 个数），不能修改 CPU 的内核数（每 CPU 内核）。

（1）在 vSphere Client 中用鼠标右击名为 WS19_SQL_172.18.96.101 的虚拟机，在弹出的快捷菜单中选择"编辑设置"命令，单击 CPU 选项前的">"箭头展开 CPU 选项，可以看到"CPU 热插拔"右侧的"启用 CPU 热添加"已经选中。当前虚拟机配置为 2 个 vCPU（插槽数为 1，每个插槽内核数为 2），如图 4-3-1 所示。启用 CPU 热添加选项为灰色表示当前虚拟机正在运行。

（2）检查查看 CPU、内存、磁盘的配置，当前为 2 个 CPU 和 4GB 内存，磁盘 1 容量为 300GB，磁盘 2 容量为 800GB，如图 4-3-2 所示。

（3）本示例中将把虚拟机中的 D 盘从 800GB 扩展到 2TB。再添加 1 块磁盘，新添加的磁盘容量设置为 1TB，同时修改 CPU 为 4 和内存为 6GB，如图 4-3-3 所示。修改完成后单击"确定"按钮，完成设置。

（4）打开虚拟机控制台，在"计算机管理"中展开到"存储→磁盘管理"，可以看到修改虚拟机配置之后的参数，如图 4-3-4 所示。

（5）将磁盘 2 联机和初始化（使用 GPU 分区），然后扩展 D 盘的空间，将磁盘 1 后面的 1 248GB 和磁盘 2 的 1 024GB 扩展到 D 盘，扩展后 D 盘为 3TB，如图 4-3-5 所示。

图 4-3-1　CPU 选项

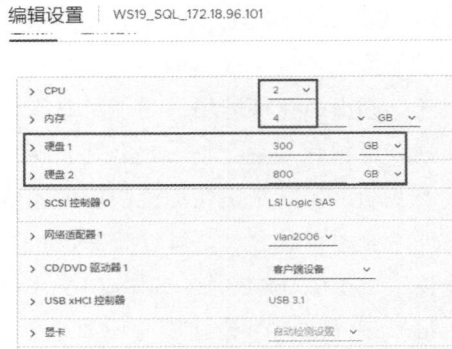

图 4-3-2　当前虚拟机配置

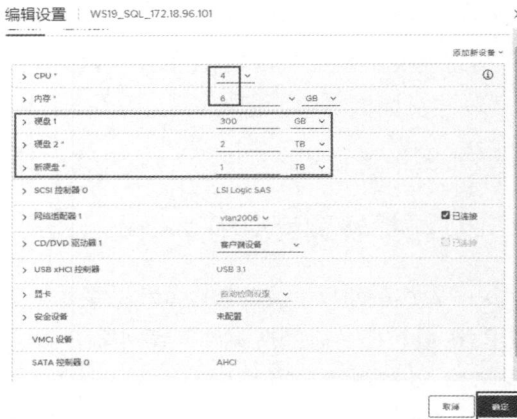

图 4-3-3　修改虚拟机配置

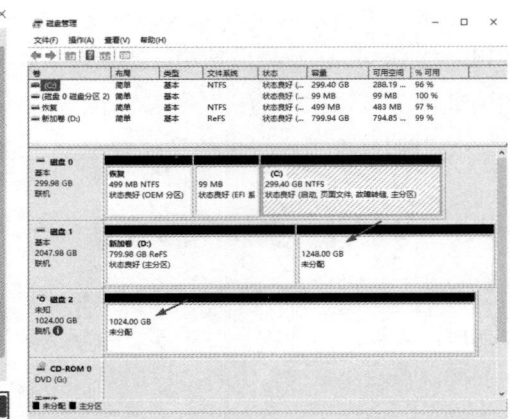

图 4-3-4　扩展磁盘后参数

（6）打开"任务管理器"查看扩展 CPU 和内存之后的参数，如图 4-3-6 所示。可以看到 CPU 与内存已经扩充。

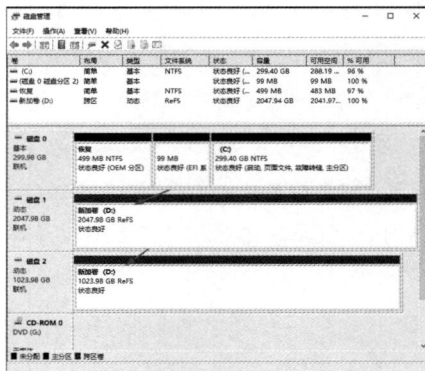

图 4-3-5　扩展 D 盘

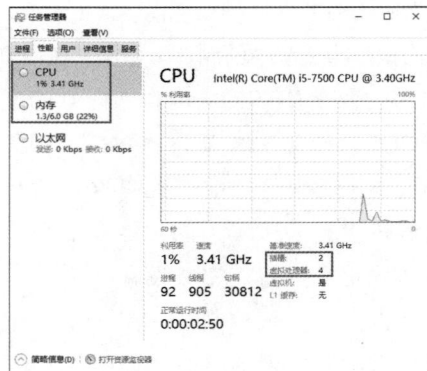

图 4-3-6　查看 CPU 与内存

4.3.2　为虚拟机分配外设

需求：在虚拟机中使用加密狗，虚拟机固定在有加密狗的主机。

除了可以在 VMRC 控制台添加 USB 控制器、连接 USB 设备外，还可以在 vSphere Client 中进行。在下面的介绍中，将在某台 ESXi 主机插上一个 U 盘，然后将该 U 盘映射到运行在当前主机的一台虚拟机中。本节使用 vSphere Client 进行操作。

（1）在 vSphere Client 中选中要添加外部设置的虚拟机，本示例为 WS19_SQL_172.18.96.101 虚拟机，在"摘要"中查看当前虚拟机所在的主机，本示例中该虚拟机运行在 IP 地址为 172.18.96.44 的 ESXi 主机中，如图 4-3-7 所示；然后将实验用的 U 盘插在 172.18.96.44 的主机中。

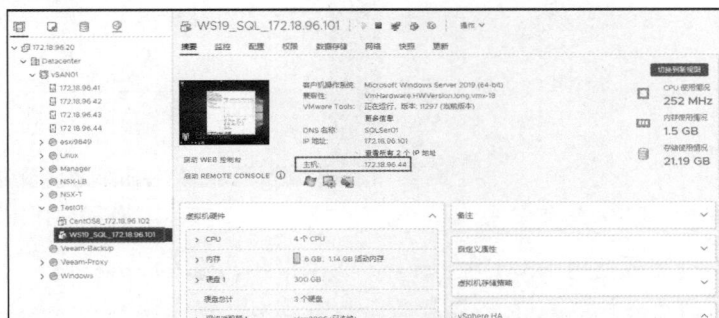

图 4-3-7　查看虚拟机所在主机

（2）右击需要连接 USB 设备的虚拟机，选择"编辑设置"，在打开的虚拟机设置对话框中查看当前虚拟机是否有 USB 控制器，如果当前虚拟机还没有添加"USB 控制器"，应先添加 USB 控制器，再添加 USB 设备。如果没有 USB 控制器应单击右上角的"添加新设备"并在下拉列表选择 USB 控制器；如果该虚拟机已经有 USB 控制器，在下拉列表中选择"主机 USB 设备"选项，如图 4-3-8 所示。

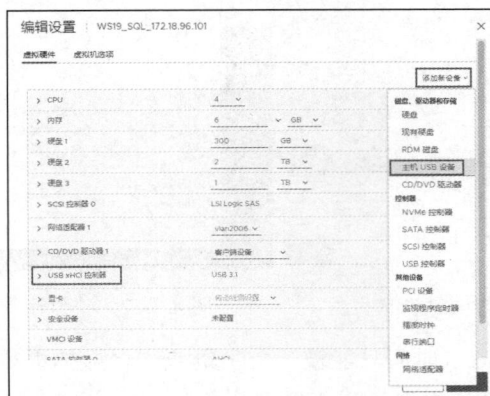

图 4-3-8　添加主机 USB 设备

text

（3）在"新主机 USB 设备"列表中选择主机中已有的设备，如果主机上有多个 USB 设备，可以根据实际情况选择所需要的 USB 设备，如图 4-3-9 所示。然后单击"确定"按钮完成 USB 设备的映射。

（4）打开当前虚拟机的远程控制台，在"资源管理器"中可以看到当前虚拟机已经映射并加载主机的 U 盘，如图 4-3-10 所示；这是使用 Ventoy 工具制作的 USB 启动 U 盘。

图 4-3-9　选择主机设备　　　　图 4-3-10　打开映射的主机 U 盘

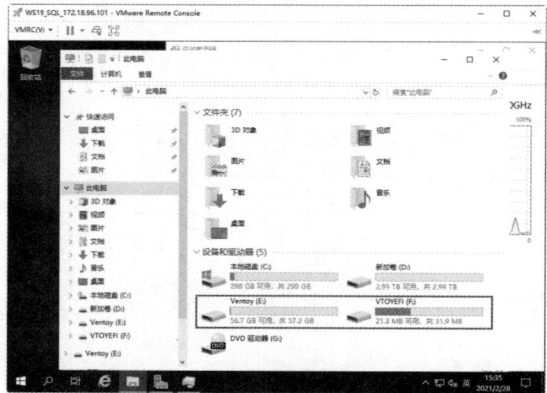

（5）如果不再需要使用 ESXi 主机上的 USB 设备，修改虚拟机设置，在"USB"后面单击"×"按钮将连接的 USB 设备移除，如图 4-3-11 所示。

（6）如果想让虚拟机使用管理员计算机上的 USB 设备，可以使用 VMRC 打开虚拟机控制台，在"VMRC"菜单中选择"可移动设备"，并选择主机上的 USB 设备→连接（与主机断开连接），如图 4-3-12 所示，所选择的 USB 设备将从主机断开并映射到虚拟机中。

图 4-3-11　移除不再使用的 USB 设备　　　　图 4-3-12　映射管理工作站的 USB 设备

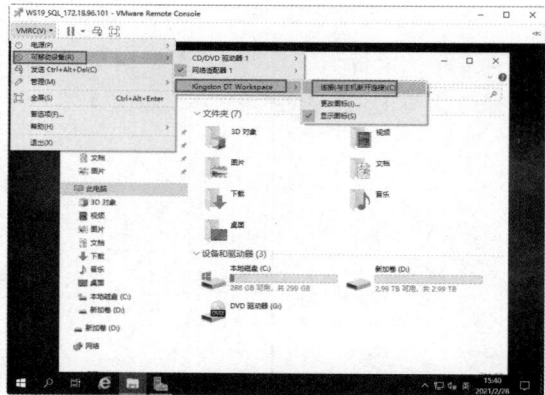

任何一个 USB 设备同一时间只能被一台主机或一台虚拟机映射使用。如果将 USB 设备映射给一台虚拟机，其他虚拟机将不能多次映射同一个设备。对于管理工作站，如果将管理工作站的 USB 设备映射给虚拟机，管理工作站将不能使用该设备。

如果要想在虚拟机中断开映射的 USB 设备，在 VMRC 控制台中，从"可移动设备"中选中映射的 USB 设备并选择"断开连接（连接主机）"命令，如图 4-3-13 所示，所选择的 USB 设备会从虚拟机断开映射并连接到主机。

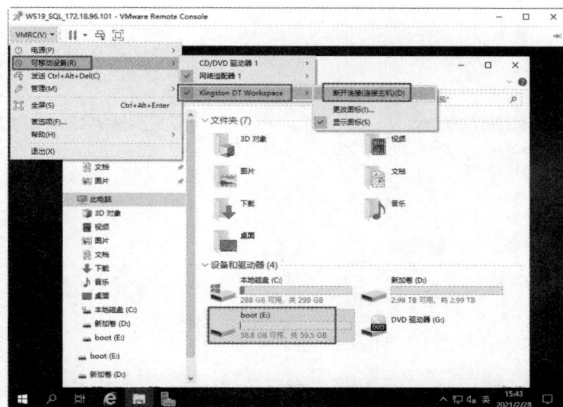

图 4-3-13 断开映射的 USB 设备

【说明】如果虚拟机不能识别 ESXi 主机的 USB 设备，可以使用直连的方式解决。详细可以参考作者写的"使用 USB 直连方式解决 ESXi 识别加密狗的问题"文章，链接地址为 https://blog.51cto.com/wangchunhai/1942197。

4.3.3 让虚拟机在指定主机运行

上一节中 WS19_SQL_172.18.96.101 运行在 172.18.96.44 的主机上，并且使用该主机上的 USB 设备（如加密狗）。在此情况下，虚拟机需要固定在该主机运行，避免由于 DRS 调整资源时将该虚拟机迁移到其他主机导致 USB 的断开映射而无法连接。对于这种需求，可以通过创建虚拟机/主机规则将虚拟机固定在指定的主机运行。

（1）在 vSphere Client 左侧的导航器中单击 vSAN 群集，在右侧"配置→虚拟机/主机组"中单击"添加"按钮，如图 4-3-14 所示。

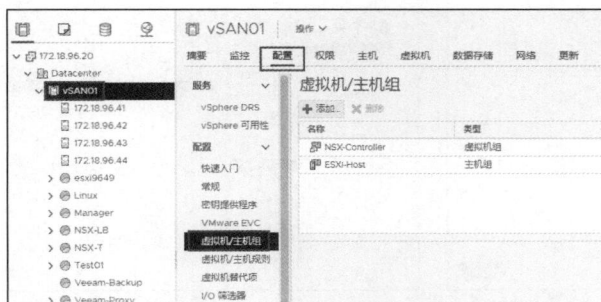

图 4-3-14 虚拟机/主机组

（2）在"创建虚拟机/主机组"对话框中，创建名为 SQL01 的"虚拟机组"，在"成员"中添加名为 WS19_SQL_172.18.96.101 的虚拟机，如图 4-3-15 所示；然后再创建名称为 esx44、成员为 172.18.96.44 的主机组，如图 4-3-16 所示。

图 4-3-15　虚拟机组

图 4-3-16　主机组

（3）创建完成之后如图 4-3-17 所示。

（4）在"虚拟机/主机规则"中单击"添加"按钮，如图 4-3-18 所示。

图 4-3-17　虚拟机、主机组

图 4-3-18　虚拟机/主机规则

（5）在"创建虚拟机/主机规则"对话框的"名称"文本框中，为新建规则设置名称，本示例为 SQL01-esx44，在"类型"下拉列表中选择"虚拟机到主机"选项，在"虚拟机组"选择 SQL01，在"主机组"选择 esx44，规则为"必须在组中的主机上运行"，如图 4-3-19 所示。

（6）设置后如图 4-3-20 所示。在此可以继续添加其他规则，也可以编辑或删除现有的规则。

图 4-3-19　运行规则

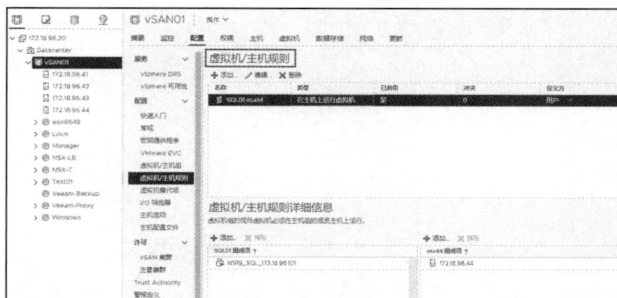

图 4-3-20　添加的虚拟机/主机规则

4.3.4 修复不能启动的虚拟机

在为企业实施虚拟化的过程中，用户还存在一个顾虑：如果虚拟机不能启动了怎么办？从管理员和用户的角度来看，能分清物理机与虚拟机，但从应用程序的角度来看，无论是虚拟机还是物理机，都是计算机。虚拟机出了问题的修复方法和物理机的修复方法相同。

（1）如果物理机硬件损坏导致系统不能使用，将物理机的硬盘拆下来装到另一台同型号的计算机就可以启动。如果只是读取数据，将硬盘装到另一台物理机当成从盘，进入系统后在"资源管理器"中查看数据。

（2）如果物理机硬件没问题，只是操作系统的引导环境出故障，使用同系统的Windows 安装光盘引导修复，或者使用 Windows PE 工具修复引导环境。

对于虚拟机来说，也有两种修复方法：一是修复系统；二是新建虚拟机附加原来的硬盘。因为系统与数据分离，如果系统不能启动了，从模板置备一台新的虚拟机，修改虚拟机配置，添加原来不能启动的虚拟机硬盘到新虚拟机中，启动虚拟机，在资源管理器中复制出数据来就可以。

下面先介绍修复虚拟机引导环境的方法。简单来说，上传 Windows PE 的 ISO 文件到存储中，修改不能启动的虚拟机的配置，加载 ISO 文件，并且使用 ISO 文件引导到 WindowsPE 环境中，使用工具软件修复引导环境。本示例中使用的是电脑店启动盘制作工具 6.5生成的 ISO 文件。

【说明】下面介绍的是修改 BIOS 引导模式的虚拟机，如果是 UEFI 引导模式的虚拟机，不适合用此种办法。

（1）在 vSphere Client 中定位到存储，将电脑店 6.5 版本的 ISO 文件上传到存储中，如图 4-3-21 所示。

图 4-3-21 上传工具盘 ISO 镜像文件

（2）当虚拟机不能启动时，关闭虚拟机电源，修改虚拟机配置，在"CD/DVD 驱动器 1"中选择"数据存储 ISO 文件"，并浏览选择上一步上传的 DND65.ISO 文件，加载工具盘的 ISO 文件，如图 4-3-22 所示，确认"连接"选项选中。

（3）在"虚拟机选项"的"引导选项"中，选中"下次引导期间强制进入 BIOS 设置屏幕"，如图 4-3-23 所示。

【说明】对于一些工具 U 盘的 ISO 文件支持 BIOS 模式启动。如果虚拟机是 EFI 模式，需要支持 UEFI 引导的 ISO 文件才可以。

（4）打开虚拟机的电源，虚拟机启动后进入 BIOS。在控制台中，移动光标到 Boot 选项，调整 CD-ROM Drive 到第一个引导项（按+、-键更改顺序），按【F10】键保存退出，如图 4-3-24 所示。

图 4-3-22 选择工具盘 ISO 文件　　　　　　　图 4-3-23 引导选项

（5）进入 Windows PE 后，执行 Win 引导修复程序，单击"1 开始修复"，如图 4-3-25 所示，修复完成之后选择"退出"，最后关闭 Windows PE 并关闭虚拟机。

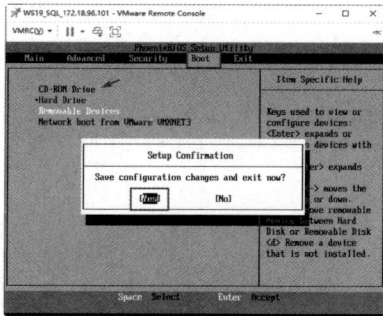

图 4-3-24 调整引导设备顺序　　　　　　　图 4-3-25 开始修复

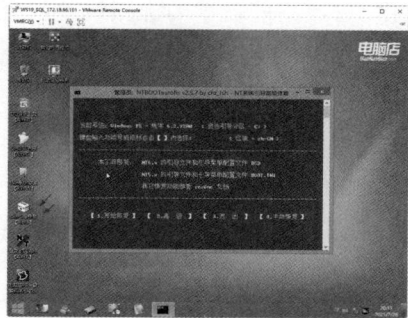

（6）等虚拟机关闭后修改虚拟机配置，断开 ISO 文件的加载，如图 4-3-26 所示。

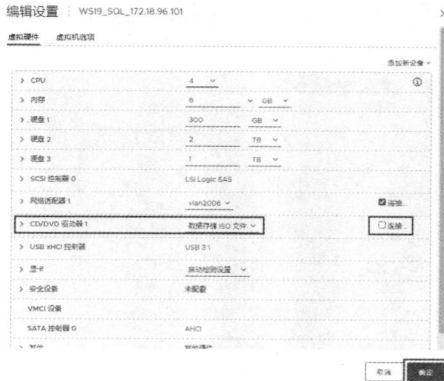

图 4-3-26 断开 ISO 文件的加载

经过这样修复，虚拟机一般能启动并进入系统。如果不能进入系统（这种情况比较少），可以从模板新建一台虚拟机，在能启动的虚拟机中加载不能启动的虚拟机硬盘，将数据复制到新的虚拟机中。下面演示这方面的内容。

4.3.5　附加已经存在的虚拟机硬盘

当虚拟机不能启动后，关闭虚拟机，修改虚拟机配置，在"硬盘"中记录虚拟机硬盘的文件名及保存位置，图 4-3-27 所示是名为 WS19_SQL_19.101 的硬盘 2；硬盘 3 的文件名如图 4-3-28 所示。

图 4-3-27　硬盘 2 文件名　　　　　图 4-3-28　硬盘 3 文件名

（1）使用 vSphere Client 从模板部署一台虚拟机，设置虚拟机名为 WS19-test。修改虚拟机配置，在"添加新设备"中选择"现有硬盘"选项，如图 4-3-29 所示。

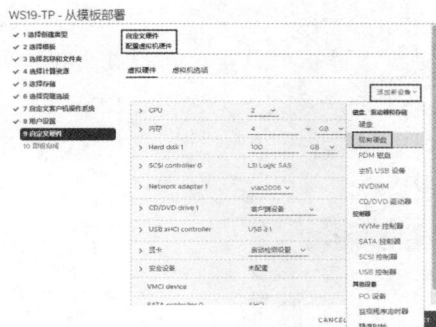

图 4-3-29　添加现有硬盘

（2）在"选择文件"对话框中，先选择 WS19_SQL_172.18.96.101 文件夹中的 WS19_SQL_172.18.96.101_1.vmdk，如图 4-3-30 所示，添加之后单击"确定"按钮，然后再添加现有硬盘，选择 WS19_SQL_172.18.96.101_2.vmdk，添加之后，如图 4-3-31 所示。

（3）打开 WS19-test 的虚拟机控制台，在"计算机管理→存储→磁盘管理"中看到新添加的磁盘 1、磁盘 2 是脱机状态，右击，先将磁盘 1、磁盘 2 联机，然后右击磁盘 1，在弹出的快捷菜单中选择"导入外部磁盘"命令,如图 4-3-32 所示,导入之后如图 4-3-33 所示。

图 4-3-30　选择已有硬盘文件

图 4-3-31　添加硬盘文件

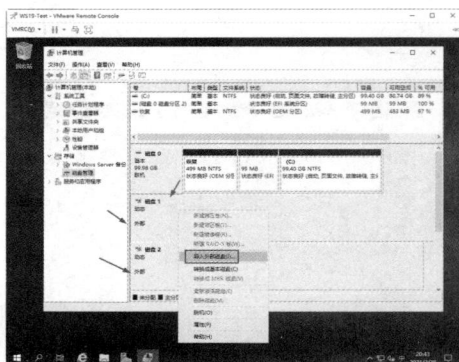

图 4-3-32　导入外部磁盘

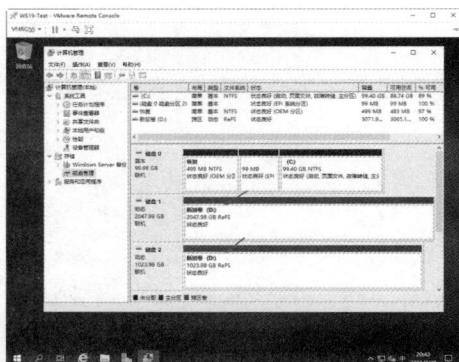

图 4-3-33　导入完成

（4）打开资源管理器可以看到导入的外部磁盘,如图 4-3-34 所示,之后就可以通过复制等操作将不能启动虚拟机中的磁盘中的数据拷贝到其他位置,这些不再介绍。

（5）当数据复制完成后,修改虚拟机设置移除硬盘 2 和硬盘 3,如图 4-3-35 所示,不要选择"从数据存储删除文件"的选项,如果选中该项将会从存储中删除虚拟硬盘文件,造成数据丢失。

图 4-3-34　导入的硬盘

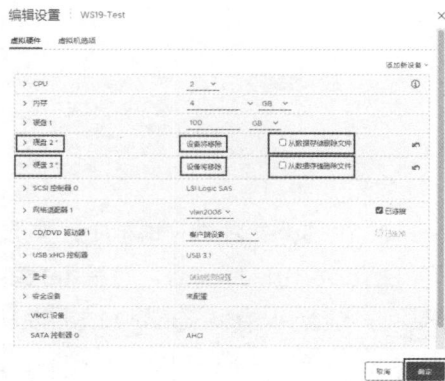

图 4-3-35　移除硬盘文件

4.3.6 理解虚拟机快照

创建快照时，可以捕获虚拟机设置和虚拟硬盘的状况。如果创建内存快照，还将可以捕获虚拟机的内存状况。这些状况将保存到随虚拟机基本文件一起存储的文件中。

快照由存储在受支持的存储设备上的文件组成。"执行快照"操作会创建.vmdk、-delta.vmdk、.vmsd 和.vmsn 文件。默认情况下，第一个以及所有增量硬盘与基本.vmdk 文件存储在一起。vmsd 和.vmsn 文件存储在虚拟机目录中。

在实际的生产环境中，专业的备份软件，在备份 VMware 的虚拟机时，都是先创建一个快照，然后对快照前的硬盘进行备份。在备份完成后，删除快照并整合硬盘。在备份的过程中应用不受影响。在备份完成后删除快照并整合硬盘，虚拟机的数据不会丢失。下面通过具体的操作来理解快照的使用方法。

（1）使用 vSphere Client 登录 vCenter Server，关闭 WS19-Test 的虚拟机，修改虚拟机配置，展开"硬盘 1"，在"硬盘文件"中记录当前硬盘文件名，如图 4-3-36 所示。当前硬盘 1 文件名称为WS19-Test.vmdk。

（2）打开"数据存储浏览器"找到 WS19-Test 虚拟机文件夹，看到当前目前中有一个名为WS19-Test.vmdk 的文件，并且该目录中只有这一个 VMDK 文件，这是虚拟机硬盘文件，如图4-3-37 所示。

图 4-3-36 查看记录硬盘文件名

通过这两步操作可以看到，一台虚拟机如果只有一块 100GB 的硬盘，在没有创建快照的前提条件下，在数据存储中有一个 VMDK 文件。

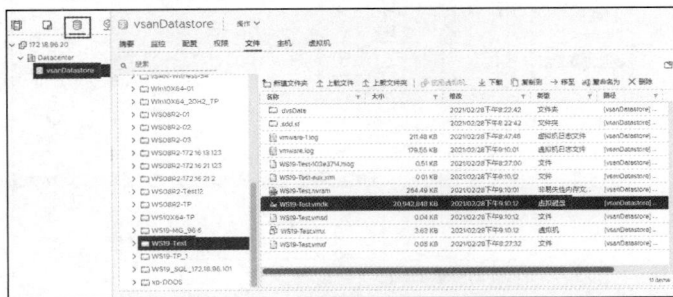

图 4-3-37 浏览数据存储中的硬盘文件

（3）在 vSphere Client 中右击 WS19-Test 虚拟机，在弹出的快捷菜单中选择"快照→生成快照"命令，如图 4-3-38 所示。

（4）在"生成 WS19-Test 的快照"对话框，设置快照的名称，例如 snap01，然后单击"创建"按钮，如图 4-3-39 所示。

图 4-3-38 生成快照

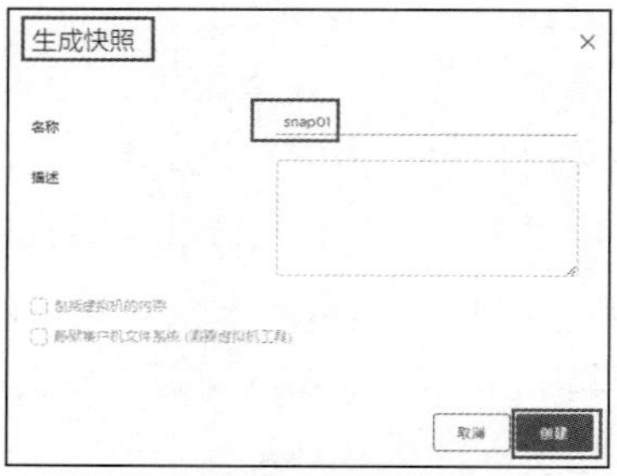

图 4-3-39 设置快照名称

（5）在生成快照之后，修改虚拟机配置，再次检查磁盘文件，此时看到磁盘文件名称变为 WS19-Test-000001.vmdk，如图 4-3-40 所示。

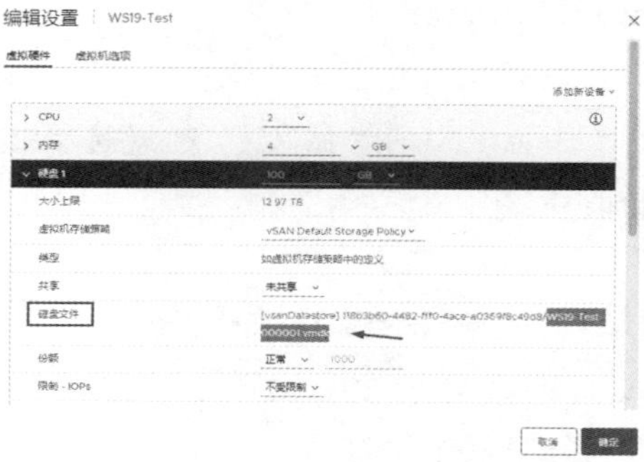

图 4-3-40 再次查看记录磁盘文件

（6）打开"数据存储浏览器"找到 WS19-Test 的虚拟机文件夹，可以看到当前新增加了一个名为 WS19-Test-000001.vmdk 的文件，该文件当前只有 36864KB（36MB）大小，如图 4-3-41 所示。

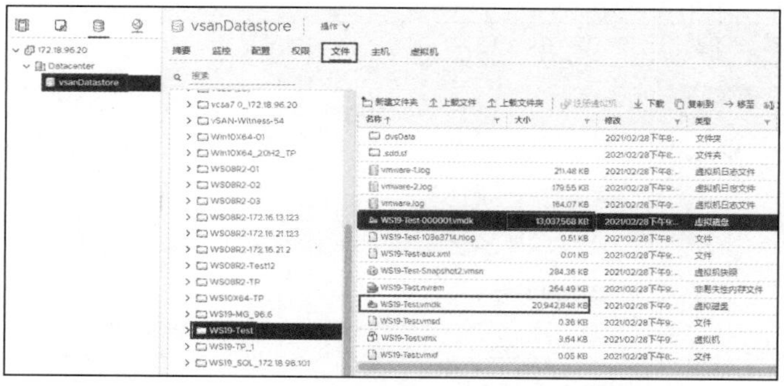

图 4-3-41 查看创建快照后的文件名

在创建快照后，数据的变动都保存在 WS19-Test-000001.vmdk 这个文件中。

在创建快照后，虚拟机启动运行的过程中，创建快照时的原来的硬盘（名为 WS19-Test.vmdk）可以执行复制的操作，备份软件可以对这个硬盘进行备份。

（7）启动虚拟机，在虚拟机中向硬盘复制一些文件，如图 4-3-42 所示。

图 4-3-42　向硬盘复制文件

（8）等复制完成后，打开"数据存储浏览器"找到 WS19-Test 的虚拟机文件夹，检查 WS19-Test-000001.vmdk 文件的大小，占用 13037568KB（12.43GB，vSAN 混合硬盘组占用 2 倍的实际空间，所以虚拟机实际使用约 6.2GB），如图 4-3-43 所示。WS19-Test.vmdk 大小未变。

（9）在 vSphere Client 中右击 WS19-Test 虚拟机，在弹出的快捷菜单中选择"快照→管理快照"命令如图 4-3-44 所示，打开"管理快照"对话框，在此操作中有"生成快照、还原快照、删除快照"等操作，如图 4-3-45 所示。

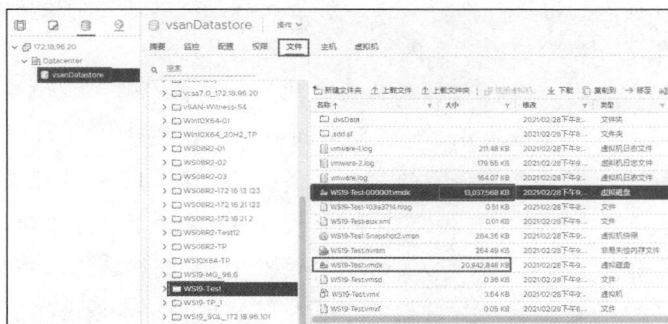

图 4-3-43　检查快照后硬盘大小

如果选择"还原快照"，主机上的当前快照后的文件 WS19-Test-000001.vmdk 会被删除（此时从创建快照后的操作、数据都将会丢失），系统数据、配置会恢复到 WS19-Test.vmdk 这一硬盘的状态，并根据此状态创建一个新的 WS19-Test-000002.vmdk 硬盘文件，之后的操作保存在新产生的 WS19-Test-000002.vmdk 文件名。

如果选择"删除快照"，系统会将 WS19-Test-000001.vmdk 数据合并到 WS19-Test.vmdk，之后虚拟机使用 WS19-Test.vmdk 这一硬盘文件。从上次快照后的最新数据、配置都会被保存。

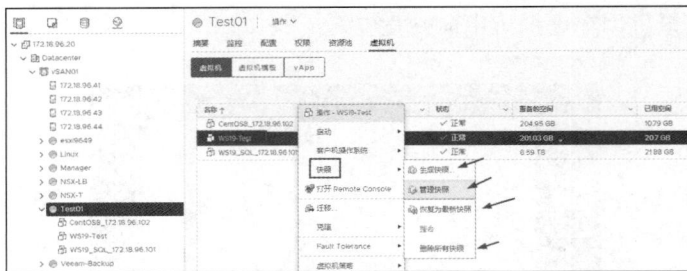

图 4-3-44　快照

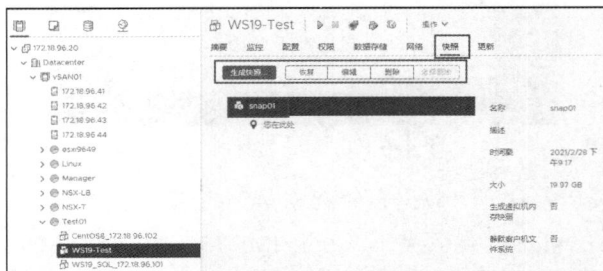

图 4-3-45　管理快照

【注意】（1）VMware ESXi、VMware Workstation 虚拟机可以创建多个快照。

（2）在生产环境中，不要将快照当成备份使用。不要通过创建快照的方式实现类似备份的功能。注意，快照不是备份，只是一个保存的状态点。

（3）错误地恢复到快照点，则会丢失当前的数据，所以恢复到快照前一定要慎重。

（4）频繁地创建、删除快照之后需要整合硬盘。

（5）一些备份软件，在备份虚拟机前为虚拟机创建临时快照，以备份快照前的虚拟机数据。在备份完成后，备份软件会删除临时快照并整合硬盘。

（6）生产环境中，不要长期保留快照。如果由于虚拟机操作系统或应用程序出于升级或打补丁的需求而临时创建快照，如果操作系统或应用程序打补丁出错，可以恢复到快照时的状态，然后再删除。如果升级成功，不需要恢复到快照时的状态，而是删除快照。

检查生产环境中的虚拟机，如果保存了长时间的快照，在删除快照前一定要检查虚拟机所在的存储是否有足够的空间来删除及整合快照。

4.4　跨 vCenter Server 在线迁移虚拟机

2020 年 12 月 17 日发行的 vCenter Server 7.0 U1c 版本（内部版本号 17327517）集成了跨 vCenter Server 的 VMotion 功能。使用此功能，在 vSphere Client 中可以使用高级跨 vCenter vMotion 功能管理跨不同 vCenter Single Sign-On 域中的 vCenter Server 系统的工作负载批量迁移。高级跨 vCenter vMotion 不依赖于 vCenter 增强型链接模式或混合链接模式，并且适用于内部部署环境和云环境。高级跨 vCenter vMotion 可以从 VMware Cloud

Foundation 3 迁移到 VMware Cloud Foundation 4，后者包括 vSphere 和 Tanzu Kubernetes Grid，并为虚拟机和容器提供统一的平台，从而允许运营商从 vCenter Server 置备 Kubernetes 集群。此功能还能简化从 6.x 或更高版本的任何 vCenter Server 实例进行的工作负载迁移，从而平衡过渡到最新版本的 vCenter Server。

4.4.1　在 vCenter Server 实例之间进行迁移的要求

如果系统满足特定要求，则可以跨 vCenter Server 实例进行迁移。跨 vCenter Server 实例进行迁移时，系统必须满足的要求如下：

（1）源和目标 vCenter Server 实例及 ESXi 主机必须为 6.0 或更高版本；

（2）跨 vCenter Server 和长距离 vMotion 功能要求具有 Enterprise Plus 许可证；

（3）2 个 vCenter Server 实例必须彼此同步时间，以便进行正确的 vCenter Single Sign-On 令牌认证；

（4）对于仅迁移计算资源的情况，2 个 vCenter Server 实例必须连接到共享虚拟机存储。

4.4.2　在 vCenter Server 实例之间的 vMotion 期间的网络兼容性检查

在 vCenter Server 实例之间迁移虚拟机会将虚拟机移至新网络。迁移过程将执行检查以验证源网络和目标网络是否相似。vCenter Server 执行网络兼容性检查以防止出现以下配置问题：

- 目标主机上的 MAC 地址兼容性；
- 从 vSphere 分布式交换机到标准交换机的 vMotion；
- 不同版本的分布式交换机之间的 vMotion；
- 到内部网络（例如没有物理网卡的网络）的 vMotion；
- 向未正常运行的分布式交换机执行 vMotion。

vCenter Server 不会就以下问题执行检查和向您发送通知：

- 如果源和目标 vSphere 分布式交换机没有位于同一广播域，虚拟机将在迁移后断开网络连接；
- 如果源和目标 vSphere 分布式交换机未配置相同的服务，虚拟机可能会在迁移后断开网络连接。

在 vCenter Server 实例之间移动虚拟机时，环境将特别处理 MAC 地址迁移以避免网络中出现地址重复和数据丢失。

在包含多个 vCenter Server 实例的环境中，迁移某台虚拟机时，其 MAC 地址会传输到目标 vCenter Server。源 vCenter Server 会将这些 MAC 地址添加到拒绝列表中，以便不会将这些地址分配给新创建的虚拟机。

在 2 个 vCenter Server 之间迁移虚拟机时，如果虚拟机处于开机运行状态（未关机），在执行在线热迁移时，目标 vCenter Server 上的目标 ESXi 主机 CPU 的 EVC 应该不低于

（高于或等于）源 vCenter Server 源 ESXi 主机上 CPU 的 EVC。如果目标 ESXi 主机 CPU 的 EVC 低于源虚拟机当前使用的 EVC 时，只能关闭虚拟机执行冷迁移。

跨 vCenter Server 迁移虚拟机其他注意事项如下：

- 需要加密 vMotion 的虚拟机不能将 vMotion 用于 vSphere6.5GA 之前的目标 vCenter 版本；
- 使用在 vSphere 6.5 中引入的 vSphere HA 重新启动优先级属性的虚拟机无法对 vSphere 6.5 GA 之前的目标 vCenter 版本使用 vMotion 和冷重新放置；
- 跨 vCenterServer 执行 vMotion 和克隆 vSphere6.7 及更高版本的虚拟机时不支持 vSphere 加密；
- 在 vSphere 7.0 上，通过 API 执行相关操作时支持 vSphere 加密；
- 第三方交换机不支持跨 vCenter Server vMotion。

在 vCenter Server 之间迁移虚拟机的网络端口要求如下：

- TCP 的 8000 端口，TCP 与 UDP 的 902 端口，用于 ESXi 之间的 vMotion 和 NFC；
- TCP 的 443 端口，用于 2 个 vCenter Server 之间；
- TCP 的 443 端口，用于 vCenter Server 与 ESXi Server 之间（要将 ESXi 主机添加到 vCenter Server，必须满足此要求）。

下面通过具体的实验进行介绍。

4.4.3 从另一个 vCenter Server 导入虚拟机

在 vCenter Server 7.0 U1C 版本中，可以连接到其他版本的 vCenter Server（例如 6.0、6.5、6.7、7.0 及 ESXi），将远程 vCenter Server 清单中的虚拟机迁移到当前 vCenter Server 环境中，也可以从当前 vCenter Server 7.0 U1C 所管理的 ESXi 中，选择要迁移的虚拟机，将其迁移到其他版本（如 6.0、6.5、6.7、7.0）vCenter Server 所管理的 ESXi 主机中。本节先介绍从其他 vCenter Server 迁移虚拟机的内容。

在当前的实验环境中有 2 台 vCenter Server，其中第一台 vCenter Server 版本号 7.0 U1C，有 4 台 ESXi 主机，这台 vCenter Server 的 IP 地址是 172.18.96.20，4 台 ESXi 主机的 IP 地址依次是 172.18.96.41、172.18.96.42、172.18.96.43、172.18.96.44。另一台 vCenter Server 的 IP 地址是 172.18.96.50，这台 vCenter Server 中有一台 ESXi，IP 地址是 172.18.96.49。

在下面的操作中，登录 172.18.96.20 的 vCenter Server，连接到 172.18.96.50 的 vCenter Server，从 172.18.96.49 迁移一台正在运行的虚拟机到 172.18.96.50 的 vCenter Server 中。

（1）使用 vSphere Client 登录到 172.18.96.50 的 vCenter Server，右击群集的名称（当前示例为 vSAN01），在弹出的快捷菜单中选择"Import VMs"命令，如图 4-4-1 所示。

（2）在"Select a source vCenter Server"对话框的"NEW VCENTER"选项卡中，依次输入另一台 vCenter Server 的 IP 地址（本示例为 172.18.96.20）、SSO 账户（一般为 administrator@ vsphere.local）及密码，然后单击并选中"Save vCenter Server address（保

存 vCenter Server 地址）"，然后单击 "LOGIN" 按钮登录并连接，如图 4-4-2 所示。在弹出的 "Security Alert" 对话框中单击 "是" 按钮，如图 4-4-3 所示。

图 4-4-1　导入虚拟机　　　　　　图 4-4-2　连接另一台 vCenter Server

连接成功后显示 "Successfully connected to 172.18.96.50"，如图 4-4-4 所示。

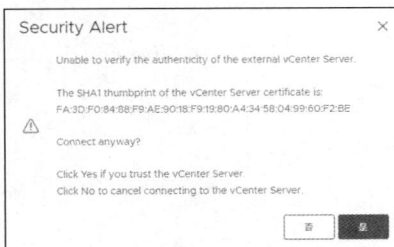

图 4-4-3　信任证书　　　　　　　图 4-4-4　连接成功

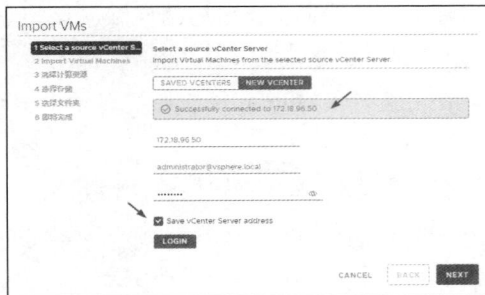

（3）在 "Import Virtual Machine" 对话框中列出连接到 vCenter Server 上所有的虚拟机，选中一个或多台要迁移的虚拟机，如图 4-4-5 所示。本示例中选择名称为 WS19-MG_96.6 的虚拟机，该虚拟机正在运行。

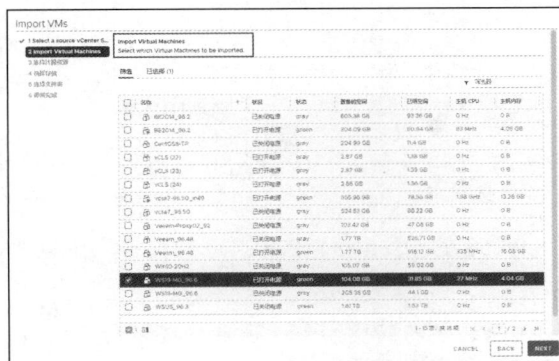

图 4-4-5　选择要迁移的虚拟机

（4）在 "选择计算资源" 对话框中选择迁移到的目标主机，这需要在当前 vCenter Server

列表中选择一台 ESXi 主机，本示例选择 IP 地址为 172.18.96.43 的 ESXi 主机，如图 4-4-6 所示。

（5）在"选择存储"对话框选择虚拟机迁移的目标存储，如图 4-4-7 所示。

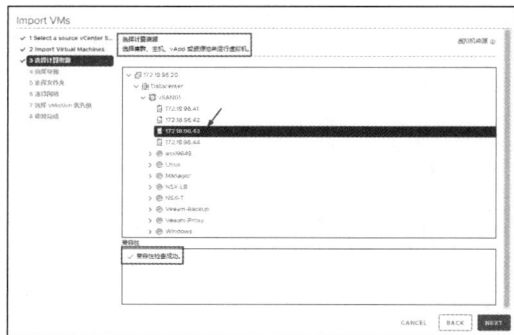

图 4-4-6　选择目标 ESXi 主机

图 4-4-7　选择存储

（6）在"选择网络"对话框选择用于虚拟机迁移的目标网络，如图 4-4-8 所示。迁移之后要保证网络不中断，迁移后的网络应该和虚拟机原来所有 ESXi 主机的网络属性相同（连接到同一物理网络，端口组 VLAN 相同）。

（7）在"选择 VMotion 优先级"对话框中选中"安排优先级高的 VMotion（建议）"单选按钮，如图 4-4-9 所示。

（8）在"即将完成"对话框验证信息是否正确，如果无误后单击"FINISH"按钮开始迁移，如图 4-4-10 所示。在当前的 vCenter Server 的"近期任务"中有"初始化 VMotion 接收操作"及进度，如图 4-4-11 所示。

图 4-4-8　选择网络

图 4-4-9　选择 VMotion 优先级

在 IP 地址为 172.18.96.50 的 vCenter Server"近期任务"中则是"重新放置虚拟机"和进度，如图 4-4-12 所示。

【注意】从 CPU 低 EVC 热迁移的虚拟机，迁移完成之后，虚拟机中的 CPU 仍然是原来 ESXi 主机的 CPU，如果要让迁移后的虚拟机使用新的 ESXi 主机的 CPU 的 EVC，需要将虚拟机关机，重新开机后才能使用新 ESXi 主机的 CPU。

图 4-4-10　即将完成

图 4-4-11　初始化接收操作

图 4-4-12　重新放置虚拟机

我们来看一下主要步骤。

（1）当前迁移的这一台虚拟机，原来所在主机的 CPU 是 Intel E5-2680 V2 的 CPU，如图 4-4-13 所示。

（2）迁移后虚拟机的 CPU 仍然是 Intel E5-2680 V2，如图 4-4-14 所示。

图 4-4-13　原来主机 CPU

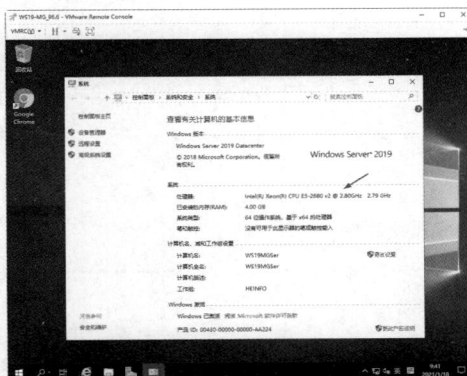

图 4-4-14　查看虚拟机 CPU

（3）迁移后虚拟机所在主机的 CPU 是 i3-8100，如图 4-4-15 所示。

（4）将虚拟机关机再开机（不能重启，重启无效），CPU 会更改为当前主机的 CPU，如图 4-4-16 所示。

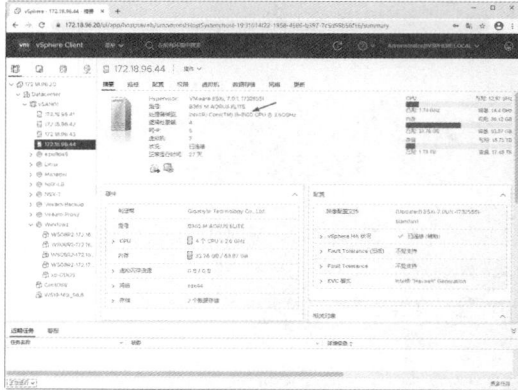

图 4-4-15　新主机的 CPU

图 4-4-16　关机重开机后更改

4.4.4　迁移虚拟机到另一个 vCenter Server

在 vCenter Server 中可以选中一台或多台主机，将其迁移到另一个 vCenter Server 中去。迁移可以在虚拟机开机的情况下执行热迁移，也可以关机之后执行冷迁移。如果目标 ESXi 主机的 EVC 低于源虚拟机所使用的 EVC 只能使用冷迁移。

（1）右击 WS19-MG_96.6 的虚拟机，在弹出的快捷菜单中选择"迁移"命令，如图 4-4-17 所示。

（2）在"选择迁移类型"对话框中选择"Cross vCenter Server export（跨 vCenter Server 导出）"，如图 4-4-18 所示。

图 4-4-17　迁移

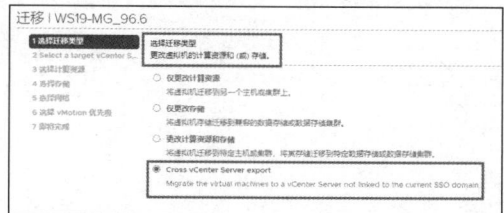

图 4-4-18　跨 vCenter Server 导出

（3）在"Select a target vCenter Server"对话框中，如果原来保存有 vCenter Server，就在"SAVED VCENTER"选项卡的清单中选择，如图 4-4-19 所示。本示例选择 172.18.96.50 的 vCenter Server。

（4）在"选择计算资源"对话框中选择目标 ESXi 主机。如果目标 ESXi 主机 CPU 的 EVC 特性低于要迁移的虚拟机使用的 EVC 特性，在"兼容性"列表中将显示"目标主机不支持虚拟机的当前硬件要求"，如图 4-4-20 所示。

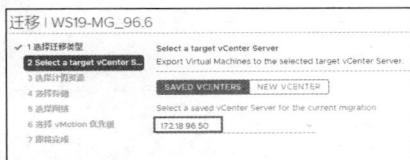

图 4-4-19　选择目标 vCenter Server

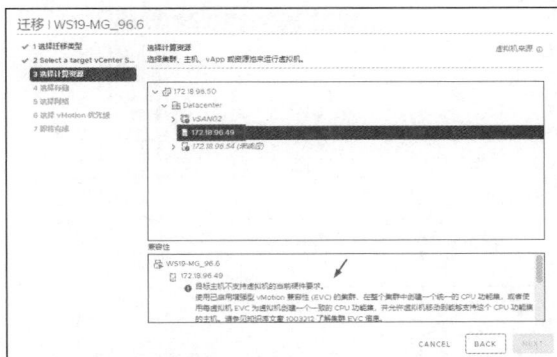

图 4-4-20　目标主机不支持

对于这种情况，只能将虚拟机关机之后再进行迁移。下面是关机迁移的主要步骤。

（1）在 vCenter Server 中选中要迁移的一台或多台虚拟机右击，在弹出的快捷菜单选择"迁移"命令，如图 4-4-21 所示。

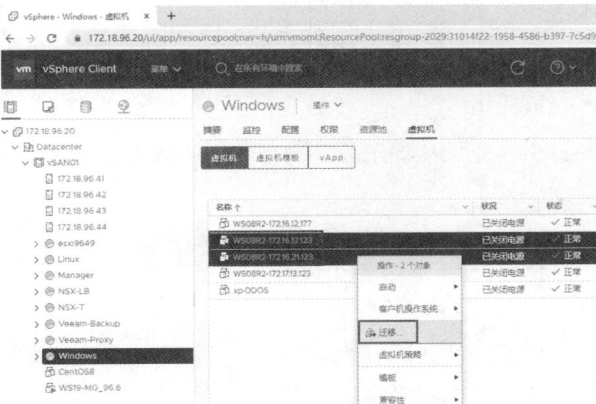

图 4-4-21　迁移

（2）在"选择迁移类型"对话框中选择"Cross vCenter Server export"。

（3）在"Select a target vCenter Server"对话框中选择 172.18.96.50 的 vCenter Server。

（4）在"选择计算资源"对话框中选择目标 ESXi 主机，本示例为 172.18.96.49，如图 4-4-22 所示。

（5）在"选择存储"对话框选择虚拟机迁移的目标存储，如图 4-4-23 所示。

（6）在"选择网络"对话框选择用于虚拟机迁移的目标网络，如图 4-4-24 所示。

（7）在"即将完成"对话框验证信息是否正确，如果无误后单击"FINISH"按钮开始迁移，如图 4-4-25 所示。

图 4-4-22　选择目标 ESXi 主机

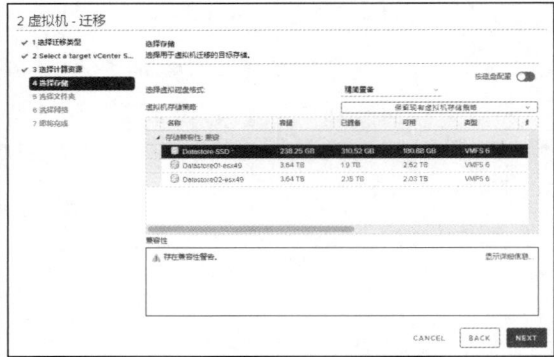

图 4-4-23　选择存储

图 4-4-24　选择网络

图 4-4-25　即将完成

（8）当前的 vCenter Server "近期任务" 中有 "重新放置虚拟机" 和进度，如图 4-4-26 所示。

（9）等待虚拟机完成迁移，迁移之后如图 4-4-27 所示。

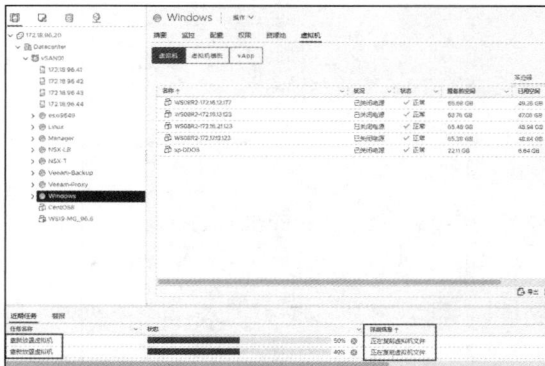

图 4-4-26　重新放置虚拟机

图 4-4-27　迁移完成

关于跨 vCenter Server 迁移虚拟机就介绍到这里。在下一章将介绍从物理机到虚拟机的迁移。

第 5 章　从物理机迁移到虚拟机

在搭建好 VMware 虚拟化平台之后，除了新建虚拟机提供服务外，还要将原来的物理服务器迁移到虚拟化环境中。物理机迁移到虚拟化环境主要有两种方案：一种是使用 VMware P2V 工具 Converter 将物理机迁移到虚拟机；另一种是依照现有物理机采用 1:1 的方式创建对应的虚拟机，然后复制数据到虚拟机。我们对比一下两种方案的优缺点。

方案 1

（1）P2V 的优点：原来物理机的操作系统、应用程序、数据 100%的方式克隆到虚拟机，可以保证业务系统的配置、数据一致性。

（2）P2V 的缺点：大多数的物理机及应用系统在使用多年之后，或多或少都存在一些问题。而 P2V 的同时把这些"问题"也一同带到虚拟机。另外，P2V 是对原物理机的克隆，但为了在虚拟机中应用，需要"替换"原物理机的 SCSI 卡、RAID 卡驱动程序为虚拟机的驱动程序，但替换之后，原来的物理机的 RAID 卡、SCSI 卡、网卡、芯片组等驱动程序仍然留在虚拟机中。

方案 2

按 1:1 的方式新建虚拟机并迁移数据的优缺点如下：

（1）兼容性最好，业务系统 100%可用；

（2）可能需要原有软件厂商的支持；

（3）迁移速度要远远快于 P2V。

对于物理机，可以使用 VMware 迁移工具 vCenter Converter。如果使用 vCenter Converter 迁移出错，可以使用备份软件，将物理机备份，然后再从备份恢复到 vSphere 虚拟化环境中。对于 Hyper-V 的虚拟机，可以使用 vCenter Converter 进行迁移。如果要迁移其他虚拟化平台的虚拟机到 vSphere 平台，可以将其他虚拟化平台的虚拟机当作物理机使用 Converter 工具来迁移。

在实际迁移中，要根据客户环境和实际情况，选择不同的方式和方法。下面一一介绍。

5.1　P2V 方式介绍

为了实现从物理机到虚拟机的迁移，VMware 和第三方厂商提供了相应的软件。VMware 提供的迁移软件名称是 VMware　Converter Standalone，当前最新版本是 6.2.0。VMware vCenter Converter Standalone 提供了一种易于使用的解决方案，可以从运行 Windows 或 Linux 的物理机、其他虚拟机格式及第三方映像格式自动创建 VMware 虚拟机。通过简单易用的向导驱动界面和集中管理控制台，Converter Standalone 无须任何中断或停机便可快速而可靠地转换多台本地物理机和远程物理机。

使用 Converter 将物理机迁移到虚拟机，一般有两种方式。如果网络中有多台物理机需要进行迁移，可以在网络中的一台计算机 B 中安装 Converter 软件，在进行迁移时，在 B 运行 Converter 软件，通过网络连接到预迁移的计算机 A，并向 A 中安装一个 Converter 代理软件，将正在运行的计算机 A 中的数据迁移到由 C（vCenter Server）管理的 ESXi 主机 D，或者直接迁移到 ESXi 主机 D，此种拓扑如图 5-1-1 所示。

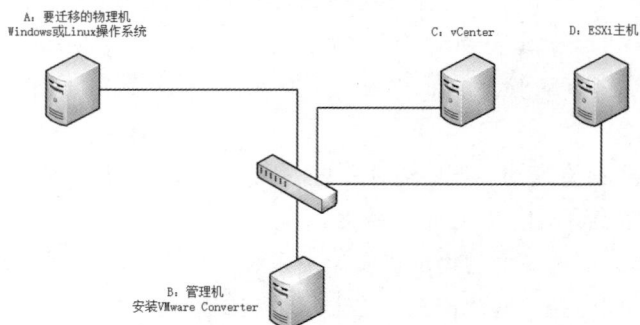

图 5-1-1　迁移方式 1

【说明】虽然提到的是"迁移"虚拟机，但在迁移的过程中并不会对源虚拟机进行任何更改。实际上这是通过克隆或复制的方式，将源虚拟机或物理机通过网络，生成一个与源计算机内容相同的新的虚拟机。称为迁移是习惯性的叫法。

如果使用图 5-1-1 的方式迁移出错，或者要迁移的物理机数据比较少，或者要迁移的物理机操作系统是 Windows，也可以不配置管理机 B，直接在要迁移的 Windows 物理机安装 Converter，直接通过 A 将 A 本身迁移到由 vCenter Server 管理的 ESXi 主机 D（或直接迁移到 ESXi 主机 D），如图 5-1-2 所示。对于操作系统是 Windows 的物理机，一般是通过这种方式。

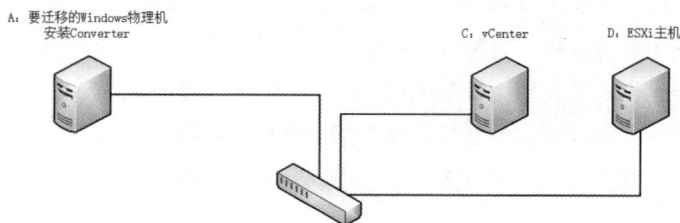

图 5-1-2　迁移方式 2

使用 P2V 工具将物理机系统及数据迁移到虚拟机，涉及如图 5-1-3 所示几个时间点。

（1）T1：开始迁移的时间点。

（2）T2：迁移完成的时间点。在使用 Converter 迁移时，在 1 Gbit/s 网络环境下，数据传输量每小时 80～100GB。例如，物理服务器数据 320GB，从 T1 到 T2 所需要的时间是 3～4 小时。

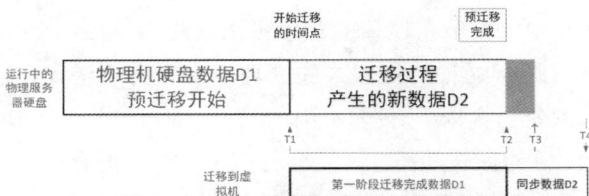

图 5-1-3　从物理机到虚拟机迁移的时间点

（3）在 T2 时间点完成从物理机到虚拟机的转换后，原来物理服务器从 T1 时间继续工作期间会有新的数据产生。如果决定正式迁移，选择一个新的时间点，例如从 T3 开始，通知大家不要再使用物理服务器了，从 T3 开始同步服务器数据，此时同步的数据是从 T1 到 T3 期间的数据到虚拟机。同步完成后，将物理服务器关机或断开网络，启动虚拟机代替物理机对外提供服务。此时虚拟机的数据与物理机数据完全一致。

（4）测试使用：使用虚拟机对外提供服务一段时间，例如 1 天左右的时间，如果业务稳定运行，原物理服务器下架，虚拟机代替物理机。

在迁移 Windows 操作系统的物理机时，如果原来物理机硬盘分区大小不合适，在迁移的过程中可以调整迁移后目标虚拟机的分区的大小。但迁移过程中调整硬盘分区大小后，不能执行迁移后的数据同步操作（不能同步从 T1～T3 期间的数据）。

为了介绍 P2V，本次实验准备了 2 台物理服务器：1 台浪潮服务器，配置 2 块 300GB 的 SAS 硬盘，采用 RAID-1 划分 1 个卷，安装了 Windows Server 2008 R2 操作系统；另一台 DELL T630 服务器，配置了 5 块 2TB 的硬盘，采用 RAID-5 划分了 1 个卷，安装了 Cent OS 7.0 的操作系统，2 台机器配置如表 5-1-1 所示。本章将使用 P2V 的方式把这 2 台服务器迁移到 vSphere 环境。下面先介绍 Windows 操作系统物理的迁移，然后再介绍 Linux 物理机的迁移。本书所用软件如表 5-1-2 所示。

表 5-1-1　迁移物理机情况列表

序号	操作系统	CPU	内存（GB）	硬盘（分区）	IP 地址
1	WindowsServer2008 R2	E5410	4	300GB，其中 C 盘 30GB，D 盘 248GB	172.18.96.204
2	Cent OS 7		16		172.18.96.37

表 5-1-2　实现物理机到虚拟机迁移的软件

序号	软件名称	大　小
1	VMware-converter-en-6.2.0-8466193.exe	171MB

本示例中 vSphere 环境使用上一章配置的环境：由 4 台 ESXi 主机组成的 vSAN 环境，由 IP 地址为 172.18.96.20 的 vCenter 进行管理。本示例中的物理机都迁移到 vSAN 存储中。

5.2　使用 Converter 迁移 Windows 物理机到虚拟机

vCenter Converter 可以通过网络将正在运行的 Linux 与 Windows 物理机或虚拟机，克隆转换成 VMware 虚拟机。本节在迁移的物理机上安装 vCenter Converter，以"转换本地计算机"的方式进行转换，这种转换方式的成功率会更高一些。在迁移前，查看并记录当前计算机的参数，主要包含以下这些内容。

（1）查看当前计算机的操作系统、计算机名称、CPU 和内存的信息，如图 5-2-1 所示。

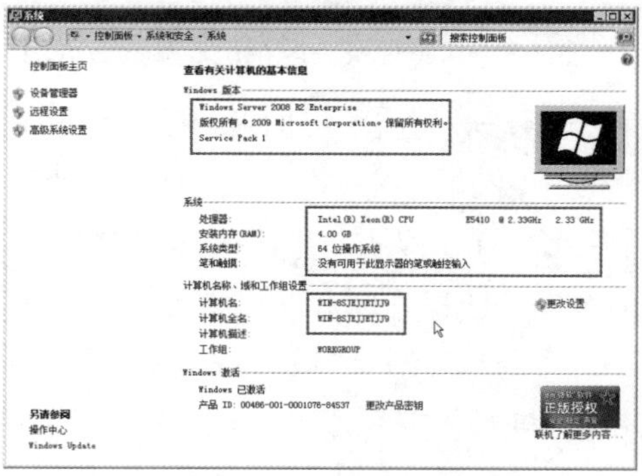

图 5-2-1　查看系统信息

（2）查看当前计算机网卡数量、每个网卡的 IP 地址、子网掩码、网关、DNS 等信息，如图 5-2-2 和图 5-2-3 所示。

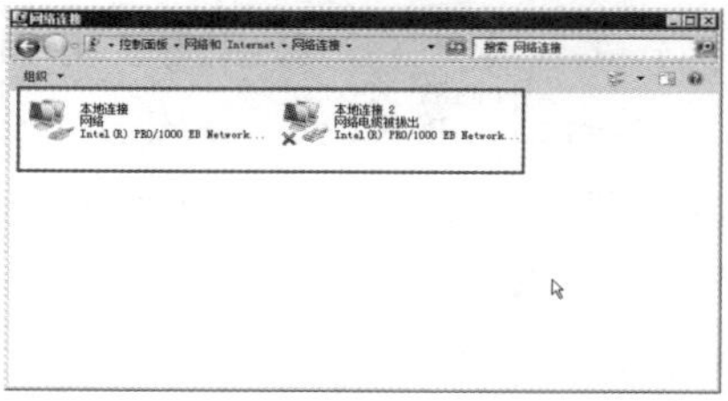

图 5-2-2　查看网卡数量 　　　　　　　　　图 5-2-3　网卡的 IP 地址信息

（3）查看当前计算机有几块硬盘，每块硬盘有几个分区，每个分区的大小。当前示例 Windows 环境有一块硬盘，有 2 个数据分区，其中 C 分区大小为 30GB，D 分区大小为 247.90GB。如图 5-2-4 所示。

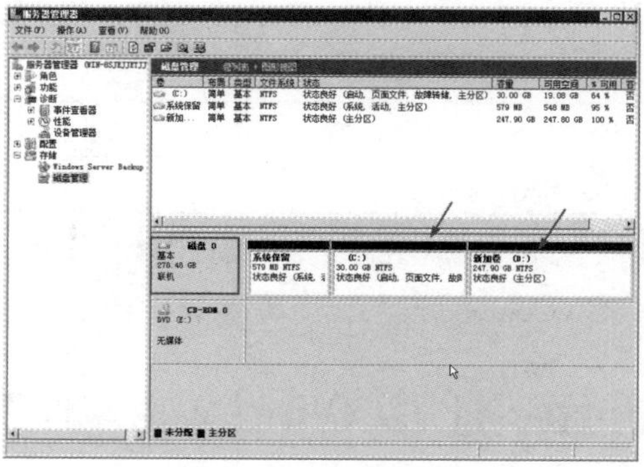

图 5-2-4　查看硬盘信息

在计算机上安装 vCenter Converter，开始执行从物理机到虚拟机的迁移。

5.2.1　在 Windows 上本地安装 vCenter Converter

VMware vCenter Converter 当前最新版本是 6.2.0，推荐使用最新的版本。

管理员可以在网络中的一台工作站上安装 vCenter Converter，实现对本地计算机、网络中的其他 Windows 与 Linux 计算机到虚拟机的迁移工作，也可以实现将 VMware ESXi 中的虚拟机、由 VMware vCenter 管理的虚拟机迁移或转换成其他 VMware 版本虚拟机的工作，还可以完成将 Hyper-V 虚拟机迁移到 VMware 虚拟机的工作。管理员也可以将 VMware vCenter Converter 安装在要迁移的物理机或虚拟机中。

不管使用哪种迁移或转换工作，VMware vCenter Converter 的使用都类似，本节将在要迁移的 Windows Server 2008 R2 的物理机安装 vCenter Converter 6.2.0，并介绍 vCenter Converter 的使用方法。在本示例中，安装文件名为 VMware-converter-en-6.2.0-8466193.exe，大小为 171MB。vCenter Converter 的安装很简单，下面是主要步骤。

（1）运行 VMware Converter 安装程序，在"Setup Type"对话框中选中"Local installation"（本地安装）单选按钮，如图 5-2-5 所示。

（2）其他选择默认值，直到安装完成，如图 5-2-6 所示。

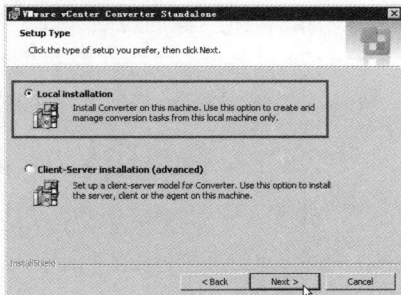

图 5-2-5　本地安装　　　　　　　　图 5-2-6　安装完成

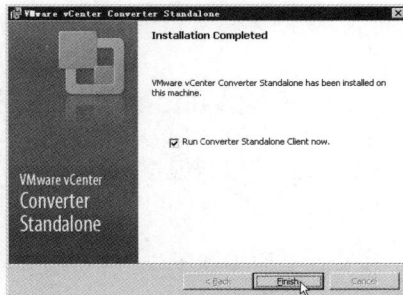

（3）安装完成后，先不要运行 Converter，而要打开"资源管理器"，浏览并打开"C:\ProgramData\VMware\VMware vCenter Converter Standalone"文件夹，用"记事本"打开 converter-worker.xml 配置文件，如图 5-2-7 所示。

（4）将<useSsl>true</useSsl>修改为<useSsl>false</useSsl>并保存，如图 5-2-8 所示。在迁移的过程中取消使用加密将提高数据复制的速度。

（5）修改配置文件后在"管理工具→服务"中重新启动 VMware vCenter Converter 相关的服务，如图 5-2-9 所示。

（6）运行 Converter，如图 5-2-10 所示。

图 5-2-7　编辑 converter-client.xml 文件

图 5-2-8　修改配置文件

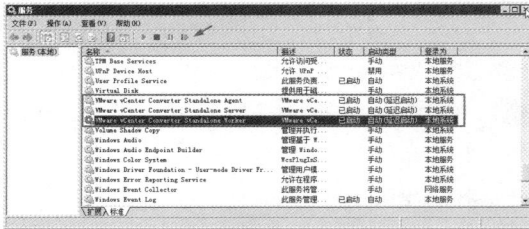

图 5-2-9　重新启动 Converter 相关服务

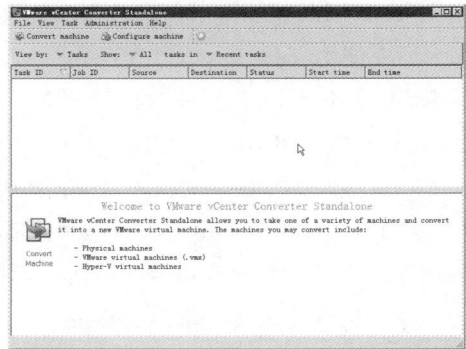

图 5-2-10　运行 vCenter Converter

5.2.2　迁移本地 Windows 计算机到虚拟机

在将计算机迁移到虚拟机的过程中，如果不执行迁移后的同步，可以修改目标虚拟机的分区大小。这种迁移是针对允许有较长时间停机窗口的服务器。如果用户的停机窗口时间很短就不能调整分区大小并执行迁移后的同步。两者的迁移步骤基本相同，只是在迁移过程中的选项不同。本节先介绍在迁移过程中修改分区大小的操作。

（1）在 vCenter Converter 界面中单击"Convert machine"按钮，如图 5-2-11 所示。

（2）在"Source System"（源系统）对话框中，选择要转换的源系统。在此选择"Powered on（已打开电源的计算机）→This local machine"（这台本地计算机），如图 5-2-12 所示。

（3）在"Destination System"（目标系统）对话框中，选择目标的属性，这可以选择 VMware 基础架构虚拟机或 VMware Workstation 或其他 VMware 格式虚拟机。如果选择"VMware Infrastructure virtual machine"，会将源物理机的备份保存在 ESXi 主机或由 vCenter Server 管理的 ESXi 主机中；如果选择"VMware Workstation or other VMware virtual machine"，则会将虚拟机保存成 VMware Workstation 或其他 VMware 虚拟机格式。在此选择"VMware Infrastructure virtual machine"，然后在"Server"文本框中输入 vCenter Server 的 IP 地址，本示例中 vCenter Server 的 IP 地址是 172.18.96.20，然后输入 vCenter Server 的管理员账户及密码，如图 5-2-13 所示。

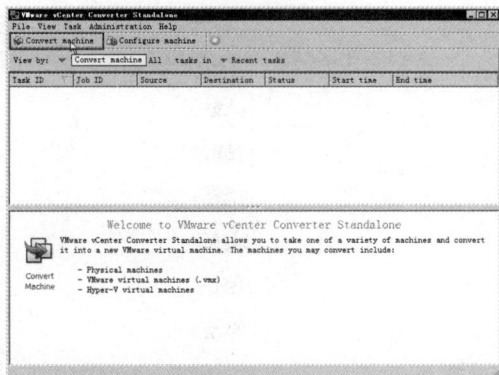

图 5-2-11　转换计算机　　　　　　　　　　图 5-2-12　本地计算机

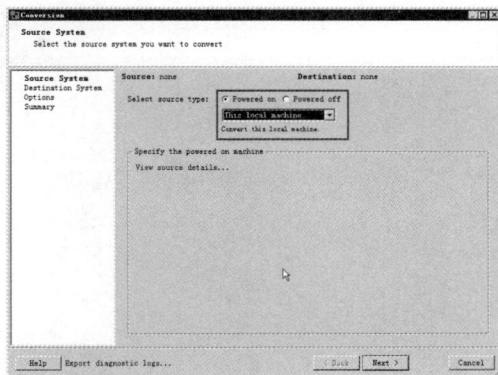

（4）在"Converter Security Warning"对话框中，选中"Do not display security warnings for 172.18.96.20"，单击"Ignore"忽略证书警告，如图 5-2-14 所示。

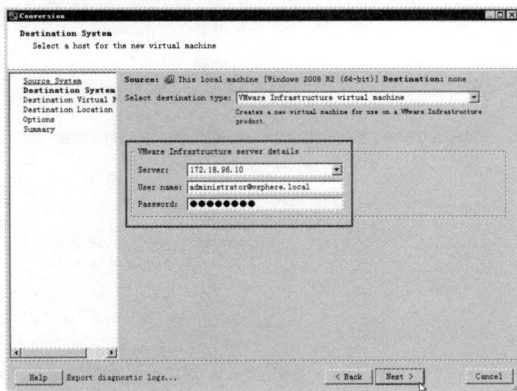

图 5-2-13　输入账户密码　　　　　　　　　图 5-2-14　忽略证书警告

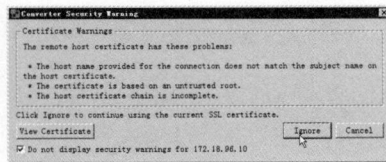

（5）在"Destination Virtual Machine"（目标虚拟机）对话框的"Name"处为克隆后的虚拟机设置一个名称；通常情况下，该虚拟机名称会默认使用源物理机的计算机名，为了后期管理维护方便建议对虚拟机进行统一命名，可以使用服务器的用途和 IP 地址进行标识，本示例为 WS08R2_96.104，如图 5-2-15 所示。

（6）在"Destination Location"对话框的清单中选择目标群集或主机，并在"Datastore"（存储）下拉列表中，选择虚拟机位置的存储，在"Virtual machine version"（虚拟机版本）下拉列表中选择虚拟机的硬件版本（可以在 4、7、8、9、10、11、12、13、14 之间选择），如图 5-2-16 所示。本示例中虚拟机保存在名为 vsanDatastore 的 vSAN 存储中，虚拟机硬件版本选择 14。

（7）在"Options"对话框中，配置目标虚拟机的硬件，这可以组织目标计算机上要复制的数据、修改目标虚拟机 CPU 插槽与内核数量、为虚拟机分配内存、为目标虚拟机指定磁盘控制器、配置目标虚拟机的网络设置等参数。

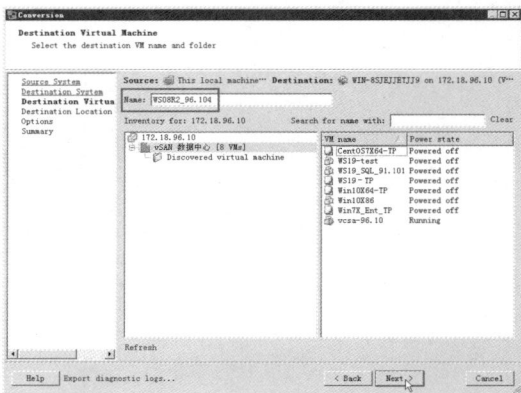

图 5-2-15　目标虚拟机名称

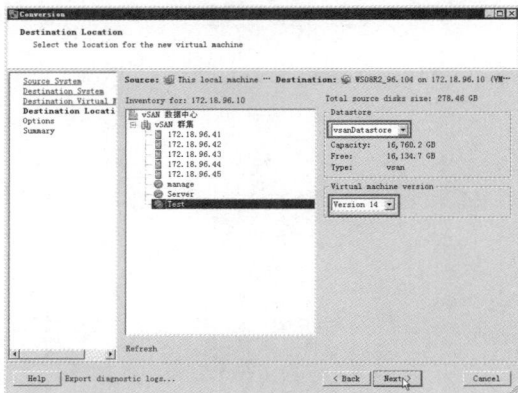

图 5-2-16　目标位置

（8）在"Data to copy"选项组配置转换后的目标虚拟机磁盘分区及大小。在此先单击右侧的"Edit"链接，如图 5-2-17 所示。

（9）在"Data copy type"后面单击"Advanced"链接，如图 5-2-18 所示。

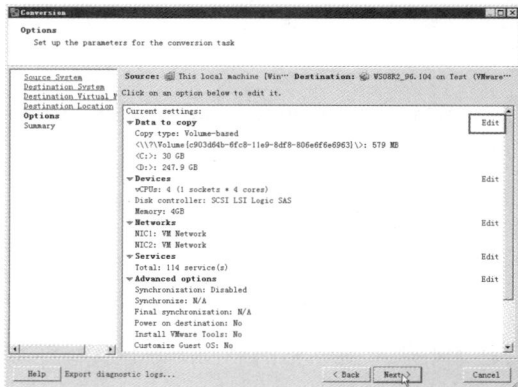

图 5-2-17　Options 选项

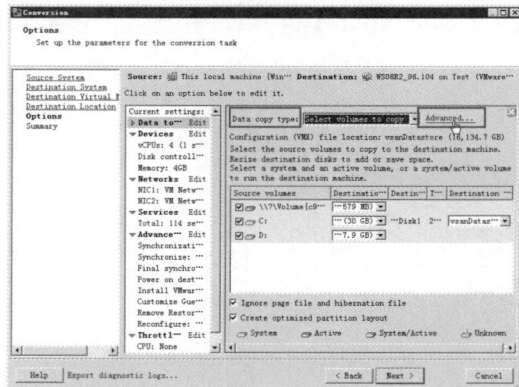

图 5-2-18　Advanced

（10）在"Source volumes"选项组中选择要复制的源分区卷，如图 5-2-19 所示。在转换过程中也可以只复制其中一个或多个分区。例如源服务器有 C、D、E、F 等多个分区，可以只复制 C，也可以根据实际情况选择要复制的分区，例如只复制 C、E。

（11）在"Destination layout"选项组中，选择克隆后目标虚拟机硬盘格式、分区大小。如图 5-2-20 所示。在使用 Converter 迁移物理机到虚拟机的过程中，克隆后的目标虚拟机的硬盘分区容量、大小可以与源虚拟机保持一致，也可以在转换的过程中修改目标虚拟机硬盘分区大小，但需要注意一点的是，如果希望在转换后执行"数据同步"，只执行一次数据同步可以修改目标虚拟机硬盘分区大小，如果要执行多次数据同步则不能修改目标虚拟机硬盘分区大小而是与源物理机分区保持一致。

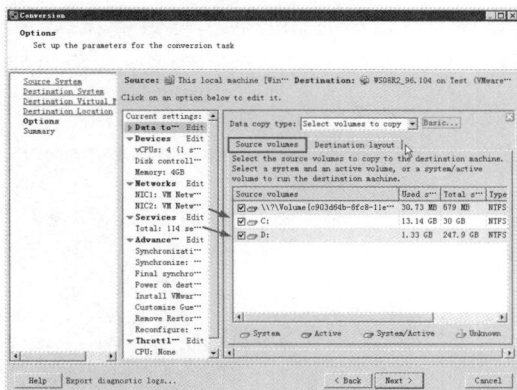

图 5-2-19　选择要克隆的源分区

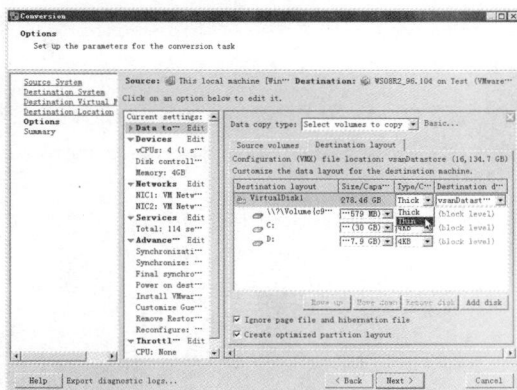

图 5-2-20　设置目标虚拟机硬盘参数

（12）选项"Ignore page file and hibernation file"（忽略页面文件与休眠文件）、"Create optimized partition layout"（创建优化分区布局）默认为选中状态。如果要调整目标虚拟机的硬盘大小，可以单击"Destination size"下拉列表。在下拉列表中，有 4 个选项"Maintain size"（保持原大小空间）、"Min size"（最小空间）、"Type size in GB""Type size in MB"，其中第一项为保持原来大小的空间，即源物理机分区容量多大，目标虚拟硬盘分区大小保持同样大小；第二项为源物理分区已经使用的空间，即转换后目标分区需要占用的最小空间；第三项为管理员手动指定目标分区空间，单位为 GB；第四项为管理员手动指定目标分区空间，单位为 MB。如图 5-2-21 所示。

（13）在本示例中，目标虚拟机硬盘为 Thin（精简置备），C 分区大小调整为 100GB，D 分区大小调整为 150GB，如图 5-2-22 所示。

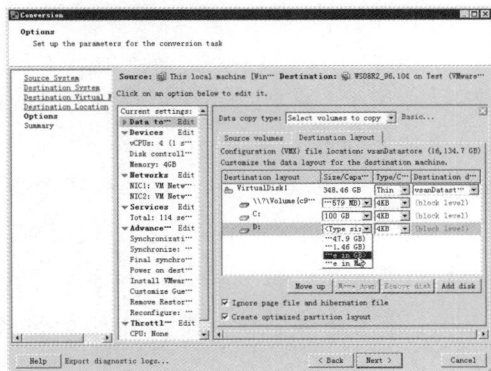

图 5-2-21　目标分区大小

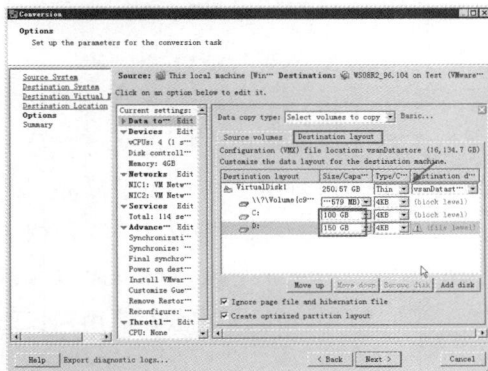

图 5-2-22　调整目标分区大小

（14）在"Devices→Memory"（设备→内存）选项中，可以更改分配给目标虚拟机的内存量。默认情况下，Converter Standalone 可识别源计算机上的内存量，并将其分配给目标虚拟机。管理员可以调整目标虚拟机内存大小，单位选择是 MB 或 GB，如图 5-2-23 所示。

（15）在"Other"选项中，可以更改 CPU 插槽数目、每个 CPU 的内核数目，本示例为目标虚拟机分配 1 个插槽、每个插槽 2 个核心，如图 5-2-24 所示。在"Disk controller"下拉列表中，可以选择目标虚拟机磁盘控制器类型，一般选择默认值。

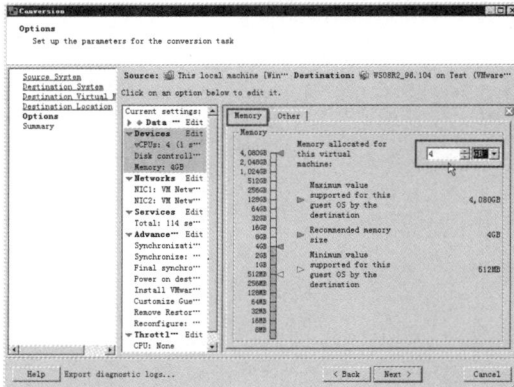

图 5-2-23　设置迁移后虚拟机内存

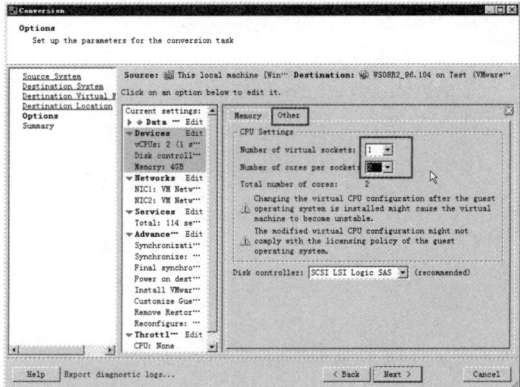

图 5-2-24　CPU 与磁盘控制器选择

【说明】在从物理机到虚拟机的迁移过程中，原来物理机的 CPU 内存都比较大。在迁移到虚拟机后，应该根据源物理机需要的资源进行分配，通常情况下，分配的虚拟机的 CPU 资源是实际需求的 3 倍左右，分配的内存资源是实际需求的 2 倍左右。例如，原来物理机大约需要 2GB 内存，为虚拟机分配 4GB 内存。对于一般的 OA、DHCP、Active Directory、文件服务器等应用，为虚拟机分配 2 ~ 4 个 vCPU 比较合适，如果是网站、数据库等应用，可以分配 8 个甚至更多的 vCPU 资源。在虚拟化项目中，即使为虚拟机分配再多的 CPU，如果实际用不到这么多 CPU，分配的资源也不会使用。但内存例外，例如虚拟机只需 2GB 内存，如果为其分配 64GB 内存，这 64GB 内存会从主机分配给虚拟机，即使虚拟机只需 2GB 内存。

（16）在"Networks"（网络）选项中，可以更改网络适配器的数量、选择目标虚拟机使用的网络、目标虚拟机虚拟网卡类型，如图 5-2-25 所示。此外，还可以将网络适配器设置为在目标虚拟机启动时连接到网络。如果希望为虚拟机分配 10 Gbit/s 网络，在"Controller type"下拉列表中为虚拟机分配 VMXNET 3 虚拟网卡。在从物理机到虚拟机迁移的过程中，物理机一般至少有 2 块网卡，而迁移到虚拟机一般只需选择 1 块网卡。

（17）在"Administrator Options"（高级选项）的"Synchronize"（同步）选项卡中，选择是否在克隆（转换）完成后启用同步更改，如果在图 5-2-22 中调整了目标虚拟机硬盘大小应取消这个选项，如图 5-2-26 所示。

（18）在"Post-conversiont"选项卡设置转换完成后的操作，本示例选择"Install VMware Tools on the destination virtual machine"，这表示在转换完成后，当启动虚拟机后会自动安装 VMware Tools，如图 5-2-27 所示。

（19）在"Summary"是检查迁移选择，无误后单击"Finish"按钮，如图 5-2-28 所示。

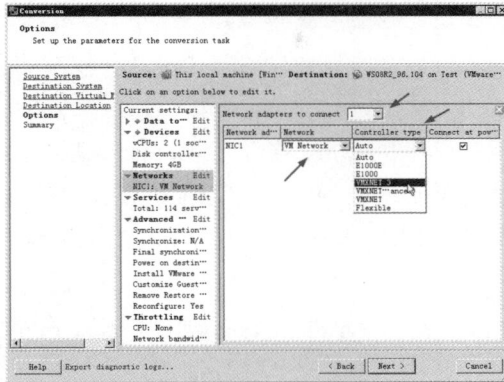

图 5-2-25　网络

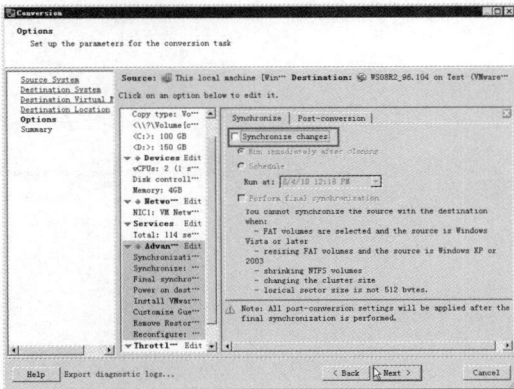

图 5-2-26　同步选项

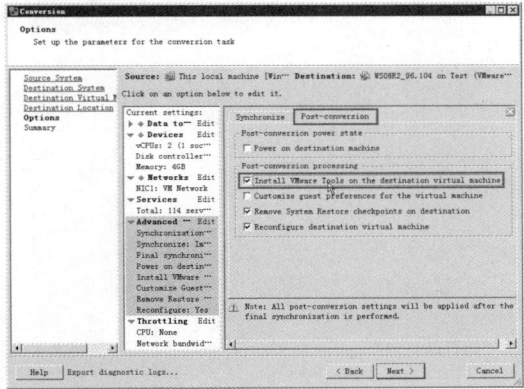

图 5-2-27　安装 VMware Tools

（20）vCenter Converter 开始迁移（克隆）物理机数据到虚拟机，迁移完成后如图 5-2-29 所示。在"Task progress"中显示本次迁移使用了 38 分钟。

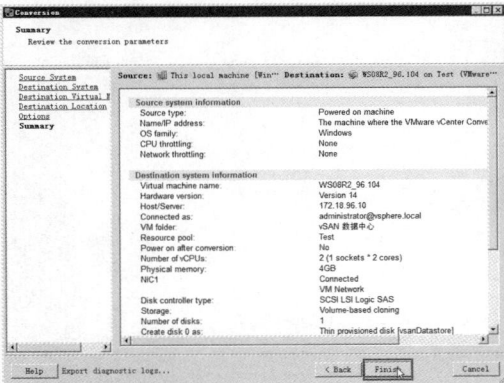

图 5-2-28　完成

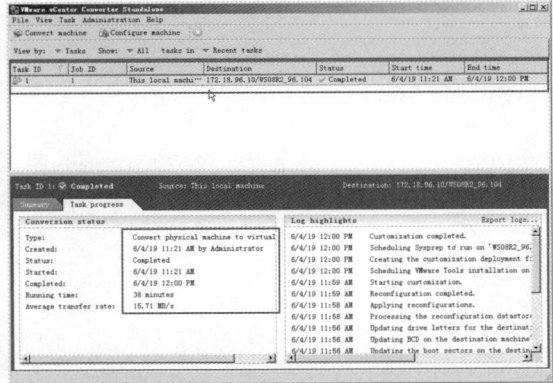

图 5-2-29　迁移完成

迁移完成后，使用 vSphere Client 登录到 vCenter Server，启动迁移之后的虚拟机，打开控制台，检查迁移是否成功，主要步骤如下。

（1）在第一次启动虚拟机后，向导会自动安装 VMware Tools，并且完成最后配置，此时虚拟机会自动重新启动一次。

（2）再次进入系统后，打开"网络连接"，可以看到虚拟机的网卡为 vmxnet 3，网络速度为 10 Gbit/s，如图 5-2-30 所示。如果要用虚拟机代替物理机，可以关闭物理机或断开物理机网络，修改虚拟机的 IP 地址为原来物理机的 IP 地址，让虚拟机对外提供服务。

（3）打开"服务器管理器→存储→磁盘管理"，可以看到 C 盘大小是 100GB、D 盘大小是 150GB，这是在图 5-2-22 中调整的大小，如图 5-2-31 所示。

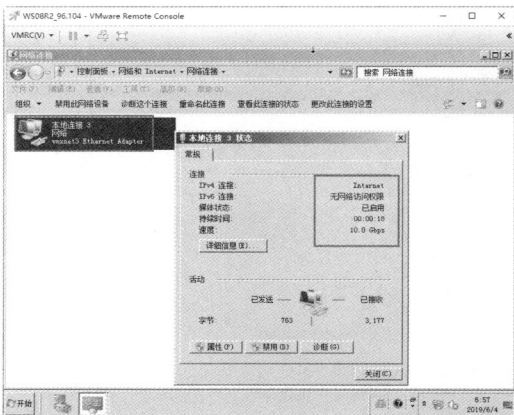

图 5-2-30　检查网络

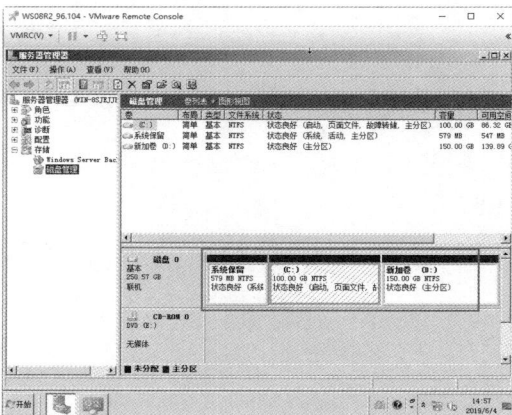

图 5-2-31　检查磁盘大小

（4）在"程序和功能"中卸载 VMware vCenter Converter，如图 5-2-32 所示。

（5）打开"系统"属性，查看计算机的名称、CPU、内存，如图 5-2-33 所示。从物理机迁移到虚拟机后，操作系统需要重新激活。

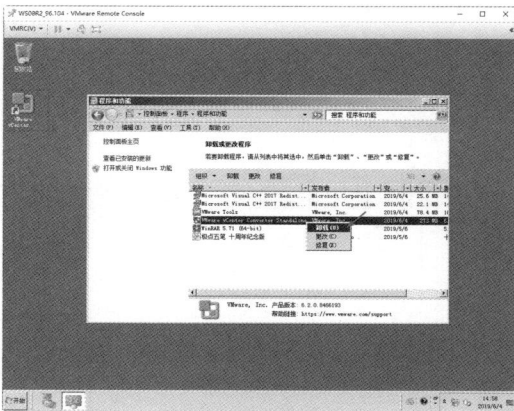

图 5-2-32　卸载 VMware vCenter Converter

图 5-2-33　查看系统属性

如果物理机有加密狗，可以将加密狗插在虚拟机所在主机，修改虚拟机配置映射加密狗，这些操作步骤不再介绍。在实际的生产环境中，可以使用此虚拟机对外提供服务。在大多数的情况下，只要迁移完成、虚拟机可以启动、里面的软件能正常发挥作用，从物理机到虚拟机的迁移就成功。

在下面的操作中，关闭当前虚拟机，学习迁移后进行数据同步的操作。

5.2.3　使用同步更改功能

本节演示迁移过程中硬盘大小不变，迁移完成后执行数据同步。本节仍然使用 IP 地址为 172.18.96.204、操作系统为 Windows Server 2008 R2 的物理机为例进行。在执行物理机到虚拟机迁移的过程中，大多数的步骤设置与"5.2.2 节相同，下面介绍不同之处。

（1）运行 vCenter Converter，迁移这台本地计算机。在"Name"文本框中为目标虚拟机设置名称，本示例为 WS08R2-96.104_New，如图 5-2-34 所示。

（2）在"Data copy type → Destination layout"中的 Type 下拉列表中选择 Thin，硬盘各分区大小保持不变，如图 5-2-35 所示。其他的选择，为虚拟机分配 4GB 内存、1 个插槽、每插槽 2 个核心、1 个网卡等这些资源配置都不变。

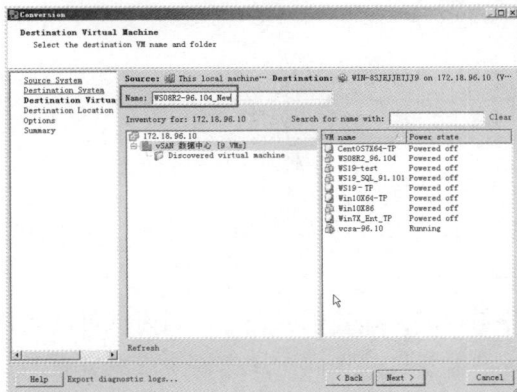

图 5-2-34　设置虚拟机名称　　　　　图 5-2-35　选择精简置备，硬盘大小不变

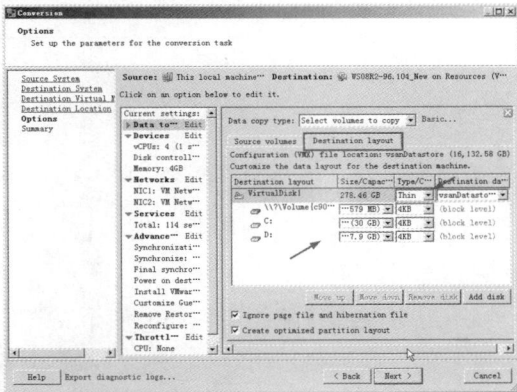

（3）在"Synchronize"选项卡中勾选"Synchronize changes"复选框，如图 5-2-36 所示。

当转换已打开电源的 Windows 计算机时，Converter Standalone 会将数据从源计算机复制到目标计算机，而源计算机仍在运行并产生更改。此过程是数据的第一次传输。可以通过只复制第一次数据传输期间做出的更改进行第二次数据传输。此过程称为同步。同步只能用于 Windows XP 或更高版本的源操作系统。选择"Synchronize change"允许同步更改，如果勾选"Perform final synchronization（执行最终同步）"复选框只执行一次同步。如果要多次进行同步就要取消该项选择。对照图 5-2-37，在 T2 时间执行数据的第二次传输，在第二次传输开始时，如果源服务器的业务没有停止，在 T2 时间仍然会产生新的数据。所以就有了第三次甚至第四次同步。只有确定停机时间（业务中断时间），并从业务中断时间开始的同步才是最终的数据同步。

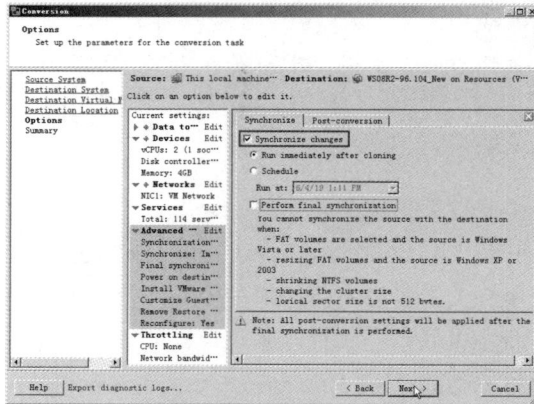

图 5-2-36　同步更改

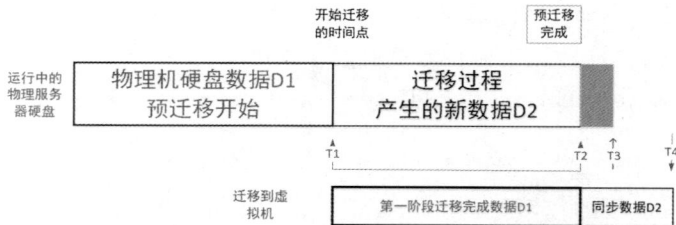

图 5-2-37　同步时间点说明

如果调整 FAT 卷大小或压缩 NTFS 卷大小，或更改目标卷上的群集大小，则不能使用同步选项。

不能添加或移除同步作业的两个克隆任务之间的源计算机上的卷，因为这可能导致转换失败。如果要启用这一功能，可停止各种源服务以确保同步期间不生成更多更改，以免丢失数据。在实际的 P2V 的过程中，最好提前通知用户，暂时停止对服务器的后台操作，等 P2V 完成之后再使用新的虚拟化后的系统。如果在 P2V 的过程中仍然使用源服务器，有可能造成数据差异。

（4）在"Summary"是检查迁移选择，无误后单击"Finish"按钮，如图 5-2-38 所示。

（5）设置完成后开始执行转换（实际上是数据的第一次传输），如图 5-2-39 所示。

（6）完成第一次传输后，Converter 会开始第二次传输（数据同步），界面如图 5-2-40 所示。

（7）如果确定物理机停止使用，决定使用虚拟机代替物理机对外提供服务，在到达指定的窗口时间后，源物理机对外服务停止后，在 Converter 中，单击工具栏上的 Tasks 切换到 Jobs，如图 5-2-41 所示。

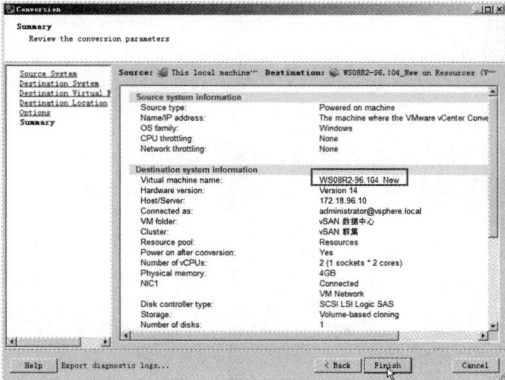

图 5-2-38　向导完成

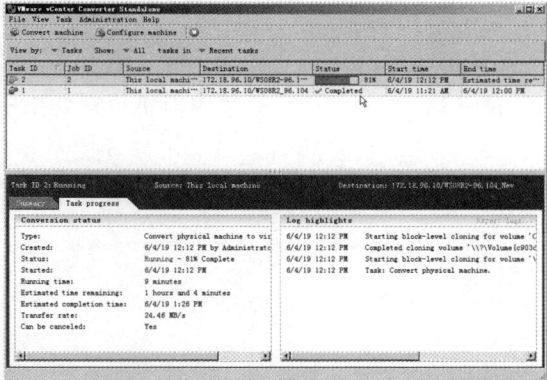

图 5-2-39　数据第一次传输

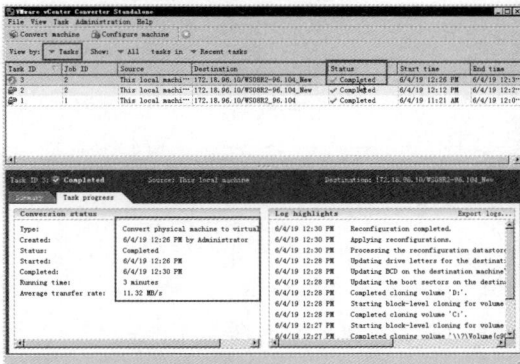

图 5-2-40　数据同步

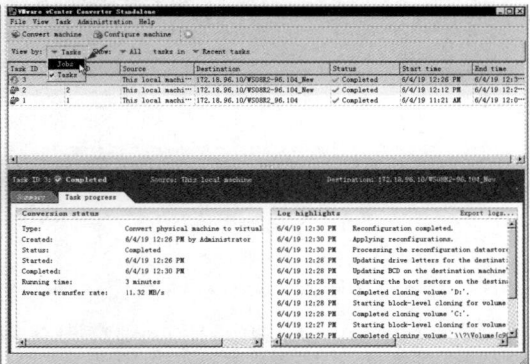

图 5-2-41　切换到 jobs

（8）右击同步计划任务选择"Synchronize"开始数据同步，如图 5-2-42 所示。

（9）同步完成后如图 5-2-43 所示。

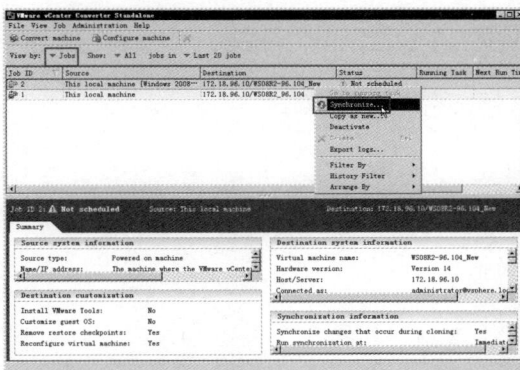

图 5-2-42　同步更改

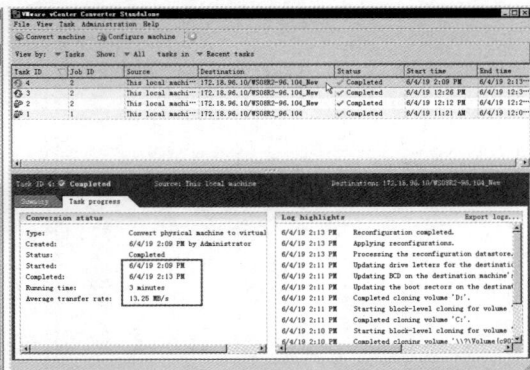

图 5-2-43　同步完成

（10）同步完成后，右击任务可以执行多次同步，也可以选择"Deactivate"停止任务，如图 5-2-44 所示。

同步完成后，关闭物理机或者断开物理机对外的网络，使用 vSphere Client 登录到 vCenter Server，对迁移后的虚拟机执行如下的操作步骤。

（1）启动迁移后的虚拟机，打开控制台，在"计算机管理→存储→磁盘管理"中查看磁盘的 C、D 分区大小与源物理机相同，如图 5-2-45 所示。

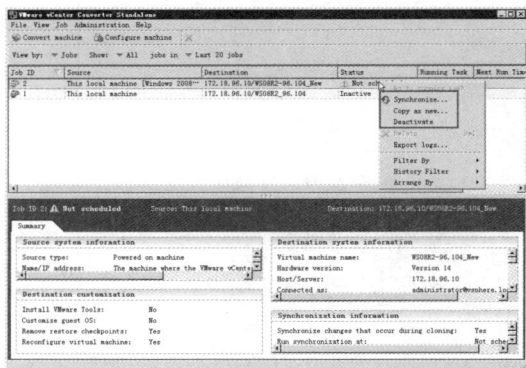

图 5-2-44　任务

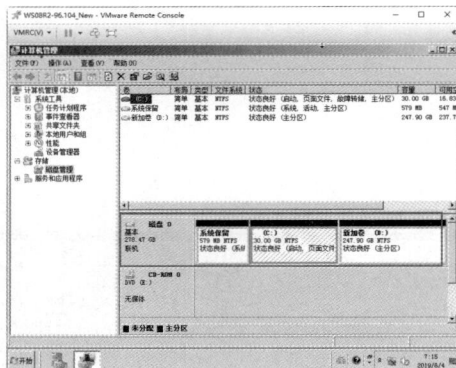

图 5-2-45　检查硬盘大小

（2）修改迁移后虚拟机的配置，对 CPU、内存、网卡、网络等进行进一步检查，检查无误之后打开虚拟机的电源，进入桌面之后修改网卡 IP 地址、子网掩码、网关、DNS 等参数与源物理机一致之后，启动对应的服务开代替源物理服务器对外提供服务。

（3）如果确认迁移后的虚拟机一切正常，右击选择迁移后的虚拟机，在弹出的快捷菜单中选择"快照→管理快照"命令，如图 5-2-46 所示。

（4）在"管理快照"中可以看到，当前虚拟机有 2 个快照，每个快照是执行同步时创建的。在确认迁移顺利完成后，单击"全部删除"按钮，删除 Converter 同步过程中创建的快照，如图 5-2-47 所示。

图 5-2-46　管理快照

图 5-2-47　删除快照

如果源物理机有加密狗，需要将加密狗插到虚拟化主机上，并修改虚拟机配置映射连接插在主机上的加密狗。

如果业务一切正常，在运行一段时间之后，源物理机下架，此台物理机到虚拟机迁移顺利完成，可以继续迁移其他的物理机到虚拟机，这些不再一一介绍。

5.3 迁移 Cent OS 物理机到虚拟机

本节以图 5-3-1 为例，介绍迁移 Cent OS 操作系统的物理机到虚拟机的内容。在本示例中，IP 地址为 172.18.96.37 的服务器安装 Cent OS 7 的操作系统，该计算机配置有 16GB 内存，5 块 2TB 硬盘配置为 RAID-5 并且划分 1 个卷，Linux 就安装在这个卷上。在迁移后将数据卷大小调整为 1TB。

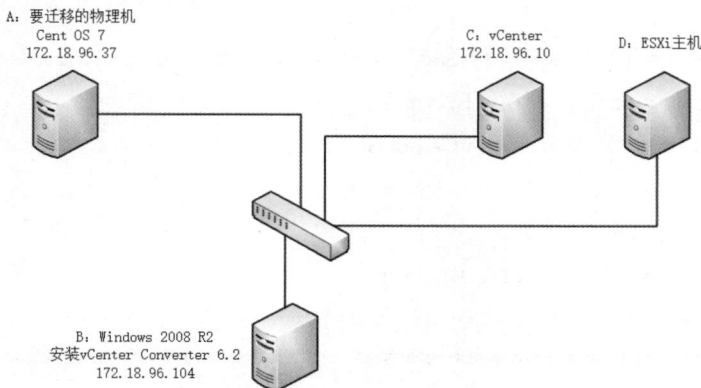

图 5-3-1 迁移 Linux 物理机到虚拟机实验环境

要迁移 Linux 操作系统的物理机，需要在网络中的一台 Windows 操作系统的计算机上安装 vCenter Converter，通过网络进行迁移。同时在迁移时还需要用到一个临时的 IP 地址，本示例中要迁移的 Linux 的物理机的 IP 地址是 172.18.96.37，临时 IP 地址采用 172.18.96.137（采用其他相同网段的没有使用的 IP 地址都可以）。在本示例中，vCenter Converter 6.2 已经安装好。下面介绍迁移 Linux 操作系统的方法和步骤。

（1）在安装了 vCenter Converter 的计算机上运行 vCenter Converter 软件，单击 "Convert machine" 按钮，如图 5-3-2 所示。

（2）在 "Source System" 对话框的 "Select source type" 中选择 "Powered on"，并在下拉列表中选择 "Remote Linux machine（远程 Linux 机器）"，在 "IP address or name" 中输入要迁移的 Linux 操作系统的 IP 地址（该物理机需要运行并且网络通信正常）；在 "User name" 后面输入要迁移的 Linux 操作系统的管理员账户，本示例为 root；在 "Password" 后面输入 root 账户的密码，单击 "Next" 按钮，如图 5-3-3 所示。

（3）在 "Remote Host Thumbprint Warning" 对话框中，勾选 "Do not display security warnings for 172.18.96.37" 复选框，单击 "Yes" 按钮继续，如图 5-3-4 所示。

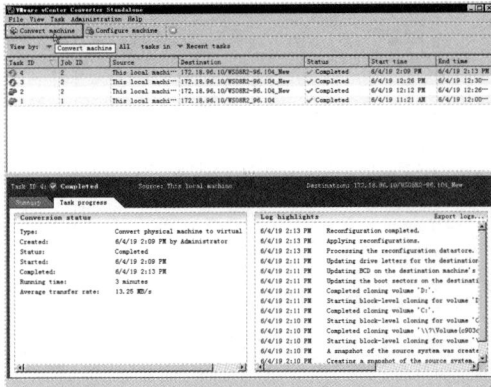

图 5-3-2　转换计算机

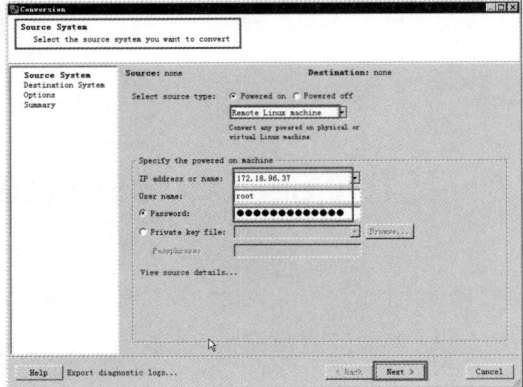

图 5-3-3　输入源 Linux 操作系统的信息

（4）在"Destination System"对话框中选择"VMware Infrastructure virtual machine"，在"Server"文本框中输入 vCenter Server 的 IP 地址，本示例中 vCenter Server 的 IP 地址是 172.18.96.20，然后输入 vCenter Server 的管理员账户及密码，如图 5-3-5 所示。

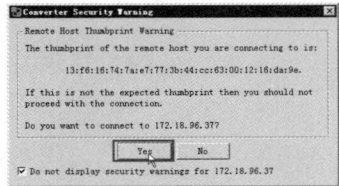

图 5-3-4　忽略证书警告

（5）在"Destination Virtual Machine"对话框的"Name"处为克隆后的虚拟机设置一个名称，本示例为 CentOS7_96.37，如图 5-3-6 所示。

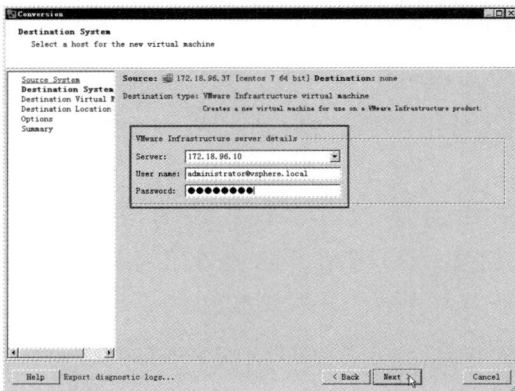

图 5-3-5　输入账户密码

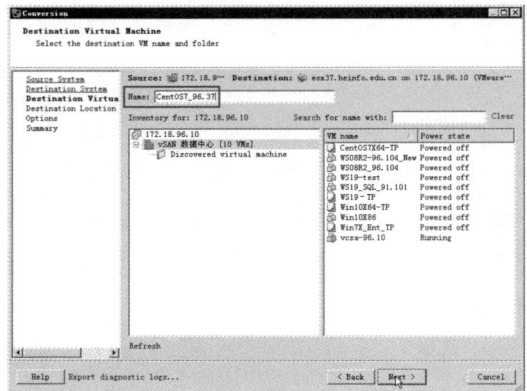

图 5-3-6　目标虚拟机名称

（6）在"Destination Location"对话框的清单中选择目标群集或主机，并在"Datastore"（存储）下拉列表中选择虚拟机位置的存储，本示例中虚拟机保存在名为 vsanDatastore 的 vSAN 存储中，虚拟机硬件版本选择 14。

（7）在"Options"对话框中的"Data to copy"选项组单击右侧的"Edit"链接，在"Data copy type"后面单击"Advanced"链接，在"Destination layout"选项组中，选择克隆后目标虚拟机硬盘格式和分区大小。本示例中磁盘格式选择 Thin，修改/home 分区大小为 1 000GB，如图 5-3-7 所示。

（8）在其他参数选择中，修改虚拟机内存为 4GB，如图 5-3-8 所示；修改 CPU 为 1 个插槽、每插槽 2 个内核，如图 5-3-9 所示。

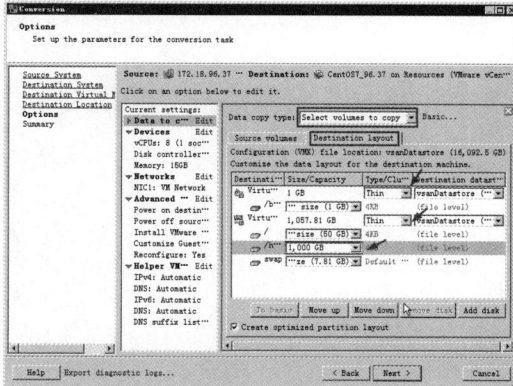

图 5-3-7　设置目标虚拟机硬盘参数

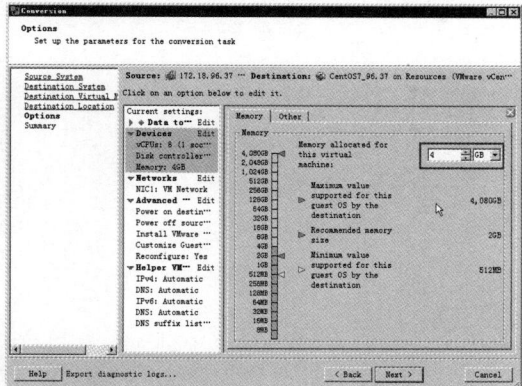

图 5-3-8　设置内存

（9）在网络配置参数中，选择 1 个网卡，并根据需要选择网络属性。如图 5-3-10 所示。

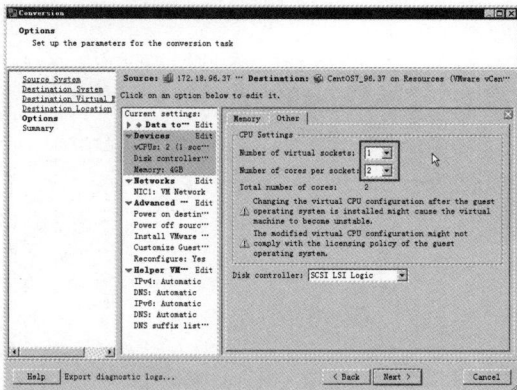

图 5-3-9　设置 CPU

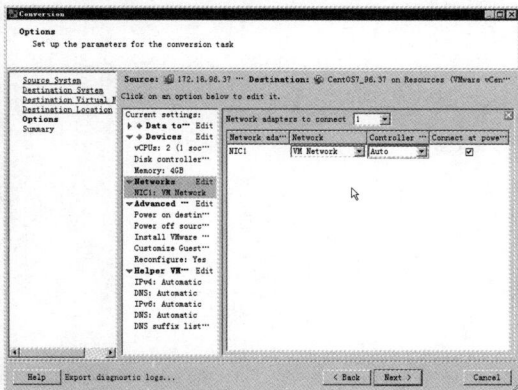

图 5-3-10　网络选择

（10）在"Helper VM Network configuration"选项组中的"IPv4"选项卡中，选择"Use IPv4→ Use the following IP address"，在此输入迁移过程中规划的临时 IP 地址，本示例为 172.18.96.137，同时输入子网掩码、网关、DNS 信息，如图 5-3-11 所示，然后在"DNS"选项卡中添加 DNS 搜索后缀，本示例为 heinfo.edu.cn，如图 5-3-12 所示。

（11）在"Summary"中检查设置，检查无误后单击"Finish"按钮，完成迁移前的配置，如图 5-3-13 所示。

（12）vCenter Converter 开始迁移，如图 5-3-14 所示。

（13）在迁移开始后，会在 vSphere 中创建名为 CentOS7_96.37 的虚拟机，并且打开该虚拟机的电源，在该虚拟机中配置 172.18.96.137 的临时地址，从源物理机向该虚拟机迁移数据。此时在命令窗口中使用 ping 命令检测 172.18.96.37（源物理机）和 172.18.96.137

（迁移后的虚拟机的临时 IP 地址），如图 5-3-15 所示。

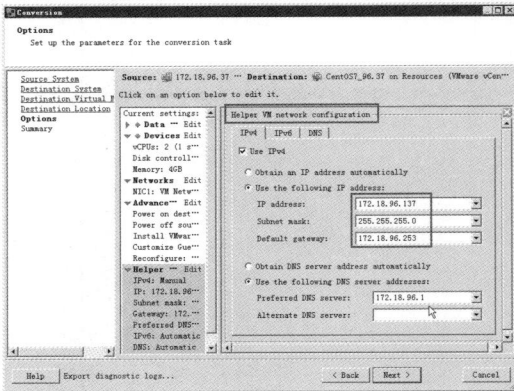

图 5-3-11　助手 IP 地址

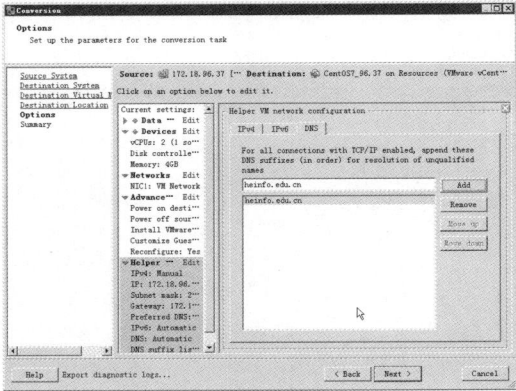

图 5-3-12　DNS 搜索后缀

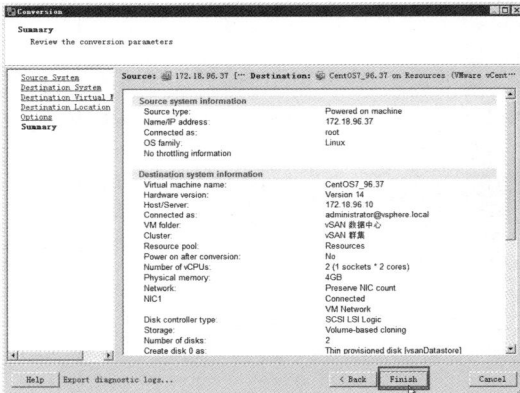

图 5-3-13　检查设置

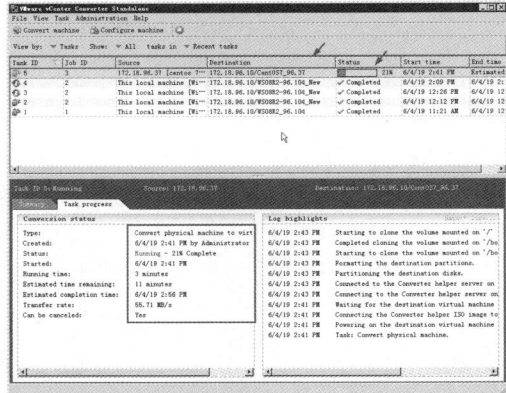

图 5-3-14　开始迁移

（14）迁移完成后显示本次迁移所用时间和迁移速度，如图 5-3-16 所示。

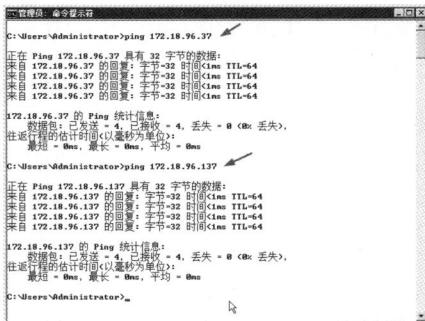

图 5-3-15　测试助手虚拟机地址

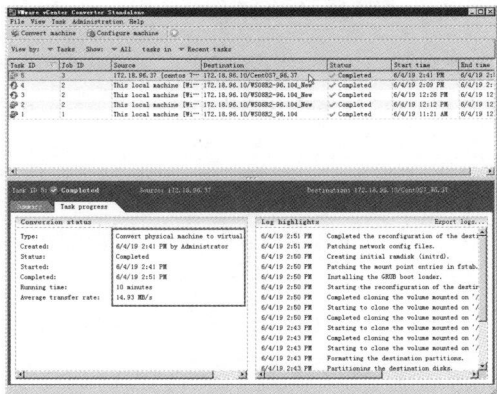

图 5-3-16　迁移完成

迁移完成后，CentOS7_96.37 的虚拟机关闭。如果要测试迁移后的虚拟机能否使用，可以关闭源物理机的电源或者断开源物理机的网络，启动迁移后的虚拟机，如图 5-3-17 所示。

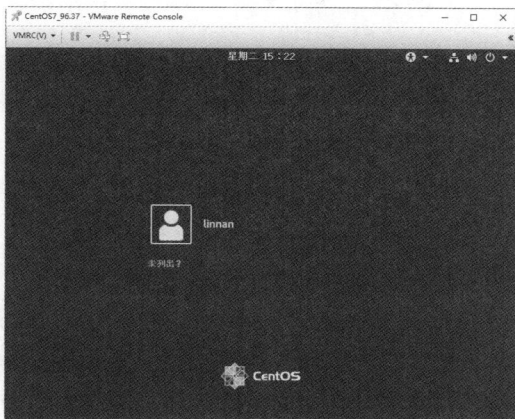

图 5-3-17　启动迁移后的虚拟机

我们来看一下具体的测试步骤。

（1）登录到 Cent OS 控制台后，在"设置→网络"中，修改虚拟机的 IP 地址为 172.18.96.37 以代替源物理机，如图 5-3-18 所示。

（2）打开终端，使用 ping 命令测试网络是否配置正常，如图 5-3-19 所示。网络正常后，迁移后的虚拟机可以代替源物理机对外服务，这些就不再介绍。

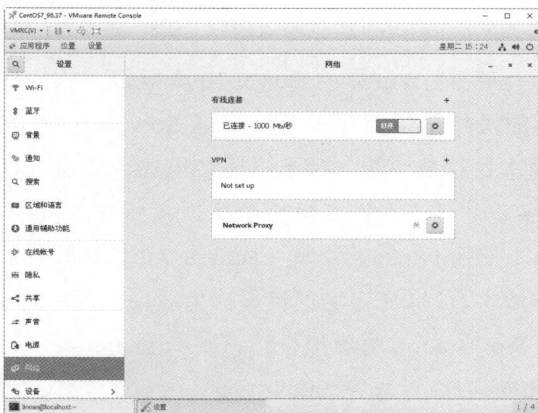

图 5-3-18　网络设置

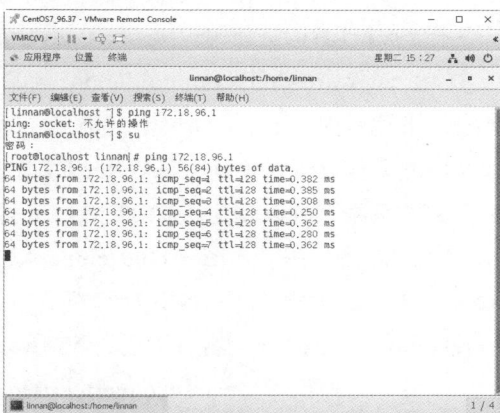

图 5-3-19　测试迁移后的网络

【说明】使用 VMware Converter 迁移 Linux 的物理机，没有同步更改功能（这一功能只有源物理机是 Windows 操作系统时才支持）。所以，迁移到虚拟机的系统的数据是从迁移开始时的数据，迁移开始后新产生的数据没有迁移到目标虚拟机中。如果迁移时间较长，差异数据会比较多。如果要减少差异数据，可以使用第三方的备份与恢复软件，例如 Veeam，对要迁移的 Linux 进行多次备份（第 1 次全备，以后是差异备份，差异备份的时间就比较快），在执行完最后一次差异备份后，将源 Linux 物理机关机，在 Veeam 中启用即时恢复功能，从最后一个备份点恢复到 VMware 虚拟机中。这样迁移业务中断时间较短。

使用 Converter 迁移 Windows 到 vSphere 虚拟化环境中，可以在迁移完成后执行多次同步，在决定正式迁移后，执行最后一次同步之后停机，这样可以将停机时间减少到最低。但是 Converter 迁移 Linux 的物理机到 vSphere 虚拟化环境中时，没有同步这一功能。如果要迁移的 Linux 物理机数据量较大，需要停机时间就会较长。另外，对于有一些物理计算机无法使用 Converter 迁移，这时就需要使用其他的办法。

现在一些备份与恢复软件，有将备份恢复到 vSphere 虚拟机的功能。利用这一功能可以实现物理机到虚拟机的迁移。使用备份软件，可以对源物理机执行多次备份（第一次全备，以后执行多次差异备份），在恢复时可以从最后一个差异的时间点将最后的备份恢复成虚拟机。所以，使用备份软件也可以完成物理机到虚拟机的迁移。关于使用备份软件实现从物理机到虚拟机迁移的功能将在第 6 章介绍。

5.4 使用 VMware Converter 引导光盘冷克隆物理机

VMware Converter cold clone 4.03 是 VMware 提供的一个 P2V 的迁移工具，该工具以 ISO 文件格式提供。可以将该 ISO 刻录成光盘引导服务器以冷克隆的方式将物理机的操作系统和数据克隆为适合 VMware 环境虚拟机运行。在本节利用这个工具将计算机转换为虚拟机（本质是先执行克隆操作，然后再将克隆之后的操作系统的驱动替换为 VMware 的驱动程序，以适于虚拟机运行）。使用 VMware Converter cold clone 4.03 需要注意以下问题。

（1）VMware Converter cold clone 4.03 可以克隆 Windows Server 2003 及以前的操作系统，不适合 Windows Server 2008 及以后的操作系统。对于 Windows Server 2008 R2 及以后的系统，可以使用 Converter 6.2 的版本执行热克隆。对于不能使用热克隆进行迁移的操作系统，可以使用 SSR 或 Veeam 等备份软件，将物理机备份后恢复到虚拟机中。

（2）VMware Converter cold clone 4.03 不支持 vSphere 6.7、vSphere 7.0 等高版本的 vCenter Server，如果目标 ESXi 计算机是较高版本，可以先将物理机导出为适用于 VMware Workstation 的虚拟机，然后再通过 VMware Workstation 将虚拟机迁移到 vSphere。

下面介绍使用 VMware Converter cold clone 4.03 迁移 Windows Server 2003 操作系统物理机的内容，主要步骤如下。

（1）使用 cold clone 4.0.3 工具光盘（或制作为可启动 U 盘）启动物理服务器，进入 vCenter Converter 向导，如图 5-4-1 所示。

（2）在"vCenter Converter"页，接受许可协议，如图 5-4-2 所示。

（3）在"Update Network Parameters"对话框中，如果网络中有 DHCP 服务器，可以

单击"NO"按钮；如果没有 DHCP 服务器，需要手动设置 IP 地址，则单击"Yes"按钮，如图 5-4-3 所示。

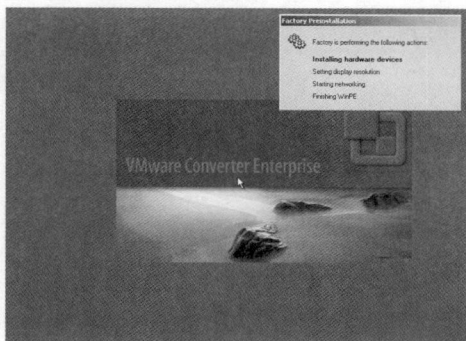

图 5-4-1　vCenter Converter 引导光盘向导

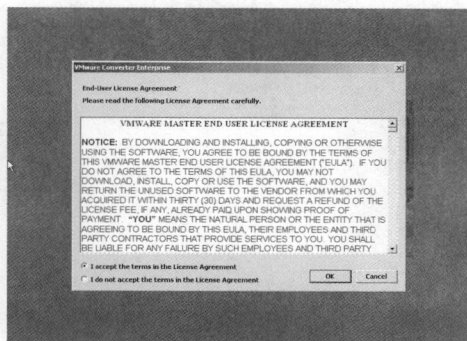

图 5-4-2　接受许可协议

（4）在"Network Configuration"页，指定 IP 地址等参数，如图 5-4-4 所示。

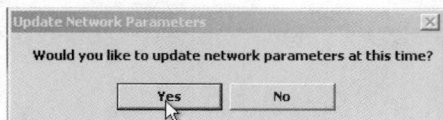

图 5-4-3　手动设置参数

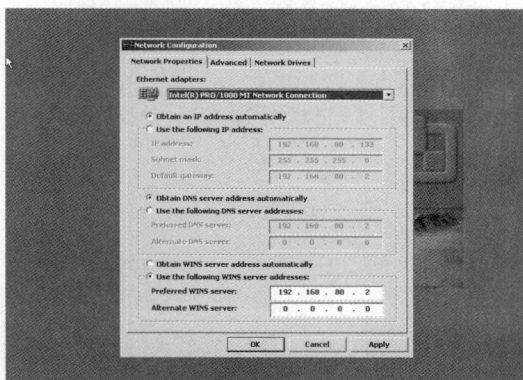

图 5-4-4　设置 IP 地址

（5）进入 VMware vCenter Converter 页面后，单击"Import Machine"，进入 vCenter Converter 导入向导页，如图 5-4-5 所示。

（6）在"Source Data"页，选择导入的磁盘，如图 5-4-6 所示。

（7）在"Destination Type"页，选择目标属性，在本例中选择"Other VMware Virtual Machine"，如图 5-4-7 所示。

（8）在"Virtual Machine Name and Location"中指定导出的虚拟机的名称、保存位置，本示例中保存到网络中的一个共享文件夹中，共享文件夹的地址为\\192.168.80.134\vm，按回车键后输入目标共享文件夹的管理员账户和密码，如图 5-4-8 所示。

（9）在"VM Options"对话框中选中"Allow virtual disk files to grow"单选按钮，如图 5-4-9 所示。

（10）在"Networks"为迁移后的虚拟机选择网络，本示例选择一个网卡、网络属性为桥接，如图 5-4-10 所示。

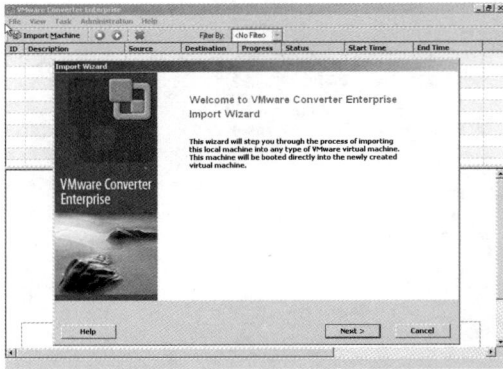

图 5-4-5　导入向导

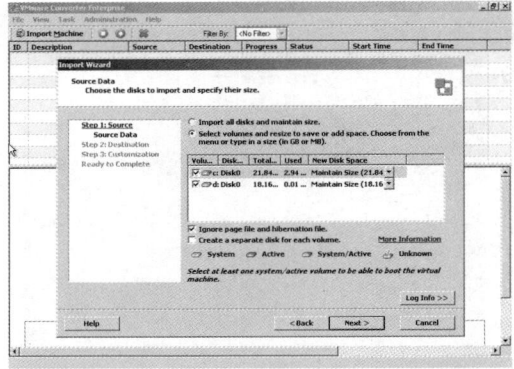

图 5-4-6　源数据

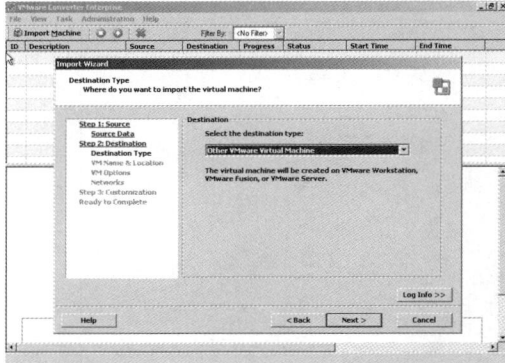

图 5-4-7　导入目标

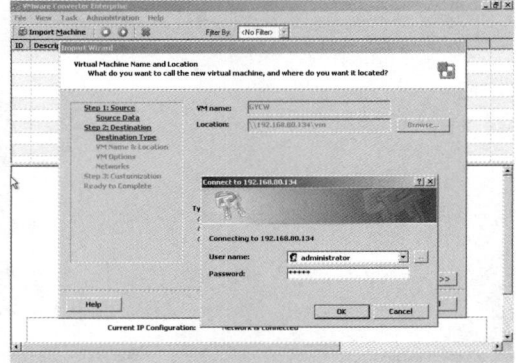

图 5-4-8　保存位置及名称

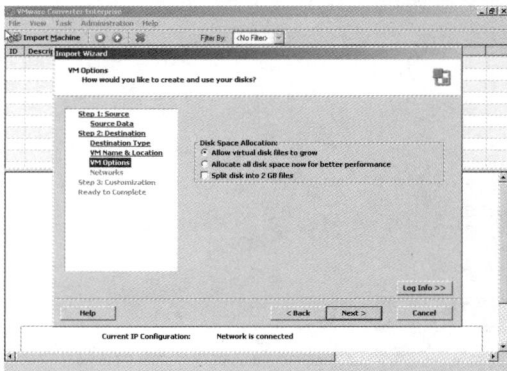

图 5-4-9　虚拟机配置

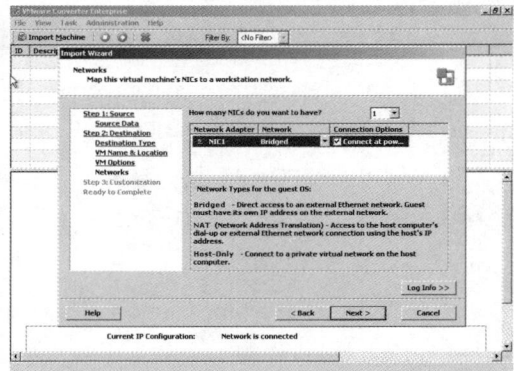

图 5-4-10　选择网络

（11）在"Customization"页，选择迁移后的设置，例如可以选择"Install VMware Tools"与"Remove all System Restore checkpoints"，如图 5-4-11 所示。

（12）在"Ready to Complete"页，查看设置，如果有问题，可以单击"Back"按钮返回设置，如无误单击"Finish"按钮，如图 5-4-12 所示。

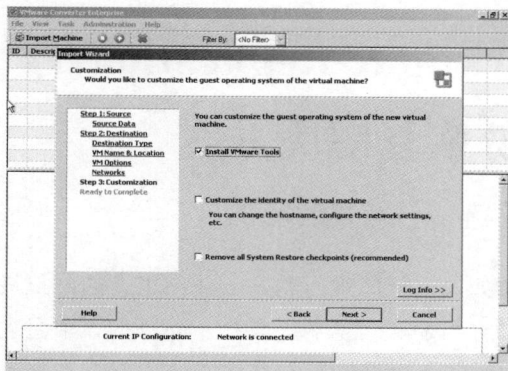

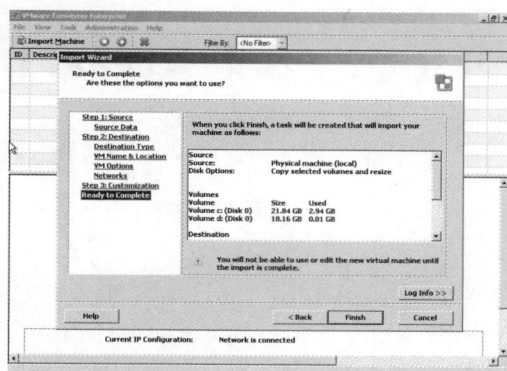

图 5-4-11　定制　　　　　　　　　图 5-4-12　准备就绪

（13）之后 vCenter Converter 会按照上文的设置，迁移物理机到虚拟机中，直到迁移完成，如图 5-4-13 所示。

（14）迁移完成后，关闭虚拟机。然后将保存在\\192.168.80.134\vm 共享文件夹中的虚拟机复制出来，如图 5-4-14 所示，使用 VMware Workstation 打开扩展名为.vmx 的虚拟机配置文件，打开并启动虚拟机。

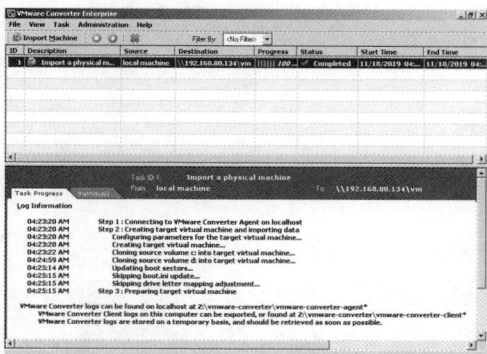

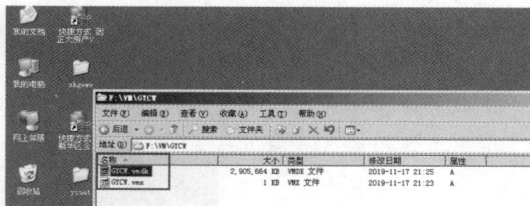

图 5-4-13　迁移完成　　　　图 5-4-14　导出后的 VMware Workstation 格式的虚拟机

　　使用 VMware Workstation 打开迁移的虚拟机后，可以使用 VMware Workstation 将虚拟机再导出为 OVF 模式，然后再导入 vSphere 虚拟化环境中，或者使用 VMware Workstation 的虚拟机上传功能，将 VMware Workstation 的虚拟机上传到 vSphere。或者再次使用 VMware Converter 6.2（Windows 版本），将 VMware Workstation 格式的虚拟机转换并迁移到 vSphere 环境。

　　【说明】关于将 VMware Workstation 虚拟机上传到 vSphere 环境使用的资料，可以查看作者博客"vSphere 与 Workstation 虚拟机交互的几种方法"，链接地址为 https://blog. 51cto. com/wangchunhai/1884052。

第6章 基于 Veeam Backup & Replication 的数据备份恢复解决方案

  vSphere HA 提供了操作系统的高可用性，如果主机出现问题，故障主机上的虚拟机会在其他主机重新注册并重新启动。vSAN 提供了数据的冗余性，使用 vSAN 时，单台主机或单块磁盘的故障不会影响数据的完整性。如果虚拟机保存在共享存储，共享存储所采用的 RAID-5、RAID-6、RAID-50、RAID-60、RAID-10 等技术保证了数据的冗余性。

  虚拟化环境通过主机、网络设备、存储等硬件的冗余获得了系统及数据高可靠性，但并不能保证由于病毒或误操作等人为或程序的故障而造成的数据损坏或丢失。要保证数据的安全性，对重要数据进行备份，才是企业信息化中数据安全的必然选择。

6.1 数据备份概述

  随着数据量越来越大以及数据重要性的提升，对中小企业来说，数据备份在 IT 系统中具有非常重要的地位。

6.1.1 最近两年勒索病毒事件

  以往计算机或信息系统感染病毒，只是感染可执行程序，不影响数据。最多的是重新安装系统和应用程序。而勒索病毒是加密用户数据，用户只有支付赎金才能恢复文件。最近几年，各种新型勒索病毒不断涌现，黑客组织陆续壮大，他们攻击一些企业系统，加密数据后勒索巨额比特币，给企业造成重大损失。我们来梳理一下最近两年较大的勒索事件。

  2019 年 3 月，全球最大铝制品生产商之一的 Norsk Hydro 遭遇勒索软件攻击，公司被迫关闭多条自动化生产线，震荡全球铝制品交易市场。

  2019 年 5 月，国内某网约车平台遭黑客勒索软件定向打击，服务器核心数据惨遭加密，攻击者索要巨额比特币赎金。

  2019 年 5 月，美国佛罗里达州里维埃拉遭到勒索软件攻击，各项市政工作停摆几周，市政紧急会议决定支付 60 万美元的赎金。就在该市作出这个决定的短短一周内，佛罗里达州另一个遭袭城市湖城也迫于无奈，向黑客支付价值近 50 万美元的比特币赎金。

  2019 年 6 月，全球最大飞机零件供应商 ASCO 遭遇勒索病毒攻击，生产环境系统瘫痪，大约 1 000 名工人停工，多家工厂被迫停产。

2019 年 10 月初，全球最大的助听器制造商 Demant 遭勒索软件入侵，直接经济损失高达 9 500 万美元。

2020 年 4 月，葡萄牙跨国能源公司（天然气和电力）EDP（Energias de Portugal）遭 Ragnar Locker 勒索软件攻击，10TB 的敏感数据文件遭泄，赎金 1 580 枚比特币（当时价格约为 1 090 万美元或 990 万欧元）。根据 EDP 加密系统上的赎金记录，攻击者能够窃取有关账单、合同、交易、客户和合作伙伴的机密信息。

2020 年 10 月，物联网厂商研华科技遭遇了来自 Conti 勒索软件团伙的攻击，黑客组织提出了 750 个比特币的赎金要求（约合 1 300 万美元），否则将会把所盗数据逐步泄露在网络上。德国第二大软件供应商 Softawre AG 遭到勒索软件"Clop"的攻击，其内部软件被加密，该攻击发起者要求提供 2 000 万美元，才能给到解密密钥。

2020 年 11 月，位于墨西哥的富士康工厂遭到了 DoppelPaymer 勒索软件的攻击。DoppelPaymer 加密了约 1 200 台服务器，窃取了 100 GB 的未加密文件，删除了 20～30 TB 的备份内容，并要求富士康支付 1 804 枚比特币（当时约为 3 468 万美元）以获取解密工具。

2020 年 12 月，Conti 勒索软件团伙袭击了工业自动化和工业物联网（IIoT）芯片制造商 Advantech 研华科技的系统，要求提供 750 枚比特币（按当时的汇率约为 1 446 万美元，约合 9 454 万元人民币）的赎金以解密受影响的系统并停止泄露被盗的公司数据。

6.1.2　有备无患

数据备份，顾名思义，就是将数据以某种方式加以保留，以便在系统遭受破坏或其他特定情况下，重新加以利用的一个过程。数据备份的根本目的是重新利用，备份工作的核心是恢复，一个无法恢复的备份，对任何系统来说都是毫无意义的。

数据备份作为存储领域的一个重要组成部分，其在存储系统中的地位和作用都是不容忽视的。对一个完整的企业 IT 系统而言，备份工作是其中必不可少的组成部分。其意义不仅在于防范意外事件的破坏，而且还是历史数据保存归档的最佳方式。即便系统正常工作，没有任何数据丢失或破坏发生，备份工作仍然具有非常大的意义——为单位进行历史数据查询、统计和分析，以及重要信息归档保存提供了可能。

数据备份作为保护信息数据安全的重要措施。当信息系统受到破坏时，数据备份是可以将损失降低到最小的行之有效的办法。数据备份的目的是将整个系统的数据和状态保存下来，这种方式不仅可以挽回硬件设备带来的损失，也可以挽回系统错误和人为恶意破坏的损失。

数据备份关键时刻是可以用来救命的，数据备份可能一直不用，但只要用到，必须是业务系统及数据已经不能修复的情况下启用的。

6.1.3　备份产品与备份位置选择

在准备为企业配置备份服务时，要注意以下两点。

（1）备份产品的稳定与可靠性。我们选择备份产品，关键时刻是用来救命的。所以，备份产品本身一定要可靠与稳定，这就要求：长时间连续工作，备份服务或备份任务不能停止、不能中断，即使某个备份出错，也应该有恢复机制。最重要的是，备份的数据一定要能恢复，不能等出了问题，想通过备份恢复时，发现备份的数据不能用，或者备份服务早就停止了。

（2）备份服务器本身的安全性。备份是数据安全的最后一道防线，如果生产服务器感染了勒索病毒，而备份文件也感染了勒索病毒，那就万事皆休了。所以，对于备份，一定要想办法避免感染勒索病毒。

在选择备份产品时，可以根据功能、用途等进行备份。针对 VMware vSphere 虚拟化环境，可供选择下面的这些的产品。

（1）vSphere 6.5 及以前的版本，可以使用 VMware 提供的 VDP。但此产品已经不再升级，最高只支持到 vSphere 6.5，从 vSphere 6.7 版本开始将不再支持。

（2）第三方备份软件，例如 Veeam Backup & Replication、Veritas NetBackup。这些备份软件安装在物理机或虚拟机中，将备份保存在服务器本地硬盘或共享存储。

（3）备份一体机。国内外有许多厂商都提供备份一体机，例如 NetBackup 备份一体机，浪擎 DX 备份一体机等。

在对虚拟机进行备份时，下列位置可供选择。

（1）与虚拟机保存在同一存储。虚拟机保存在本地存储或共享存储，备份也在同设备保存。即使虚拟机与备份使用同一存储的不同 LUN，这还是同一台设备。

（2）虚拟机与备份使用不同的存储。虚拟机在一台存储，虚拟机备份保存在另外一台存储。

（3）单独的备份设备，例如配置单独的备份服务器或备份一体机，备份保存在备份服务器本地硬盘或与备份服务器相连接的存储。

在实际的生产环境中，建议为备份保存在单独的设备。如果备份与虚拟机保存在相同设备，由于设备故障导致虚拟机不能用时，备份也不能使用，此时备份没有意义。

Veeam Backup & Replication 可帮助企业对所有虚拟、物理和云端工作负载实施全面的数据保护。借助单个控制台，管理员可快速、灵活、可靠地备份、恢复及复制所有应用程序和数据。本章介绍 Veeam Backup & Replication 的安装配置与使用。

6.1.4　Veeam Backup & Replication 功能概述

Veeam Backup & Replication 可支持物理机、虚拟机和云端工作负载（虚拟机）的数据保护。Veeam Backup & Replication 使用单个控制台实现备份、恢复及复制所有应用程序和数据。Veeam Backup & Replication 主要功能是备份、恢复（还原）和复制。主要功能如下：

（1）备份：创建虚拟机、物理机、云中虚拟机的映像级备份以及 NAS 共享文件的备份；

（2）恢复：从备份文件恢复到原始位置或新位置；

（3）复制：创建虚拟机的精确副本，并使副本与原始虚拟机保持同步；

（4）连续数据保护（CDP）：虚拟机复制技术，可帮助保护关键任务虚拟机并在数秒内达到恢复点目标（RPO）；

（5）备份副本：将备份文件复制到辅助存储库；

（6）存储系统支持：使用在存储系统上创建的本机快照的功能备份和还原 VM；

（7）磁带设备支持：将备份副本存储在磁带设备中；

（8）恢复验证：在恢复之前测试 VM 备份和副本。

使用 Veeam Backup & Replication ，可以备份和还原以下对象：

（1）本地私有云虚拟机。当前支持 VMware vSphere 虚拟机、Microsoft Hyper-V 虚拟机和 Nutanix AHV 虚拟机（需要其他插件）；

（2）公有云虚拟机，当前支持 AWS EC2 实例和 Microsoft Azure 虚拟机；

（3）NAS 共享文件；

（4）物理机器。支持运行 Windows、Linux 或 macOS 操作系统的计算机的备份与恢复。在备份物理机时，Veeam Backup & Replication 需要在每台计算机上安装备份代理，通过备份代理完成备份。在备份虚拟机时，不需要在虚拟机中安装备份代理。

另外，Veeam 专门针对 UNIX 平台，为物理工作负载（包括在 Oracle Solaris 和 IBM AIX 上运行的 Oracle 和 SAP）提供集成的数据保护支持。

通过 Veeam Backup & Replication 备份和复制的本机功能，可以为以下应用程序创建与应用程序一致的备份。

- Microsoft SQL Server
- Oracle Database
- Active Directory
- Microsoft Exchange
- Microsoft OneDrive
- Microsoft SharePoint

另外，管理员可以通过安装 Veeam Backup for Microsoft Office 365 附加程序，实现对 Microsoft Office 应用程序的保护。Veeam 也提供了 Oracle RMAN、SAP HANA Backint 和 BR * Tools 的插件。

【说明】Veeam Backup & Replication 官方简称为 VBR。下面的章节也用 VBR 代表 Veeam Backup & Replication 产品。

6.1.5　Veeam Backup & Replication 部署方案

要开始使用 Veeam Backup & Replication 必须设置备份基础结构。基本的 Veeam 备份和复制基础结构包含以下核心组件。

（1）备份服务器。备份服务器基于 Microsoft Windows 的计算机，其上安装了 Veeam 备份和复制软件。备份服务器执行主要管理操作：协调备份，复制和还原任务，控制作业计划和资源分配。

（2）备份存储库。备份存储库是 Veeam Backup & Replication 在其中保留复制的 VM 的备份文件，备份副本和元数据的服务器。备份存储库可以选择 Windows 或 Linux 操作系统。勒索病毒一般只感染 Windows 操作系统，为了避免备份数据遭受勒索病毒的破坏也加密，可以将备份存储库选择运行 Linux 操作系统的计算机或虚拟机。

（3）备份代理。备份代理从源主机检索数据，对其进行处理并将其传输到备份存储库的组件。备份代理可以是运行 Windows 或 Linux 操作系统的虚拟机。

（4）基础架构服务器和主机。基础架构服务器和主机是计划用作备份、复制和其他活动的源和目标的 VMware vSphere 服务器，或者是计划为其分配备份代理或备份存储库角色的 Windows 和 Linux 服务器。

管理员可以在任何规模和复杂度的虚拟环境中使用 Veeam 备份和复制。该解决方案的体系结构支持现场和异地数据保护、跨远程站点和地理位置分散的位置的操作。Veeam 备份和复制提供了灵活的可伸缩性，可以轻松地适应不同的虚拟环境的需求。

Veeam 备份和复制支持多种部署方案，每个方案都包含核心基础架构组件：备份服务器、备份代理和备份存储库。根据虚拟环境的大小，管理员可以使用以下三种部署方案之一。

1．简单部署

简单部署适用于小型虚拟环境。在这种情况下，数据保护任务所需的所有组件的角色都分安装在基于 Windows 的物理或虚拟机器上。此安装称为备份服务器。简单部署意味着备份服务器执行以下角色。

（1）充当管理点：协调所有作业，控制其调度并执行其他管理活动。

（2）充当默认备份代理：用于处理作业处理和传输备份流量。备份代理功能所需的所有服务都在本地安装在备份服务器上。

（3）用作默认备份存储库：在安装过程中，Veeam Backup & Replication 会检查安装产品的计算机的卷，并标示具有最大可用磁盘空间量的卷。在此卷上，Veeam Backup & Replication 创建备份文件夹，该文件夹用作默认备份存储库。

（4）用作应用程序感知处理、来宾操作系统索引和事务日志处理所需的来宾交互代理。

如果计划仅备份和复制少量虚拟机或评估测试 Veeam Backup & Replication，此配置可以满足大多数用户需求。Veeam Backup & Replication 安装完成后即可立即使用。只要安装完成，用户就可以开始使用该解决方案执行备份和复制操作。要平衡备份和复制虚拟机的负载，可以在不同时间安排作业。

在简单部署方案中，将备份服务器、备份代理和备份存储库的角色分配给一台计算机。这些角色会自动分配给安装 Veeam Backup & Replication 的计算机。简单部署如图 6-1-1 所示。

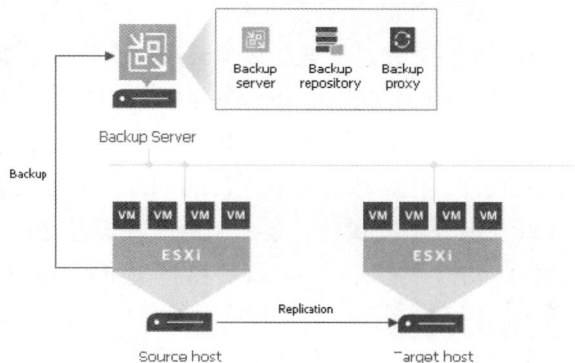

图 6-1-1　简单部署拓扑

如果决定使用简单部署方案，建议在虚拟机上安装 Veeam Backup & Replication ，这样将能够使用虚拟设备传输模式，从而允许无 LAN 数据传输。

简单部署方案的缺点是只有备份服务器才能处理和存储所有数据。对于中型或大型环境，单个备份服务器的容量可能不足。为了减轻备份服务器的负载，并在整个备份基础架构中平衡负载，建议使用高级部署方案。

2．高级部署

在具有大量作业的大型虚拟环境中，备份服务器上的负载很重。在这种情况下，建议使用将备份工作负载移至专用备份基础架构组件的高级部署方案。此处的备份服务器充当"管理器"，用于部署和维护备份基础架构组件。

在高级部署方案中，备份服务器、备份代理和备份存储库的角色分配给了不同的计算机。高级部署具有以下优点：

● 处理负载已从备份服务器移至备份代理；

● 更高的容错能力：管理员可以将数据存储在单独的计算机（备份存储库）上。

应注意的是，在高级部署方案中要求管理员手动分配代理和存储库的角色。高级部署包括以下组件：

（1）虚拟基础架构服务器。用作备份、复制和虚拟机复制的源和目标的 VMware vSphere 主机；

（2）备份服务器。备份基础架构的配置和控制中心；

（3）备份代理。一个"数据移动器"组件，用于从源数据存储中检索虚拟机数据，处理它并传递到目标；

（4）备份存储库。用于存储备份文件、虚拟机副本和辅助副本的位置；

（5）专用安装服务器。虚拟机操作系统文件和应用程序项所需的组件还原到原始位置。

借助高级部署方案，用户可以满足当前和未来的数据保护要求。管理员可以在几分钟内横向扩展备份基础架构，以匹配要处理的数据量和可用的网络吞吐量。可以安装多个备份基础架构组件并在其中分配备份工作负载，而不是增加备份服务器的数量或不断调整作业调度。安装过程完全自动化，简化了虚拟环境中备份基础架构的部署和维护。

在具有多个代理的虚拟环境中，Veeam Backup & Replication 会在这些代理之间动态分配备份流量。作业可以显式映射到特定代理，管理员也可以让 Veeam Backup & Replication 选择最合适的代理。在这种情况下，Veeam Backup & Replication 将检查可用代理的设置，并为作业选择最合适的代理。要使用的代理服务器应该可以访问源主机和目标主机以及要写入文件的备份存储库。高级部署拓扑如图 6-1-2 所示。

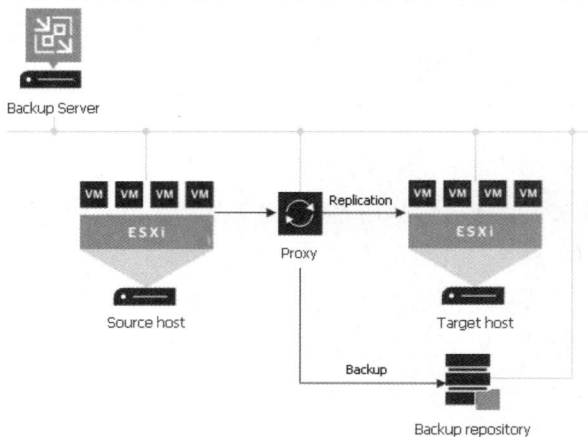

图 6-1-2　高级部署方案

高级部署方案是备份和复制异地的良好选择。管理员可以在生产站点中部署备份代理，在复制站点中部署另一个备份代理，更靠近备份存储库。执行作业时，双方的备份代理建立稳定的连接，因此该体系结构还允许通过慢速网络连接或 WAN 高效传输数据。

要规范备份负载，可以指定每个代理的最大并发任务数，并设置限制规则以限制代理带宽。除了组合数据速率的值之外，还可以为备份存储库指定最大并发任务数。

高级部署方案的另一个优点是它有助于实现高可用性。如果其中一个代理过载或不可用，作业可以在代理之间进行迁移。

根据生产环境以及计划使用的备份和复制方案，高级部署方案可能包括由单台备份服务器控制的多个备份代理和备份存储库，包括现场和异地。

3. 分布式部署

对于在不同站点上安装了多个备份服务器的地理位置分散的大型虚拟环境，建议使用分布式部署方案。这些备份服务器在 Veeam Backup Enterprise Manager 下联合（这是一个可选组件），通过 Web 界面为这些服务器提供集中管理和报告。

Veeam Backup Enterprise Manager 从备份服务器收集数据，使管理员能够通过单个管理平台在整个备份基础架构中运行备份和复制作业，使用单个作业作为模板编辑它们并克隆作业。它还提供各个区域的报告数据（例如，在过去 24 小时或 7 天内执行的所有作业，所有从事这些作业的虚拟机等）。使用在一台服务器上整合的索引数据，Veeam Backup Enterprise Manager 提供了在所有备份服务器上创建的虚拟机备份中检索虚拟机操作系统文件的高级功能（即使它们存储在不同站点上的备份存储库中），并在单台服务器中恢复它们单击。通过 Veeam Backup Enterprise Manager 启用搜索虚拟机操作系统文件本身。

此外，VMware 管理员将受益于可以使用 Veeam Backup Enterprise Manager 安装的适用于 vSphere Web Client 的 Veeam 插件。他们可以直接从 vSphere 分析已使用和可用存储空间视图的累积信息以及已处理虚拟机的统计信息，查看成功、警告、所有作业的故障计数，轻松识别未受保护的虚拟机以及执行存储库的容量规划。分布式部署拓扑如图 6-1-3 所示。

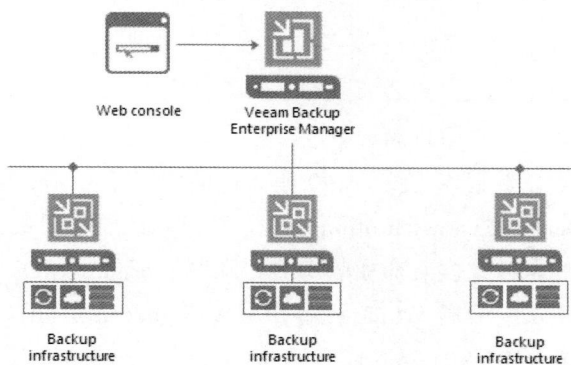

图 6-1-3　分布式部署方案

6.1.6　系统需求

我们不建议在生产环境中的关键任务计算机上安装 Veeam Backup & Replication 及其组件，例如 vCenter Server、域控制器、Microsoft Exchange Server、Small Business Server/Windows Server Essentials 等。如果可能，应在专用计算机上安装 Veeam Backup & Replication 及其组件。备份基础结构组件角色可以共同安装。

管理员可以将备份代理、备份存储库、WAN 加速器和 Veeam Cloud Connect 基础架构组件和磁带基础架构组件的角色分配给运行 Microsoft Windows Server Core 的计算机。

请注意的是，管理员无法在运行 Microsoft Windows Server Core 的计算机上安装 Veeam Backup & Replication 和 Veeam Backup Enterprise Manager 。

管理员计划在其上安装 Veeam Backup & Replication 的计算机不一定是域成员。但是，如果计划从 Veeam Backup 企业管理器 UI 还原 Microsoft Exchange 项目，则必须在

Microsoft Exchange 邮箱所在的 Microsoft Active Directory 林中的域成员服务器上安装 Veeam Backup 企业管理器。

对于多合一安装，管理员可以从每个角色中减去 2 GB 的内存资源。假设每个组件都安装在专用服务器上，则这 2 GB 分配给操作系统本身。Veeam 备份服务器与其他组件系统需求如表 6-1-1 所示。

表 6-1-1　Veeam 相关服务器系统需求

	CPU（vCPU）	内存（GB）	硬盘	操作系统
备份服务器	4	4+每个并发 500 MB	最小 100　GB	Windows
备份代理	2 每个并发加 1	2 每个并发加 200 MB	300 MB 每个并发加 50MB	Windows、Linux
CDP 备份代理	8	16	50 GB	Windows
文件代理	2	4	300 MB	Windows
备份存储服务器	2	4 每个并发 2G 或 4G		Windows、Linux
WAN 加速器	2	8	每 1 TB 源数据需要 20 GB	Windows

Veeam 相关服务器其他需求说明如下：

（1）备份服务器需要数据库支持。对于小规模的应用，可以使用 Veeam 安装包中集成的 Microsoft SQL Server Express Edition 版本，该版本限制使用最大 10 Gb 的数据库。如果需要更大的数据库，建议安装商业版本的 SQL Server；

（2）Windows：需要以下 64 位 Windows 操作系统：Windows 7 SP1、Windows 8、Windows 10、Windows Server 2008 R2 SP1 及其以后的 Windows Server；

（3）Linux：Cent OS 7 及其以后的版本，Debian 9.0 及更高，Oracle Linux 6 及更高，RHEL 6.0 及更高，SLES 11 SP4、SLES 12、SLES 15，Ubuntu 14.04 及更高；

（4）网络。用于现场备份和复制的速度为 1 Gbit/s 或更快，用于非现场备份和复制的速度为 1 Mbps 或更快。支持高延迟和相当不稳定的 WAN 链接。

6.2　几种备份案例

在为企业规划实施虚拟化项目时，应该根据企业的需求、现状、预算等情况进行合理产品选型与实施。同样，在为企业规划数据备份时，在详细解企业的现状和需求后，根据企业的现有条件和预算，为企业选择合适的备份设备。下面介绍几个不同的案例，供读者参考借鉴。

6.2.1　单台服务器备份物理机

用户现状和需求：用户现在有一台 OA 服务器（Linux 操作系统，2TB 硬盘）和一台档案服务器（Windows Server 2008 R2 操作系统，500GB 硬盘）需要备份。另外还有一台保存了以前版本的档案服务器（保存了历史数据，已经不再使用，只是偶尔查询），需要对其进行备份（备份一次即可，需要时可以恢复）。

备份方案选择：配置一台服务器，配置备份软件，对 OA 与档案服务器进行定期备份，对以前版本的档案服务器进行一次备份。

备份服务器硬件配置：DELL R740XD 服务器，配置了 1 个 4 210 的 CPU，64GB 内存，12 个 3.5 英寸盘位，配置了 6 块 4TB NL-SAS，H730P 2GB RAID 卡，2 个 750W 电源，导轨以及 4 端口 1Gbit/s RJ-45 网卡。

备份软件购买 Veeam Backup & Replication 10.0 版本，10 用户包。

【说明】这是 2020 年实施的项目。项目至今已经稳定运行一年多的时间。

该案例部分截图如下。

（1）备份服务器安装 Windows Server 2019 数据中心版本，如图 6-2-1 所示。

图 6-2-1　主机操作系统

（2）该服务器配置 6 块 4TB 的硬盘，使用 RAID-5 划分了 2 个卷，第 1 个卷划分 200GB 用来安装操作系统，使用 NTFS 文件系统格式化。第 2 个卷使用剩余空间（约 17.9TB），使用 ReFS 文件系统格式化，用来保存 Veeam 备份数据，如图 6-2-2 所示。

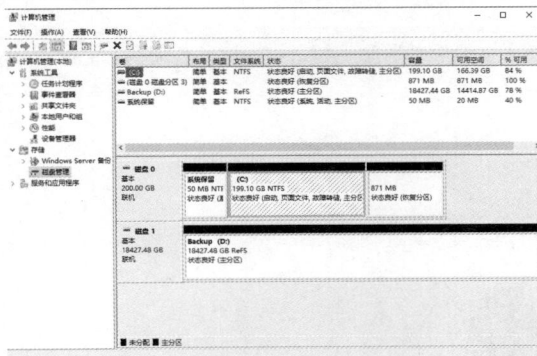

图 6-2-2　磁盘划分

（3）在 Veeam 中创建了 2 个备份任务，分别备份 Linux 操作系统的 OA 应用和 Windows 操作系统的档案应用，如图 6-2-3 所示。

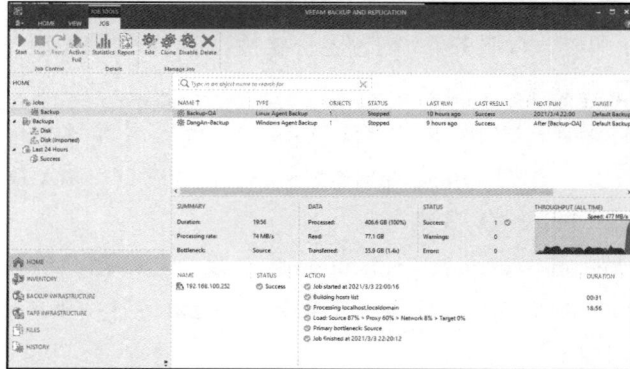

图 6-2-3　备份任务

（4）每个备份任务保留 14 天，其中 OA 的备份文件如图 6-2-4 所示，档案系统备份文件如图 6-2-5 所示。

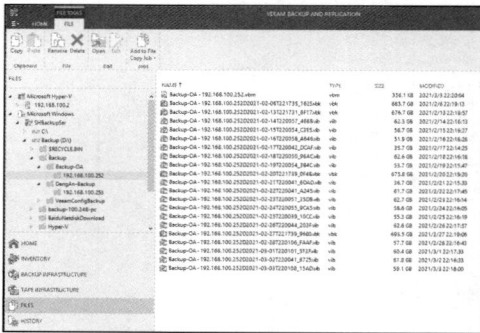

图 6-2-4　OA 备份后的文件

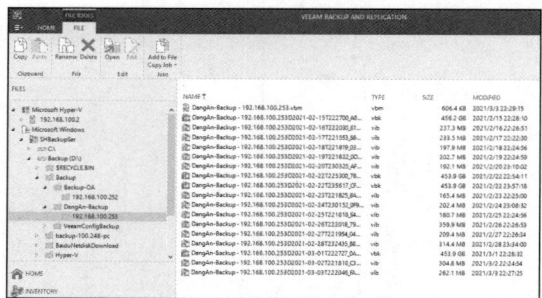

图 6-2-5　档案系统备份

（5）以前版本的档案备份如图 6-2-6 所示。

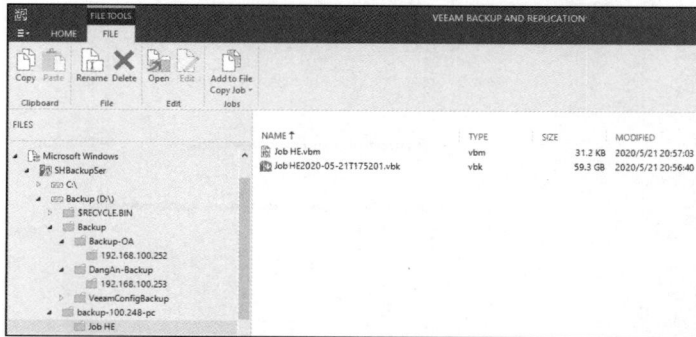

图 6-2-6　一次性备份

对于 Windows 操作系统的备份（图 6-2-5 和图 6-2-6 的备份），可以恢复到原来的物理机，也可以将备份恢复到 vSphere 或 Hyper-V 虚拟化环境中直接运行。对于 Linux 操作系统的备份（对于图 6-2-4 的备份），可以恢复到原来的物理机，也可以将备份恢复到 vSphere 虚拟化环境中直接运行。

6.2.2　共享存储虚拟化备份

用户需求和现状：用户在 2017 年实施虚拟化，当时配置了 2 台联想 3650 M5 服务器，1 台 IBM V3500 共享存储。使用 vSphere 6.0 版本。当时该虚拟化运行企业 OA、ERP 与文件服务器。当时为备份配置了 1 台 DELL T330 的服务器（配置了 4 块 4TB 的硬盘）用作备份。最初使用 VDP 进行备份。后来随着用户数据量的增长，T330 配置的 4 块 4TB 备份空间已经不能满足需求。另外，随着 VMware 放弃对 VDP 的支持，用户需要对当时的备份系统进行更换。在 2018 年时，为 T330 更换了 4 块 12TB 的硬盘，并且将备份软件从 VDP 更换为 Veeam 9.5，在 2020 年时升级为 Veeam 10。

（1）在当前的服务器虚拟化项目中一共有 3 台服务器，其中 2 台虚拟化主机（IP 地址为 172.16.6.11 和 172.16.6.12 的主机）和 1 台用于备份的服务器（IP 地址为 172.16.6.15 的主机），如图 6-2-7 所示。

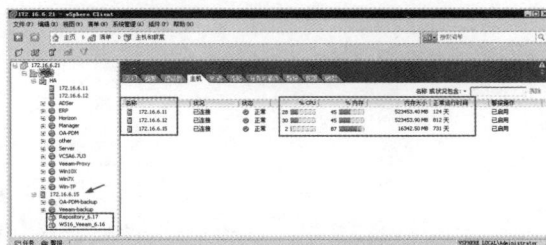

图 6-2-7　主机清单列表

（2）在备份服务器（IP 地址为 172.16.6.15 的主机）创建了 2 台虚拟机，一台是 Veeam 备份服务器，另一台是 Veeam 备份存储库。在 172.16.6.11 与 172.16.6.12 的 2 台服务器上各安装一台 Veeam 备份代理，如图 6-2-8 所示。当前环境 ESXi 主机、vCenter Server、Veeam 备份服务器与备份代理清单如表 6-2-1 所示。

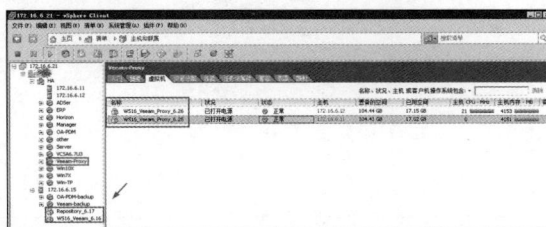

图 6-2-8　备份代理虚拟机

表 6-2-1　物理主机与备份虚拟机列表

序号	计算机/虚拟机名称	IP 地址	操作系统	说明
1	vcsa_6.21	172.16.6.21	vCenter 6.0	vCenter Server
2	ESXi11	172.16.6.11	ESXi 6.0	虚拟化主机 1
3	ESXi12	172.16.6.12	ESXi 6.0	虚拟化主机 2
4	ESXi15	172.16.6.15	ESXi 6.0	备份主机
5	WS16_Veeam_6.16	172.16.6.16	Windows 2016，Veeam 10.0	Veeam 备份服务器
6	Repository_6.17	172.16.6.17	Cent OS 7.0	备份存储库
7	WS16_Veeam_Proxy_6.25	172.16.6.25	Windows 2016	Veeam 备份代理
8	WS16_Veeam_Proxy_6.26	172.16.6.26	Windows 2016	Veeam 备份代理

（3）安装 Veeam 备份服务器的虚拟机分配 8GB 内存和 4 个 CPU，分配 100GB 的系统空间，如图 6-2-9 所示。这台服务器安装 Windows Server 2016 操作系统，如图 6-2-10 所示。

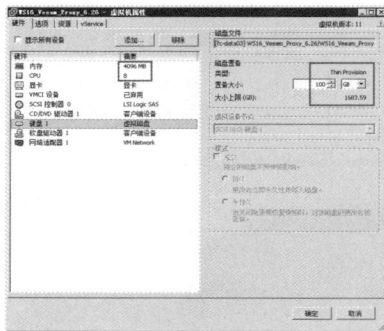

图 6-2-9　Veeam 备份服务器

图 6-2-10　备份虚拟机操作系统

（4）在 Veeam 备份管理控制台中，添加 IP 地址为 172.16.6.17 的备份存储库，该备份存储库有 3.8TB 空间，使用了 1.9TB，如图 6-2-11 所示。

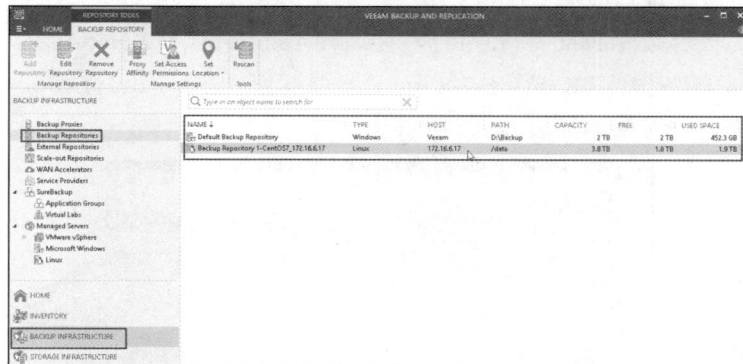

图 6-2-11　Linux 备份存储库

（5）在 Veeam 备份服务器中，创建 1 个复制任务和 2 个备份任务，其中备份任务保存到 Linux 备份存储库中，如图 6-2-12 所示。

（6）在 Veeam 备份服务器的"FILES"中浏览备份存储库，找到备份文件夹（当前示例为/data），可以看到备份文件，如图 6-2-13 所示。

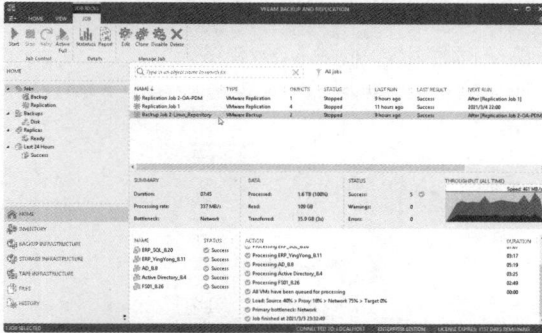

图 6-2-12　备份任务

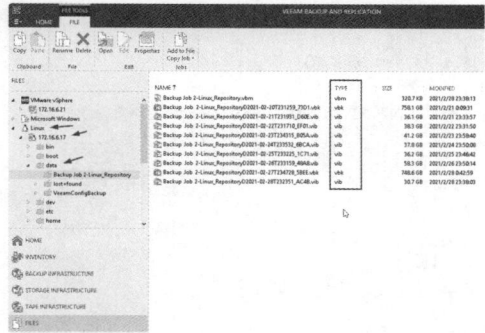

图 6-2-13　备份文件

（7）在"BACKUP INFRASTRUCTURE → Backup Proxies"中可以看到备份代理，IP 地址为 172.16.6.25 和 172.16.6.26 是 2 台备份代理，IP 地址为 172.16.6.17 的备份存储库和 Veeam 备份服务器本身也是备份代理，如图 6-2-14 所示。

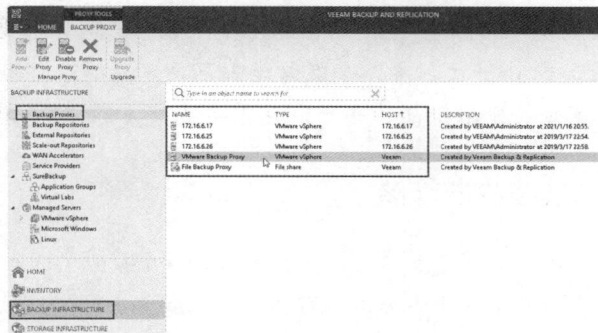

图 6-2-14　备份代理

在备份代理属性中，设计 Veeam 服务器本身的并发任务为 4，如图 6-2-15 所示，设置 IP 地址为 172.16.6.25 和 172.16.6.26 的备份代理并发任务为 8，如图 6-2-16 所示。

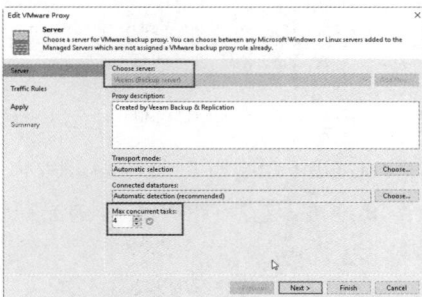

图 6-2-15　备份服务器并发数

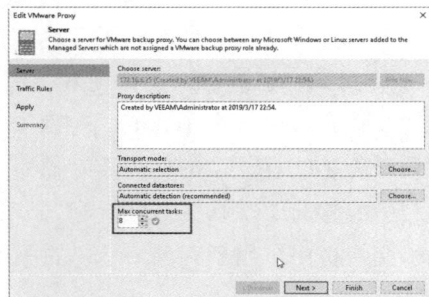

图 6-2-16　备份代理并发数

（8）名称为 Repository_6.17 的备份存储库分配了 4GB 内存、4 个 vCPU、200GB 的系统磁盘和 2 个 2TB 厚置备的磁盘，如图 6-2-17 所示。

（9）备份存储库虚拟机安装 Cent OS 7 的操作系统，将操作系统安装在 200 GB 的系统磁盘，将 2 个 2TB 的磁盘创建分区并添加为 1 个逻辑卷映射到/data 文件夹，该文件夹用来保存 Veeam 备份。当前分区挂载点及备份空间使用，如图 6-2-18 所示。

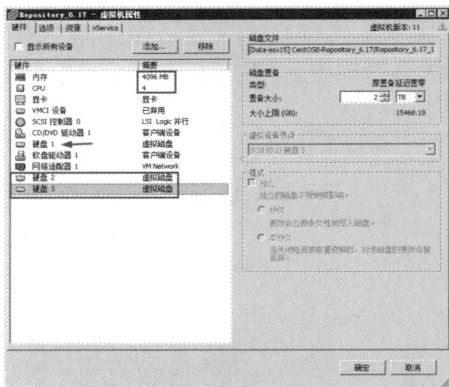

图 6-2-17　备份存储库虚拟机配置　　　　　图 6-2-18　存储库

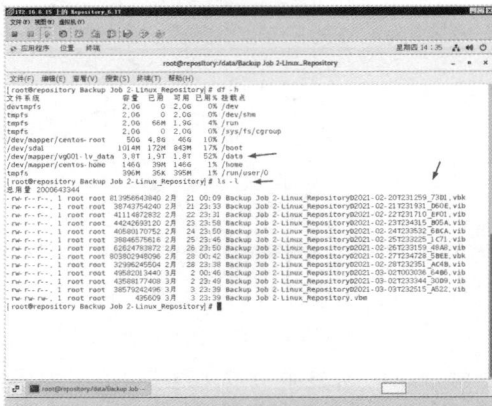

【说明】最初为备份存储库配置 1 个 2TB 的磁盘，使用一段时间之后空间不足，又添加 1 个 2TB 的磁盘附加到/data 文件夹。如果以后需要更多的磁盘空间，可以修改虚拟机配置，为虚拟机添加更多的虚拟磁盘并继续扩展/data 文件夹即可。

6.2.3　虚拟机复制到威联通存储

用户现状：用户使用 4 台主机提供了 80 多个 Horizon 虚拟桌面。虚拟桌面用户数据保存在网盘中。当前环境重要的业务虚拟机有 Active Directory 服务器、Horizon 连接服务器、Composer 服务器、UAG 服务器、网盘服务器、打印服务器等虚拟机。最初用户是将这些虚拟机备份到网络中的 1 台配置了大容量硬盘（2 个 4TB）的 PC 中，但 PC 机的稳定性较差，另外 PC 也比较耗电。用户采购了一台威联通的 NAS，将业务虚拟机备份到威联通存储中。下面简要介绍该项目虚拟机备份与复制情况。

（1）为备份配置 1 台威联通（TVS-872N）存储，配置 6 块 8TB 的硬盘（当前型号最多支持 8 个 3.5 英寸硬盘），如图 6-2-19 所示。

（2）该存储带 2 个 1Gbit/s 的 RJ-45 端口（该端口配置了网关用作管理用，当前示例管理地址为 172.16.11.40），为该存储添加 1 块 2 端口 10Gbit/s 的 SFP 光纤接口网卡，当前示例中配置为 172.16.12.26 和 172.16.12.28 的 2 个 IP 地址，这 2 个 10Gbit/s 的光口连接到网络交换机中，用于存储 iSCSI 的服务地址，如图 6-2-20 所示。

图 6-2-19　配置 6 个 8TB 硬盘，使用 RAID-5 划分

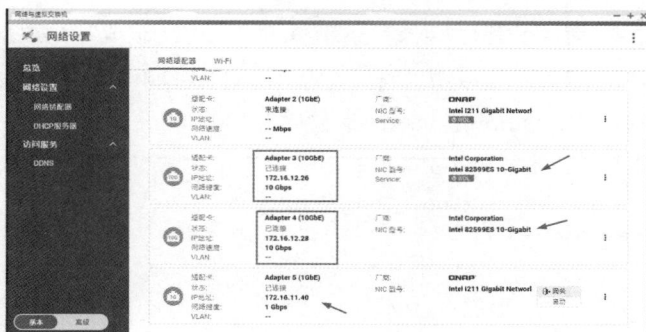

图 6-2-20　硬盘接口、容量、速度测试

（3）威联通存储配置 iSCSI 服务，创建 1 个容量为 21.13TB 的 LUN 分配给 4 台 ESXi 主机，如图 6-2-21 所示。

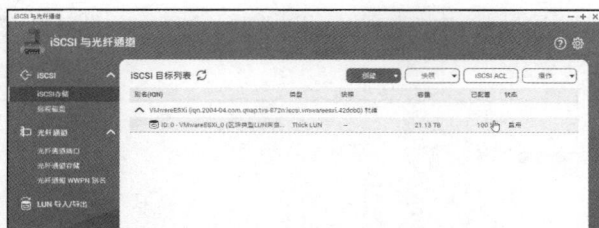

图 6-2-21　为 ESXi 划分 LUN

（4）当前环境中有 4 台 ESXi 主机，主机运行情况如图 6-2-22 所示。

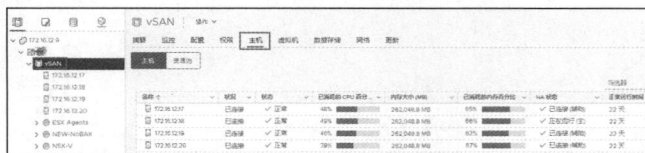

图 6-2-22　虚拟化主机清单

（5）每台 ESXi 主机添加了软件 iSCSI 适配器，并添加威联通提供的 iSCSI 存储服务器 IP 地址（当前示例为 172.16.12.26 和 172.16.12.28），如图 6-2-23 所示。

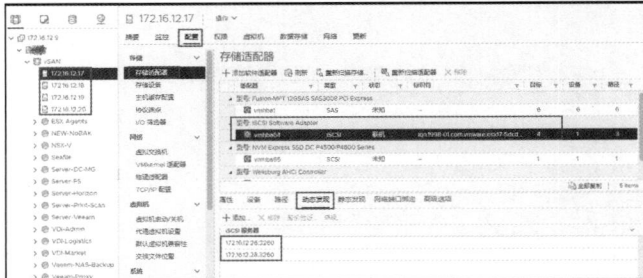

图 6-2-23　连接到 iSCSI 存储

（6）这 4 台主机组成 vSphere 虚拟化环境，使用 vSAN 架构。4 台主机本地硬盘（SAS 与 SSD）组成 vSAN 存储，iSCSI 映射给 ESXi 主机的 LUN 组成共享存储。所以，当前主机有 2 个存储，如图 6-2-24 所示。其中名称为 Veeam-QTS-Datastore 是威联通提供的 iSCSI 存储空间，名称为 vsanDatastore 是 vSAN 提供的存储空间。

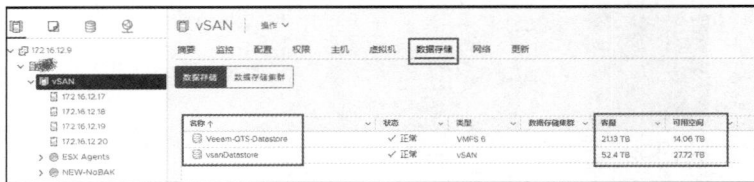

图 6-2-24　存储

（7）当前 4 台主机目前运行了 92 台打开电源的虚拟机，其中 80 多个 Horizon 虚拟桌面（运行 Windows 10 操作系统，每虚拟机分配 6 个 vCPU 和 6GB 内存），剩余的为 Active Directory 域服务器、Horizon 连接服务器、Composer 服务器、Veeam 备份服务器及 Veeam 备份代理虚拟机，如图 6-2-25 所示。

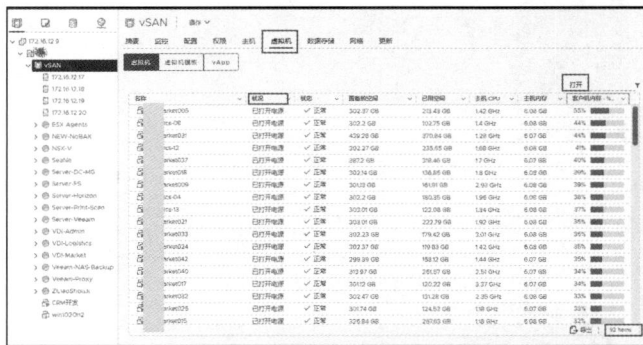

图 6-2-25　运行的虚拟机

（8）在当前的环境中，配置 1 台 Veeam 备份服务器和 3 台 Veeam 备份代理的虚拟机，如图 6-2-26 所示。

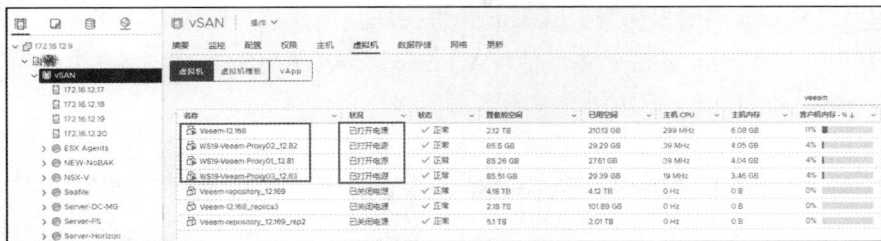

图 6-2-26　Veeam 备份虚拟机与备份代理虚拟机

（9）在 Veeam 备份服务器中创建 3 个复制任务，如图 6-2-27 所示，主要复制 vCenter
Server 管理服务器、Horizon 连接服务器、Composer 服务器、Active Directory 服务器以及
保存虚拟桌面用户数据的网盘服务器。这些服务器都是以虚拟机方式提供。Veeam 创建
虚拟机复制任务，将这些虚拟机复制到图 6-2-28 中名称为 Veeam-QTS- Datastore 的虚拟
机中。当前复制 16 台虚拟机，这些虚拟机都需要备份。

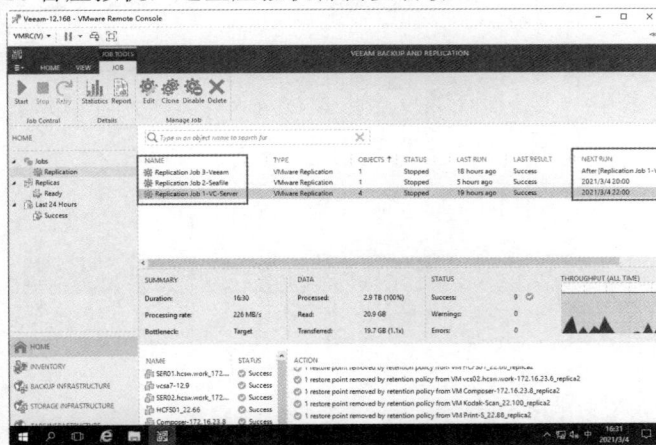

图 6-2-27　复制任务

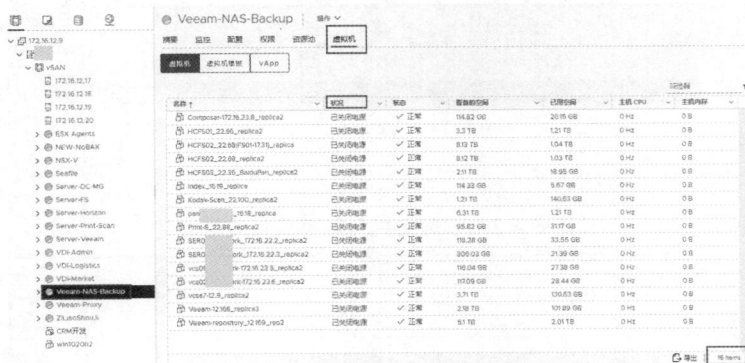

图 6-2-28　使用 Veeam 复制的需要备份的虚拟机

（10）当前有 4 台 ESXi 主机，安装 3 个 Veeam 备份代理的虚拟机，如图 6-2-29 所示。本次配置中，Veeam 备份服务器、Veeam 备份代理并发任务都设置为 4 个。

（11）当前的 Veeam 备份服务器使用 Windows Server 2016，如图 6-2-30 所示，备份代理都使用 Windows Server 2019 的操作系统。

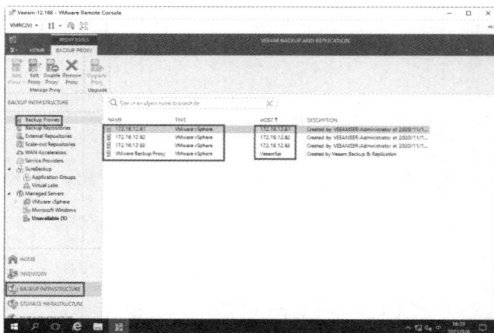

图 6-2-29　备份代理

图 6-2-30　Veeam 主机系统

（12）在当前 10Gbit/s 的网络速度下，Veeam 复制的速度还是比较快的。在 Veeam 备份报告中可以看到，其中一个备份任务 9 台虚拟机每天差异复制花费只有 16 分 30 秒，如图 6-2-31 所示。

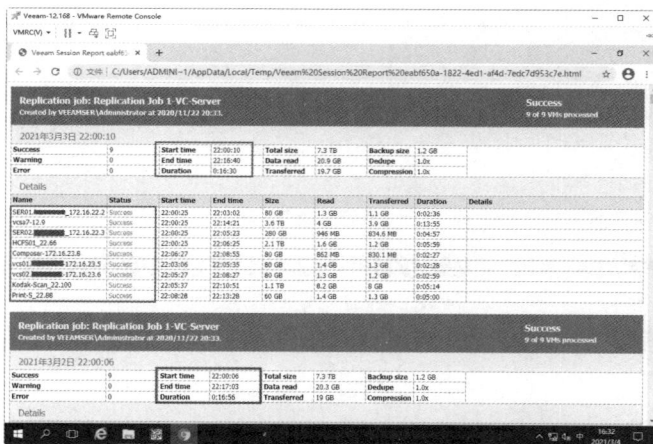

图 6-2-31　Veeam 复制报告

在当前的项目中，物理主机与备份相关虚拟机如表 6-2-2 所示。

表 6-2-2　物理主机与备份相关虚拟机

序号	计算机/虚拟机名称	IP 地址	操作系统	说明
1	vcsa_12.9	172.16.12.9	vCenter 7.0	vCenter Server
2	ESXi17	172.16.12.17	ESXi 7.0	虚拟化主机 1
3	ESXi18	172.16.12.18	ESXi 7.0	虚拟化主机 2

序号	计算机/虚拟机名称	IP 地址	操作系统	说明
4	ESXi19	172.16.12.19	ESXi 7.0	虚拟化主机 3
5	ESXi20	172.16.12.20	ESXi 7.0	虚拟化主机 4
6	Veeam_12.168	172.16.12.168	Windows 2016，Veeam 10.0	Veeam 备份服务器
7	WS19-Veeam-Proxy_12.81	172.16.12.81	Windows 2019	Veeam 备份代理
8	WS19-Veeam-Proxy_12.82	172.16.12.82	Windows 2019	Veeam 备份代理
9	WS19-Veeam-Proxy_12.83	172.16.12.83	Windows 2019	Veeam 备份代理
10	威联通 NAS-iSCSI 地址 1	172.16.12.26		iSCSI 服务器
11	威联通 NAS-iSCSI 地址 2	172.16.12.28		iSCSI 服务器

6.2.4　专用备份服务器应用案例

　　某企业使用 vSphere 服务器虚拟化技术，在 6 台物理主机上运行了 200 多台服务器虚拟机，这些虚拟机当前使用的存储空间接近 100TB。在这 200 多台服务器虚拟机中有 180 多台需要备份。为了满足用户需求，配置了一台 DELL R740XD2 的服务器，配置了 2 个 Intel 5218 R 的 CPU、512GB 内存、24 个 12TB 的 NL-SAS 磁盘，使用 Veeam 10.0，将需要备份的虚拟机复制到这台 R740XD2 提供的本地存储中。下面介绍主要应用情况。

　　（1）当前虚拟化环境有 6 台物理主机，每台主机配置 2 个 Intel 5218 的 CPU、1 024GB 内存，如图 6-2-32 所示。

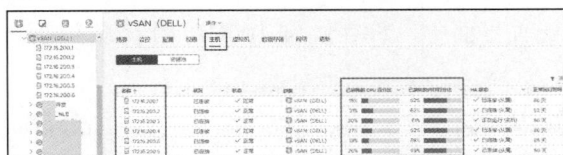

图 6-2-32　虚拟化主机

　　（2）至此，当前群集打开电源的虚拟机一共是 224 台，如图 6-2-33 所示。

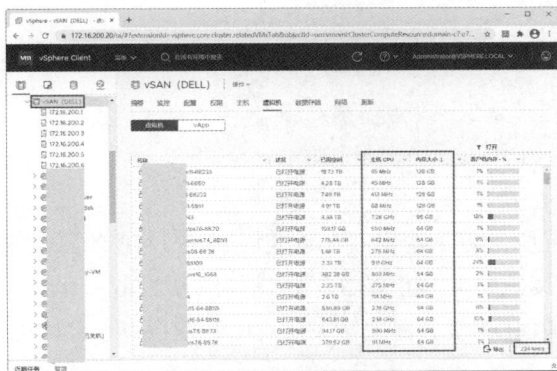

图 6-2-33　打开电源虚拟机清单

（3）采购了一台 DELL R740XD2 的主机，配置 1 块 3.2TB 的 PCIe NVME 固态硬盘，24 块 24TB 的 NL-SAS 磁盘。每 12 块硬盘做 1 组 RAID-50。第 1 组 RAID-50 划分 3 个卷，第 2 组 RAID-50 划分 2 个卷；卷名称和大小如表 6-2-3 所示。

表 6-2-3　存储服务器磁盘 RAID 划分

磁盘编号	卷名称	卷大小	用途
0、1、2、3、4、5 6、7、8、9、10、11	DG01-OS	100GB	ESXi 主机系统安装
	DG02	50TB	Data-DG02，保存备份数据
	DG03	56.821TB	Data-DG03，保存备份数据
12、13、14、15、16、17 18、19、20、21、22、23	DG11	62TB	Data-DG11，保存备份数据
	DG02	44.92TB	Data-DG12，保存备份数据

在划分之后，每个卷会初始化一段时间，在初始化时，磁盘读写速度会受到一定影响。等初始化完成后速度将正常。刚配置完成时每个卷初始化进度如图 6-2-34 所示。

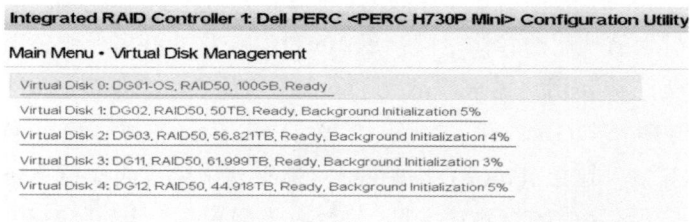

图 6-2-34　RAID 划分的卷初始化

（4）在 RAID 卡配置界面中，将容量为 100GB 的卷设置为引导设备，如图 6-2-35 所示。

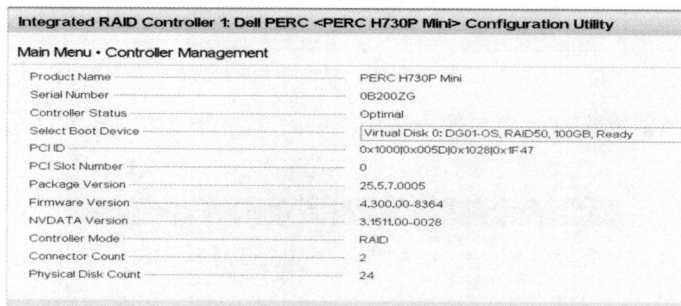

图 6-2-35　设置引导磁盘

（5）在 RAID 配置中，每个逻辑卷在创建时使用 1MB 的磁盘条带，使用 Write Back 写策略和 Read Ahead 读策略并禁止磁盘缓存，如图 6-2-36 所示。

（6）在 DELL R740XD2 服务器安装 VMware ESXi 6.7.0-16075168 版本，安装完成后如图 6-2-37 所示。

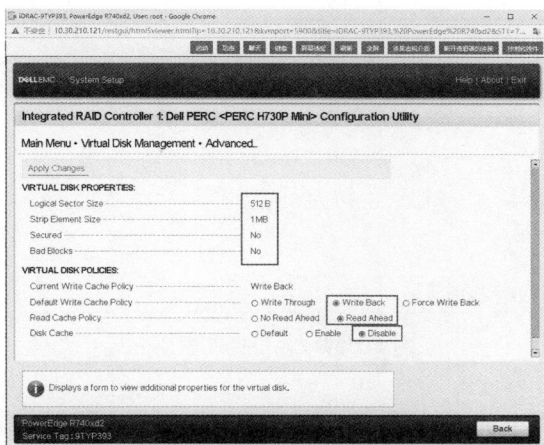

图 6-2-36　卷读写策略

（7）在 ESXi 的官方资料中，每个 VMFS 卷大小上限为 64TB。在 ESXi 6.7 U3 的版本中，在实际测试时，可以将多块 62TB 的卷（或 LUN）扩展成一个超过 64TB 的 VMFS 卷，但还是建议将每个 VMFS 卷大小限制为 64TB。所以对于 4 个数据卷，每个卷创建一个 VMFS 分区，如图 6-2-38 所示。将 3.2TB 的固态硬盘单独创建一个 VMFS。100GB 的系统卷在安装系统之后删除，以避免将虚拟机保存在系统卷。

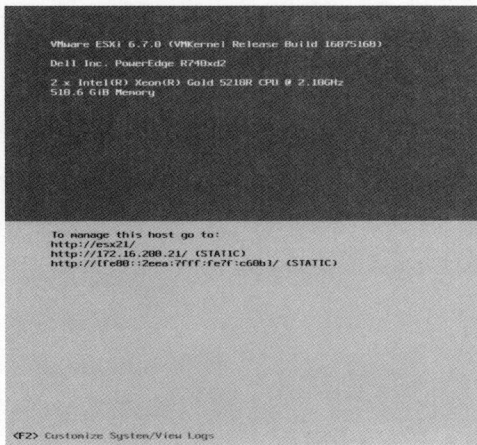

图 6-2-37　安装完成

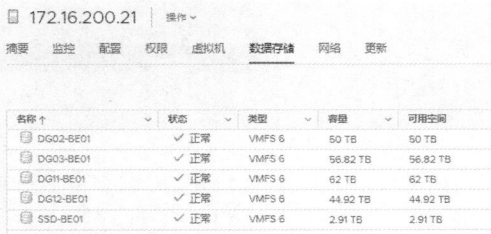

图 6-2-38　备份服务器数据存储

（8）在 6 台虚拟化主机上配置 6 个备份代理虚拟机，每个备份代理配置 8 个 CPU、16GB 内存和 100GB 的磁盘空间，如图 6-2-39 所示。

（9）在备份主机创建了 2 台虚拟机，其中一台虚拟机是 Veeam 备份服务器，另一台虚拟机是备份代理虚拟机。因为当前需要备份的虚拟机比较多，另外备份主机有 4 个用来保存备份的存储，所以一共创建 7 个虚拟机复制任务，根据资源池进行虚拟机的复制，将需要备份的 180 多台虚拟机复制到备份主机的 4 个备份存储卷中。Veeam 创建的备份任务，如图 6-2-40 所示。

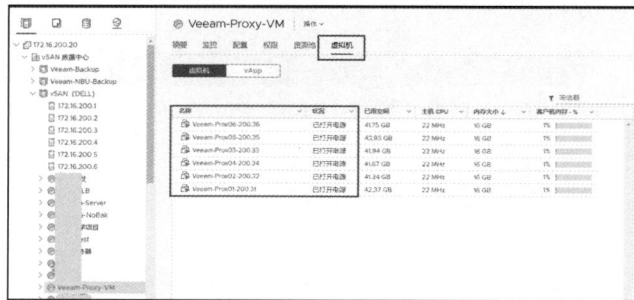

图 6-2-39　备份代理虚拟机

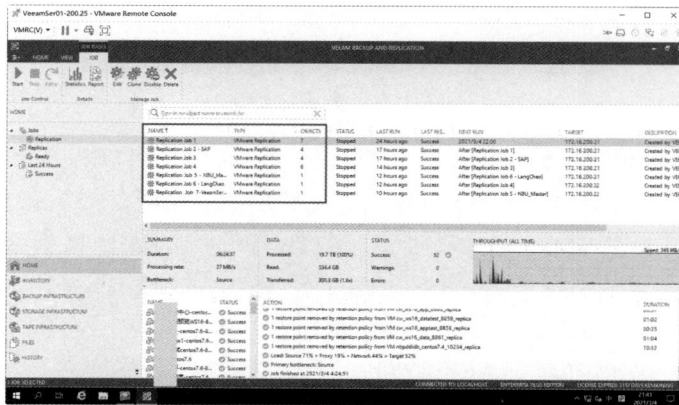

图 6-2-40　虚拟机复制任务

（10）在"BACKUP INFRASTRUCTURE"中可以看到备份代理虚拟机，如图 6-2-41
所示。

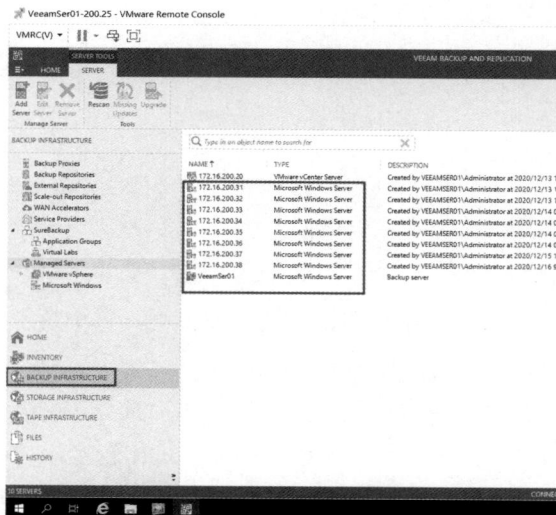

图 6-2-41　备份代理虚拟机

（11）查看虚拟机的复制任务执行情况报告，可以看到从创建复制任务开始每次任务执行的情况。最上面显示的是最近一次的记录，如果看以前的记录向后翻页即可。其中任务 1 的报告中显示，复制成功的虚拟机 52 台，警告和出错的虚拟机没有。任务开始时间是 22 点，使用了 6 小时 24 分 37 秒。在每个虚拟机执行清单中可以看到，每台虚拟机（差异）复制需要的时间是 2 分钟到十几分钟不等，如图 6-2-42 所示。可能个别的虚拟机会时间稍长，如图 6-2-43 所示，这是任务 4 的记录。

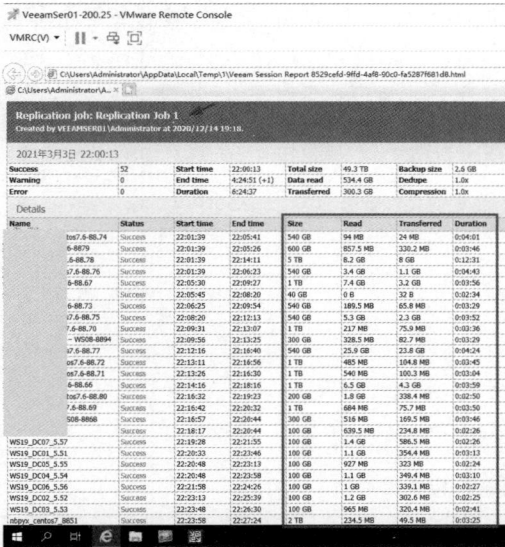

图 6-2-42　任务 1 报告

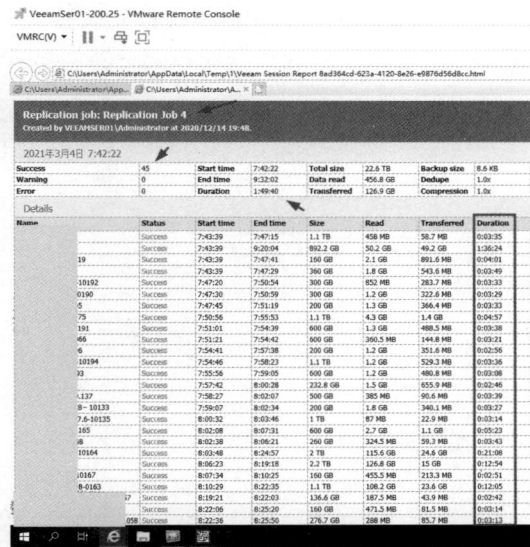

图 6-2-43　任务 4 报告

【说明】图 6-2-42 和图 6-2-43 是任务正常执行之后每天的报告截图。在第一次创建复制任务并执行时，可能个别的虚拟机会成功完成复制（或备份），但会有警报，此时根据警报进行处理，如图 6-2-44 所示，这是第一次执行任务时有 3 台虚拟机报警。

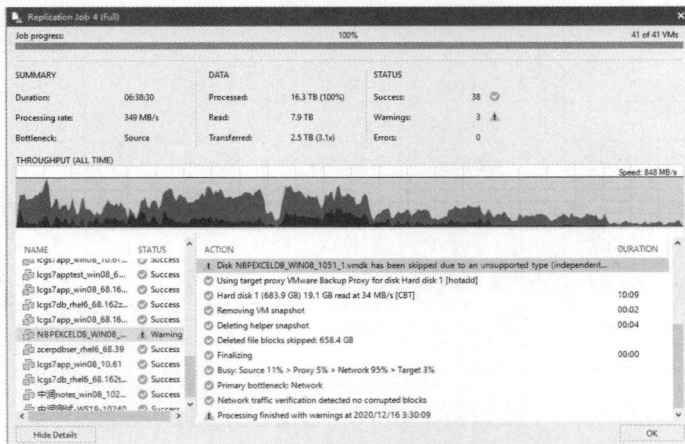

图 6-2-44　警告

对于报警的原因，一般可能有以下两点：

（1）虚拟机有快照。当需要备份或复制的虚拟机有快照时，块更改功能不能使用，所以有报警。如无必要，在启用虚拟机备份与复制后，要删除生产环境中虚拟机快照；

（2）虚拟机有永久磁盘。Veeam10 的虚拟机备份与复制基于虚拟机快照。永久磁盘不支持快照所以也就无法备份。如无必要，不建议虚拟机使用永久磁盘。

当前的备份项目在 2020 年 11 月上线，至本章写作完成时有 5 个月的时间，期间使用正常。图 6-2-45 是使用虚拟机复制技术，复制生产环境中 180 多台虚拟机（每个复制保存最近 7 点的数据）后的存储空间例如情况。

图 6-2-45　备份存储服务器空间使用情况

在当前的项目中，物理主机与备份相关虚拟机如表 6-2-4 所示。

表 6-2-4　物理主机与备份相关虚拟机

序号	计算机/虚拟机名称	IP 地址	操作系统	说明
1	vcsa_200.20	172.16.200.20	vCenter 6.7	vCenter Server
2	ESXi01	172.16.200.1	ESXi 6.7	虚拟化主机 1
3	ESXi02	172.16.200.2	ESXi 6.7	虚拟化主机 2
4	ESXi03	172.16.200.3	ESXi 6.7	虚拟化主机 3
5	ESXi04	172.16.200.4	ESXi 6.7	虚拟化主机 4
6	ESXi05	172.16.200.5	ESXi 6.7	虚拟化主机 5
7	ESXi06	172.16.200.6	ESXi 6.7	虚拟化主机 6
8	ESXi21	172.16.200.21	ESXi 6.7	Veeam 备份主机
6	VeeamSer01_200.25	172.16.200.25	Windows 2019，Veeam 10.0	Veeam 备份服务器
7	Veeam-Proxy07-200.37	172.16.200.37	Windows 2019	Veeam 备份代理
8	Veeam-Proxy01-200.31	172.16.200.31	Windows 2019	Veeam 备份代理
9	Veeam-Proxy02-200.32	172.16.200.32	Windows 2019	Veeam 备份代理
10	Veeam-Proxy03-200.33	172.16.200.33	Windows 2019	Veeam 备份代理
11	Veeam-Proxy04-200.34	172.16.200.34	Windows 2019	Veeam 备份代理
12	Veeam-Proxy05-200.35	172.16.200.35	Windows 2019	Veeam 备份代理
13	Veeam-Proxy06-200.36	172.16.200.36	Windows 2019	Veeam 备份代理

6.2.5　备份服务器选择

无论是传统架构还是 vSAN 架构，建议选择 1 台单独的服务器用作数据备份。根据用户当前需要备份的数据量选择备份设备及备份容量，还要考虑后期数据增长情况。可供选择的服务器有 1U、2U 和 4U 等多种配置。备份服务器不需要多高的性能，更多强调的是容量和读写性能。在选择备份服务器时，优先选择支持较多 3.5 英寸盘位的服务器。下面推荐几款适合用作备份的服务器。

（1）1U 服务器可以选择 DELL R330 服务器，此款服务器可以支持 4 块 3.5 英寸或 8 块 2.5 英寸硬盘，推荐选择 3.5 英寸硬盘的型号，如图 6-2-46 所示。该服务器配置 1 个 Intel 至强 E3-1200 V5 系列 CPU、集成 2 个 1 Gbit/s 电接口网卡，支持 2 个 PCIe 扩展插槽。如果需要 10 Gbit/s 网络，可以单独添加 1 块 10 Gbit/s 网卡。

DELL 服务器支持的 3.5 英寸硬盘容量较多，常见的有 4TB、6TB、8TB、10TB、12TB。如果配置 4 块 12TB 的硬盘，使用 RAID-5 划分之后的可用容量约 32.74TB。

【说明】厂商采用十进制，计算机采用二进制。厂商的 1T = $1×10^{12}$。计算机的 1T = $1×2^{40}$。4 块 12TB 的硬盘，使用 RAID-5 划分之后实际是 3 块盘的容量，划分成计算机的容量 = $36×10^{12} ÷ 2^{40}$ = 32.74TB。

（2）2U 服务器可以选择华为 RH2288、DELL R740XD 等服务器。这两款服务器都支持 12 块 3.5 英寸硬盘，支持双路 CPU。华为 RH2288 服务器外形如图 6-2-47 所示。

图 6-2-46　DELL R330 服务器　　　　　图 6-2-47　华为 RH2288 服务器

在配置 12 块 12TB 容量的 SAS 磁盘后，如果采用 RAID-50 技术（划分成 2 组，每组 6 块磁盘），实际可用容量为 $120×10^{12}÷2^{40}$＝109.14TB。如果需要更多的备份容量，可以采用多台服务器的方式。

（3）如果单台服务器需要更多的容量，可以选择 DELL R740 XD2 的服务器，该服务器是 2U 机架式，该服务器最多支持 2 个 CPU、最多 26 块 3.5 英寸硬盘。该服务器前面配置了可抽拉的托盘，每个托盘可以配置 12 个 3.5 英寸硬盘，托盘示意如图 6-2-48 所示。在服务器的背面可以安装 2 个 3.5 英寸硬盘支架，如图 6-2-49 所示。

DELL R740XD2 如果配置 26 块 12TB 的磁盘，裸容量（不划分 RAID）可以达到 $26×12×10^{12}÷2^{40} ≈ 283.76$TB。如果划分 RAID，建议按上一节中的配置，将 24 块划分为 2 组 RAID-50，另外 2 块磁盘用作全局热备。

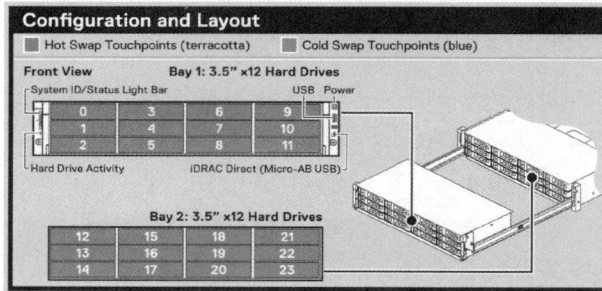

图 6-2-48　DELL R740XD2 的 2 个硬盘托盘

图 6-2-49　DELL R740XD2 的背面

6.3　备份 vSphere 虚拟机

本节先介绍 Veeam Backup & Replication 的安装，然后介绍使用 Veeam Backup & Replication 备份 vSphere 虚拟机的内容。本节使用的 Veeam Backup & Replication 软件版本为 11.0，软件相关信息如表 6-3-1 所示。

表 6-3-1　虚拟机备份与恢复所用软件清单

文件名	大小	备注
VeeamBackup&Replication_11.0.0.837_20210220.iso	6.27GB	支持 vSphere 7 版本

6.3.1　实验环境介绍

本章实验环境 4 台 ESXi 主机和 1 台备份主机组成，实验拓扑如图 6-3-1 所示。

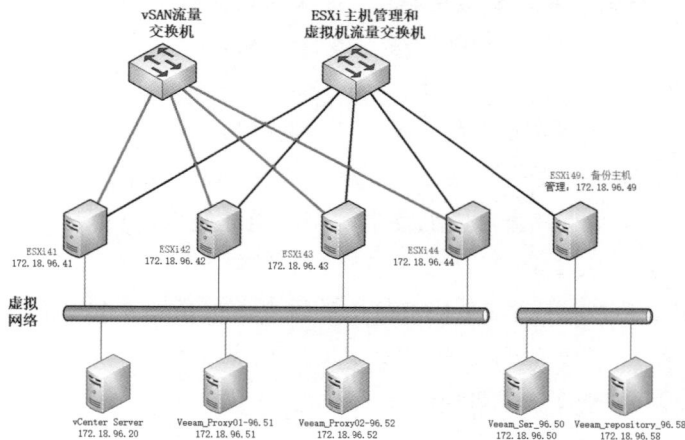

图 6-3-1　Veeam 备份与恢复实验环境

在图 6-3-1 中 IP 地址为 172.18.96.41～172.18.96.44 的 4 台 ESXi 主机是第 3 章和第 4 章中用到的实验环境，各主机配置可以参看第 3 章。本节新添加的备份服务器是 1 台 IP 地址为 172.18.96.49 的服务器，配置 1 个 E5-2680 V2 的 CPU 和 64GB 内存，安装 1 块容量为 240GB 的固态硬盘用作系统，安装了 2 块 4TB 硬盘用作数据存储。在这台服务器上安装 VMware ESXi 7.0，然后在这这台备份服务器上创建虚拟机并安装 Veeam 备份软件。在当前的实验条件下，将要配置 1 台备份服务器（初期用这个来介绍备份、恢复与虚拟机的复制），配置 2 台备份代理和 1 台 Linux 的备份存储库。相关配置如表 6-3-2 所示。

表 6-3-2　Veeam 备份相关虚拟机

序号	计算机/虚拟机名称	配置	IP 地址	操作系统
1	VeeamSer_96.50	8C/8GB	172.18.96.50	Windows 2019，Veeam 10.0
2	Veeam_repository_96.58	4C/4GB 200GB+2TB	172.18.96.58	Cent OS 8
3	Veeam-Proxy01-96.51	4C/4GB	172.18.96.51	Windows 2019
4	Veeam-Proxy02-96.52	4C/4GB	172.18.96.52	Windows 2019

6.3.2　备份服务器配置

使用 vSphere Client 登录到 vCenter Server，将备份服务器 ESXi 主机添加到清单，在添加时，不要将该主机添加到现有的群集，而是添加在 vSAN 群集之外，如图 6-3-2 所示。

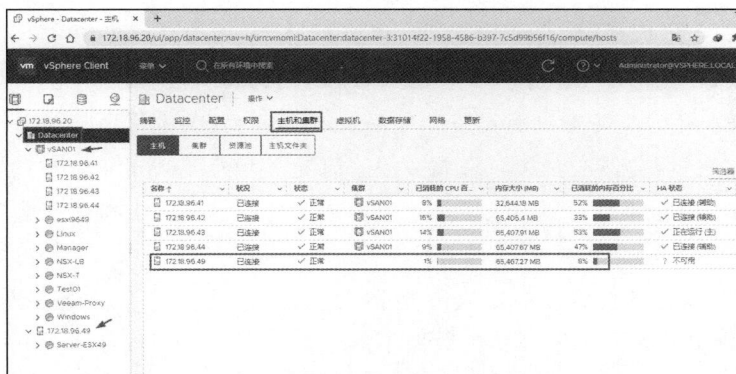

图 6-3-2　将备份主机添加到数据中心

在导航器中选中新添加的 ESXi 主机，将 2 个 4TB 的硬盘格式化为 VMFS 6，修改存储名称为 Datastore01-esx49 和 Datastore02-esx49，如图 6-3-3 所示。Veeam 备份虚拟机将保存在这 2 个本地 VMFS 卷上。

图 6-3-3　检查 VMFS 卷

6.3.3　安装配置 Veeam 备份服务器

使用 Veeam 备份 vSphere、Hyper-V 等环境，需要注意以下几点。

（1）Veeam 需要 64 位的 Windows 操作系统，建议选择较新、较高的版本，例如本示例中选择 Windows Server 2019 数据中心版本。

（2）Veeam 需要 SQL Server 的支持，可以使用 Veeam 安装包中的 SQL Express 版本，这样可以满足大多数客户的需求。但 SQL Server Express 支持的最大数据库大小是 10GB，在使用"应用程序感知功能"恢复 SQL Server 数据库文件时，超过 10GB 的数据库将无法恢复。如果有此类需要，建议安装 SQL Server 2016 或 SQL Server 2019 企业版。

（3）Veeam 11 在大多数情况下配置 8 个 vCPU 和 8GB 内存即可满足需求。如果 Veeam 备份服务器本身不保存虚拟机的备份数据，而只是作为管理端与配置端，系统盘配置 200GB、数据盘配置 1TB 即可。

（4）如果 Veeam 运行在虚拟机中，建议为保存 Veeam 备份的磁盘使用厚置备磁盘。

（5）建议在每台 ESXi 主机上安装一台 Veeam Proxy（备份代理）的虚拟机，这样可以减轻 Veeam 备份服务器的负担。在大多数的情况下，为 Veeam Proxy 的虚拟机分配 4 个 vCPU 和 4GB 内存即可满足需求。对于需要较多备份任务的虚拟化环境，为每个备份代理虚拟机配置 8 个 vCPU 和 8GB 内存。

（6）使用 Veeam 备份时，在默认情况下，每周六会合成一个"全备数据"，其他时间会有一个差异备份数据。差异备份数据不能单独使用，需要依赖于上一个全备数据。Veeam 在创建备份保留策略时，除了保存到指定时间的差异数据外，还要保存此差异数据所依赖的全备数据。所以，在创建虚拟机保存策略时，保存策略选择 14 天时，实际的备份可能会保留更长时间。如果某次周六合成全备没有成功，那么为了保证最后的备份能用，该差异备份的全备数据（可能是上上周的备份）及全备数据与该备份之间的差异备份同样保留。在周六完成差异备份后开始合成全备数据，此时备份进度会长时间停留在 99%，这是正常现象。等合成备份完成后，并删除周六的差异备份文件后，进度到

100%。因为大多数的备份任务都是在 20 点之后开始，当周六合成备份完成时间到了周日之后，在此备份任务之后的其他备份任务，如果备份合成时间也是周六，就会导致第一个以后的其他备份任务都不能在周六执行，所以也就无法执行合成备份。所以，当有多个备份任务时，可以错开每个备份任务合成备份的时间，最好是间隔 1 天以上。例如，如果有 4 个备份任务，那么这 4 个备份任务合成备份的时间可以依次选择周六、周三、周一、周五。

在配置好服务器之后，为安装 Veeam 软件准备虚拟机。本示例中操作系统为 Windows Server 2019 数据中心版。在 vSphere 中创建虚拟机、在虚拟机中安装操作系统在前文已经做过介绍，本节只介绍关键步骤。

（1）使用 vSphere Client 登录到 vCenter Server，在新添加的 ESXi 主机（IP 地址为 172.18.96.49）新建虚拟机，本示例中从 Windows Server 2019 的模板新建虚拟机，设置虚拟机名称为 VeeamSer_96.50，如图 6-3-4 所示。

（2）在"选择计算资源"选择 IP 地址为 172.18.96.49 的主机，如图 6-3-5 所示。

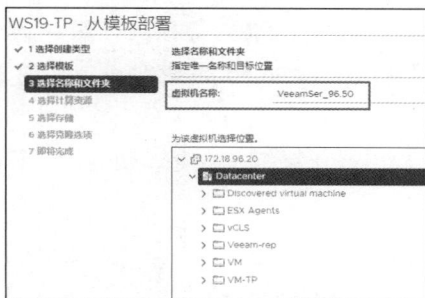

图 6-3-4　设置虚拟机名称　　　　　　图 6-3-5　选择计算资源

（3）为新建虚拟机选择空间较大的存储，例如 Datastore01-esx49，并选择"精简置备"。

（4）在"选择克隆选项"对话框中选择"自定义操作系统、自定义此虚拟机的硬件、创建后打开虚拟机电源"。

（5）在"自定义客户机操作系统"选择 Windows-VLAN2006 的自定义规范（这是在第 5 章创建的规范）。

（6）在"用户设置"对话框设置计算机名称（本示例为 VeeamSer），在"IPv4 地址"中设置 Veeam 备份服务器的 IP 地址，当前规划为 172.18.96.50，如图 6-3-6 所示。

（7）在"自定义硬件"对话框中为虚拟机分配 8 个 CPU 和 8GB 内存，并添加一个新硬盘，硬盘大小本示例选择 1TB 并选择精简置备，如果是在生产环境，如果虚拟机保存在共享存储应选择厚置备延迟置零，如图 6-3-7 所示。在实际的生产环境中，建议为 Veeam 的虚拟机分配 8 个 CPU，还要为用来保存备份数据的第二块磁盘设置合理的空间，空间大小以为现有需要备份数据的 3～4 倍为宜。保存备份的磁盘推荐选择厚置备格式，不建议使用精简置备。如果备份虚拟机所在主机使用 10 Gbit/s 网络，修改虚拟机的适配器类型为 VMXNET 3，并为虚拟机选择合适的虚拟网络。

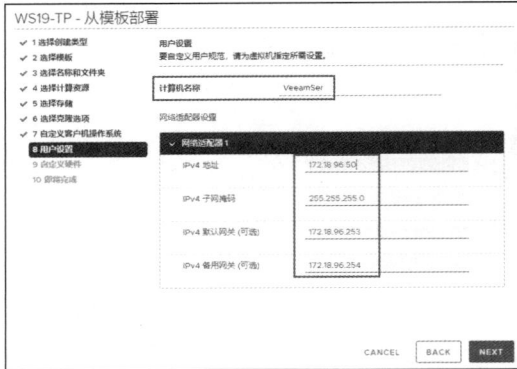

图 6-3-6　用户设置

图 6-3-7　硬件配置

（8）在"即将完成"对话框查看用户设置，检查无误之后单击"FINISH"按钮。

（9）从模板部署虚拟机完成之后，打开虚拟机控制台，为备份虚拟机设置 IP 地址、子网掩码、网关、DNS，本示例中为备份虚拟机设置 172.18.96.50 的 IP 地址，如图 6-3-8 所示。

（10）打开"系统"设置界面，查看当前计算机的操作系统、内存、CPU，计算机名称，如图 6-3-9 所示。

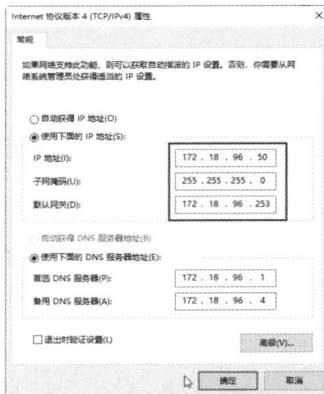

图 6-3-8　分配 IP 地址

图 6-3-9　查看系统信息

（11）打开"计算机管理→磁盘管理"，将新添加的 1TB 硬盘联机并初始化分区。在初始化磁盘时使用 GPT 分区表，如图 6-3-10 所示。使用 GPT 分区以后扩展 D 盘容量时，单一分区容量可以很容易超过 2TB。如果使用 MBR 分区，分区大小将被限制为 2TB。在格式化时使用 NTFS 或 ReFS 文件系统。如果使用 ReFS 文件系统，分配单元大小使用 64K，如图 6-3-11 所示。

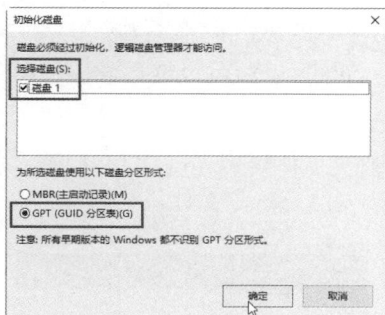

图 6-3-10　使用 GPT 分区

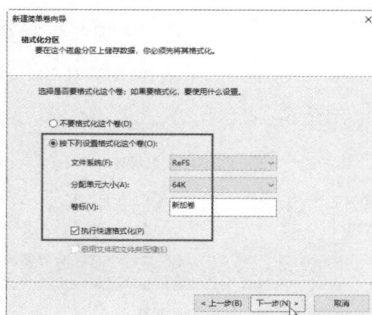

图 6-3-11　格式化分区

格式化完成后，为其分配盘符，本示例为 D 盘，如图 6-3-12 所示。

检查无误后，加载 Veeam 11 的安装镜像，运行 Veeam 11 的安装程序，主要步骤如下。

（1）运行 Veeam 11 安装光盘根目录下的 setup.exe 进入安装程序，如图 6-3-13 所示，在"Veeam Backup & Replication 11"对话框中单击 Install 按钮开始安装，如图 6-3-14 所示。

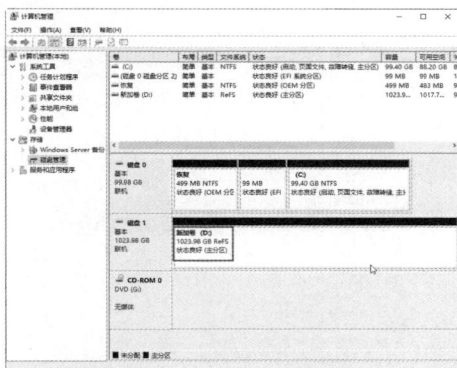

图 6-3-12　磁盘分区完成

图 6-3-13　运行安装程序

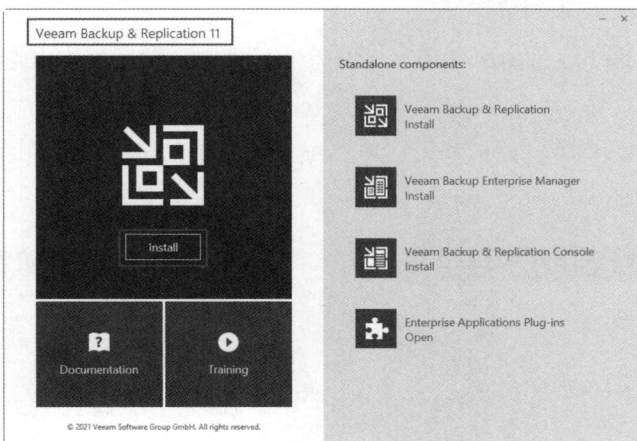

图 6-3-14　安装

（2）在"License Agreement"对话框中选中"I accept the terms of the Veeam License agreement""I accept the terms of the 3rd party components license agreements"，单击"Next"按钮，如图 6-3-15 所示。

（3）在"Provide License"对话框中单击"Browse"按钮浏览选择 License 文件，也可以单击"Next"按钮直接安装，在安装完成后再导入 License 文件，如图 6-3-16 所示。

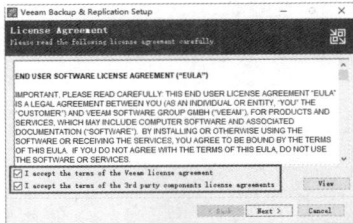

图 6-3-15　接受许可协议

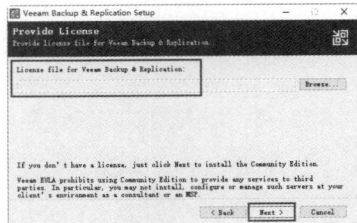

图 6-3-16　提供 License 文件

（4）在"Program features"对话框中选择要安装的程序功能，单击"Next"按钮，如图 6-3-17 所示。

（5）在"System Configuration check"对话框中，安装程序会检测当前环境是否符合当前需求，对于缺少的组件或程序显示"Failed"，单击"Install"按钮会修复缺失的组件，如图 6-3-18 所示。

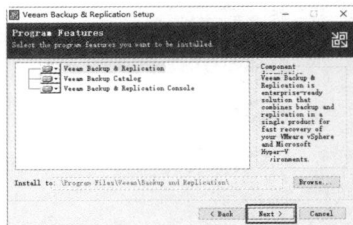

图 6-3-17　程序功能

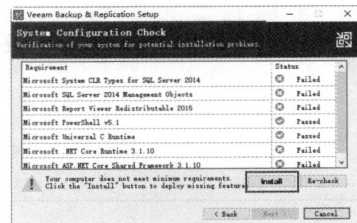

图 6-3-18　系统环境检查

（6）安装程序修复缺失的组件后，状态为"Passed"，如图 6-3-19 所示。单击"Next"按钮。

（7）在"Default Configuration"对话框中，显示了默认情况下程序安装到的文件夹和 Guest catalog 文件夹，如图 6-3-20 所示。通常情况下选择默认值。

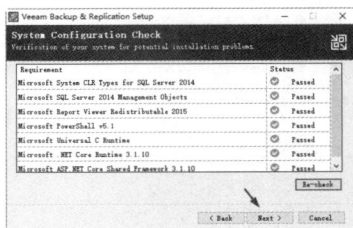

图 6-3-19　系统配置检查通过

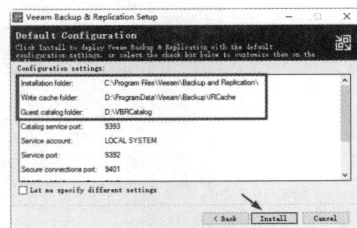

图 6-3-20　默认配置

（8）Veeam 安装程序开始安装，安装完成后如图 6-3-21 所示。

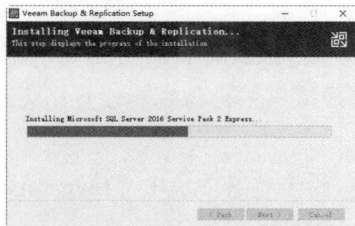

图 6-3-21　更新补丁

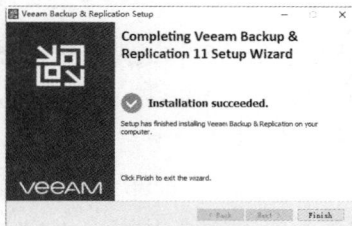

图 6-3-22　安装完成

安装完成后，双击桌面上的"Veeam Backup & Replication Console"图标，在"Veeam Backup & Replication 9.5"对话框中单击"Connect"按钮进入 Veeam 控制台，如图 6-3-23 所示。

更新完成后进入 Veeam Backup & Replication 控制台界面，如图 6-3-24 所示。

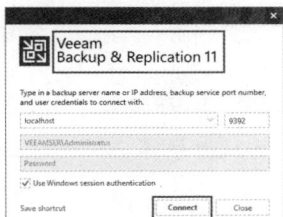

图 6-3-23　登录进入 Veeam

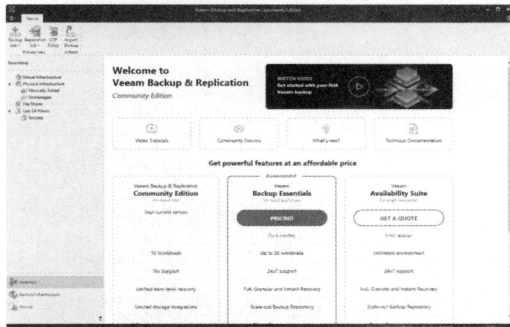

图 6-3-24　控制台界面

Veeam 9.5、10.0、11.0 等版本在没有导入许可的情况下，该版本为社区版，限制 10 个实例（备份 10 台虚拟机或物理机），这可以在"License Information"中看到，如图 6-3-25 所示。在导入许可后，会显示许可的软件版本、产品使用期限、支持期限和许可数量，如图 6-3-26 所示。Veeam 可以按主机 CPU 数授权，也可以按实例授权，如图 6-3-27 所示。

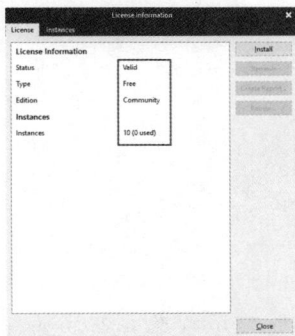

图 6-3-25　社区版

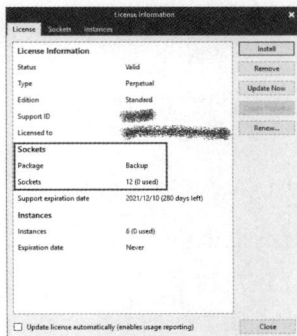

图 6-3-26　12 个 CPU 许可

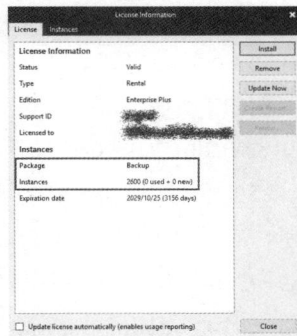

图 6-3-27　2600 实例许可

6.3.4　添加 vSphere 到清单

如果要备份物理机或虚拟机，需要在"Inventory"中添加要备份的物理机和虚拟机。在本示例中，先向 Veeam 中添加 vSphere，然后再创建虚拟机备份与复制任务，最后介绍从备份恢复的内容。

（1）在 Veeam Backup & Replication 控制台界面左侧导航器中单击"Inventory"，在"Virtual infrastructure"中单击"ADD SERVER"链接，如图 6-3-28 所示。

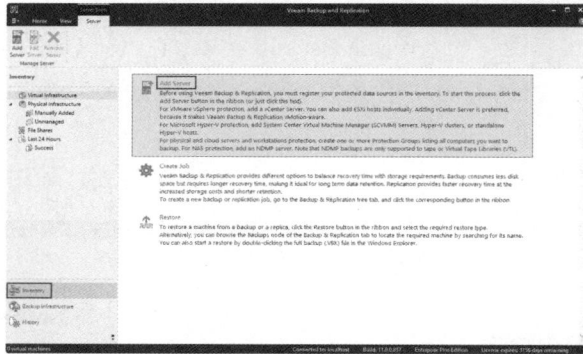

图 6-3-28　添加服务器

（2）在"Add Server"对话框中添加要备份的产品，可以添加 VMware vSphere 或 Microsoft Hyper-V，在本示例中选择 VMware vSphere，如图 6-3-29 所示。

（3）在"VMware vSphere"对话框中选择 vSphere，如图 6-3-30 所示。

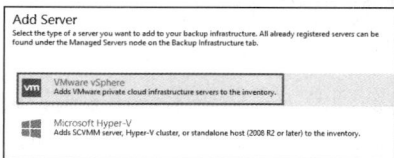

图 6-3-29　添加 VMware vSphere

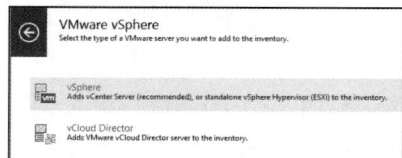

图 6-3-30　选择 vSphere

（4）在"New VMware Server → Name"对话框的"DNS name or IP address"地址栏中输入要添加的 vCenter Server 或 ESXi 服务器的 IP 地址或 DNS 名称，本示例中添加要备份的 vCenter Server 的 IP 地址 172.18.96.20，如图 6-3-31 所示。

（5）在"Credentials"对话框中，单击"Add"按钮，在弹出的"Credentials"对话框中输入要添加的 vCenter Server 服务器的 SSO 账户和密码，默认用户名为 administrator@vsphere.local，如图 6-3-32 所示，添加后单击"OK"按钮选择该用户，如图 6-3-33 所示。在"Port"指定要添加的 vCenter Server 服务器的管理端口，

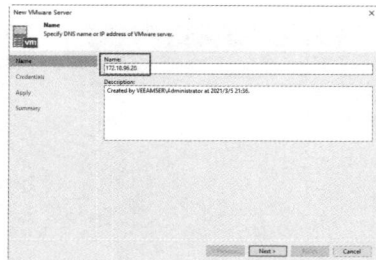

图 6-3-31　添加 vCenter Server 的 IP 地址

默认为 443。如果 vCenter Server 服务器使用其他端口进行管理应在此修改。

图 6-3-32　添加管理员账户和密码

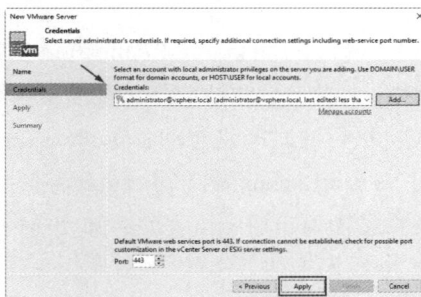

图 6-3-33　选择管理员账户

（6）在弹出的"Certificate Security Alert"对话框中单击"Continue"按钮信任 vCenter Server 的根证书，如图 6-3-34 所示。

（7）在"Summary"对话框中单击"Finish"按钮完成添加，如图 6-3-35 所示。

图 6-3-34　信任根证书

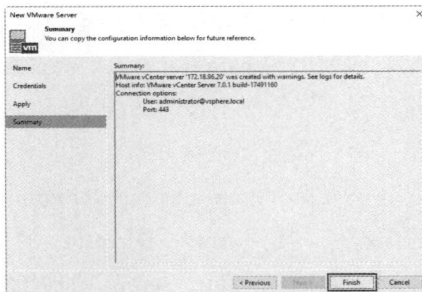

图 6-3-35　添加 vCenter Server 完成

在"Virtual infrastructure"中添加 vCenter Server 后，单击添加的 vCenter Server 并展开，可以看到当前 vCenter Server 所管理的虚拟机，如图 6-3-36 所示。可以继续向 INVENTORY 添加 vSphere，也可以添加 Hyper-V Server 虚拟化主机，还可以添加 Windows 或 Linux 物理主机。

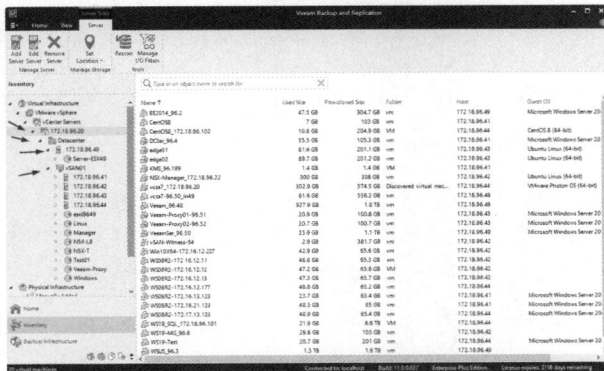

图 6-3-36　查看 vCenter 中的虚拟机清单

6.3.5　创建 vSphere 备份任务

在使用 Veeam Backup & Replication 创建备份任务时，备份的目标可以是数据中心、群集、ESXi 主机、资源池或指定的虚拟机，当选中的对象中添加新的虚拟机后，备份任务在下一次执行的时间将自动备份新添加的虚拟机。

使用 Veeam Backup & Replication 备份虚拟机时，可以将需要备份的虚拟机分成两类：一类是支持或需要启用应用程序感知功能的虚拟机；另一类是不需要启用应用程序感知功能的虚拟机。

"应用程序感知"支持 SQL Server、Oracle、Active Directory、Exchange Server 和 SharePoint 的数据库。在启用应用程序感知功能时备份的虚拟机，可以恢复虚拟机里面的数据库文件。例如，如果备份 SQL Server、Oracle 的虚拟机，在从备份恢复时，可以只恢复 SQL Server 或 Oracle 的数据库而无须恢复整台虚拟机。在备份 Active Directory 虚拟机后，可以恢复 Active Directory 的对象，例如 Active Directory 用户、用户组。对于 Exchange Server 来说，则可以恢复被删除的用户邮箱及邮箱数据。

所以，在使用 Veeam Backup & Replication 备份虚拟机时，可以创建两个备份任务：一个备份任务是备份没有安装 SQL Server、Oracle、Exchange、SharePoint、Active Directory 的虚拟机；另一个是安装这些数据库的虚拟机。

为了完整介绍 Veeam Backup & Replication，本次实验准备了 Active Directory 及 SQL Server 的虚拟机。其中 Active Directory 的虚拟机名称为 DCSER_96.4，该虚拟机保存在名为 AD-Ser 的资源池；SQL Server 的虚拟机名称为 WS19_SQL_96.6，该虚拟机保存在名为 SQL_Ser 的资源池中。两台虚拟机安装的操作系统都是 Windows Server 2019。另外，还根据不同的功能和用途，将虚拟机保存在不同的资源池中，如图 6-3-37 所示。

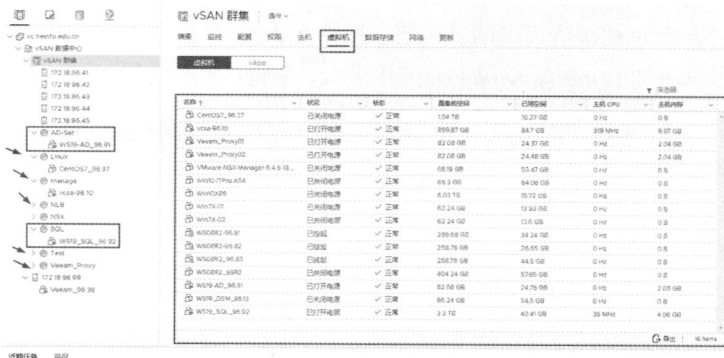

图 6-3-37　当前要进行备份的 vSphere 环境

在下面的操作中，将创建两个备份任务：第一个是备份 Manager 和 Test01 的资源池中的虚拟机；第二个是备份 AD-Ser 和 SQL_Ser 资源池中的虚拟机。首先介绍第一个备份任务。

（1）在 Veeam Backup & Replication 控制台中单击 Home 按钮，右击 Jobs，在弹出的快捷菜单中选择"Backup→ Virtual machine"命令，如图 6-3-38 所示。

（2）在"New Backup job → Name"对话框中的"Name"中输入新建备份的名称，本示例使用默认名称 Backup Job 1，如图 6-3-39 所示。

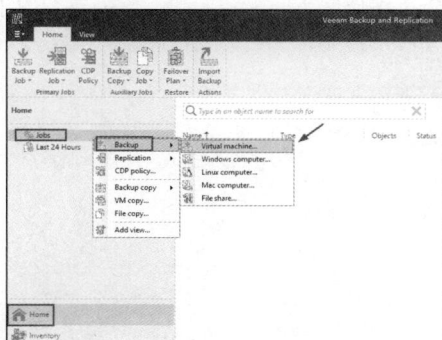

图 6-3-38　新建备份任务　　　　　　图 6-3-39　新建备份名称

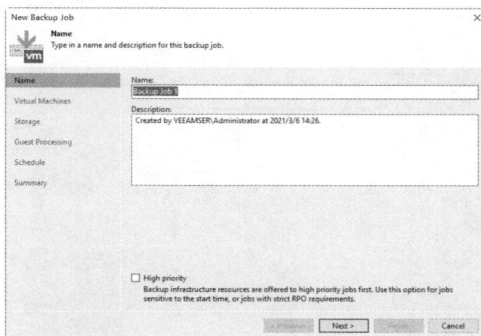

（3）在"Virtual Machines"对话框中，单击"Add"按钮添加要备份的虚拟机，如图 6-3-40 所示，在弹出的"Add Objects"对话框中，单击右上角的工具栏在不同视图之间切换：主机和群集、虚拟机和模板、数据存储。根据选择的视图不同，某些对象可能不可用。例如，如果选择虚拟机和模板视图，列表中不会显示任何主机、群集或资源池。在要备份的虚拟机时，可以选择数据中心、群集、主机、群集或虚拟机，可以按住【Shift】键，右击进行多选。也可以选择存储，对存储中所有虚拟机进行备份。本示例中选择 Manager 和 Test01 资源池，如图 6-3-40 所示。如果要快速查找必要的，可以使用窗口底部的搜索字段。

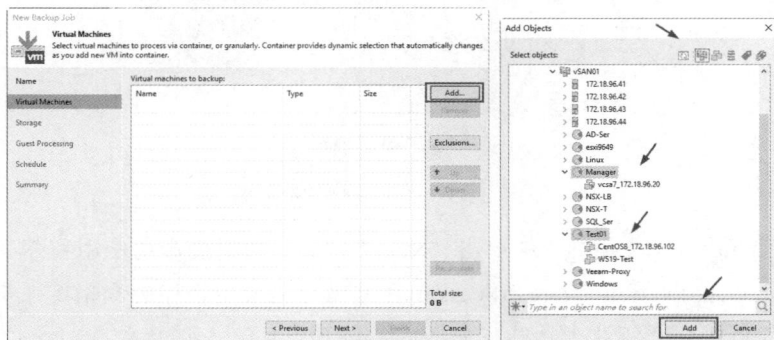

图 6-3-40　选择要备份的目标

（4）选择之后返回"Virtual Machines"对话框，在"Virtual machines to backup"列表中显示了要保存的目标，以及备份目标已经使用的资源空间，当前示例中要备份的目标已经占用的磁盘空间是 301GB，如图 6-3-41 所示。可以单击"Add"按钮继续添加要备份的虚拟机，也可以选择目标单击 Remove 从备份列表中移除。

（5）在"Storage"对话框指定备份代理，在"Restore Points to keep on disk"设置保留多少个备份点，默认是 7 个，如图 6-3-42 所示。如果以前对当前备份任务列表中的虚拟机进行过备份，在删除了原来的备份任务、重新创建新的备份任务时，原来的备份文件夹没有删除的情况下，可以单击"Map backup"选择原来的备份，这样避免重复备份。

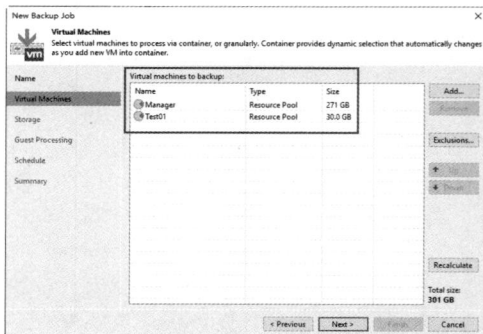

图 6-3-41　备份列表

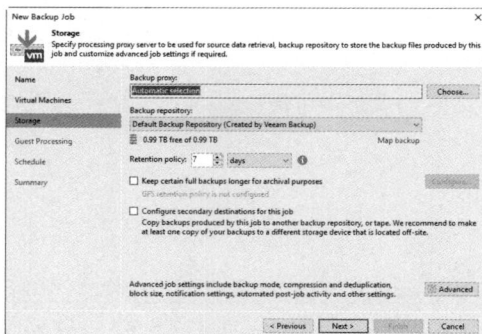

图 6-3-42　备份恢复点

如果出于存档的目的，需要将某些完整备份保留更长的时间，可以选中"Keep certain full backups longer for archival purposes"，单击"Configure"按钮，在弹出的对话框中，根据需要选择每月、每周或每年保留一个完整备份，如图 6-3-43 所示。

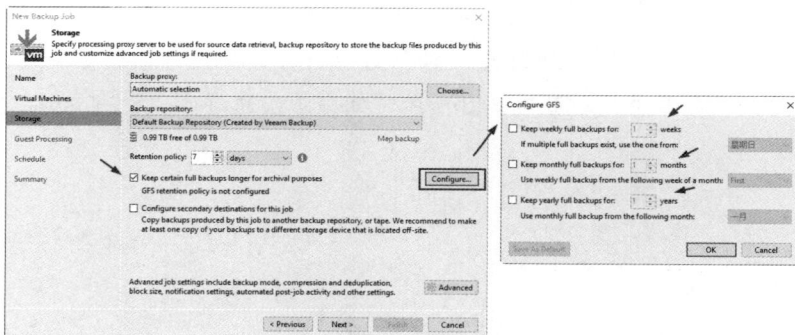

图 6-3-43　保存完整备份周期

（6）在"Guest Processing"中单击"Next"按钮。如果要启用应用程序感知功能，需要选中"Enable application-aware processing"并为启用应用程序感知指定账户和密码。在下一个备份任务中将介绍这个功能，如图 6-3-44 所示。

（7）在"Schedule"对话框中勾选"Run the job automatically"复选框，选择自动备份。自动备份间隔比较灵活，可以是按天、周、月为周期进行间隔或定制，也可以按时、分进行间隔，或者选择连续备份（完成一个备份之后立刻开始下一次备份）。根据需要选择备份的间隔，如图 6-3-45 所示，当前的设置是每天 22 点开始备份。

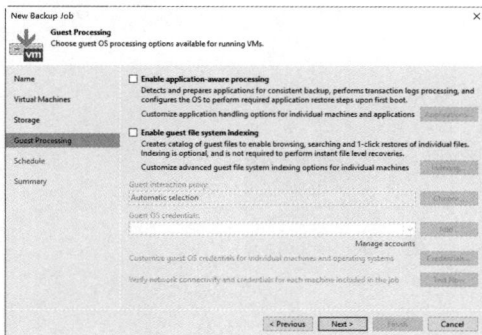

图 6-3-44　客户操作系统　　　　　　　　图 6-3-45　调度

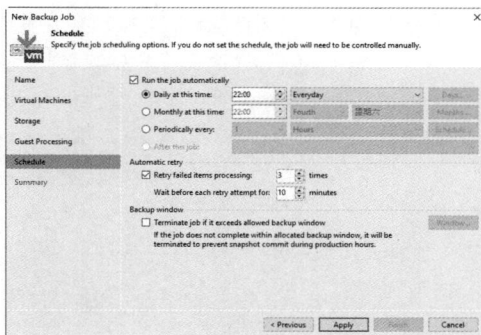

在上面的第（7）中可供选择的时间及间隔有以下几种。

① 每天指定的时间。如图 6-3-46 所示。可供选择的时间是每天 0：00 至 23：59 分。

② 每周指定的时间。如图 6-3-47 所示。可供选择的时间是星期一到星期日，可以选择其中的一个或多个时间。

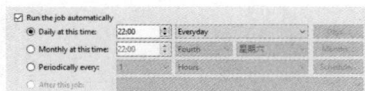

图 6-3-46　每天定时执行　　　　　　　　图 6-3-47　每周定时执行

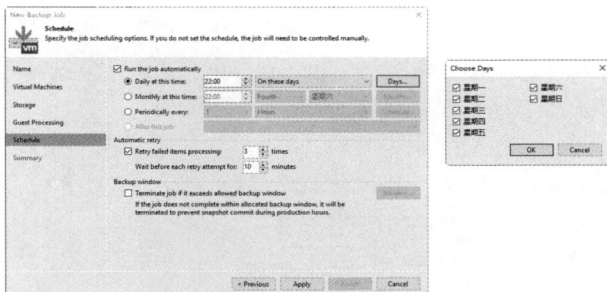

③ 每月指定的时间。选择月份（1-12 月的一个或多个）第几个星期（第一个星期、第二个星期、第三个星期、第四个星期、最后一个星期、某一天）的星期几（星期一到星期日的某一天），如图 6-3-48 所示。

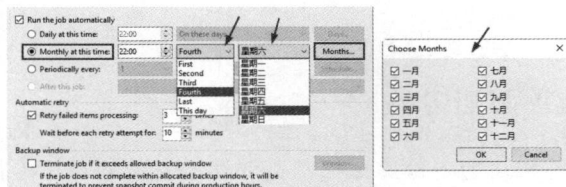

图 6-3-48　月份或星期选择

④ 间隔指定的时间。可以选择间隔 1、2、3、4、6、8、12、24 的间隔，单位可以是小时或分钟，单击"Schedule"按钮，弹出"Time Periods"对话框，可以选择一年 12 个月份（1-12 月）的指定的星期（周期一到星期日的某一天或多天）执行。如图 6-3-49

所示。如果选择 Continuously，表示连续执行。

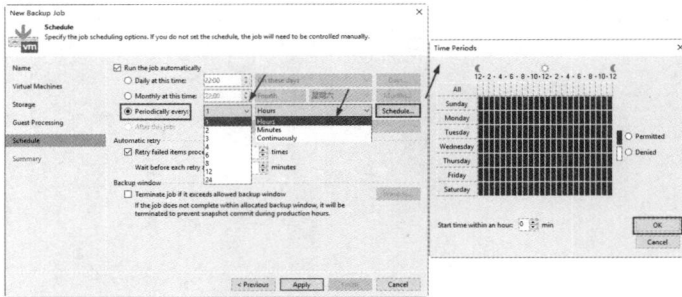

图 6-3-49　间隔指定时间

⑤ 在上一个任务完成之后。如果创建多个备份任务，可以在上一个备份任务完成之后开始此次备份任务。

在"Automatic retry"选项设置失败后重试的次数以及重试等待时，默认是重试 3 次，在每次重试前等待 10 分钟，如图 6-3-50 所示。

（8）在"Summary"对话框中检查创建的备份任务，无误后单击"Finish"按钮完成。如果勾选"Run the job when I click Finish"复选框，则在单击"Finish"按钮后开始执行当前这个任务，如图 6-3-51 所示。

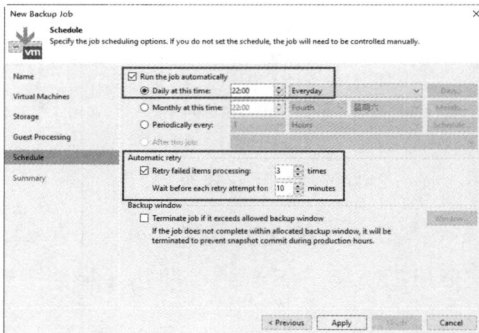

图 6-3-50　自动重试

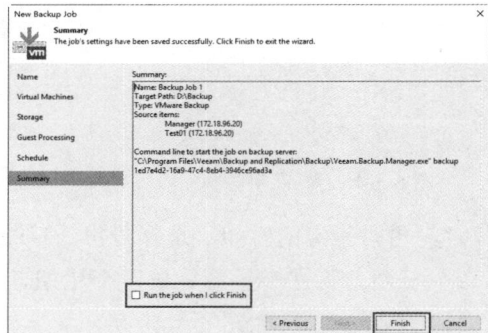

图 6-3-51　创建备份完成

6.3.6　使用应用程序感知功能

要使用应用程序感知功能备份虚拟机，需要知道备份的目标虚拟机具有管理员权限的账户和密码，还要为目录虚拟机启用"文件和打印共享"功能并在防火墙开放"文件和共享打印"功能对应的端口。为了简化配置，可以将具有同一类型（如 SQL Server、Exchange Server、SharePoint Server、Oracle、Active　Directory）的服务器在同一个"资源池"中，同一资源池中的管理员账户和密码相同，也可以创建专用于备份的具有管理员权限的账户和密码。如果要备份的虚拟机管理员账户和密码各不相同，在添加备份目标时，可以选择虚拟机而不是根据资源池进行选择。在本示例中，创建一个备份任务备份 Active Directory 服务器与 SQL Server 服务器，这些服务器的管理员账户（默认使用 Administrator）的密码相同，SQL Server 与 Active Directory 分别在不同的资源池中。

（1）在 Veeam Backup & Replication 创建虚拟机备份任务，备份任务的名称为 Backup Job 2-AD-SQL，如图 6-3-52 所示。

（2）在"Virtual Machines"中添加 AD-Ser 和 SQL_Ser 资源池，如图 6-3-53 所示。

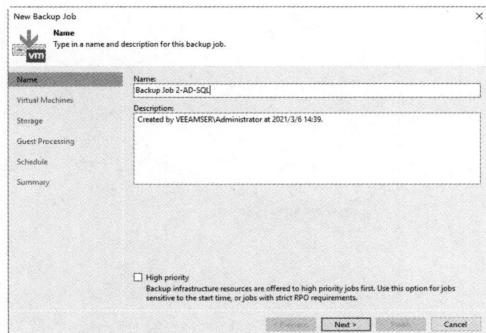

图 6-3-52　创建新的备份作业

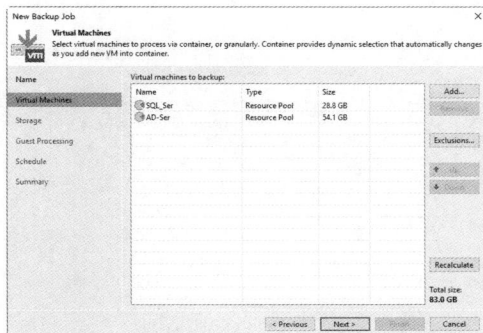

图 6-3-53　添加备份目标

（3）在"Guest Processing"对话框中勾选"Enable application-aware processing"和"Enable guest file system indexing"复选框，在"Guest OS credentials"中单击"Add"按钮，添加 Administrator 账户和密码。如果目标计算机是域服务器或者是加入到域的成员服务器，指定账户和格式和以域名称\管理员账户，在当前示例中，Active Directory 的域名是 heinfo.edu.cn，则在指定域管理员账户时，用户名格式为 heinfo\Administrator，如图 6-3-54 所示。对于未加入域的 Windows 计算机，用户名格式为计算机名称\管理员账户。

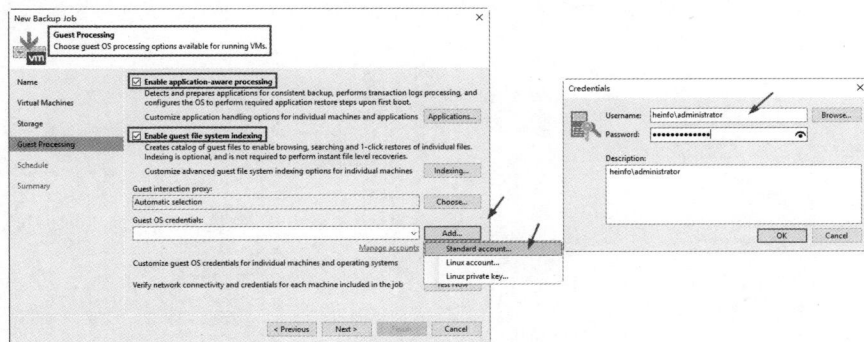

图 6-3-54　为客户操作系统选择账户

（4）默认情况下，Veeam Backup & Replication 对作业中的所有虚拟机使用相同的凭据。如果某些虚拟机需要不同的用户账户，应单击"Credentials（凭据）"并输入自定义凭据。

单击"Credentials"按钮，如图 6-3-55 所示，在弹出的"Guest OS Credentials"对话框中为图 6-3-53 中备份目标中的虚拟机指定账户，对于 Active Directory 的计算机或资源池，选择创建的 Active Directory 域管理员账户，如图 6-3-56 所示。对于 SQL Server 虚拟机，添加账户，账户格式为计算机名\管理员账户。对于当前 SQL Server，账户格式为 sqlser01\administrator，添加之后，如图 6-3-57 所示。

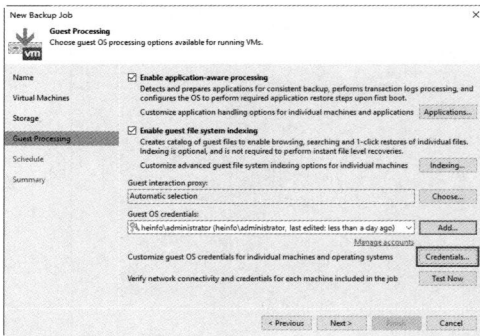

图 6-3-55　Credentials

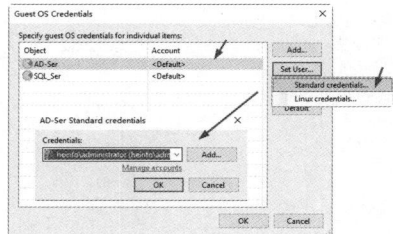

图 6-3-56　为域服务器指定账户

（5）指定账户完成后返回图 6-3-56 的对话框，单击"Test Now"按钮测试账户，如果测试通过则返回 Success 的状态，如图 6-3-58 所示，这是测试 Active Directory 域服务器虚拟机的情况。如果在测试的时候提示"找不到网络路径"，如图 6-3-59 所示，这是测试 SQL Server 虚拟机时，一般情况下是测试虚拟机的防火墙没有开放"文件和打印机共享"的端口，在虚拟机中进入"高级安全 Windows 防火墙"配置，允许"文件和打印共享"端口通过即可。

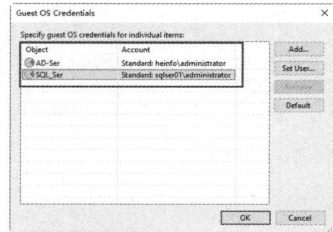

图 6-3-57　为 SQL Server 指定管理员账户

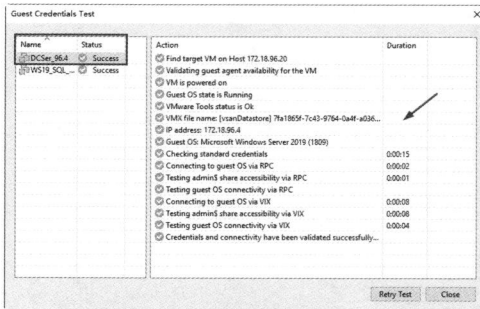

图 6-3-58　测试通过

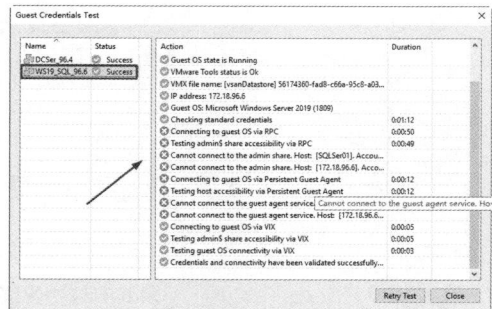

图 6-3-59　测试失败

如果 SQL Server 虚拟机测试失败，切换到 SQL Server 虚拟机，打开"高级安全 Windows Defender 防火墙"设置，创建入站规则，允许"文件和打印机共享"规则通过，然后单击"Retry Test"按钮重新测试，测试成功后，如图 6-3-60 所示。

（6）在"Schedule"对话框中为新建任务选择备份执行的时间，如果第二个任务紧跟第一个任务执行，可以选中"After this job"单选按钮并选择第一个任务，如图 6-3-61 所示。然后单击"Apply"和"Finish"按钮完成任务的创建。

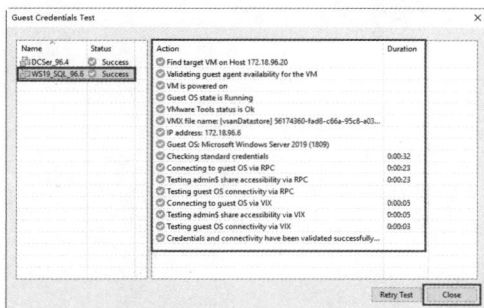

图 6-3-60　测试通过

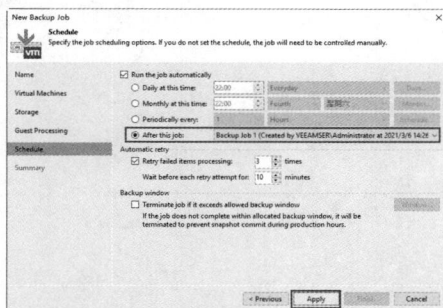

图 6-3-61　选择任务执行时间

在创建完备份任务后，可以选择立刻执行新创建的任务，也可以到达任务执行的时间等待任务自动完成。当任务执行时，在"HOME → Last 24 Hours → Running"显示当前正在执行的任务，显示任务的进度、处理的数据速率等。如果要查看任务的详细信息，右击任务，选择"Statistics"命令，如图 6-3-62 所示。

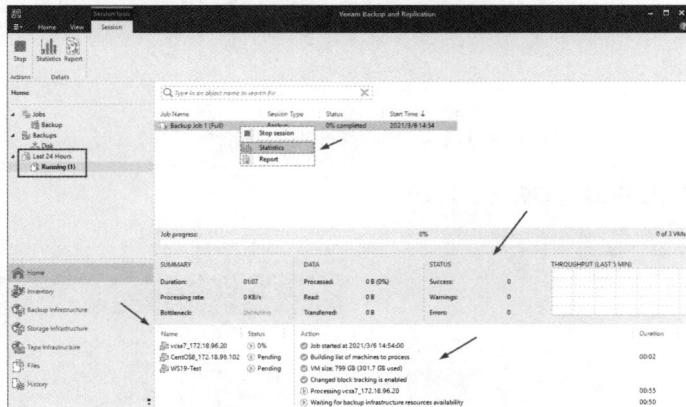

图 6-3-62　查看状态

在"Backup Job1"对话框中显示当前正在运行的任务的详细信息，如图 6-3-63 所示。

在任务执行完成后，在"Backups → Disk"中显示了备份完成的任务、备份完成的虚拟机的名称、最后一次备份执行的时间和恢复点的数量，如图 6-3-64 所示。

在"Jobs → Backup"中单击备份任务选择"Report"，如图 6-3-65 所示，可以查看备份的报告，如图 6-3-66 所示，在此报告中显示了备份虚拟机的任务名称、每次备份完成的时间、每次备份开始时间、结束时间、备份的数据量和压缩比等，如图 6-3-66 所示。备份报告中显示为绿色表示备份正常，如果显示红色表示备份不成功或有失败的备份。

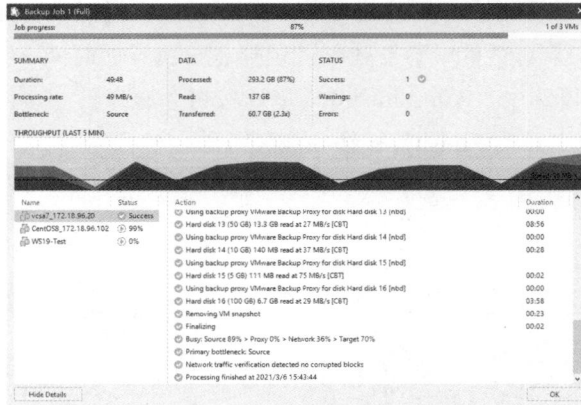

图 6-3-63　查看正在运行的任务的详细信息

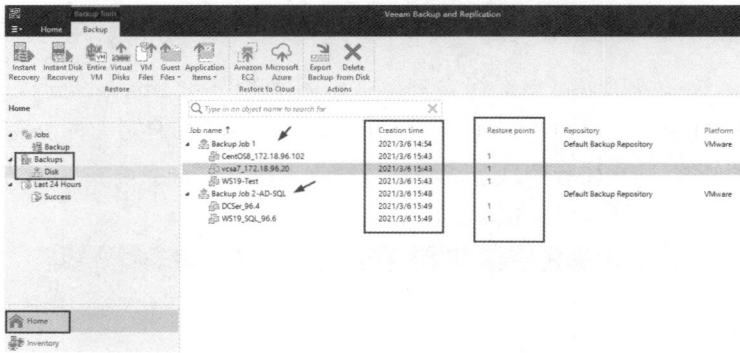

图 6-3-64　备份成功的虚拟机

图 6-3-65　查看备份报告

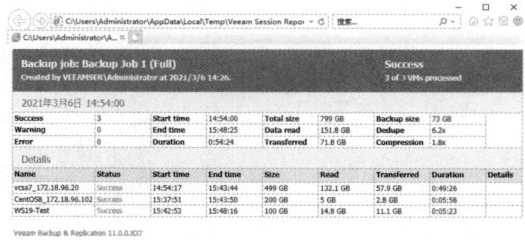

图 6-3-66　备份报告内容

6.4　从备份恢复虚拟机和文件

在完成至少一次备份之后，如果生产环境备份过的虚拟机出现故障，可以通过备份恢复。本节介绍虚拟机的恢复内容。

6.4.1　恢复虚拟机：即时恢复（Instant VM Recovery）

使用 Veeam Instant VM Recovery（即时虚拟机恢复），可以通过直接从压缩和重复数据删除的备份文件中运行虚拟机，将不同的工作负载作为虚拟机立即还原到生产环境。即时虚拟机恢复有助于缩短恢复时间目标（RTO），最大限度地减少生产工作负载的中断和停机时间。

即时 VM 恢复以以下方式执行：

（1）Veeam Backup & Replication 从备份存储库中的备份文件中读取工作负载配置，并在目标主机上创建一个虚拟磁盘且磁盘为空的虚拟机。创建的虚拟机与备份文件中的工作负载具有相同的设置。应注意的是，在即时虚拟机恢复过程开始时，Veeam 备份和复制会为恢复的虚拟机预分配所需的磁盘空间；

（2）Veeam 备份和复制将为虚拟机启动保护快照的创建，并启动虚拟机。如果即时虚拟机恢复过程由于某种原因而失败，则保护性快照可确保不会丢失任何数据；

（3）在备份存储库和目标主机上，Veeam 备份和复制启动一对 Veeam 数据移动器，用于将虚拟机磁盘从备份文件装载到虚拟机；

（4）在目标主机上，Veeam 备份和复制将启动专有的 Veeam 驱动程序。驱动程序将请求重定向到已恢复虚拟机的文件系统（如当用户访问某些应用程序时），并通过一对维护磁盘安装的 Veeam 数据移动器从备份存储库中的备份文件中读取必要的数据。

要完成即时虚拟机恢复，管理员可以执行以下任一操作：

（1）使用 Storage vMotion 可以将已还原的虚拟机快速迁移到生产存储中，而无须停机。在这种情况下，原始虚拟机数据将从 NFS 数据存储中拉到生产存储中，并在虚拟机仍在运行时与虚拟机更改合并。但是，仅当管理员选择将虚拟机更改保留在 NFS 数据存储上而不重定向它们时，才可以使用 Storage vMotion。应注意的是，Storage vMotion 仅适用于部分 VMware 许可证；

（2）使用 Veeam Backup & Replication 的复制或虚拟机复制功能。在这种情况下，管理员可以创建虚拟机的副本，然后在下一个维护窗口期间将其故障转移到该副本。与 Storage vMotion 相比，此方法要求管理员在克隆或复制虚拟机，关闭虚拟机电源然后再打开克隆的副本或副本电源时安排一些停机时间；

（3）使用快速迁移。在这种情况下，Veeam Backup & Replication 将执行两个阶段的迁移过程，而不是从 vPower NFS 数据存储中提取数据，而是从生产服务器上的备份文件还原 VM，然后移动所有更改并将其与虚拟机数据合并。

在许多方面，Instant VM Recovery 提供的结果类似于副本的故障转移。这两种功能都可以用于第 1 层应用程序，对业务中断和停机时间的容忍度很小。但是，执行副本故障转移时，管理员对备份服务器没有依赖性。而且，与仅提供有限的 I / O 吞吐量的即时虚拟机恢复不同，复制可以保证完整的 I / O 性能。

除了灾难恢复问题外，Instant VM Recovery 还可以用于测试目的。无须将 VM 映像提取到生产存储中以执行常规的灾难恢复（DR）测试，管理员可以直接从备份文件运行 VM，将其启动，并确保 guest 虚拟机 OS 和应用程序正常运行。

Instant VM Recovery 支持批量处理，因此管理员可以立即还原多个工作负载。如果管理员对多个工作负载执行即时 VM 恢复，则 Veeam 备份和复制将使用资源调度机制来分配和使用即时 VM 恢复所需的最佳资源。

执行即时 VM 恢复时，Veeam Backup & Replication 使用 Veeam vPower 技术直接从压缩和重复数据删除的备份文件将 VM 映像装载到 ESXi 主机。由于无须从备份文件中提取 VM 并将其复制到生产存储，因此管理员可以在几分钟内从任何还原点（增量或完整）还原 VM。

在执行即时 VM 恢复前，应检查以下先决条件：

（1）可以从至少具有一个成功创建的还原点的备份还原计算机；

（2）如果将计算机还原到生产网络，请确保关闭原始计算机以避免冲突；

（3）如果要扫描机器数据以查找病毒，请检查安全还原要求和限制；

（4）vPower NFS 数据存储上必须至少有 10 GB 的可用磁盘空间，才能为还原的 VM 存储虚拟磁盘更新；

（5）默认情况下，Veeam Backup & Replication 将虚拟磁盘更新写入具有最大可用空间量的卷上的 NfsDatastore 文件夹，例如，C:\ProgramData\Veeam\Backup\NfsDatastore 。当管理员选择在 Instant VM Recovery 向导中将虚拟磁盘更新重定向到 VMware vSphere 数据存储时，不会使用 vPower 缓存。

下面通过具体的操作介绍即时 VM 恢复功能。

（1）在完成至少一次备份或复制后，在"HOME→ Backups→ Disk"右侧会有备份完成的任务和已经成功的虚拟机的列表。

（2）如果某台虚拟机出现故障无法使用并且只能通过备份恢复时，右击该虚拟机备份，在弹出的快捷菜单中选择恢复任务，如图 6-4-1 所示。本示例中选择名为 WS19-Test 的虚拟机，并在下拉菜单中选择"Instant Recovery"选项。

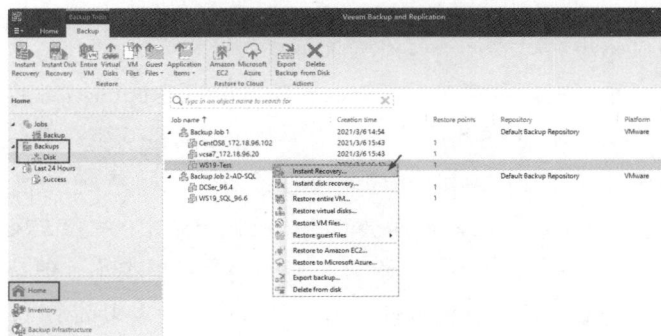

图 6-4-1　虚拟机恢复操作清单

我们来了解一下这个下拉菜单中各个选项的作用。

- Instant Recovery：进入即时恢复向导，使用即时虚拟机恢复功能，将虚拟机恢复到原位置或指定位置。
- Instant disk recovery：即时恢复虚拟机磁盘。
- Restore entire VM：进入还原整台虚拟机向导，将虚拟机恢复到原位置或指定位置。
- Restore virtual disks：进入还原虚拟机磁盘向导，还原虚拟机硬盘到原位置或其他虚拟机。
- Restore VM files：恢复虚拟机文件到指定位置（默认为 Veeam 备份服务器的本地位置）。
- Restore guest files：使用文件恢复功能，恢复虚拟机里面的文件或文件夹到指定位置（默认为 Veeam 备份服务器的本地位置）。
- Export backup：导出虚拟机备份文件（默认为 Veeam 备份服务器的备份文件夹，与虚拟机同名并添加当前日期为后缀）。
- Delete from disk：从备份中删除该虚拟机的备份文件。

（3）在"Restore Point"对话框中列出了虚拟机的恢复点，类型为 Full 的为"全备份"，类型为 increment 为增量备份。无论选择全备份还是增量备份，都可以进行恢复。通常情况下选择最近的时间点进行恢复，也可以根据需要选择。当前示例只有一个全备恢复点，如图 6-4-2 所示。

（4）在"Recovery Mode"对话框中选择恢复到原来的位置还是恢复到一个新的位置，本示例选中"Restore to the original location（恢复到原来的位置）"单选按钮，如图 6-4-3 所示，在使用这一选项时需要注意的是，原来的虚拟机会被删除。如果原来的虚拟机有需要备份的数据，应将其备份到其他位置，或者选中"Restore to a new location , or with different settings"单选按钮。

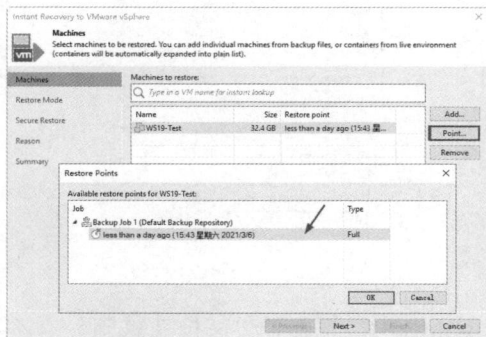

图 6-4-2　选择恢复时间点　　　　　　　图 6-4-3　恢复到原来的位置

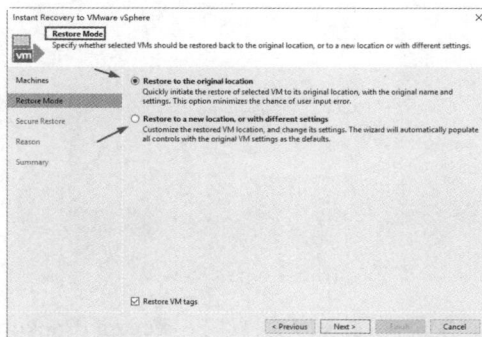

（5）在"Secure Restore"对话框中提示，在执行恢复前，是否扫描已还原的计算机中的恶意软件。要还原的计算机将由安装在 Mount Server（装载服务器）上的防病毒软件

进行扫描，以防止恶意软件进入生产环境。本次操作不进行扫描，如图 6-4-4 所示。

（6）在"Reason"对话框中填写进行恢复操作的原因，可以根据需要选择填写，如图 6-4-5 所示。

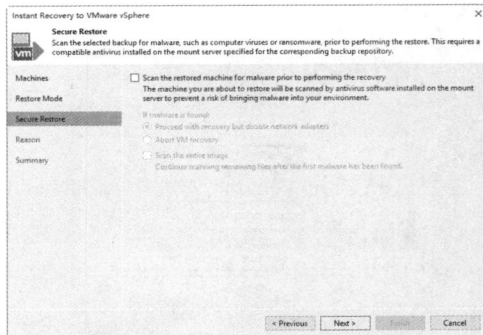

图 6-4-4　安全恢复

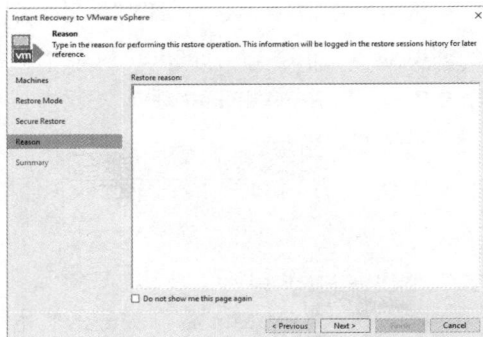

图 6-4-5　恢复原因

（7）在"Summary"对话框中复查要进行恢复的虚拟机及设置，可以根据需要勾选"Connect VM to network"（连接虚拟机网络）、"Power on VM automatically（打开虚拟机电源）"单选按钮。如果在图 6-4-3 选择恢复到原来的位置，则会弹出警告信息，提示原来的虚拟机仍然存储，继续将删除原来位置的虚拟机，单击"确定"按钮继续，如图 6-4-6 所示。如果原来的虚拟机有需要保存的数据，应将其保存到其他位置而不是仍保存在该虚拟机。在删除原虚拟机后，原虚拟机中的所有数据将被删除并不能恢复。

（8）在"Restore Session"对话框的 LOG 列表中显示了当前正在执行的操作，等出现"Waiting for user to start migration"时单击"Close"按钮关闭对话框，如图 6-4-7 所示。

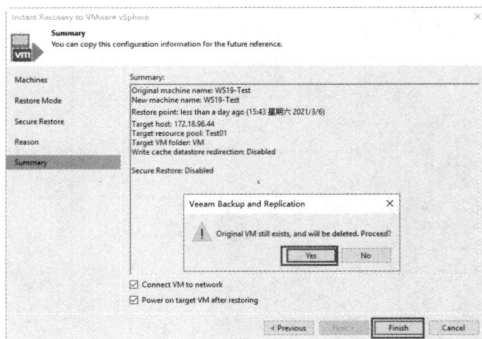

图 6-4-6　准备恢复

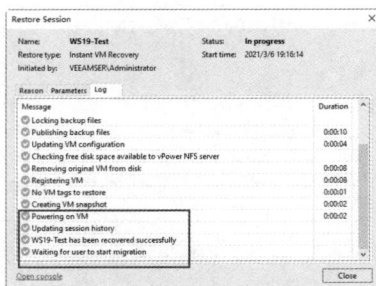

图 6-4-7　恢复

使用即时 VM 恢复时，Veeam Backup & Replication 将把备份文件挂载成一个名为 veeamBackup_VeeamSer（其中 VeeamSer 是安装 Veeam mount server 的计算机名称）的 NFS3 的存储到 ESXi 主机，然后从该存储启动虚拟机，使用 vSphere Client 登录到 vCenter Server，打开恢复的虚拟机，并进入该虚拟机编辑设置界面，可以看到当前虚拟机使用的是名为 VeeamBackup_VeeamSer 的存储，如图 6-4-8 所示。

图 6-4-8　查看恢复的虚拟机

此时虚拟机可以对外提供服务，但此时该虚拟机还保存在 Veeam 的存储中，需要使用"存储迁移"功能，将该虚拟机从 Veeam 存储迁移到生产环境中的共享存储中，本示例中的共享存储为 vSAN 存储。

（1）在"HOME → Instant Recovery"中右击正在进行的任务，在弹出的快捷菜单中选择"Migrate to production（迁移到生产环境）"命令，如图 6-4-9 所示。

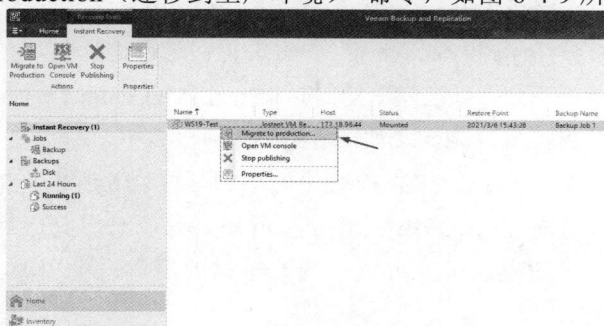

图 6-4-9　迁移到生产环境

（2）在"Destination"对话框中选择目标主机和群集、资源池、虚拟机文件夹、共享存储，存储默认选择 vSAN 共享存储，如图 6-4-10 所示。

（3）在"Transfer"对话框中选择源和目标代理，通常选择"Automatic selection（自动选择）"，如图 6-4-11 所示。

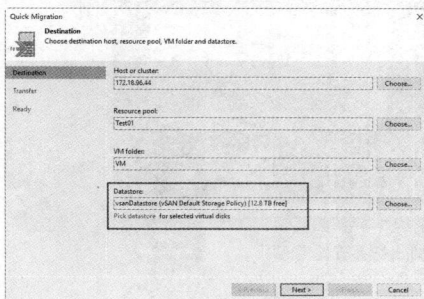

图 6-4-10　目标

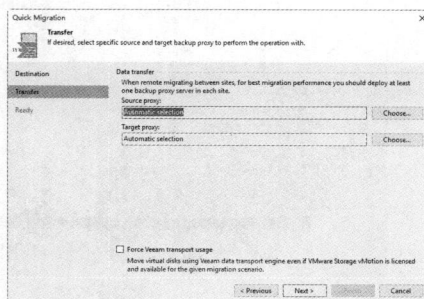

图 6-4-11　数据迁移

（4）在"Ready"对话框中显示了当前准备进行的操作，检查无误后，选中"Delete source VM files upon successful quick migration(does not apply to VMotion)（快速迁移完成后删除源 VM 文件（不适用于 VMotion）"，如图 6-4-12 所示。

（5）快速迁移将把数据从 Veeam 加载的存储迁移到生产环境的存储，如图 6-4-13 所示。

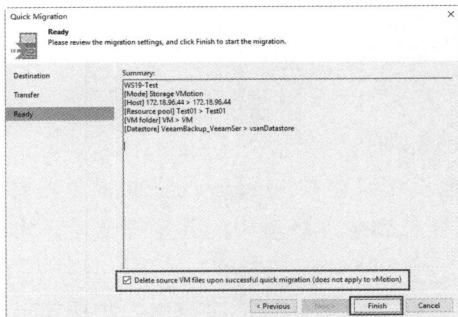

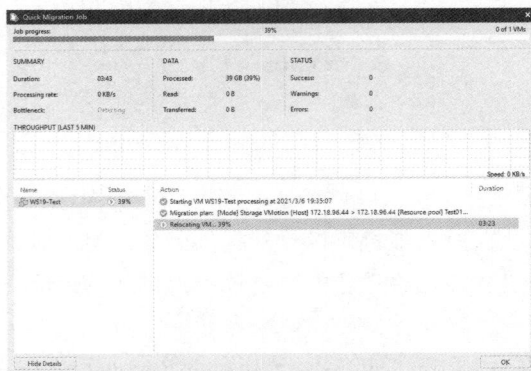

图 6-4-12　就绪　　　　　　　　　　　　图 6-4-13　迁移进度

（6）在"HOME → Instant Recovery"中右击正在进行的任务，在弹出的快捷菜单中选择"Open VM console"命令，在弹出的对话框中输入 vCenter Server 的账户和密码，如图 6-4-14 所示，打开虚拟机控制台，如图 6-4-15 所示。

（7）快速迁移完成后单击"OK"按钮关闭，如图 6-4-16 所示。

（8）在快速迁移完成后，HOME 中的 Instant Recovery 任务完成后自动关闭。

（9）再次编辑恢复的虚拟机，可以看到虚拟机的硬盘已经更改为 vSAN 存储，如图 6-4-17 所示。

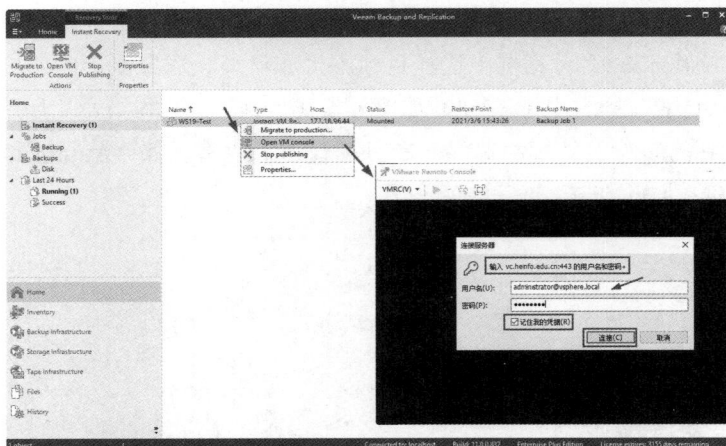

图 6-4-14　打开 VM 控制台

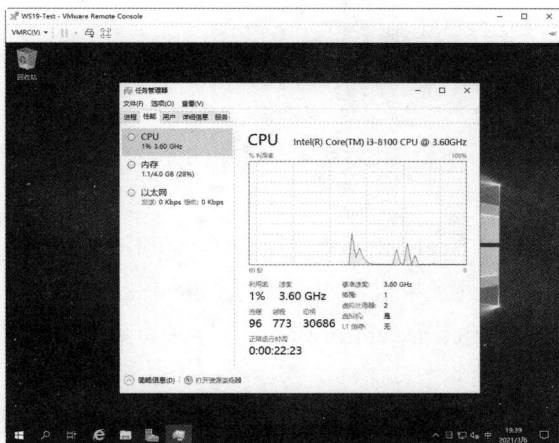

图 6-4-15　虚拟机控制台

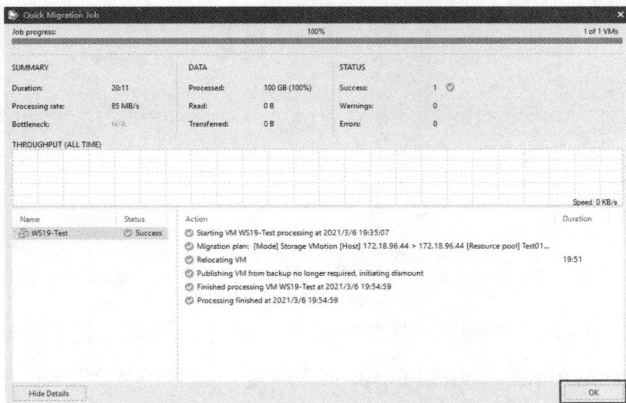

图 6-4-16　迁移完成

图 6-4-17　已更改为 vSAN 存储

6.4.2　恢复虚拟机：正常恢复

即时 VM 恢复用在需要立刻恢复原有业务的生产环境中。如果虚拟机不需要立刻恢复，而是将虚拟机恢复到另一个位置，与原有的虚拟机进行比较时，可以使用 Restore entire VM 功能。

（1）在 Veeam Backup & Replication 控制台的"HOME → Backup → Disk"对话框中，从右侧的清单中选择要恢复的虚拟机，本示例为 CentOS8_172.18.96.102 的虚拟机备份，右击，在快捷菜单中选择"Restore entire VM"命令，如图 6-4-18 所示。

（2）在"Virtual Machines"对话框中选择恢复时间点，默认情况下选择最后一次备份的时间点，如图 6-4-19 所示。

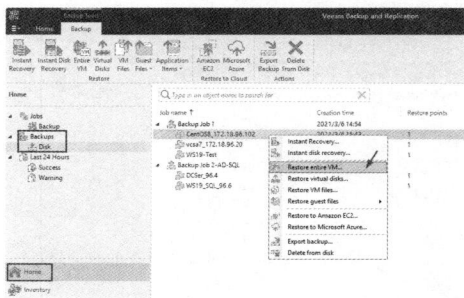

图 6-4-18　恢复整台虚拟机

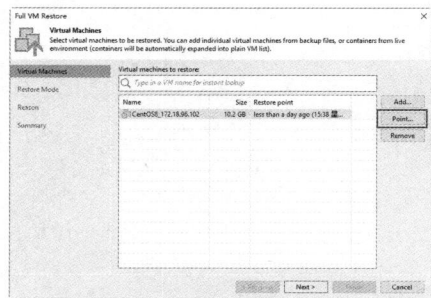

图 6-4-19　选择时间点进行恢复

（3）在"Restore Mode"（恢复模式）对话框中选择是恢复到原来位置还是恢复到新的位置。

如果选择"Restore to the original location（恢复到原来位置）"，如图 6-4-20 所示。此时可以勾选"Quick rollback（快速回滚）"复选框，Veeam 备份和复制将获取将虚拟机还原到较早时间点所需的数据块，并将仅从备份中还原这些数据块。快速回滚大大减少了还原时间。如果问题是在虚拟机硬件级别，存储级别或由于断电引起的，不要使用"快速回滚"选项。

如果选中"Restore to a new location, or with different settings"单选按钮，将把虚拟机恢复到一个新的位置，如图 6-4-21 所示。本示例选择恢复到新位置。

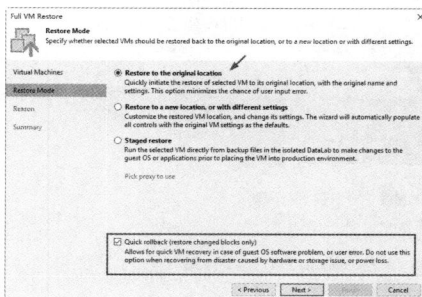

图 6-4-20　恢复到原来位置

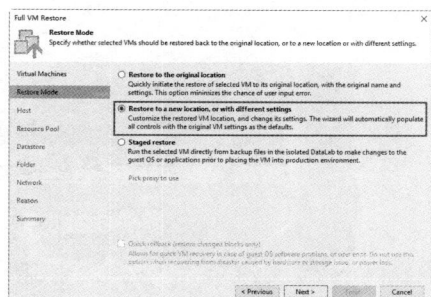

图 6-4-21　恢复到新位置

（4）在"Host"对话框中选择恢复的目标主机，如图 6-4-22 所示。

（5）在"Resource Pool"对话框中选择资源池，如图 6-4-23 所示。

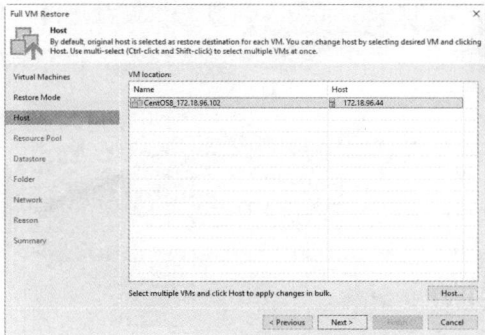

图 6-4-22　选择主机

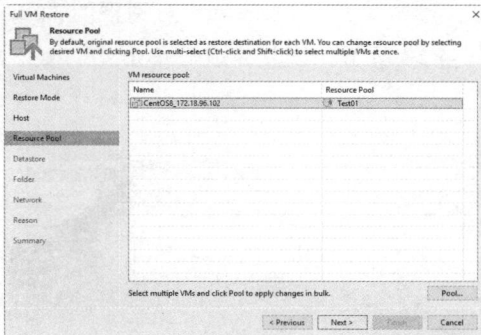

图 6-4-23　选择目标资源池

（6）在"Datastore"对话框中选择目标存储，单击"Disk Type"按钮，选择磁盘格式，本示例选择 Thin，如图 6-4-24 所示。

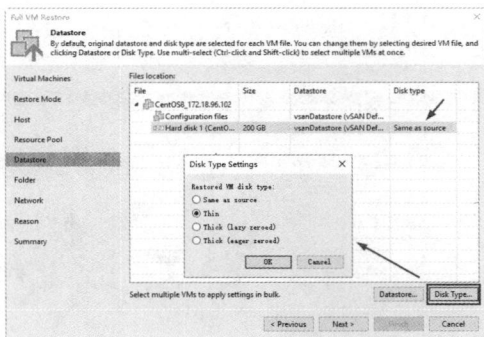

图 6-4-24　选择目标存储及磁盘格式

（7）在"Folder"对话框中设置新恢复的虚拟机名称及文件夹，本示例中为新恢复的虚拟机添加"_New"的后缀，如图 6-4-25 所示。

（8）在"Network"对话框中恢复的虚拟机选择网络，如图 6-4-26 所示。

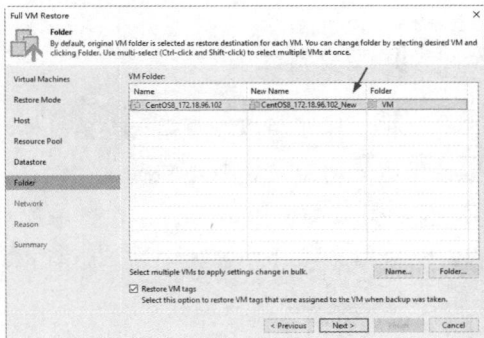

图 6-4-25　虚拟机名称和文件夹

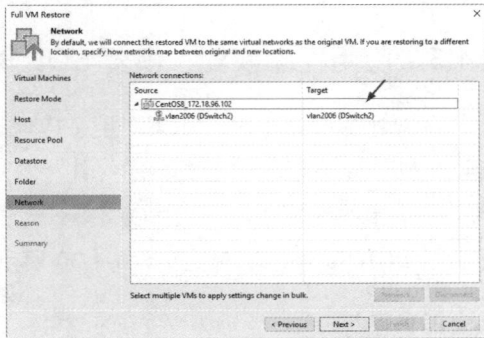

图 6-4-26　网络选择

（9）在"Summary"对话框中显示了要恢复的虚拟机的设置，检查无误后单击"Finish"按钮，如图 6-4-27 所示。

（10）在"VM restore"对话框的"Statistics"选项卡中显示了恢复的数据及进度，如图 6-4-28 所示。恢复完成后单击"Close"按钮。

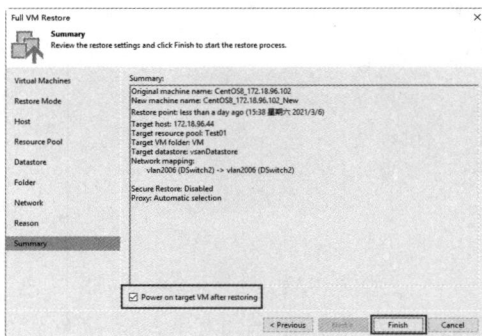

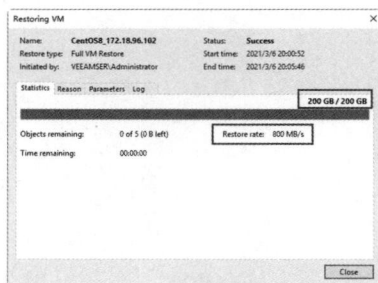

图 6-4-27　摘要　　　　　　　　　　　　图 6-4-28　恢复进度

（11）恢复完成后，启动恢复的虚拟机，打开控制台，如图 6-4-29 所示。

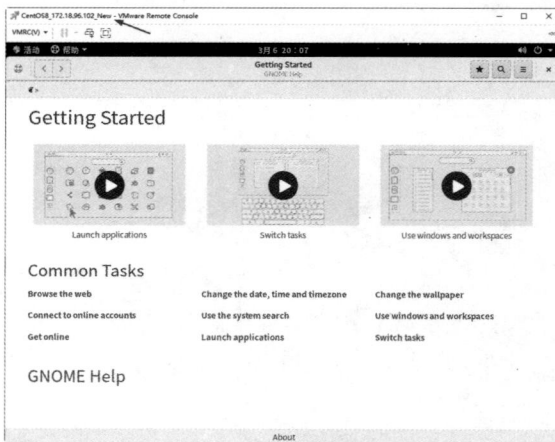

图 6-4-29　恢复的虚拟机

6.4.3　应用程序恢复：恢复 SQL Server 数据库文件

在创建备份任务时，如果启用了应用程序感知功能，除了可以恢复整台虚拟机外，还可以单独恢复虚拟机中的数据库文件。本示例中使用这一功能恢复 SQL Server 文件。

在本示例环境中，安装 SQL Server 的虚拟机名称为 WS19_SQL_96.6，在该虚拟机中安装了 SQL Server 2019，如图 6-4-30 所示，然后安装 SQL Server 管理工具，如图 6-4-31 所示。

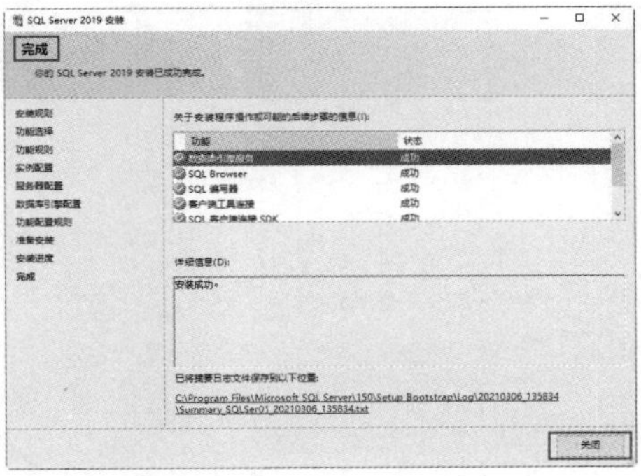

<table>
<tr><td>图 6-4-30　安装 SQL Server 2019</td><td>图 6-4-31　安装 SQL Server 管理工具</td></tr>
</table>

接下来在 SQL Server 中创建了数据库用于测试，本示例测试数据库名称为 DB210306，如图 6-4-32 所示。

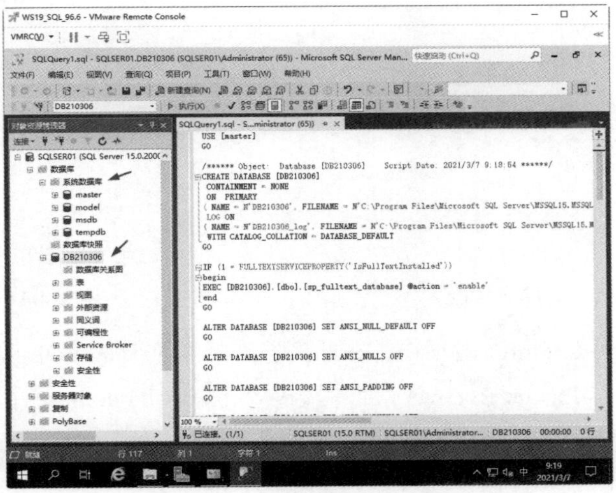

图 6-4-32　创建数据库

针对该虚拟机已经在第 6.3.6 节中创建备份任务并启用了应用程序感知功能。在本示例中该虚拟机已完成多次备份，下面介绍恢复 SQL Server 数据库的操作。

（1）在 Veeam Backup & Replication 控制台的"HOME → Backup → Disk"对话框中，从右侧的清单中选择要恢复的虚拟机，本示例为 WS19_SQL_96.6，右击，在快捷菜单中选择"Restore application items→ Microsoft SQL Server databases"命令，如图 6-4-33 所示。

（2）在"Restore Point"对话框中选择恢复点，默认情况下选择最后一个备份（最新的备份数据），如图 6-4-34 所示。

（3）在"Summary"对话框中单击"Browse"按钮，如图 6-4-35 所示。

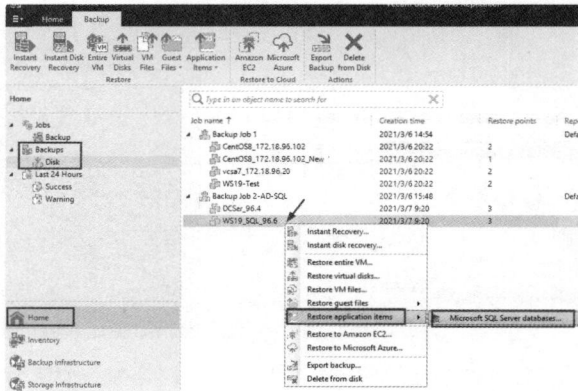

图 6-4-33　恢复 SQL Server 数据库

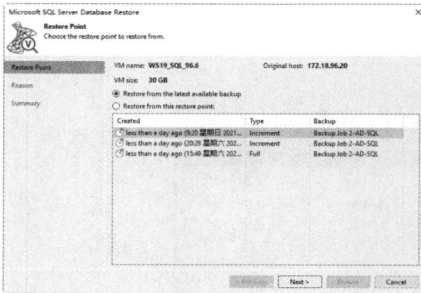

图 6-4-34　选择恢复点

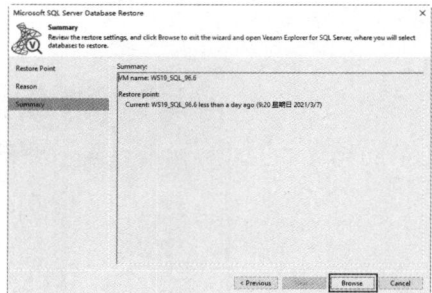

图 6-4-35　摘要

（4）打开 Veeam Explorer 对话框，在此浏览选择要恢复的 SQL Server 数据库并右击，在弹出的对话框中有 Instant Recovery（即时恢复）、Publish database（发布数据库）、Restore database（恢复数据库）、Export backup（导出备份）、Export files（导出文件）等功能，如图 6-4-36 所示。

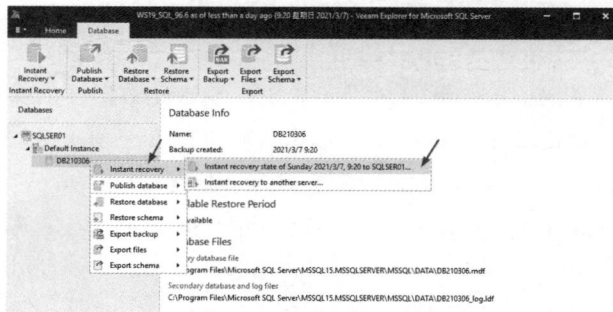

图 6-4-36　Veeam 资源管理器

我们简单了解一下这些功能。

● Instant Recovery：允许管理员使用即时恢复功能将数据库恢复到原来位置或其他 SQL Server 服务器。

- Publish database：发布数据库允许管理员临时将大型 SQL 数据库附加到目标 Microsoft SQL Server，而无须实际还原它们。发布数据库通常比使用标准还原功能更快，并且在某些情况下可能很方便，例如，当管理员执行灾难恢复操作的时间有限时。在发布期间，Veeam 将 VM 磁盘从备份文件安装到目标计算机（在 C:\VeeamFLR 目录下），检索所需的数据库文件并将关联的数据库直接附加到 SQL 服务器，以便管理员可以使用 Microsoft SQL 工具执行所需的操作作为 Microsoft SQL Management Studio。
- Restore database：可以恢复单个或多个数据库到原来的 SQL Server 服务器或另一台 SQL Server 服务器。
- Export backup：可以将备份导出为 MDF 或导出为 BAK 文件。

在本示例中选择"Instant Recovery → Instant Recovery State of……to SQLSER01"。

（5）在"Specify database switchover scheduling options"对话框中选择 Auto，如图 6-4-37 所示。

（6）弹出对话框提示原来数据库文件已经存在，是否删除该数据库文件。如果原来库文件确认不再需要，单击"OK"按钮，如图 6-4-38 所示。

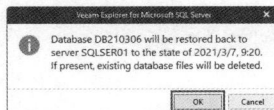

图 6-4-37　自动　　　　　　　　　　图 6-4-38　确认删除

（7）开始恢复数据库文件到原来的 SQL Server 服务器，如图 6-4-39 所示。

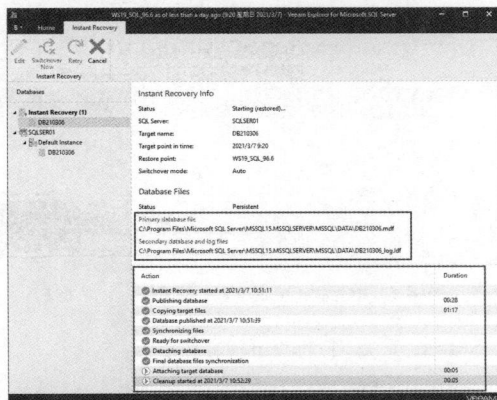

图 6-4-39　即时恢复数据库文件

如果要将数据库文件导出为备份文件，可以执行以下的操作。

（1）在 Veeam Explorer 中右击要导出的数据库文件，在快捷菜单中选择"Export files → Export latest state to Desktop\DB210306"命令，如图 6-4-40 所示。

（2）选中的数据库文件将恢复到备份服务器的桌面并创建同名文件夹，如图 6-4-41 所示。

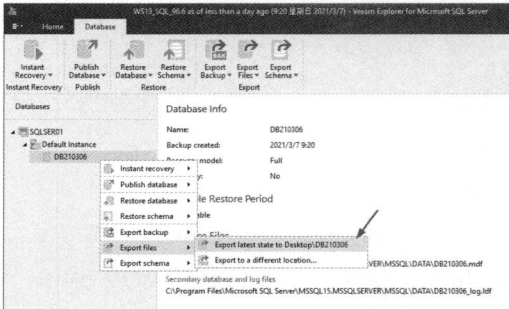

图 6-4-40　导出数据库文件

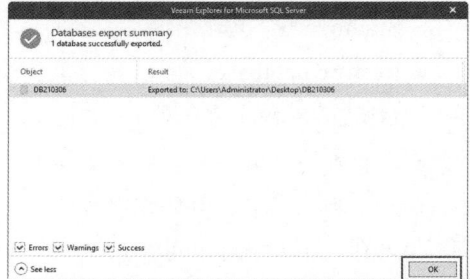

图 6-4-41　导出数据库文件

（3）导出完成后单击"OK"按钮，然后打开资源管理器可以查看导出的数据库文件，如图 6-4-42 所示。导出的数据库文件可以附加到 SQL Server 中使用。

图 6-4-42　查看数据库文件

完成数据库恢复后，关闭 Veeam Explorer，如图 6-4-43 所示。

图 6-4-43　退出 SQL Server 数据库恢复程序

【说明】在恢复 SQL Server 数据库到原来的服务器时，在原来的 SQL Server 服务器上，需要在防火墙上允许 TCP 的"1433，1025-1034"的入站规则，如图 6-4-44 所示，否则在恢复时可能会出现图 6-4-45 的错误。

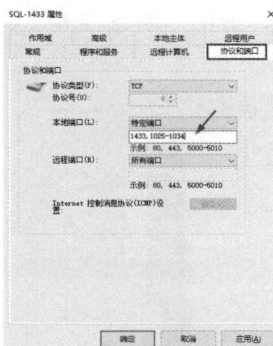

图 6-4-44　入站规则

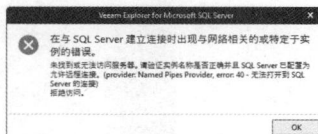

图 6-4-45　无法打开连接

6.4.4　恢复 Active Directory 对象

使用 Veeam Explorer for Microsoft Active Directory 管理组件允许管理员从 Veeam Backup & Replication 创建的备份中恢复或导出 Active Directory 对象和容器。在本示例中，Active Directory 虚拟机的名称为 DCSER_96.4，IP 地址为 172.18.96.4，操作系统为 Windows Server 2019，如图 6-4-46 所示。

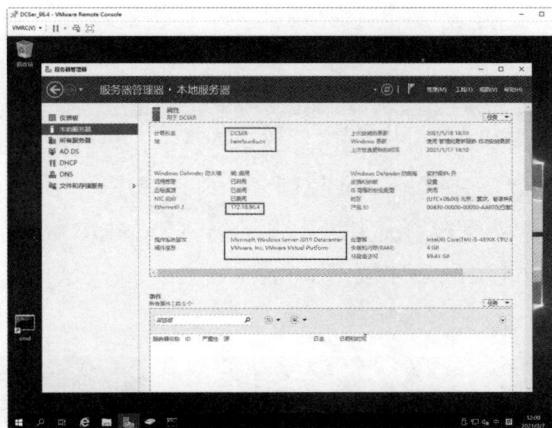

图 6-4-46　Active Directory 实验虚拟机

这台虚拟机操作系统是 Windows Server 2019 并升级到 Active Directory 服务器，域名为 heinfo.edu.cn，在"Active Directory 用户和计算机"中有一个名为 heinfo 的 OU，该 OU 下有一个名称为 NSX-AD 的子 OU，在这个子 OU 中有张三和李四共 2 个账户，有运维一组和运维二组共 2 个用户组，如图 6-4-47 所示。

针对该虚拟机已经在第 6.3.6 节中创建备份任务并启用应用程序感知功能。在本示例中该虚拟机已完成多次备份，下面介绍恢复 Active Directory 对象的操作。

（1）打开 DCSER_96.4 的虚拟机控制台，在 Active Directory 用户和计算机中删除 2

个账户，例如张三和李四这两个用户，如图 6-4-48 所示，如图 6-4-49 所示。

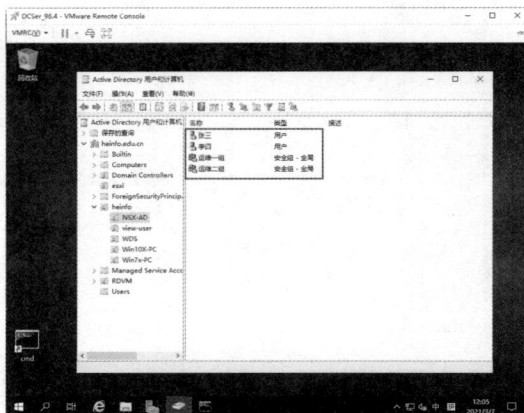

图 6-4-47　创建测试账户和用户组

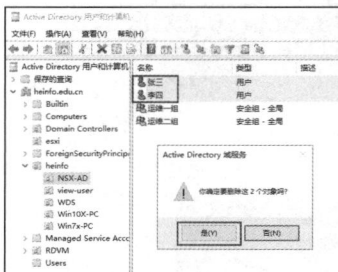

图 6-4-48　删除用户

图 6-4-49　删除之后

（2）在 Veeam Backup & Replication 控制台的"HOME → Backup → Disk"对话框中，从右侧的清单中选择要恢复的虚拟机，本示例为 DCSER_96.4，右击，在快捷菜单中选择"Restore application items→ Microsoft Active Directory objects"命令，如图 6-4-50 所示。

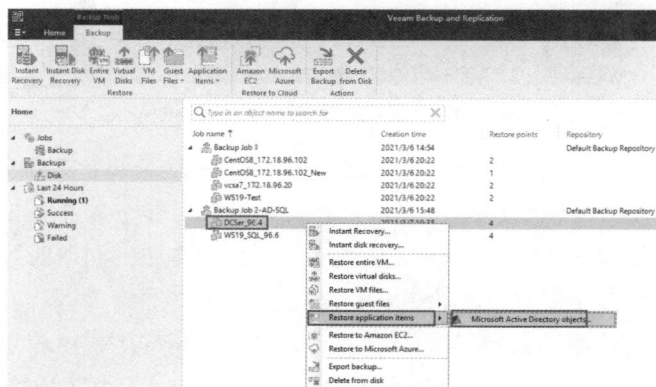

图 6-4-50　恢复 Active Directory 对象

（3）在"Restore Point"对话框中选择恢复点，默认情况下选择最后一个备份（最新的备份数据），如图 6-4-51 所示。

（4）在"Summary"对话框中单击"Browse"按钮，如图 6-4-52 所示。

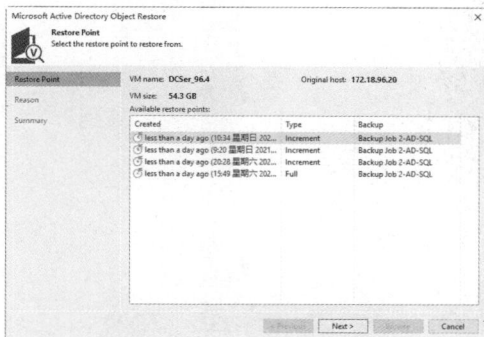

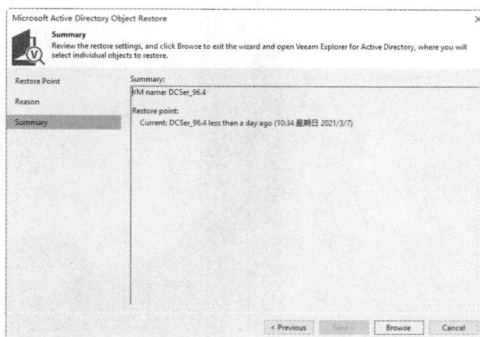

图 6-4-51　选择恢复点　　　　　　　　　　　　　图 6-4-52　摘要

（5）打开 Veeam Explorer 对话框，选择要恢复的 Active Directory 对象，例如名为张三和李四的账户并右击，在弹出的对话框选择"Restore objects to DCSer.heinfo.edu.cn"命令，如图 6-4-53 所示。

（6）如果当前 Veeam 服务器能解析 DCSer.heinfo.edu.cn 域名并且该服务器在线，很快恢复成功并弹出提示，如图 6-4-54 所示。在此也可以选择多个对象进行恢复。

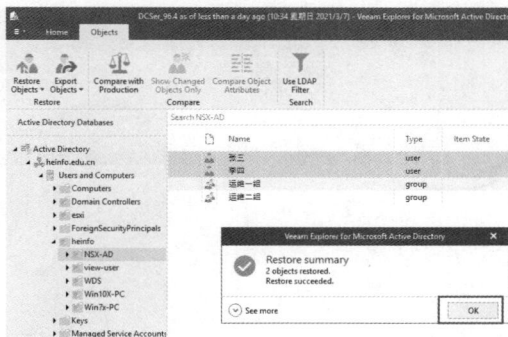

图 6-4-53　Veeam 资源管理器　　　　　　　　　　图 6-4-54　恢复完成

（7）切换到 DCSER_96.4 虚拟机，在 Active Directory 用户和计算机中刷新当前界面，可以看到名为张三和李四的账户已经恢复，如图 6-4-55 所示。

（8）如果出现"LDAP 服务器不可用"的错误提示，如图 6-4-56 所示，当前 Veeam 计算机设置 DNS 不能解析要恢复的 Active Directory 服务器的计算机名称（本示例为 DCSer.heinfo.edu.cn）导致，只要将计算机的 DNS 设置为 DCSer.heinfo.edu.cn 域服务器的 IP 地址（本示例为 172.18.96.4，见图 6-4-57），再次执行恢复即可。

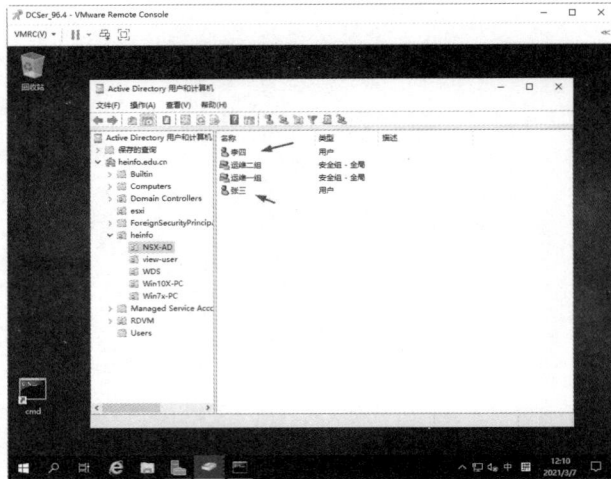

图 6-4-55　账户已经恢复

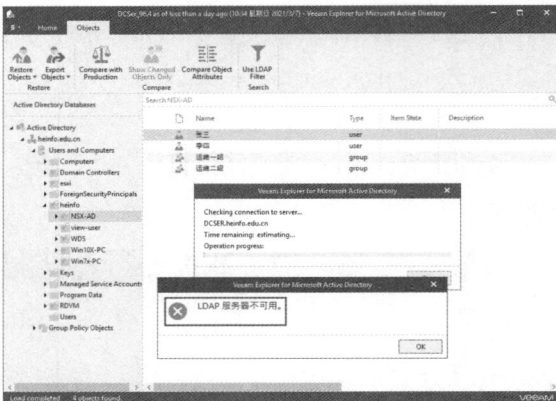

图 6-4-56　LDAP 对象不可用

图 6-4-57　修改 DNS 服务器地址

6.4.5　恢复文件

Veeam Backup & Replication 还可以从备份中恢复文件。下面介绍这一功能的实现步骤。

（1）在 Veeam Backup & Replication 控制台的"HOME → Backup → Disk"对话框中，从右侧的清单中选择要恢复的虚拟机，本示例为 WS19_SQL_96.6，右击，在快捷菜单中选择"Restore guest files → Microsoft Windows"命令，如图 6-4-58 所示。

（2）在"Restore Point"对话框中选择恢复点，默认情况下选择最后一个备份（最新的备份数据）。

（3）在"Summary"对话框中单击"Browse"按钮。

（4）对于文件恢复操作，Veeam Backup & Replication 提供了 Microsoft Windows 用户熟悉的类似 Windows 资源管理器的用户界面，在左侧选择备份虚拟机的盘位（本示例选择 C），在右侧选中要恢复的文件或文件夹，在弹出的快捷菜单中选择对应的操作以执行恢复，如图 6-4-59 所示。如果选择"Restore → Overwrite"将把文件恢复到原始位置并覆盖原文件。如果要恢复到原来位置，原来的虚拟机应该处于开机状态。同时还要添加目标虚拟机管理员账户。

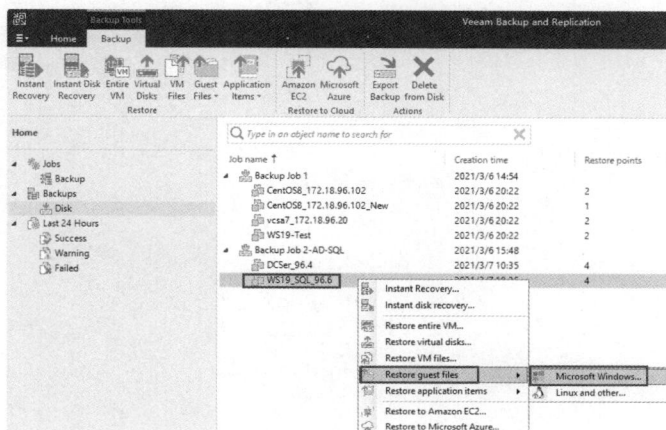

图 6-4-58　恢复客户机文件

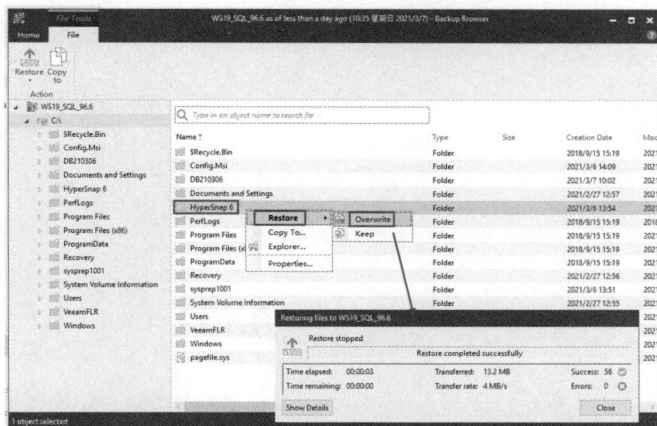

图 6-4-59　恢复

（5）如果选择"Copy To"操作，会浏览选择保存恢复位置的文件夹，本示例中将指定的文件恢复到 D 盘的 TMP 文件夹，如图 6-4-60 所示。

（6）恢复进度对话框如图 6-4-61 所示。

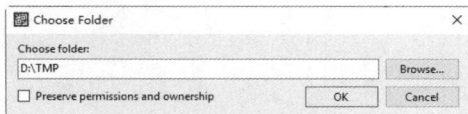

图 6-4-60　复制

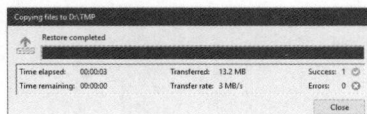

图 6-4-61　恢复进度

（7）打开图 6-4-60 指定的恢复文件夹可以查看恢复的文件，如图 6-4-62 所示。

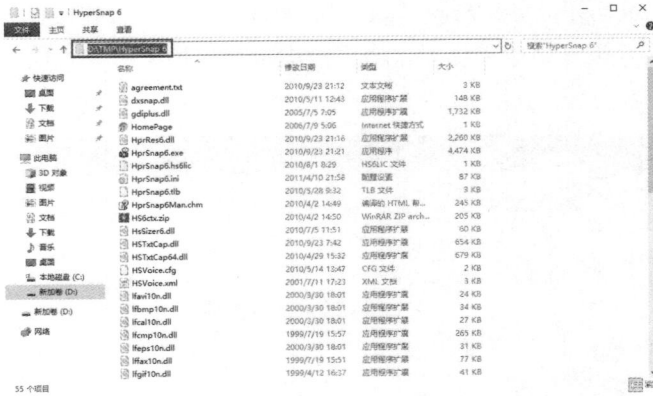

图 6-4-62　恢复后的文件

第 7 章　使用 VBR 备份物理机和配置备份代理

本章介绍如何为 Veeam 配置备份代理以提升备份和恢复速度，除此之外，对于配置 Linux 备份存储库、Windows 和 Linux 操作系统物理机的备份，以及将 Windows 和 Linux 物理机备份恢复到虚拟化环境中等内容作了应用层面的详细讲解。

7.1　安装配置备份代理

使用 Veeam Backup & Replication 进行备份和恢复时，如果环境中 ESXi 主机数量较多，可以添加多台 Veeam 备份代理服务器，可以提升备份恢复性能。

根据第 6 章表 6-3-1 的规划，创建 2 台 Windows Server 2019 的虚拟机用作 Veeam 备份代理，我们梳理一下主要步骤。

（1）使用 vSphere Client 登录到 vCenter Server，从模板新建虚拟机，设置第 1 台虚拟机名称为 Veeam-Proxy01-96.51，如图 7-1-1 所示，在"用户设置"中，设置计算机名称为 proxy01，IP 地址为 172.18.96.51，如图 7-1-2 所示。

图 7-1-1　设置虚拟机名称　　　　　　图 7-1-2　设置计算机名称和 IP 地址

（2）对于 Veeam 代理虚拟机，在生产环境中建议至少分配 4 个 CPU 和 4GB 内存，在实验环境中可以为其分配 2 个 CPU 和 2GB 内存，本示例分配 4 个 CPU 和 4GB 内存。如图 7-1-3 所示。备份代理虚拟机网络最好与 vCenter 与 ESXi 主机在同一个网段。

（3）对于第 2 台虚拟机设置名称为 Veeam-Proxy01-96.52，设置计算机名称为 proxy02，设置 IP 地址为 172.18.96.72，为其分配 4 个 CPU 和 4GB 内存。

（4）这 2 台 Veeam 代理虚拟机部署完成后，打开虚拟机控制台，在"高级安全 Windows Defender 防火墙"中，开放"文件和打印机共享"端口，如图 7-1-4 所示。

图 7-1-3　设置 CPU 和内存大小

图 7-1-4　允许文件和打印机共享

（5）检查这两台计算机的名称分别是 proxy01 和 proxy02，如图 7-1-5 和图 7-1-6 所示。

图 7-1-5　检查 proxy01 计算机名称

图 7-1-6　检查 proxy02 计算机名称

（6）这两台计算机的 IP 地址分别设置为 172.18.96.51 和 172.18.96.52，网关地址不设置。这避免网络中其他计算机能访问到这两台备份代理的虚拟机，如图 7-1-7 和图 7-1-8 所示。在本示例中，备份代理和 Veeam 备份服务器以及 vCenter Server 和 ESXi 在同一网段，所以不需要配置网关地址。

图 7-1-7　proxy01 设置 IP 地址

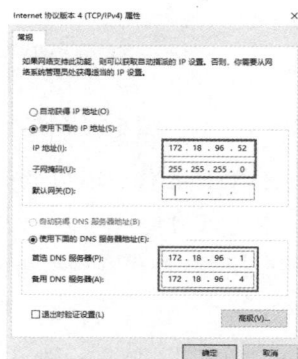

图 7-1-8　proxy02 设置 IP 地址

在群集→配置→虚拟机/主机规则中创建"虚拟机/主机规则"，Veeam-Proxy01-96.51

与 Veeam-Proxy01-96.52 在不同的主机上运行，如图 7-1-9 所示。在实际的生产环境中，如果需要备份的虚拟机较多，应该为每台主机配置 1 台备份代理虚拟机。

在准备好 Veeam 备份代理的虚拟机之后，在 Veeam Backup & Replication 控制台添加备份代理服务，接下来是主要步骤。

（1）在"BACKUP INFRASTRUCTURE → Backup Proxies"中右击，在弹出的快捷菜单中选择"Add VMware Backup Proxy"命令，如图 7-1-10 所示。

图 7-1-9　虚拟机主机规则

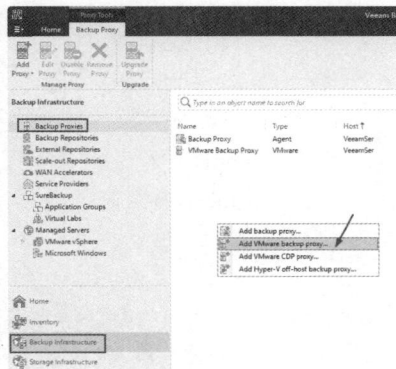

图 7-1-10　添加备份代理

（2）在"Server"对话框中单击"Add New"按钮，如图 7-1-11 所示。

（3）在"Add Server"对话框中选择 Microsoft Windows。

（4）在"Name"对话框的"DNS name or IP address"中添加备份服务器的 IP 地址，本示例为 172.18.96.51，如图 7-1-12 所示。

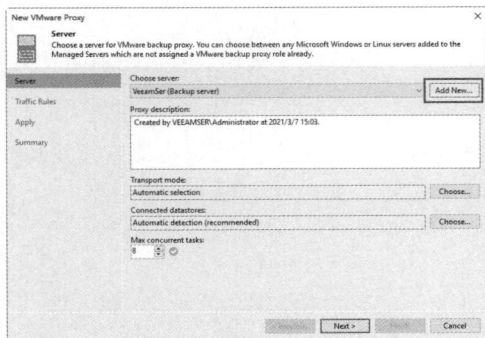

图 7-1-11　添加新服务器

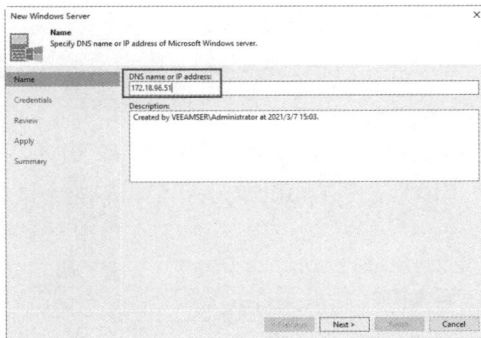

图 7-1-12　指定 IP 地址

（5）在"Credentials"对话框中单击"Add"按钮，添加用于第 1 台备份代理服务器的管理员账户，如果该计算机是加入域的计算机使用 Domain\USER 格式，如果没有加入域使用 HOST\USER 格式，当前计算机没有添加到域，该计算机名称为 proxy01，则添加的账户为 proxy01\administrator，如图 7-1-13 所示。注意，不要直接使用 Administrator 这一格式。

（6）在"Review"对话框单击"Apply"按钮，如图 7-1-14 所示。

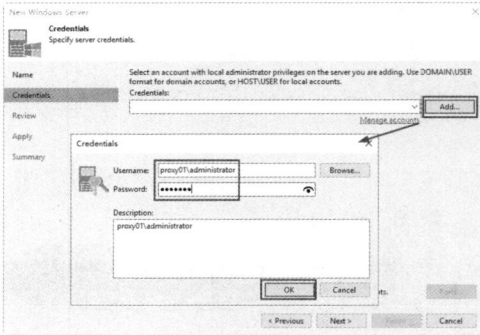

图 7-1-13 添加管理员账户

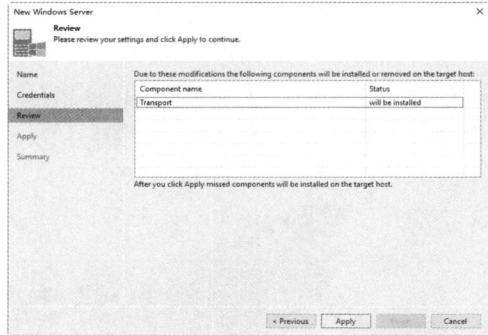

图 7-1-14 应用

（7）在 "Apply" 对话框显示了正在执行的操作，如图 7-1-15 所示。

（8）在 "Summary" 显示摘要信息，检查无误之后单击 "Finish" 按钮，如图 7-1-16 所示。

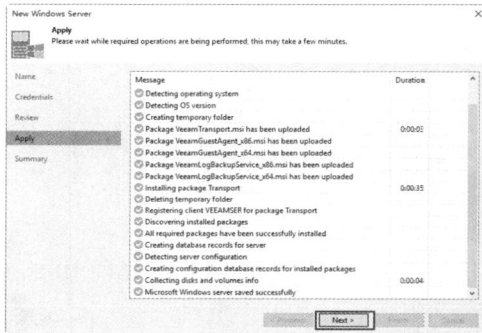

图 7-1-15 Apply 信息

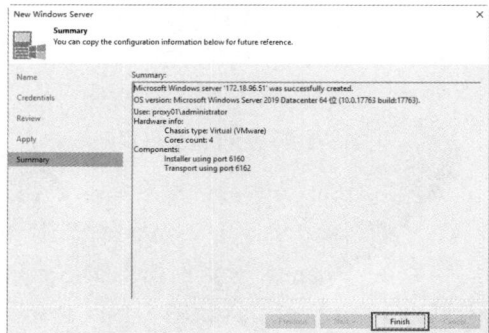

图 7-1-16 摘要

（9）在 "Server" 对话框中的 "Choose server" 列表中显示刚才添加的备份代理服务器，在 "Max concurrent tasks" 显示了并发任务，当前虚拟机有 4 个 CPU，所以默认并发代理数为 4，如图 7-1-17 所示。单击 "Next" 按钮。如果修改了虚拟机的 CPU 数量可以在此修改并发数。

（10）在 "Traffic Rules" 对话框单击 "Apply" 按钮，如图 7-1-18 所示。

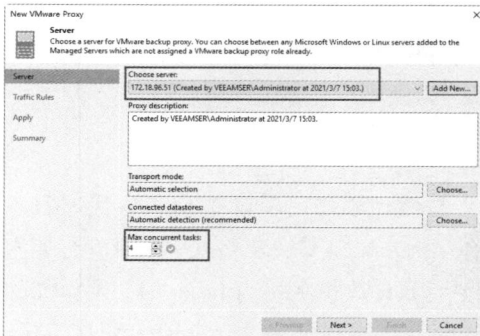

图 7-1-17 为备份代理指定并发任务数

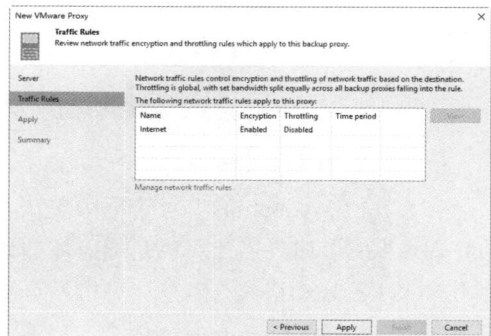

图 7-1-18 应用

（11）在"Summary"对话框中单击"Finish"按钮，如图 7-1-19 所示。

参照第（1）～（11）的步骤，将 IP 地址为 172.18.96.52 的虚拟机添加到备份代理，在为该计算机指定管理员账户时，其管理员账户为 proxy02\administrator，如图 7-1-20 所示。

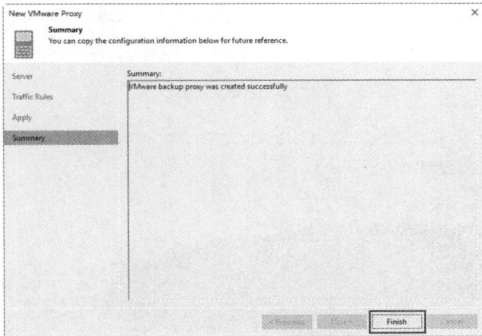

图 7-1-19　添加备份代理完成　　　　　　　图 7-1-20　指定管理员账户

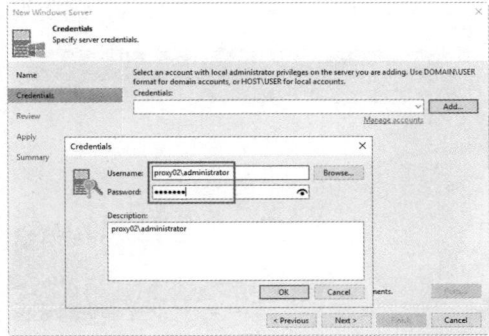

在"Backup Proxies"显示添加了两台备份代理服务器，如图 7-1-21 所示。其中名为 VMware Backup Proxy 是在安装 Veeam 时添加的备份代理。

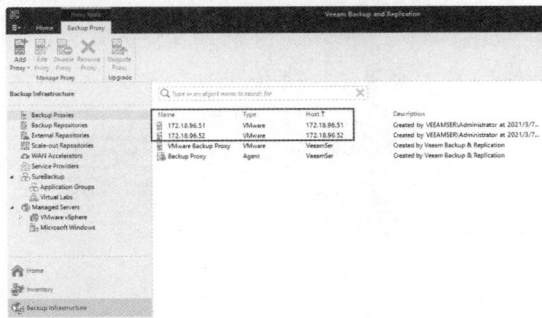

图 7-1-21　查看备份代理服务器

以后如果要修改备份代理服务器的并发任务数，右击备份代理服务器，在弹出的快捷菜单中选择"Properties"命令，在弹出的"Server"对话框中修改即可，如图 7-1-22 所示。

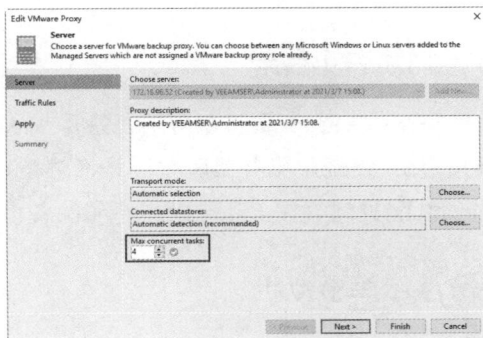

图 7-1-22　修改最大并发任务数

下面操作是修改备份服务器的并发任务。

（1）右击 VMware Backup Proxy，在弹出的快捷菜单中选择"Properties"命令，如图 7-1-23 所示。

（2）在"Server"对话框中可以看到默认的最大并发任务是 2，如图 7-1-24 所示。

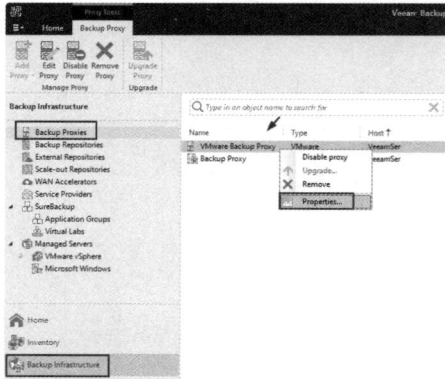

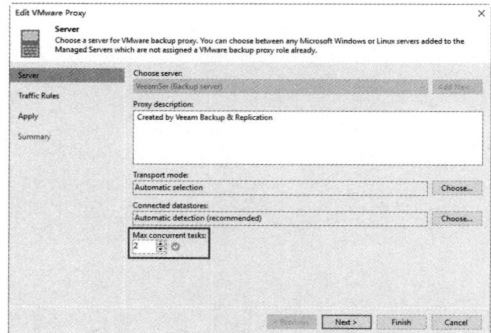

图 7-1-23　属性　　　　　　　　　　　　　　　　　图 7-1-24　并发任务

（3）将其修改为 8，如图 7-1-25 所示。每个并发任务需要 1 个 vCPU 的支持，当前 Veeam 备份服务器是 8 个 CPU，如图 7-1-26 所示。

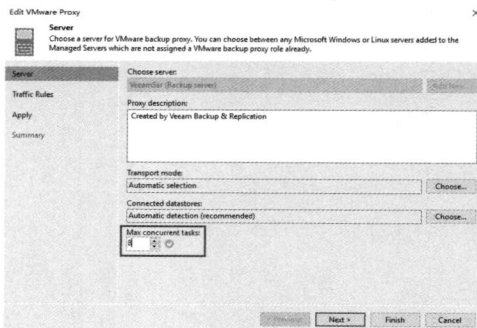

图 7-1-25　并发任务修改为 8　　　　　　　　　　　图 7-1-26　当前有 8 个 CPU

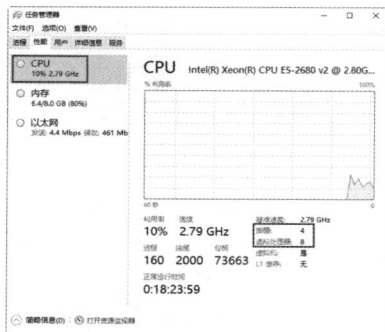

7.2　配置 Linux 备份存储库

默认情况下，备份数据保存在 Veeam 备份服务器。因为 Veeam 是运行在 Windows 操作系统下的备份软件，如果避免 Veeam 服务器所在计算机感染勒索病毒时避免备份文件也一同被加密，可以为 Veeam 配置运行在 Linux 操作系统的备份存储库。

7.2.1　准备 Linux 备份存储库虚拟机

本节准备 1 台安装 Cent OS 8 操作系统的 Linux 虚拟机，该虚拟机配置 2 个磁盘，第

1 个磁盘为 200GB 用来安装 Cent OS 8 操作系统，第 2 个磁盘为 2TB 用来保存后期 Veeam 备份数据。本节可以使用第 5 章配置的 Cent OS 8 的虚拟机模板，从该模板置备虚拟机。

　　根据表 6-3-1 "Veeam 备份相关虚拟机列表"的规划，创建一台名称为 Veeam_repository_96.58 的虚拟机，为虚拟机配置 4 个 CPU 和 4GB 内存，再添加 1 块 2TB 的虚拟硬盘。下面是主要步骤。

　　（1）从模板置备虚拟机，模板选择 CentOS8-TP，如图 7-2-1 所示，设置虚拟机名称为 Veeam_repository_96.58，如图 7-2-2 所示。

图 7-2-1　选择 CentOS 8 模板　　　　　　　　图 7-2-2　设置虚拟机名称

　　（2）在"用户设置"中设置计算机名称为 repository，设置 IP 地址为 172.18.96.58，如图 7-2-3 所示。

　　（3）在"自定义硬件"中设置 4 个 CPU 和 4GB 内存，添加 1 块 2TB 的虚拟硬盘，如图 7-2-4 所示。

图 7-2-3　设置计算机名称　　　　　　　　　　图 7-2-4　自定义硬件

　　设置完成后，等待虚拟机置备完成。

　　当前置备的 Cent OS 8 的虚拟机，Linux 系统盘是 200GB 的磁盘，还需要将 2TB 的磁盘分区、格式化并加载文件系统。以后如果 2TB 的磁盘空间不够，可以向虚拟机中添加新的虚拟磁盘，并将新添加的磁盘分区、格式化并附加到备份文件系统。在本示例中将把 2TB 的磁盘挂载到/data 目录。使用 ssh 登录到 Cent OS 8 的虚拟机，或者登录到 Cent OS 8 控制台，执行以下命令操作。

（1）当前虚拟机有 2 个磁盘。第 1 个磁盘大小为 200GB，在 Linux 系列中设备名称为/dev/sda。第 2 个磁盘大小为 2TB，设备名称为/dev/sdb。将第 2 个磁盘使用 fdisk 进行分区，主要命令如下：

```
fdisk /dev/sdb
g              （新建一份 GPT 分区表）
n              （新建分区）
（直接按回车键）
（直接按回车键）
（直接按回车键）
t              （修改分区类型）
31             （将分区类型修改为 Linux LVM）
w              （保存退出）
```

如图 7-2-5 所示。

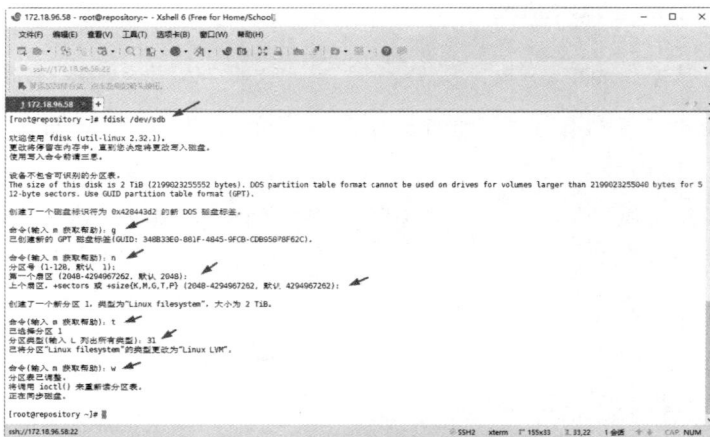

图 7-2-5　创建分区

（2）将新建的分区创建 PV、创建 VG、创建 LV、格式化 LV 分区，最后将 LV 分区映射到/data，如图 7-2-6 所示。主要命令如下：

```
pvcreate /dev/sdb1
vgcreate vg001 /dev/sdb1
lvcreate -l 100%VG -n lv_data vg001
mkfs.ext4  /dev/mapper/vg001-lv_data
mkdir /data
mount -t ext4 /dev/mapper/vg001-lv_data  /data
```

（3）执行 df -h 命令，查看挂载的/data 文件系统及可用空间，如图 7-2-7 所示。

（4）执行 vi /etc/tftab 命令，进入编辑器之后，先按一下 Esc 键，再按一下 i 键进入编辑模式，移动光标到最后一个字符按回车键，添加一个新行，在新行中添加以下内容。

```
/dev/mapper/vg001-lv_data  /data ext4 defaults  0  0
```

然后按一下 ESC 切换到命令模式，输入 ":wq"，保存退出，如图 7-2-8 所示。

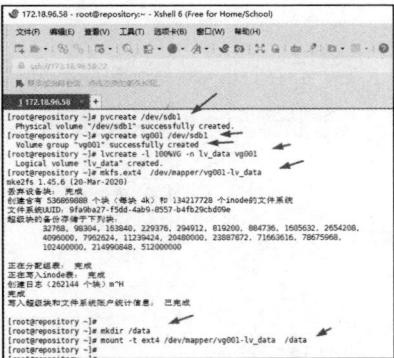

图 7-2-6 映射分区

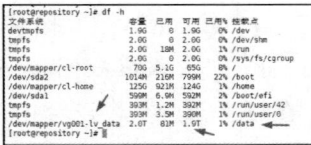

图 7-2-7 查看分区空间

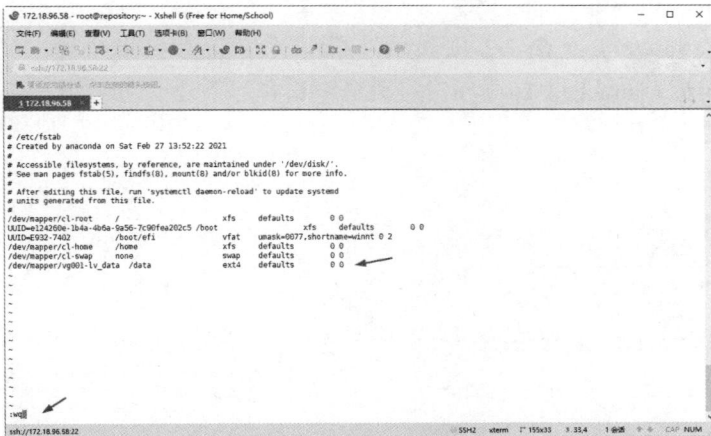

图 7-2-8 保存退出

（5）执行 reboot 命令重新启动 Linux 虚拟机。等虚拟机再次进入系统后，执行 df –h 命令，查看/data 挂载后表示配置正常，如图 7-2-9 所示。

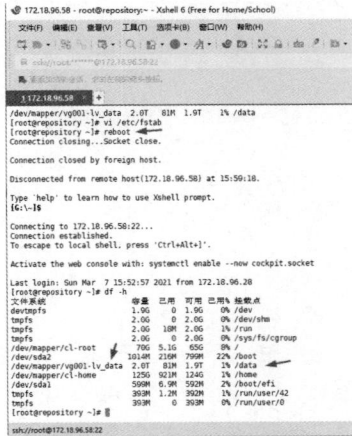

图 7-2-9 检查/data 文件系统挂载情况

7.2.2　添加 Linux 备份存储库

在配置好 Linux 操作系统的存储库虚拟机之后，在 Veeam 控制台中将其添加到列表中，然后新建备份任务使用 Linux 备份存储库。下面是主要步骤。

（1）在 Veeam 备份服务器中，在"Backup Infrastructure → Backup Repositories"中右侧空白位置右击，在弹出的快捷菜单中选择"Add backup repository"命令，如图 7-2-10 所示。

（2）在"Add backup repository"对话框中选择"Direct attached storage"，如图 7-2-11 所示。

（3）在"Direct attached storage"对话框中选择 Linux，如图 7-2-12 所示。

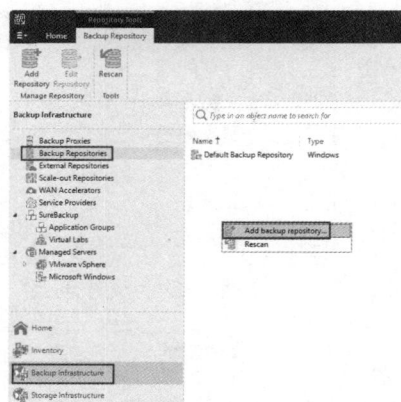

图 7-2-10　添加备份存储库

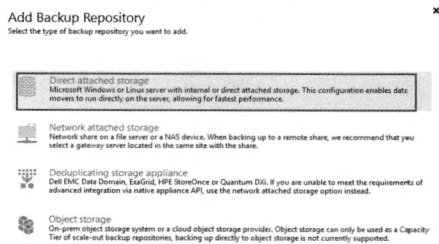

图 7-2-11　直连存储

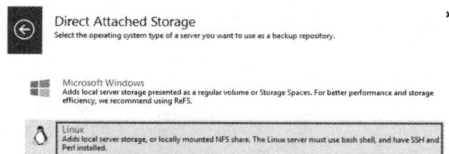

图 7-2-12　Linux

（4）在"Name"对话框中设置存储库名称为 Backup Repository 1 -Linux，如图 7-2-13 所示。

（5）在"Server"对话框中单击"Add New"按钮，如图 7-2-14 所示。

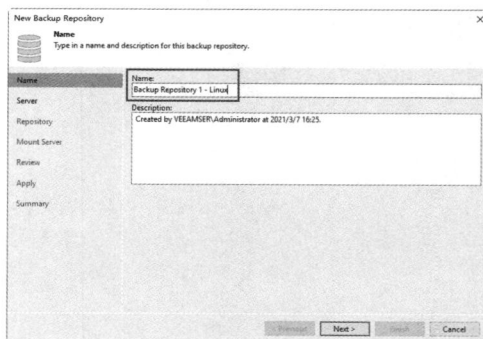

图 7-2-13　设置存储库名称

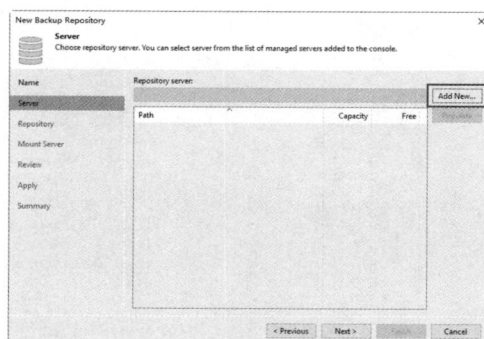

图 7-2-14　添加新服务器

（6）在"DNS Name or IP address"中输入 Linux 存储库服务器的 IP 地址，本示例为 172.18.96.58，如图 7-2-15 所示。

（7）在"SSH Connection"对话框中单击"Add"按钮，选择 Linux account，在弹出的对话框中输入 root 账户和密码，如图 7-2-16 所示。

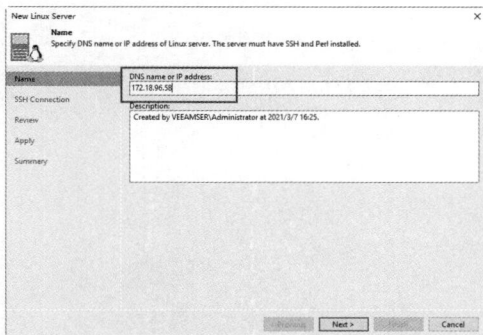

图 7-2-15　输入 Linux 存储库 IP 地址

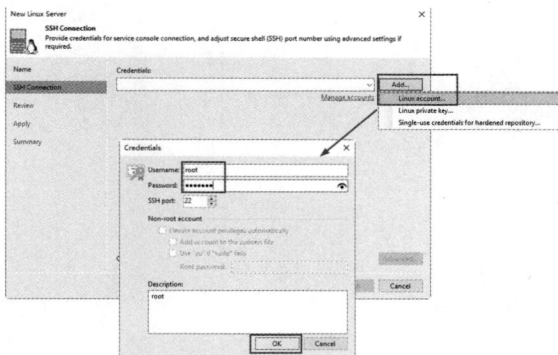

图 7-2-16　添加 Linux 的 root 账户和密码

（8）弹出警告对话框选择"Yes"按钮，如图 7-2-17 所示。

（9）在"Review"对话框中单击"Apply"按钮，如图 7-2-18 所示。

（10）在"Apply"对话框中单击"Next"按钮，如图 7-2-19 所示。

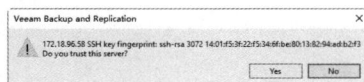

图 7-2-17　确认

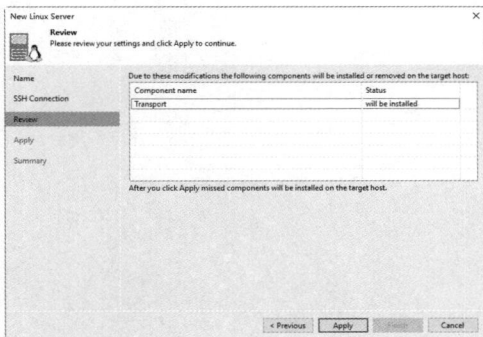

图 7-2-18　应用

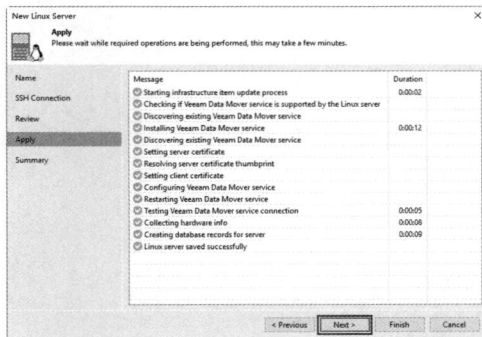

图 7-2-19　配置存储库

（11）在"Summary"对话框中单击"Finish"按钮，如图 7-2-20 所示。

（12）在"Server"对话框中已经添加了 IP 地址为 172.18.96.58 的存储库，如图 7-2-21 所示。

（13）在"Repository"对话框中为存储库选择备份位置，单击"Browse"按钮，在弹出的对话框中选择 data 文件夹，如图 7-2-22 所示。

（14）在"Mount Server"对话框中单击"Next"按钮，如图 7-2-23 所示。

（15）在"Review"对话框中单击"Apply"按钮。

（16）在"Apply"对话框中单击"Next"按钮。

（17）在"Summary"对话框中单击"Finish"按钮，如图7-2-24所示。

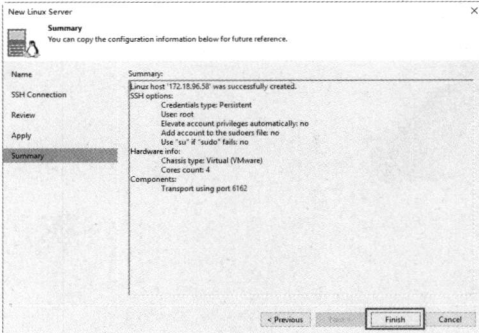

图 7-2-20　添加完成

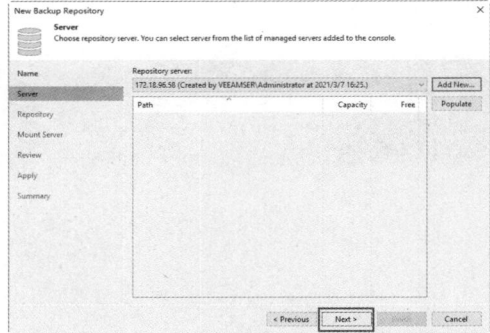

图 7-2-21　添加存储库

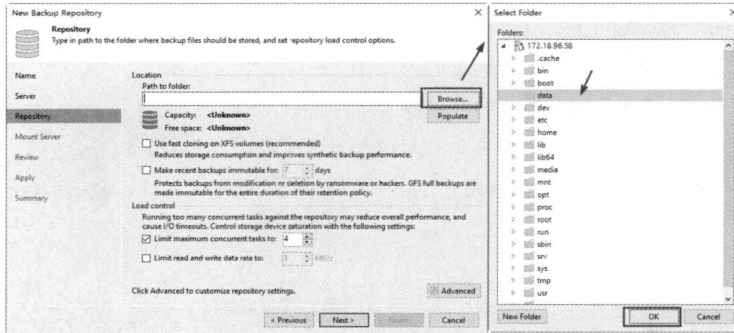

图 7-2-22　为存储库选择文件夹

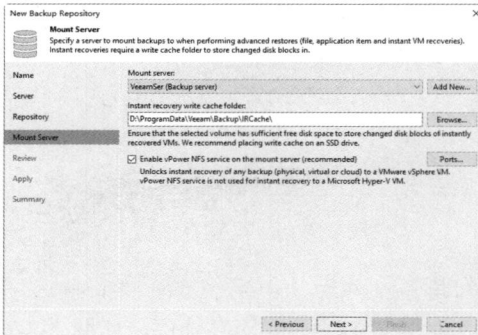

图 7-2-23　Mount 服务器

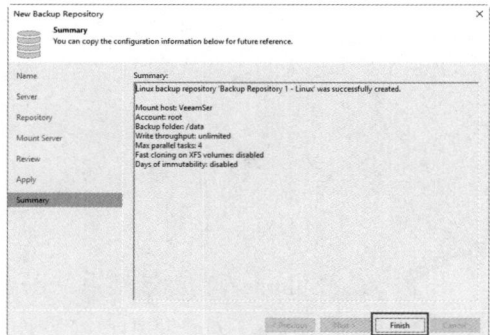

图 7-2-24　完成

（18）在弹出的对话框中单击"Yes"按钮，如图7-2-25所示。

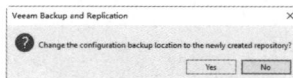

图 7-2-25　确认

添加完成后，可以看到当前有 2 个存储库，其中一个是 Veeam 备份服务器默认创建的存储库，另一个是本节添加的 Linux 的备份存储库，如图 7-2-26 所示。

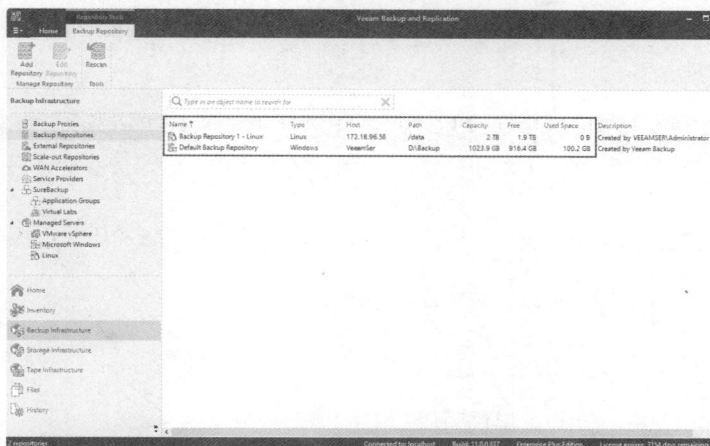

图 7-2-26　查看存储库

7.2.3　删除原来的备份任务和备份配置

原来创建的备份保存在备份服务器 D 盘。在添加了 Linux 备份存储库之后，可以删除原来的备份任务，重新添加备份任务并保存的新的 Linux 备份存储库。在删除原来备份任务时不需要删除原来保存在（Windows 操作系统）备份服务器的存储位置。

（1）在 Veeam 备份服务器中，在"Home→ Jobs→ Backup"中，选中一个备份任务，右击选择"Delete"，在弹出的对话框中单击"Yes"按钮，如图 7-2-27 所示；然后再删除其他的备份任务。

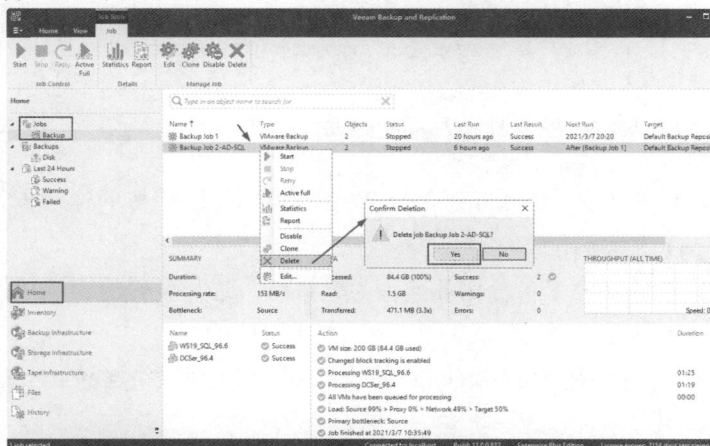

图 7-2-27　删除备份任务

（2）在删除原来的备份任务后，原来的备份在"Backup → Disk（orphaned）"之下，如图 7-2-28 所示。在创建新的备份任务之前，可以清除备份的配置。右击一个备份，在弹出的对话框中选择"Remove from configuration"，在弹出的对话框中单击"Yes"按钮，如图 7-2-28 所示。然后清除其他备份配置。

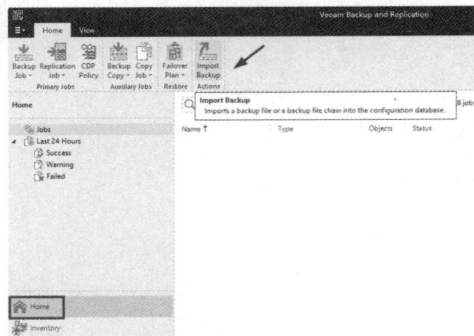

如果想将清除的备份导入到 Veeam 备份服务器中，单击"Import Backup Actions"链接，如图 7-2-29 所示。

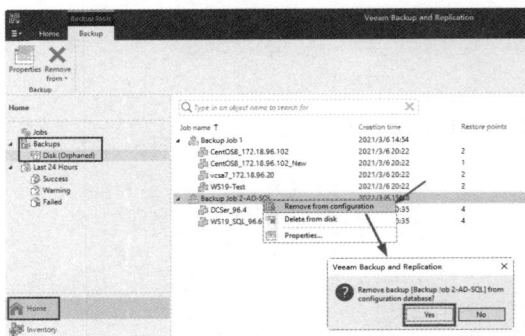

图 7-2-28　清除备份配置　　　　　　　　　图 7-2-29　导入备份

接下来浏览选择备份文件，如图 7-2-30 所示。单击"打开"按钮将导入备份。

图 7-2-30　导入备份

7.2.4　新建备份任务保存在 Linux 存储库

接下来创建备份任务保存在 Linux 备份存储库。创建备份任务的详细步骤参见第 6.3.5 节，这里仅梳理一下关键操作。

（1）新建备份任务，设置备份任务名称为默认值，选择备份的虚拟机，如图 7-2-31 所示。

（2）在"Storage"对话框的"Backup repository"下拉列表中选择 Linux 备份存储库，如图 7-2-32 所示。

（3）创建其他备份任务，同样选择 Linux 备份存储库。创建备份任务后如图 7-2-33 所示。

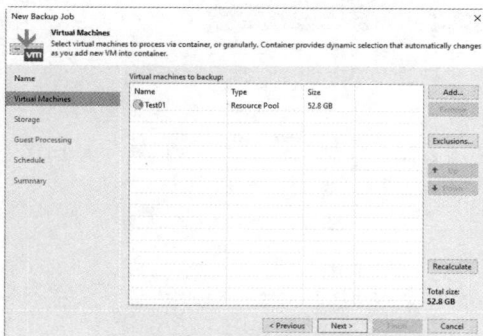

图 7-2-31　选择要备份的虚拟机

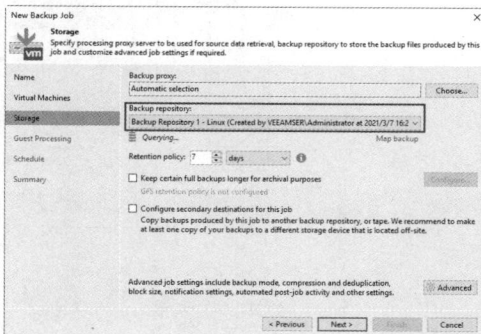

图 7-2-32　选择 Linux 备份存储库

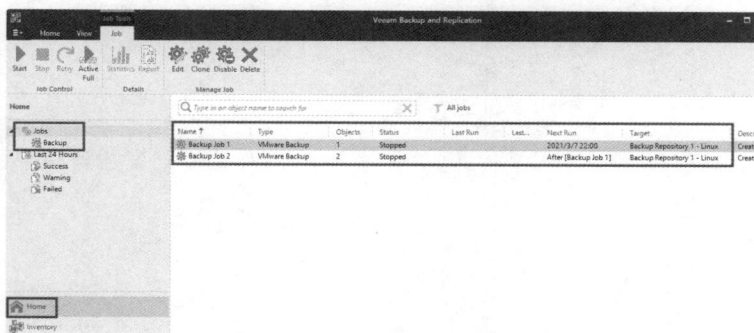

图 7-2-33　备份任务

（4）启动备份任务，等待备份完成，如图 7-2-34 所示。

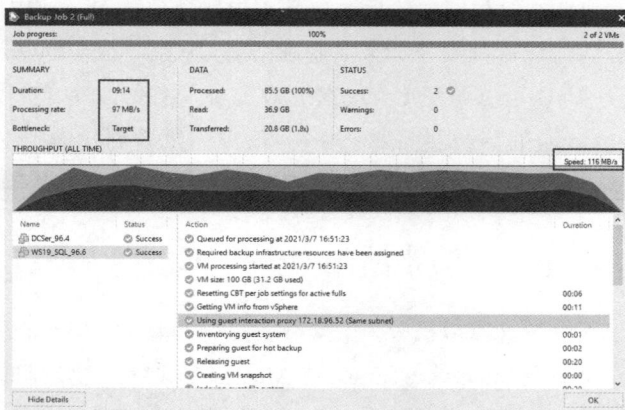

图 7-2-34　备份完成

（5）在"Home→ Backup→ Disk"中可以看到完成的备份，如图 7-2-35 所示。

（6）在"File"中浏览 Linux 备份存储库/data 文件夹，可以看到备份的文件，如图 7-2-36 所示。

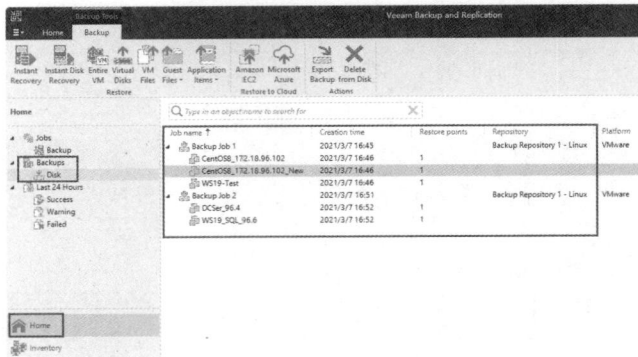

图 7-2-35　备份数据

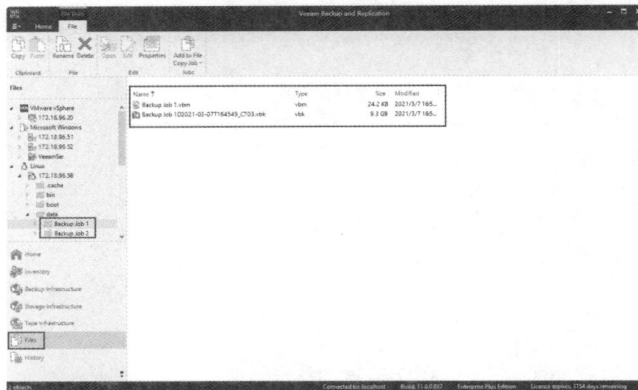

图 7-2-36　查看 Linux 备份文件

将备份保存在 Linux 备份存储库，与保存在备份服务器本身，使用上是一样的，只是将备份存储库与备份软件进行分离。如果备份服务器感染病毒，在 Windows 系统无法直接访问 Linux 服务器，所以可以避免 Linux 备份存储库文件被加密或删除，这保证了备份数据的安全。如果 Windows 的备份服务器感染病毒，只需重新创建虚拟机、重新安装 Veeam 备份软件，添加 Linux 备份存储库，然后导入备份文件就可以恢复故障虚拟机。

7.3　备份 Windows 与 Linux 操作系统的物理机

Veeam 除了支持备份恢复虚拟机外，还支持备份 Windows、Linux 和 Mac 操作系统的物理机。使用 Veeam 备份 Windows、Linux 和 Mac 操作系统的物理机时，需要向物理机安装 Veeam Agent（Veeam 代理）程序。备份的数据可以恢复到原来的位置，也可以将 Windows 和 Linux 操作系统的整机备份恢复到虚拟机中。使用这一功能可以实现物理机到虚拟机的备份。使用 vCenter Converter 迁移物理机到虚拟化环境时，vCenter Converter 只支持 Windows 操作系统的数据同步，不支持 Linux 操作系统的数据同步。而 Veeam 可以执行多次同步后，使用 Veeam 的即时恢复功能将 Windows 操作系统的备份恢复到 vSphere

或 Hyper-V 的虚拟化环境，将 Linux 的备份恢复到 vSphere 虚拟化环境。这样也实现了从物理机到虚拟机的备份，并且迁移所中断的时间会较短。本节通过 2 个具体的案例介绍这方面的应用。

7.3.1　备份 Cent OS 7 的物理机到虚拟机中

在当前的实验环境中，一台 PC 机安装了 Cent OS 7 的操作系统，该 PC 机配置了 1 个 Intel i7-2600 的 CPU、32GB 内存以及 1 块 160GB 的硬盘。该计算机的 IP 地址是 172.18.96.182。下面介绍备份这台 Cent OS 7 物理机的方法，步骤如下。

（1）登录 Veeam 管理控制台，在"Home→Jobs→Backup"右侧空白窗格中右击，在弹出的快捷菜单中选择"Backup → Linux computer"命令，如图 7-3-1 所示。

（2）在"Job Mode"对话框的"Type"字段中，选中"Server"单选按钮，在"Mode"中选中"Managed by backup Server（由备份服务器管理）"单选按钮，如图 7-3-2 所示。

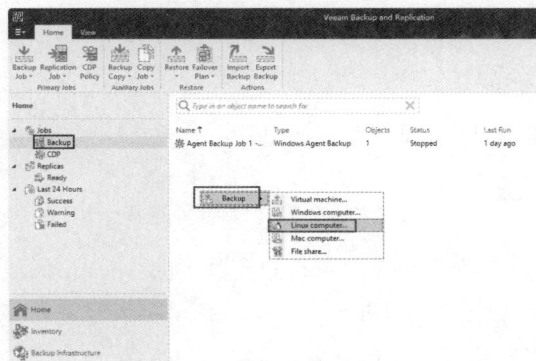

图 7-3-1　添加 Linux 备份任务

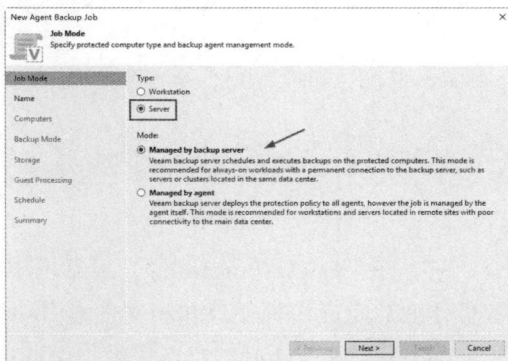

图 7-3-2　选择任务模式

（3）在"Name"对话框中设置备份作业名称，本示例为 Agent Backup Job2 - Cent OS 7，如图 7-3-3 所示。如果希望 Veeam 的资源调度程序比其他类似作业优先考虑此作业，并首先为其分配资源，应勾选"High priority（高优先级）"复选框。如图 7-3-3 所示。

（4）在"Computers"对话框中，选择保护组和（或）要备份的单个计算机。管理员可以在 Veeam 控制台中将一个或多个保护组和（或）添加到清单的单个计算机添加到 Veeam 代理备份作业。单击"Add"按钮，选择"Individual computer"，在弹出的"Add Computer"对话框中输入要备份的 Linux 计算机的 IP 地址，本示例为 172.18.96.182，单击"Add"按钮选择"Linux account"，在弹出的"Credentials"对话框中输入这台 Linux 计算机的管理员账户 root 及密码，如图 7-3-4 所示。

（5）在"Backup Mode"对话框中选中"Entire computer"单选按钮，如图 7-3-5 所示。

（6）在"Storage"对话框中选择备份存储库，如图 7-3-6 所示。

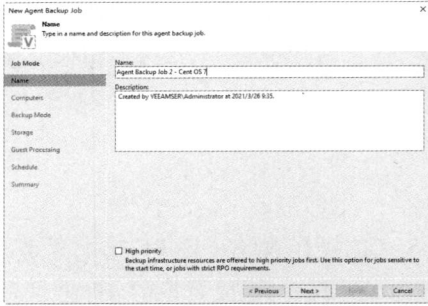

图 7-3-3　任务名称

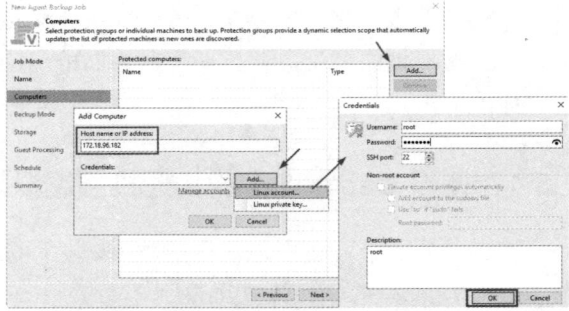

图 7-3-4　添加要备份的计算机 IP 地址和账户密码

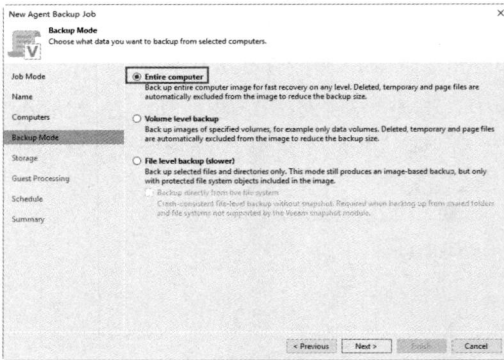

图 7-3-5　备份整个计算机

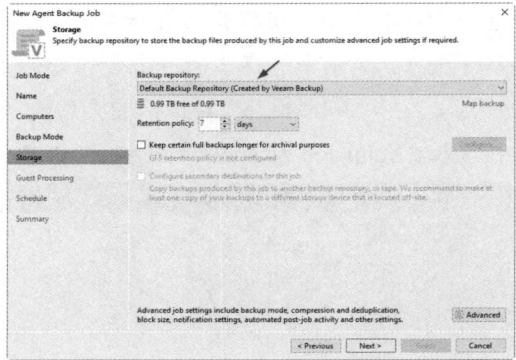

图 7-3-6　备份存储库选择

（7）在"Guest Processing"对话框中可以为包含基于 Linux 的计算机的 Veeam 代理备份作业启用应用程序感知和文件索引功能，如图 7-3-7 所示。

（8）在"Schedule"对话框中指定要根据其执行备份的计划，如图 7-3-8 所示。

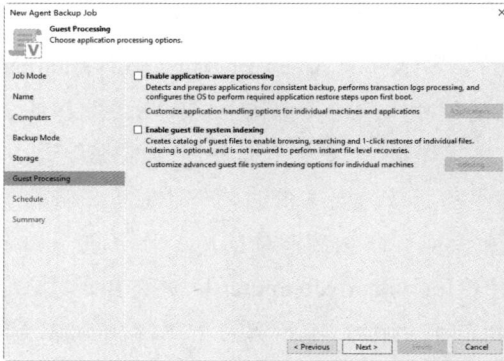

图 7-3-7　客户机处理

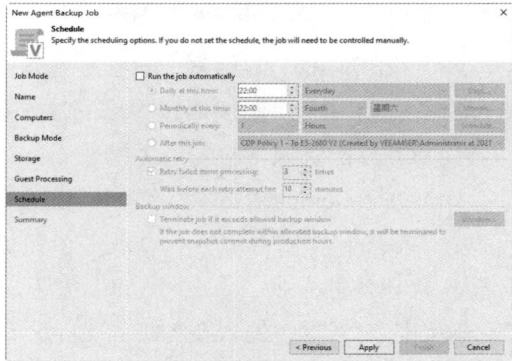

图 7-3-8　计划

（9）在"Summary"对话框中完成 Veeam 代理备份作业配置过程，勾选"Run the job when I click Finish"复选框，单击"Finish"按钮，如图 7-3-9 所示。

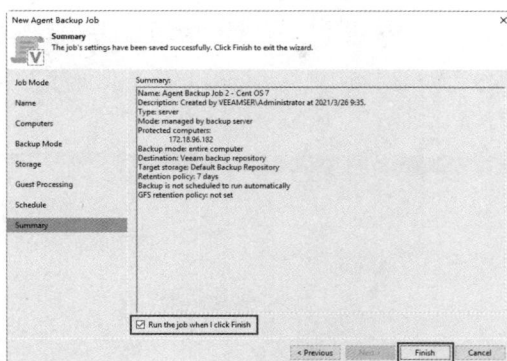

图 7-3-9　摘要

（10）等 Linux 备份完成后，Status 显示为 Success，如图 7-3-10 所示。

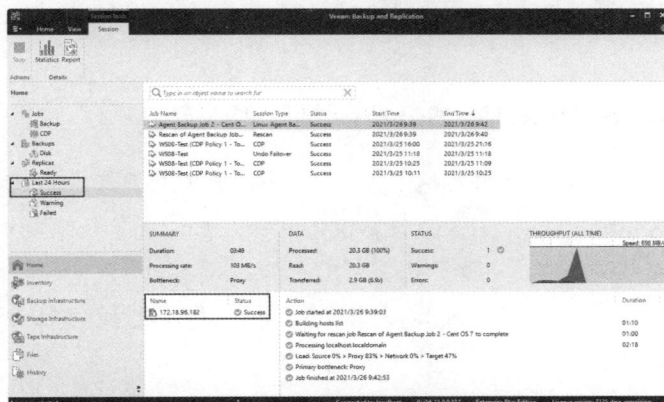

图 7-3-10　备份完成

（11）查看备份的详细信息，如图 7-3-11 所示。在备份详细信息中，显示当前备份花费了 3 分 49 秒，平均速度 103MBit/s。备份的 Linux 数据量是 20.3GB。

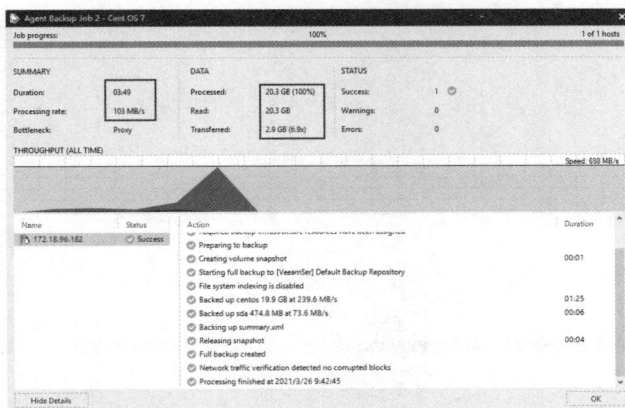

图 7-3-11　备份详细信息

在完成第一次备份之后，如果要将这台 Linux 的物理机迁移到虚拟机中，可以在申请停机时间之后，再次执行备份，如图 7-3-12 所示，第二次备份属于差异备份，差异数据量一般较小，备份所需花费的时间也会较短，如图 7-3-13 所示，第二次备份花费了 2 分 44 秒。

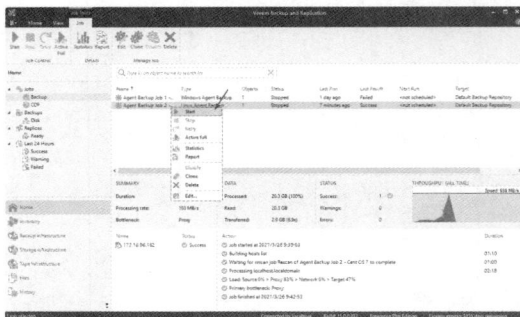

图 7-3-12　开始备份　　　　　　　　　　　图 7-3-13　差异备份

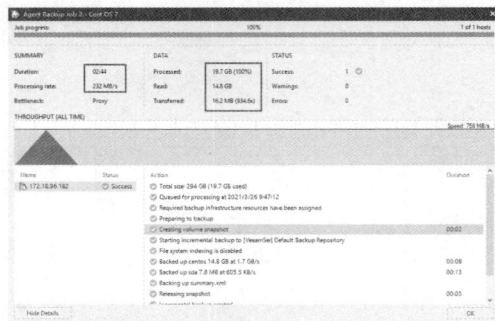

7.3.2　将 Linux 备份恢复到 vSphere 虚拟化环境中

将 Windows 或 Linux 物理机备份恢复到 vSphere 虚拟化环境中，也是使用 Veeam 的即时还原功能。这与使用 Veeam 备份的 Windows 或 Linux 虚拟机恢复到 vSphere 虚拟化环境中方法和步骤是相同的。下面介绍主要的步骤。

（1）在将 Linux 备份恢复到 vSphere 虚拟化环境之前，将 IP 地址为 172.18.96.182 的 Linux 物理机关机。

（2）在 Veeam 管理控制台中，在"HOME→ Backups→ Disk"右侧右击 Linux 物理机备份，在弹出的快捷菜单中选择"Instant recovery"命令，如图 7-3-14 所示。

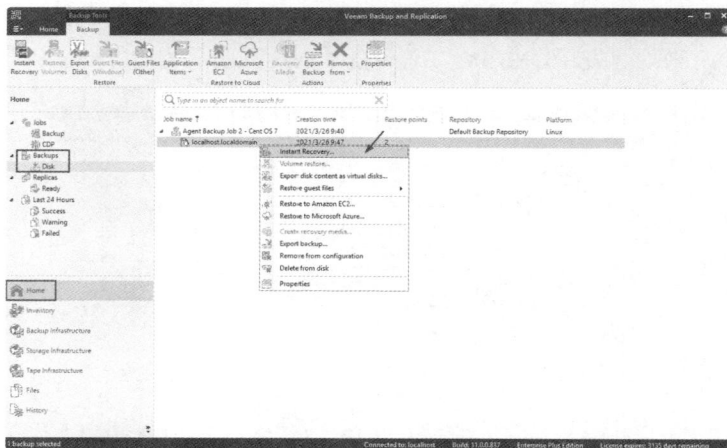

图 7-3-14　即时还原

（3）在"Machine"对话框中单击"Point"列出虚拟机的恢复点，如图 7-3-15 所示。一般选择最后的备份用于恢复。

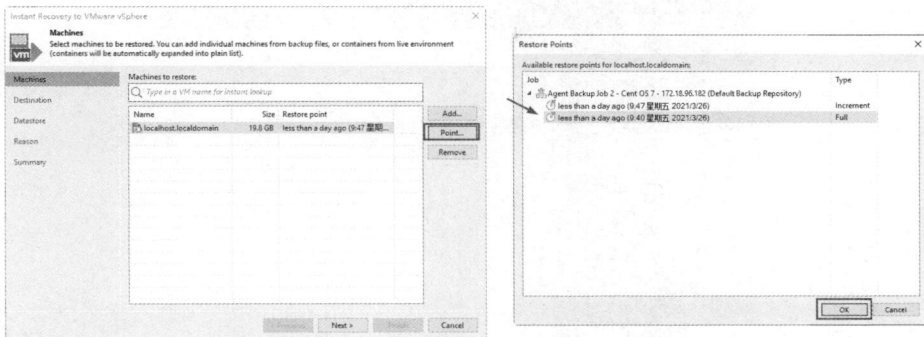

图 7-3-15　选择还原点

（4）在"Destination"对话框中选择恢复后的虚拟机的名称和恢复位置，本示例设置恢复后的虚拟机名称为 CentOS7_172.18.96.182，恢复位置选择 esx52.heinfo.edu.cn，网络选择 esx52.heinfo.edu.cn 主机上的 VM Network，如图 7-3-16 所示。

（5）在"Summary"对话框中复查要进行恢复的虚拟机及设置，可以根据需要选择"Connect VM to network"和"Power on VM automatically"。

（6）在"Restore Session"对话框的 log 列表中显示了当前正在执行的操作，等出现"Waiting for user to start migration"后单击"Close"关闭对话框，如图 7-3-17 所示。

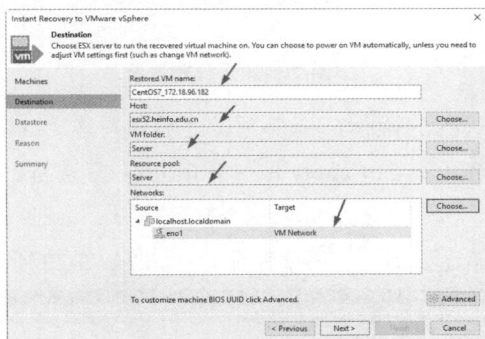

图 7-3-16　恢复位置　　　　　　　图 7-3-17　恢复会话

此时虚拟机可以对外提供服务，但此时该虚拟机还保存在 Veeam 的存储中，需要使用"存储迁移"功能，将该虚拟机从 Veeam 存储迁移到生产环境中的目标共享存储中，本示例中的共享存储为 vSAN 存储。

（1）在"HOME → Instant Recovery"中右击正在进行的任务，在弹出的快捷菜单中选择"Migrate to production（迁移到生产环境）"命令，如图 7-3-18 所示。

（2）在"Destination"对话框中选择目标主机和群集、资源池、虚拟机文件夹、共享存储，存储默认选择 vSAN 共享存储，如图 7-3-19 所示。

（3）在"Transfer"选择源和目标代理，通常选择"Automatic selection（自动选择）"，如图 7-3-20 所示。

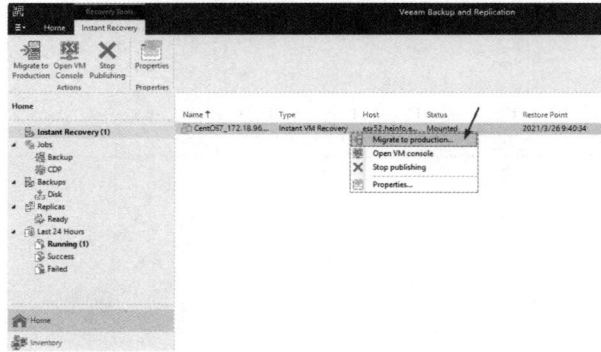

图 7-3-18　迁移到生产环境

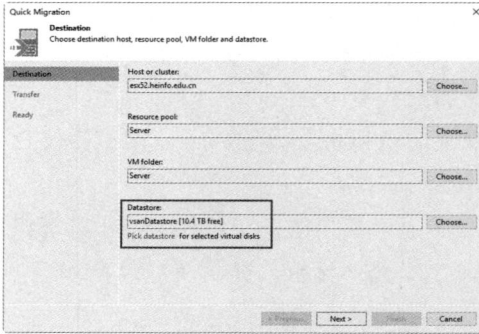

图 7-3-19　目标

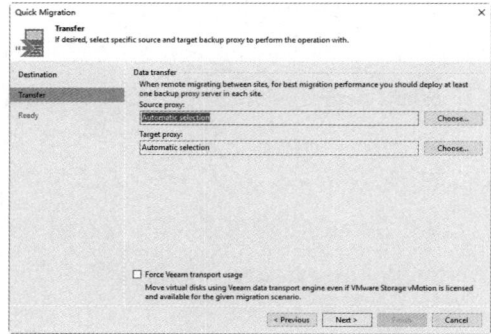

图 7-3-20　代理选择

（4）在"Ready"对话框显示了当前准备进行的操作，检查无误之后，勾选"Delete source VM files upon successful quick migration(does not apply to VMotion)"复选框，如图 7-3-21 所示。

（5）快捷迁移将把数据从 Veeam 加载的存储迁移到生产环境的存储，如图 7-3-22 所示。

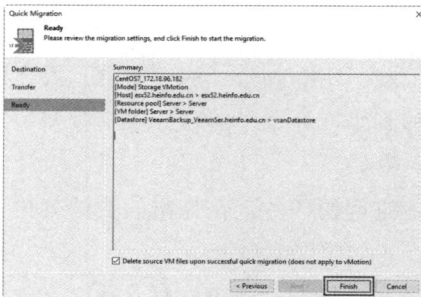

图 7-3-21　就绪

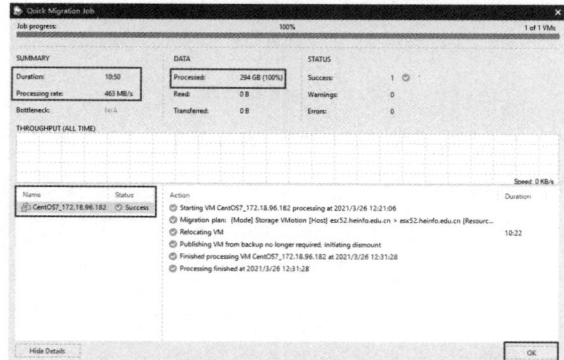

图 7-3-22　迁移进度

（6）在迁移完成后，Home 中的 Instant Recovery 任务完成后自动关闭。

（7）登录 vCenter Server，查看从备份恢复的虚拟机（本示例名称为 CentOS7_ 172.18.

96.182），可以看到虚拟机状态及分配的资源，如图 7-3-23 所示。

（8）打开虚拟机控制台，检查迁移后的虚拟机是否正常，如图 7-3-24 所示。

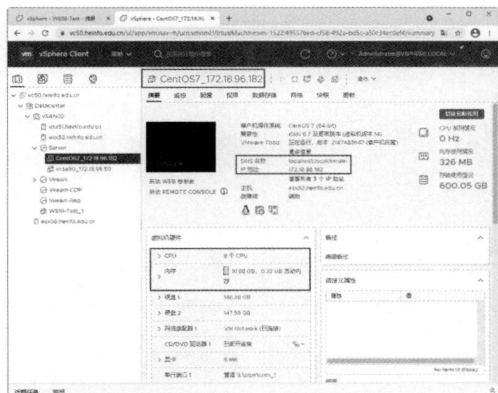

图 7-3-23　恢复（迁移）后的虚拟机　　　　　图 7-3-24　打开虚拟机控制台

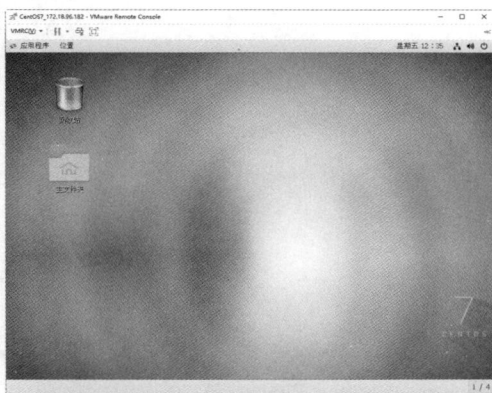

【说明】从备份恢复的虚拟机与原物理机具有相同的 CPU 和内存配置，如果要修改该虚拟机的配置，可以将迁移后虚拟机关机再进行修改，这些不再赘述。

7.3.3　备份 Windows 物理机

本节介绍备份 Windows 物理机的内容。本示例中，要备份的物理机操作系统是 Windows Server 2008 R2，配置 1 个 Intel i7-2600 的 CPU 和 32GB 内存，如图 7-3-25 所示。该计算机的 IP 地址是 172.18.96.196，计算机名称为 WIN-V0M0U9MKGQ8。

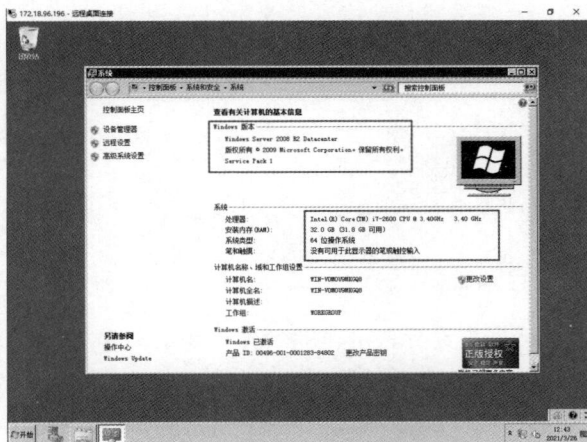

图 7-3-25　要备份的物理机

使用 Veeam 备份物理机，要备份的物理机需要启用"文件和打印机共享"，并且在防火墙中允许"文件和打印机共享"的入站连接。在 Veeam 的计算机上，要检测源物理机网络与文件共享是否正常（以 IP 地址为 172.18.96.196 的计算机为例），可以在资源管理

器中输入 \\172.18.96.196\c$，如果弹出"输入网络凭据"，在输入 172.18.96.196 的 Administrator 账号和密码之后如果能成功连接表示正常。如图 7-3-26 所示。

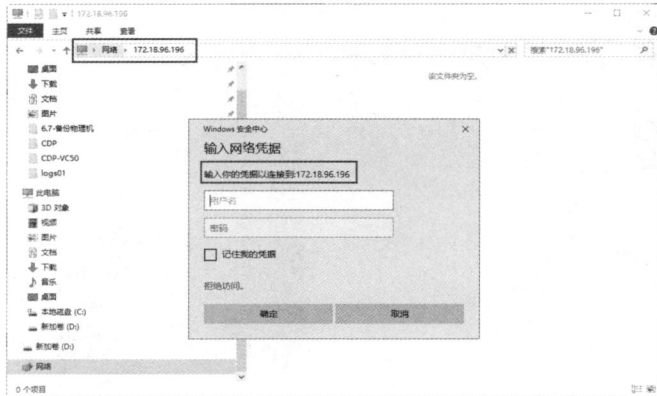

图 7-3-26 测试源物理机网络和文件共享服务

在网络测试通过之后开始创建 Windows 备份任务，主要步骤如下。

（1）登录 Veeam 管理控制台，在"Home →Jobs →Backup"右侧空白窗格中右击，在弹出的快捷菜单中选择"Backup→ Windows computer"命令，如图 7-3-27 所示。

（2）在"Job Mode"对话框的"Type"字段中，选中"Server"单选按钮，在"Mode"中选中"Managed by backup server"单选按钮，如图 7-3-28 所示。

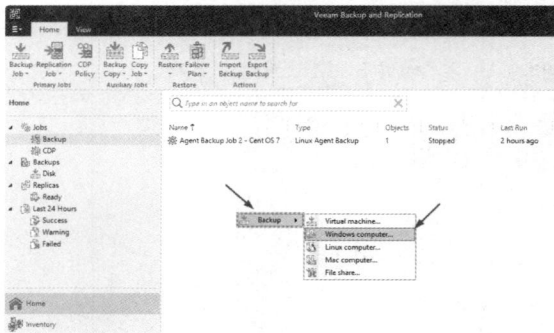

图 7-3-27 备份 Windows

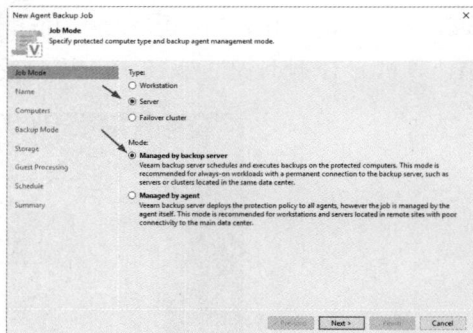

图 7-3-28 任务模式

（3）在"Name"对话框中设置备份作业名称，本示例为 Agent Backup Job 1 - WS08-172.18.96.196，如图 7-3-29 所示。

（4）在"Computers"对话框中，单击"Add"按钮，选择"Individual computer"，在弹出的"Add Computer"对话框中输入要备份的 Windows 计算机的 IP 地址，本示例为 172.18.96.186，单击"Add"按钮，添加 172.18.96.196 的管理员账户和密码（账户格式为计算机名称\Administrator，本示例为 WIN-V0M0U9MKGQ8\Administrator，如图 7-3-30 所示。

（5）在"Backup Mode"对话框中选择"Entire computer"。

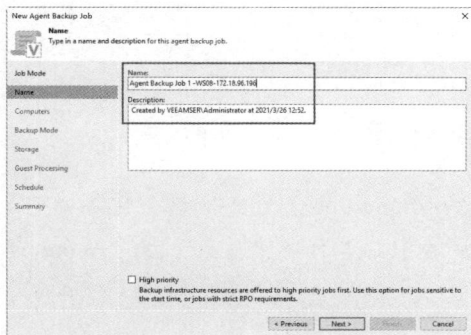

图 7-3-29　任务名称

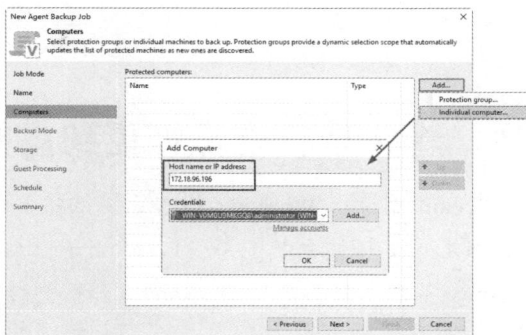

图 7-3-30　备份的计算机和账户凭据

（6）在"Summary"对话框中完成 Veeam 代理备份作业配置过程，勾选"Run the job when I click Finish"复选框，单击"Finish"按钮，如图 7-3-31 所示。

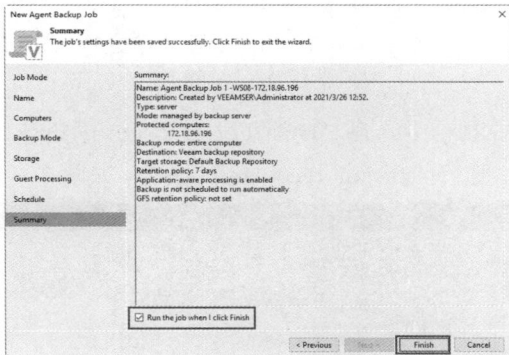

图 7-3-31　摘要

（7）之后向导会向 172.18.96.196 的 Windows 计算机安装 Veeam 备份代理并完成第一次备份，如图 7-3-32 所示。在第一次备份中，要备份的 Windows 计算机已经使用的磁盘空间为 42.5GB，备份使用了 10 分 32 秒。

（8）在申请停机时间后，可以执行第 2 次备份，如图 7-3-33 所示，这是第 2 次备份使用的时间。

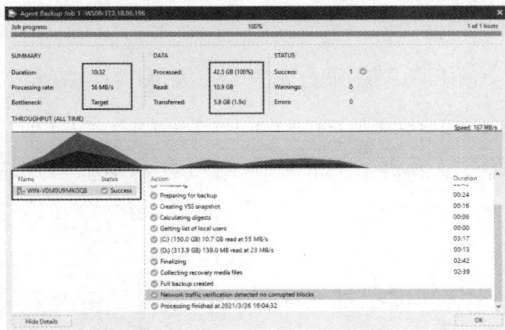

图 7-3-32　备份完成

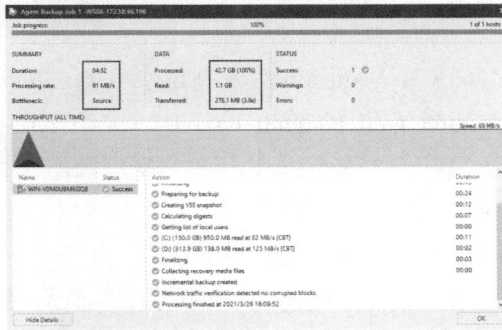

图 7-3-33　第 2 次备份

【说明】Veeam 也可以添加备份物理机的任务实现多次定期备份，这和备份虚拟机没有区别。

7.4 将物理机备份恢复到虚拟化环境中

Veeam 支持将 Windows 操作系统的备份恢复到 vSphere 或 Hyper-V 虚拟化环境中，支持将 Linux 操作系统的备份以 vSphere 虚拟化环境中。本节将使用上一节的 Windows 和 Linux 备份，将其恢复到 vSphere 虚拟化环境中。

7.4.1 将 Windows 备份恢复到 vSphere 虚拟化环境中

下面介绍将 Windows 物理机备份恢复到 vSphere 虚拟化环境中，这仍然是使用 Veeam 的即时还原功能，主要步骤如下。

（1）在将 Windows 备份恢复到 vSphere 虚拟化环境之前，将 IP 地址为 172.18.96.196 的物理机关机。

（2）在 Veeam 管理控制台中，在"HOME→ Backups→ Disk"右侧右击 Windows 物理机备份，在快捷菜单中选择"Instant recovery"命令，如图 7-4-1 所示。

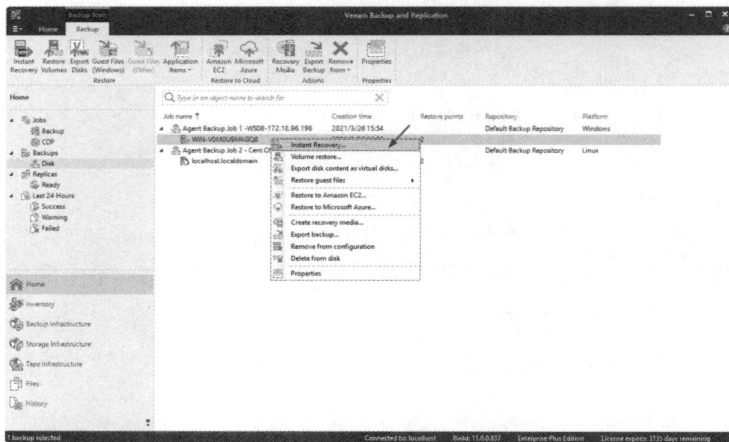

图 7-4-1　即时还原

（3）在"Machine"对话框中单击"Point"列出了虚拟机的恢复点，如图 7-4-2 所示。一般选择最后的备份用于恢复。

（4）在"Destination"对话框中选择恢复后的虚拟机的名称和恢复位置，本示例设置恢复后的虚拟机名称为 WS08_172.18.96.196，恢复位置选择 esx51.heinfo.edu.cn，网络选择 VM Network，如图 7-4-3 所示。

（5）在"Summary"对话框中复查要进行恢复的虚拟机及设置，可以根据需要勾选"Connect VM to network"和"Power on VM automatically"复选框，如图 7-4-4 所示。

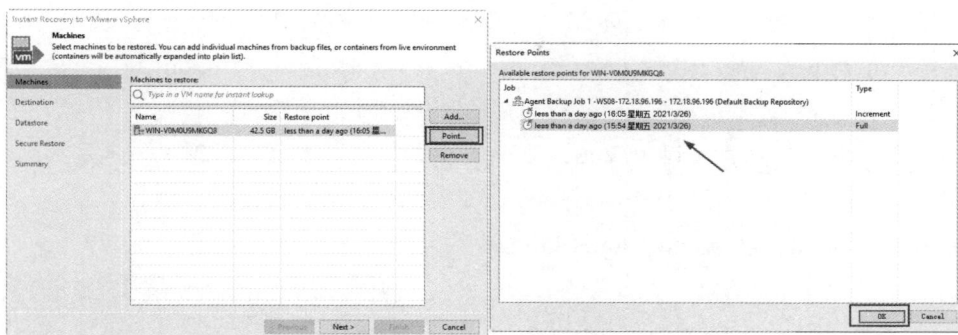

图 7-4-2 选择还原点

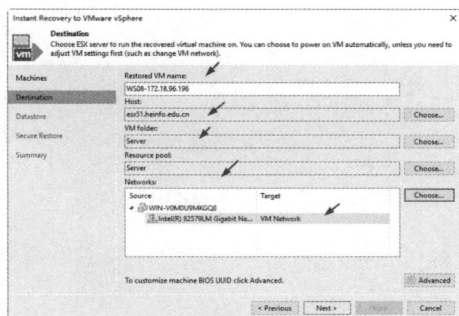

图 7-4-3 恢复位置

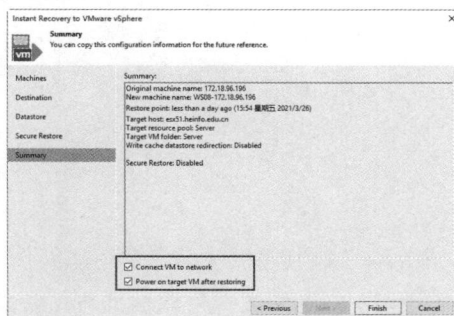

图 7-4-4 摘要

（6）在"Restore Session"对话框的 Log 列表中显示了当前正在执行的操作，在出现"Waiting for user to start migration"后单击"Close"按钮关闭对话框。

此时虚拟机可以对外提供服务，但此时该虚拟机还保存在 Veeam 的存储中，需要使用"存储迁移"功能，将该虚拟机从 Veeam 存储迁移到生产环境中的共享存储中，我们看一下主要步骤。

（1）在"Home → Instant Recovery"中右击正在进行的任务，在弹出的快捷菜单中选择"Migrate to production（迁移到生产环境）"命令，如图 7-4-5 所示。

（2）在"Destination"对话框中选择目标主机和群集、资源池、虚拟机文件夹、共享存储，存储默认选择 vSAN 共享存储。

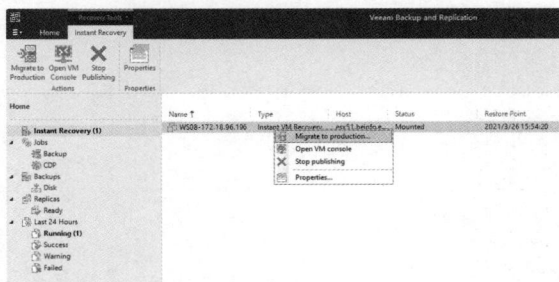

图 7-4-5 迁移到生产环境

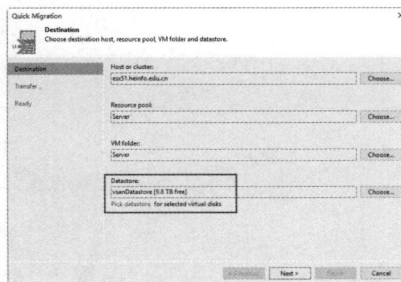

图 7-4-6 目标

（3）在"Ready"对话框中显示了当前准备进行的操作，检查无误后，选中"Delete source VM files upon successful quick migration(does not apply to VMotion)"。

（4）快捷迁移将把数据从 Veeam 加载的存储迁移到生产环境的存储，如图 7-4-7 所示。

（5）在迁移完成后登录到 vCenter Server 查看从备份恢复的虚拟机（本示例名称为 WS08_172.18.96.196），安装 VMware Tools，如图 7-4-8 所示。

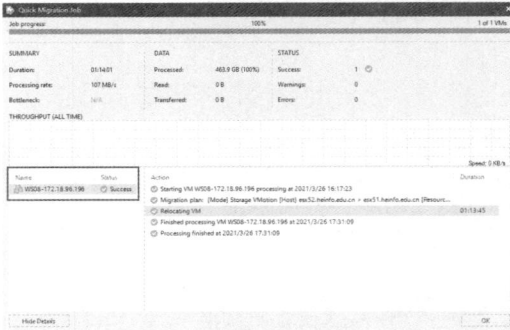

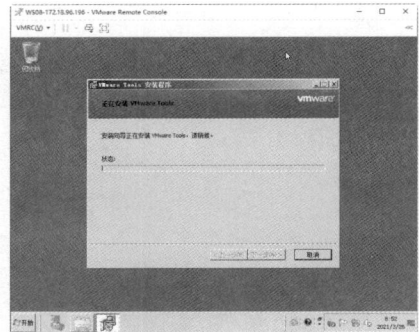

图 7-4-7　迁移进度　　　　　　　　　　图 7-4-8　安装 VMware Tools

最后在"控制面板→程序和功能"中卸载安装的 Veeam 备份代理，这些不再一一介绍。

【说明】从备份恢复的虚拟机与原物理机具有相同的 CPU 和内存配置，如果要修改该虚拟机，可以将迁移后虚拟机关机再进行修改，这些不再赘述。

7.4.2　手动安装 Windows 备份代理

在 Veeam 管理控制台中添加 Windows 物理机后，将自动向物理机安装 Veeam 备份代理，如果安装失败，可以在要备份的物理机上手动安装 Veeam 备份代理，主要步骤如下。

（1）Veeam 用于物理机的备份代理程序保存在 Veeam 管理控制台 C:\ProgramData\Veeam\Agents 文件夹中，在该目录中有 3 个子文件夹，如图 7-4-9 所示。

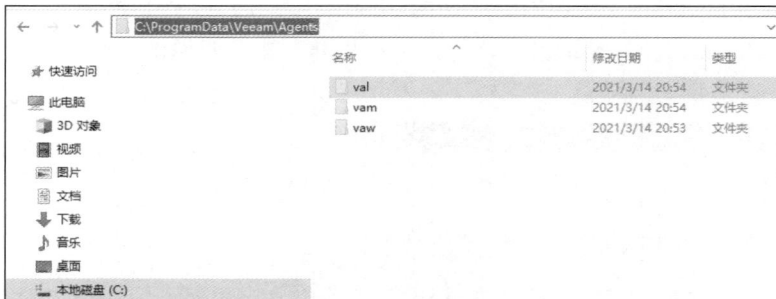

图 7-4-9　Veeam 备份代理程序文件夹

其中 val 文件夹中的程序用于 Linux 操作系统的备件插件，vam 用于 Mac 操作系统，vaw 用于 Windows 操作系统。其中 Linux 和 Windows 有 32 位与 64 位的备份代理，安装程序中有 x86 标志的用于 32 位操作系统，安装程序中有 x64 标志的用于 64 位操作系统。管理员可以将 C:\ProgramData\Veeam\Agents 创建为共享，本示例中设置共享名称为 agents。在当前的示例中，Veeam 管理服务器的 IP 地址是 172.18.96.60。Windows 计算机可以通过浏览\\172.18.96.60\agents\vaw 文件夹直接安装 Veeam 代理程序。

（2）在 IP 地址为 172.18.96.196 的 Windows 物理机中，在资源管理器中输入\\172.18.96.60\agents\vaw 并按回车键，在弹出的身份验证对话框中输入用户名密码登录，登录之后如图 7-4-10 所示。

（3）在 vaw 文件夹中有一个 x64 和一个 x86 的目录，分别用于 64 位与 32 位 Windows，还有.net 4.5.2 安装程序和 Veeam 代理安装程序。在安装 Veeam 代理程序之前，需要安装.net 和 x86 或 x64 文件夹中的程序。首先

图 7-4-10　Veeam 代理及需要的程序

安装.net 程序，如图 7-4-11 所示。在安装完.net 之后，进入 x64 目录，依次运行 Sqlsysclrtypes.exe、sqllocaldb.exe、sharemanagementobjects.exe 程序，如图 7-4-12～图 7-4-15 所示，最后是安装 KB2999226。

图 7-4-11　安装程序

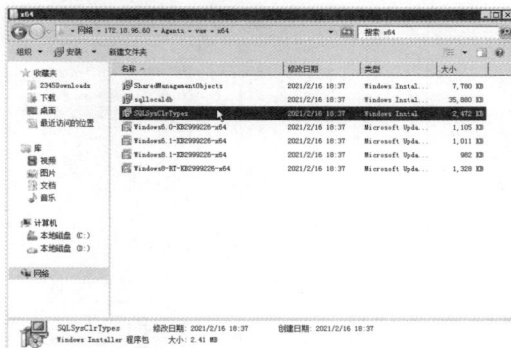

图 7-4-12　其他程序

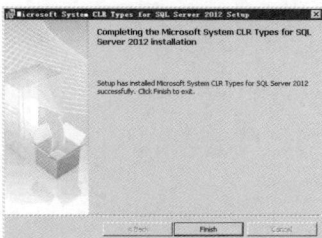

图 7-4-13　Sqlsysclrtypes

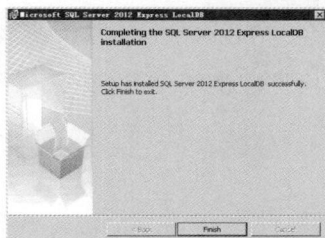

图 7-4-14　sqllocaldb

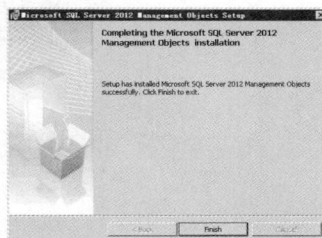

图 7-4-15　sharemanagementobjects

（4）最后安装 Veeam 代理程序，文件名为 Veeam_B&R_Endpoint_x64.msi。如果在执

行 Veeam_B&R_Endpoint_x64.msi 时出现 Local Administrator privileges are required to install the product 的提示，如图 7-4-16 所示。需要修改注册表后用管理员身份安装。

图 7-4-16　需要本地管理员权限

（5）对于图 7-4-16 的错误提示，运行 regedit 打开注册表编辑器，打开 \HKEY_CLASSES_ROOT\Msi.Package\shell，右击 shell，在弹出的对话框中选择"新建→项"命令，设置名称为 runas，选中 runas 项，双击右侧窗口的"默认"，在弹出的窗口中数值数据处输入"以管理员身份运行"（不包括英文双引号），然后单击"确定"按钮，如图 7-4-17 所示。

（6）右击 runas，在弹出的快捷菜单中选择"新建→项"命令，在弹出的对话框中设置项名为 command，双击右侧的"默认"，把数值数据修改为 msiexec /i"%1"，如图 7-4-18 所示。

图 7-4-17　runas

图 7-4-18　命令项

（7）修改完注册表后，右击 Veeam_B&R_Endpoint_x64.msi，在弹出的快捷菜单中选择"以管理员身份运行"命令，如图 7-4-19 所示。

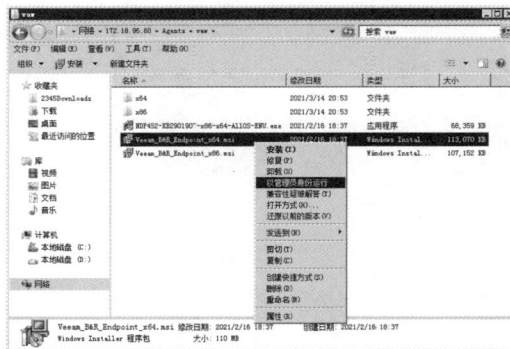

图 7-4-19　以管理员身份运行

（8）执行 Veeam 备份代理安装，如图 7-4-20 所示，直到安装完成，如图 7-4-21 所示。

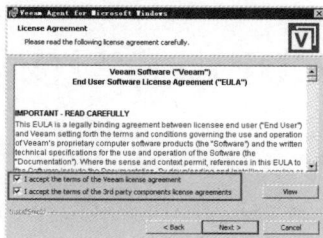

图 7-4-20　安装备份代理

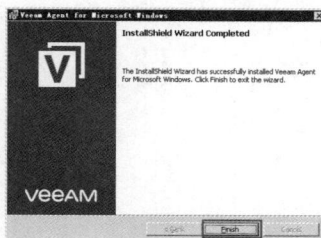

图 7-4-21　安装完成

（9）如果当前操作系统使用第三方工具做过优化，建议在"服务"中检查被禁用的服务，将被禁用的服务启动类型修改为"自动"或"自动（延迟启动）"，在当前的示例中，只将 Internet Connection Sharing (ICS)和 Routing and route Access 保持为"禁用"状态，其他被禁用的服务都修改为"自动"或"自动（延迟启动）"，然后重新启动计算机，如图 7-4-22 所示。

将上述设置之后，在 Veeam 管理控制台中就能发现安装了备份代理的 Windows 物理机。

（1）在"Inventory→ Physical Infrastructure → Manually Added"中右击"172.18.96.196"的计算机，在弹出的快捷菜单中选择 Rescan 命令，如图 7-4-23 所示。

（2）扫描完成，检查通过，如图 7-4-24 所示。

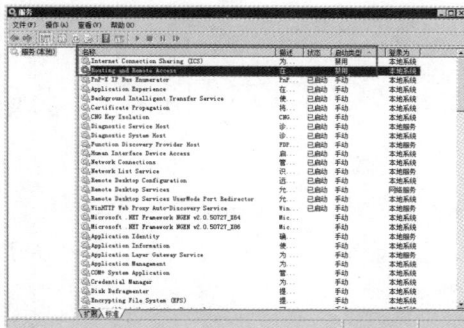

图 7-4-22　检查服务

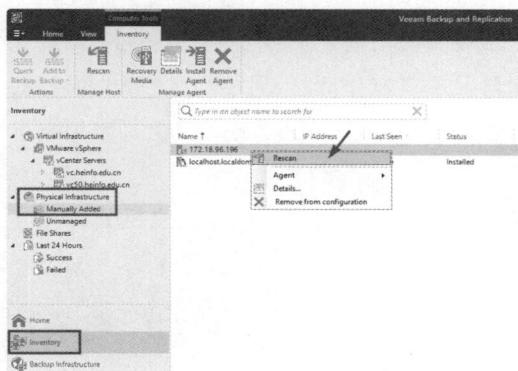

图 7-4-23　重新扫描

图 7-4-24　扫描完成

这样即可在 Veeam 管理控制台中备份 Windows 的物理机，这些不再介绍。

第 8 章　使用 Veeam 实现 CDP 备份与恢复

　　除虚拟机和物理机备份功能外，Veeam Backup & Replication 还提供了复制功能。复制虚拟机时，Veeam 备份和复制会在备用 ESXi 主机上以本机 VMware vSphere 格式创建虚拟机的精确副本，并使该副本与原始虚拟机保持同步。虚拟机复制保存在 VMFS 存储而不是保存在 Veeam 备份存储库中，这减少了受攻击面。另外，Veeam 复制后的虚拟机可以直接启动。在 Veeam 最新的 V11 版本中，Veeam 对 vSphere 虚拟机提供了 CDP 能力，可以最低间隔 2 秒实现虚拟机的复制。本章将介绍这两方面的内容。

8.1　使用虚拟机复制功能

　　复制提供了最佳的恢复时间目标（RTO）值，因为实际上有一个处于准备就绪状态的虚拟机副本。这也是为什么建议对运行大多数关键应用程序的 VM 进行复制的原因。建议使用虚拟机复制的另一个原因是出于安全的考虑。因为复制后的虚拟机是以关机状态保存。因为虚拟机没有开机，这就避免了操作系统运行时感染病毒的可能。另外，复制的虚拟机与其他虚拟机都处于 ESXi 数据存储这一层，除非是在 ESXi 这一层感染病毒或遭到入侵，否则在 ESXi 这一层处于安全状态，除非是人员误操作，否则复制后的虚拟机一般不会遭到破坏。

　　复制是作业驱动的过程。在复制作业的第一次运行期间，Veeam Backup & Replication 会复制源主机上运行的原始 VM 的数据，并在目标主机上创建其完整副本。在下一次作业运行期间，Veeam Backup & Replication 复制自上次复制作业会话以来已更改的那些数据块。Veeam Backup & Replication 会将这些更改写入还原点，管理员可以在所需状态下进一步发布此副本。

　　Veeam Backup & Replication 支持多种复制方案。根据计划存储副本的主机的位置，可以选择以下方案：

- 现场复制：目标主机与源主机位于同一站点；
- 异地复制：目标主机位于另一个站点上。

8.1.1　虚拟机复制介绍

　　Veeam Backup & Replication 使用基于映像的方法进行虚拟机复制。Veeam Backup & Replication 不会在虚拟机操作系统中安装代理软件来检索虚拟机数据。要复制虚拟机，它利用 VMware vSphere 快照功能。复制虚拟机时，Veeam Backup & Replication 会要求 VMware vSphere 创建虚拟机快照。虚拟机快照可以被视为虚拟机的内聚时间点副本，包括其配置、操作系统、应用程序、关联数据、系统状态等。Veeam Backup & Replication 使用此时间点副本作为复制数据源。

在许多方面，复制与前向增量备份的工作方式类似。在第一个复制周期中，Veeam Backup & Replication 复制源主机上运行的原始虚拟机的数据，并在目标主机上创建其完整副本。与备份文件不同，副本虚拟磁盘以其本机格式进行解压缩。所有后续复制周期都是递增的。Veeam Backup & Replication 仅复制自上次复制作业会话以来已更改的数据块。

通过 Veeam Backup & Replication ，管理员可以针对灾难恢复（DR）方案执行高可用性（HA）方案和远程（异地）复制的现场复制。为了便于通过 WAN 进行复制或减慢连接，Veeam Backup & Replication 优化了流量传输。它过滤掉不必要的数据块，例如重复数据块、零数据块、交换文件块和排除的虚拟机客户操作系统文件块，并压缩副本流量。Veeam Backup & Replication 还允许管理员使用 WAN 加速器并应用网络限制规则，以防止复制作业占用整个网络带宽。

复制具有以下 4 个方面的限制。

（1）由于 VMware vSphere 的限制，如果更改源虚拟机上虚拟磁盘的大小，Veeam Backup & Replication 会在下一次复制作业会话期间删除虚拟机副本上的所有可用还原点（表示为虚拟机快照）。

（2）如果将备份代理的角色分配给虚拟机，则不应将此虚拟机添加到使用此备份代理的作业中已处理虚拟机的列表中。这种配置可能导致工作性能下降。Veeam Backup & Replication 将分配此备份代理以首先处理作业中的其他虚拟机，并且此虚拟机的处理将被暂停。Veeam Backup & Replication 将在作业统计信息中报告以下消息：虚拟机是备份代理，等待它停止处理任务。只有在虚拟机上部署的备份代理完成其任务后，作业才会开始处理此虚拟机。

（3）如果使用标记对虚拟基础架构对象进行分类，请检查虚拟机标记的限制。

（4）由于 Microsoft 的限制，无法使用 Microsoft Azure Active Directory 凭据在运行 Microsoft Windows 10 的虚拟机上执行应用程序感知处理。

8.1.2　创建复制任务

使用虚拟机备份可以满足大多数需求。如果需要备份的虚拟机数量太多、数据量较大，并且备份存储性能较差时，可以使用虚拟机的复制功能。Veeam Backup & Replication 是运行在 Windows 操作系统上的应用软件，如果 Veeam Backup & Replication 所在的计算机感染了病毒，备份文件也可能会被加密，此时备份就失去作用。而使用虚拟机复制功能，复制出来的是虚拟机，并且虚拟机是处于关机状态，这些虚拟机不会受到病毒的影响。

无论是使用虚拟机备份还是虚拟机复制，保存备份文件或复制虚拟机的目标设备，应该独立于需要备份的虚拟机所在的主机及其存储之外。在使用虚拟机复制功能时，需要另外独立的 vSphere 群集或 ESXi 主机，如图 8-1-1 所示。在当前示例中，IP 地址为 172.18.96.41～172.18.96.44 共 4 台主机组成一个群集，IP 地址为 172.18.96.49 是一台独立的 ESXi 主机（为了管理方便可以将其添加到同一个 vCenter Server 进行管理，也可以单独运行，不需要添加到 vCenter Server 环境中），这台主机配置 4 块 2TB 的磁盘，在这台主机安装 ESXi 6.7.0，并在 ESXi 中安装一台 Windows Server 2016 的虚拟机，在虚拟机中安装 Veeam Backup & Replication 软件。

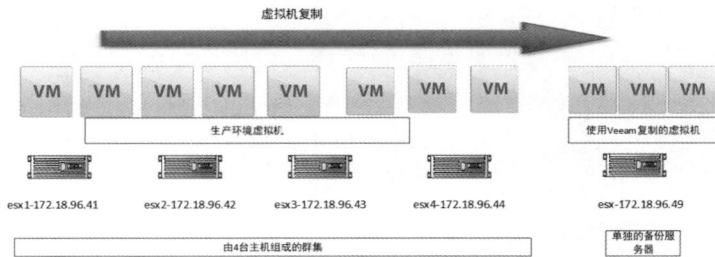

图 8-1-1 虚拟机复制功能实验环境

本节的示例是将 IP 地址为 172.18.96.41～172.18.96.44 群集中指定的虚拟机复制到 IP 地址为 172.18.96.49 的主机，并保存在 172.18.96.49 的本地存储中。当源主机中的虚拟机出现故障时可以使用复制的虚拟机恢复业务及数据。在本示例中，将资源池中 AD-Ser、Manager 和 SQL_Ser 中的虚拟机复制到 172.18.96.49 主机的名为 Replication 的资源池中，如图 8-1-2 所示。

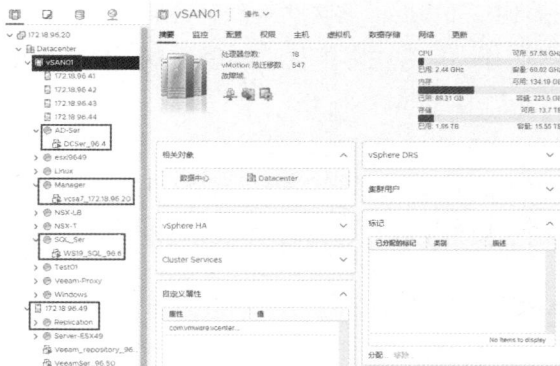

图 8-1-2 将要创建备份任务的虚拟机

下面介绍如何在 Veeam Backup & Replication 中创建虚拟机复制任务，步骤如下。

（1）在"Veeam Backup & Replication"控制台的 HOME 界面中，单击"Replication Job"下拉按钮在弹出的下拉列表中选择"Virtual machine"选项，如图 8-1-3 所示。

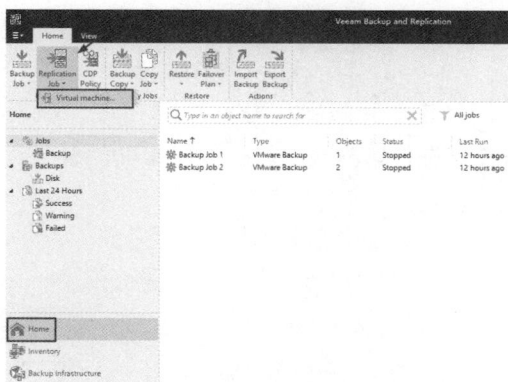

图 8-1-3 新建复制虚拟机任务

（2）在"Name"对话框的"Name"文本框中为新建复制任务设置一个任务名称，默认为 Replication Job 1，可以根据需要修改。本示例选择默认值，如图 8-1-4 所示。

（3）在"Virtual Machine"对话框中添加要复制的虚拟机，本示例中添加名为 AD-Ser、Manager 和 SQL_Ser 的资源池，如图 8-1-5 所示。

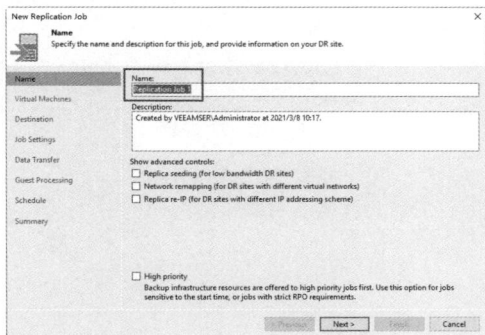

图 8-1-4 VM 复制任务名称

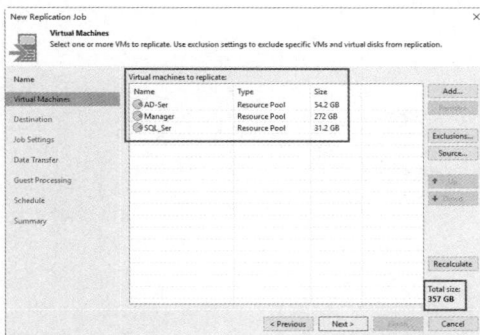

图 8-1-5 添加要复制的虚拟机

（4）在"Destination"对话框中的"Host or Cluster"中选择 IP 地址为 172.18.96.49 的 ESXi 主机，在"Resource pool"中选择名为 Replication 的资源池，在"VM folder"中选择 Veeam-rep 的文件夹（在 vCenter Server 的"虚拟机和模板"中创建），在"Datastore"中选择 172.18.96.49 的空间较大的本地存储，如图 8-1-6 所示。

（5）在"Job Settings"对话框的"Replica name suffix"中为复制的虚拟机添加的后缀，本示例为_replica，在"Restore point to keep"设置复制的虚拟机保存的时间点，本示例中设置为 7，这表示将为复制的虚拟机添加_replica，并保存最近的 7 个快照，如图 8-1-7 所示。

（6）在"Data Transfer（数据传输）"对话框中，选择必须用于复制过程的备份基础架构组件，并选择 VM 数据传输的路径。如果计划在一个站点内复制 VM 数据，同一备份代理可以充当源和目标备份代理。对于异地复制，管理员应在每个站点中至少部署一个备份代理，以便跨站点建立稳定的 VM 数据传输连接，如图 8-1-8 所示。

单击"Source proxy（源代理）"和"Target proxy（目标代理）"右侧的"Choose"按钮选择作业的备份代理。在弹出的"Backup Proxy（备份代理）"对话框中，如图 8-1-9 所示，可以选择自动备份代理选择或明确分配备份代理。如果选择自动选择，Veeam Backup & Replication 将检测有权访问源和目标数据存储的备份代理，并自动分配用于处理 VM 数据的最佳备份代理资源。

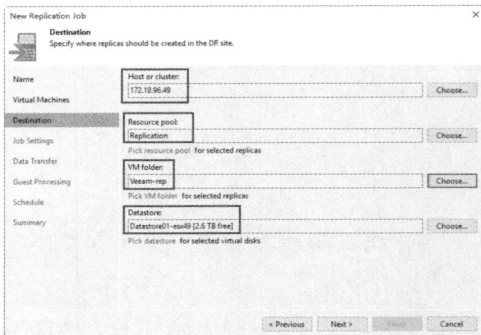

图 8-1-6　复制到的位置

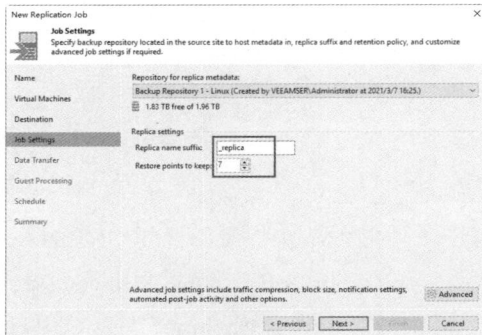

图 8-1-7　复制任务设置

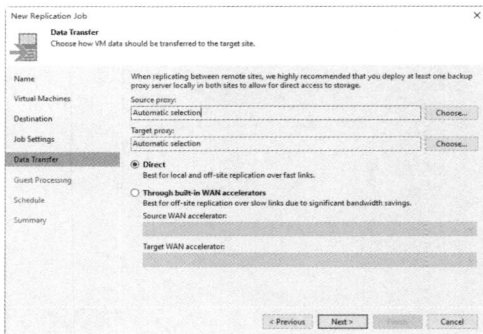

图 8-1-8　数据传输

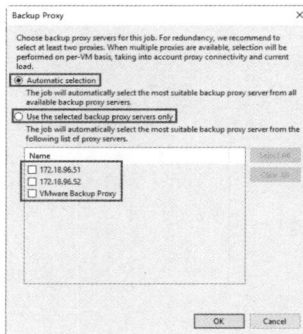

图 8-1-9　备份代理

Veeam Backup & Replication 将资源逐个分配给复制作业中包含的 VM。在从列表中处理新 VM 之前，Veeam Backup & Replication 会检查可用的备份代理。如果有多个备份代理可用，Veeam Backup & Replication 会分析备份代理可以使用的传输模式以及备份代理上的当前工作负载，以便为 VM 处理选择最合适的备份代理。

如果选择"Use the select backup proxy servers only（仅使用选定的备份代理服务器）"，则可以显式选择作业可以使用的备份代理。建议至少选择两个备份代理，以确保在其中一个备份代理失败或丢失与源数据存储的连接时执行作业。

然后选择 VM 数据传输的路径。

要通过备份代理直接将 VM 数据传输到目标数据存储，应选择"Direct（直接）"。

要通过 WAN 加速器传输 VM 数据，应选择"Through built-in WAN accelerators（通

过内置 WAN 加速器）"。从源 WAN 加速器列表中，选择源站点中配置的 WAN 加速器。
从目标 WAN 加速器列表中，选择目标站点中配置的 WAN 加速器。

　　不应将一个源 WAN 加速器分配给计划同时运行的多个复制作业。源 WAN 加速器需
要大量 CPU 和 RAM 资源，并且不会并行处理多个复制任务。或者管理员可以为计划通
过一个源 WAN 加速器处理的所有 VM 创建一个复制作业。但是，目标 WAN 加速器可以
分配给多个复制作业。

　　（7）在"Guest Processing"对话框指定访客处理设置，该功能在 6.3.6 节做过介绍，
如图 8-1-10 所示。

　　（8）在"Schedule"对话框选择手动运行复制作业或安排定期运行作业。本示例选择
复制作业在 Backup Job 2 备份作业完成后运行，如图 8-1-11 所示。

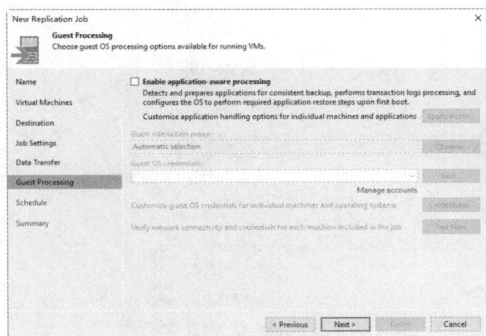

图 8-1-10　是否启用应用程序感知功能　　　　图 8-1-11　定义作业计划时间

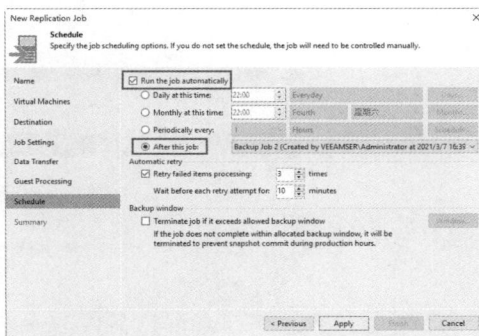

　　（9）在"Summary"对话框中显示了作业的详细信息，检查无误之后单击"Finish"
按钮关闭向导，如图 8-1-12 所示。

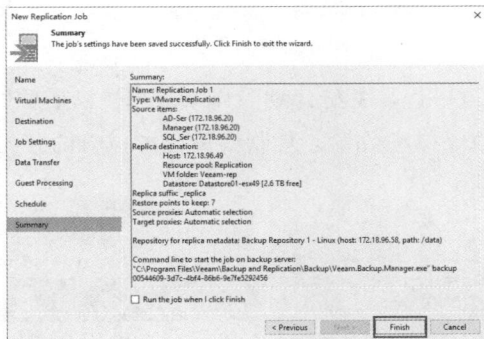

图 8-1-12　摘要

　　（10）创建复制计划完成后，在 Jobs 中显示了新创建的复制计划任务，如图 8-1-13
所示。

　　在完成一次或多次复制任务之后，在"HOME → Jobs → Replication"中单击复制计划

任务，可以看到上一次任务完成的进度，如果 STATUS 中显示 Success 表示复制成功完成，如图 8-1-14 所示。

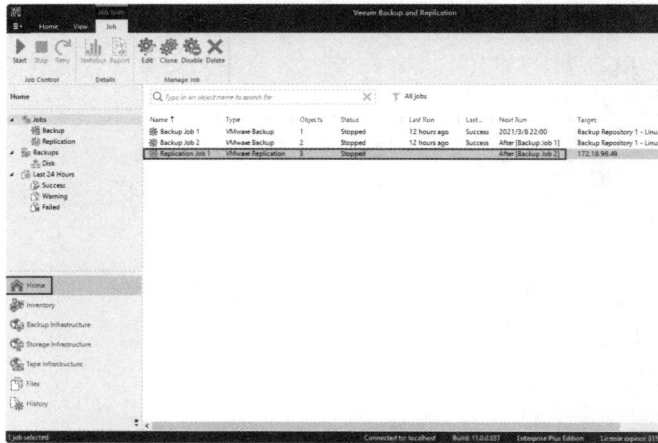

图 8-1-13　任务

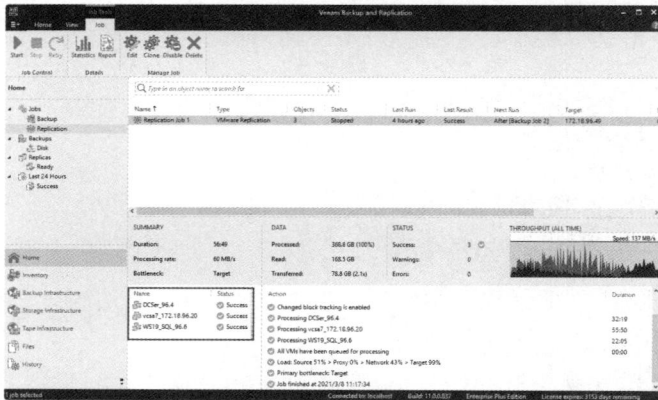

图 8-1-14　备份任务

单击"Report"按钮可以查看备份计划的详细信息，包括备份的开始与结束时间、传输的数据量、复制完成的虚拟机数量、复制的每台虚拟机的开始与结束时间、传输的数据量等，如图 8-1-15 所示。

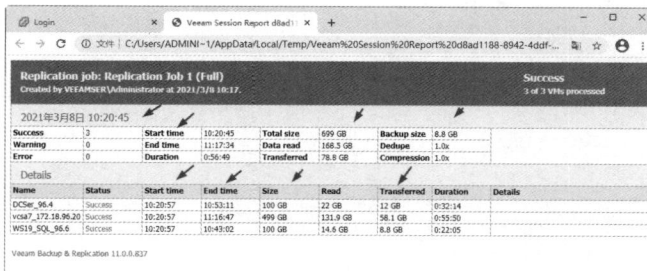

图 8-1-15　查看复制计划任务报告

8.1.3　使用副本故障转移和故障恢复

如果生产站点中的原始虚拟机不可用，则可以通过故障转移到其副本快速恢复服务。执行故障转移时，虚拟机副本将充当原始虚拟机的角色。所有进程都从生产主机上的原始虚拟机转移到辅助主机上的虚拟机副本。管理员可以故障转移到副本的最新状态或其任何还原点。

故障转移到虚拟机副本时，Veeam 备份和复制会将副本状态从"正常"更改为"故障转移"。

【说明】Veeam Backup & Replication 的功能在英文中称为 Replica Failover and Failback，Replica 指复制后的虚拟机副本，Failover 一般翻译为故障转移或故障切换，Failback 一般翻译为故障恢复或故障回切。

故障转移是一个临时的中间步骤，应该进一步操作。根据灾难恢复方案，管理员可以执行以下操作之一。

（1）撤销故障转移。撤销故障转移时，将切换回原始虚拟机，并放弃在运行时对虚拟机副本所做的所有更改。虚拟机复制副本的状态恢复为 Normal 。如果已将故障转移到虚拟机副本以进行测试和故障排除，并且不需要对虚拟机副本进行任何更改，则可以使用 undo 故障转移方案。

（2）执行故障恢复。执行故障恢复时，将切换回原始虚拟机，并将在虚拟机副本运行时发生的所有更改转移到原始虚拟机。如果源主机不可用，则可以将原始虚拟机还原到新位置，然后再切换回它。

当管理员执行故障恢复时，更改仅被传送而不被发布。管理员必须测试原始虚拟机是否可以使用这些更改。根据测试结果，可以执行以下操作：

- 提交故障恢复。提交故障恢复时，确认原始虚拟机可以正常工作，并且想要恢复到原来的状态。虚拟机复制副本的状态恢复为 Normal；
- 撤销故障回复。如果原始虚拟机未按预期运行，则可以撤销故障恢复并返回到虚拟机副本。在这种情况下，虚拟机副本的状态将返回 Failover。

（3）执行永久故障转移。执行故障转移时，将从原始虚拟机永久切换到虚拟机副本，并将此副本用作原始虚拟机。如果原始虚拟机和虚拟机副本位于同一站点并且在资源方面几乎相等，则此方案是可以接受的。

Veeam 备份和复制同时支持多个虚拟机的故障转移和故障恢复操作。如果一台或几台主机发生故障，则可以使用批处理来以最少的停机时间恢复操作。

初学者可能不容易理解故障转移和故障恢复的区别，下面通过图示进行说明。故障转移示意如图 8-1-16 所示。

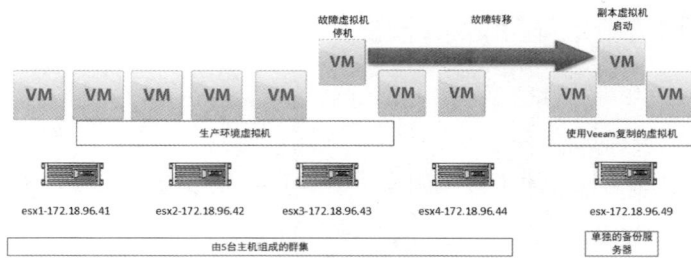

图 8-1-16　故障转移

在图 8-1-16 的实验拓扑中，生产环境的虚拟机运行在 IP 地址为 172.18.96.41～172.18.96.45 的主机上，使用 Veeam Backup & Replication 复制功能复制后的虚拟机副本保存在 IP 地址为 172.18.96.49 的备份主机上。当生产环境中的某一台或多台虚拟机出现故障后，如果使用故障转移功能，将在 172.18.96.49 的主机上启动复制后的副本虚拟机，并代替原来的虚拟机对外提供服务。在启动副本虚拟机之前，因为副本虚拟机有多个快照，可以根据需要将虚拟机恢复到一个指定的快照时间点启动虚拟机。当虚拟机启动之后，检查无误确认可以代替源故障虚拟机对外提供服务后，启动"永久故障转移"后，副本虚拟机上的其他快照将被删除，副本虚拟机代替原来的虚拟机对外提供服务。从这一过程来看，故障转移是用副本虚拟机代替原虚拟机的一种工作方式。所以，保存副本虚拟机所在的 ESXi 主机应该与生产环境中的 ESXi 主机有相同的网络配置，例如故障虚拟机使用 vlan2006 的端口组（在网络中属于 VLAN 2006），备份 ESXi 主机也应该有 vlan2006 的端口组并且同样属于 VLAN 2006。

使用故障恢复是将复制的虚拟机副本返回到原始虚拟机，将 I／O 和进程从目标主机转移到生产主机并返回到正常操作模式，如图 8-1-17 所示。

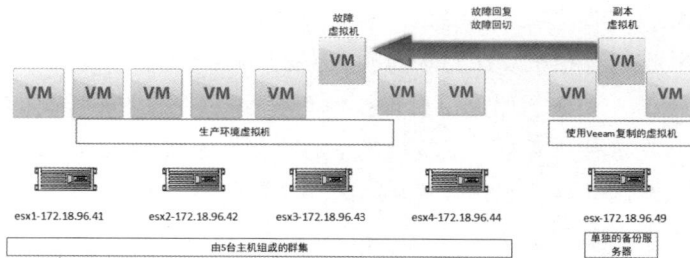

图 8-1-17　故障恢复

故障恢复可以从虚拟机副本切换到源主机上的原始虚拟机。如果源主机不可用，管理员可以将原始虚拟机还原到新位置并切换回它。Veeam Backup & Replication 提供 3 种故障恢复选项：

（1）可以故障恢复到源主机上原始位置的虚拟机；

（2）可以故障恢复到已在新位置从备份中预先恢复的虚拟机；

（3）可以通过将所有虚拟机副本传输到所选目标来故障恢复到全新位置。

前两个选项可帮助用户缩短恢复时间并减少网络流量的使用：Veeam Backup & Replication 只需传输原始虚拟机和虚拟机副本之间的差异。如果在执行故障恢复之前无法使用原始虚拟机或从备份还原虚拟机，则可以使用第 3 个选项。

如果故障恢复到现有的原始虚拟机，Veeam Backup & Replication 将执行以下操作：

（1）如果原始 VM 正在运行，Veeam Backup & Replication 会将其关闭。Veeam Backup & Replication 在原始 VM 上创建有效的故障恢复快照；

（2）Veeam Backup & Replication 计算故障转移状态下原始虚拟机的磁盘与虚拟机副本的磁盘之间的差异。差异计算有助于 Veeam Backup & Replication 了解需要将哪些数据传输到原始虚拟机以使其与虚拟机副本同步。Veeam Backup & Replication 将更改的数据传输到原始虚拟机。传输的数据将写入原始虚拟机上工作故障恢复快照的增量文件；

（3）Veeam Backup & Replication 可以关闭虚拟机副本。在管理员提交故障恢复或撤销故障恢复操作之前，虚拟机副本将保持断电状态；

（4）Veeam Backup & Replication 为虚拟机副本创建故障恢复保护快照。快照充当新的还原点，并保存虚拟机副本的故障恢复前状态。管理员可以使用此快照在之后返回虚拟机副本的故障恢复前状态；

（5）Veeam Backup & Replication 再次计算虚拟机副本与原始虚拟机之间的差异，并将更改的数据传输到原始虚拟机。新的同步周期允许 Veeam Backup & Replication 复制在执行故障恢复过程时在虚拟机副本上进行的最后一分钟更改；

（6）Veeam Backup & Replication 删除原始虚拟机上的工作故障恢复快照。写入快照增量文件的更改将提交到原始虚拟机磁盘；

（7）虚拟机副本的状态从故障转移到故障恢复。Veeam Backup & Replication 暂时将原始虚拟机的复制活动置于保持状态；

（8）如果管理员选择在故障恢复后启动原始虚拟机，Veeam Backup & Replication 将启动目标主机上已还原的原始虚拟机。

如果故障恢复的虚拟机保存到一个全新的位置，Veeam Backup & Replication 将执行以下操作：

（1）Veeam Backup & Replication 传输所有。副本并将其存储在目标数据存储上；

（2）Veeam Backup & Replication 在目标主机上注册新虚拟机；

（3）如果管理员选择在故障恢复后启动原始虚拟机，Veeam Backup & Replication 将启动目标主机上已还原的原始虚拟机。

在 Veeam Backup & Replication 中，故障恢复被认为是一个临时阶段，应该进一步完成。在测试恢复的原始虚拟机并确保它正常工作之后，管理员应该提交故障恢复。管理员还可以撤销故障恢复并将虚拟机副本返回到故障转移状态。

在本示例中，已经为名为 DCSER_96.4、vcsa7_172.18.96.20、WS19_SQL_96.6 创建了虚拟机复制任务并且已经完成复制，在 vSphere Client 中可以看到备份的源虚拟机、备份后的虚拟机，单击一台备份的虚拟机，在右侧"快照"中可以看到创建的快照点，如图 8-1-18 所示。

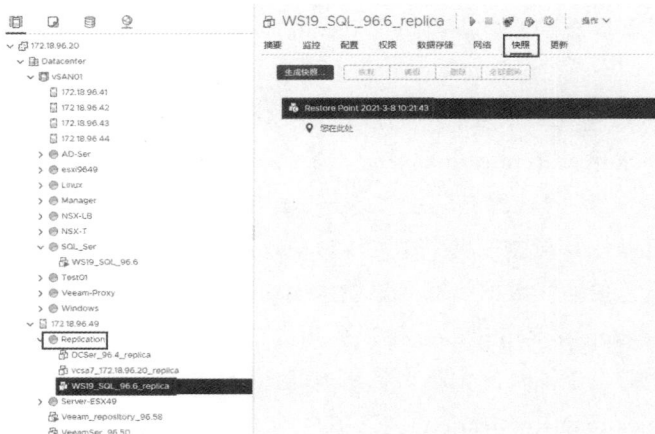

图 8-1-18　查看快照

在"管理快照"中可以选中一个快照然后单击"恢复为"按钮将复制后的虚拟机恢复到一个指定的快照并启动该虚拟机。在虚拟机启动之后可以使用 VMotion 和 Storage VMotion 技术将虚拟机从备份主机及备份主机所在的存储迁移到其他主机和其他存储，这是使用 VMware 的迁移技术实现。建议始终使用 Veeam Backup & Replication 执行故障切换操作。避免手动启动复制副本，这可能会妨碍后续复制操作或导致重要数据丢失。如果要使用 Veeam Backup & Replication 的故障恢复功能，操作步骤如下。

（1）在"HOME → Replicas → Ready"右侧显示了复制后的虚拟机副本，在"restore points"列表中显示了每台虚拟机能使用的恢复点的数量。右击想要恢复的虚拟机，在弹出的快捷菜单中选择"Planned Failover"命令，如图 8-1-19 所示。

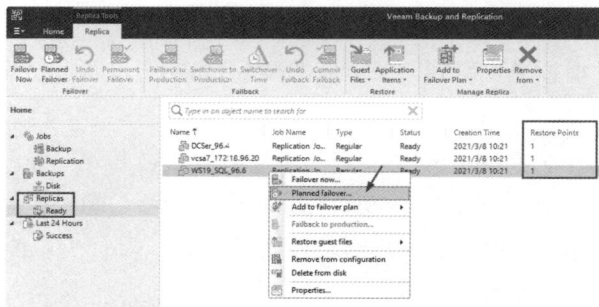

图 8-1-19　选择要恢复的虚拟机

（2）在"Virtual Machine"对话框中的"Virtual machine to failover"列表中双击要恢复的虚拟机，在弹出的"Restore Points"中选择要将虚拟机恢复到哪一个快照点，如

图 8-1-20 所示。

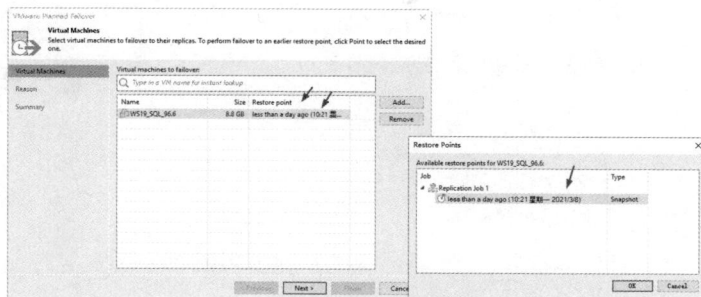

图 8-1-20　选择恢复点

（3）在"Summary"对话框中显示了恢复的虚拟机的信息，检查无误后单击"Finish"按钮，如图 8-1-21 所示。

（4）在"Last 24 Hours → Running (2)"显示两个任务，第一个任务的会话类型为"Planned Failover"，第二个任务的会话类型为 Replication，在"Status"中显示会话的状态信息，如图 8-1-22 所示。

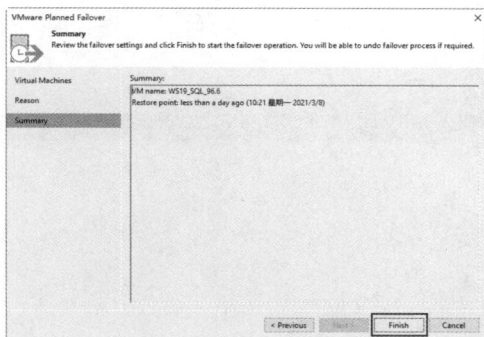

图 8-1-21　摘要

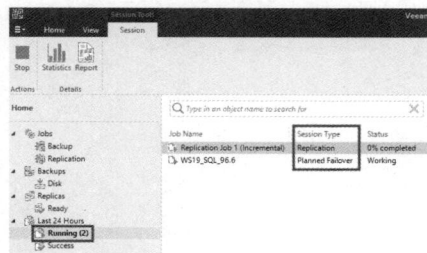

图 8-1-22　会话状态信息

（5）在开始为 WS19_AD_96.91 的虚拟机执行故障转移操作后，恢复向导首先将 WS19_AD_96.91 复制的虚拟机 WS19_AD_96.91_replica 恢复到上一个快照，然后为 WS19_AD_96.91 的虚拟机当前状态创建一个快照，并将 WS19_AD_96.91 虚拟机从上次快照到当前快照的更改数据，再在 WS19_AD_96.91_replica 中做一个同步。同步完成后，WS19_AD_96.91_replica 会增加一个新的快照，如图 8-1-23 所示。

（6）恢复向导会将 WS19_AD_96.91 虚拟机关机，等虚拟机关机之后，再为该虚拟机创建一个快照。复制向导会将从上次快照（上一步）到关机之前的更改数据复制到 WS19_AD_96.91_replica 再做一个同步，同步完成后，WS19_AD_96.91_replica 会再次增加一个新的快照。因为这段时间数据较小，并且间隔时间较短，所以这个快照与上个快照间隔的时间比较短（一般是几分钟的时间），如图 8-1-24 所示。等此次同步完成后，WS19_AD_96.91_replica 虚拟机打开电源。

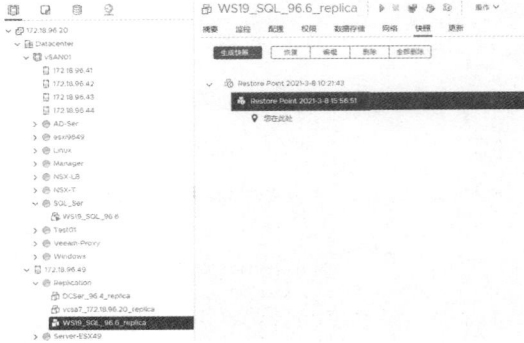

图 8-1-23　创建工作快照

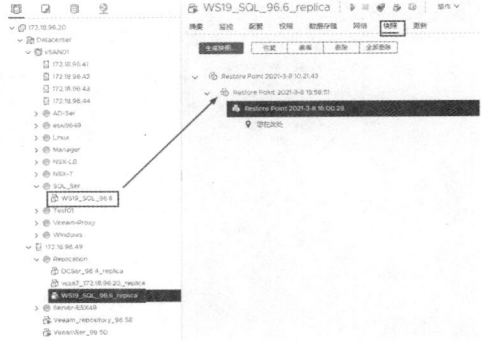

图 8-1-24　副本虚拟机开机

（7）打开副本虚拟机的控制台，如果备份主机的网络配置与生产环境中虚拟机网络配置相同，此时副本虚拟机可以对外提供服务。为了进行测试，可以通过网络复制一些文件到当前虚拟机，如图 8-1-25 所示。

（8）在 Veeam Backup & Replication 控制台"HOME → Replicas → Active (1)"中单击"Restore → VMware vSphere"，如图 8-1-26 所示。

图 8-1-25　复制文件到桌面

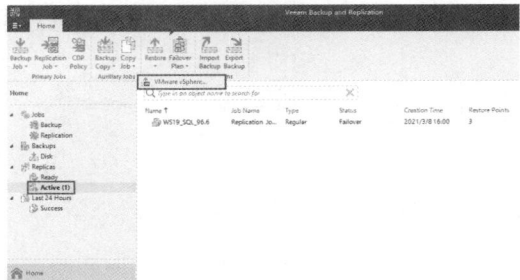

图 8-1-26　恢复 VMware vSphere

（9）在"Restore"对话框中选择"Restore from replica"，如图 8-1-27 所示。

（10）在"Restore from Replica"对话框中单击"Entire replica"，如图 8-1-28 所示。

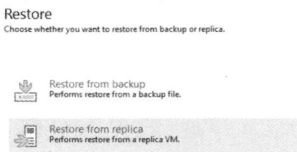

图 8-1-27　从副本还原

图 8-1-28　整个副本

（11）在"Entire replica"对话框中选择"Failback to production（故障恢复到生产环境）"，如图 8-1-29 所示。如果需要执行故障转移应选择"Failover to replica（故障转移到副本"。

（12）在 Veeam Backup & Replication 控制台"HOME → Replicas → Active (1)"中右击任务，在弹出的快捷菜单中选择"Failback to production"命令，可以代替第（7）到第（10）步，如图 8-1-30 所示。

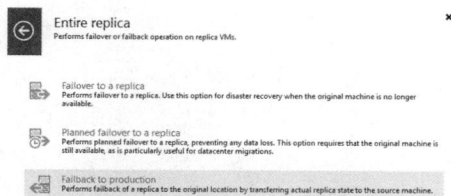

图 8-1-29　故障恢复到生产环境

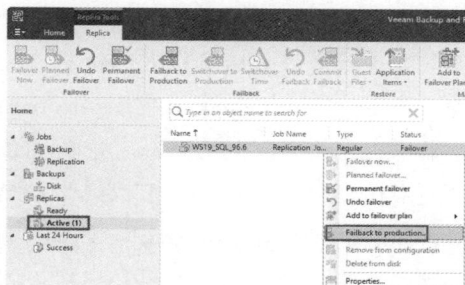

图 8-1-30　故障恢复到生产环境

（13）在"Replica"对话框中选择进行故障恢复的副本，如图 8-1-31 所示。

（14）在"Destination"对话框中选择故障恢复的目标。

如果要故障恢复到驻留在源主机上的原始虚拟机，应选择"Failback to the original VM（故障恢复到原始虚拟机）"。Veeam Backup & Replication 会将原始 VM 还原到其副本的当前状态。

如果已从新位置的备份恢复原始虚拟机，并且要从副本切换到该虚拟机，应选择"Failback to the original VM restored in a different location（故障恢复到在其他位置还原的原始虚拟机）"。在这种情况下，Veeam Backup & Replication 会将恢复的虚拟机与副本的当前状态同步。

如果要从副本还原原始虚拟机，请选择"Failback to the specified location (advanced)（故障恢复到指定位置）"，并且在新位置和/或使用不同设置（如虚拟机位置，网络设置，虚拟磁盘和配置文件路径等）。

本示例中选择"Failback to the original VM"，并选择"Quick rollback (sync changed blocks only)"，如图 8-1-32 所示。

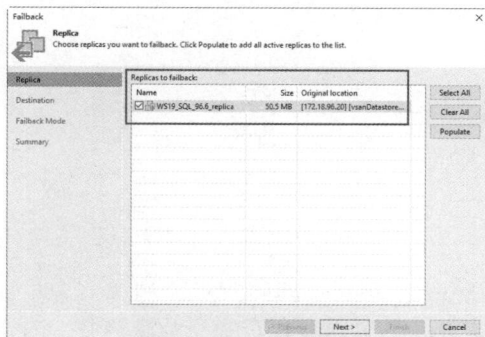

图 8-1-31　选择故障恢复副本

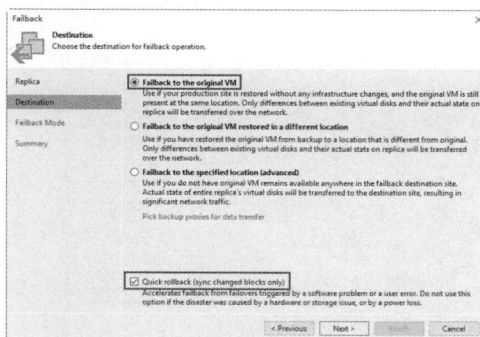

图 8-1-32　恢复到原始位置

如果从虚拟机副本故障恢复到原始位置的虚拟机，则可以指示 Veeam Backup & Replication 执行快速回滚。快速回滚可显著缩短故障恢复时间，对生产环境影响甚微。

在启用快速回滚选项的故障恢复期间，Veeam Backup & Replication 不会计算整个虚拟机副本磁盘的摘要，以获取原始虚拟机和虚拟机副本之间的差异。相反，它查询 CBT 以获取有关已更改的磁盘扇区的信息，并仅计算这些磁盘扇区的摘要，摘要计算执行得更快。之后，Veeam Backup & Replication 以常规方式执行故障恢复：将更改的块传输到原始虚拟机，关闭虚拟机副本，并再次将原始虚拟机与虚拟机副本同步。

如果在虚拟机副本的虚拟机操作系统级别发生问题后故障恢复到原始虚拟机，建议使用快速回滚（Quick rollback）。例如，出现应用程序错误或用户意外删除了虚拟机副本客户操作系统上的文件。如果在虚拟机硬件级别，存储级别或由于断电而发生问题，请勿使用快速回滚。

【说明】要执行快速回滚，必须在原始位置对虚拟机执行故障恢复，必须为原始虚拟机启用 CBT，必须使用"启用使用更改的块跟踪数据"选项创建虚拟机副本。

在使用快速回滚进行故障恢复后的第一个复制作业会话期间，将重置原始虚拟机上的 CBT。由于 Veeam Backup & Replication 将读取整个虚拟机的数据。

可以在 Direct NFS 访问、虚拟设备、网络传输模式下执行快速回滚。由于 VMware 的限制，Direct SAN 访问传输模式不能用于快速回滚。

（15）在"Failback Mode"对话框中选择"Auto"，如图 8-1-33 所示。

（16）在"Summary"对话框中显示了故障恢复的设置，如果要在故障恢复完成后在目标主机上启动虚拟机，勾选"Power on target VM after restoring（还原后启动虚拟机）"复选框。检查无误之后单击"Finish"按钮，Veeam Backup & Replication 会将原始虚拟机还原到相应虚拟机副本的状态，如图 8-1-34 所示。

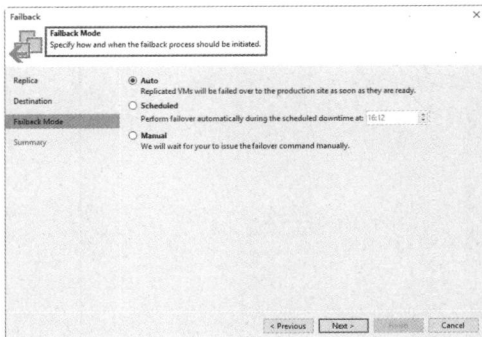

图 8-1-33　故障恢复模式　　　　　　　图 8-1-34　还原后启动虚拟机

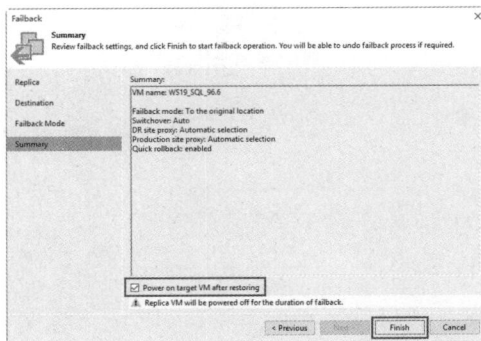

（17）在"Restore Session"对话框中单击"Close"按钮，如图 8-1-35 所示。

（18）要确认故障恢复并完成原始虚拟机的恢复，需要由管理员提交故障恢复。右击恢复任务，在弹出的快捷菜单中选择"Commit Failback"命令，在弹出的对话框中单击

"Yes"按钮，如图 8-1-36 所示。

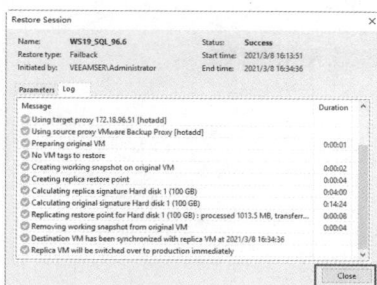

图 8-1-35　故障恢复完成

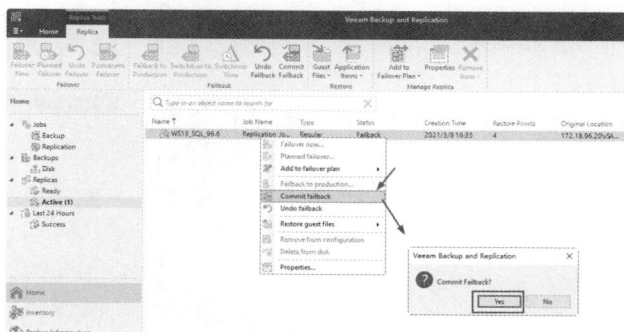

图 8-1-36　提交故障恢复

在提交故障恢复时，确认要返回到原始虚拟机。提交故障恢复操作按以下方式执行：

（1）Veeam Backup & Replication 将副本的状态由 Failback 更改为 Normal；

（2）如果虚拟机副本故障回到新位置，Veeam Backup & Replication 还会重新配置复制作业，并将以前的原始虚拟机添加到排除列表中。在新位置恢复的虚拟机将扮演原始虚拟机的角色，并包含在复制作业中，而不是排除在虚拟机中。复制作业启动时，Veeam Backup & Replication 将处理新恢复的虚拟机，而不是原始虚拟机；

（3）如果虚拟机副本故障回到原始位置，则不会重新配置复制作业。复制作业启动时，Veeam Backup & Replication 将以正常操作模式处理原始虚拟机。

在故障恢复提交期间，不会删除保存虚拟机副本的故障恢复前状态的故障恢复保护快照。Veeam Backup & Replication 使用此快照作为虚拟机副本的附加还原点。使用预故障恢复快照，Veeam Backup & Replication 需要传输更少的更改，因此在恢复复制活动时减少网络负载。

在确认故障恢复后，Veeam Backup & Replication 控制台"HOME → Replicas → Ready"中副本虚拟机状态为 Ready，如图 8-1-37 所示。

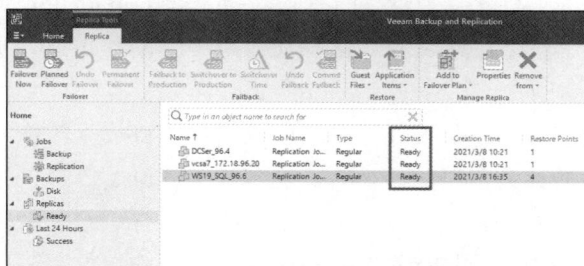

图 8-1-37　副本虚拟机状态

在完成故障恢复之后，打开 WS19-AD_96.61_replica 副本虚拟机的快照，看到当前快照如图 8-1-38 所示。

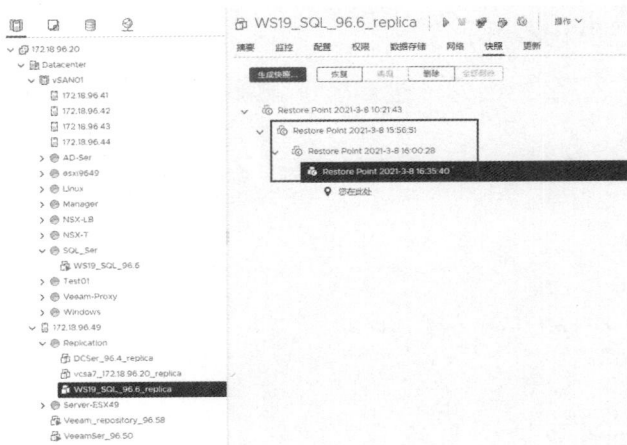

图 8-1-38　副本虚拟机快照

8.2　CDP 功能概述

连续数据保护（CDP）是一项技术，可在秒级保护关键任务的 VMware 虚拟机。CDP 提供了最短恢复时间目标（RTO）。Veeam 提供的 CDP 是基于虚拟机的复制技术。

首先，CDP 创建虚拟机副本，然后使这些副本保持最新状态。

CDP 不断复制在虚拟机上执行的 I/O 操作。为了读取和处理受保护的虚拟机及其所在的数据存储之间传输中的 I/O 操作，CDP 使用 vSphere API 进行 I/O 过滤（VAIO），该选项提供了不创建快照的选项。由于 CDP 始终处于打开状态，并且不会创建快照，因此与基于快照的复制相比，它可以实现较低的恢复点目标（RPO）-接近零的 RPO，这意味着几乎没有数据丢失。

I/O 操作的数据存储在目标数据存储中，并且与短期还原点有关。短期还原点让管理员可以将虚拟机恢复到几秒或几分钟前的状态（取决于管理员设定的 RPO），以防发生灾难。有关短期还原点的信息在特殊日志中维护，该日志存储有关最长 24 小时的短期还原点的记录。如果要将虚拟机恢复到较早的状态，则 Veeam Backup＆Replication 允许管理员创建包含虚拟机状态的其他还原点，这些还原点可追溯到几小时或几天前。这样的还原点称为长期还原点。

要将虚拟机恢复到短期或长期还原点，管理员需要将故障转移到其复制的副本。当管理员将虚拟机故障转移到复制的副本时，副本将接管原始虚拟机的角色。修复原始虚拟机后，管理员可以对其进行故障恢复，并将发生的所有更改复制到原始虚拟机。如果无法修复原始虚拟机，则可以执行永久故障转移，即从原始虚拟机永久切换到虚拟机副本，然后将此副本用作原始虚拟机。

8.2.1　CDP 要求与限制

CDP 具有一系列要求和限制，以下要求适用于 CDP：

- CDP 包含在 Veeam 通用许可证中。使用基于 CPU 的许可证时，需要 Enterprise Plus 版本；
- 群集中的所有主机必须具有相同的主要版本：vSphere 7.x 或 6.x（支持 6.5 或 6.7，或支持 6.5 和 6.7 的组合）。反过来，由同一 vCenter Server 管理的所有群集也必须具有相同的主版本；
- 同一群集上的虚拟机必须仅由一台备份服务器使用 CDP 保护；
- 备份服务器所在的计算机必须至少具有 16 GB 的内存；
- 计划保护的虚拟机不得具有快照；
- CDP 需要备份基础结构组件之间的快速网络，推荐至少 1Gbit/s 的网络。

在计划使用 CDP 时，应注意以下限制：

- CDP 仅适用于已启动的虚拟机；
- 只能使用故障转移操作打开虚拟机副本。手动开机已禁用；
- 在目标主机上，Veeam 备份和复制不允许使用 VMware vSphere Storage vMotion 迁移虚拟机副本。请注意的是，支持主机 vMotion；
- 不支持共享磁盘，物理 RDM 和 SCSI 总线共享。请注意的是，支持 vRDM 磁盘；
- 不支持将 Cisco HyperFlex 作为源或目标；
- 一台虚拟机最大支持的磁盘数量为 50。一台主机最大支持的磁盘数量为 500；
- 数据加密规则不适用于 ESXi 主机和 VMware CDP 代理之间的流量。

Veeam 连续数据保护（CDP）对平台与相关服务器有以下的要求：

- 所需的最低 ESXi 版本是 6.5 U2；
- 源和目标 ESXi 主机至少需要 16GB 内存；
- vCenter Server 是必需的，不支持独立的 ESXi 主机；
- Veeam 备份服务器、CDP 代理、vCenter Server 和 ESXi 主机必须能够解析彼此的 DNS 名称；
- VMware CDP 代理服务器最少 8 个 vCPU 和最低 16GB 内存。需要 Windows 7 SP1 及其以后的 64 位的 Windows 操作系统。建议使用 Windows Server 2016 或 Windows Server 2019。

8.2.2　CDP 备份基础架构

CDP 需要备份服务器、源主机和目标主机、VMware CDP 代理等基础结构组件。CDP 备份基础架构示意如图 8-2-1 所示。

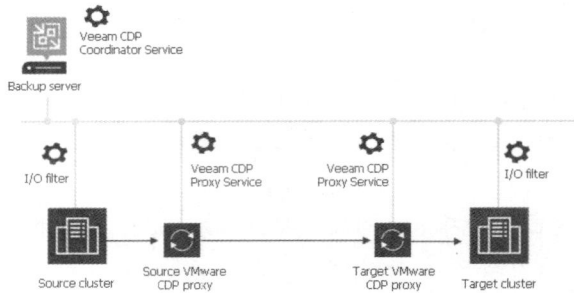

图 8-2-1　CDP 备份基础架构

（1）备份服务器

备份服务器是备份基础结构的配置和管理核心。备份服务器运行 Veeam CDP 协调器服务，该服务协调数据复制和数据传输任务，并控制资源分配。

（2）源主机和目标主机

源主机和目标主机是 2 个端点，在 2 个端点之间移动了复制的虚拟机数据。源主机和目标主机必需是同一群集或 2 个不同群集的一部分。反过来，群集必须由相同的 vCenter Server 或连接到同一备份服务器的 2 个不同的 vCenter Server 管理。

源主机和目标主机执行以下任务：

● 源主机读取 VM 磁盘数据，读取和处理 I／O 操作，然后将数据发送到源代理。数据以未压缩的方式发送；

● 目标主机从目标代理接收数据，并将此数据保存到数据存储上的 VM 副本。此外，目标主机管理 VM 副本：创建副本和保留还原点等。

（3）主机上的 I／O 过滤器

为了能够将主机用于 CDP，必须在主机所在的群集上安装 I／O 筛选器。在群集上安装 I／O 筛选器后，Veeam Backup＆Replication 自动在添加到群集的所有主机上安装筛选器。

I／O 筛选器读取和处理在受保护的虚拟机及其所在数据存储之间传输的 I／O 操作，并向 VMware CDP 代理发送数据/从 VMware CDP 代理接收数据。此外，筛选器还会与备份服务器上的 Veeam CDP 协调器服务进行通信，并通知服务如果任何代理不可用，则必须重新配置备份基础结构。此 I／O 筛选器基于 vSphere API 进行 I／O 筛选（VAIO）。

（4）VMware CDP 代理

VMware CDP 代理是充当数据移动器并在源主机和目标主机之间传输数据的组件。建议至少配置 2 个 VMware CDP 代理：生产站点中的 1 个（源代理）和灾难恢复站点中的 1 个（目标代理）。VMware CDP 代理需要 8 个 CPU 和 16GB 内存。

源和目标 VMware CDP 代理执行以下任务：

● 源代理从源主机接收的数据中为短期还原点准备数据，对数据进行压缩和加密（如果在网络流量规则中启用了加密）。然后将其发送到目标代理；

● 目标代理接收数据，对其进行解压缩和解密，然后将其发送到目标主机。

8.3　CDP 实验环境介绍

在验证 Veeam CDP 功能时，仍然使用前面几章的实验环境。但是，Veeam CDP 需要 Veeam 备份服务器、CDP 代理、vCenter Server 和 ESXi 主机必须能够解析彼此的 DNS 名称。所以需要配置 DNS 服务器。同时，原来登录管理 vCenter Server 使用的是 172.18.96.20 的 IP 地址，而 vCenter Server 添加 ESXi 时，使用的是 172.18.96.41～172.18.96.44 和 172.18.96.49 的 IP 地址。为了使用 CDP 功能，需要将 IP 地址更换为 DNS 名称。

8.3.1　CDP 实验环境规划与配置

在本次实验中，添加了另 1 个 vCenter Server（vCenter Server 的 IP 地址为 172.18.96.50，该 vCenter 管理的 ESXi 是 172.18.96.51 和 172.18.96.52），需要将原来 Veeam 备份服务器的 IP 地址更换为 172.18.96.60，删除原来添加的 172.18.96.51 和 172.18.96.52 的备份代理。Veeam CDP 实验环境 IP 地址和 DNS 名称更换如表 8-3-1 所示。

表 8-3-1　Veeam CDP 备份恢复实验环境列表

序号	计算机/虚拟机名称	配置	IP 地址	DNS 名称
1	server.heinfo.edu.cn	4C/16GB	172.18.96.1	Active Directory 域服务器 DNS 服务器
2	vcsa7_96.20	4C/16GB	172.18.96.20	vc.heinfo.edu.cn
3	ESX41	4C/32GB	172.18.96.41	esx41.heinfo.edu.cn
4	ESX42	4C/64GB	172.18.96.42	esx42.heinfo.edu.cn
5	ESX43	6C/64GB	172.18.96.43	esx43.heinfo.edu.cn
6	ESX44	4C/64GB	172.18.96.44	esx44.heinfo.edu.cn
7	Veeam-Proxy01-96.61	4C/8GB	172.16.96.61	proxy01.heinfo.edu.cn
8	ws19-test	2C/4GB	DHCP	不需要配置 DNS，测试虚拟机
9	vcsa7_96.50	4C/16GB	172.18.96.50	vc50.heinfo.edu.cn
10	ESX51		172.18.96.51	esx51.heinfo.edu.cn
11	ESX52		172.18.96.52	esx52.heinfo.edu.cn
12	VeeamSer_96.60	8C/16GB	172.16.96.60	veeamser.heinfo.edu.cn
13	Veeam-Proxy03-96.63	8C/16GB	172.16.96.63	proxy03.heinfo.edu.cn

为实验环境中 vCenter Server 虚拟机、ESXi 主机添加 DNS 名称，以及为 Veeam 备份服务器、Veeam 备份代理服务器添加 DNS 名称之后，实验环境示意如图 8-3-1 所示。

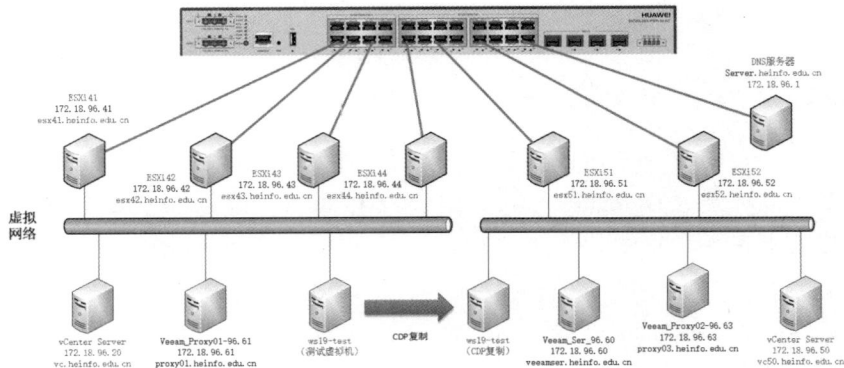

图 8-3-1　为实验环境配置 DNS 名称

要将现有使用 IP 地址的实验（或生产）环境，重新配置为使用 DNS 名称管理的环境，在不中断业务虚拟机使用的前提下，需要按照以下的步骤来操作：

（1）配置 DNS 服务器，在 DNS 服务器中根据表 8-3-1 所示规划，为 vCenter Server、ESXi 主机、Veeam 备份服务器与 Veeam 备份代理服务器创建对应的 A 记录；

（2）将使用 IP 地址的 ESXi 主机从 vCenter Server 中断开，为 ESXi 主机添加 DNS 名称之后，重新添加到 vCenter Server 环境，并重新配置新添加主机的虚拟网络信息（例如重新配置分布式交换机）。在这一步需要一台 ESXi 主机进行，不能同时配置多台 ESXi 主机；

（3）为 vCenter Server 添加 DNS 名称；

（4）为 Veeam 备份服务器、Veeam 备份代理虚拟机添加 DNS 名称；

（5）在 Veeam 备份服务器中删除原来的备份任务，删除使用 IP 地址管理的 vCenter 与备份代理，使用 DNS 名称重新添加 vCenter Server 服务器、重新添加备份代理。之后配置 CDP 复制。

下面详细展开介绍这些操作。

8.3.2　使用 DNS 名称重新连接 ESXi 主机

根据表 8-3-1 所示，在 DNS 服务器中创建 A 记录并指向对应的 IP 地址。配置之后如图 8-3-2 所示。

使用 172.18.96.20 的 IP 地址登录到 vCenter Server，可以看到，无论是 vCenter 还是 ESXi 主机，都是使用 IP 地址进行管理，如图 8-3-3 所示。

本节先介绍在 vCenter Server 群集中移除使用 IP 地址管理的 ESXi 主机，然后再将对应主机使用 DNS 名称添加到 vCenter Server 管理。主要步骤如下（本节以 IP 地址为 172.18.96.44 的主机为例，其他主机与此相同）。

（1）修改 vSphere 群集，暂时关闭 vSphere HA，如图 8-3-4 所示。

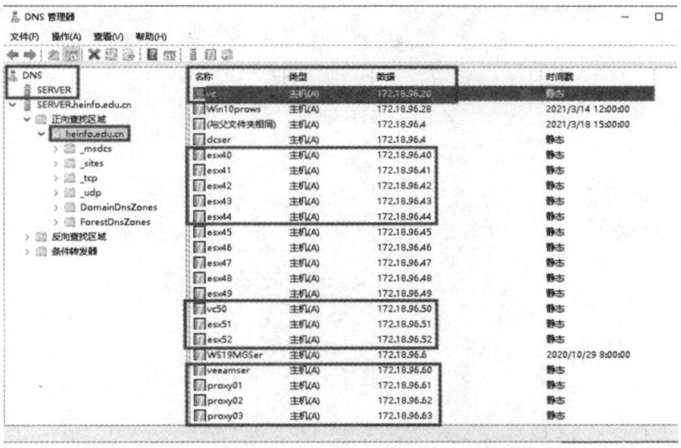

图 8-3-2　在 DNS 中创建 A 记录

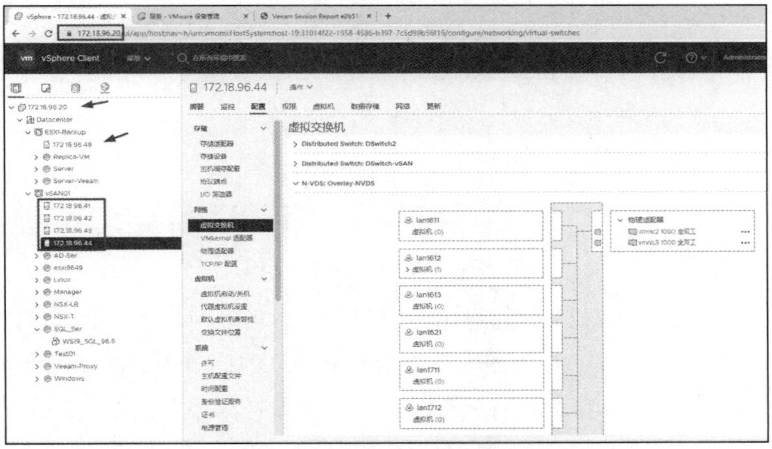

图 8-3-3　使用 IP 地址管理 vCenter 与 ESXi 主机

图 8-3-4　关闭 vSphere HA

（2）将 IP 地址为 172.18.96.44 的主机进入维护模式，如果该主机是 vSAN 群集的一部分，在"进入维护模式"对话框中勾选"将关闭电源和挂起的虚拟机移动到集群中的其他主机上"复选框，在 vSAN 数据迁移下拉列表中选择"确保可访问性"，如图 8-3-5 所示。

（3）使用 vSphere Host Client 登录到 172.18.96.44（即使用浏览器直接登录 172.18.96.44）的主机，在"网络→TCP/IP 堆栈"中选择"默认 TCP/IP 堆栈"，单击"编辑设置"按钮，如图 8-3-6 所示。

图 8-3-5　将主机进入维护模式

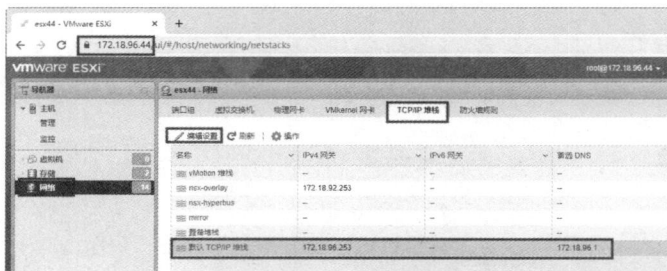

图 8-3-6　编辑 TCP/IP 堆栈

（4）在"编辑 TCP/IP 配置—默认 TCP/IP 堆栈"对话框中，将主机名称修改为 esx44，域名为 heinfo.edu.cn，主 DNS 服务器为当前网络中 DNS 服务器的 IP 地址，本示例为 172.18.96.1，搜索域为 heinfo.edu.cn，设置完成后单击"保存"按钮，如图 8-3-7 所示。

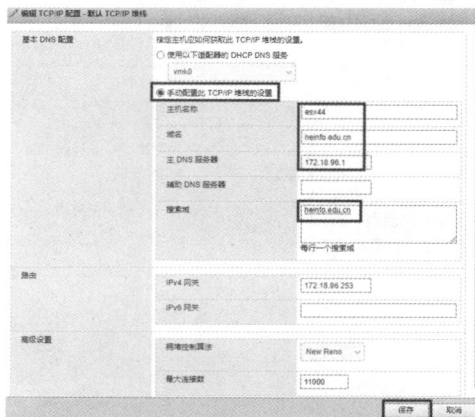

图 8-3-7　修改主机名称与域名

（5）在"主机"选项中"网络→主机名"中可以看到当前主机名称为 esx44.heinfo.edu.cn，在"状况"中显示已连接到 vCenter Server，位于 172.18.96.20。在"操作"下拉列表中选择"从 vCenter Server 断开连接"，如图 8-3-8 所示。

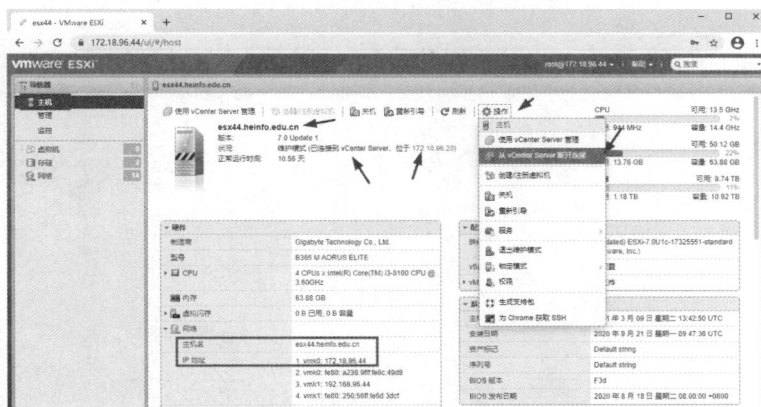

图 8-3-8　从 vCenter Server 断开连接

（6）在弹出的"从 vCenter Server 断开连接"对话框中单击"断开连接"按钮，如图 8-3-9 所示。

（7）断开连接之后，在"状况"中显示未连接到任何 vCenter Server，如图 8-3-10 所示。

（8）返回到 vCenter Server，此时显示 172.18.96.44 的主机为"未响应"，右击该主机，在弹出的快捷菜单中选择

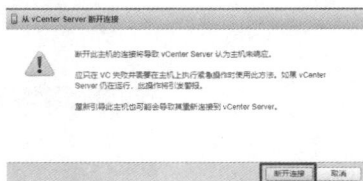

图 8-3-9　断开连接

"从清单中移除"命令，在弹出的"移除主机"对话框中单击"是"按钮，如图 8-3-11 所示。如果主机仍然显示"维护模式"，右击"退出维护模式"，会显示"操作失败"的提示，然后主机显示"未响应"。

（9）等 IP 地址为 172.18.96.44 的主机从清单中移除后，添加主机，使用 esx44.heinfo.edu.cn 的 DNS 名称添加到主机，如图 8-3-12 所示。

（10）添加后如图 8-3-13 所示，然后将 esx44.heinfo.edu.cn 退出维护模式。

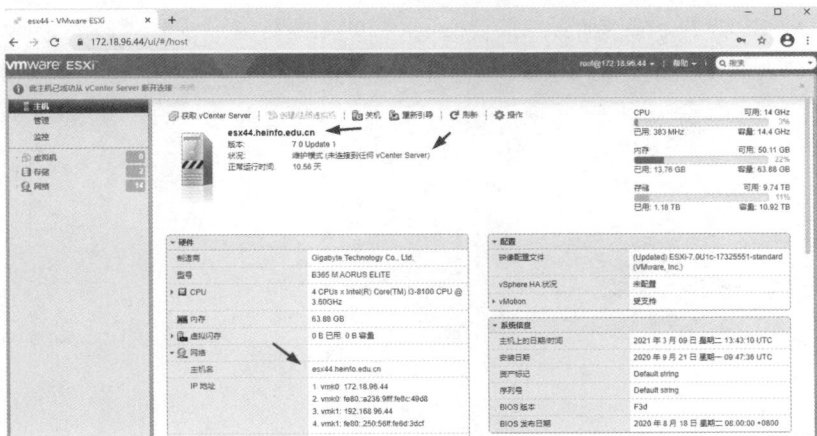

图 8-3-10　未连接到任何 vCenter Server

图 8-3-11　移除主机

图 8-3-12　将主机添加到清单

图 8-3-13　以 DNS 名称添加到清单

如果原来 ESXi 主机配置的是标准交换机，则无须再进一步处理。如果原来的 ESXi 主机配置了分布式交换机，需要重新配置分布式交换机。

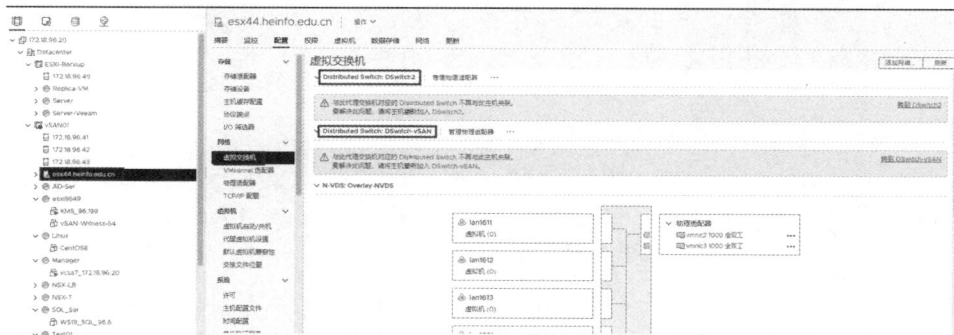

图 8-3-14　需要重新配置分布式交换机

　　在当前的实验环境中，配置 2 台分布式交换机。其中一台分布式交换机用于 vSAN 流量，另一台分布式交换机用于虚拟机流量。下面介绍重新配置分布式交换机的方法，主要步骤如下。

　　【说明】本节以 esx43.heinfo.edu.cn 为例，其他主机配置与此相同。

　　（1）在 vCenter Server 中选中重新添加的主机，当前主机有 2 台分布式交换机，这 2 台分布式交换机需要重新配置。如图 8-3-15 所示。

图 8-3-15　查看当前主机

　　（2）打开网络设置选项，右击分布式交换机，例如 DSwitch-vSAN，在弹出的快捷菜单中选择"添加和管理主机"命令，如图 8-3-16 所示。

　　（3）在"DSwitch-vSAN-添加和管理主机"对话框中选中"添加主机"单选按钮，如图 8-3-17 所示。

图 8-3-16　添加和管理主机

图 8-3-17　添加主机

　　（4）在"选择新主机"对话框中选择 esx43.heinfo.edu.cn，如图 8-3-18 所示。

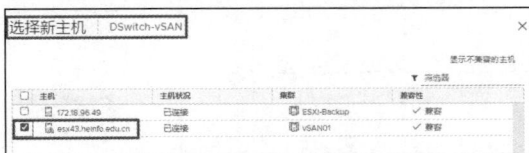

图 8-3-18　添加主机

　　（5）在"管理物理适配器"中选择 DSwitch-vSAN 的上行链路，然后单击"分配上行链路"，如图 8-3-19 所示，在弹出的"选择上行链路"中选择上行链路 1，单击"确定"按钮，如图 8-3-20 所示。

图 8-3-19　选择物理网卡

图 8-3-20　选择上行链路

（6）选择后如图 8-3-21 所示。

【说明】此时只选择 1 个上行链路，不要同时更改 2 个上行链路，这样可以避免在重新配置的过程中导致业务网络中断。

图 8-3-21　配置之后

（7）在"管理 VMkernel 适配器"对话框中选择 vmk1，单击"分配端口组"，如图 8-3-22 所示，在"选择网络"对话框中选择 DSwitch-vSAN 交换机的端口组，如图 8-3-23 所示。

图 8-3-22　分配端口组

图 8-3-23　选择端口组

（8）重新配置后如图 8-3-24 所示。

（9）在"迁移虚拟机网络"对话框中单击"Next"按钮。

（10）在"即将完成"对话框中显示了迁移的网络数，检查无误后单击"Finish"按钮。如图 8-3-25 所示。

图 8-3-24　重新配置端口组

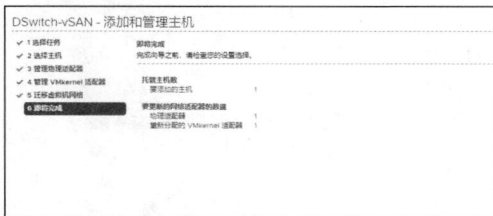

图 8-3-25　完成

在为 DSwitch-vSAN 迁移第 1 条上行链路后，迁移第 2 条上行链路，主要步骤如下。

（1）在"DSwitch-vSAN-添加和管理主机"对话框中选中"添加主机"单选按钮。

（2）在"选择任务"对话框中选择"管理主机网络"，在"选择成员主机"对话框中选择 esx43.heinfo.edu.cn，如图 8-3-26 所示。

（3）在"管理物理适配器"中选择 DSwitch-vSAN 剩余的另一个网卡，本示例为 vmnic5，单击"分配上行链路"，在弹出的"选择上行链路"中选择上行链路 2，单击"确定"按钮。分配后如图 8-3-27 所示。

图 8-3-26　选择主机

图 8-3-27　分配另 1 条上行链路

（4）其他选择默认值，在"即将完成"对话框中，单击"Finish"按钮完成配置。

对于另一台分布式交换机 DSwitch2 的重配，与配置 DSwitch-vSAN 相类似，这些不再介绍。

参照上面的步骤，将其他主机都从 IP 地址更换为 DNS 名称，最后启用 vSphere HA。更换完成后如图 8-3-28 所示。

现在 vCenter Server 还是使用 172.18.96.20 的 IP 地址进行管理。下面将为 vCenter Server 添加主机名。在添加之前为 vCenter Server 的虚拟机创建快照，等快照创建完成之后再进行添加 DNS 主机名的工作。如果添加过程中出现故障，可以将 vCenter Server 虚拟机恢复到快照时的状态。

（1）登录 vCenter Server 的管理界面，本示例为 https://172.18.96.20:5480，在"网络"中看到当前的主机名为 localhost，单击"编辑"链接，如图 8-3-29 所示。

图 8-3-28　更换完成

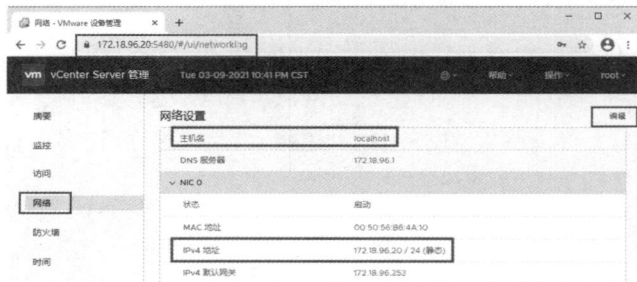

图 8-3-29　编辑

（2）在"选择网络适配器"对话框中单击"下一页"按钮，如图 8-3-30 所示。

图 8-3-30　选择网络适配器

（3）在"编辑设置"对话框的"主机名"中修改主机名为 vc.heinfo.edu.cn，指定 DNS 为 172.18.96.1，其他保持不变，如图 8-3-31 所示。

（4）在"SSO 凭据"对话框中输入 administrator@vsphere.local 的密码，如图 8-3-32 所示。

（5）在"即将完成"对话框中选中"我确认，我已在继续配置网络之前备份了 vCenter Server 并取消注册了扩展"，然后单击"完成"按钮，如图 8-3-33 所示。

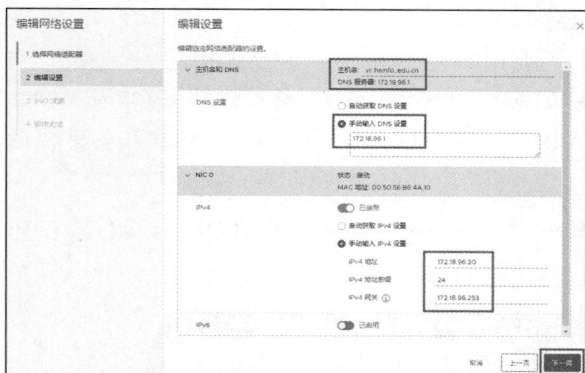

图 8-3-31　修改主机名

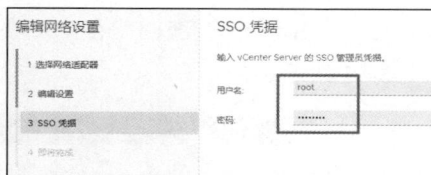

图 8-3-32　SSO 凭据

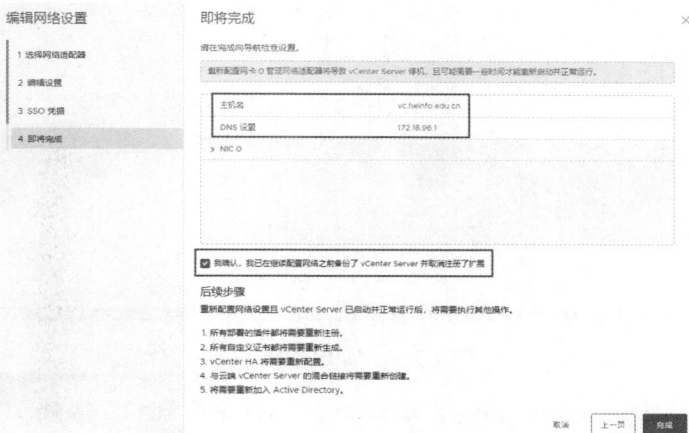

图 8-3-33　即将完成

（6）等配置完成后，使用 https://vc.heinfo.edu.cn 登录，并重新下载并信任根证书。如图 8-3-34 所示。

图 8-3-34　使用域名登录到 vCenter

8.3.3　重新配置 Veeam 备份服务器

本节的操作将删除原来使用 IP 地址添加的 vCenter Server 和备份代理。然后为 Veeam 备份服务器与备份代理服务器添加 DNS 后缀，重新以 DNS 名称添加 vCenter 和备份代理服务器。主要步骤如下。

（1）在 Veeam 管理控制台中，在"Home"的 Jobs 中删除原来创建的备份任务，如图 8-3-35 所示。

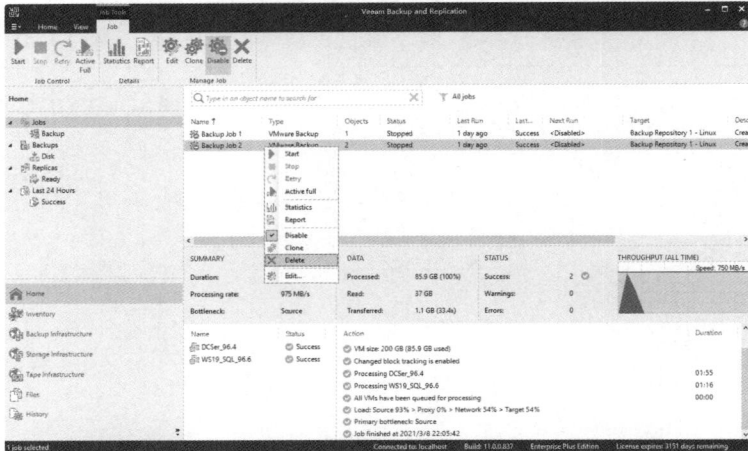

图 8-3-35　删除备份任务

（2）在"Backup Infrastructure"的 Backup Proxies 中删除 172.18.96.51 和 172.18.96.52 的备份代理，如图 8-3-36 所示。

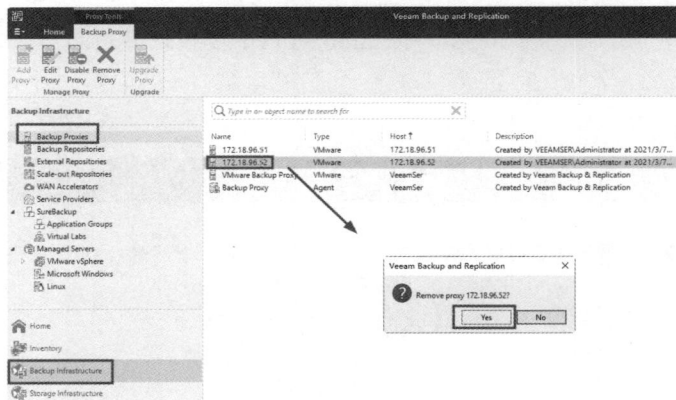

图 8-3-36　删除备份代理

（3）在"Inventory"中右击 172.18.96.20 的 vCenter Server，在弹出的快捷菜单中选择"Remove"命令，移除 vCenter Server，如图 8-3-37 所示。

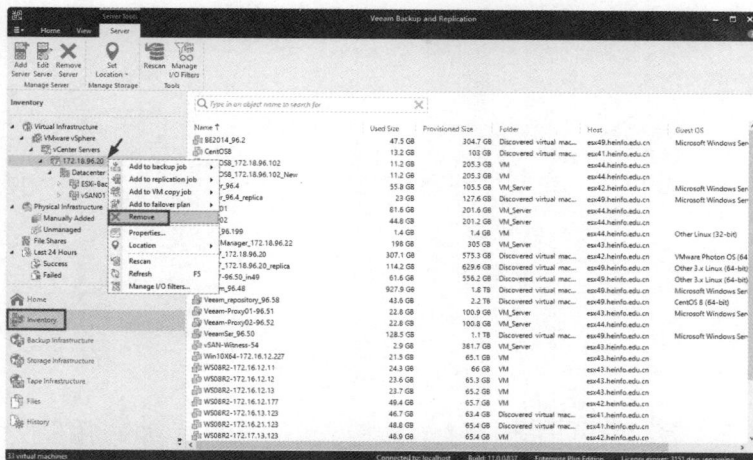

图 8-3-37　移除 vCenter Server

（4）在 Veeam 备份管理服务器中为计算机名称添加 heinfo.edu.cn 的后缀，如图 8-3-38 所示。修改后计算机的命名就变为 VeeamSer.heinfo.edu.cn。将 IP 地址从 172.18.96.50 修改为 172.18.96.60，然后重新启动计算机。

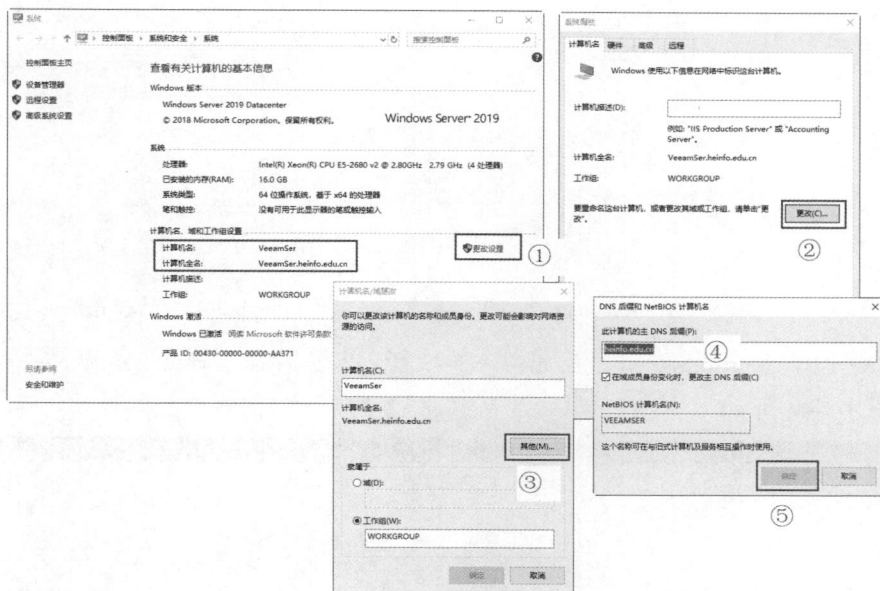

图 8-3-38　添加 DNS 后缀

（5）proxy01 与 proxy02 都添加 heinfo.edu.cn 的后缀，如图 8-3-39 和图 8-3-40 所示。将 proxy01 和 proxy02 的计算机的 IP 地址修改为 172.18.96.61 和 172.18.96.62。之后重新启动计算机。

图 8-3-39　proxy01

图 8-3-40　proxy02

（6）在 Veeam 管理控制台中，在"Inventory"中添加 vCenter Server，添加 vCenter Server 的名称为 vc.heinfo.edu.cn，如图 8-3-41 所示，Credentials 使用原来添加的 administrator@ vsphere.local 凭据，如图 8-3-42 所示。

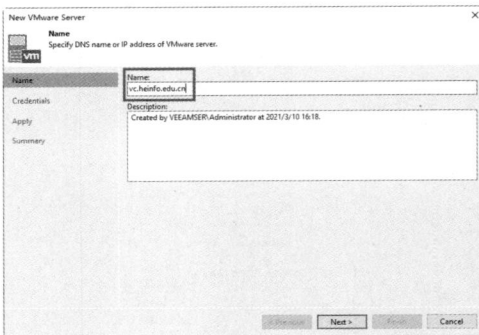

图 8-3-41　添加 vc.heinfo.edu.cn

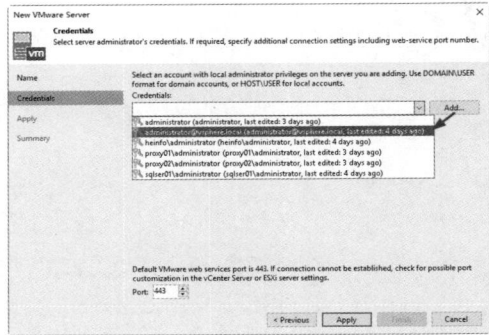

图 8-3-42　选择凭据

（7）添加 vc.heinfo.edu.cn 之后如图 8-3-43 所示。然后添加 vc50.heinfo.edu.cn，添加之后如图 8-3-44 所示。

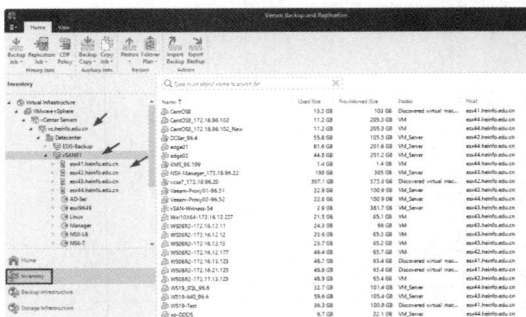

图 8-3-43　添加 vc.heinfo.edu.cn

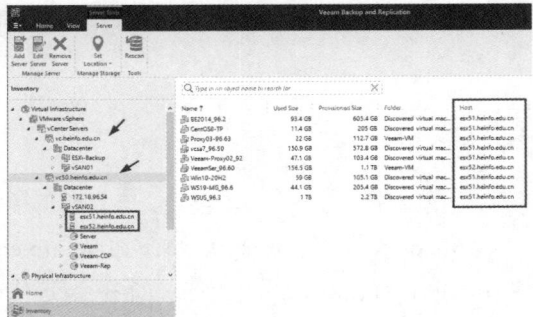

图 8-3-44　添加 vc50.heinfo.edu.cn

8.4　实现 CDP 的复制与恢复

为了能够使用 CDP 保护虚拟机，必须在计划保护的虚拟机所在的每个群集以及虚拟机副本所在的每个群集上安装 I/O 筛选器。在当前的实验环境中，要保护的虚拟机在 vc.heinfo.edu.cn 所在的 vCenter Server，CDP 副本虚拟机保存在 vc50.heinfo.edu.cn 的 vCenter Server，需要在这 2 个 vCenter Server 中的 vSphere 群集安装 I/O 过滤器。

在安装 I/O 过滤器后，还需要添加 CDP 备份代理，添加 CDP 复制策略。只能实现 CDP 成功复制后，才能实现 CDP 的故障转移和故障恢复。下面一一介绍。

8.4.1　安装 I/O 过滤器

在安装 I/O 筛选器前，需要将群集中每台主机配置文件接受级别改为社区级别。下面以群集中一台主机为例，其他主机都需要进行同样配置。

（1）在导航器中选中一台主机，在"配置→系统→安全配置文件"右侧的"主机映像配置文件接受级别"选项处单击"编辑"按钮，如图 8-4-1 所示。

（2）在弹出的快捷菜单中"接受级别"下拉列表中选择"社区支持"，如图 8-4-2 所示。

图 8-4-1　编辑

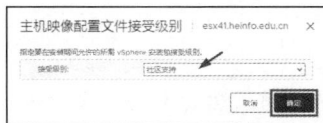

图 8-4-2　社区支持

（3）配置完成之后如图 8-4-3 所示。

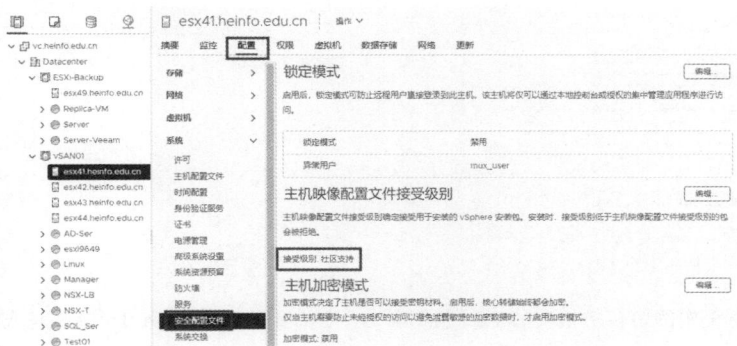

图 8-4-3　社区支持

要安装 I/O 筛选器的每台主机都要这样配置。在配置完成之后，在群集中安装 I/O 筛选器，步骤如下。

（1）在 Veeam 管理控制台中，在"Inventory"中，右击 vc50.heinfo.edu.cn，在弹出的快捷菜单中选择"Manager I/O filters"命令，如图 8-4-4 所示。

（2）在"Clusters"中选择要安装 I/O 过滤器的群集，当前是 vSAN02，如图 8-4-5 所示。

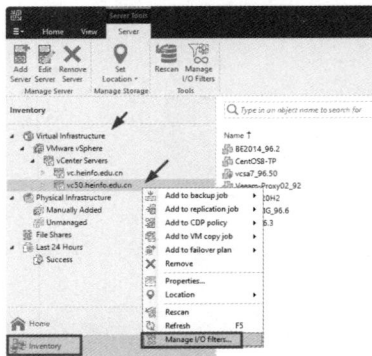

图 8-4-4　管理 I/O 过滤器

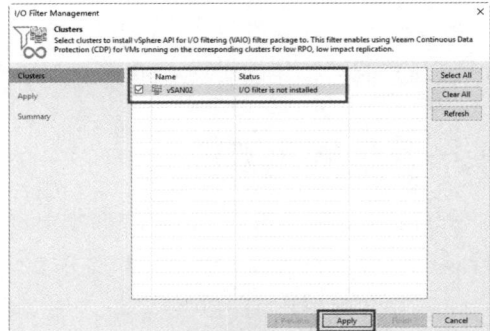

图 8-4-5　选择群集

（3）在弹出的对话框中单击"Yes"按钮，如图 8-4-6 所示。

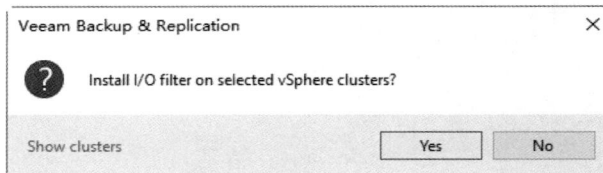

图 8-4-6　确认安装

（4）然后等待群集中每台主机安装 I/O 过滤器完成，如图 8-4-7 所示。安装完成后单击"Finish"按钮，如图 8-4-8 所示。

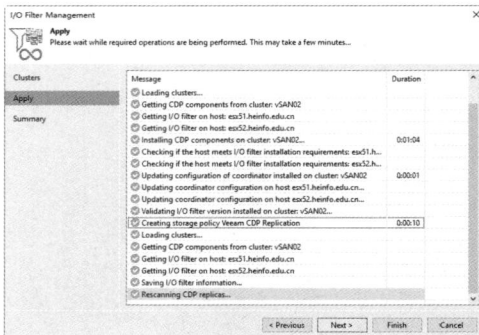

图 8-4-7　在群集中的每台主机安装 I/O 过滤器

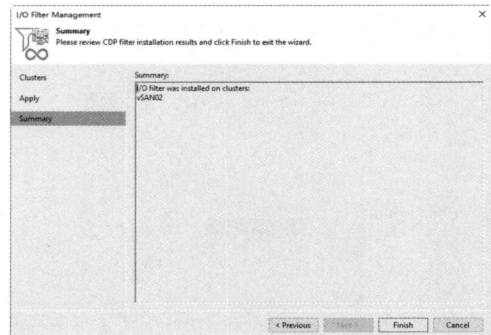

图 8-4-8　安装完成

参照（1）～（4）的步骤，为 vc.heinfo.edu.cn 安装 I/O 过滤器。安装步骤如图 8-4-9

和图 8-4-10 所示。

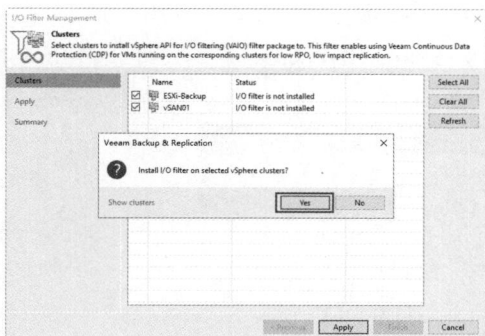

图 8-4-9 为 vc.heinfo.edu.cn 安装

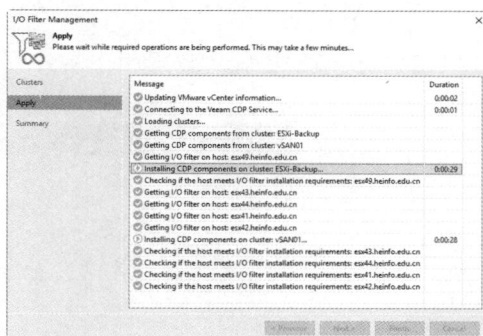

图 8-4-10 安装进度

安装完成之后，每台主机都有 I/O 筛选器组件，如图 8-4-11 所示。

图 8-4-11 查看安装的 I/O 筛选器

8.4.2 添加 CDP 备份代理

在 vc50.heinfo.edu.cn 的群集中添加一台 proxy03.heinfo.edu.cn 的 Windows Server 2019 的虚拟机，为该虚拟机分配 8 个 CPU 和 16GB 内存，如图 8-4-12 所示。这台虚拟机将用作目标端的 CDP 备份代理。proxy01.heinfo.edu.cn 用作源端的 CDP 备份代理。

图 8-4-12 目标端 CDP 备份代理虚拟机

在配置好备份代理虚拟机之后，在 Veeam 管理控制台添加 CDP 备份代理虚拟机。

（1）在 Veeam 管理控制台中，在"Backup Infrastructure→ Backup Proxies"右侧空白位置右击，在弹出的快捷菜单中选择"Add VMware CDP proxy"命令，如图 8-4-13所示。

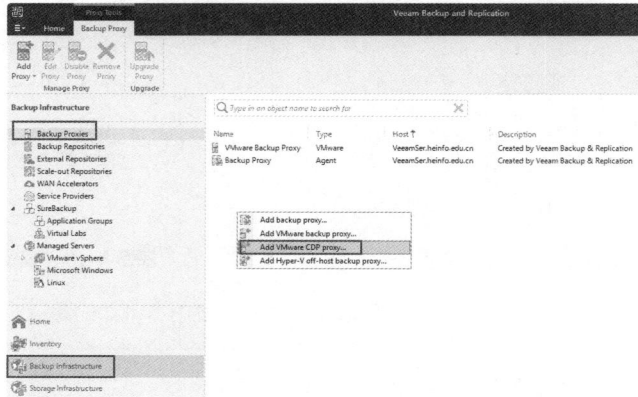

图 8-4-13　添加 CDP 备份代理

（2）在"Server"对话框中单击"Add New"按钮。

（3）在"Name"对话框的"DNS name or IP address"中添加 CDP 备份服务器的 DNS名称，本示例为 proxy01.heinfo.edu.cn，如图 8-4-14 所示。

（4）在"Credentials"对话框中选择账户为 proxy01\administrator，如图 8-4-15 所示。

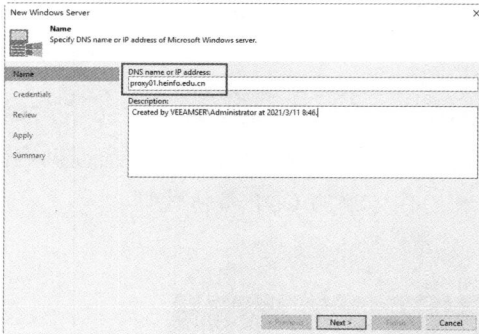

图 8-4-14　指定 IP 地址

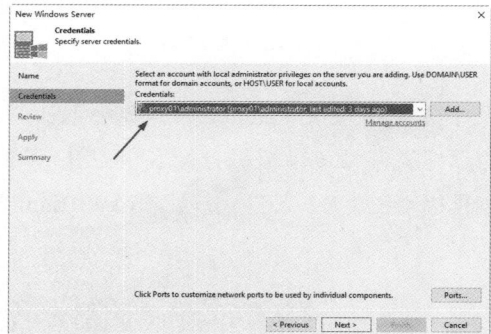

图 8-4-15　指定管理员账户

（5）在"Summary"显示摘要信息，检查无误后单击"Finish"按钮，如图 8-4-16所示。

（6）在"Server"对话框的"Chooser server"下拉列表中选择 proxy01.heinfo.edu.cn，CDP 传输端口选择默认值，如图 8-4-17 所示。

（7）在"Cache"对话框中，指定将存储高速缓存数据的文件夹的路径，以及可用于存储高速缓存的空间。如果计划在一个 CDP 策略中复制 10 个以上的磁盘，建议为每个复制的磁盘至少 1 GB 空间，如图 8-4-18 所示。

（8）在"Traffic Rules（流量规则）"对话框中配置网络流量规则。这些规则可帮助减少、限制和加密在备份基础架构组件之间发送的流量。网络流量规则列表仅包含适用于 VMware CDP 代理的规则，如图 8-4-19 所示。

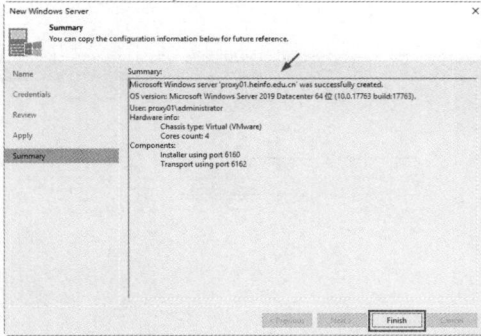

图 8-4-16　摘要

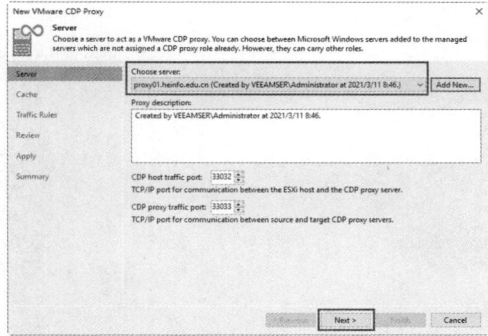

图 8-4-17　选择 Server

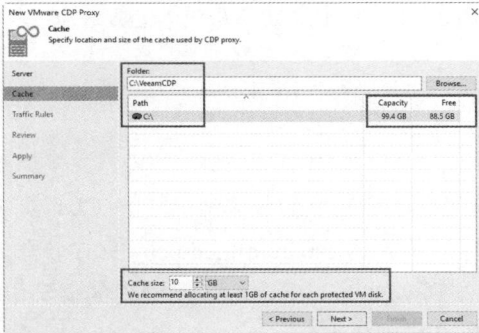

图 8-4-18　配置缓存

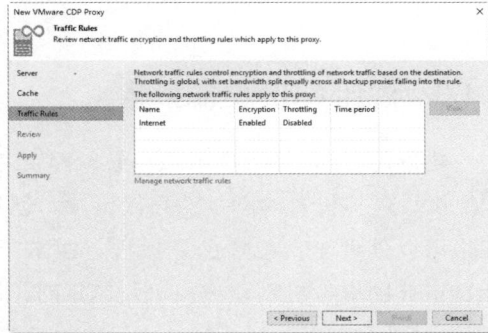

图 8-4-19　流量规则

（9）在"Review"对话框中检查服务器上已经安装并且将要安装的组件。单击"Apply"开始安装缺少的组件，如图 8-4-20 所示。

（10）在"Apply"对话框中等待 Veeam 安装并配置所有必需的组件。单击"Next"按钮完成 VMware CDP 代理角色分配的过程，如图 8-4-21 所示。

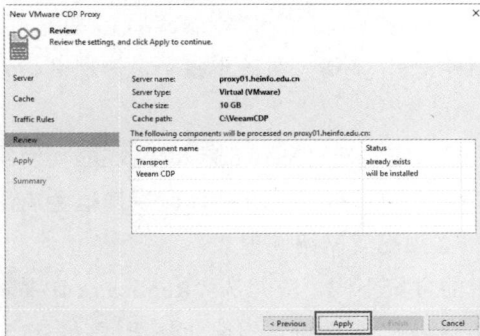

图 8-4-20　检查

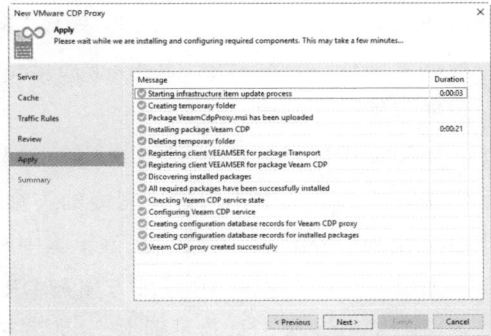

图 8-4-21　应用

（11）在"Summary"对话框中查看作为 VMware CDP 代理添加的服务器的详细信息，然后单击"Finish"按钮完成向导，如图 8-4-22 所示。

参照（1）～（11）的步骤，将 proxy03.heinfo.edu.cn 添加为 CDP 备份代理。添加完成后如图 8-4-23 所示。

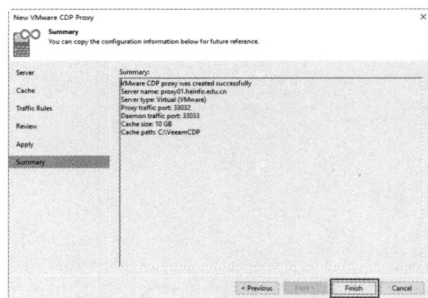

图 8-4-22　摘要

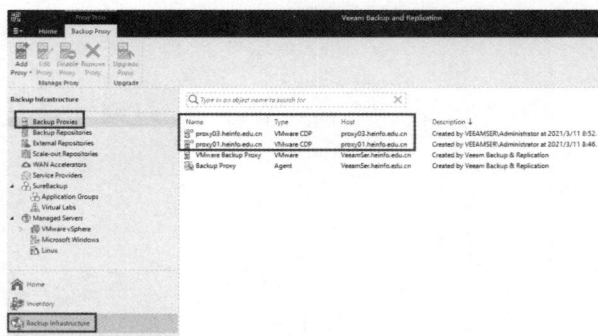

图 8-4-23　添加 CDP 备份代理完成

8.4.3　添加 CDP 复制策略

要使用 CDP 保护虚拟机，必须配置 CDP 复制策略。CDP 复制策略定义了要保护的虚拟机、虚拟机复制副本的存储位置、创建短期和长期还原点的频率等。一种 CDP 复制策略可以处理 1 台或多台虚拟机。在本节实验环境中，为 vc.heinfo.edu.cn 中的名称为 ws19-test 的虚拟机创建虚拟机复制策略，将其复制到 vc50.heinfo.edu.cn 所管理的群集中。注意，使用 CDP 复制策略时，保护的虚拟机要处于开机状态。

（1）打开 Veeam 备份管理控制台，在"Home → Jobs"右侧空白窗格中右击，在弹出的快捷菜单中选择"CDP policy"命令，如图 8-4-24 所示。

（2）在"Name"对话框的"Name"文本框中输入策略名称，本示例为 CDP Policy 1，如图 8-4-25 所示。

如果生产站点和灾难恢复（DR）站点之间的网络带宽较低，并且管理员希望减少 CDP 策略初始同步期间发送的通信量，勾选"Replica seeding"（对于低带宽 DR 站点）复选框。勾选此复选框后，将启用"Replica seeding（复制种子）"步骤，在该步骤中，管理员必须配置副本种子和映射。

如果灾难恢复站点网络与生产站点网络不匹配，应勾选"Network remapping（网络重新映射，对于具有不同虚拟网络的灾难恢复站点）"复选框。勾选后，此复选框将启用"Network remapping"步骤，在该步骤中，管理员必须配置网络映射表。

如果生产站点中的 IP 寻址方案与 DR 站点中的方案不同，应勾选"Replica re-IP（副本重新配置 IP，对于具有不同 IP 寻址方案的 DR 站点）"复选框。勾选此复选框后，将启用重新配置 IP 步骤，在该步骤中管理员必须配置副本重新配置 IP 规则。

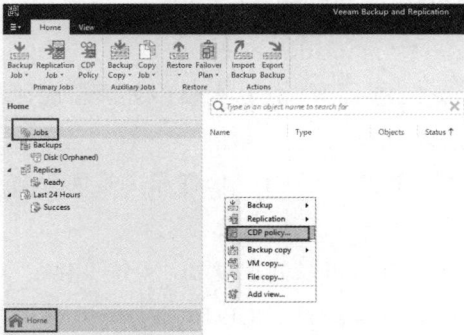

图 8-4-24　新建策略　　　　　　　　　　图 8-4-25　策略名称

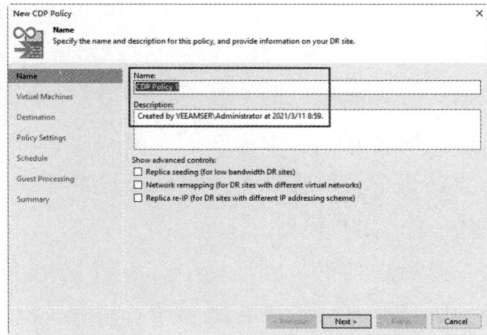

（3）在"Virtual Machine"对话框中单击"Add"按钮，选择添加要保护的虚拟机，本示例为 ws19-test，如图 8-4-26 所示。

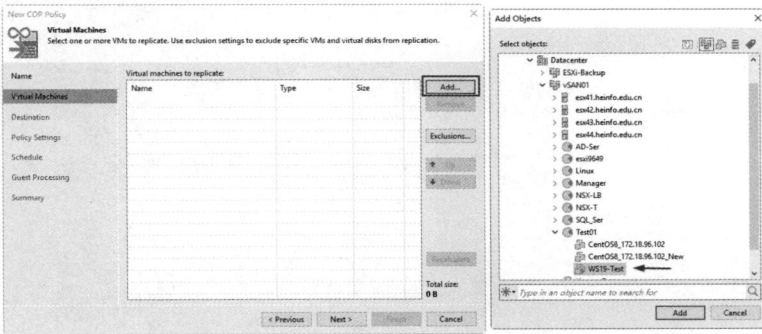

图 8-4-26　添加要保护的虚拟机

（4）在"Destination"对话框中选择目标主机或群集、复制副本的资源池、保存的虚拟机文件夹和数据存储以及复制副本磁盘的类型。本示例选择 vc50.heinfo.edu.cn 管理的 vSAN02 集群，然后选择目标资源池、虚拟机文件夹和目标存储，如图 8-4-27 所示。

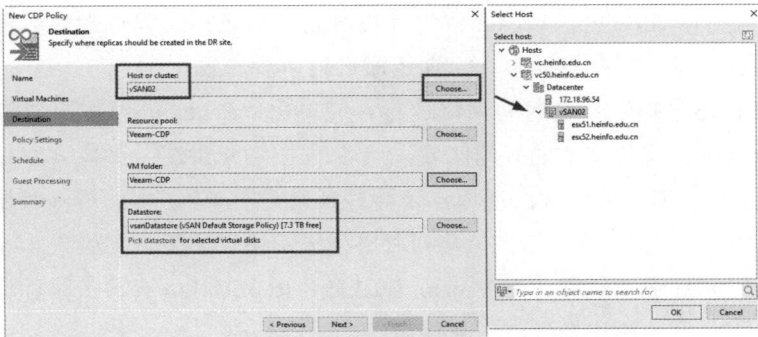

图 8-4-27　复制目标

（5）在"Policy Settings（策略设置）"对话框中，选择 CDP 代理和添加到副本名称的后缀名称。如果希望 Veeam Backup&Replication 自动选择代理，应在"Source proxy（源代理）"和"Target proxy（目标代理）"字段中保留"Automatic selection（自动选择）"。Veeam 将为虚拟机的 CPU 复制一对一分配 VMware CDP 代理。在从列表中处理新虚拟机之前，Veeam 将检查可用的 VMware CDP 代理。

建议至少部署 2 个 VMware CDP 代理：生产站点中的 1 个 CDP 代理和灾难恢复站点中的 1 个 CDP 代理。

要测试备份基础架构中可用的 VMware CDP 代理是否可以处理复制，单击"Test"按钮。Veeam 将分析所有源和所有目标 VMware CDP 代理上的可用 CPU，最近一小时的最大 VM 磁盘写入速度，并计算 VMware CDP 代理的大致要求。在"CDP Infrastructure Assessment"对话框中，将看到计算出的值，如图 8-4-28 所示。

在"Replica name suffix"字段中，指定将添加到副本名称的后缀，本示例修改为_cdp。

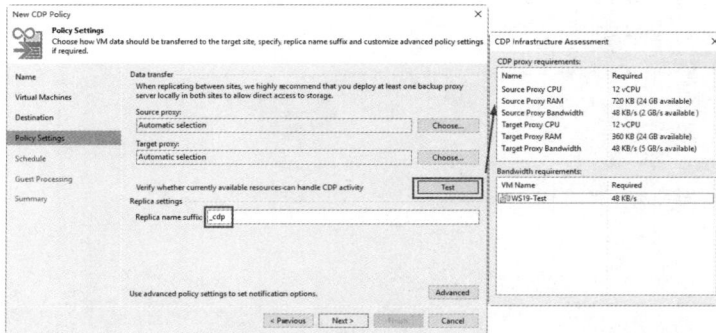

图 8-4-28　策略设置

（6）在"Schedule"对话框中配置计划和保留策略，如图 8-4-29 所示。在"Recovery point objective（RPO）（恢复点目标）"字段中，以秒或分钟为单位指定必要的 RPO。最小 RPO 为 2 秒，但是如果 CDP 策略包含许多具有高工作负载的虚拟机，则它不是最佳选择。最佳 RPO 不小于 15 秒，最大 RPO 为 60 分钟。

在每个指定的时间段内，Veeam 将为虚拟机副本的短期还原点准备数据，并将该数据发送到目标目的地。应注意的是，短期还原点与崩溃一致。

如果要禁止该策略在特定时间间隔运行，应单击"Schedule"按钮，弹出的"Time Periods"对话框中，选择必要的时间区域，然后单击"Denied"，如图 8-4-30 所示。

要指示 CDP 策略在新创建的还原点未转移到设置的 RPO 中的目标时显示警告或错误，应单击"Reporting"，然后指定策略何时必须显示错误和警告，如图 8-4-31 所示。如果已经配置电子邮件通知设置，则 Veeam Backup&Replication 会将策略标记为"警告"或"错误"状态，并且还将发送电子邮件通知。

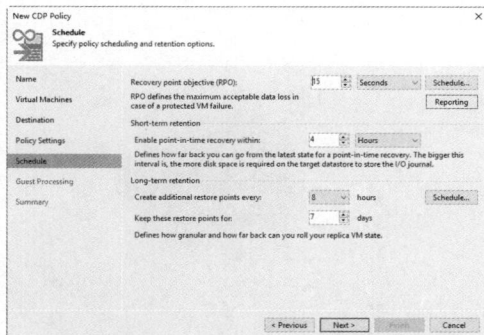
图 8-4-29　计划和保留策略

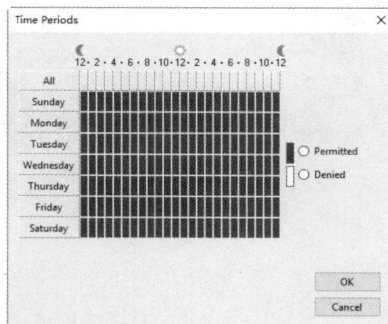
图 8-4-30　时间段

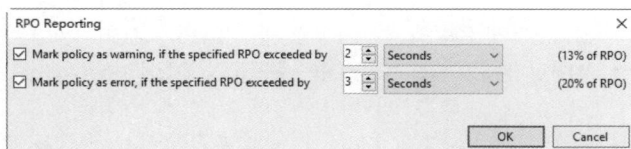
图 8-4-31　RPO 报告

在"Short-term retention（短期保留）"部分中，配置短期保留策略，即指定存储短期还原点的时间。短期保留默认是 4 小时。短期保留最长时间为 24 小时，最短为 1 分钟。

在"Long-term retention（长期保留）"部分中，指定何时创建长期还原点以及将其存储多长时间。在"Create additional restore points every（创建还原点的间隔）"字段中，指定要创建长期还原点的频率，可以在 1、2、3、4、6、8、12 和 24 小时之中选择，默认为 8 小时，如图 8-4-32 所示。在"Keep these restore points for（保留这些还原点）"字段中，指定将这些长期还原点保留多长时间。长期还原点最长为 30 天，最短为 1 天，默认为 7 天。

要指定 Veeam 必须创建与应用程序一致的时间以及与崩溃一致的长期还原点的时间，单击"Schedule"按钮。在"Time Periods"对话框中选择必要的时间区域，然后单击"Application-consistent"。默认情况下，如果启用了应用程序感知功能，则 Veeam 将创建与应用程序一致的备份。如果未启用应用程序感知功能的处理，则 Veeam 将创建与崩溃一致的长期还原点，如图 8-4-33 所示。

如果要更改计划，应在"一小时内的开始时间"字段中指定偏移量。例如，计划在 00:00 到 01:00 之间创建崩溃一致的还原点，并将偏移值设置为 25。计划将向前移动，并且将从 0:25 创建崩溃一致的还原点到 01:25。

（7）在"Guest Processing"对话框中配置应用程序感知功能。如果虚拟机运行 Microsoft Active Directory、Microsoft SQL Server、Microsoft SharePoint、Microsoft Exchange 或 Oracle，则可以启用应用程序感知处理来创建事务一致的副本。事务一致的副本可确保正确恢复应用程序而不会丢失数据，如图 8-4-34 所示。本示例选择默认值。

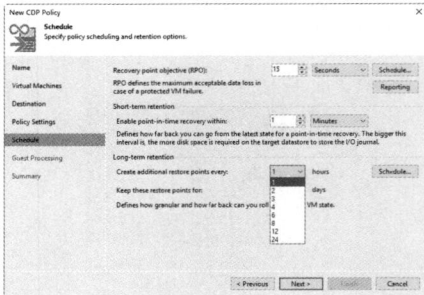

图 8-4-32　长期还原点

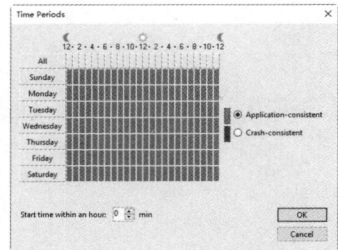

图 8-4-33　时间段

（8）在"Summary"对话框中查看 CDP 策略的详细信息。如果要在关闭向导后立即启动策略，应选中"Enable the policy when I click Finish（单击完成时启用"策略"复选框，否则请清除该复选框。然后单击"Finish"按钮以关闭向导，如图 8-4-35 所示。

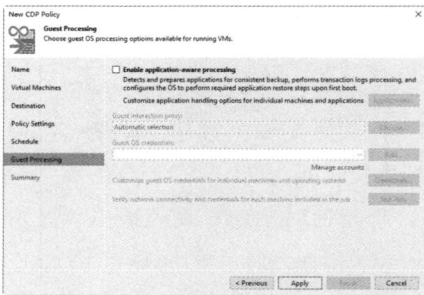

图 8-4-34　应用程序感知功能

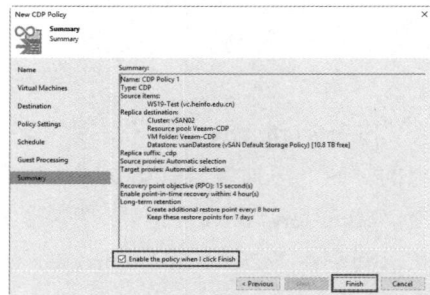

图 8-4-35　摘要

在配置了 CDP 复制策略后将会立刻开始虚拟机的复制，在"Running"处右击复制任务，在弹出的快捷菜单中选择"Statistics"，命令如图 8-4-36 所示，可以看到 CDP 复制状态，如图 8-4-37 所示。

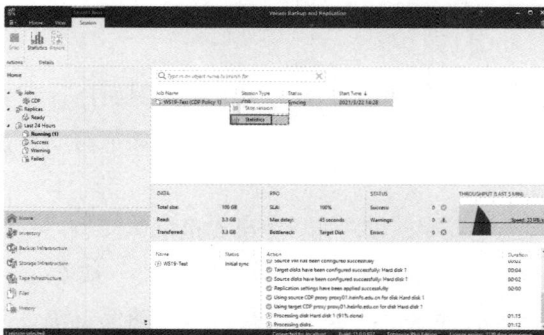

图 8-4-36　状态

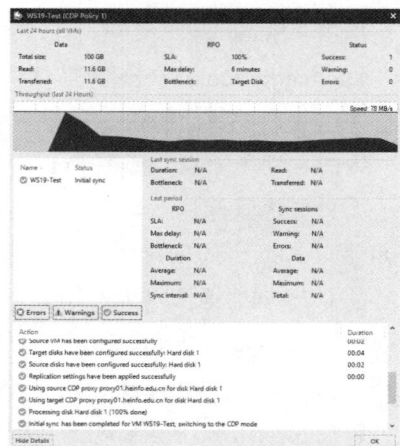

图 8-4-37　查看 CDP 复制状态

8.4.4　CDP 的故障转移和故障恢复

在完成 CDP 的复制后，可以使用故障转移和故障恢复从备份恢复。故障转移是从源主机上的原始 VM 切换到灾难恢复站点中主机上的 VM 复制副本的过程。故障恢复是从 VM 副本返回到原始 VM 的过程。本节介绍使用故障恢复的操作。

【说明】从 CDP 复制的副本执行故障转移和故障恢复与前文介绍的执行虚拟机复制后，从虚拟机副本进行故障转移和故障恢复的操作类似，详细的可以参考 8.1.3 "使用副本故障转移和故障恢复"一节内容。

（1）在"HOME → Replicas → Ready"右侧显示了复制后的虚拟机副本，在"restore points"列表中显示了每台虚拟机能使用的恢复点的数量。右击想要恢复的虚拟机，在弹出的快捷菜单中选择"Failover Now"命令，如图 8-4-38 所示。

（2）在"Virtual Machine"对话框中的"Virtual machine to failover"列表中选中要恢复的虚拟机，单击 Point 选择恢复到哪一个时间点，如图 8-4-39 所示。

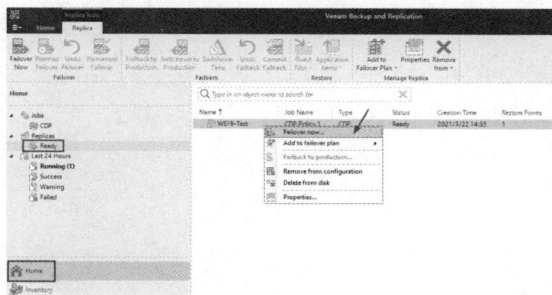

图 8-4-38　开始故障转移

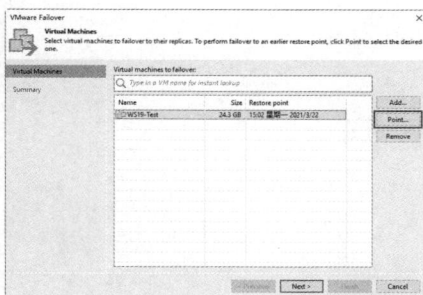

图 8-4-39　选择恢复点

在"Restore Points"中单击"Restore to a point in time"中的"Restore Point"选择长期还原点，如图 8-4-40 和图 8-4-41 所示。如果故障转移到特定的时间点，可以使用键盘上的左右箭头选择所需的还原点。要快速找到长期还原点，应单击显示日期的链接，日历中以粗体显示的日期具有长期还原点的备份。在打开的窗口中会看到一个日历，管理员可以在其中选择所需的日期。在"Timestamp"部分中将看到在所选日期中创建的长期还原点。

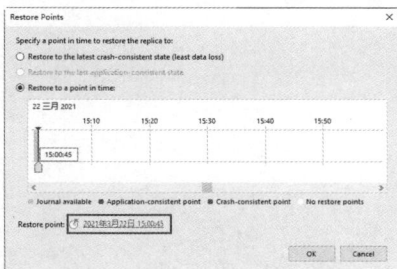

图 8-4-40　还原点

图 8-4-41　长期还原点

如果选择最近的还原点，在时间点中可以根据 RPO 间隔选择恢复点（当前策略是间隔 15 秒，可以用鼠标拖动选择），如图 8-4-42 所示。如果选择以前的还原点，只有还原点这个时间的数据。也就是说，Veeam CDP 复制只有最近 4 小时的数据可以根据 RPO 间隔选择恢复点。

（3）在"Summary"对话框中显示了恢复的虚拟机的信息，检查无误之后单击"Finish"按钮，如图 8-4-43 所示。

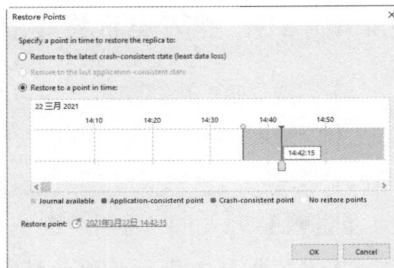

图 8-4-42　选择恢复的时间点

（4）弹出"Restore Session"对话框，如图 8-4-44 所示。当出现"Failover completed successfully"后单击"Close"按钮。

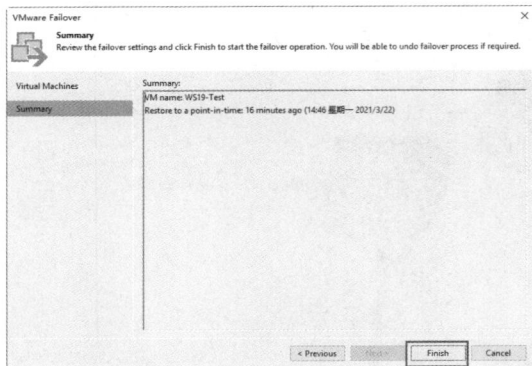

图 8-4-43　提要

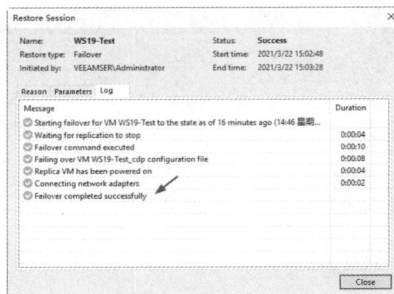

图 8-4-44　恢复会话

（5）在"Replicas → Active"中右击恢复任务，在弹出的快捷菜单中选择"Failback to production"命令，如图 8-4-45 所示。

（6）在"Replica"对话框选择进行故障恢复的副本，如图 8-4-46 所示。

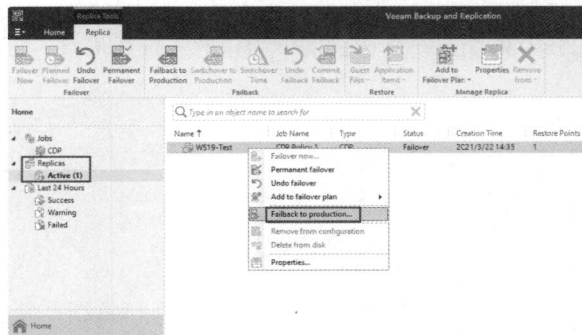

图 8-4-45　恢复到生产环境

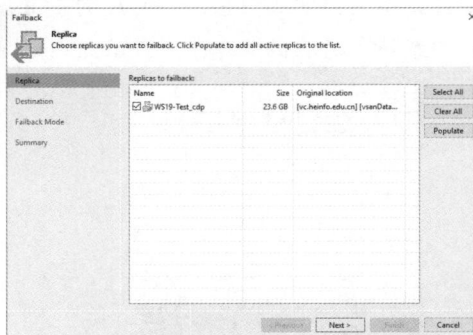

图 8-4-46　选择故障恢复副本

（7）在"Destination"选择故障恢复的目标。本示例选中"Failback to the original VM"单选按钮并勾选"Quick rollback (sync changed blocks only)"复选框，如图 8-4-47 所示。

（8）在"Failback Mode"对话框中选中"Auto"单选按钮，如图 8-4-48 所示。

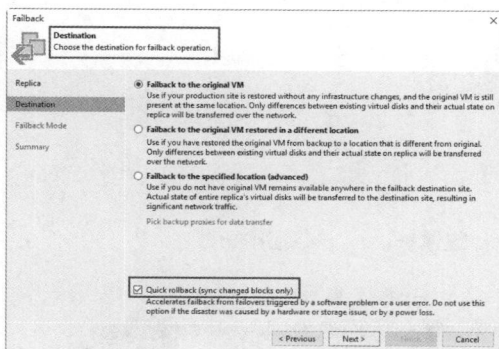

图 8-4-47　恢复到原始位置

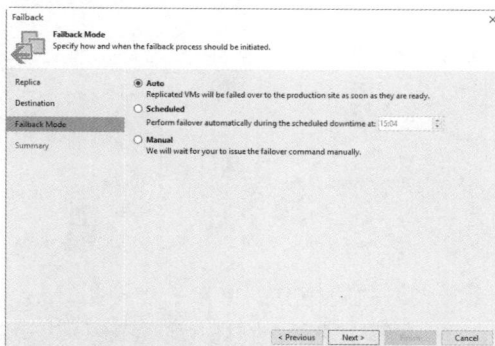

图 8-4-48　故障恢复模式

（9）在"Summary"对话框中显示了故障恢复的设置，如果要在故障恢复完成后在目标主机上启动虚拟机，应勾选"Power on target VM after restoring（还原后启动虚拟机）"复选框。检查无误后单击"Finish"按钮，Veeam Backup & Replication 会将原始虚拟机还原到相应虚拟机副本的状态，如图 8-4-49 所示。

（10）在"Restore Session"对话框中显示恢复进度，当出现"Replica VM has been switched over to production at…"后 单击"Close"按钮，如图 8-4-50 所示。

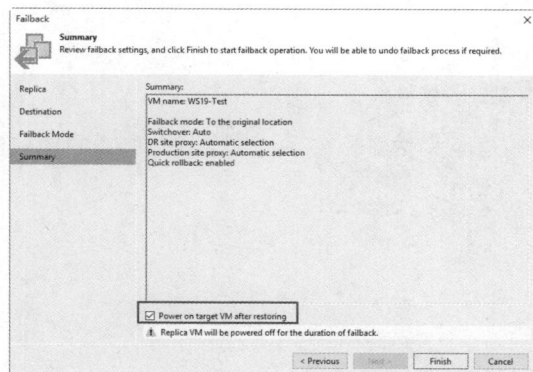

图 8-4-49　还原后启动虚拟机

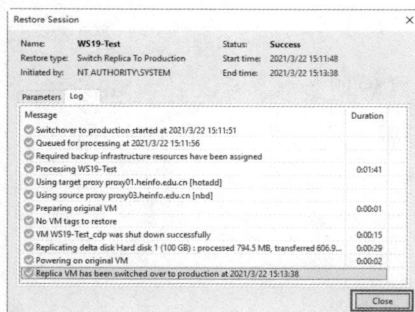

图 8-4-50　故障恢复完成

（11）要确认故障恢复并完成原始虚拟机的恢复，需要由管理员提交故障恢复。右击恢复任务，在弹出的快捷菜单中选择"Commit Failback"命令，在弹出的对话框中单击"Yes"按钮，如图 8-4-51 所示。

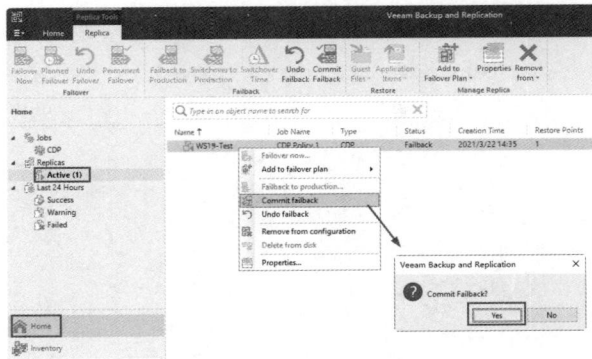

图 8-4-51　提交故障恢复

（12）故障恢复到原来的虚拟机之后，CDP 复制任务恢复执行，如图 8-4-52 所示。

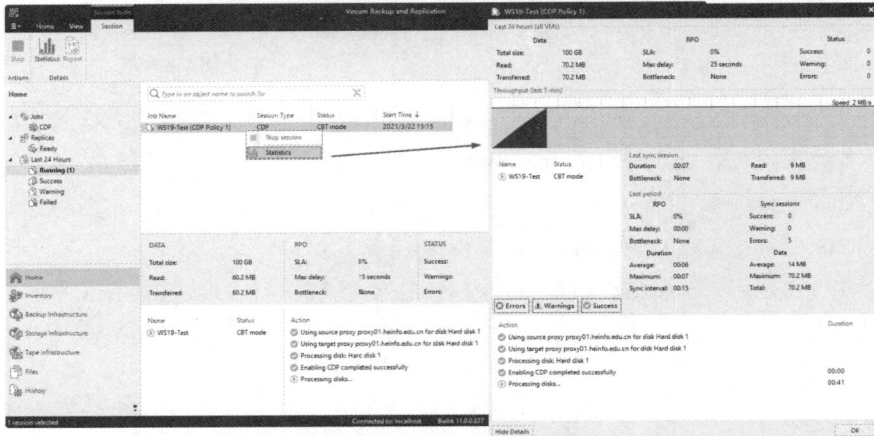

图 8-4-52　CDP 复制任务恢复执行

【说明】如果要支持 VMware vSphere 7.0 U2，需要安装 Veeam 11.0.0.837 P20210525 的版本，之前的版本不支持 vSphere 7.0 U2 的 CDP。

第 9 章　安装配置 Horizon 虚拟桌面

在虚拟化应用中，应用最广泛的是服务器虚拟化，其次是桌面虚拟化。伴随着远程办公和 BYOD（Bring Your Own Device，指携带自己的设备办公）的兴起，桌面虚拟化的应用会越来越广泛。桌面虚拟化具有集中管理、配置简单、管理方便、大范围部署应用等一系列优点。本章以案例的方式介绍 Horizon 虚拟桌面的规划设置、安装配置和使用的内容。

Horizon 是 VMware 虚拟桌面产品，可以简化桌面和应用程序管理，同时提高安全性和控制力。VMware Horizon 可为终端用户提供跨会话和设备的个性化设置和高保真体验，实现传统 PC 难以企及的更高桌面服务可用性和敏捷性，同时将桌面的总体拥有成本减少多达 50%。与传统 PC 不同，Horizon 桌面并不与物理计算机绑定。相反，它们驻留在公有云或私有云环境中，因此终端用户可以在需要时随时访问他们的 Horizon 桌面。

VMware Horizon 借助即时克隆（Instant Clone）技术，可达到 2 秒内生成并启动一个桌面的速度。借助于 vSAN 的优秀性能，可以创建海量的虚拟桌面而不会引发传统存储的启动风暴与性能瓶颈。借助于 APP Volumes 技术，可以在不关机的情况下，将应用程序部署到已经启动的虚拟桌面中。借助于 NVIDIA GRID 技术，可以实现图形加速的虚拟桌面，为需要 AutoCAD、3DS MAX 等需要较高图形性能的用户提高带 GPU 的虚拟桌面。总之，虚拟桌面有一系列优点，有这方面需求的用户可以一试。

9.1　使用虚拟桌面需要考虑的问题

在企业实施虚拟桌面是一个综合与系统性的工程。除了虚拟桌面产品选型外，还要考虑终端、系统、数据保存、打印、外设等一系列问题。

9.1.1　虚拟桌面数据保存问题

VMware Horizon 虚拟桌面做到了将操作系统、应用程序、用户数据（包括用户的设置）三者分离，并且在用户登录到桌面将进行组合交付。在 VMware Horizon 中，对用户数据的处理有以下几种方法。

（1）链接克隆虚拟桌面数据保存在专有磁盘。在链接克隆的虚拟桌面中操作系统在 C 盘，用户数据保存在 D 盘。并且 D 盘是独立磁盘，不受快照影响。在使用链接克隆的虚拟桌面时，可以配合企业网盘，将用户的数据在虚拟桌面与企业网盘分别保存。

（2）用户数据保存在共享文件夹。无论是完全克隆的虚拟桌面，还是链接克隆虚拟桌面和即时克隆虚拟桌面，用户数据可以使用 Active Directory 域用户的漫游配置文件或者文件夹重定向的方式，将用户数据集中保存在文件服务器提供的共享文件夹中。但是，当用户数较多，并且用户的文件数较多时，共享文件夹效率较低。

（3）如果不使用 Active Directory 的文件夹重定向，也可以使用 VMware Dynamic Environment Manager 管理服务器，将用户的设置和数据保存在文件服务器。这种方式与第（2）步中的文件夹重定向或共享文件夹类似。

（4）在使用即时克隆的虚拟桌面中，可以使用 App Volumes，将用户的数据和配置保存在 App Volumes 可写卷。App Volumes 的可写卷以 VMDK 附加到虚拟机的方式提供，使用效果与链接克隆虚拟桌面的数据盘相同。

（5）使用 Microsoft FSLogix，通过组策略进行配置，配合 Microsoft FSLogix Apps 客户端程序联合生效。FSLogix 以 VHD 或 VHDX 磁盘的方式附加到桌面虚拟机中，VHD 或 VHDX 在文件服务器以共享文件夹方式提供。使用这种方式保存数据，效果要好于第（2）或（3）中的文件夹重定向或 Dynamic Environment Manager，但比链接克隆虚拟桌面的数据盘效果要差一些。FSLogix 附加的 VHD 通过共享文件夹方式提供，App Volumes 附加的磁盘直接在 ESXi 底层提供。但用户登录到虚拟桌面后并不能直接看到附加的 VHD 或 VMDX 磁盘，用户的数据通过 FSLogix 或 App Volumes 代理写到 VHD 或 VMDX 磁盘。

9.1.2 打印机问题

虚拟桌面使用的打印机，可以是本地打印机或网络打印机。本地打印机是指连接到虚拟桌面瘦客户机的 USB 打印机，或者是带网络接口直接连接到网络的打印机，也可以是通过其他使用 Windows 文件和打印共享服务提供的共享打印机。在使用虚拟桌面时，推荐使用共享打印机，使用 Windows 打印服务器，在 Active Directory 中为不同的组织部署不同的网络打印机。如果有的用户需要使用本地打印机，例如财务需要使用票据打印机，可以为财务用户配置本地打印机。

9.1.3 虚拟桌面客户机选择

虚拟桌面支持多种客户端的连接，这些可以是计算机、平板、手机或专用的设备。

1．零客户端

对于企业办公等长期使用虚拟桌面的用户来说，优先推荐零客户机或瘦客户机。所谓零客户机，是指无操作系统，内置芯片直接支持 PCoIP 和 RDP 等传输协议的专用终端设备。应用最广泛的零客户机是 DELL Wyse 5030，如图 9-1-1 所示。

DELL Wyse 5030 背面接口如图 9-1-2 所示。

图 9-1-1 DELL Wyse 5030

图 9-1-2 DELL 5030 背面接口

DELL Wyse 5030 提供了 4 个 USB 2.0 端口（前后各 2 个）、1 个 DVI 显示接口、1 个 Display 显示接口、1 个 RJ-45 接口、1 个音频输出接口、1 个复全音频（输入和输出）接口。

DELL Wyse 5030 具有良好的兼容性和稳定性，支持双显示器，适合办公室环境长期使用。零客户端是专用设备，支持 PCoIP 的零客户端并且只支持 VMware Horizon 虚拟桌面。零客户端使用 PCoIP 协议连接到 Horizon 虚拟桌面，不能连接其他厂家的虚拟桌面，例如 Citrix 虚拟桌面。

除了 DELL Wyse 5030 零客户端，HP T310 也是零客户端，功能与 DELL Wyse 5030 类似。HP T310 外形如图 9-1-3 和图 9-1-4 所示。

图 9-1-3 T310

图 9-1-4 T310 背面接口

2. 瘦客户端

虚拟桌面也可以使用瘦客户机，瘦客户机是指运行精简版操作系统，支持各种 VDI 协议的终端。简单来说，瘦客户机是安装了精简版或定制版的 Linux 或 Windows 操作系统的计算机，并且同时集成了多种厂家虚拟桌面客户端的应用程序。瘦客户机一般运行 VMware Horizon、Citrix、Microsoft 等虚拟桌面，有的还支持国内一些厂家的虚拟桌面。

DELL Thin Client 5070 瘦客户端外形如图 9-1-5 所示。DELL 5070 瘦客户机操作系统可以选择 Windows 10 IoT 企业版、Wyse Thin Linux 或戴尔专有的 Wyse ThinOS，支持 VMware Horizon 虚拟桌面。

国内一些厂商也生产了基于 Linux 操作系统的瘦客户机，这些瘦客户机一般都是使用精简或定制的 Linux 操作系统，集成了 Horizon、Citrix、Microsoft 等厂家的虚拟桌面客户端软件，一般支持 2 个显示器，具有 4 个或更多 USB 接口中，有 RJ-45 及无线

图 9-1-5 DELL 5070 瘦客户机

接口（无线是选配），支持音频输入输出。图 9-1-6 和图 9-1-7 是华盒 G500 瘦客户机的外形。该瘦客户机具有较好的兼容性和较低的价钱。

图 9-1-6　华盒 G500 前面

图 9-1-7　华盒 G500 后面

3．软件客户端

Horizon 软件客户端以软件形式运行于各种平台上，这些是在现有的 PC 机、笔记本、平板、手机上安装了 Horizon 客户端之后，可以登录使用虚拟桌面。VMware Horizon 可以安装在运行 Windows 与 Linux 操作系统的 PC 机上，或者安装了 Windows、Linux 或 Mac 操作系统的笔记本，或者安装了 VMware Horizon 客户端的平板或手机。使用配置较低或旧的 PC 机安装 Horizon 客户端软件用作虚拟桌面的终端也是一个可行的方案。如果在家远程办公，在 Android 或 iPAD 平板安装 Horizon 客户端，或者在 Android 系统的智能电视安装 Horizon 客户端，配上蓝牙键盘鼠标也是可以用作虚拟桌面的客户端使用。

除了软件客户端还有 Web 客户端，就是在计算机、平板或手机上，通过 Web 浏览器的方式登录访问 Horizon 虚拟桌面，也是一个使用方法。这种方式虽然灵活，但支持的功能比较有限，一般用作应急使用，很少长期使用。

9.1.4　链接克隆桌面用户数据备份

链接克隆的虚拟桌面，其用户数据 D 盘和临时文件 E 盘都是永久磁盘，这种永久磁盘无法创建快照。而大多数基于无代理的备份软件，都是通过为虚拟机创建快照的方式，备份快照前的数据。因为无法创建快照也就无法备份用户数据 D 盘。此种方式，可以备份物理机的方式，在虚拟桌面中安装备份代理软件，通过备份代理备份用户数据 D 盘。

9.1.5　Horizon 版本选择

2020 年 8 月，VMware 发布了 Horizon 8.0。2020 年 12 月，VMware 发布了 Horizon 8.1。从 Horizon 8.0 开始，VMware Horizon 用 YYMM 的格式命名软件版本，新的 Horizon 8 正式名称称为 Horizon 2006，表示 2020 年 6 月版本。Horizon 8.1 正式名称是 Horizon 2012，表示是 2020 年 12 月发布的版本。

从 Horizon 2006 版本开始，无论是 Horizon Client，还是 Horizon Agent，都不再支持 Windows 7、Windows 8、Windows 8.1、Windows Server 2008 R2、Windows Server 2012。如果你需要在 Windows 7、Windows 8、Windows 8.1 的操作系统安装 Horizon Client，只能安装 Horizon Client 2006 以前的版本（不包括 Horizon Client 2006）。如果你需要运行 Windows 7、Windows 8、Windows 8.1 的桌面虚拟机，或者 Windows Server 2008 R2 或

Windows Server 2012 的 RDS 应用程序，只能安装以前的版本。Horizon Client 2006 的上一个版本（Horizon Client 5.4.x、Horizon Client 5.3.x）可以登录 Horizon 2006 连接服务器，Horizon Agent 7.x 支持安装在 Windows 7 虚拟桌面中。

现在 Horizon 主流版本是 7.12 和 7.13，新的版本是 8.0 和 8.1。其中 Horizon 8.1 只支持完全克隆的虚拟桌面与即时克隆的虚拟桌面，Horizon 8.0 及 7.x 的版本支持完全克隆、链接克隆与即时克隆。其中应用最广泛的是链接克隆的虚拟桌面。如果希望使用链接克隆的虚拟桌面，推荐使用 7.13 的或 8.0 的版本。如果要使用即时克隆，推荐使用 8.1 及其以后的版本。

vSphere 可以使用 7.0.1 U1、U2 或 6.7.0 U3 及其以后的版本。而 vSphere 6.5 与 6.0 等版本不再推荐，除非服务器的配置较低，或者企业现有 6.0 或 6.5 的版本。

9.1.6 Windows 10 版本选择

Windows 10 版本较多，从 2015 年发布第一个版本开始，基本上每年发布 2 个新的版本。Windows 10 的版本采用 4 位数字命名，前 2 位为发行的年份，后 2 位为发行的月份。例如 Windows 10 的 1507 版本表示是 2015 年 7 月发行的版本，1909 表示 2019 年 9 月发行的版本，2004 表示 2020 年 4 月份发行的版本。Horizon 主流版本是 7.x 与 8.x，Horizon 7.x 有 7.0～7.13 等多个版本，Horizon 8.x 目前有 2006 及 2012 版本，以后 Horizon 8.x 也会有多个版本。Horizon 7.x 与 8.x 并不是支持 Windows 10 的所有版本。关于 Horizon 与 Windows 10 支持的版本可以参考下列的 VMware 知识库。

有关受支持的 Windows Server 操作系统的列表：https://kb.vmware.com/s/article/78652。

有关 Windows 10 客户机操作系统的列表：https://kb.vmware.com/s/article/78714。

对于 Windows 10 以外的 Windows 操作系统：https://kb.vmware.com/s/ article/ 78715。

Horizon 8 支持的 Windows 10 版本如表 9-1-1 所示。

表 9-1-1 Horizon 8 支持的 Windows 10 操作系统

Windows 10 版本	Horizon 8 version 2012	Horizon 8 version 2006
Windows 10 20H2 SAC (专业版、教育版、企业版)	完全支持	完全支持
Windows 10 2004 SAC (专业版、教育版、企业版)	完全支持	完全支持
Windows 10 1909 SAC (专业版、教育版、企业版)	完全支持	完全支持
Windows 10 1903 SAC 及以前版本 (专业版、教育版、企业版)	不支持	不支持
Windows 10 LTSC 2019 (企业版)	完全支持	完全支持
Windows 10 1607 LTSB (企业版)	完全支持	完全支持

如果使用 Horizon 8，推荐使用 2004 及以后的 Windows 10 的版本，不要使用 1903 及以前的版本。

9.2　虚拟桌面实验环境

为企业实施虚拟桌面是一个系统的工程，是包括硬件、软件、网络规划等一系列的内容。在为企业实施虚拟桌面之前，除了进行硬件选型之外，还要为虚拟桌面需要的服务进行网络规划，例如需要对用到的服务使用的 IP 地址进行规划。本章先介绍虚拟桌面硬件选型示例和相关服务 IP 地址总体规划，然后再一一介绍对应服务器的安装与配置。

9.2.1　某生产环境虚拟桌面硬件配置

在生产环境中配置 Horizon 虚拟桌面，通常都是使用多台服务器（共享存储或 vSAN）提供底层虚拟化环境。如果是学习 Horizon 虚拟桌面，只要有一台配置较高的服务器安装 ESXi，再在 ESXi 中安装 vCenter Server 及相关的服务器即可满足最基本的条件。无论是使用单台服务器组成的实验环境，还是多台服务器组成的生产环境，Horizon 虚拟桌面的安装配置都是相同的，主要步骤如下：

（1）硬件选型：包括硬件产品选型和网络设备选择；

（2）虚拟化软件及版本：vSphere 版本和 Horizon 版本选择；

（3）网络 IP 地址规划；

（4）基础服务器安装配置：包括 Active Directory、DHCP 和 KMS 等服务器安装配置；

（5）Horizon 相关服务器安装配置；

（6）创建模板虚拟机，在模板虚拟机中安装操作系统、应用软件和 Horizon Agent；

（7）生成虚拟桌面；

（8）客户端测试。

在当前的案例中，介绍了能满足 200 个办公需求的虚拟桌面的软、硬件配置清单。在当前示例中，每个虚拟桌面可以运行 64 位的 Windows 10 操作系统，配置 6~8 个 vCPU 和 8GB 内存。虚拟桌面配置清单，如表 9-2-1 所示。

表 9-2-1　Horizon 虚拟桌面配置清单

序号	项　目	内容描述	数量	单位
1	虚拟化主机 4 台，每台配置如下：			
1.1	分布式服务器硬件平台	2 个 Intel 6240R (24C/48T,2.4GHz)，HBA 330 SAS 控制器，24 个 2.5 英寸盘位，2 个 750W 电源，导轨。4 端口 10Gb SFP+网卡	1	台
1.2	服务器内存	DDR-4, Dual Rank, 2666MHz，64GB	8	条
1.3	系统盘	BOSS 控制器，包含 2 个 M.2 240GB (RAID1)卡	1	套

续表

序号	项　　目	内　容　描　述	数量	单位
1.4	数据缓存硬盘	PM1735，1.6 TB ，NVME SSD	2	块
1.5	数据存储硬盘	2.5 英寸 2.4TB 硬盘 10K SAS 12Gbit/s （硬盘三年保留服务）	12	块
2	网络交换部分			
2.1	华为交换机 S6720S-26Q-SI	提供 24 个 10GE SFP+端口，2 个 40GE QSFP+端口	4	台
2.2	10 Gbit/s 光纤模块	光模块-SFP+-10G-多模光纤模块（850nm,0.22km,LC,LRM）	32	个
2.3	10 Gbit/s 光纤跳线	10 Gbit/s 多模光纤跳线 SFP+	16	条
2.4	QSFP-40G 连接线	QSFP+-40G-高速电缆-3m	4	条
3	虚拟桌面终端及配件			
3.1	虚拟桌面终端	虚拟桌面零客户端或瘦终端机。支持双显示器，4 个 USB 2.0 端口，10/100/1000 Base-T 以太网	200	台
3.2	显示器	虚拟桌面终端配套显示器，可以使用单位原有显示器	200	台
4	虚拟化软件系统			
4.1	VMware vCenter 标准版	虚拟化管理平台，用于集中管理 vSphere 环境下的虚拟机。提供从单个控制台统一管理数据中心的所有主机和虚拟机	1	套
4.2	VMware vSphere 企业增强版	服务器虚拟化基础组件，用于实现 HA（群集），Data Protection，vMotion，热添加，vShield Zones，FT（容错），Storage vMotion，支持虚拟主机热添加，支持主机动态调整，电源管理等	8	套
4.3	VMware vSAN 标准版	分布式集群主要控制组件，去重，压缩（提高空间效率），纠删码，支持 IPv6 网络，软件校验和（Software Checksum），增强的 Horizon 集成	8	套
4.4	Horizon 标准版	Horizon 8 标准版 10 用户包	20	套

在当前的案例中，服务器虚拟化使用 vSphere 7.0.1 U1C 及其以后的配置，使用 vSAN 组建分布式软件共享存储。Horizon 使用 8.1 的版本。如果虚拟桌面需要运行 Windows 7 的操作系统，或者需要使用链接克隆的虚拟桌面，可以使用 Horizon 7.13 的版本。Horizon 8.0 不再支持 Windows 7 的操作系统，只支持 Windows 10（或 Linux 操作系统）。

在当前的配置中，4 台服务器共提供了 460.8GHz 的 CPU 资源、4TB 的内存资源和 115.2TB 的存储资源。在当前配置下，这 4 台服务器可以提供 200 个以上的并发虚拟桌面，每个虚拟桌面可以不低于 6 个 vCPU、8GB 内存和 200GB 硬盘空间。

9.2.2　某生产环境虚拟桌面 IP 地址规划

VMware Horizon 虚拟桌面底层需要 VMware vSphere（vCenter Server 和 ESXi），身份认证需要 Active Directory。虚拟桌面所用的其他应用还需要 DHCP、DNS、KMS，虚拟

桌面的管理与配置需要使用 Horizon 连接服务器、Unified Access Gateway（UAG）。Horizon 需要用到的服务如下：

（1）Active Directory 服务器，这是基础架构服务器，用来对虚拟桌面进行授权。虚拟桌面的用户是使用 Active Directory 账户进行访问。生产环境推荐配置 2 台 Active Directory 服务器，实验环境配置 1 台；

（2）DHCP 与 DNS 服务器。虚拟桌面虚拟机的 IP 地址等参数需要通过 DHCP 获得和分配。如果虚拟桌面数量较多，可以为虚拟桌面 IP 地址配置多个 C 类地址池。推荐配置 2 台 DHCP 服务器。DHCP 与 DNS 可以与 Active Directory 部署在同一台虚拟机中；

（3）Windows KMS 服务器：虚拟桌面操作系统通常是 Windows 7 的企业版或专业版，Windows 10 的企业版、专业版、专业工作站版、教育版、专业教育版等版本， 虚拟桌面通常还需要安装 Office。Windows 与 Office 需要通过网络中的 KMS 服务器激活。不能使用 MAK 密钥对 Windows 操作系统激活。因为虚拟桌面需要重构，如果使用 MAK 密钥，很容易达到 MAK 密钥所允许的激活上限。一般情况下网络中配置一台 KMS Server 即可。在从桌面池置备新的虚拟桌面时要求 KMS Server 在线，在虚拟桌面生成后，KMS 服务器偶尔出现问题不会影响虚拟桌面的使用；

（4）NVIDIA License 服务器：如果虚拟桌面需要进行图形图像处理，需要使用支持 GPU 虚拟化的显卡，例如 NVIDIA 系列 GPU 显卡，该显卡需要配置 License Server。如果虚拟桌面数量较小，可以配置 1 台 NVIDIA License 服务器；如果虚拟桌面数据较多，需要配置 2 台 NVIDIA License 服务器用于冗余；

（5）Autodesk 网络激活服务器。如果虚拟桌面需要使用 Autodesk 的系列产品，例如 AutoCAD 等，可以使用 Autodesk 网络激活服务器激活。如果虚拟桌面数量较小，可以配置 1 台网络激活服务器，如果虚拟桌面数据较多，需要配置 3 台网络激活服务器；

（6）Horizon Connection 服务器（Horizon 连接服务器），Horizon 连接服务器是 Horizon 虚拟桌面必需产品，Horizon 连接服务器用来管理和配置虚拟桌面。当虚拟桌面数量较小时可以配置 1 台 Horizon 连接服务器；如果虚拟桌面数量较多，需要配置 2 到多台 Horizon 连接服务器。如果虚拟桌面只用于局域网内部，在用户数量较少时可以只配置 1 台。当 Horizon 虚拟桌面提供 Internet 用户访问时，需要配置 Unified Access Gateway 服务器，每台 UAG 服务器只能与 1 台 Horizon 连接服务器配对使用。但 1 台 Horizon 连接服务器可以同时与多台 UAG 服务器配对使用；

（7）Unified Access Gateway 服务器。对于要从企业防火墙外部访问远程桌面和应用程序的用户，Unified Access Gateway 用作一个安全网关。在 Horizon 7.5.0 及以前的版本中，使用 Horizon 安全服务器提供虚拟桌面到外网的服务。Horizon 7.5.0～7.13.0 可以使用 Horizon 安全服务器或 UAG 服务器。从 Horizon 8.0 开始已经不再支持安全服务器，而代之以 UAG 服务器；

如果虚拟桌面环境有多条到 Internet 的外部线路，每 1 条外线（或每一个不同的公网 IP 地址）需要配置 1 台 UAG 服务器；

（8）App Volumes：App Volumes 可以将应用程序与操作系统分离。在网络中通常配置 1 台 App Volumes 服务器即可。

Horizon 虚拟桌面 IP 地址的规划原则如下：

（1）虚拟化基础架构服务器 VMware vCenter Server、VMware ESXi，以及 ESXi 主机底层管理 IP 地址（例如 DELL 服务器的 iDRAC、联想 SR 服务器的 iMM、HP 服务器的 iLO），需要规划使用一个 VLAN；

（2）基础应用服务器，Active Directory、Composer、Horizon 连接服务器、Horizon 安全服务器、App Volumes 使用另一个 VLAN；

（3）虚拟桌面：每 150～200 个虚拟桌面使用一个单独的 VLAN。

下面通过案例介绍 Horizon 相关服务器 IP 地址的规划。本示例中使用 172.16.0.0/12 的地址段，在实际的使用中管理员可以根据自己企业的实际情况进行设置。在本示例中，Active Directory 域名为 heuet.com。vSphere 虚拟化主机 ESXi、vCenter Server、vSAN 流量的 IP 地址规划示例如表 9-2-2 所示，Active Directory 服务器、Horizon 相关服务器、虚拟桌面、终端计算机 IP 地址规划示例如表 9-2-3 所示。

表 9-2-2 vSphere 虚拟化主机、vCenter 与 vSAN 流量 IP 地址示例

主机/虚拟机	IP 地址	备 注
ESXi01	172.16.1.1	第 1 台物理主机 ESXi 管理地址（VLAN101）
ESXi02	172.16.1.2	第 2 台物理主机 ESXi 管理地址（VLAN101）
ESXi03	172.16.1.3	第 3 台物理主机 ESXi 管理地址（VLAN101）
ESXi04	172.16.1.4	第 4 台物理主机 ESXi 管理地址（VLAN101）
ESXixx	172.16.1.5 至 19	ESXi 服务器预留（VLAN101）
vcsa_1.20	172.16.1.20	vCenter Server（VLAN101）
ESXi01-iDRAC	172.16.1.101	第 1 台服务器底层管理地址（VLAN101）
ESXi02-iDRAC	172.16.1.102	第 2 台服务器底层管理地址（VLAN101）
ESXi03-iDRAC	172.16.1.103	第 3 台服务器底层管理地址（VLAN101）
ESXi04-iDRAC	172.16.1.104	第 4 台服务器底层管理地址（VLAN101）
ESXi01-vSAN	172.16.200.1	每台 ESXi 主机 vSAN 流量 IP 地址，vSAN 流量网卡单独使用 2 台交换机，不与其他网络互通。（VLAN200）
ESXi02-vSAN	172.16.200.2	
ESXi03-vSAN	172.16.200.3	
ESXi04-vSAN	172.16.200.4	

【说明】（1）当前规划中，ESXi 服务器规划使用了 20 个 IP 地址，可以满足大多数企业服务器虚拟化和桌面虚拟化规模的需求。以表 9-2-1 所示的服务器配置为例，可以轻松提供 200 台以上虚拟机。

（2）为每台服务器配置底层管理地址（HP 的 iLO、联想 SR 服务器系列是 iMM、DELL 服务器为 iDRAC，其他服务器也有相应的底层管理功能）。

（3）为 vSAN 流量规划单独的 IP 地址。并且 vSAN 流量使用单独的 2 台交换机，不与其他网络连接。

表 9-2-3　Horizon 相关服务器与虚拟桌面 IP 地址规划示例

DC01.heuet.com	172.16.2.1	Active Directory、DHCP1（VLAN102）
DC02.heuet.com	172.16.2.2	Active Directory、DHCP2（VLAN102）
fs01.heuet.com	172.16.2.3	文件服务器 1，保存虚拟桌面用户数据（VLAN102）
fs02.heuet.com	172.16.2.4	文件服务器 2，保存虚拟桌面用户数据（VLAN102）
fs03.heuet.com	172.16.2.5	文件服务器 3，保存虚拟桌面用户数据（VLAN102）
kms.heuet.com	172.16.2.6	KMS 服务器，用来激活 Windows 与 Office（VLAN102）
SQLSer_2.20	172.16.2.20	SQL Server 数据库服务器，为 Horizon 事件、App Volumes 或其他应用提供数据库环境（VLAN102）
vcs01.heuet.com_2.21	172.16.2.21	连接服务器 1，用于局域网内使用（VLAN102）
vcs02.heuet.com_2.22	172.16.2.22	连接服务器 2，与 UAG01 配对（VLAN102）
vcs03.heuet.com_2.23	172.16.2.23	连接服务器 3，与 UAG02 配对（VLAN102）
UAG01_2.24	172.16.2.24	第 1 台 Unified Access Gateway 服务器，与连接服务器 2 配对（VLAN102）
UAG02_2.25	172.16.2.25	第 2 台 Unified Access Gateway 服务器，与连接服务器 3 配对（VLAN102）
虚拟桌面池 1	172.16.3.0/24	虚拟桌面池 1（VLAN103）
虚拟桌面池 2	172.16.4.0/24	虚拟桌面池 2（VLAN104）
虚拟桌面池 3	172.16.5.0/24	虚拟桌面池 3（VLAN105）
部门 1 终端地址	172.16.8.0/24	终端或瘦客户端地址池 1（VLAN108）
部门 2 终端地址	172.16.9.0/24	终端或瘦客户端地址池 2（VLAN109）
部门 3 终端地址	172.16.10.0/24	终端或瘦客户端地址池 3（VLAN110）

【说明】（1）在本示例中规划了 2 台 Active Directory 服务器。这 2 台 Active Directory 同时配置为 DHCP 服务器。也可以使用物理交换机用作 DHCP 服务。

（2）本示例配置了 3 台文件服务器给虚拟桌面提供共享文件夹，用来保存虚拟桌面用户数据。这 3 台文件服务器可以使用 DFS 分布式文件系统进行配置管理，为虚拟桌面提供统一访问，提供一个访问入口。通过 Active Directory 域账户实现权限管理。除了使用共享文件夹，还可以为虚拟桌面配置企业网盘保存用户数据。

（3）配置 1 台单独的 KMS 服务器用来激活 Windows 与 Office。也可以在其中的 1 台 Active Directory 服务器中安装配置 KMS 服务。

（4）本示例配置 3 台连接服务器和 2 台 UAG 服务器。如果虚拟桌面只在局域网中使用，只配置 1 台 Horizon 连接服务器即可满足需求。单台 Horizon 连接服务器可以支持 2 000

个虚拟桌面。单台 UAG 服务器可以提供 1 000 个并发连接。

（5）SQL Server 服务器虚拟机，这是一台 SQL Server 数据库服务器，可以为 Horizon 需要用到数据库服务的其他应用，例如 Horizon Administrator 事件数据库、APP Volumes 服务器提供数据库服务。

（6）为每个桌面池规划使用一个 VLAN，本示例中为 172.16.3.0 到 172.16.5.0/24 的地址段，如果需要更多的虚拟桌面，可以使用 172.16.6.0/24、172.16.7.0/24 的地址段。

（7）不同部门登录虚拟桌面的终端机、瘦客户机规划使用 172.16.8.0/24 ~ 172.16.15.0/24 的 IP 地址段。

9.2.3　虚拟桌面实验环境介绍

要学习 Horizon 桌面，对实验环境应该有一定的了解。

（1）操作系统及软件：

① Windows Server 2016 或更高版本的 Active Directory；

② HCP（可以是 Windows Server 或三层交换机提供的）。

（2）vSphere 环境：

① vCenter Server 与 ESXi 的 6.0、6.5、6.7 或 7.0 以及更高的版本；

② Horizon 7.13 或 Horizon 8.0、Horizon 8.1 或更高的版本。

使用传统存储的 vSphere 环境或使用 vSAN 存储的 vSphere 环境

（3）1Gbit/s 或 10Gbit/s 交换机，最好是支持 VLAN 的三层可网管交换机。

为了方便读者参考书中的步骤进行对照学习，本节使用一台服务器完成 Horizon 虚拟桌面全部实验，但这并不影响读者全面学习 Horizon 虚拟桌面的知识，只要掌握了这些内容，在单台或多台 vSphere 环境的虚拟化环境中都可以安装配置 Horizon。本节实验拓扑如图 9-2-1 所示。

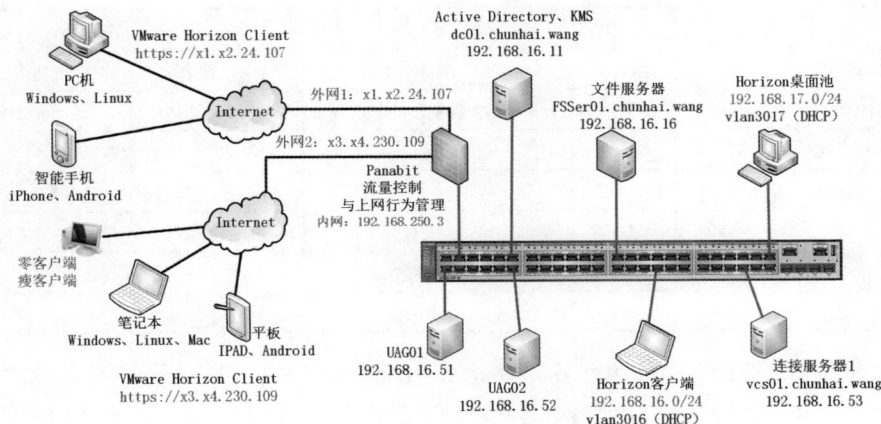

图 9-2-1　Horizon 实验拓扑

在图 9-2-1 所示的实验环境中，在配置好 Active Directory、Horizon 连接服务器及虚拟桌面池后，在局域网中可以使用虚拟桌面。在局域网中使用虚拟桌面时，虚拟桌面客户端设备可以使用零终端（指没有操作系统的终端计算机）、瘦客户机（安装了精简版 Linux 与 Windows 并安装 Horizon 连接程序的计算机）、PC 机或笔记本安装 Horizon Client 程序以访问虚拟桌面。对于 Internet 的用户，可以通过 UAG 服务器访问企业内部虚拟桌面。如果有多个出口线路，每个出口需要配置一台 UAG 服务器。

在本次实验中，该单位有 3 个出口，使用其中的 2 个出口对外提供服务。本实验中使用 PANABIT 流量控制与上网行为管理设备访问外网。图 9-2-1 中相关虚拟机都由一台 IP 地址为 192.168.1.55 的 ESXi 主机提供，在该主机上相关虚拟机的名称、配置、IP 地址、功能与作用如表 9-2-4 所示。

表 9-2-4　实验中所用服务器规划

主机/虚拟机	虚拟机配置 CPU/内存	IP 地址	备　　注
vc-1.50	4C/19GB	192.168.1.50	vCenter Server 虚拟机
ESXi01	28C/512GB	192.168.1.55	ESXi 物理主机管理地址，该主机配置了 2 个 Intel E5-2680 V4 的 CPU，512GB 内存，约 29TB 的存储空间
DC01.chunhai.wang	2C/4GB	192.168.16.11	Active Directory、KMS
DC02.chunhai.wang	2C/4GB	192.168.16.12	规划预留第 2 台 Active Directory 服务器，本实验未配置
FSSer01_16.16	4C/8GB	192.168.16.16	第 1 台文件服务器
FSSer02_16.17	4C/8GB	192.168.16.17	规划预留第 2 台文件服务器，本实验未配置
vcs01.chunhai.wang_16.53	2C/4GB	192.168.16.53	连接服务器 1，用于局域网与 Internet 使用
vcs02.chunhai.wang_16.54	2C/4GB	192.168.16.54	规划预留连接服务器 2，本实验未配置
UAG01-16.51	2C/4GB	192.168.16.51	UAG 服务器 1，转发到连接服务器 1
UAG02-16.52	2C/4GB	192.168.16.52	UAG 服务器 2，转发到连接服务器 1
虚拟桌面池 1	6C/6GB	192.168.17.0/24	虚拟桌面池 1
局域网测试端计算机		192.168.16.100-199	局域网终端或瘦客户端
广域网测试端计算机			Internet 终端或瘦客户端
Panabit 流量控制与上网行为管理设备	内网	192.168.250.3	局域网地址，连接到核心交换机
	外网 1	x1.x2.24.107	专线 1 外网地址
	外网 2	x3.x4.230.109	专线 2 外网地址

当前的实验环境中，vCenter Server 版本为 7.0.1-17491160，如图 9-2-2 所示，ESXi 系统版本为 7.0.1-17325551，如图 9-2-3 所示。读者只要 vCenter Server 与 ESXi 版本都是 6.7.0 以上的都可以参考本书内容完成实验。

图 9-2-2 查看 vCenter Server 版本

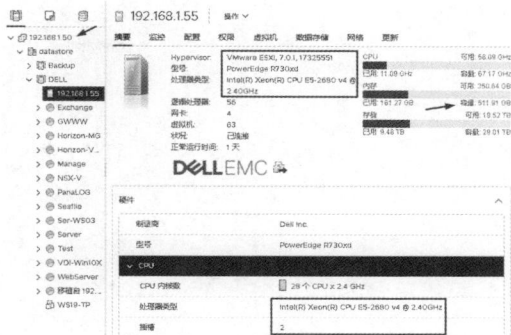

图 9-2-3 查看 ESXi 主机版本

当前服务器配置了 4 块 1 Gbit/s 的网卡，其中端口 1（网卡名称为 vmnic0）和端口 2（网卡名称为 vmnic1）2 块网卡配置为 vSwitch0，端口 3（网卡名称为 vmnic2）和端口 4（网卡名称为 vmnic3）2 块网卡配置为 vSwitch1。

端口 1（网卡名称为 vmnic0）和端口 2（网卡名称为 vmnic1）连接到物理交换机划分为 VLAN 3016 的 Access 端口（本示例连接到物理交换机的端口 1 和端口 2），端口 3（网卡名称为 vmnic2）和端口 4（网卡名称为 vmnic3）两块网卡连接到交换机划分为 Trunk 的端口（本示例连接到物理交换机的端口 3 和端口 4）。在 vSwitch1 上创建了名称为 vlan3017 的端口组（VLAN ID 为 3017）。虚拟桌面将使用 vlan3017 的端口组。

在规划 Horizon 桌面时，需要配置 DHCP 服务器，为 Horizon 桌面分配 IP 地址、子网掩码、网关、DNS 等参数。在实际的生产环境中，可以使用交换机自带的 DHCP Server，或者使用 Windows 或 Linux 集成的 DHCP Server，但在同一 VLAN 中，两者只能选择其一，不能同时使用。本示例在核心交换机配置 DHCP Server。在本案例中，交换机主要配置如下（以华为 S5720 交换机为例）：

```
vlan batch 3016 to 3017 3250
dhcp enable

ip pool vlan3016
 gateway-list 192.168.16.254
 network 192.168.16.0 mask 255.255.255.0
 excluded-ip-address 192.168.16.1 192.168.16.100
 excluded-ip-address 192.168.16.200 192.168.16.253
 dns-list 192.168.16.11
 domain-name chunhai.wang

ip pool vlan3017
 gateway-list 192.168.17.254
 network 192.168.17.0 mask 255.255.255.0
 excluded-ip-address 192.168.17.200 192.168.17.253
 dns-list 192.168.16.11
 domain-name chunhai.wang
```

```
interface Vlanif3016
 ip address 192.168.16.254 255.255.255.0
 dhcp select global

interface Vlanif3017
 ip address 192.168.17.254 255.255.255.0
 dhcp select global

interface Vlanif3250
 ip address 192.168.250.1 255.255.255.0

interface GigabitEthernet0/0/1
 port link-type access
 port default vlan 3016

interface GigabitEthernet0/0/2
 port link-type access
 port default vlan 3016

interface GigabitEthernet0/0/3
 port link-type trunk
 port trunk allow-pass vlan 2 to 4094

interface GigabitEthernet0/0/4
 port link-type trunk
 port trunk allow-pass vlan 2 to 4094

ip route-static 0.0.0.0 0.0.0.0 192.168.250.3
```

在下面的操作中，将根据表 9-2-4 的规划，在单台 IP 地址为 192.168.1.55（vCenter Server 管理地址为 192.168.1.50）的实验环境中，安装配置 Horizon 虚拟桌面。本章用到的 vSphere、Horizon 及操作系统版本如表 9-2-5 所示。

表 9-2-5　vSphere 与 Horizon 安装程序文件信息

文　件　名	大　小	用　　途
VMware-VCSA-all-7.0.1-17491101.iso	7.53 GB	vCenter Server 安装程序
VMware-VMvisor-Installer-7.0U1c-17325551.x86_64.iso	368 MB	ESXi 主机安装程序
VMware-Horizon-Agent-x86_64-2012-8.1.0-17352461.exe	231 MB	64 位 Agent 软件
VMware-Horizon-Connection-Server-x86_64-8.1.0-17351278.exe	320 MB	连接服务器
VMware-Horizon-Extras-Bundle-2012-8.1.0-17349995.zip	817 KB	组策略文件
VMware-Horizon-Client-2012-8.1.0-17349995.exe	238 MB	Horizon 客户端程序
FSLogix_Apps_2.9.7654.46150.zip	171 MB	FSLogix 安装程序
cn_windows_10_business_editions_version_20h2_x64_dvd_f978664f.iso	5.49 GB	Windows 10 安装程序
euc-unified-access-gateway-20.12.0.0-17307559_OVF10.ova	3.16 GB	UAG 服务器

本章介绍在 Horizon 8.1（2012 版本）创建即时克隆虚拟桌面的内容，介绍使用文件夹重定向或使用 FSLogix 保存即时克隆虚拟桌面用户数据的方法。

9.2.4　准备 Horizon 虚拟机

在介绍了实验环境之后，根据表 9-2-4 所规划的虚拟机列表，一一准备各实验用的虚拟机。Active Directory、Horizon 相关服务器操作系统推荐使用 Windows Server 2016 或 Windows Server 2019 数据中心版，本书中采用 Windows Server 2019 数据中心版。

为了简化实验的步骤，准备 1 台名为 WS19-TP 的虚拟机，安装 Windows Server 2019 数据中心版，安装 VMware Tools，其他的不需要安装。然后将该虚拟机转换为模板，再从模板创建虚拟机。Windows Server 2019 模板虚拟机的配置顺序如下。

（1）为虚拟机分配 2 个 CPU、4GB 内存、100GB 硬盘空间，使用 VMXNET3 虚拟网卡。并且启用 CPU 与内存的热添加功能，如图 9-2-4～图 9-2-6 所示。虚拟机"引导选项→固件"选择 BIOS，如图 9-2-7 所示。

图 9-2-4　CPU 设置

图 9-2-5　内存设置

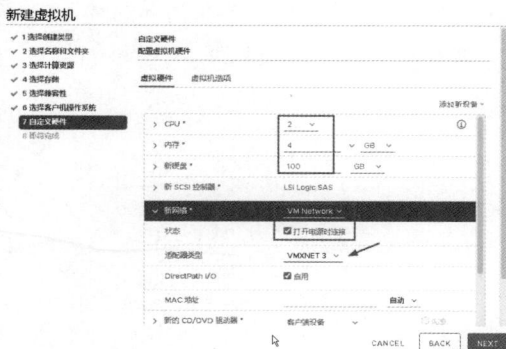

图 9-2-6　硬盘与网卡选择

图 9-2-7　引导选项

（2）启动虚拟机，加载 Windows Server 2019 的 ISO 镜像文件（本示例中文件名为 cn_windows_server_2019_x64_dvd_4de40f33.iso），启动虚拟机，安装 Windows Server 2019

数据中心版（带桌面体检），如图 9-2-8 所示。

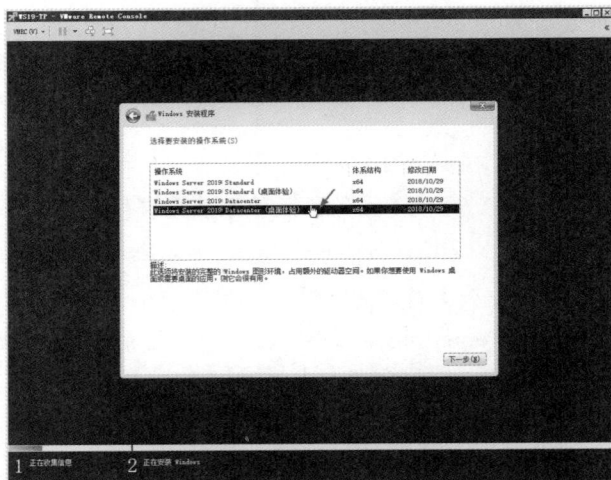

图 9-2-8　安装 Windows Server 2019 数据中心版

（3）安装完操作系统之后，设置密码后进入桌面，安装 VMware Tools，执行 gpedit.msc，修改密码永不过期，然后在虚拟机中进行必要的设置，这些可以参考第 4 章的相关内容。

（4）在虚拟机进行必要的配置后，关闭虚拟机，将虚拟机转换为模板。

（5）登录到 vCenter Server，先创建 3 个资源池，名称分别为 Horizon8-Server（用来放置 Horizon 与 Active Directory 虚拟机）、Horizon8-TP（用来放置虚拟桌面父虚拟机）、Horizon8-VDI（用来放置虚拟桌面虚拟机），如图 9-2-9 所示。

【说明】为保存 Horizon 虚拟桌面虚拟机创建的资源池，在生成虚拟桌面后不要修改资源池的名称，也不要修改 Horizon 虚拟桌面虚拟机所在主机的群集名称和数据中心名称。否则在后期修改虚拟桌面时可能会出错。

（6）根据表 9-2-4 所示，从 WS19-TP 的模板部署名为 DC01.chunhai.wang_16.11 的虚拟机。虚拟机配置根据表 9-2-4 所示进行规划。置备之后虚拟机列表如图 9-2-10 所示。

图 9-2-9　创建 3 个资源池

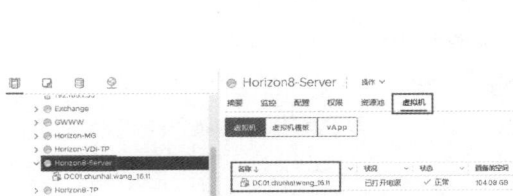

图 9-2-10　置备 Active Directory 虚拟机

在准备后用于 Active Directory 的 2 台虚拟机之后，下面介绍 Active Directory 服务器的安装配置。

9.3　为 Horizon 桌面准备 Active Directory

从 Windows Server 2012 开始，Active Directory 域服务配置向导取代 Active Directory 域服务安装向导，作为在安装域控制器时指定设置的用户界面（UI）选项。Active Directory 域服务配置向导在完成添加角色向导后开始。下面介绍在 Windows Server 2019 系统中安装 Active Directory 服务的操作步骤。

9.3.1　安装 Active Directory 服务

在生产环境中需要配置 2 台 Active Directory 服务器以提供冗余，如果是实验环境配置 1 台即可。根据表 9-1-4 所示，Active Directory 域名为 chunhai.wang，第 1 台 Active Directory 服务器的计算机名称为 dc01，第 2 台 Active Directory 服务器的计算机名称为 dc02。本节介绍网络中第 1 台 Active Directory 服务器的安装。

在升级到 Active Directory 服务器之前，先检查计算机的名称和 IP 地址是否与表 9-2-4 所示相同，如果不同应根据规划进行修改。

（1）打开名为 dc01.chunhai.wang_16.11 虚拟机的控制台界面，如图 9-3-1 所示。

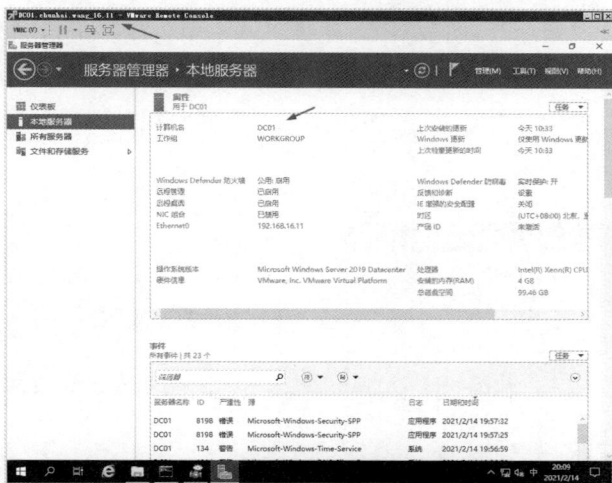

图 9-3-1　打开虚拟机控制台

（2）打开"以太网属性"对话框，双击"Internet 协议版本 4"，在"Internet 协议版本 4"对话框中，设置 IP 地址、子网掩码和网关地址，并将 DNS 设置为与本机 IP 地址一致，在本例中第 1 台为 192.168.16.11，如图 9-3-2 所示。

（3）在"控制面板→系统和安全→系统"中查看计算机名称是否为 DC01，如图 9-3-3 所示。

说明：计算机名称是从模板部署虚拟机时使用 VMware 自定义向导设置的，如果在从模板部署虚拟机时没有重置计算机的 SID 及计算机名称，需要在虚拟机中进入

c:\windows\system32\sysprep，执行 sysprep /generalize /reboot 重新启动计算机并生成新的
SID，再次进入系统后再修改计算机名称。

图 9-3-2　设置 IP 地址与 DNS

图 9-3-3　检查计算机名称

在检查设置 IP 地址、DNS 地址并检查（或修改）计算机名达到规划要求后，运行
Active Directory 域向导，将计算机升级到 Active Directory，主要步骤如下。

（1）在"服务器管理器→仪表板"中，单击"添加角色和功能"，如图 9-3-4 所示。

（2）在"选择安装类型"对话框中，选择"基于角色或基于功能的安装"。

（3）在"选择目标服务器"对话框中，选中"从服务器池中选择服务器"单选按钮，
并选择 DC01，如图 9-3-5 所示。当在服务器池中有多台服务器时，可以在此选择要在哪
台计算机上安装角色或功能。

图 9-3-4　添加角色和功能

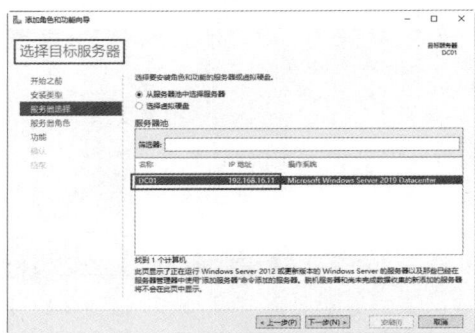

图 9-3-5　选择目标服务器

（4）在"选择服务器角色"对话框的"角色"列表中单击"Active Directory 域服务"，
如图 9-3-6 所示，弹出"添加 Active Directory 域服务 所需的功能"对话框，单击"添加
功能"按钮。

（5）在"选择功能"对话框中，单击"下一步"按钮。

（6）在"Active Directory 域服务"对话框中，显示了 Active Directory 介绍及注意事项。

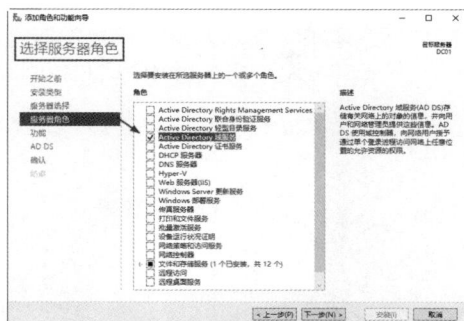

图 9-3-6　选择服务器角色

（7）在"确认安装所选内容"对话框中，单击"安装"按钮，如图 9-3-7 所示。如果勾选"如果需要，自动重新启动目标服务器"复选框，如果在安装所选内容的角色或功能需要重新启动，则会自动重新启动服务器。

（8）在"安装进度"对话框中显示了安装的进度。安装完成后，单击 "将此服务器提升为域控制器"链接，如图 9-3-8 所示。

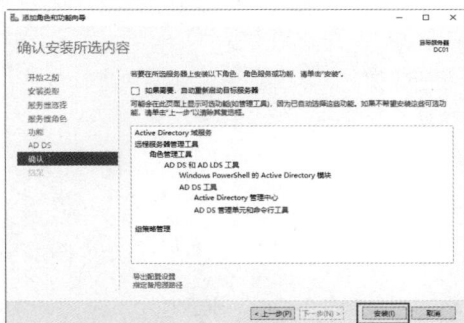

图 9-3-7　确认安装所选内容

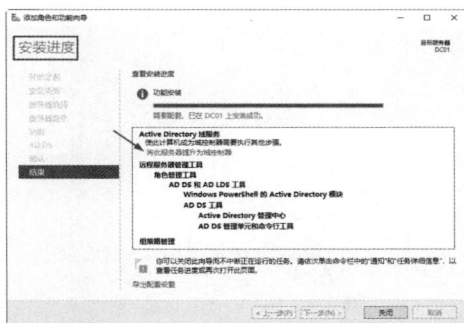

图 9-3-8　将此服务器提升为域控制器

（9）在"部署配置"对话框的"选择部署操作"选项中选中"添加新林"单选按钮，在"根域名"文本框中，输入新创建的 Active Directory 域名，在此命名为 chunhai.wang，如图 9-3-9 所示。

（10）在"域控制器选择"对话框中，在"林功能级别"与"域功能级别"列表中选择新林和根域的功能级别，在此选择"Windows Server 2016"，在"指定域控制器功能"选项中选择"域名系统（DNS）服务器"复选框，然后在"键入目录服务还原模式（DSRM）密码"的密码框中，输入 Active Directory 还原模式密码，如图 9-3-10 所示。

（11）在"DNS 选项"中，显示 DNS 信息，单击"下一步"按钮。

（12）在"其他选项"对话框中，显示了域的 NetBIOS 名称（本示例为 chunhai），如图 9-3-11 所示。

（13）在"路径"选项，显示了数据库文件夹、日志文件夹、SYSVOL 文件夹的默认位置。

（14）在"查看选项"对话框，显示了配置 Active Directory 的选项，无误之后单击"下一步"按钮，如果需要修改依次单击"上一步"按钮返回并逐一修改，如图 9-3-12 所示。

图 9-3-9　部署配置

图 9-3-10　域控制器选择

图 9-3-11　NetBIOS 名称

图 9-3-12　查看选项

（15）在"先决条件检查"对话框中，安装向导会在此计算机上验证安装 Active Directory 先决条件，当所有先决条件检查通过后，单击"安装"按钮，如图 9-3-13 所示。

（16）之后会开始安装，直到安装完成。在配置完成之后，向导会重新启动虚拟机，再次进入计算机后完成 Active Directory 的配置，如图 9-3-14 所示。

图 9-3-13　先决条件检查

图 9-3-14　安装完成

在配置好第 1 台 Active Directory 服务器之后，可以将规划中的第 2 台 Active Directory 添加到当前域成为额外域控制器，主要步骤如下。

（1）从 Windows Server 2019 的模板虚拟机创建名为 FSSer01_16.16 虚拟机，创建完成后，打开该虚拟机的控制台，以 Administrator 账号登录。

（2）检查第 2 台 Active Directory 服务器的 IP 地址，本示例中 IP 地址为 192.168.16.12，DNS 设置为第 1 台 Active Directory 服务器的 IP 地址，本示例为 192.168.16.11。

（3）在"控制面板→系统和安全→系统"中查看计算机名称是否为 DC02。

参照前文内容，为当前计算机添加"Active Directory 域服务"，然后执行以下的操作。

（1）在"部署配置"对话框，在"选择部署操作"选项中选中"将域控制器添加到现有域"单选按钮，在"域"文本框中，输入 Active Directory 域名，本示例为 chunhai.wang，然后单击"更改"按钮，在弹出的"部署操作的凭据"对话框中输入 chunhai.wang 的 Administrator 账户名和密码。

（2）在"其他选项"对话框中，指定从介质安装选型，在"复制自"右侧的下列列表中选择 DC01.chunhai.wang。

其他选项与部署网络中第 1 台 Active Directory 服务器相同，相同内容不再介绍。

9.3.2　为 Horizon 桌面创建组织单位

在配置好 Active Directory 之后，下面的任务是在"Active Directory 用户和计算机"管理程序中根据单位的组织架构创建"组织单位"，然后在组织单位中创建部门，在部门中创建用户和用户组。

【说明】组织单位，英文单词是 Organizational Unit，或简称 OU，是对 Active Directory 的细分，包含用户、组、计算机或其他组织单位。

例如，笔者单位为河北经贸大学信息技术学院，学院有办公室、实验室、计算机系、电子系、网络工程系、软件工程系 6 个部门。如果用 Active Directory 管理，则可以在"Active Directory 用户和计算机"根目录中先创建 heinfo 的组织单位（表示河北经贸大学信息技术学院），然后再在 heinfo 组织单位中分别创建办公室、实验室、计算机系、电子系、网络工程系、软件工程系 6 个组织单位，再在每个组织单位中根据用户账户对应每位教职工。

在使用 VMware Horizon 虚拟桌面时，会根据虚拟桌面的数量生成新的虚拟机，这些计算机在默认情况下，会添加到"Active Directory 用户和计算机→Computers"容器（组建单位）中。为了管理方便，也为了与传统 PC 机相区分，管理员应当专门为 Horizon 桌面的虚拟机规划组织单位。

在本次实验中，规划的组织单位和用途如表 9-3-1 所示。

表 9-3-1　实验中规划的组织单位名称和用途

组织单位名称和目录结构	用　　途
heinfo	一般为单位名称的简称，在"Active Directory 用户和计算机"根目录创建
heinfo\即时克隆组	创建测试用户账户，用于即时克隆虚拟桌面
Horizon8-VDI	用来保存虚拟桌面的计算机账户

【说明】在本示例的规划中，将不同用途的虚拟桌面的"计算机账户"和"域用户账号"创建在不同的组织单位中，这样可以根据不同的组织单位，创建不同的 GPO 进行管理。

这样可以避免将组策略设置应用于虚拟桌面所在域中的其他 Windows 服务器或工作站，也可以为使用不同虚拟桌面的域用户设置不同的登录权限。

例如，在表 9-3-1 所示的规划中，使用 Horizon 创建 1 个桌面池，该桌面池生成的计算机放置在"Horizon8-VDI"的组织单位中，设置允许"heinfo\即时克隆组"组织单位中的域用户登录。因为有"heinfo\即时克隆组"和"Horizon8-VDI"共 2 个组织单位，每个组织单位都可以创建组策略，并根据需要进行配置。

在当前的规划中，名称为即时克隆组的组织单位用来保存域用户账户。在创建组策略时，与用户相关的策略在该组织单位的组策略中配置。在名称为 Horizon8-VDI 的组织单位用来保存虚拟桌面的虚拟机，与计算机相关的策略在该组织单位的组策略中配置。如果在保存用户的组织单位中创建的组策略配置了计算机相关的策略则不会生效，或者在保存计算机的组织单位中创建的组策略配置了用户相关的策略也不会生效。后文通过具体的实例进行介绍。

根据表 9-3-1 的规划，在"Active Directory 用户和计算机"中，创建组织单位。步骤如下。

（1）以管理员身份（Administrator 账户）登录服务器，打开"服务器管理器"，在"工具"菜单中打开"Active Directory 用户和计算机"控制台或运行 dsa.msc，如图 9-3-15 所示。在"Active Directory 用户和计算机"中的 chunhai.wang（域名）下的"Users"中保存域中的用户组和用户。可以在"Users"中创建新的用户和用户组，也可以在 chunhai.wang 域下面创建 OU（组织单元），再在 OU 中创建用户或用户组。

（2）打开"Active Directory 用户和计算机"窗口，选择当前的域，如图 9-3-16 所示，右击，在快捷菜单中选择"新建→组织单位"命令，显示新建组织单位对话框，如图 9-3-17 所示。输入组织的单位名称（本例为"heinfo"），单击"确定"按钮完成创建。

（3）选中 heinfo，在右侧的空白位置右击，在弹出的快捷菜单中选择"新建→组织单位"命令，如图 9-3-18 所示，创建名为即时克隆组的组织单位。

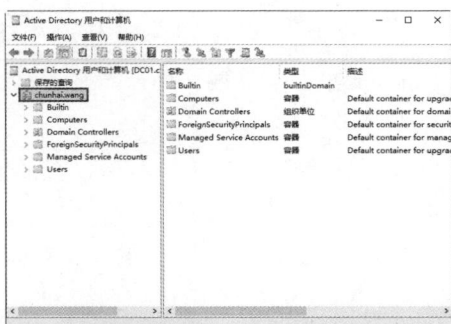

图 9-3-15　Active Directory 用户和计算机

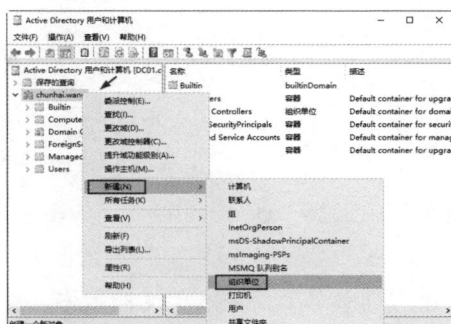

图 9-3-16　创建组织单位

图 9-3-17　创建名为"heinfo"的组织单位

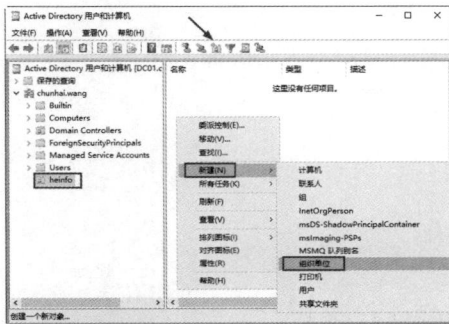

图 9-3-18　在"heinfo"组织单位中创建组织单位

（4）参考上一步的操作，在 heinfo 中创建名为即时克隆组的组织单位，创建完成后如图 9-3-19 所示。

（5）然后参照第（2）步的操作，再在"chunhai.wang"Active Directory 中创建 Horizon8-VDI 的组织单位，创建后如图 9-3-20 所示。

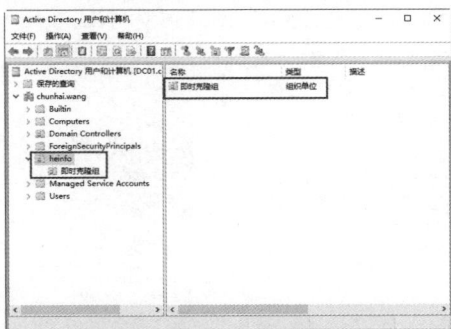

图 9-3-19　在 heinfo 创建 2 个组织单位

图 9-3-20　为虚拟桌面池创建组织单位

9.3.3　为 Horizon 桌面创建用户

要登录到 Horizon 虚拟桌面，需要在 Active Directory 中创建域账户。在实际的生产环境中要在 Active Directory 用户和计算机中创建用户账户，然后再将域用户账号（或域用户组）分配给虚拟桌面。

在"Active Directory 用户和计算机"中，为 Horizon 桌面创建测试用户。在下面的操作中，将创建几个账户，主要步骤如下。

（1）定位到"Horizon→即时克隆组"组织单位，在右侧的空白位置右击，在弹出的快捷菜单中选择"新建→用户"，如图 9-3-21 所示。

（2）在"新建对象-用户"对话框中，在"姓名"中输入用户的中文名称，例如张三，在"用户登录名"处输入英文的名称，例如 zhangsan，如图 9-3-22 所示。

图 9-3-21　新建用户　　　　　　　　　图 9-3-22　设置用户名

（3）在"创建对象-用户"对话框中，默认设置为"用户下次登录时须更改密码"，这样用户第一次登录时将重新设置密码，如图 9-3-23 所示。如果是测试账户，可以取消"用户下次登录时须登录密码"的选项，同时可以选中"用户不能更改密码""密码永不过期"。注意，默认情况下，需要设置一个复杂密码，如 abcd1234XYZ。单击"完成"按钮，完成用户的创建。

（4）参照（1）～（3）的步骤，在"heinfo→即时克隆组"中创建名为李四（用户登录名为 lisi）的用户，创建后的用户如图 9-3-24 所示。

图 9-3-23　设置复杂密码　　　　　图 9-3-24　在链接克隆组中创建域用户账户

为了管理方便，在每个组织单位中创建一个"用户组"，将同一组织单位中的所有用户添加到这个用户组中，主要步骤如下。

（1）在"Active Directory 用户和计算机"中，定位到"heinfo→即时克隆组"，在右侧空白窗格中用鼠标右键单击，在弹出的快捷菜单中选择"新建→组"，如图 9-3-25 所示。

（2）在弹出的"新建对象-组"对话框中的"组名"中输入新建的用户组的名称，本示例为"即时克隆用户组"，如图 9-3-26 所示。单击"确定"按钮完成创建。说明，用户组可以用中文或英文名称。

图 9-3-25　新建组

图 9-3-26　创建用户组

（3）创建用户组后，双击新建的用户组，或者右击新建的组（本示例中为即时克隆用户组），在弹出的快捷菜单中选择"属性"命令，如图 9-3-27 所示。

（4）在"即时克隆用户组 属性"中"成员"选项卡中单击"添加"按钮，如图 9-3-28 所示。

图 9-3-27　用户组属性

图 9-3-28　添加成员

（5）在弹出的"选择用户、联系人、计算机、服务账号或组"对话框中单击"立即查找"，在"搜索结果"列表中选择"heinfo-即时克隆用户组"中的用户，本示例为张三、李四，选中之后单击"确定"按钮，如图 9-3-29 所示。

（6）添加之后"插入对象名称来选择"下拉列表中已经添加张三和李四的域用户账号，如图 9-3-30 所示。单击"确定"按钮。

（7）在"即时克隆用户组属性→成员"中，添加的用户显示在"成员"列表中，如图 9-3-31 所示。单击"确定"按钮完成添加。

图 9-3-29　搜索查找用户　　　　　图 9-3-30　选中用户　　　　　图 9-3-31　即时克隆用户组

9.3.4　配置受限制的组策略

在默认情况下，登录到虚拟桌面的 Active Directory 用户账户对登录的虚拟桌面只有普通用户权限，这是大多数企业虚拟桌面的配置策略。如果要让指定的 Active Directory 用户账号对登录的虚拟桌面有本地管理员权限或其他权，可以在"受限制的组"组策略配置。

"受限制的组（Restricted Groups）"策略会设置域中计算机的本地组成员关系，使之与"受限制的组"策略中定义的成员关系列表设置相匹配。Horizon 桌面用户组的成员始终会添加到每个加入域的 Horizon 桌面的本地远程桌面用户组中。添加新用户时，管理员只需要将其添加到您的 Horizon 桌面用户组。

使用即时克隆虚拟桌面需要部署父虚拟机，在准备父虚拟机时，父虚拟机可以不必加入 Active Directory，在使用 Horizon 管理员创建即时克隆虚拟桌面时，会将新创建的虚拟机自动加入 Active Directory。

在本节的操作中，为即时克隆的虚拟桌面配置"受限制的组"组策略配置，将"即时克隆组"用户组添加"远程桌面用户组"或"本地管理员组"。

（1）在 Active Directory 服务器中，在"服务器管理器→工具"中选择"组策略管理"或运行 gpmc.msc，定位到"域→chunhai.wang→Horizon8-VDI"，右击"Horizon8-VDI"，在弹出的快捷菜单中选择"在这个域中创建 GPO 并在此处链接"命令，在弹出的"新建 GPO"对话框中，在"名称"文本框中输入新建的 GPO 名称，本例为"Instant-GPO"，如图 9-3-32 所示。

（2）在创建 GPO 后，右击新建的策略，在弹出的快捷菜单中选择"编辑"命令，如图 9-3-33 所示。

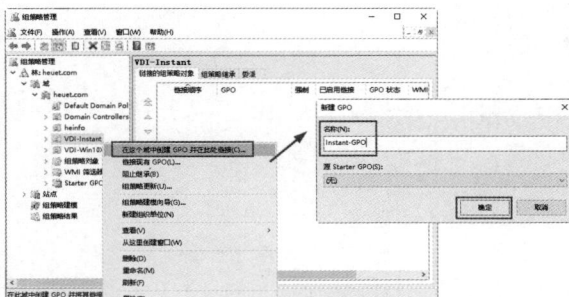

图 9-3-32　创建 GPO

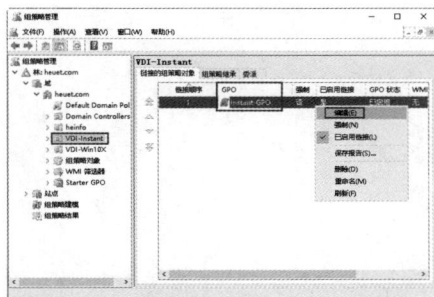

图 9-3-33　编辑

（3）打开"组策略管理编辑器"对话框后，定位到"计算机配置→策略→Windows 设置→安全设置→受限制的组"，在右侧空白位置右击，在弹出的快捷菜单中选择"添加组"命令，如图 9-3-34 所示。

（4）在弹出的"添加组"对话框中，单击"浏览"按钮，在弹出的"选择组"对话框中，查找选择"Remote Desktop Users"（远程桌面用户组），如图 9-3-35 所示。

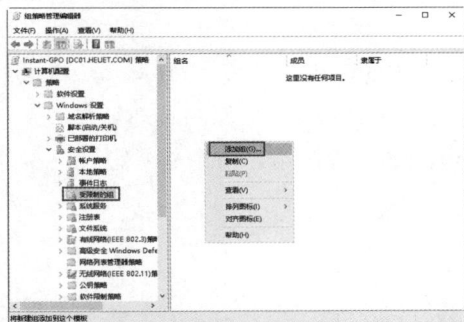

图 9-3-34　添加组

图 9-3-35　添加远程桌面用户组

（5）在弹出的"Remote Desktop Users 属性"对话框中，单击"添加"按钮，在弹出的"添加成员"对话框中单击"浏览"按钮，如图 9-3-36 所示。

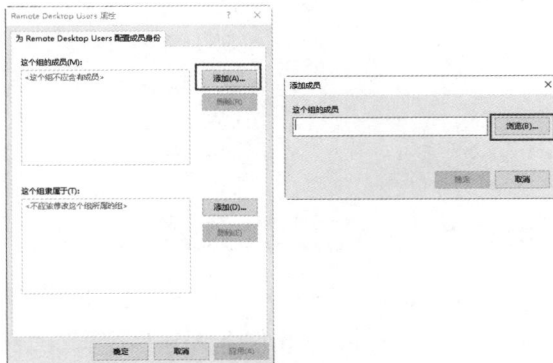

图 9-3-36　添加组

（6）在"选择用户、服务或组"对话框中，添加"即时克隆用户组"用户组，如图 9-3-37 所示。

（7）添加后返回"Remote Desktop Users 属性"对话框，从图中可以看到已经将用户组添加到列表中，单击"确定"按钮完成设置，如图 9-3-38 所示。

图 9-3-37　添加用户组　　　　　　　　图 9-3-38　添加到远程桌面用户组中

通过上面的设置，在使用虚拟桌面时，指定的用户能登录虚拟桌面，但并不能向虚拟桌面中安装或删除软件或修改计算机配置。因为指定的域用户并没有 Horizon 桌面的"本地管理员组"权限。如果你允许域中指定的用户具有 Horizon 桌面的管理员权限，可以参照（1）～（7）的步骤，添加即时克隆组到 Administrators 组，如图 9-3-39 所示。添加之后如图 9-3-40 所示。

图 9-3-39　添加 Administrators 组　　　　　图 9-3-40　添加受限制组之后截图

9.4　安装配置 Horizon 连接服务器

Horizon 连接服务器（Connection Server）是 Horizon 的连接管理服务器，是 Horizon 的重要组成部分。管理员通过 Horizon 连接服务器连接配置 vCenter Server 与 Active Directory 服务器，创建生成虚拟桌面、发布应用程序。客户端通过 Horizon 连接服务器登录虚拟桌面。本节介绍 Horizon 连接服务器的安装与配置。

9.4.1　安装 Horizon 连接服务器

Horizon 连接服务器可以部署在虚拟机中。在本节中根据表 9-2-4 所示规划，在 ESXi 从 WS19-TP 的模板生成一台名为 vcs01.chunhai.wang_16.51 的虚拟机，打开该虚拟机的控制台，设置 IP 地址、网关和 DNS，并检查计算机名称正确后即开始 Horizon 8 的安装。

（1）在部署完虚拟机后，进入虚拟机操作系统，查看并修改计算机的 IP 地址为 192.168.16.53，并设置 DNS 地址为 Active Directory 的服务器地址 192.168.16.11，如图 9-4-1 所示。

（2）检查计算机的名称为 vcs01，计算机是否加入 chunhai.wang 域，如图 9-4-2 所示。

图 9-4-1　查看修改 IP 地址与 DNS　　　　图 9-4-2　加入 Active Directory

（3）检查无误后，以域管理员账户（本示例为 wangchunhai\administrator）登录，进入系统后运行 Horizon 连接服务器安装程序，本示例为 VMware-Horizon-Connection-Server-x86_64-8.1.0-17351278.exe，如图 9-4-3 所示。

（4）在"安装选项"对话框中，选择"Horizon 标准服务器"，同时勾选"安装 HTML Access"复选框，在"指定用于配置该 Horizon 7 连接服务器实现的 IP 协议版本"中选择"IPv4"，如图 9-4-4 所示。

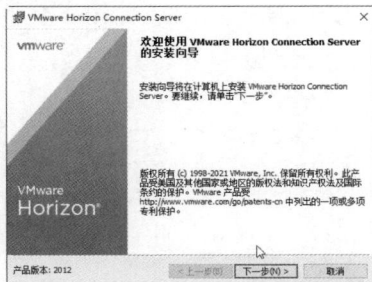

图 9-4-3　运行连接服务器安装程序　　　　图 9-4-4　选择标准安装

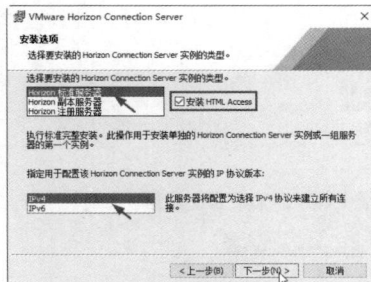

（5）在"数据恢复"对话框中，设置一个密码，该密码用来恢复 Horizon 连接服务器的数据备份，如图 9-4-5 所示。

（6）在"防火墙配置"对话框中，选中"自动配置 Windows 防火墙"单选按钮，如图 9-4-6 所示。

图 9-4-5 设置数据恢复密码

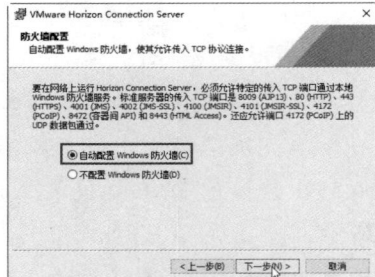

图 9-4-6 防火墙配置

（7）在"初始 Horizon 管理员"对话框中，指定用于 Horizon 初始管理的域用户或组，如图 9-4-7 所示，在此选择域管理员，本示例为 CHUNHAI\Administrator。

（8）在"用户体验改进计划"对话框中，设置是否参加 VMware 用户体验，如图 9-4-8 所示。

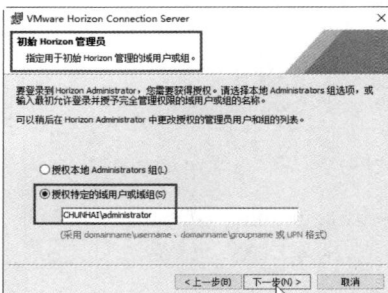

图 9-4-7 初始管理员

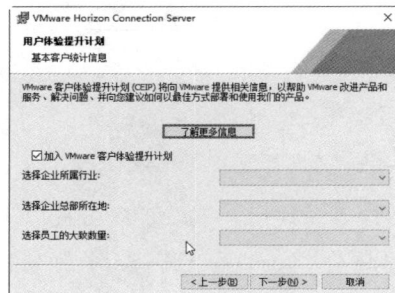

图 9-4-8 用户体验计划

（9）在"准备安装程序"对话框中，选择要部署该 Horizon 连接服务器的位置。如果是在局域网中使用，应选择"常规"，然后单击"安装"按钮，开始安装，如图 9-4-9 所示。

（10）在"安装已完成"对话框中，单击"结束"按钮，安装完成，如图 9-4-10 所示。

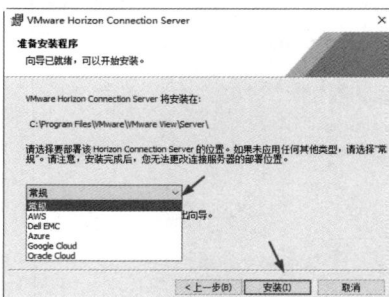

图 9-4-9 准备安装

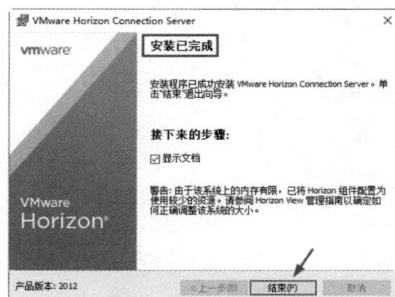

图 9-4-10 安装完成

9.4.2　为 Horizon 连接服务器添加许可

在安装 Horizon 连接服务器之后，在网络中的一台工作站中，使用 Chrome 浏览器，输入 https://vcs01.chunhai.wang/admin，登录 Horizon 连接管理器管理界面。

（1）在 VMware Horizon 2012 登录界面，输入管理员账户和密码，如图 9-4-11 所示。

图 9-4-11　以管理员账户登录

（2）首次登录时会打开"许可和使用情况"界面，单击"编辑许可证"按钮以添加许可，如图 9-4-12 所示。

（3）在弹出的"编辑许可证"对话框中，输入 Horizon 许可证序列号，单击"确定"按钮，如图 9-4-13 所示。

图 9-4-12　编辑许可证

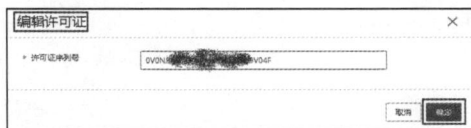

图 9-4-13　添加许可证

（4）添加许可证之后，可以看到许可证有效期限、桌面许可证、应用程序远程许可证等情况，如图 9-4-14 所示，在"使用情况"中可以看到当前许可证使用并发连接数、活动会话数等信息，由于当前还没有启用并配置虚拟桌面，所以当前许可证使用为 0。如图 9-4-15 所示。

图 9-4-14　许可证有效期

图 9-4-15　许可证使用情况

在默认情况下，通过 IP 地址访问 Horizon 控制台界面时显示登录失败，如图 9-4-16 所示，这是 Horizon 中包含新的安全功能导致。Horizon 中的管理页面会检查 Web 请示的来源 URL，并且在 URL 不是 https://localhost/admin 或 https://URL_used_in_Secure_Tunnel_URL_Field/admin 时拒绝该请求。

如果要解决此问题，可以使用 localhost 或者连接服务器配置中"安全加密链路 URL"字段中的 URL。例如在本示例中，可以在安装了 Horizon 连接服务器的虚拟机中，使用 https://localhost/admin 管理

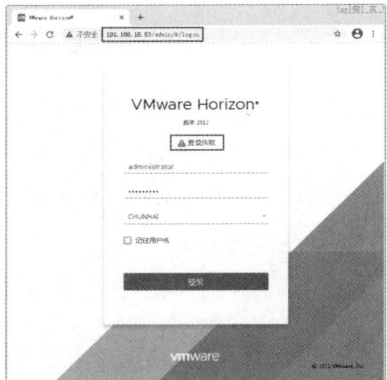

图 9-4-16　使用 IP 地址登录失败

Horizon 连接服务器，或者使用 https://vcs01.chunhai.wang/admin 管理 Horizon 连接服务器（需要配置 DNS 解析 vcs01.chunhai.wang 的域名，或者通过修改本地 c:\windows\system32\drivers\etc\hosts 将 vcs01.chunhai.wang 解析成 192.168.16.53）。也可以使用以下步骤关闭来源检查。

（1）在 C:\Program Files\VMware\VMware View\Server\sslgateway\conf 中，为每个连接服务器创建一个名为 locked.properties 的文本例件，使用"记事本"等纯文本编辑器打开 locked.properties 文件，添加以下代码行：

```
checkOrigin=false
```

确保在保存 locked.properties 文件后，文件扩展名不是.txt。同时该配置文件也可以用于安全服务器（Horizon 7.x 版本）。然后保存并关闭该文件。

（2）在"服务"中重新启动"VMware Horizon View 连接服务器"服务。

经过这样设置之后，就可以使用 IP 地址登录 Horizon 管理界面。

9.4.3　添加 vCenter Server

在 Horizon 连接服务器添加许可之后，需要添加 vCenter Server 以用于虚拟桌面，主要步骤如下。

（1）在 Horizon Administrator 控制台中，在左侧窗格单击"设置→服务器"，在右侧的"vCenter Server"选项中单击"添加"按钮，如图 9-4-17 所示，准备添加 vCenter Server 服务器的地址。

（2）在弹出的"添加 vCenter Server"对话框中，在"vCenter Server 信息"中输入 vCenter Server 的 IP 地址、SSO 账户名和密码，并在"描述"处键入该 vCenter Server 的描述信息，在本示例中，vCenter Server 的 IP 地址是 192.168.1.50，SSO 账户是 administrator@vsphere.local，端口默认为 443，如图 9-4-18 所示。

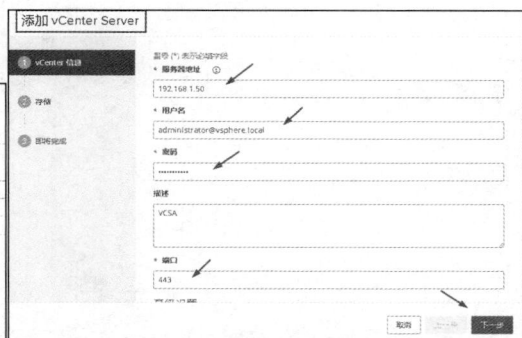

图 9-4-17　添加　　　　　　　　图 9-4-18　配置 vCenter Server

（3）如果在图 9-4-18 中输入的是 IP 地址，或者虽然输入的是 DNS 名称但并没有为 vCenter Server 安装受信任的 CA 颁发的证书，则会弹出"检测到无效的证书"提示，单击"查看证书"链接，如图 9-4-19 所示。

（4）在弹出的"证书信息"对话框中，查看当前的证书，单击"接受"按钮，如图 9-4-20 所示。

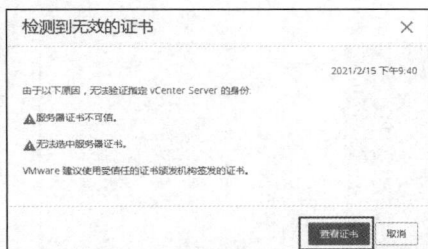

图 9-4-19　检测到无效的证书　　　　　图 9-4-20　接受证书

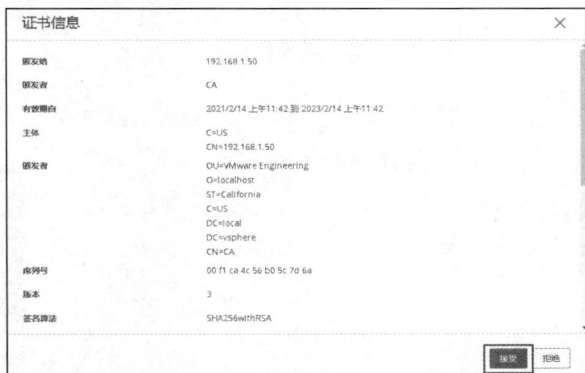

（5）在"存储设置"对话框中，对 ESXi 主机进行配置，以缓存虚拟机磁盘数据，这样可提高 I/O 风暴期间的性能。选择默认值，如图 9-4-21 所示。

（6）在"即将完成"对话框中显示了添加 vCenter Server 的信息，检查无误之后单击"提交"按钮，如图 9-4-22 所示。

（7）添加后返回 Horizon 控制台界面，在"服务器→vCenter Server"列表中可以看到新添加的 vCenter Server 服务器，如图 9-4-23 所示。在实际的生产环境中，可以根据需要添加多个 vCenter Server 服务器。

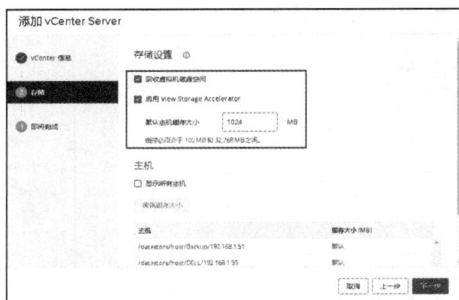

图 9-4-21　存储设置

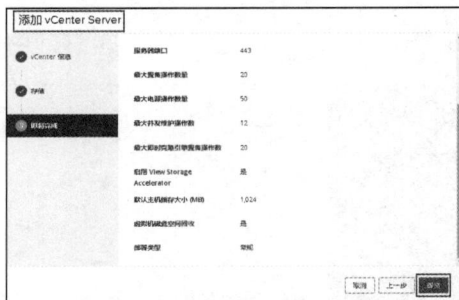

图 9-4-22　即将完成

图 9-4-23　vCenter Server

9.4.4　配置连接服务器

下面需要配置连接服务器，主要步骤如下。

（1）在"设置→服务器→连接服务器"
选项中选择连接服务器，本示例为 VCS01，
然后单击"编辑"按钮，如图 9-4-24 所示。

（2）在"编辑连接服务器设置"对话框
中，外部 URL 与 Balst 外部 URL 默认是连接
服务器的 DNS 名称，本示例为 VCS01.chunhai.
wang，PCoIP 外部 URL 默认是连接服务器的

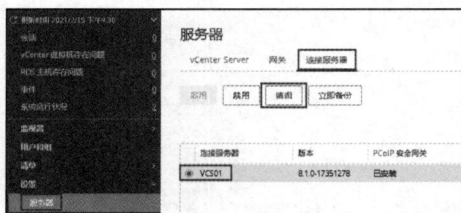

图 9-4-24　编辑连接服务器

IP 地址，本示例为 192.168.16.53，如图 9-4-25 所示。

（3）如果在局域网中使用虚拟桌面，虚拟桌面客户端计算机的 DNS 没有配置为 Active
Directory 的 DNS 的 IP 地址时，或者虚拟桌面客户端计算机的 DNS 无法解析当前 Active
Directory 的域名时，可以将外部 URL 与 Blast 外部 URL 的地址由 DNS 名称（本示例为
vcs01.chunhai.wang）更换为连接服务器的 IP 地址（本示例为 192.168.16.53），默认的端
口不要修改（外部 URL 默认端口为 443，　Blast 外部 URL 默认端口是 8443）。如果虚拟
桌面客户端计算机的 DNS 能够解析连接服务器的域名时可以采用域名。如果替换了连接
服务器的默认证书时，外部 URL 和 Blast 外部 URL 需要是安装的证书的名称并且该证书
名称能解析成连接服务器的 IP 地址（后文会介绍）。在刚开始配置完连接服务器可以将外

部 URL 和 Blast 外部 URL 更改为 IP 地址。无论是连接服务器用于局域网还是通过 UAG 服务器发布到 Internet，PCoIP 安全网关与 Blast 外部 URL 都不需要使用。综合下来，连接服务器设置如下：

- 选中"使用安全加密链路连接计算机"，外部 URL 设置为 https://192.168.16.53:443；
- 不选中"使用 PCoIP 安全网关与计算机建议 PCoIP 连接"。

在"Blast 安全网关"选项中选择"不使用 Blast 安全网关"或选择"使用 Blast 安全网关仅对计算机进行 HTML Access 连接"，如图 9-4-26 所示。

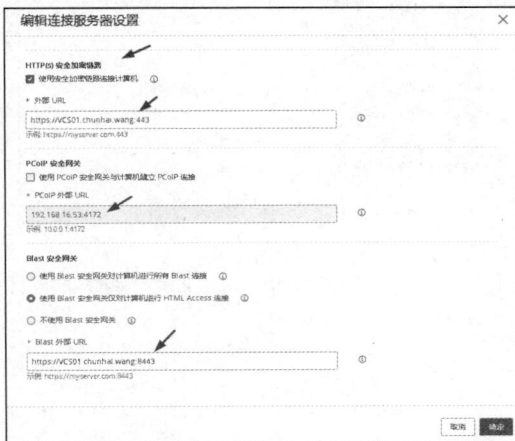

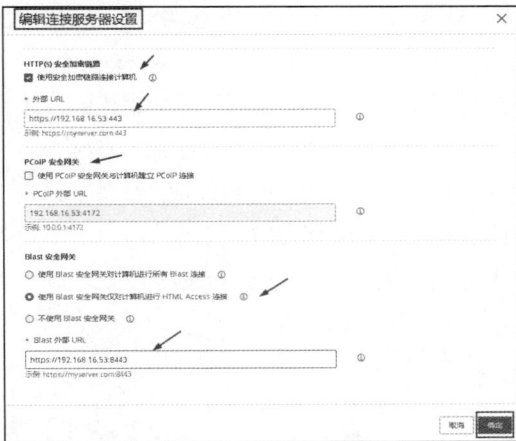

图 9-4-25　连接服务器默认设置　　　　图 9-4-26　连接服务器设置

9.4.5　添加即时克隆引擎域账户

Horizon 8.1 支持完全克隆与即时克隆，如果要使用即时克隆，需要添加用于即时克隆的域账户，可以使用域管理员账户。

（1）在"设置→域→即时克隆引擎域账户"选项卡中单击"添加"按钮，如图 9-4-27 所示。

（2）在"添加域管理员"对话框中输入域管理员账户（默认为 Administrator）及密码，如图 9-4-28 所示。

（3）添加之后如图 9-4-29 所示。

图 9-4-27　添加　　　图 9-4-28　添加域管理员账户　　　图 9-4-29　添加完成

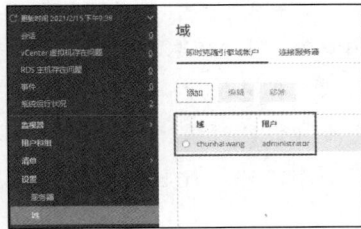

9.4.6　Horizon 全局配置

本节介绍 Horizon 全局配置内容，主要步骤如下。

（1）登录 Horizon 控制台，在"设置→全局设置"中，在"常规设置"中单击"编辑"按钮，如图 9-4-30 所示。

（2）在"常规设置"中，可以设置 Horizon Console 会话超时时间（默认为 30 分钟）、强制用户断开连接时间（默认等待 600 分钟）、单点登录、客户端相关支持等，如图 9-4-31 所示，向下翻页，还可以设置强制注销前警告时间、是否启用 Windows Server 桌面、在客户端用户界面中隐藏服务器信息、在客户端用户界

图 9-4-30　编辑设置

面中隐藏域列表、发送域列表等设置，本示例中选中"发送域列表"，其他根据需要选择设置，如图 9-4-32 所示。设置之后单击"确定"按钮。

图 9-4-31　常规设置

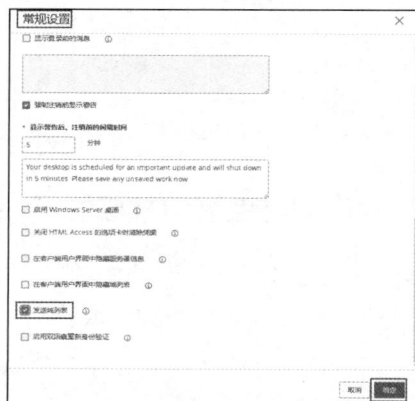

图 9-4-32　发送域列表

（3）在"安全性设置"选项卡中配置消息安全模式、增强安全状态等，如图 9-4-33 所示。

（4）在"客户端设置"中，可以限制最低的 Horizon Client 版本。例如，如果 Windows Horizon Client 最低版本为 4.5.0，则在"适用于 Windows 的 Horizon Client"中以 X.Y.Z 格式（如 4.6.0）输入 Horizon Client 版本。Horizon Client 版本必须为 4.6.0 或更高版本。将不允许较低版本的 Horizon Client 连接到虚拟桌面或应用程序，如图 9-4-34 所示。如无必要不需要设置 Horizon Client 限制。

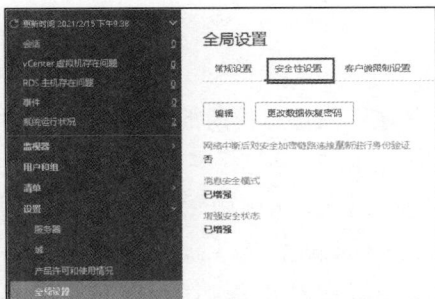

图 9-4-33　安全性设置

图 9-4-34　客户端限制设置

（5）在"设置→全局策略"中，设置多媒体重定向、USB 访问、PCoIP 硬件加速等设置，如无必要采用默认值设置，如图 9-4-35 所示。

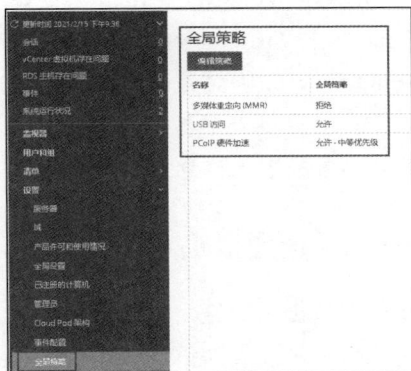

图 9-4-35　全局策略

9.5　准备 Windows 10 父虚拟机

准备用于虚拟桌面的基础虚拟机镜像（一般称为父虚拟机或黄金镜像），需要考虑以下的问题。

（1）操作系统的版本。企业现在主要使用 Windows 7 或 Windows 10 两种操作系统。

（2）父虚拟机中需要安装的应用程序。通常情况下，在父虚拟机中安装的应用程序是长期使用并且软件更新频率比较低的软件，例如 Office、浏览器、输入法、压缩解压缩程序、PDF 文件阅读器、看图软件等。

（3）在生成虚拟桌面后，用户第一次登录需要安装的应用程序。通常情况下，对于更新频率较高的软件，例如企业微信、企业 QQ、微信、QQ 等软件，可以由使用虚拟桌面的用户手动安装，也可以使用 App Volumes 分配给虚拟桌面用户。当有新版本时，可以由用户手动安装更新，或者由 App Volumes 更新。

【说明】如果没有为虚拟桌面用户分配本地管理员权限，可以编写安装脚本，供域普通用户将指定的应用程序安装到虚拟桌面。

（4）是否使用优化工具，对父虚拟机进行优化。

在本节中，以 Windows 10 虚拟机为例，介绍虚拟桌面父虚拟机的准备方法，主要内容与注意事项如下。

（1）使用 vSphere Client 登录到 vCenter Server 创建 Windows 10 的虚拟机，并安装 Windows 10 专业版、企业版或教育版，安装 VMware Tools、输入法、WinRAR、安装所需要的应用程序，然后为虚拟桌面优化 Windows 10 的计算机（本方法同样适用于 Windows 7、Windows 8）。

（2）如果需要安装 Chrome 浏览器，需要下载企业版 Chrome 为所有用户安装。普通版本的 Chrome 浏览器只能为当前登录的用户安装，新登录的用户无法使用。

（3）需要安装 VL 版本的 Office。Windows 操作系统与 Office 通过 KMS 服务器激活。不要使用 MAK 密钥激活 Windows 与 Office，也不要使用破解程序激活。

【说明】本章所用的 Windows 10 操作系统安装镜像文件名称是 cn_windows_10_business_editions_version_20h2_x64_dvd_f978664f.iso，这是 Windows 10 的 20h2 版本。

【注意】关于 KMS 服务器的安装配置，以电子版的方式放在本书提供的配套资源。

9.5.1　准备 Windows 10 的模板虚拟机

首先介绍 Windows 10 模板虚拟机的配置，主要步骤如下。

（1）使用 vSphere Client 登录到 vCenter Server，在 Horizon8-TP 资源池中新建虚拟机，设置虚拟机的名称为 Win10X64_20H2-TP，如图 9-5-1 所示。为虚拟机暂时分配 6 个 CPU、6GB 内存、100GB 硬盘、使用 VMXNET3 虚拟网卡，如图 9-5-2 所示。如果为虚拟桌面规划了单独的 VLAN，在"新网络"右侧的下拉列表中选择用于虚拟桌面的端口组（本示例为 vlan3017）。

图 9-5-1　新建虚拟机

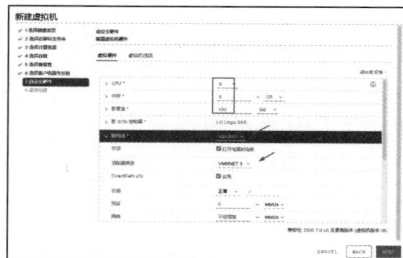

图 9-5-2　虚拟机配置

（2）在"虚拟机选项→引导选项→固件"中选择 BIOS，如图 9-5-3 所示。

图 9-5-3　修改固件

（3）在"虚拟机选项→高级→配置参数"中单击"编辑配置"，如图 9-5-4 所示，在"配置参数"对话框中单击"添加配置参数"，添加 devices.hotplug = false 的参数，如图 9-5-5 所示。添加该参数是禁止在虚拟机中移除可移动设备，例如网卡、硬盘等设备。添加参数之后单击"确定"按钮完成。

图 9-5-4　编辑配置

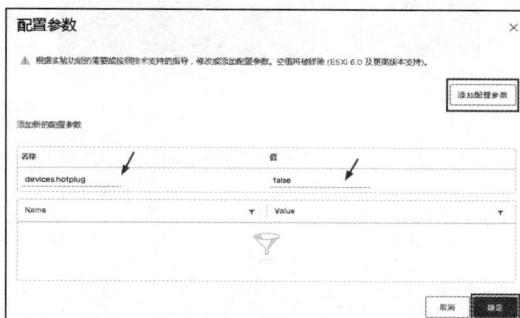

图 9-5-5　添加配置参数

（4）在"即将完成"对话框中显示了新建虚拟机的配置，检查无误后单击"FINISH"按钮，如图 9-5-6 所示。

图 9-5-6　即将完成

9.5.2 在虚拟机中安装操作系统与应用程序

在创建 Windows 10 模板虚拟机之后，打开虚拟机电源并使用控制台打开虚拟机管理界面，加载 cn_windows_10_business_editions_version_20h2_x64_dvd_f978664f.iso 的镜像文件启动虚拟机，然后开始安装 Windows 10 操作系统，主要步骤如下。

（1）运行 Windows 10 安装程序，如图 9-5-7 所示。

（2）在"选择要安装的操作系统"对话框中选择"Windows 10 企业版"，如图 9-5-8 所示。

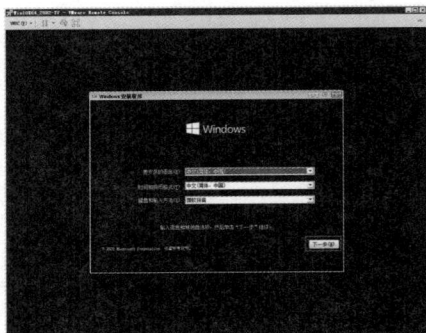

图 9-5-7　安装程序

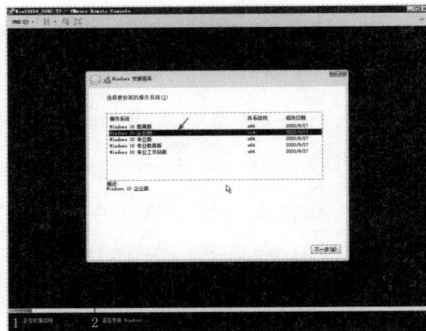

图 9-5-8　选择操作系统版本

（3）在"你想将 Windows 安装在哪里"选择安装磁盘，本示例中这是一个 100GB 的磁盘，直接单击"下一步"按钮，如图 9-5-9 所示，然后开始安装 Windows 10 操作系统，如图 9-5-10 所示。

图 9-5-9　安装位置

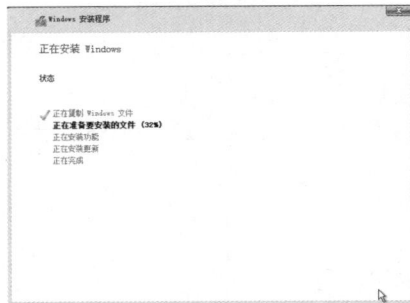

图 9-5-10　开始安装

（4）因为当前虚拟机选择的 VMXNET3 虚拟网卡，Windows 10 操作系统中没有集成该网卡驱动程序，这表示为虚拟机没有 Internet 连接，如图 9-5-11 所示。单击"我没有 Internet 连接"，在"网络"界面中单击"继续执行有限设置"按钮，如图 9-5-12 所示。

（5）在"谁将会使用这台电脑"对话框中创建一个本地账户，本示例中账户名称为 Windows，如图 9-5-13 所示，然后为账户设置密码，如图 9-5-14 所示。如果要在虚拟桌面中安装 Horizon Direct Agent，使用 Horizon Client 以直连方式登录到虚拟桌面时，必须有密码才能登录到虚拟桌面。如果不安装 Horizon Direct Agent，可以不设置密码。

图 9-5-11　没有 Internet 连接

图 9-5-12　执行有限设置

图 9-5-13　创建本地账户

图 9-5-14　设置密码

（6）在"为你的设备选择隐私设置"中，根据需要选择，本示例中关于所有隐私设置，如图 9-5-15 所示。

（7）登录进入 Windows，安装 VMware Tools，如图 9-5-16 所示。

图 9-5-15　隐私设置

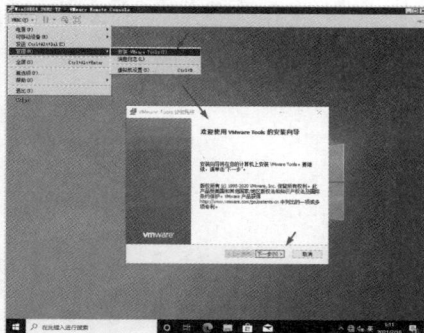

图 9-5-16　安装 VMware Tools

（8）在安装 VMware Tools 的过程中，会安装 VMXNET 3 网卡驱动。如果后期要使用 NSX-V 保护虚拟机，需要安装"NSX 文件自检驱动程序"和"NSX 网络自检驱动程序"，如图 9-5-17 所示。

（9）安装完 VMware Tools 之后，单击"完成"按钮，然后根据提示重新启动计算机，如图 9-5-18 所示。

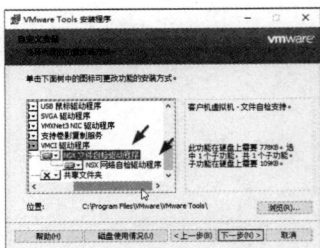

图 9-5-17　安装 VMware Tools

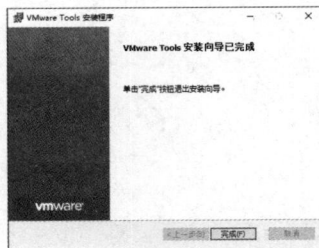

图 9-5-18　重新启动计算机

9.5.3　安装应用程序

在安装好操作系统与 VMware Tools 之后，通过 KMS 激活 Windows，然后安装应用程序。本示例中将要安装 Office 2019 专业版、Chrome、WinRAR、五笔与拼音输入法等软件。主要操作步骤如下。

（1）打开 Windows 10 虚拟机控制台，使用 KMS 激活。

（2）安装常用的输入法，拼音输入法与五笔输入法都要安装。安装 QQ、微信、ACDSee、Chrome 浏览器等，如图 9-5-19 所示。

（3）安装 Office 2021 与 Visio 2021，安装完成之后通过 KMS 激活，如图 9-5-20、图 9-5-21 所示。

图 9-5-19　安装输入法

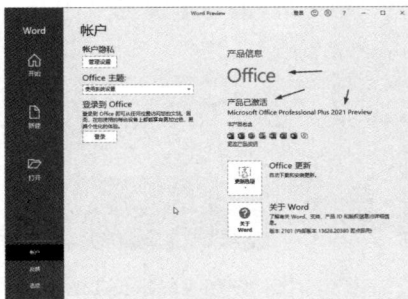

图 9-5-20　安装 Office 2021

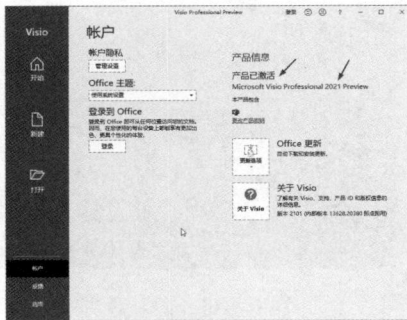

图 9-5-21　安装 Visio 2021

（4）下载企业版 Chrome 浏览器的安装程序，如图 9-5-22 所示，然后安装企业版 Chrome 浏览器。本示例中安装 32 位 Chrome 浏览器，也可以根据需要选择安装 64 位的 chrome 浏览器。企业版 Chrome 浏览器的地址为 https://chromeenterprise.google/ browser/download。

（5）安装企业版 chrome 浏览器，打开安装位置可以看到，32 位企业版 chrome 浏览器安装的位置为 C:\Program Files (x86)\Google\Chrome\ Application，如图 9-5-23、图 9-5-24 所示。如果是 64 位企业版 chrome 浏览器安装的位置为 C:\Program Files\Google\Chrome\ Application。

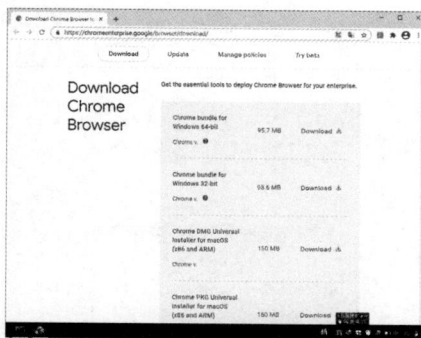

图 9-5-22　下载企业版 chrome

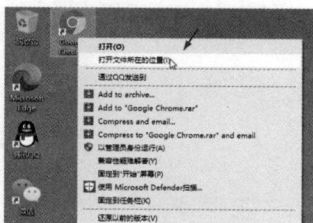

图 9-5-23　打开安装位置

图 9-5-24　查看 chrome 安装位置

（6）修改网络属性为"自动获得 IP 地址"和"自动获得 DNS 服务器地址"，如图 9-5-25 所示。

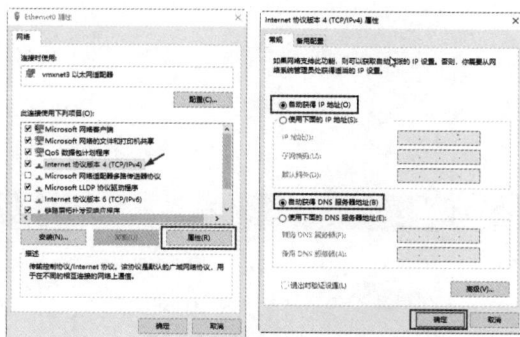

图 9-5-25　IP 地址设置

（7）在"系统属性→系统保护"中，确认关闭系统保护，如图 9-5-26 所示。

（8）在"视觉效果"选项中，先选中"调整为最佳性能"单选按钮，单击"确定"按钮，如图 9-5-27 所示。

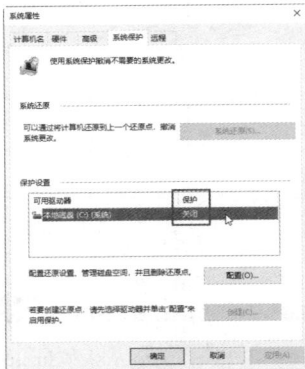

图 9-5-26　关闭系统保护　　　　　　　图 9-5-27　最佳性能

（9）在"启动和故障恢复"中，取消勾选"自动重新启动"复选框，在"写入调试信息"下拉列表选择"无"，如图 9-5-28 所示。

（10）修改"用户账户控制设置"，选择"从不通知"，如图 9-5-29 所示。

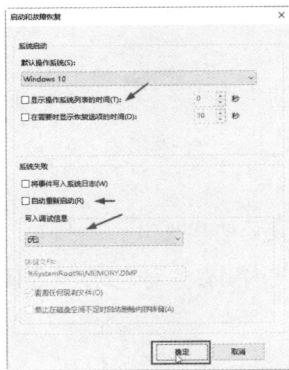

图 9-5-28　启动和故障恢复　　　　　　图 9-5-29　用户账户设置

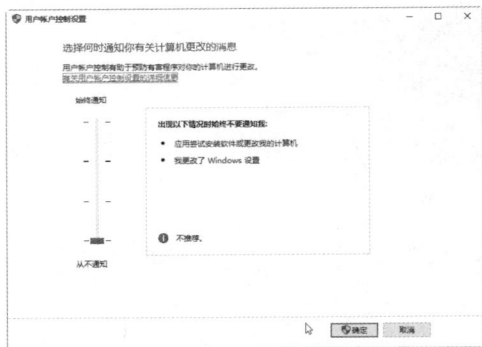

经过上述设置后，关闭虚拟机。等虚拟机关闭后，将 Win10X64_20H2-TP 虚拟机转换成模板，如图 9-5-30 所示。

图 9-5-30　将虚拟机转换为模板

9.5.4　准备即时克隆虚拟桌面使用的父虚拟机

从 Win10X64_20H2-TP 的模板虚拟机部署一台新的虚拟机，安装 Horizon Agent，用于即时克隆的父虚拟机。主要步骤如下。

（1）新建虚拟机，选择 Win10X64_20H2-TP，如图 5-1-31 所示。

（2）在"选择名称和文件夹"对话框中的"为该虚拟机输入名称"文本框中，输入虚拟机的名称，本示例为 Win10X-VM01，如图 9-5-32 所示。

图 5-1-31　从模板部署虚拟机

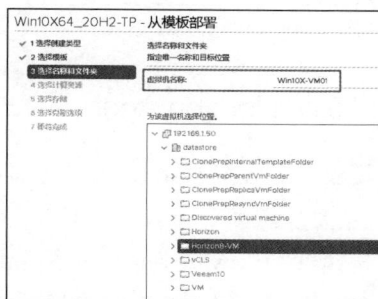

图 9-5-32　设置虚拟机名称

（3）在"选择存储"对话框中的"选择虚拟磁盘格式"下拉列表中选择"精简置备"选项。

（4）在"选择克隆选项"对话框中勾选"自定义操作系统、自定义此虚拟机的硬件、创建后打开虚拟机电源"复选框，如图 9-5-33 所示。

（5）在"自定义客户机操作系统"对话框中，选择一个自定义规范。当前的虚拟机不需要加入域。如图 9-5-34 所示。

图 9-5-33　选择存储

图 9-5-34　自定义规范

（6）在"用户设置"中的"计算机名称→NetBIOS 名称"中定义计算机的名称，本示例为 Win10X-VM01，如图 9-5-35 所示。

（7）在"自定义硬件"对话框中，设置虚拟机的 CPU、内存，在"网络适配器"中选择虚拟桌面所用的虚拟交换机端口组，本示例中为虚拟机分配 6 个 CPU、6GB 内存，使用 vlan3017 端口组，如图 9-5-36 所示。

其他的选择默认值，然后等待完成虚拟机的置备。

图 9-5-35　NetBIOS 名称

图 9-5-36　自定义硬件

9.5.5　安装 Horizon Agent

从模板置备虚拟机完成后，打开名为 Win10X-VM01 虚拟机控制台，安装 Horizon 8.1 Agent，主要步骤如下。

（1）运行 VMware-Horizon-Agent-x86_64-2012-8.1.0-17352461.exe 安装程序，进入 VMware Horizon Agent 的安装向导，如图 9-5-37 所示。

（2）在"网络协议配置"对话框中选择配置此 Horizon Agent 实例的协议，Horizon Agent 支持 IPv4 或 IPv6，本示例中选择 IPv4，如图 9-5-38 所示。

图 9-5-37　安装程序

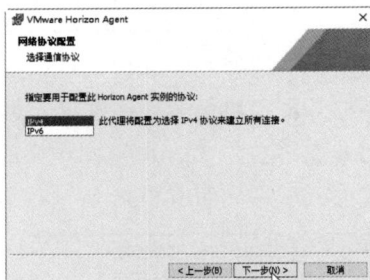

图 9-5-38　网络协议配置

（3）在"自定义安装"中选择安装的组件。在选择组件时需要注意以下几点。

USB 重定向：如果使用终端或瘦客户机连接的 USB 接口的打印机，以及使用 USB 接口的摄像头等外部设备，需要安装"USB 重定向组件"。

Horizon Agent 8.1 只有 VMware Horizon Instant Clone（即时克隆）。如果是 Horizon Agent 8.0 及 7.x 的版本还有 VMware Horizon View Composer 组件（链接克隆），两者只能选择其中之一进行安装。

客户端驱动器重定向：选择这个组件，支持将 Horizon Client 计算机的本地硬盘或本地文件夹映射到虚拟桌面中。即使没有安装 USB 重定向组件，如果安装了这个组件，U 盘、USB 接口的可移动硬盘，因为被识别到本地硬盘，所以也能映射到虚拟桌面中使用。如图 9-5-39 所示。

虚拟打印与 VMware Integrated Printing（虚拟打印机支持）不能同时安装，如果需要在虚拟桌面中使用客户端计算机的打印机，需要安装这两个组件中的一个。

扫描仪重定向、智能卡重定向、串行端口重定向等可以根据需要安装，如图 9-5-40 所示。

（4）在"远程桌面协议配置"对话框中，选择是否启用该计算机的远程桌面功能，如图 9-5-41 所示。

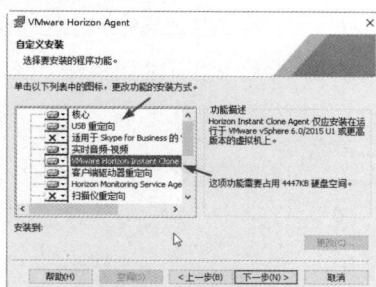

图 9-5-39　Horizon Agent 组件　　　　　图 9-5-40　重定向

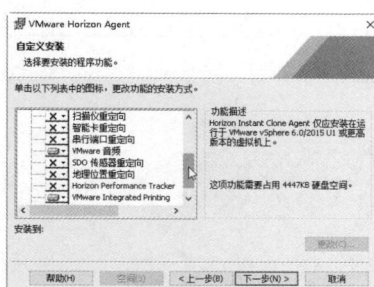

（5）安装完 Horizon Agent 之后，如图 9-5-42，重新启动计算机。

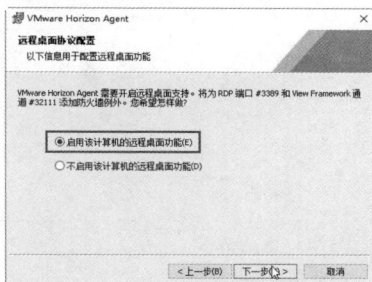

图 9-5-41　启用远程桌面功能　　　　　图 9-5-42　安装完成

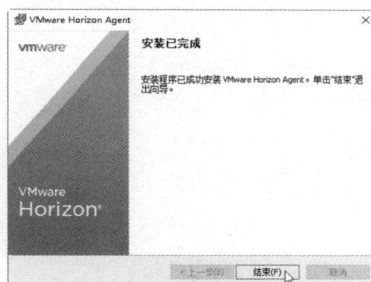

（6）再次启动并进入桌面之后，从"开始"菜单关闭虚拟机。等虚拟机关闭后，为虚拟机创建快照。安装了 Horizon Agent 并且关机创建了快照的虚拟机可以用作 Horizon 桌面池的父虚拟机。

9.5.6　优化 Windows 10

如果要想让虚拟桌面获得较好的性能，可以使用优化工具对父虚拟机进行优化。本节介绍使用 VMware OS Optimization Tool 优化 Windows 10 的内容。

（1）安装并运行 VMware OS Optimization Tool b2001 的版本，单击"Analyze"按钮分析当前系统可以进行的优化项，如图 9-5-43 所示。右上角标记为黄色的为 Optimization Not Applied（未应用优化）

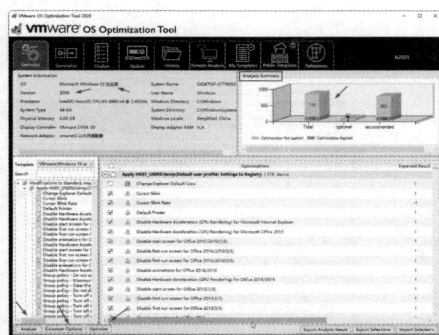

图 9-5-43　优化 Windows 10

的项数（当前为 715），蓝色的为 Optimization Applied（应用优化）的项数，当前为 113。在"Optimizations"列表中显示的是 VMware OS Optimization Tool 标记为可以进行优化的选项，可以浏览查看，并且根据自己的需要进行取舍。

（2）在确认优化之前单击"Common Options"按钮，进入"Select Option"对话框，可以优化视觉效果，如图 9-5-44 所示；禁止 Windows 更新，如图 9-5-45 所示；移除 Windows Store 应用程序（如图 9-5-46 所示，本示例保留了计算器程序）、背景颜色、安全选择是否启用 Bitlocker、防火墙、防病毒、SmartScreen 等，如图 9-5-47 所示。设置之后单击"OK"按钮。

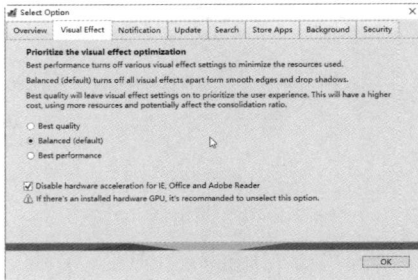

图 9-5-44　视觉效果

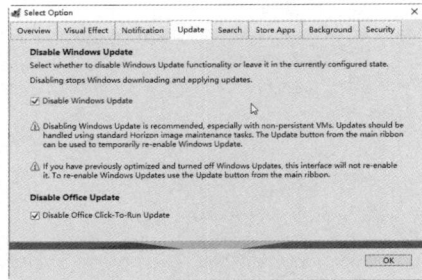

图 9-5-45　禁止 Windows 更新

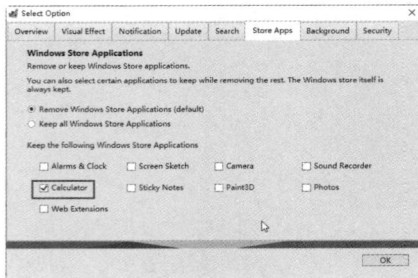

图 9-5-46　应用程序

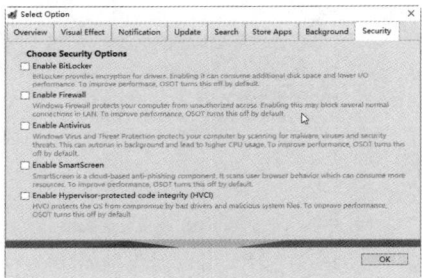

图 9-5-47　安全选项

（3）选择好后单击"Optimize"按钮进行优化，优化后再单击"Analyze"按钮进行分析，在右上角可以看到，已经优化了 750 条，如图 9-5-48 所示。

（4）优化之后，再次运行"用户账户控制设置"对话框，调整为"从不通知"，如图 9-5-49 所示。

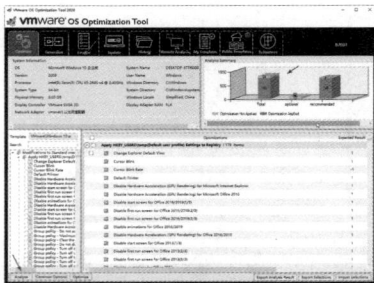

图 9-5-48　优化之后

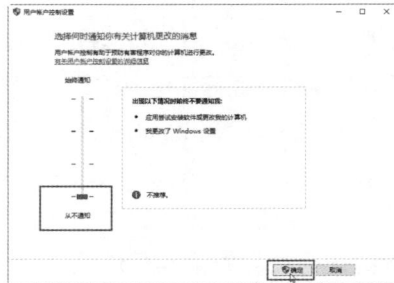

图 9-5-49　用户账户设置

9.5.7　复制配置文件

为了让新登录用户使用相同的配置，本示例中将名称为 Windows 的账户配置复制到默认用户。主要操作步骤如下。

（1）打开"计算机管理"，在"本地用户和组→用户"中将 Administrator 账户启用并设置密码，如图 9-5-50 所示。

（2）注销当前用户（当前用户登录名为 Windows），以 Administrator 登录，如图 9-5-51 所示。

图 9-5-50　启用 Administrator

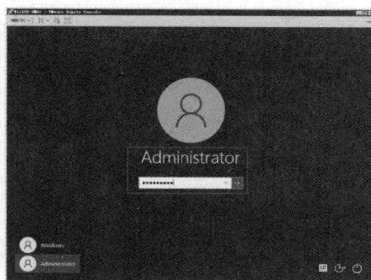

图 9-5-51　以 Administrator 登录

（3）打开资源管理器，复制 c:\users\windows\ntuser.dat 到 c:\users\default 目录，覆盖 c:\users\default\ntuser.dat 文件，复制之后如图 9-5-52 所示，这是复制的用户设置配置文件。这样复制后，以后新登录的用户的配置将以此配置文件为基准，用户的设置与图 9-5-50 中的名称为 Windows 的账户相同。

（4）复制之后打开"计算机管理→本地用户和组→用户"中禁用名称为 Windows 的账户，如图 9-5-53 所示。

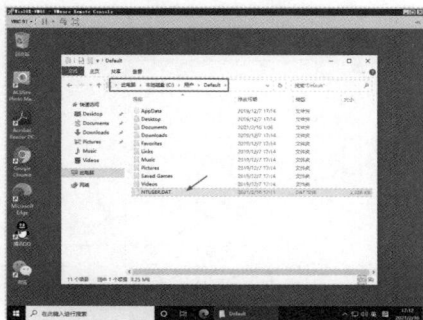

图 9-5-52　复制 NTUSER.DAT 文件

图 9-5-53　禁用 Windows 账户

9.5.8　为父虚拟机创建快照

用于链接克隆的虚拟机必须关机并且创建快照，在开机状态下创建的快照不适合链接克隆的虚拟桌面。

（1）使用 vSphere Client 或 vSphere Web Client 登录到 vCenter Server，右单击已经关闭电源的名为 Win10X-VM01 的虚拟机，在弹出的快捷菜单中选择"快照→生成快照"命令，如图 9-5-54 所示。

（2）在"生成 Win10X-VM01 的虚拟机快照"对话框中，为新建快照设置名称和描述信息，本示例中快照名称为 fix01，如图 9-5-55 所示，单击"确定"按钮完成快照的创建。

图 9-5-54　创建快照

图 9-5-55　设置快照名称

为父虚拟机创建快照之后，就可以创建链接克隆的桌面池。

9.5.9　创建即时克隆的桌面池

下面，将以上一节创建的 Windows 10 虚拟机为例，介绍创建"即时克隆"自动桌面池的方法。

（1）在网络中的一台计算机上登录 Horizon Console 管理界面，本示例中登录地址为 https://192.168.16.53/admin。登录之后，在"清单→桌面池"中，单击"访问组→新建访问组"，如图 9-5-56 所示，在弹出的"添加访问组"对话框中，新建一个访问组，设置名称为"Instant"，如图 9-5-57 所示。

图 9-5-56　添加访问组

图 9-5-57　设置访问组名称

（2）创建访问组后，单击"添加"按钮，在"添加桌面池"对话框，选择"自动桌面池"，如图 9-5-58 所示。

（3）在"vCenter Server"对话框中，选中"即时克隆"单选按钮，如图 9-5-59 所示。

（4）在"用户分配"对话框中，选择"浮动"，如图 9-5-60 所示。在采用浮动分配时，用户每次登录时，登录到的虚拟桌面是从桌面池中随机选出的计算机。对于计算机数量较少和相对固定使用的用户，可以使用"专用"。

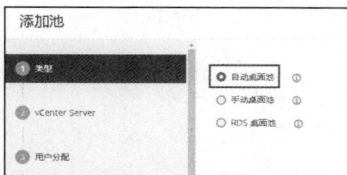

图 9-5-58　自动桌面池

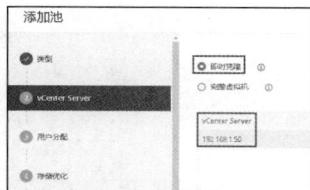

图 9-5-59　选择 vCenter Server

（5）在"桌面池 ID"对话框中为要创建的虚拟机桌面池创建一个名称，在本例中设置名称为 Instant-Win10X，设置显示名称为"Windows 10"，访问组选择 Instant，如图 9-5-61 所示。

图 9-5-60　用户分配

图 9-5-61　设置虚拟机 ID 名

（6）在"置备设置"对话框中，设置虚拟机池的大小，虚拟机的命名方式，如图 9-5-62 所示。在本例中，在"虚拟机命名"选项组，选择"使用一种命名模式"，并设置名称为 "instant- {n:fixed=3}"。在"桌面池尺寸调整"中设计算机池最大数量为 1，总是开机的虚拟机为 1。创建 1 个虚拟桌面是用来测试，当测试无误之后再编辑桌面池，修改"最大计算机数"，增加可用虚拟机数量。

（7）在"vCenter 设置"对话框中选择父虚拟机、父虚拟机快照、生成的虚拟桌面使用的群集、保存的目标存储、资源池等，如图 9-5-63 所示。

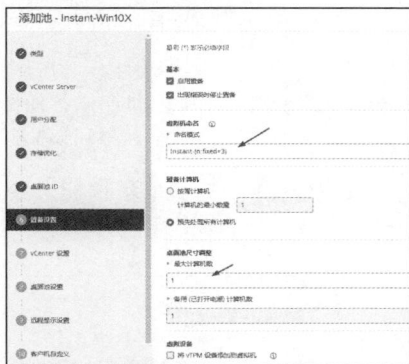

图 9-5-62　设置虚拟机命名方式、池大小

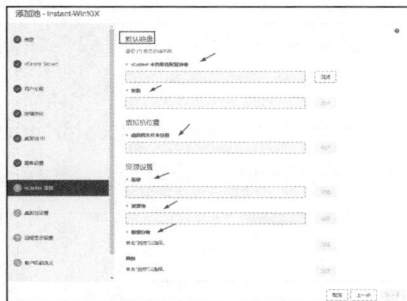

图 9-5-63　vCenter 设置

（8）在图 9-5-63 的"vCenter 中的父虚拟机"中单击"浏览"按钮，在弹出的"选择父虚拟机"对话框中，选择前文中准备的虚拟机，本示例中该虚拟机名称为 Win10X-VM01，如图 9-5-64 所示。

（9）选择父虚拟机后返回图 9-5-63，在"快照"中单击"浏览"按钮，为父虚拟机选择快照，如图 9-5-65 所示。在此示例中快照名称为 fix01。

（10）选择快照后返回图 9-5-63，在"虚拟机文件夹位置"后单击"浏览"按钮，选择用于存储虚拟机的文件夹，本示例为 Horizon8-VM，如图 9-5-66 所示。

图 9-5-64　选择父虚拟机

图 9-5-65　选择快照

图 9-5-66　选择存储虚拟机的文件夹

（11）选择"主机或群集"，选择合适的主机及群集，本示例集群名称为 DELL。

（12）选择"资源池"，选择前文创建的"Horizon8-VDI"资源池。

（13）在"选择即时克隆数据存储"对话框选择该桌面池要使用的数据存储，如图 9-5-67 所示。如果为桌面池选择本地存储，会弹出警告对话框，单击"确定"按钮继续。

（14）设置后返回"vCenter 设置"，在此显示了父虚拟机、父虚拟机快照、虚拟机文件夹位置、资源设置等信息，如图 9-5-68 所示。

图 9-5-67　选择数据存储

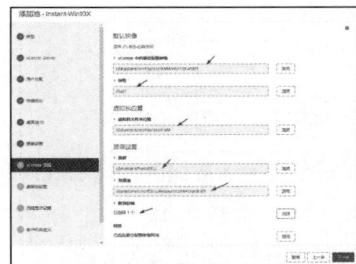

图 9-5-68　vCenter Server 设置

（15）在"桌面池设置"对话框中设置虚拟机池，在本示例中，会话类型选择"桌面"，断开连接后注销选择"等待"，时间设置 120 分钟（可以根据需要设置，如果在机房或临时使用的场合可以设置的时间，例如 10 分钟），如图 9-5-69 所示。对于浮动分配的即时克隆桌面池，虚拟桌面注销即会自动删除并生成新的虚拟桌面，此时用户的设置与数据会丢失。关于即时克隆虚拟桌面数据保存方式将在后文介绍。

（16）在"远程显示协议"选项中，设置默认显示协议，如图 9-5-70 所示。

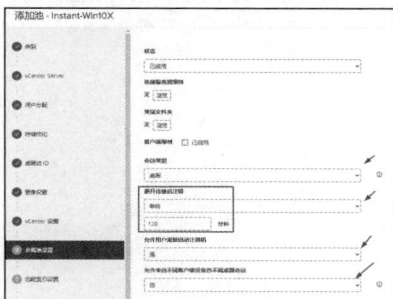

图 9-5-69　桌面池设置　　　　图 9-5-70　远程显示协议

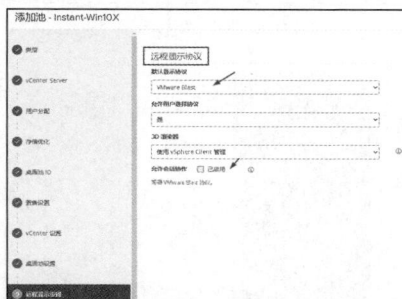

（17）在"客户机自定义"对话框中，在"AD 容器"后单击"浏览"按钮，选择前文创建的"Horizon8-VDI"组织单位，选中"允许重用已存在的计算机账户"复选框，选择之后如图 9-5-71 所示。

（18）在"即将完成"对话框，显示了创建自动池的参数与设置，检查无误之后，选中"向导完成后授权用户"复选框，单击"提交"按钮，如图 9-5-72 所示。

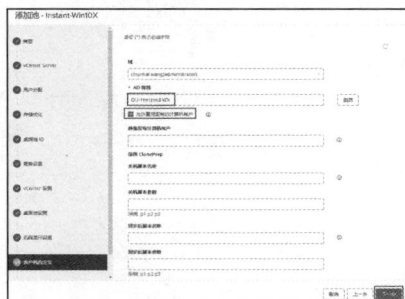

图 9-5-71　客户机自定义　　　　图 9-5-72　完成设置

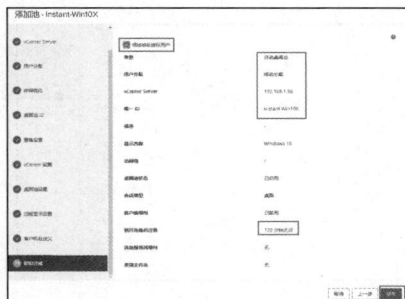

（19）在"添加授权"对话框中单击"添加"按钮，在"查找用户或组"对话框中，单击"查找"按钮，浏览选择要使用当前桌面池的用户或用户组，本示例选择"即时克隆用户组"用户组，如图 9-5-73 所示，添加之后如图 9-5-74 所示。单击"确定"按钮。

等待虚拟桌面置备完成后，在"清单→计算机"中看到部署的 Windows 10 桌面，如图 9-5-75 所示。

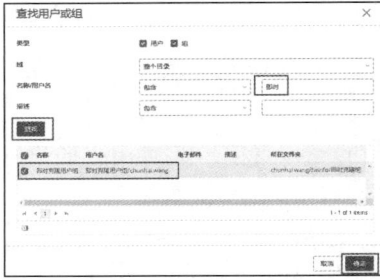

图 9-5-73　查找用户或组

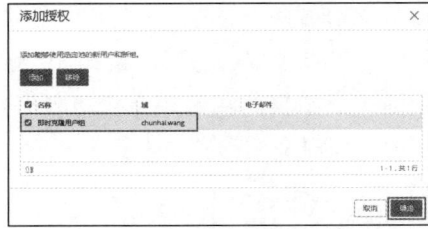

图 9-5-74　添加授权

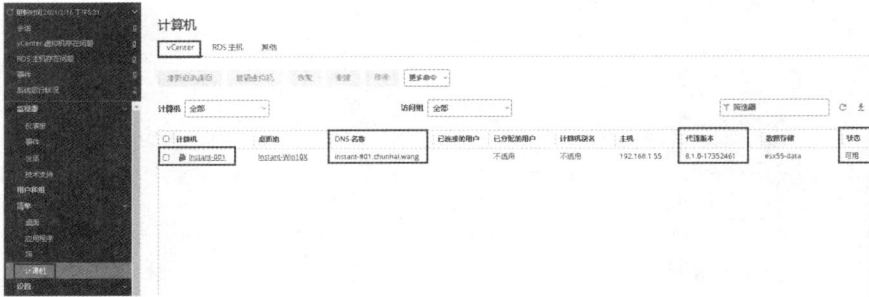

图 9-5-75　部署好的 Windows 10 虚拟桌面

在图 9-5-75 中，显示的每一列的信息如下：

（1）计算机：这是每个虚拟桌面虚拟机的名称，在 vSphere Client 中可以看到，如图 9-5-76 所示；

图 9-5-76　生成的虚拟桌面虚拟机

（2）桌面池：表示当前虚拟机属于哪一个桌面池；

（3）DNS 名称：虚拟桌面计算机的计算机名称；

（4）已连接的用户：已经连接到虚拟桌面的域用户；

（5）已分配的用户：已经分配了用户的虚拟桌面；

（6）主机：当前虚拟桌面驻留的宿主机；

（7）代理版本：虚拟桌面计算机安装的 Horizon Agent 的版本。如果代理显示"未知"，通常表示该虚拟机未开机；

（8）数据存储：虚拟桌面使用的存储；

（9）状态：状态显示为可用的，表示虚拟桌面已经开机并且可供用户使用；状态显示为已连接的，表示已经有用户登录并使用该桌面；已置备表示虚拟桌面已经生成处于关机状态。

9.6　在客户端测试虚拟桌面

VMware Horizon 虚拟桌面支持 Windows、Linux、Mac 操作系统，支持 Android、iPAD、iPhone 等手机或平板。不同的操作系统或不同的设备需要安装不同的客户端软件。Horizon Client 8.1 不同操作系统和不同设备下载地址为 https://www.vmware.com/go/viewclients。下载页面如图 9-6-1 所示。

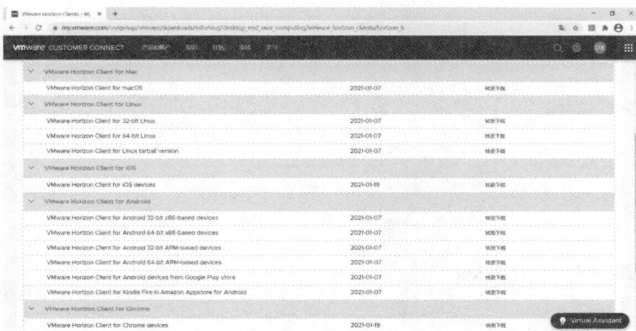

图 9-6-1　客户端程序下载页面

VMware Horizon Client 2012 各个版本的文件名称与对应的平台如表 9-6-1 所示。

表 9-6-1　VMware Horizon Client 2012 安装程序

文 件 名	客户端平台
VMware-Horizon-Client-2012-8.1.0-17349995.exe	Windows 操作系统
VMware-Horizon-Client-2012-8.1.0-17349998.x64.bundle	64 位 Linux
VMware-Horizon-Client-2012-8.1.0-17349998.x86.bundle	32 位 Linux
VMware-Horizon-Client-2012-8.1.0-17353466.dmg	苹果 Mac
VMware-Horizon-Client-AndroidOS-arm-2012-8.1.0-17350010-store.apk	32 位 Android，ARM
VMware-Horizon-Client-AndroidOS-arm64-2012-8.1.0-17350010-store.apk	64 位 Android，ARM
VMware-Horizon-Client-AndroidOS-x86-2012-8.1.0-17350010-store.apk	32 位 Android，Intel
VMware-Horizon-Client-AndroidOS-x8664-2012-8.1.0-17350010-store.apk	64 位 Android，Intel

如果要在 Windows 10 以前版本的操作系统安装 Horizon Client，需要选择 5.4.3 及以前的版本。VMware Horizon Client 5.4.3 及以前版本文件名和文件大小如表 9-6-2 所示。

表 9-6-2　VMware Horizon Client 5.4.2 安装程序

文　件　名	文件大小
VMware-Horizon-Client-5.4.3-16346110.exe	218 MB
VMware-Horizon-Client-5.4.2-15936851.exe	219 MB
VMware-Horizon-Client-5.3.0-15208953.exe	218 MB

9.6.1　在 Windows 操作系统安装 Horizon Client

客户端软件应根据实际需要选择安装。本节以 Windows 操作系统为例进行介绍。

（1）双击 VMware-Horizon-Client-2012-8.1.0-17349995.exe，运行安装程序，单击"同意并安装"按钮，如图 9-6-2 所示。

（2）安装完成后重新启动系统，如图 9-6-3 所示。

图 9-6-2　同意并安装

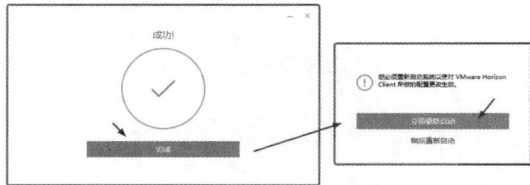

图 9-6-3　安装完成重新启动

9.6.2　桌面虚拟化软件使用

Horizon Client 软件使用比较简单，使用方法与主要步骤如下。

（1）再次进入系统后，双击桌面上的 VMware Horizon Client 的图标进入 Horizon Client，单击右上角的"▤▾"选择"配置 SSL"，如图 9-6-4 所示。

（2）在"VMware Horizon Client SSL 配置"对话框中选择"不验证服务器身份证书"，如图 9-6-5 所示。

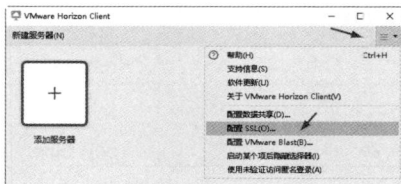

图 9-6-4　配置 SSL

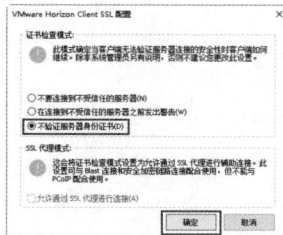

图 9-6-5　不验证服务器证书

（3）配置之后添加连接服务器的地址，如果是通过 Internet 访问应输入 Horizon 安全服务器的地址和端口（如果是默认端口 443 则不用添加）。在 Horizon Client 中单击"新建服务器"，在对话框中输入连接服务器或安全服务器地址和端口。在本示例中，如果是在局域网中使用虚拟桌面，则可以输入 192.168.16.53。如果是在广域网中使用虚拟桌面，则输入 x1.x2.x3.24.107 或 x3.x4.230.109。现在外网 UAG 还没有配置，在后文将会配置，这是在图 9-2-1 所规划设置的，如图 9-6-6 所示。

（4）输入域用户账户和密码，本示例为 zhangsan，如图 9-6-7 所示。

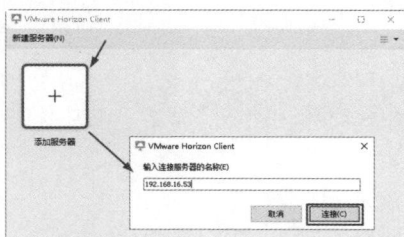

图 9-6-6　添加 Horizon 服务器的地址　　　　图 9-6-7　输入用户名密码登录

（5）登录之后当前用户使用的虚拟桌面以及应用程序，当前只配置了一个显示名称为 Windows 10 的虚拟桌面，如图 9-6-8 所示，双击即可进入虚拟桌面。

（6）在弹出的"共享"对话框提示是否要在使用远程桌面和应用程序时共享您的可移动存储和本地文件，单击"允许"按钮，如图 9-6-9 所示。

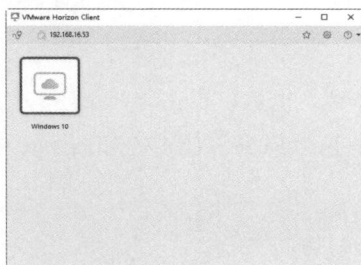

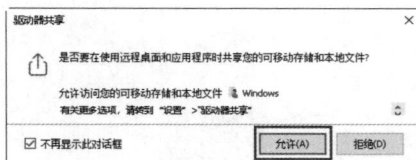

图 9-6-8　桌面　　　　　　　　　　　图 9-6-9　允许

（7）进入 Windows 10 虚拟桌面，打开资源管理器，可以看到当前有 1 个盘符 C，其中 C 盘是系统盘，如图 9-6-10 所示。还有一个 Z 盘是图 9-6-9 中设置所映射的主机当前用户配置配置文件路径（默认为 c:\users\登录用户名)。

（8）查看当前系统信息，如图 9-6-11 所示。

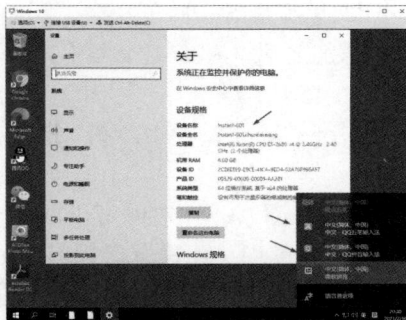

图 9-6-10　进入 Windows 10 虚拟桌面　　　　图 9-6-11　系统信息

（9）执行应用程序，例如 PowerPoint 2021，如图 9-6-12 所示。

图 9-6-12　运行 PowerPoint

9.6.3　允许在虚拟桌面中使用客户端计算机文件夹

如果要让 Horizon 虚拟桌面访问本地计算机上的文件或可移动设备，可以进行以下配置。

（1）在 Horizon Client 左上角的"选项"菜单中选择"共享文件夹"，如图 9-6-13 所示，在"驱动器共享"中选中"允许访问可移动存储"。也可以单击"添加"按钮，将本地指定的文件夹添加到共享中（本示例为 c:\tools），在虚拟机中使用，如图 9-6-14 所示。

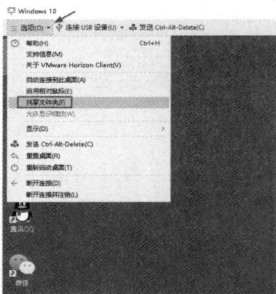

图 9-6-13　共享文件夹

图 9-6-14　选择本地文件夹

（2）添加之后，在虚拟桌面中打开"资源管理器"，可以看到主机上 C:\tools 文件夹，如图 9-6-15 所示。

在 Horizon Client 设置中，在"地理位置"中，可以设置是否共享位置，如图 9-6-16 所示。

单击 Windows 10，在右侧可以选择连接该虚拟桌面的协议、显示大小、是否允许显示缩放、自定义远程桌面设置等内容，如图 9-6-17 所示。

在登录虚拟桌面之前，右击，在弹出的快捷菜单中选择相应的操作，如图 9-6-18 所示。

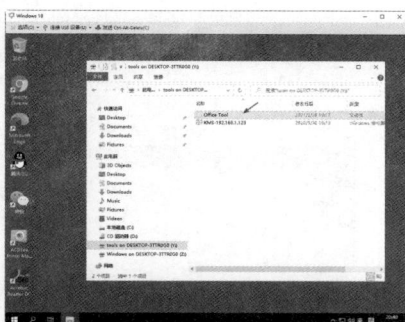

图 9-6-15　查看使用主机文件夹

图 9-6-16　地址位置

图 9-6-17　桌面设置

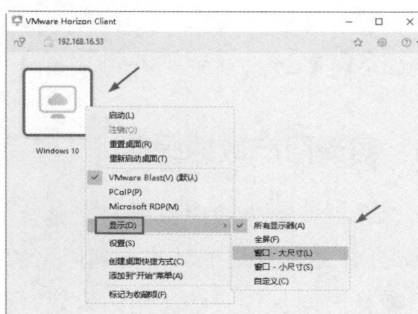

图 9-6-18　虚拟桌面右键菜单

9.6.4　使用 HTML 客户端测试

Horizon 虚拟桌面还支持 HTML 方式使用。使用 Chrome 或 IE 浏览器，输入连接服务器或 UAG 服务器外网的地址及端口就可以登录。在本示例中，访问地址有 https://192.168.16.53，本示例以广域网访问为例。

（1）在浏览器中输入 https://192.168.16.53 并按回车键进入 Horizon Client 界面，如图 9-6-19 所示，单击左侧的"安装 VMware Horizon Client"可以进入 VMware Horizon 客户端程序下载页，单击右侧的"VMware Horizon HTML Access"链接进入界面界面。

（2）在登录界面输入用户名和密码，本示例中用户为 zhangsan，输入密码之后单击"登录"按钮，如图 9-6-20 所示。

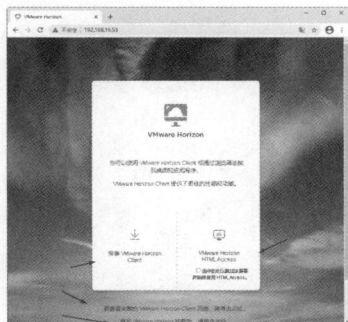

图 9-6-19　Horizon Client

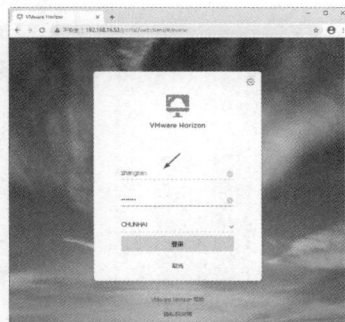

图 9-6-20　登录界面

（3）登录之后显示可用的虚拟桌面，如图 9-6-21 所示。双击可用的虚拟桌面登录。

（4）登录到虚拟桌面，如图 9-6-22 所示。

图 9-6-21　显示可用的虚拟桌面

图 9-6-22　登录到虚拟桌面

9.6.5　再谈用户数据保存

当前是即时克隆的虚拟桌面，桌面池设置策略是虚拟桌面用户 120 分钟自动注销，在 120 分钟之内登录可以连接到原来的桌面。如果用户主动注销或关闭当前计算机，或者用户断开时间到达自动注销的设置阈值，虚拟桌面当前用户注销后会恢复到初始快照，用户数据会丢失。

（1）用户登录或断开后没有达到设置时间（当前设置是 120 分钟），在 Horizon 控制台中，在"清单→计算机"中可以看到名为 Instant-001 的虚拟机当前"已连接的用户"显示为 zhangsan，如图 9-6-23 所示。

图 9-6-23　计算机

（2）在用户注销后（或者到达断开时间达到自动注销的设置），在 Horizon 控制台中可以看到原来 zhangsan 登录的计算机已经不存在，代理版本也显示为"未知"，如图 9-6-24 所示。

图 9-6-24　查看计算机状态

（3）切换到 vSphere Client，此时可以看到名为 Instant-001 的虚拟机已经"恢复快照"，并且重新打开虚拟机。在 Instant-001 中查看该虚拟机有一个快照，如图 9-6-25 所示。

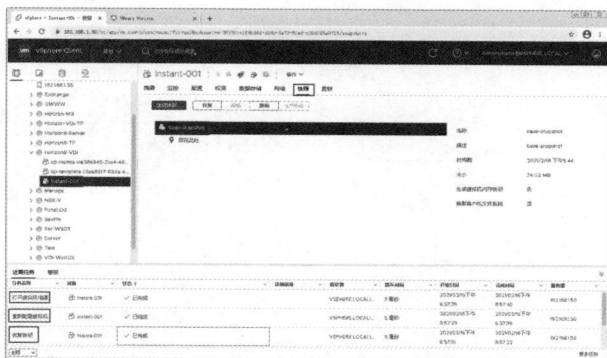

图 9-6-25　Instant-001 虚拟机恢复快照

（4）切换到 Horizon 控制台，看到 Instant-001 的虚拟机状态为正常（代理版本为 8.1.0-17352461），此时可以接受其他用户连接，如图 9-6-26 所示。

图 9-6-26　虚拟桌面可以重新使用

如果张三（用户名 zhangsan）再次登录，获得的是全新的桌面，如果没有启用文件夹重定向或其他用户数据保存机制，原来桌面的数据会被删除。

那么，怎样在即时桌面中保存用户数据呢？在本章第 9.1.1 "虚拟桌面数据保存问题"中已经介绍过虚拟桌面数据保存的方法，比较实用的是在 Active Directory 组策略中，为用户启用文件夹重定向，将用户的桌面、我的文档、收藏夹等重定向到网络中的文件服务器。或者使用 FSLogix 以 VHD 或 VHDX 磁盘的方式附加到桌面虚拟机的方式。具体操作将在后文介绍。

9.6.6　在局域网中创建 Horizon 客户端下载网站

如果要在企业网络中推广并配置 VMware Horizon，你可以创建一个包括 VMware Horizon 使用说明、Horizon Client 程序的下载页，并发布到内部及 Internet，供企业用户使用。图 9-6-27 是作者所做的一个简单的 VMware Horizon Client 下载页（使用 Word 编辑，并另存为 HTML 格式，发布成网站），包括下载地址及简单的说明，在此供大家参考。

（1）在当前的示例中，在 IP 地址为 192.168.16.11 的 Active Directory 服务器中安装了 Internet 信息服务，创建一个 Web 站点提供 Horizon Client 下载。本示例中下载地址为

http://192.168.16.11:8011，如图 9-6-27 所示。

（2）在登录 Horizon 客户端 Web 界面时（本示例为 https://192.168.16.53），如图 9-6-28 所示。

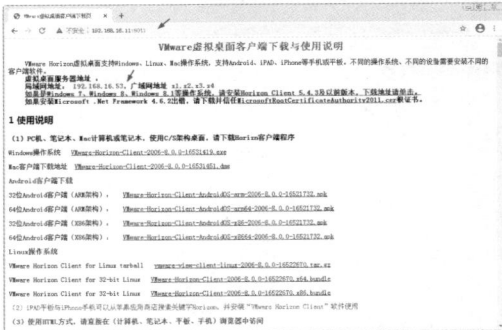

<table><tr><td>图 9-6-27　Horizon 使用及下载站点</td><td>图 9-6-28　Horizon 客户端 Web 界面</td></tr></table>

在图 9-6-28 的单击底部的"要查看完整的 VMware Horizon Client 列表，请单击此处"或"有关 VMware Horizon 的帮助，请单击此处"将分别跳转到 https://www.vmware.com/go/viewclients 和 https://www.vmware.com/support/viewclients/doc/viewclients_pubs.html。可以修改这 2 个链接的跳转地址。如果要修改这 2 个链接的跳转地址，登录 Horizon 连接服务器，编辑 C:\ProgramData\VMware\VDM\portal\目录中的 portal-links-html-access.properties

文件，取消 link.download 和 link.help 前面的#号，修改后面的链接地址为 http://192.168.16.11:8011，修改之后如图 9-6-29 所示。

修改之后保存退出，然后重新启动 Horizon 连接服务器。再次登录图 9-6-28 的 Horizon 客户端 Web 界面，单击底部的下载或帮助链接将跳转到 http://192.168.16.11:8011 的内部站点。

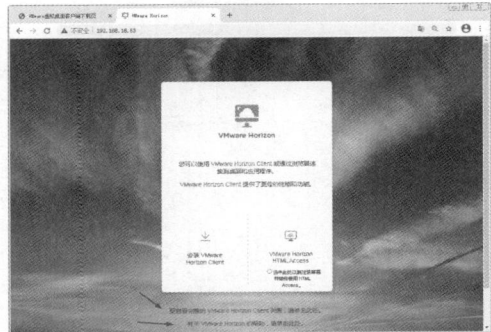

图 9-6-29　修改配置文件

9.7　配置文件服务器

Horizon 虚拟桌面可以实现操作系统、应用程序、用户配置和用户数据的分离。如何保存数据，或者将数据保存在何处，在实施虚拟桌面之前应该规划到位。本节介绍虚拟桌面类型以及对应的数据保存方式，读者根据实际情况进行选择。

9.7.1　介绍虚拟桌面的数据保存方式

Horizon 主要有 3 种桌面：完全克隆的虚拟桌面、链接克隆的虚拟桌面、即时克隆的虚拟桌面。为了介绍得更加形象，假设转换成模板的虚拟机名称为 A，从模板 A 生成一台虚拟机 B，在虚拟机 B 安装启用链接克隆的 Agent，然后 B 创建快照。虚拟桌面的虚拟机为 C1、C2、C3 等虚拟机。则虚拟机的关系如下。

（1）完全克隆的虚拟桌面。在完全克隆的虚拟桌面中，每个虚拟桌面虚拟机是从一个模板虚拟机 A（模板只有一个 C 盘）克隆过来的。生成完全克隆的虚拟桌面 C1、C2、C3 等虚拟机之后，不同虚拟桌面之间（C1、C2、C3）之间的 C 盘没有关系。所以，完全克隆的虚拟桌面只有一个 C 盘。用户的数据保存在 C 盘。如果重新生成完全克隆的虚拟桌面，保存在 C 盘里面的数据会丢失。

（2）链接克隆的虚拟桌面。链接克隆的虚拟桌面，是以 B 为基础克隆出新虚拟机 B1，然后再以 B1 为基准创建链接克隆的虚拟机 C1、C2、C3。每一台虚拟机的 C 盘实际是由两个虚拟磁盘"组合"而来的，例如 C1 的虚拟机的 C 盘是（B1+C1），如果将 B1 删除，则生成的链接克隆的虚拟机都将不能使用。在虚拟机运行时，C 盘上的变化数据都保存在每台虚拟机链接克隆之后的磁盘中。在链接克隆的虚拟机中，每台虚拟机通常还会创建一个 D 盘、一个 E 盘，其中 D 盘用来保存用户的数据，包括用户的桌面数据、收藏夹数据、下载的文件、用户设置等，等于将用户的设置重定向到了 D 盘。E 盘用来保存计算机运行过程中产生的临时文件。如果重新生成虚拟机的 C 盘，用户的数据不丢失，因为用户的数据保存在 D 盘。链接克隆的虚拟桌面是 Horizon 8.0 及 7.x 所支持的技术，从 Horizon 8.1 开始不再支持链接克隆技术。

（3）即时克隆的虚拟桌面。即时克隆（Instant Clone）是一种创新的虚机启动技术，它不再是从磁盘镜像来启动虚机，而是从系统中一台已经运行的父虚机中直接创建（vmFork）一台新的子虚机。子虚机不需要有物理镜像，在一开始时重用父虚机的内存，所以子虚机跟父虚机是一模一样的。这种特别适合于桌面虚拟化的应用场景，因为大部分桌面系统的操作系统都是一样的，上面跑的软件也几乎一样，办公环境就是 Office，浏览器软件是 IE 或 Chrome。所不同的只是个人的数据和 Windows 环境设置。即时克隆虚拟机也只有一个 C 盘，在初始时和父虚拟机一样。即时克隆虚拟桌面的默认设置是在需要时立刻创建（1～2 秒的时间生成全新的虚拟桌面，从速度上像容器技术）。虚拟桌面在不需要时（关机、注销）释放（删除）。所以在即时克隆的虚拟桌面中，默认是无法保存数据的。

通过介绍 Horizon 支持的 3 种虚拟桌面可以看到，默认情况下只有"链接克隆"的虚拟桌面有单独的数据保存位置，即时克隆的虚拟桌面默认是无法保存数据的。如果要为即时克隆的虚拟桌面保存数据，就需要使用其他技术，例如使用 Active Directory 中域用户的"文件夹重定向"功能，或者为每个用户指定保存数据的共享文件夹。也可以使用 APP Volumes 为指定用户配置的可写的数据磁盘。本节介绍通过配置文件服务器，分别使用 Active Directory 的"文件夹重定向"和使用 FSLogix 的 VHDX 虚拟磁盘保存数据的方法。

9.7.2 为保存数据配置文件服务器

在生产环境中，如果为用户保存数据，可以配置专门的文件共享服务器，也可以使用共享存储提供的文件服务。在本示例中，将创建 1 台文件服务器为 Horizon 用户提供存储空间。在实际的生产环境中，需要为 Horizon 桌面规划专门的文件服务器，可以根据情况规划一台到多台，并且使用 Windows Server 的分布式文件系统（DFS）实现数据的同步与冗余。

根据表 9-2-4 的规划，从名称为 WS19-TP 的模板生成名称为 FSSer01_16.16 的虚拟机，为该虚拟机分配 4 个 CPU、8GB 内存、100GB 的系统磁盘和 500GB 的数据磁盘，如图 9-7-1 所示。

图 9-7-1 添加一个 500GB 的磁盘

然后打开 FSSer01_16.16 这台虚拟机的控制台，以域管理员账户（本示例为 chunhai\administrator）登录进入系统，如图 9-7-2 所示，将添加的磁盘分区格式化，然后安装文件服务器，主要步骤如下。

图 9-7-2 以域管理员账户登录

（1）登录进入系统后，检查设置 IP 地址为 192.168.16.16，如图 9-7-3 所示，检查当前计算机是否加入域，计算机名称是否为规划的名称 FSSer01，如图 9-7-4 所示。

图 9-7-3　检查 IP 地址

图 9-7-4　检查计算机名称

（2）在"计算机管理→磁盘管理"中，将新添加的硬盘联机、用 GPT 分区初始化，并且格式化为 NTFS 或 ReFS 格式、指定盘符为 D。配置之后如图 9-7-5 所示。

【说明】为文件服务器的数据磁盘格式化为 GPT 分区，可以在后期使用动态卷功能扩展 D 盘，并且容量可以超过 2TB。如果格式化为 MBR 分区，分区的容量上限为 2TB。

（3）找一个空间比较大的磁盘，本示例为 D 盘，在根目录创建一个文件夹，名称为 "User-Data"，将 "d:\User-Data" 创建共享，设置共享名为 user-data$，共享权限为 Everyone "完全控制"，如图 9-7-6 所示。

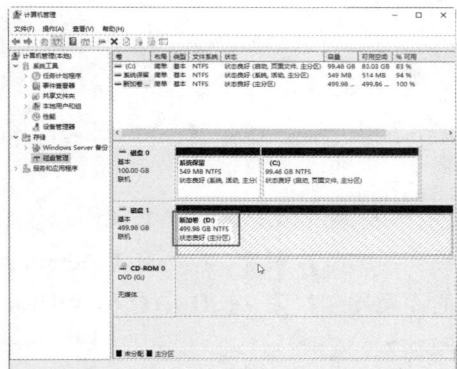

图 9-7-5　格式化

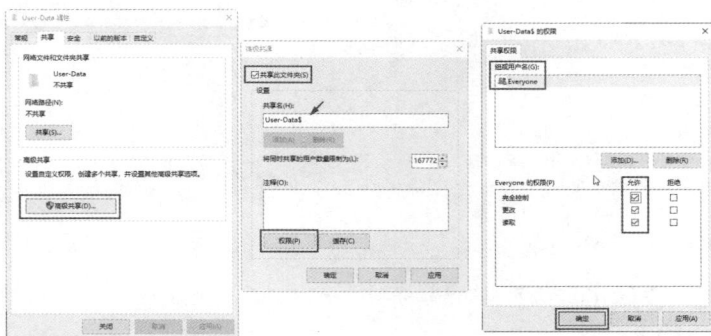

图 9-7-6　user-home 共享权限

（4）d:\User-Data 的"安全"权限卡中单击"高级"按钮，弹出"User-Data 的高级安全设置"对话框，在"权限"选项卡中单击"禁用继续"按钮，在弹出的"你要对目前继承的权限采取何种操作"对话框中单击"将已继承的权限转换为此对象的显示权限"，如图 9-7-7 所示。

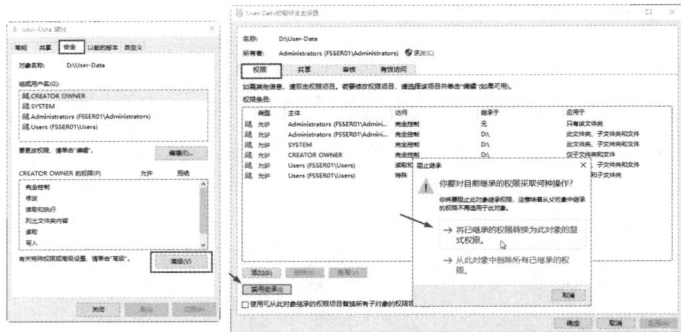

图 9-7-7　禁用继承

（5）选中 Users 然后单击"编辑"按钮，在"User-Data 的权限项目"中，主体为 Users，应用于选择"只有该文件夹"，在"基本权限"右侧单击"显示高级权限"，只选中"列出文件夹/读取数据"和"创建文件夹/附加数据"权限，如图 9-7-8 所示，单击"确定"按钮。

（6）删除 Users 对"此文件夹、子文件夹和文件"的权限，只保留 USERS"只有该文件夹"的特殊权限。同时还有 administrators、SYSTEM 对"此文件夹、子文件夹和文件"的完全控制权限，CREATOR OWNER 对"仅子文件夹和文件"的"完全控制"权限，如图 9-7-9 所示。

图 9-7-8　修改 Users 的权限　　　　　图 9-7-9　高级权限

设置之后单击"确定"按钮完成共享文件夹与安全权限设置。经过这样设置之后，可以达到以下的目的：

- Administrators 用户组与 SYSTEM 用户对 d:\ User-Data 有完全控制权限；
- 每个 Users 组的用户都可以在 d:\ User-Data 创建子文件夹，例如用户张三（登录名

zhangsan）可以创建文件夹，例如创建名为 zhangsan 的文件夹，则此时 d:\user-data\zhangsan 文件夹的所有者属于张三（登录名 zhangsan），张三对该文件夹有完全控制权限。李四（登录名为 lisi）可以创建名为 lisi 的文件夹。李四对 d:\user-data\lisi 有完全控制权限，张三对 d:\user-data\lisi 文件夹无权限。

下面继续配置。

（1）打开"服务器管理器"，添加用户和功能，在"选择服务器角色"对话框中，为当前计算机安装"文件和 iSCSI 服务"，并选择安装"文件服务器、文件服务器资源管理器、重复数据删除"等组件，如图 9-7-10 所示。

说明：在安装了"重复数据删除"功能组件后，可以在数据磁盘（本示例为 D 盘）启用"重复数据删除"功能，重复的数据在 D 盘只保留一份，这样将可能会极大地节省磁盘空间。

（2）安装完成后，打开"服务器管理器→文件和存储服务→卷"，右击 D 盘，在弹出的快捷菜单中选择"配置重复数据删除"，如图 9-7-11 所示。

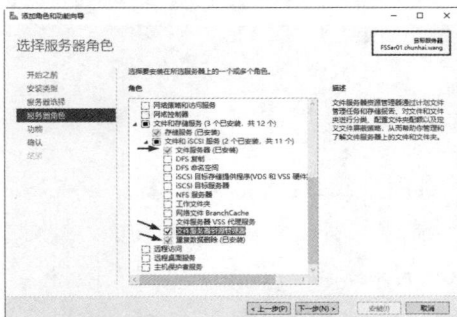

图 9-7-10 安装文件服务器

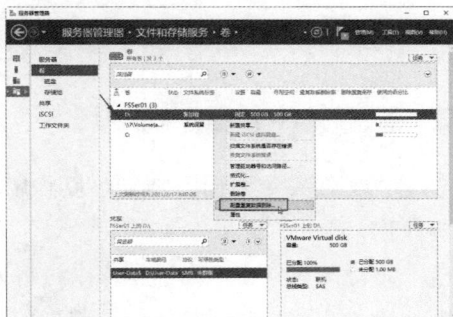

图 9-7-11 配置重复数据删除

（3）在"新加卷删除重复设置"对话框的"重复数据删除"下拉列表中选择"一般用途文件服务器"，如图 9-7-12 所示，然后单击"确定"按钮启用重复数据删除功能。

（4）在"共享"中用鼠标右键单击 User-Data$，在弹出的快捷菜单中选择"属性"，如图 9-7-13 所示。

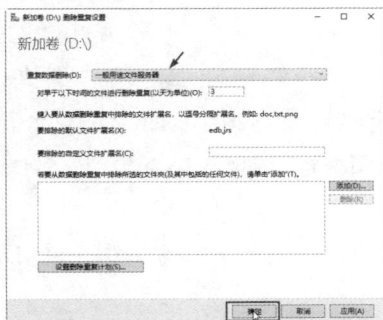

图 9-7-12 启用重复数据删除功能

图 9-7-13 属性

（5）在"User-Data$属性"对话框中，在"设置"中选择"启用基于存取的枚举"，如图 9-7-14 所示。单击"确定"按钮。选择这一功能后，如果用户没有某个文件夹的读取权限，Windows 将从用户视图中隐藏该文件夹。使用这一功能时，用户张三只能在 D:\user-Data\中看到 zhangsan 的文件夹但看不到其他用户创建的文件夹。

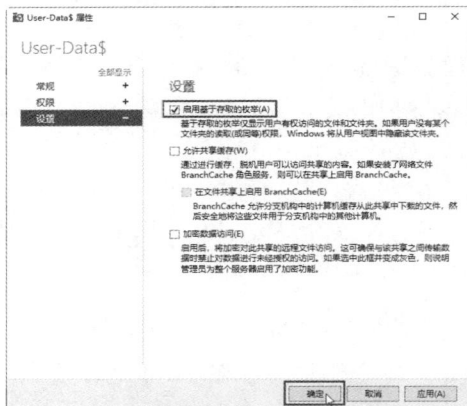

图 9-7-14　基于存取的枚举

9.7.3　配置文件夹重定向

使用"文件夹重定向"功能可以将用户的"桌面、我的文档、应用程序设置、收藏夹"等数据，重定向到共享文件夹。文件夹重定向是"组策略"中的一项功能，针对"组织单位"进行配置。在下面的操作中，将为"chunhai.wang →heinfo→即时克隆组"创建组策略，为"即时克隆组"组织单位中的用户指定"文件夹重定向"，该组织单位中的每个用户的数据被重定向到\\FSSer01\User-Data$的同名子目录中。

（1）在 Active Directory 域服务器上，运行 gpmc.msc 打开"组策略管理"，为即时克隆组组织单位创建名为 Instant-users-gpo 的组策略，然后用鼠标右键单击，在弹出的快捷菜单中选择"编辑"，如图 9-7-15 所示。

（2）在"组策略管理编辑器"中，在"用户配置→策略→Windows 设置→文件夹重定向"中，可以根据需要修改并重定向"AppData(Roaming)、桌面、开始菜单、文档、图片、音乐、视频、收藏夹、下载、链接、搜索、保存路径"等不同选项的文件夹，例如为"桌面"启用了文件夹重定向功能，将文件夹重定向到\\FSSer01\User-Data$后，例如用户张三（用户登录名为 zhangsan），则会自动将"桌面"重定向到\\FSSer01\User-Data$\zhangsan\Desktop 目录中，如图 9-7-16 所示。

（3）其他文件夹，例如"文档、下载、收藏夹"等，都可以重定向到\\FSSer01\User-Data$文件夹，如图 9-7-17～图 9-7-19 所示。

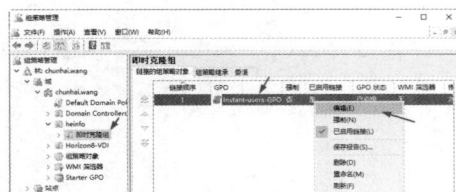

图 9-7-15 创建并链接组策略

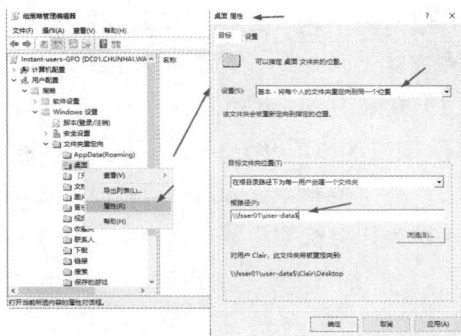

图 9-7-16 重定向"桌面"文件夹

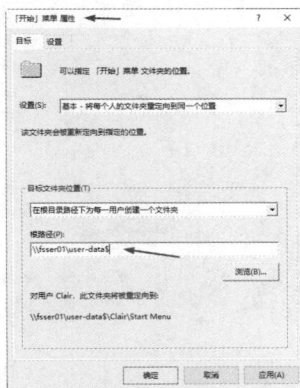

图 9-7-17 开始菜单

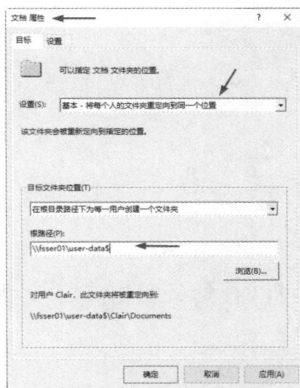

图 9-7-18 文档

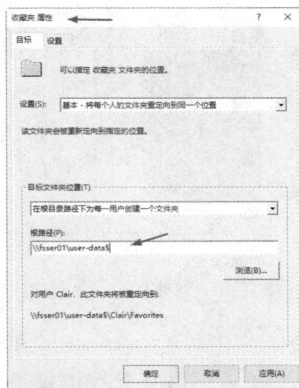

图 9-7-19 收藏夹

（4）音乐、图片、视频等文件夹，即可以重定向到一个单独的位置，也可以"跟随"文档，如图 9-7-20～图 9-7-22 所示。

配置完文件夹重定向功能之后，关闭组策略编辑器，进入命令提示窗口，执行 gpupdate /force 命令，刷新组策略，如图 9-7-23 所示。

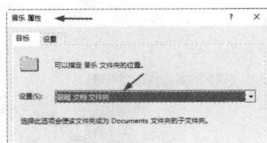

图 9-7-20 音乐

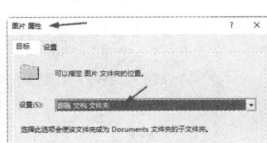

图 9-7-21 图片

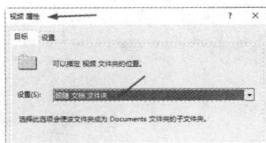

图 9-7-22 视频

图 9-7-23 刷新组策略

9.7.4 使用域用户登录

打开"资源管理器"，查看 d:\user-data 文件夹，此时还是空目录，张三、李四的重定向文件夹还没有创建，需要张三、李四使用 Active Directory 域账户登录一次之后，才会自动创建对应的文件夹。在创建即时克隆桌面池时，只创建了一个虚拟桌面，本节先将桌面池数量更改为 3，然后再进行测试。

（1）登录 Horizon 控制台界面，在"清单→桌面"选择 Instant-Win10X 桌面池，单击"编辑"按钮，如图 9-7-24 所示。

（2）在"编辑池-Instant-Win10X"对话框的"置备设置"选项卡中，将"桌面池尺寸调整→最大计算机数"修改为 3，如图 9-7-25 所示，单击"确定"按钮。

图 9-7-24　编辑桌面池

图 9-7-25　调整计算机数

（3）在"清单→计算机"中可以看到又新生成了 2 台虚拟机，当前一共为 3 台，如图 9-7-26 所示。

图 9-7-26　虚拟机数量

（4）在测试计算机上，使用 Horizon Client 与 HTML 客户端，分别以用张三、李四的账户登录，如图 9-7-27、图 9-7-28 所示。

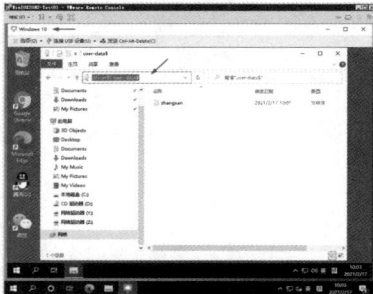

图 9-7-27　使用张三账户登录

图 9-7-28　使用李四账户登录

（5）等张三、李四分别登录一次之后，切换到 FSser01.chunhai.wang 的服务器，查看 d:\user-data 文件夹，可以看到对应的文件夹已经创建，如图 9-7-29 所示。

【说明】本示例中使用张三、李四登录并且在文件服务器的 d:\user-data 创建重定向文件夹，是为了介绍下节"创建文件夹配额、限制用户使用空间"的内容。在实际的生产环境，初期可以不进行这一步的配置，等所有用户都登录一次之后再进行配置。

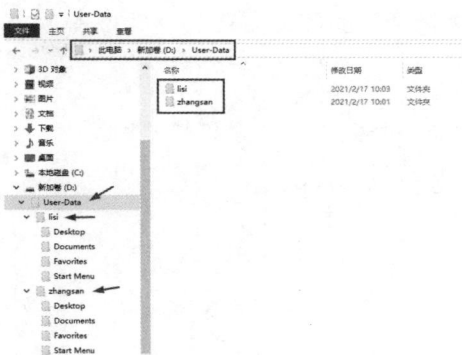

图 9-7-29　创建重定向文件夹目录

9.7.5　创建文件夹配额，限制用户使用空间

在启用文件夹重定向功能之后，默认情况下并没有限制每个用户使用的共享空间。但在实际的生产环境中，应该对每个用户使用的服务器空间进行限制。管理员可以在"文件服务器"上通过"文件夹配额"的功能，限制每个用户使用的磁盘空间。本节操作中为指定的用户限制 30GB 的配额空间。

（1）在 FSser01.chunhai.wang 的文件服务器上，打开"文件服务器资源管理器"，在"配额管理→配额模板"中用鼠标右键单击"2GB 限制"，在弹出的快捷菜单中选择"编辑模板属性"，如图 9-7-30 所示。

（2）设置模板名称为"30GB 限制"，设置限制为 30GB，然后单击"确定"按钮，如图 9-7-31 所示。

图 9-7-30　编辑 2GB 配额模板

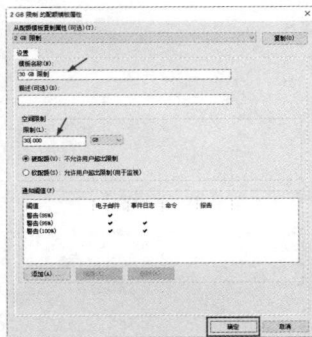

图 9-7-31　编辑新模板名称和属性

（3）在"更新从模板派生的配额"对话框中选择"将模板应用于所有派生的配额"，单击"确定"按钮，如图 9-7-32 所示。

（4）在"配置管理→配额"右侧的空白窗格中用鼠标右键单击，在弹出的快捷菜单中选择"创建配额",如图 9-7-33 所示。

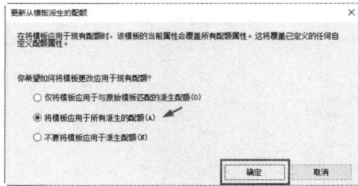

图 9-7-32　更新模板

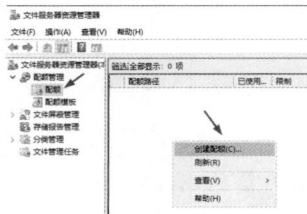

图 9-7-33　创建配额

（5）在弹出的"创建配额"对话框中，在"配额路径"中单击"浏览"按钮，浏览选择要添加配额的文件夹，例如 D:\User-Data\zhangsan，选中"在路径上创建配额"，在"从此配额模板派生属性"下拉列表中选择"30GB"，然后单击"创建"按钮创建配额，如图 9-7-34 所示。

（6）然后为 d:\user-home\lisi 创建 30GB 的配额。配置完成后，张三、李四每个用户占用的空间将不会超过此上限，配置之后如图 9-7-35 所示。

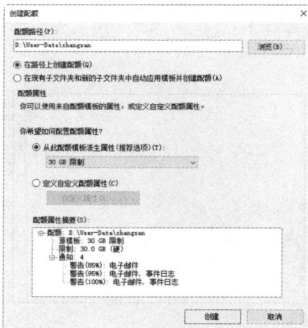

图 9-7-34　创建配额

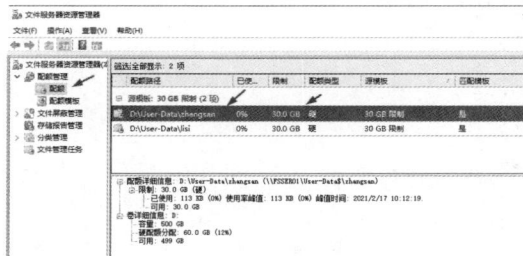

图 9-7-35　创建文件夹配额

9.7.6　取消文件夹重定向

下面介绍使用 FSLogix 保存用户数据的方法，在做这个实验之前，修改组策略，取消文件夹重定向，避免这二者之间互相冲突。

（1）在 Active Directory 域服务器中，执行 gpmc.msc，用鼠标右键单击名为 Instant-users-gpo 的组策略，在弹出的快捷菜单中选择"编辑"，进入组策略编辑器。

（2）在"组策略管理编辑器"中，在"用户配置→策略→Windows 设置→文件夹重定向"中，将原来配置了文件夹重定向的配置修改为"重定向到本地用户配置文件位置"，如图 9-7-36 所示。

（3）配置了文件夹重定向策略之后，执行 gpupdate /force，更新组策略。

（4）再次以张三（或李四）登录虚拟桌面，查看用户"我的文档""桌面"位置，显示为本地路径后表示配置已经生效，如图 9-7-37 所示。

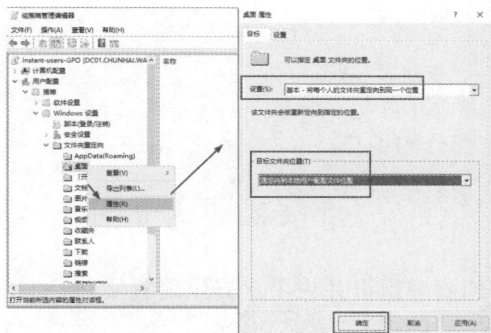

图 9-7-36 取消文件夹重定向

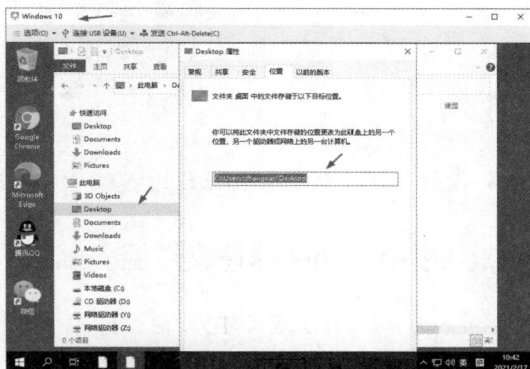

图 9-7-37 用户数据重定向到原来位置

9.8 使用 FSLogix 保存用户数据

Windows 虚拟桌面服务建议将 FSLogix 配置文件容器作为用户配置文件解决方案。FSLogix 设计用于在远程计算环境（如 Windows 虚拟桌面）中漫游配置文件。 它将完整的用户配置文件存储在单个容器中。 登录时，此容器动态连接到使用本机支持的虚拟硬盘 (VHD 或 VHDX) 的计算环境。 用户配置文件随时可用并在系统中显示，就像本机用户配置文件一样。本节介绍如何在 Windows 虚拟桌面中使用 FSLogix 配置文件容器的安装配置与使用。

2018 年 11 月 19 日，Microsoft 收购了 FSLogix。FSLogix 解决了许多配置文件容器挑战，主要有以下几点：

- 性能：FSLogix 配置文件容器具有高性能，并解决过去已阻止缓存 exchange 模式的性能问题；
- OneDrive：如果没有 FSLogix 配置文件容器，则在非持久性 RDSH 或 VDI 环境中不支持 One Drive for Business；
- 其他文件夹：FSLogix 提供扩展用户配置文件以包括更多文件夹的功能。

由于收购，Microsoft 开始将现有用户配置文件解决方案（例如 UPD）替换为 FSLogix 配置文件容器。

9.8.1 用户配置文件概述

用户配置文件包含有关个人的数据元素，包括桌面设置、永久性网络连接和应用程序设置等配置信息。默认情况下，Windows 将创建与操作系统紧密集成的本地用户配置文件。

　　远程用户配置文件在用户数据和操作系统之间提供分区。它允许在不影响用户数据的情况下替换或更改操作系统。在远程桌面会话主机（RDSH）和虚拟桌面基础结构（VDI）中，操作系统可能因以下原因而被替换：

- 操作系统升级；
- 替代现有虚拟机（VM）；
- 作为（非永久性）RDSH 或 VDI 环境的一部分的用户。

9.8.2　为 FSLogix 准备文件服务器

　　FSLogix 以 VHD 或 VHDX 格式虚拟硬盘附加到虚拟机并为用户提供配置文件，VHD 或 VHDX 虚拟硬盘通过共享文件夹并以组策略的方式分发。在使用 FSLogix 之前需要准备一台文件服务器，为 VHD 或 VHDX 虚拟硬盘提供保存位置。本节仍然使用 FSSer01_16.16 的虚拟机作为文件服务器。

　　（1）切换到 FSSer01_16.16 的虚拟机，在 D 盘创建一个文件夹，例如 FSlogix-VHDX，然后将该文件夹创建共享，设置共享名为 FSlogix-VHDX$，共享权限为 Everyone "完全控制"，如图 9-8-1 所示。

图 9-8-1　FSlogix-VHDX 共享权限

　　（2）d:\ FSlogix-VHDX 的"安全"权限卡中单击"高级"按钮，弹出"FSlogix-VHDX 的高级安全设置"对话框，在"权限"选项卡中单击"禁用继续"按钮，在弹出的"你要对目前继承的权限采取何种操作"对话框中单击"将已继承的权限转换为此对象的显示权限"，选中 Users 然后单击"编辑"按钮，在"FSlogix-VHDX 的权限项目"中，主体为 Users，应用于选择"只有该文件夹"，在"基本权限"右侧单击"显示高级权限"，选中"列出文件夹/读取数据"和"创建文件夹/附加数据"权限。单击"确定"按钮返回。在"FSlogix-VHDX 的高级安全设置"只保留 USERS"只有该文件夹"的特殊权限，同时还有 administrators、SYSTEM 对"此文件夹、子文件夹和文件"的完全控制权限，CREATOR OWNER 对"仅子文件夹和文件"的"完全控制"权限。如图 9-8-2 所示。

图 9-8-2　权限设置

（3）在 d:\ FSlogix-VHDX 创建一个名为 containers 的文件夹，如图 9-8-3 所示。修改 d:\ FSlogix-VHDX\containers 文件夹的安全权限，添加 Domain Users 对"只有该文件夹"具有列出文件夹/读取数据、创建文件/写入数据和创建文件夹/附加数据的权限，如图 9-8-4 所示，设置之后如图 9-8-5 所示。

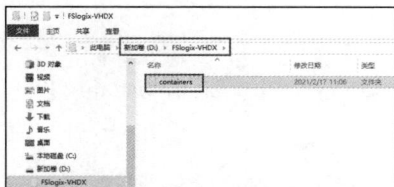

图 9-8-3　创建文件夹

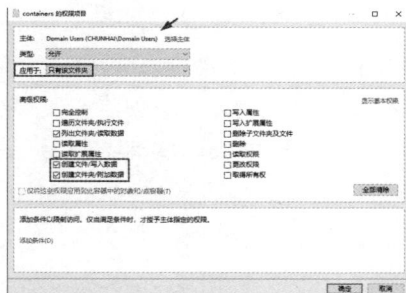

图 9-8-4　设置 Domain Users 用户组权限

图 9-8-5　containers 文件夹权限

9.8.3　为 FSLogix 配置组策略

FSLogix 可以在 https://docs.microsoft.com/en-us/fslogix/install-ht#download-fslogix 免费下载和使用。

下载 FSLogix 之后可以获得一个 zip 格式的压缩文件，当前版本的文件名为 FSLogix_Apps_2.9.7654.46150.zip，大小为 171MB。下载之后解压缩，将 Fslogix.adm 和 Fslogix.adml 复制到 Active Directory 域服务器中，其中 Fslogix.adm 文件复制到 C:\的 Windows 的 PolicyDefinitions，如图 9-8-6 所示，Fslogix.adml 文件复制到 C:\Windows\ PolicyDefinitions\en-US\，如图 9-8-7 所示。

图 9-8-6　复制 Fslogix.adm 文件　　　　图 9-8-7　复制 Fslogix.adml 文件

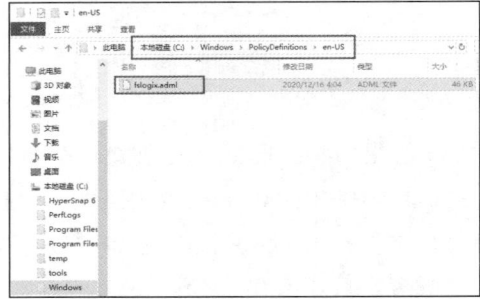

FSLogix 通过组策略的方式应用于客户端计算机，FSlogix 组策略应用于计算机对象，需要在保存虚拟机的 OU 中创建并配置组策略。

（1）在 Active Directory 服务器中，在"服务器管理器→工具"中选择"组策略管理"或运行 gpmc.msc，定位到"域→chunhai.wang→Horizon8-VDI"，右击 Instant-GPO 策略，在弹出的快捷菜单中选择"编辑"，如图 9-8-8 所示。

图 9-8-8　编辑组策略

（2）打开"组策略管理编辑器"对话框后，定位到"计算机配置→策略→管理模板→FSLogix→Profile Containers"，进行以下几项设置，配置项如表 9-8-1 所示。

表 9-8-1　Profile Containers 设置选项

设　置　项	设置参数（本示例）	说　　　明
Enabled	Enabled	启用 FSLogix 功能
VHD location	\\fsser01\fslogix-vhdx$\containers	保存配置文件的路径
Dynamic VHD(X) allocation	启用	使用动态 VHDX 分配
Size in MBs	5 000	设置配置文件大小，本示例为 50GB

右击 Enabled 选择"编辑",在弹出的 Enabled 对话框中选中"已启用"并选中 Enabled,如图 9-8-9 所示。

在"VHD location"选择"已启用",在 VHD location 中输入保存 VHD 或 VHDX 文件的网络位置,本示例为\\fsser01\fslogix-vhdx$\containers,如图 9-8-10 所示。启用之后,每个登录用户将在该文件夹创建同名的 VHDX 文件。例如张三登录之后,将在\\fsser01\fslogix-vhdx$\containers 文件夹中创建名为 zhangsan.vhdx 的配置文件。

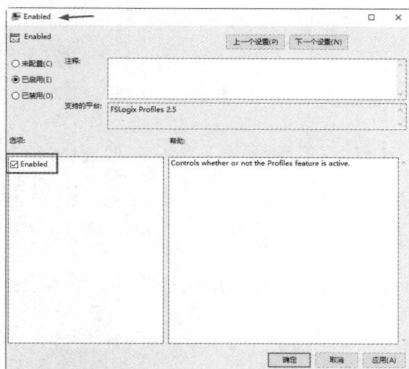

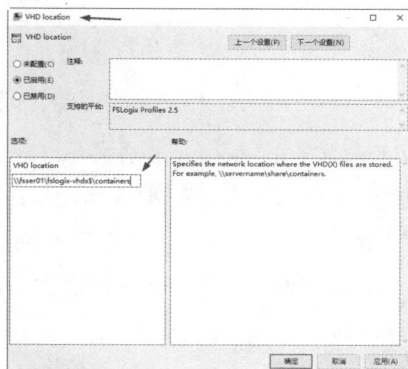

图 9-8-9　启用   图 9-8-10　设置配置文件保存位置

在"Dynamic VHD(X) allocation"选择"已启用"并选中"Dynamic VHD(X) allocation"选项,如图 9-8-11 所示。如果选中,VHD 或 VHDX 将动态分配(相当于 vSphere 中的精简置备磁盘)。如果不选中,将立刻分配 VHD 或 VHDX 文件(相当于 vSphere 的厚置备磁盘)。

在"Size in MBs"选择"已启用",并在 Size In MBs 中输入自动创建 VHD 或 VHDX 文件的大小,默认是 30GB(设置为 30 000),本示例设置 5 000(50GB),如图 9-8-12 所示。

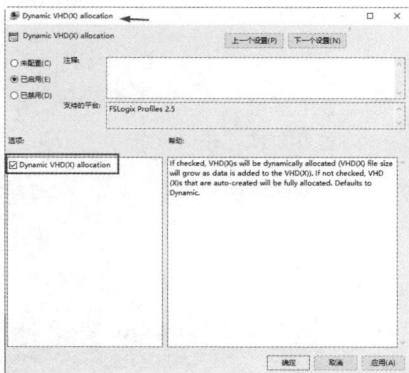

图 9-8-11　启用 VHDX 格式   图 9-8-12　设置配置文件 VHDX 文件大小

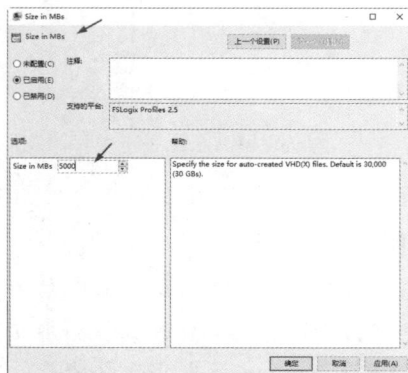

设置之后如图 9-8-13 所示。

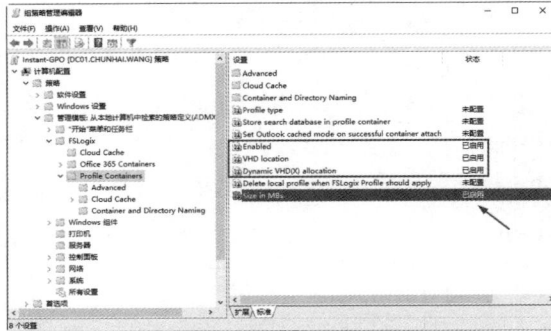

图 9-8-13　配置 Porfile Containers

（3）修改 Container and Directory Naming 下的设置，主要是有以下 4 项。

VHD name Match string 配置为%username%，如图 9-8-14 所示。在此指定用于匹配配置文件 VHD 或 VHDX 文件的字符串模式。变量名用%字符分隔，支持的变量名可包括%sid%，%osmajor%，%osminor%，%osbuild%，%osservicepack%，%profileversion%，%clientname%。

VHD name pattern string 配置为%username%，如图 9-8-15 所示。指定创建配置文件 VHD 或 VHDX 时使用的字符串模式。

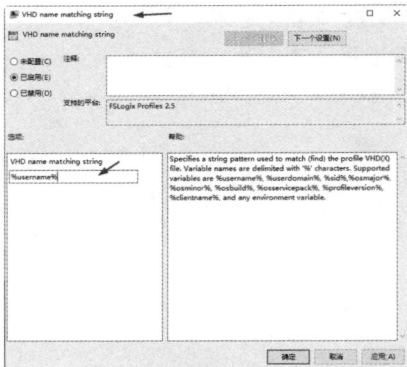

图 9-8-14　匹配字符串

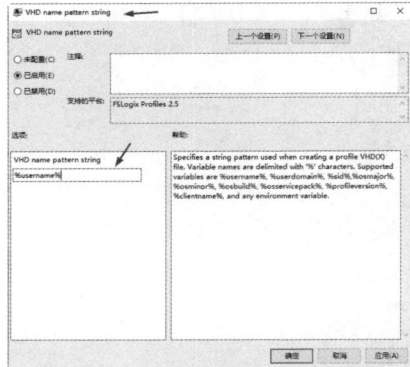

图 9-8-15　模式字符串

Virtual disk type 选择 VHDX，如图 9-8-16 所示。在此指定要自动创建的虚拟磁盘的类型，默认值为 VHD。

No containing folder 配置为已启用并选中 No containing folder，如图 9-8-17 所示。选中这一项时，VHD 或 VHDX 文件将放置在图 9-8-10 所设置的 VHDLocation 根文件夹中，而不是 VHDLocation 下的 SID 目录中。

设置之后如图 9-8-18 所示。

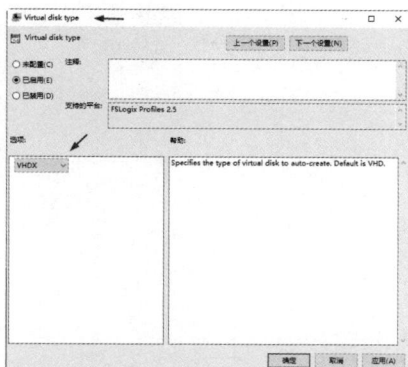

图 9-8-16　VHDX

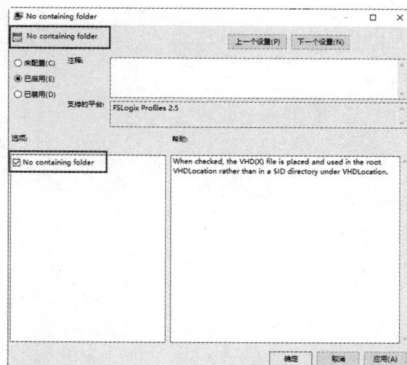

图 9-8-17　不包括子文件夹

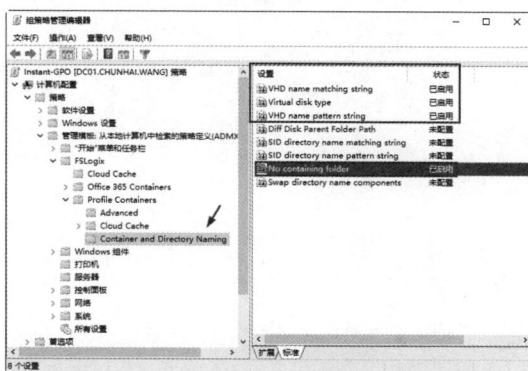

图 9-8-18　容器和目录命名

设置之后，关闭组策略编辑器，执行 gpupdate /force 命令开始应用组策略。

9.8.4　在 Windows 10 父虚拟机中安装 FSLogix 代理

Microsoft FSLogix Apps 安装了所有 FSLogix 解决方案的核心驱动程序和组件。任何使用 FSLogix 的环境都必须安装 FSLogix Apps。

（1）从 FSLogix 下载文件中，根据虚拟机的环境选择 32 位或 64 位。打开名称为 Win10X-VM01 的虚拟机，因为当前是 64 位 Windows 10 操作系统，解压缩 FSLogix 压缩文件，在 FSLogix_Apps_2.9.7654.46150\x64\Release 中双击 FSLogixAppsSetup.exe 运行 FSLogix Apps 安装程序，如图 9-8-19 所示。

（2）该程序安装比较简单，安装完成后单击"Close"按钮，如图 9-8-20 所示。然后重新启动虚拟机。

（3）再次进入 Windows 10 操作系统后，关闭虚拟机。然后生成快照，如图 9-8-21 所示，设置快照名称为 fix02，如图 9-8-22 所示。

图 9-8-19　运行 FSLogix Apps 安装程序

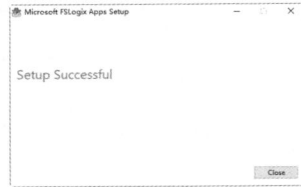

图 9-8-20　安装完成

图 9-8-21　创建快照

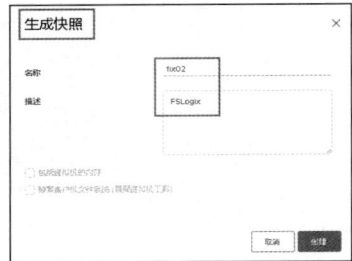

图 9-8-22　设置快照名称和描述信息

9.8.5　重构虚拟桌面

因为虚拟桌面父虚拟机安装了新的应用程序 FSLogix Apps，需要重构虚拟桌面，生成新的虚拟桌面。在父虚拟机准备好之后，登录到 Horizon 控制台，先编辑桌面池选择新的快照，然后重构桌面，主要步骤如下。

（1）在"清单→桌面"中选中"Instant-Win10X"桌面池，用鼠标单击进入 Instan-Win10X 桌面池详细信息页，如图 9-8-23 所示。

（2）进入 Instant-Win10X 桌面池详细页后，在"摘要→维护"菜单中选择"计划"，如图 9-8-24 所示。

图 9-8-23　桌面池

图 9-8-24　计划

（3）在"计划推送映像→映像"中选择名为新的映像和新的快照，本示例选择名为
Win10X-VM01 的虚拟机，选择名为 fix02 的快照，如图 9-8-25 所示，然后单击"下一步"
按钮。

（4）在"制定计划"对话框中选择"强制用户注销"，然后单击"下一步"按钮，如
图 9-8-26 所示。

图 9-8-25　选择新的快照

图 9-8-26　制定计划

（5）在"即将完成"对话框中单击"完成"按钮，如图 9-8-27 所示。

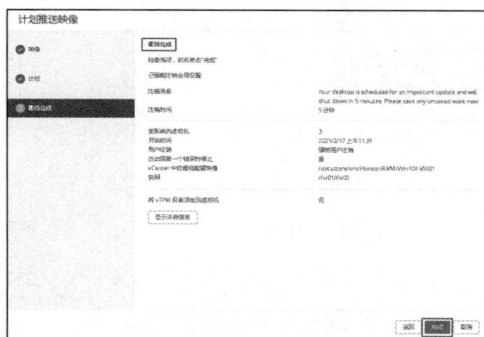

图 9-8-27　即将完成

开始重构后，会删除原有的虚拟桌面，并利用新的模板、新的快照重新生成。等重
构完成后，登录虚拟桌面进行测试。

9.8.6　测试 FSLogix

使用 Horizon 客户端登录到虚拟桌面，测试 FSLogix 是否生效。

（1）以账户张三登录，打开资源管理器，在 C:\users 文件夹可以看到有两个当前用户
的配置文件夹，一个是%username%，另一个是 local_%username%。其中%username%文
件夹中的所有内容保存在 VHD(X)文件中，而 local_% username%文件夹中保存的是
FSLogix 默认不做漫游配置的排除目录，里面存放的是 temp 文件，用户桌面注销时，该

文件夹将被删除。当前是以张三登录（登录用户名为zhangsan），此时在 c:\users 中有 local_zhangsan，另一个是 zhangsan，如图 9-8-28 所示。

（2）在资源管理器中打开 c:\program files\FSlogix\Apps 文件夹中双击 frxtray.exe 程序，运行之后右击状态栏中的"🔲"图标，在弹出的快捷菜单中选择Open，打开 FSLogix Profile Status 程序，如图 9-8-29所示。在"Total space"显示了配置文件的大小，当

图 9-8-28　查看配置文件夹

前为 4.9GB。如果显示为 0 表示没有加载 VHD（X）配置文件。如果希望查看 FSLogix 配置文件状态信息，可以单击"Advanced view"按钮，在"Events→Operationa"中查看操作日志，如图 9-8-30 所示。

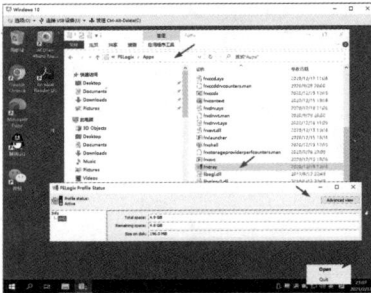

图 9-8-29　打开 FSLogix Profile Status 程序

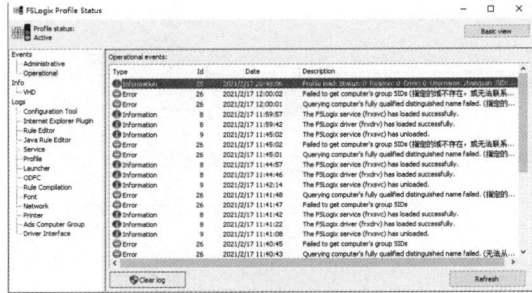

图 9-8-30　查看操作日志

（3）打开"计算机管理"，在"存储→磁盘管理"中可以看到有一个名为 Profile-zhangsan的磁盘，这就是配置文件磁盘，如图 9-8-31 所示。可以将这个配置文件磁盘添加一个盘符，打开配置文件盘符，可以看到里面保存的是配置文件，包括桌面、文档、下载、收藏夹、音乐、图片、保存的游戏、视频等文件夹，如图 9-8-32 所示。这就是当前用户配置文件保存的数据。FSLogix 会在注销的时候保存，在登录的时候同步。

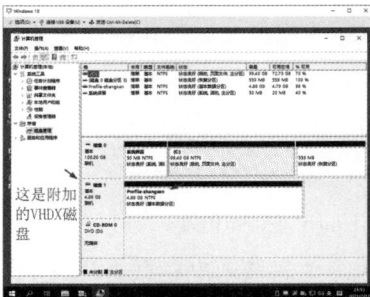

图 9-8-31　附加的配置文件磁盘

图 9-8-32　查看配置文件

使用 FSLogix 保存配置文件的内容就介绍到这里。

第 10 章　将虚拟桌面发布到 Internet

VMware Horizon 虚拟桌面支持局域网和广域网使用。如果在局域网中使用 Horizon 虚拟桌面，只需要配置 Horizon 连接服务器即可。如果要在广域网中使用虚拟桌面，需要配置 Horizon 安全服务器或 VMware Unified Access Gateway。本章介绍将虚拟桌面发布到广域网的具体内容。

10.1　使用 UAG 发布虚拟桌面到 Internet

如果希望通过 Internet 使用企业内部的虚拟桌面，有以下 3 种方式：

（1）在企业出口配置 VPN 服务器，Internet 用户通过 VPN 的方式登录到 Horizon 连接服务器以使用虚拟桌面；

（2）配置 Horizon 安全服务器，Internet 用户通过安全服务器使用虚拟桌面；

（3）配置 VMware Unified Access Gateway（以下简称 UAG），Internet 用户通过 UAG 使用虚拟桌面。

从 Horizon 8.0 开始，Horizon 不再使用安全服务器，代之以 UAG 服务器。本节介绍 UAG 的安装配置。

10.1.1　Unified Access Gateway 概述

对于要从企业防火墙外部访问远程桌面和应用程序的用户，Unified Access Gateway 用作一个安全网关。

使用 Unified Access Gateway 可以设计需要对组织的应用程序进行安全外部访问的 VMware Horizon、VMware Identity Manager 和 VMware AirWatch 部署。这些应用程序可能是 Windows 应用程序、软件即服务（Software As A Service，SaaS）应用程序以及桌面。Unified Access Gateway 通常部署在隔离区（Demilitarized Zone，DMZ）中。

Unified Access Gateway 将身份验证请求发送到相应的服务器，并丢弃任何未经过身份验证的请求。用户只能访问被授权访问的资源。Unified Access Gateway 还确保可以将经过身份验证的用户产生的通信只重定向到用户实际有权访问的桌面和应用程序资源。该保护级别包括具体检查桌面协议以及协调可能快速变化的策略和网络地址以准确地控制访问。

Unified Access Gateway 可作为公司受信任网络中用于连接的代理主机。这种设计禁止从面向公众的 Internet 中访问虚拟桌面、应用程序主机和服务器，从而提供一个额外的安全层。

  Unified Access Gateway 支持 Horizon 7.5.0 及以后的版本。推荐使用 Unified Access Gateway 代替安全服务器。

10.1.2　Unified Access Gateway 系统与网络需求

  Unified Access Gateway 设备的以 OVF 软件包的方式提供，在部署时自动选择 Unified Access Gateway 所需的虚拟机配置。虽然在安装后可以更改这些设置，但建议不要将 CPU、内存或磁盘空间更改为小于默认 OVF 设置的值。Unified Access Gateway 虚拟设备的系统需要 2 个 vCPU 和最小 4GB 内存。对于 Horizon 服务，部署 1 个 UAG 设备最多可用于 2 000 个并发连接。

10.1.3　Unified Access Gateway 实验环境介绍

  为了介绍 Unified Access Gateway，本章继续使用第 7 章的实验环境，网络拓扑如图 10-1-1 所示。

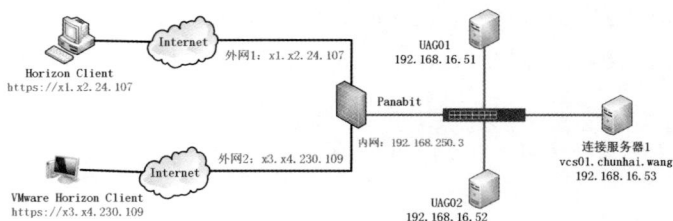

图 10-1-1　UAG 实验环境

  在当前的实验环境中，Panabit 流量控制与上网行为管理具有 2 条出口（实际环境中有 3 条出口，本实验使用了其中的 2 条出口）和 1 个连接局域网核心交换机的内部接口。在本实验中将会配置 2 台 UAG 服务器，每台 UAG 服务器为一条外部线路提供服务并转发到内部的 Horizon 连接服务器及对应的虚拟桌面。本实验中外网 1 的 IP 地址为 x1.x2.24.107（前面 2 位数字用 x1.x2 代替），该线路转发到 UAG01（内部 IP 地址 192.168.16.51），外网 2 的 IP 地址为 x3.x4.230.109（前面 2 位数字用 x3.x4 代替），该线路转发到 UAG02（内部 IP 地址 192.168.16.52）。线路 1 是联通的专线，线路 2 是电信的专线。互联网用户如果是联通接入则访问 x1.x2.24.107，如果是电信线路则访问 x3.x4.230.109。下面介绍 Unified Access Gateway 的安装与配置。

10.1.4　部署 Unified Access Gateway 设备

  本节以 Unified Access Gateway 20.12.0.0-17307559 版本为例进行介绍。

（1）使用 vSphere Client 登录到 vCenter Server，用鼠标右键单击名称为 Horizon8-Server 的资源池，在弹出的快捷菜单中选择"部署 OVF 模板"，如图 10-1-2 所示。

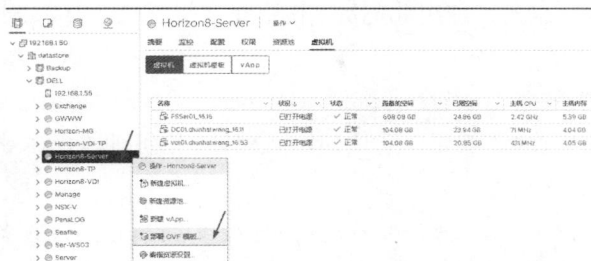

图 10-1-2 部署 OVF 模板

（2）在"选择模板"对话框中，单击"浏览"按钮，浏览选择 UAG 的 OVF 文件。在本示例中，部署的 UAG 的文件名为 euc-unified-access-gateway-20.12.0.0-17307559_OVF10.ova，大小为 3.16GB。

（3）在"选择名称和位置"对话框中输入 OVF 的名称，在本示例中名称为 UAG01-2012_16.51，如图 10-1-3 所示。

（4）在"配置"对话框中选择"Single NIC"，如图 10-1-4 所示。

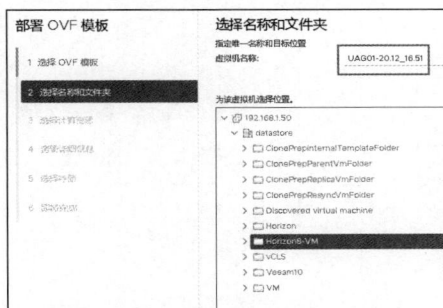

图 10-1-3 设置虚拟机名称

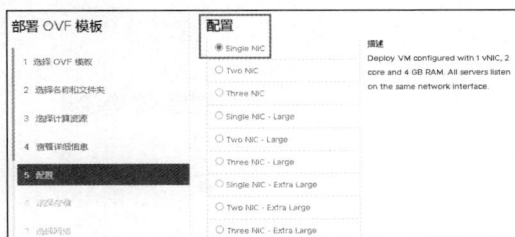

图 10-1-4 选择单网卡

在"配置"列表中，可以使用 1 个、2 个或 3 个网络接口，并且 Unified Access Gateway 要求每个接口具有单独的静态 IP 地址。

- 1 个网络接口适用于概念证明（Proof Of Concept，POC）或测试。在使用 1 个网卡时，外部、内部和管理流量均位于同一子网中。
- 在使用 2 个网络接口时，外部流量位于一个子网中，内部和管理流量位于另一个子网中。
- 使用 3 个网络接口是最安全的选项。在使用 3 个网卡时，外部、内部和管理流量均位于自己的子网中。

UAG 的部署模式支持标准、大型、超大型等 3 种，在选择网卡时可以一同选择（默认为标准）。

- 标准：对于支持多达 2 000 个 Horizon 连接且符合连接服务器容量要求的 Horizon 部署，建议使用此配置。对于支持多达 1 万个并发连接的 Workspace ONE UEM 部署（移动用例），也建议使用此配置。使用此种配置模式时，虚拟机分配 2 个 vCPU 和 4GB 内存。
- 大型：对于其中的 Unified Access Gateway 需要支持超过 5 万个并发连接的 Workspace ONE UEM 部署，建议使用此配置。使用此配置模式时，虚拟机分配 4 个 vCPU 和 16GB 内存。
- 超大型：对于 15 万~20 万个并发连接的需求，可以使用此设备。使用此配置模式时，虚拟机分配 8 个 vCPU 和 32GB 内存。

（5）在"选择存储"对话框中，如果是共享存储，如果要获得较好性能，可以选择"厚置备延迟置零"，如果是 vSAN 存储，选择"精简置备"。

（6）在"选择网络"中，选择 UAG 虚拟机所用的网络，如图 10-1-5 所示。无论是选择单网卡，还是双网卡、3 网卡，都会有内部、外部、管理流量 3 个网卡的选项。在"目标网络"中选择 IP 地址为 192.168.16.0/24 网段的网络，本示例中此目标网络为 vlan3016，如图 10-1-5 所示。

图 10-1-5　选择网络

（7）在"自定义模板"对话框中，IPMode for NIC 1(eth0) 中选择 STATICV4；在 NIC1（eth0）IPv4 address 中输入为 UAG 规划的 IP 地址，本示例为 192.168.16.51，如图 10-1-6 所示。

图 10-1-6　设置 UAG01 的 IP 地址

在 DNS server address 中输入 DNS 服务器的地址，本示例为 192.168.16.11；在 DNS Search Domain 中输入域名，本示例为 chunhai.wang；在 NIC1（eth0）IPv4 netmask 中输入子网掩码，本示例为 255.255.255.0，如图 10-1-7 所示。

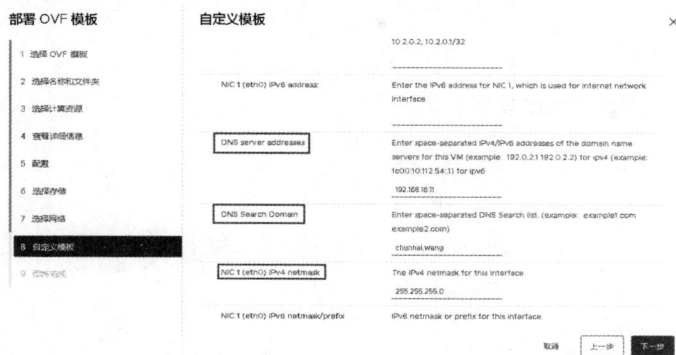

图 10-1-7　设置 DNS 与子网掩码

在 IPv4 Default Gateway 中输入网关地址，本示例为 192.168.16.254。如果不在此输入 DNS 域名和 DNS 服务器地址，也可以安装完成后进行配置。在"Unified Gateway Appliance Name"处输入 UAG 设备的名称，本示例设置为 UAG01，如图 10-1-8 所示。

图 10-1-8　设置子网掩码和 UAG 名称

（8）在 Password Options 中为 root 与 admin 账户设置密码，密码要求复杂性，即同时包括大写字母、小写字母、数字和特殊字符，并且长度至少为 8 位。

在"Password for the root user of this VM"处设置 UAG 设备 root 账户的密码。在"Password Expiration in days for the root user. Set 0 for infinite, default is 365 days"为 root 账户设置密码过期时间，默认是 365 天过期，设置为 0 表示密码永不过期，如图 10-1-9 所示。

在"Password for the admin user"为 admin 设置密码，可以将 admin 设置的密码与 root 相同。如图 10-1-10 所示。

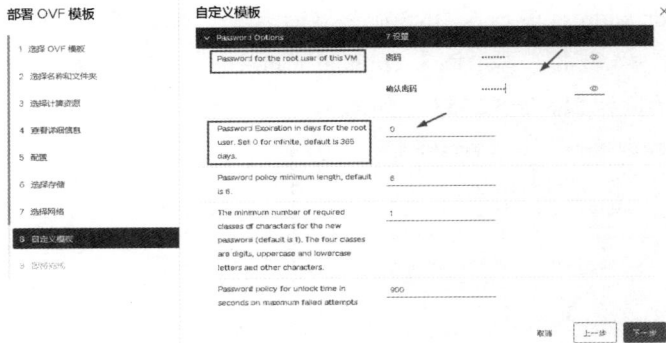

图 10-1-9　为 root 账户设置密码

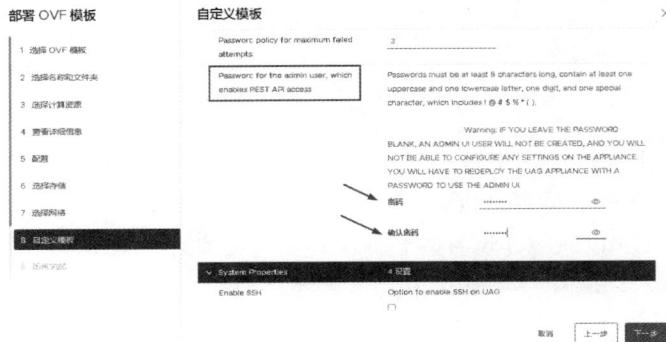

图 10-1-10　为 admin 设置密码

（9）在"即将完成"对话框中显示了部署 UAG 的信息，检查无误之后单击"完成"按钮，如图 10-1-11 所示。

图 10-1-11　即将完成

（10）UAG01-20.12_16.51 部署完成后，打开虚拟机的电源。等虚拟机启动后，打开控制台，如图 10-1-12 所示，然后移动光标到"Set Timezone"处按回车键。

（11）当前是 UTC 时区，需要改成北京时间。在"Please select a continent"中选择 5（亚洲），然后选择 9（中国），再选择 1（北京时间），在弹出"Is the above information OK

（以上信息可以吗）"提示中输入 1 按回车键，如图 10-1-13 所示。

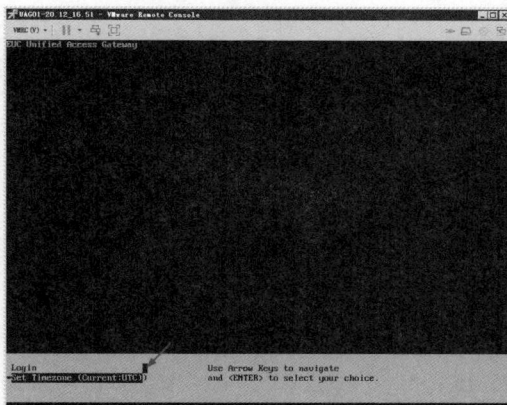

图 10-1-12　设置时区

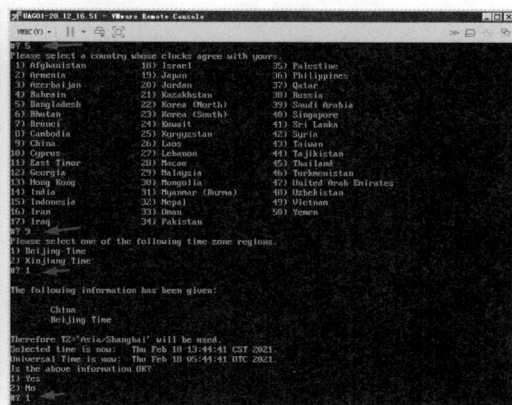

图 10-1-13　北京时间

当第 1 台 UAG 部署完成后，参照第（1）～（11）的步骤，再部署第 2 台 UAG，第 2 台 UAG 的设备名称为 UAG02，IP 地址为 192.168.16.52。其他的设置与第 1 台 UAG 相同。设置完成后，在 Horizon8-Server 资源池中截图如图 10-1-14 所示。

图 10-1-14　查看 UAG 设备虚拟机

10.1.5　配置 Unified Access Gateway

在部署好 UAG 以及设置时区之后，登录 UAG 配置界面进行设置。第 1 台 UAG 设备的配置方法如下。

（1）UAG 的配置地址是 https://UAG-IP:9443，本示例为 https://192.168.16.51:9443，输入管理员账号 admin 及密码登录，如图 10-1-15 所示。

（2）在"Unified Access Gateway 设备 20.12"界面中的"手动配置"中单击"选择"按钮，如图 10-1-16 所示。

（3）在"常规设置"中单击"Edge 服务设置"，单击"Horizon 设置"，如图 10-1-17 所示。

图 10-1-15　登录　　　　　图 10-1-16　手动配置　　　　　图 10-1-17　Horizon 设置

（4）在"Horizon 设置"对话框中启用 Horizon，然后进行配置。在本示例中，配置信息如下：

- 连接服务器 URL：https://192.168.16.53:443；
- 连接服务器 URL 指纹 sha1=c2 14 fe ab 23 db fc bf 43 8f 52 d2 6d d9 39 7f bc ef 02 a6；
- 连接服务器 IP 模式：IPv4；
- 启用 PCoIP、禁用 PCoIP 旧版证书；
- PCoIP 外部 URL：x1.x2.24.107:4172；
- Blast 外部 RUL：https://x1.x2.24.107；
- 启用 UDP 隧道服务器：是；
- 启用隧道：是；
- 隧道外部 URL https://x1.x2.24.107。

设置之后单击"保存"按钮，如图 10-1-18 所示。

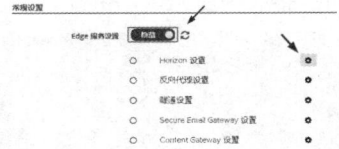

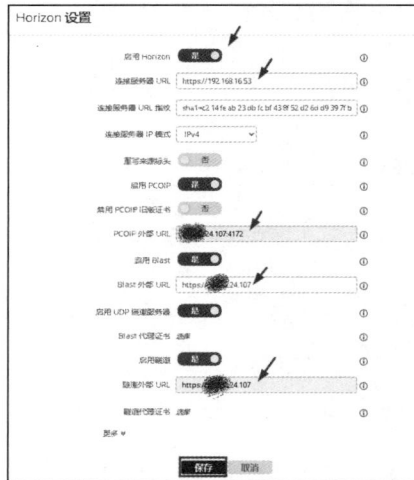

图 10-1-18　Horizon 设置

在本示例中，UAG 使用的连接服务器的使用 IP 地址，本示例中 IP 地址是 https://192.168.16.53，需要将这个证书的 URL 指纹。获得 URL 指纹的方法如下。

（5）在浏览器中输入 https://192.168.16.53，单击证书前面的"不安全"的图标（以

Chrome 浏览器为例），在弹出的对话框中单击"证书（有效）"链接，如图 10-1-19 所示，在"证书"对话框的"详细信息"选项卡中，在"指纹"中查看复制 URL 指纹，如图 10-1-20 所示。

图 10-1-19　证书

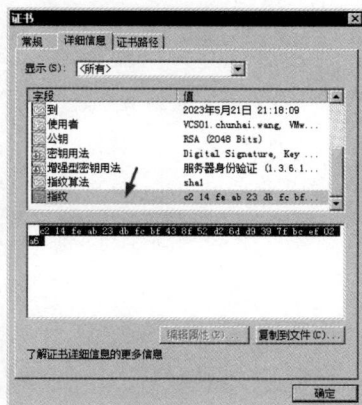

图 10-1-20　指纹

复制指纹之后，打开"记事本"，输入 sha1=，然后粘贴指纹，内容如图 10-1-21 所示。

然后将记事本中的内容全部复制，粘贴到图 10-1-18"连接服务器 URL 指纹"中。

（6）配置完成后，在"Edge 服务器设置"

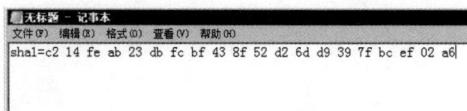

图 10-1-21　URL 指纹

中刷新，当"Horizon 设置"选项中各项显示为绿色表示配置正确，如图 10-1-22 所示。

（7）在图 10-1-22 中的"高级设置"中单击"系统配置"，在"系统配置"对话框的"密码期限"中，修改 UAG 系统管理员账户 admin 密码过期时间，默认是 90，在此修改为 0，如图 10-1-23 所示，设置之后单击"保存"按钮。

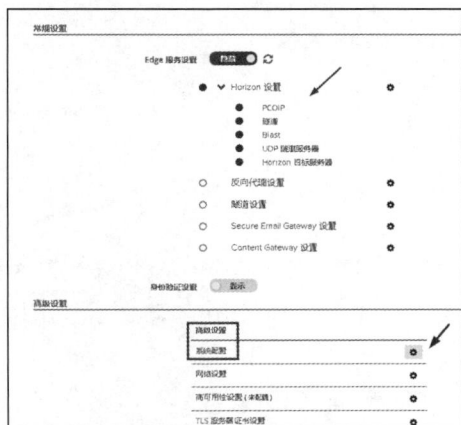

图 10-1-22　刷新

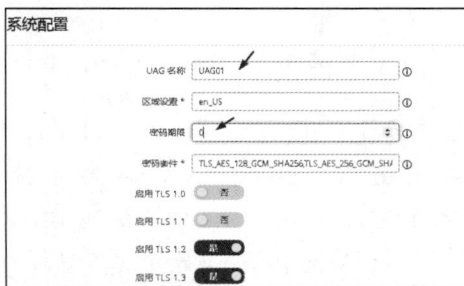

图 10-1-23　修改 admin 密码过期时间

参照第（1）～（7）的设置，为 UAG02 进行配置，主要配置如图 10-1-24 所示。其他设置与 UAG01 相同。

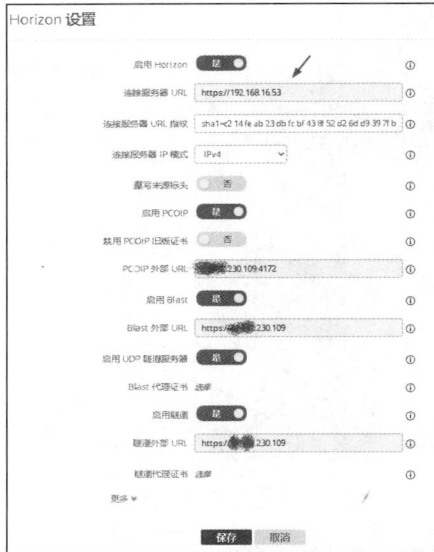

图 10-1-24　UAG02 服务器配置

最后登录 Panabit，将 WAN2（本示例中绑定外网 IP 地址是 x1.x2.24.107）的 TCP 的 443、4172 和 8443 转发到 192.168.16.51，将 UDP 的 4172 和 8443 转发到 192.168.16.51。将 WAN3（本示例中外网 IP 地址是 x3.x4.230.109）TCP 的 443、4172 和 8443 转发到 192.168.16.52，将 UDP 的 4172 和 8443 转发到 192.168.16.52。配置界面如图 10-1-25 所示。

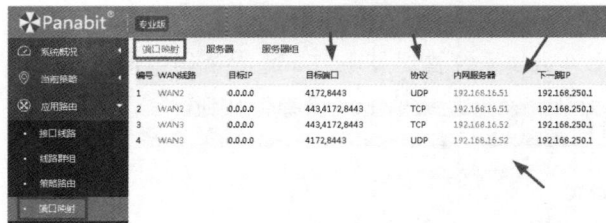

图 10-1-25　端口映射

10.1.6　修改 Horizon Administrator

如果使用 Unified Access Gateway 设备，必须在连接服务器实例上禁用安全网关，并在 Unified Access Gateway 设备上启用这些网关。配置完成 UAG 服务器之后，在与其配对的连接服务器上禁用 PCoIP 与 Blast。

（1）切换到 Horizon 连接服务器，如图 10-1-26 所示，在编辑服务器上用"记事本"编辑 c:\windows\system32\drivers\etc\hosts 文件，添加如下两行代码：

```
192.168.16.51   UAG01
192.168.16.52   UAG02
```

然后保存退出。

图 10-1-26　登录到连接服务器

使用 ping 命令检查是否能解析 UAG01 和 UAG02，如图 10-1-27 所示。

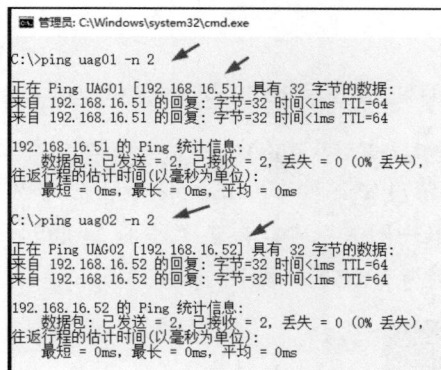

图 10-1-27　检查 UAG 服务器

（2）登录 Horizon 控制台，在"设置→服务器→连接服务器"中，选择名为 vs01 的
连接服务器，选择"编辑"链接，如图 10-1-28 所示。

图 10-1-28　编辑

（3）在"编辑连接服务器设置"对话框中，取消 PCoIP 安全网关与 Blast 安全网关的选择，如图 10-1-29 所示，并且确认 HTTP(s)安全加密链路外部 URL 为 IP 地址（本示例为 https://192.168.16.53:443）。

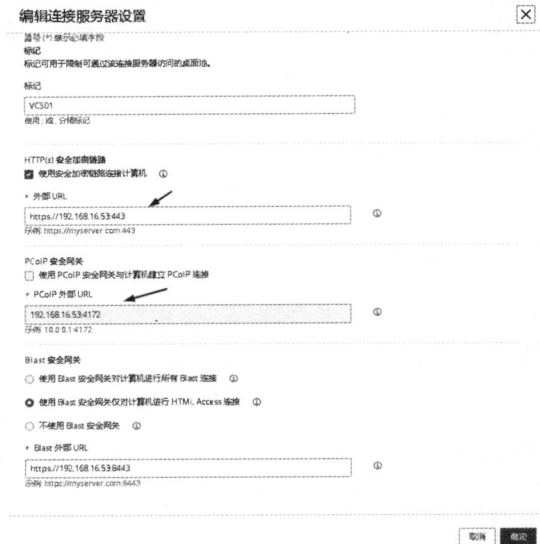

图 10-1-29　不使用 PCoIP 安全网关和 Blast 安全网关

说明：如果要在 Unified Access Gateway 上启用 PCoIP 与 Blast 安全网关，需要在 Horizon 连接服务器实例上禁用安全网关（Blast 安全网关和 PCoIP 安全网关）。

（4）在"设置→服务器→网关"中，单击"注册"按钮，在弹出的快捷菜单中输入安全服务器的名称，本示例为 UAG01，如图 10-1-30 所示。

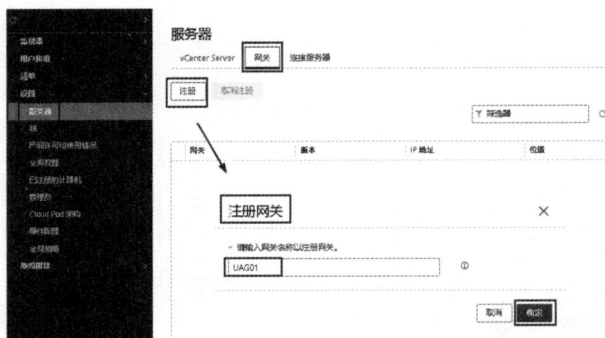

图 10-1-30　注册 UAG01

（5）参照第（4）步操作，注册 UAG02 的服务器，注册之后，刷新服务器，可以看到 2 台 UAG 在"网关"中注册成功，同时显示了 UAG 服务器的 IP 地址及版本，如图 10-1-31 所示。

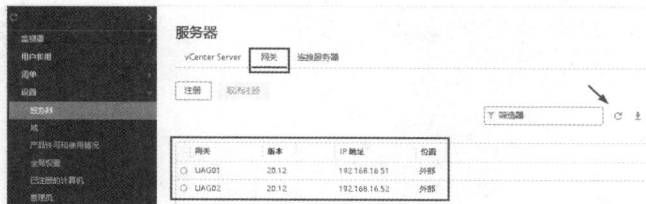

图 10-1-31　注册 UAG 网关完成

10.1.7　客户端测试

经过上述配置，Horizon Client 就可以使用 Unified Access Gateway 来访问虚拟桌面。主要测试步骤如下。

（1）在 Internet 环境（不要在局域网环境），使用瘦终端或安装了 Horizon 客户端的计算机，在 Horizon Client 中添加 UAG 服务器外网的 IP 地址，本示例为 x3.x4.230.109，登录之后输入账户登录，如图 10-1-32 所示。

（2）使用 Blast 协议登录到 Windows 10 的虚拟桌面，如图 10-1-33 所示。

图 10-1-32　添加 UAG 外网服务器的出口地址

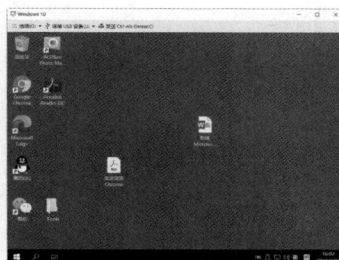

图 10-1-33　登录到虚拟桌面

（3）在 Horizon Client 中进入命令提示窗口，使用 netstat -an -p tcp | find ".230.109" 查看连接信息，此时客户端计算机到虚拟桌面使用 443 与 8443 的连接，如图 10-1-34 所示。默认情况下使用 Blast 协议。

图 10-1-34　检查网络连接

（4）注销当前的虚拟桌面，然后添加 x1.x2.24.107 的外网 IP 地址，然后使用 PCoIP 协议启动虚拟桌面，如图 10-1-35 所示，登录之后使用 netstat -an -p tcp | find ".24.107" 查看连接信息，此时客户端计算机到虚拟桌面使用 443 的连接，如图 10-1-36 所示。

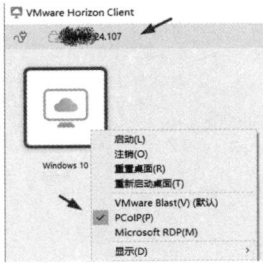

图 10-1-35　使用 PCoIP 协议

图 10-1-36　查看连接信息

Internet 用户使用 UAG 出口的 IP 地址访问内网虚拟桌面的演示就介绍到这里，下面介绍使用域名访问虚拟桌面。

10.2　为 Horizon 相关服务器替换证书

Horizon 相关的服务器，例如 Horizon Composer、Horizon 连接服务器、Horizon 安全服务器，在安装时会配置自签名的证书。这些证书可以用于测试，如果在生产环境中使用，需要替换默认的自签名证书。企业可以自建根证书服务器，或者在 Internet 相关服务商购买商业证书。本节以从阿里云申请免费证书为例，介绍替换 Horizon 相关服务器默认证书的方法。本节测试拓扑如图 10-2-1 所示。

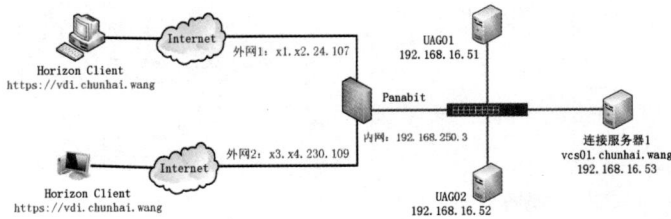

图 10-2-1　使用域名访问虚拟桌面

在图 10-2-1 的拓扑中，域名 chunhai.wang 的 DNS 管理中创建名为 vdi 的 A 记录，创建 2 个 IP 地址指向，其中 1 个解析为 x1.x2.24.107（联通线路），另 1 个解析为 x3.x4.230.109（电信线路），如图 10-2-2 所示。

图 10-2-2　在域名中创建 A 记录

Internet 的用户访问虚拟桌面时使用 vdi.chunhai.wang 的域名，其中联通线路会被解析到 x1.x2.24.107，电信线路会被解析到 x3.x4.230.109。然后访问 Panabit 对应的外网地址，再由 Panabit 转发到 UAG01 或 UAG02 的安全服务器，再被转发到内网域名为 vcs01.chunhai.wang（IP 地址为 192.168.16.53）的连接服务器。此时不能再直接使用 IP 地址访问。

对于局域网用户访问虚拟桌面使用 vcs01.chunhai.wang 访问（不能使用 IP 地址 192.168.16.53 访问）。

在本示例中，将申请名为 vcs01.chunhai.wang、vdi.chunhai.wang 共 2 个证书。

10.2.1　从阿里云申请免费证书

在当前的实验环境中，Horizon 相关服务器有 1 台连接服务器和 2 台 UAG 服务器，其中 2 台 UAG 服务器使用同一个证书。下面将在阿里云申请名为 vcs01.chunhai.wang 和 vdi.chunhai.wang 的证书，主要步骤如下。

（1）登录阿里云管理界面的"证书资源包"模板，选择"云盾证书资源包→免费证书扩容包"购买 20 个证书，如图 10-2-3 所示。这是免费证书，不需要实际支付费用。

图 10-2-3　购买证书

（2）支持之后，在"SSL 证书"中选择一个空白的证书，单击"证书申请"链接，如图 10-2-4 所示。

图 10-2-4　证书申请

（3）在"证书绑定域名"中输入要申请的证书名称，本示例为 vcs01.chunhai.wang；在"域名验证方式"中，如果当前申请证书的域名（chunhai.wang）是在阿里云申请的选择"自动 DNS 验证"，否则选择"手工 DNS 验证"。如图 10-2-5 所示。

图 10-2-5　自动 DNS 验证

（4）在"证书验证"界面查看并记录需要验证的信息，单击"验证"链接，验证应该马上通过，然后单击"提交审核"按钮，如图 10-2-6 所示。

（5）如果申请证书的域名不是在阿里云申请的，可以在图 10-2-5 中选择手动 DNS 验证，在图 10-2-6 中记录 DNS 验证类型为 TXT，验证的主机记录名称和复制记录值，登录你的域名管理面板，添加 TXT 记录，将域名验证中需要审核的主机记录和记录值添加到域名管理中。

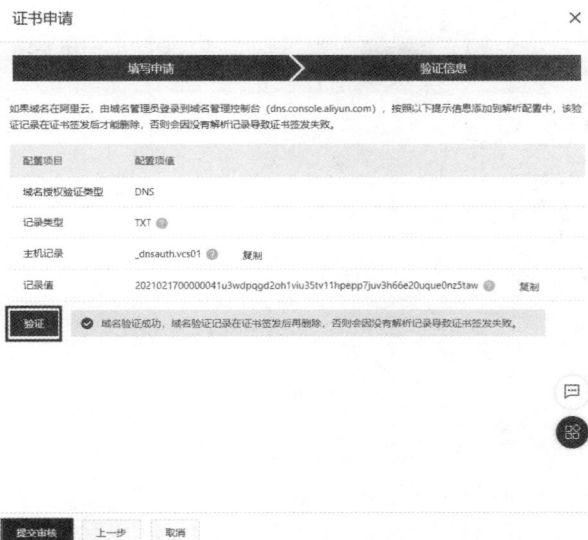

图 10-2-6　提交审核

示例：如果为 vcs02.heuet.com 申请证书，heuet.com 是在中资源申请的域名。阿里云中需要验证的信息如图 10-2-7 所示。

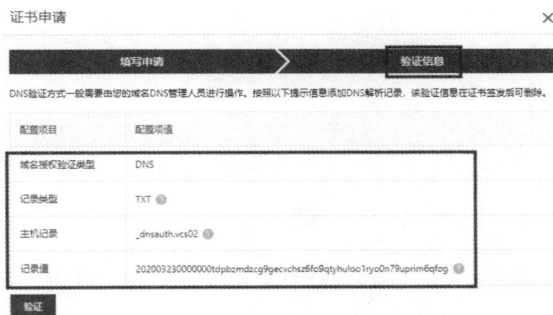

图 10-2-7　需要验证的信息

在图 10-2-7 中 TXT 类型的主机记录为_dnsauth.vcs02、验证记录值为 202003230000000-tdpbzmdzcg9gecvchsz6fo9qtyhuloo1ryo0n79uprim6qfog。

登录 heuet.com 的域名管理界面，创建 TXT 记录，主机名称为_dnsauth.vcs02，文本内容为 202003230000000tdpbzmdzcg 9gecvchsz6fo9qtyhuloo1ryo0n79uprim6qfog，如图 10-2-8 所示。创建完成之后单击"立即生效"按钮。

然后切换到阿里云证书申请界面，单击"验证"按钮，如果提示"验证失败"，未检测到 DNS 配置记录，如图 10-2-9 所示，请等待几分钟，然后再单击"验证"，直到提示"验证成功"的信息，单击"提交审核"按钮，如图 10-2-10 所示。

图 10-2-8　在 heuet.com 域名管理中创建 TXT 记录

图 10-2-9　验证失败

图 10-2-10　提交审核

（6）参照第（2）～（4）的步骤，为 vdi.chunhai.wang 申请证书。审核通过之后，在"已签发"中，选择一个证书，单击"下载"链接，如图 10-2-11 所示。

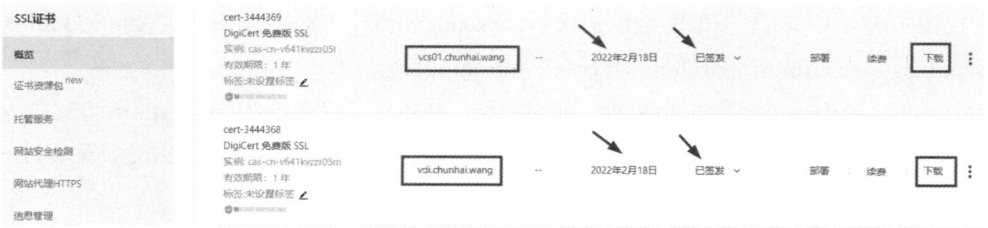

图 10-2-11　下载证书

（7）在"证书下载"界面中，根据需要下载不同格式的证书。其中连接服务器的证书下载 IIS 格式的证书，UAG 下载 Nginx 格式的证书，如图 10-2-12 所示。

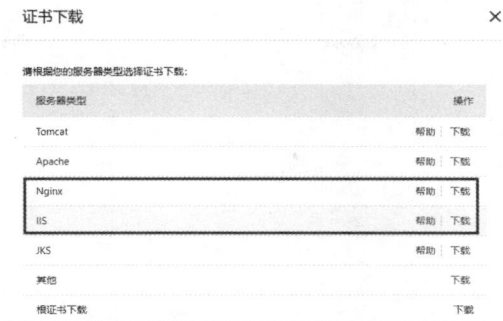

图 10-2-12　根据需要下载不同格式证书

（8）将 vcs01.chunhai.wang 下载 IIS 类型的证书，vdi.chunhai 下载 Nginx 格式证书。下载之后将 vcs01.chunhai.wang 到连接服务器备用。说明，证书是压缩包格式，需要解压缩展开使用，里面有证书导入的密钥。

10.2.2　替换 Horizon 连接服务器证书

替换 Horizon 连接服务器比较简单，只要在证书（本地计算机）管理单元导入申请的证书，然后删除 Horizon 连接服务器原来的证书，修改证书友好名称为 vdm，然后重新启动连接服务器就可以完成证书的替换。

以管理员账户登录到 Horizon 连接服务器，本示例为 vcs01 的连接服务器，在"证书（本地计算机）→个人→证书"存储中，删除 Horizon 连接服务器安装时创建的自签名证书（证书的颁发者与证书名同名），导入从阿里云申请的证书，然后修改证书友好名称为 vdm，如图 10-2-13 所示。

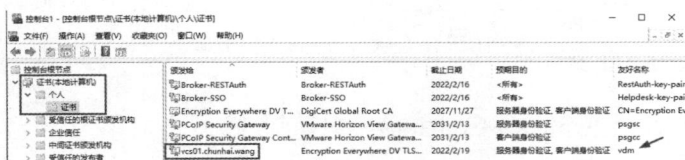

图 10-2-13　导入证书并修改友好名称

然后在"服务"中重新启动 VMware Horizon View 连接服务器，完成证书的替换。

注意，在导入证书时，在"私钥保护"对话框中一定要选中"标志此密钥为可导出的密钥。这将允许你在稍后备份或传输密钥"的选项，如图 10-2-14 所示，否则在重新启动 Horizon 连接服务器之后，再登录时会出现"此网站无法提供安全连接"的错误提示，如图 10-2-15 所示。

登录 https://vcs01.chunhai.wang/admin，编辑连接服务器设置，将"外部 URL"和"Blast 外部 URL"修改为域名，本示例为 vcs01.chunhai.wang，如图 10-2-16 所示。

图 10-2-14　私钥保护

图 10-2-15　错误信息

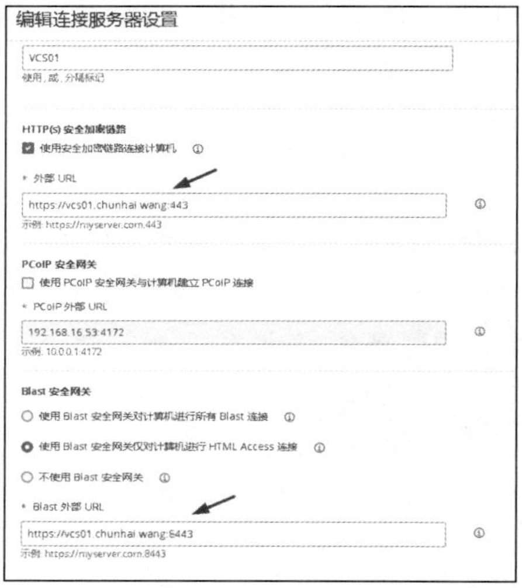

图 10-2-16　修改外部 URL 为域名

10.2.3　为 Unified Access Gateway 配置证书

本节介绍 UAG 服务器使用证书的方法。本节以 UAG02 的安全服务器为例。UAG01 的安全服务器配置与此相同。

（1）使用浏览器登录 https://vcs01.chunhai.wang，查看证书，如图 10-2-17 所示。

（2）查看"证书"，在"详细信息"中复制指纹，如图 10-2-18 所示。

（3）登录 https://192.168.16.52:9443，输入管理员账号 admin 及密码登录。

（4）在"Unified Access Gateway 设备 20.12"界面中的"手动配置"中单击"选择"按钮。

（5）在"常规设置"中单击"Edge 服务设置"，单击"Horizon 设置"。

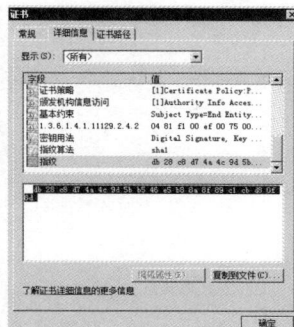

图 10-2-17　查看证书　　　　　　　　　图 10-2-18　复制证书指纹

（6）在"Horizon 设置"对话框中启用 Horizon，然后进行配置。在本示例中，配置信息如下：

- 连接服务器 URL：https://vcs01.chunhai.wang:443；
- 连接服务器 URL 指纹 sha1=db 28 c8 d7 4a 4c 9d 5b b5 46 e5 b8 8a 8f 89 c1 cb d8 0f 8d；
- Blast 外部 RUL：https://vdi.chunhai.wang；
- 隧道外部 URL：https://vdi.chunhai.wang。

设置之后如图 10-2-19 所示。

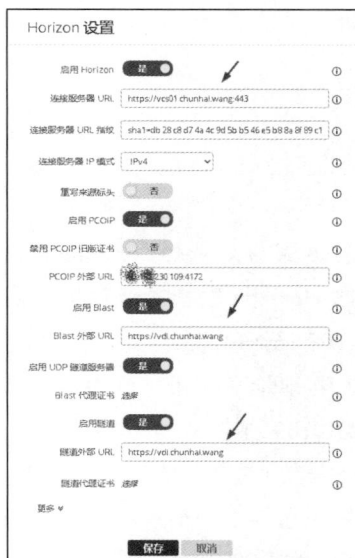

图 10-2-19　Horizon 设置

（7）在"高级设置"中单击"系统配置"，如图 10-2-20 所示，在"DNS"中检查 DNS 服务器，本示例为 192.168.16.11；在"DNS 搜索"中添加域名，本示例为 chunhai.wang。如果有 NTP 服务器应一同配置。配置完成后单击"保存"按钮，如图 10-2-21 所示。

图 10-2-20　高级设置

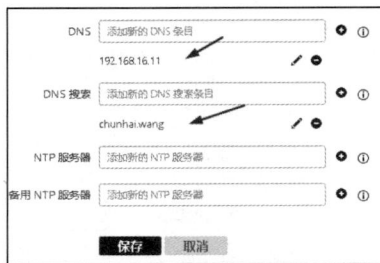

图 10-2-21　DNS 与域名

（8）在"TLS 服务器证书设置"对话框中，将证书应用于 Internet 接口，证书类型选择 PEM，在专用密钥中单击"更改"链接，浏览选择 vdi.chunhai.wang 的专用密钥，本示例为 5198948_vdi.chunhai.wang.key；在证书链中单击"更改"链接，浏览选择证书链文件，本示例为 5198948_vdi.chunhai.wang.pem。单击"保存"按钮，如图 10-2-22 所示。

图 10-2-22　配置上传证书

经过上述配置，Horizon Client 就可以使用 Unified Access Gateway 来访问虚拟桌面。

10.2.4　替换证书之后测试

在替换 UAG 与连接服务器证书之后，可以在 Horizon 连接服务器管理控制台与客户端登录进入测试。

在局域网中连接服务器的登录域名为 vcs01.chunhai.wang，在广域网中是 vdi.chunhai.wang。在局域网中测试时，你的 Horizon 客户端计算机需要将 vcs01.chunhai.wang 解析成正确的 IP 地址（本示例为 192.168.16.53）。在广域网中你的 Horizon 客户端计算机需要将 vdi.chunhai.wang 解析成正确的 IP 地址，如果是联通线路需要解析成 x1.x2.24.107，如果是电信线路需要解析成 x3.x4.230.109。

（1）登录 Horizon 客户端控制台，在"VMware Horizon Client SSL 配置"中选择"在连接到不受信任的服务器之前发出警告"，如图 10-2-23 所示。

（2）添加连接服务器的地址，本示例添加 vdi.chunhai.wang，输入用户名和密码登录，如图 10-2-24 所示。在此可以看到"服务器"后面 https 是绿色并且显示一个锁的图案，表示当前证书有效，连接是加密的。

（3）登录到虚拟桌面，如图 10-2-25 所示。

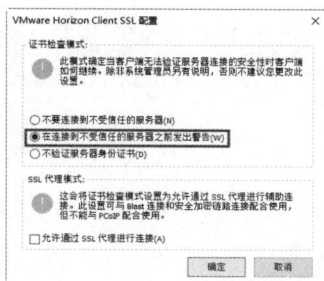

图 10-2-23　检查证书　　　图 10-2-24　登录到虚拟桌面　　　图 10-2-25　登录到虚拟桌面

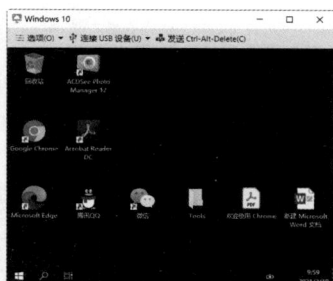

10.2.5　使用证书注意问题

在阿里云申请的免费证书 1 年有效，管理员应该在证书到期前重新申请证书，然后替换服务器的证书。如果证书过期将无法使用。

如果希望使用域名登录虚拟桌面，但不想申请公共的证书，也可以使用 Horizon 连接服务器安装时生成的默认证书，这就不需要在连接服务器中替换证书，这是可以的。如果连接服务器使用默认的证书，在 UAG 服务器配置中不需要导入证书如图 10-2-22 所示配置。

10.3　为 Horizon 虚拟桌面配置动态 IP 远程访问

VMware Horizon 安全服务器或 UAG 服务器为 Internet 用户提供了访问企业内网虚拟桌面的通道，但 Horizon 安全服务器或 UAG 服务器在正常情况下需要固定的公网 IP 地址和域名。

如果单位没有固定的 IP 地址，只有动态的 IP 地址时，可以通过配置安全服务器+动态域名解析的方式实现，本节以图 10-3-1 的拓扑为例进行介绍。

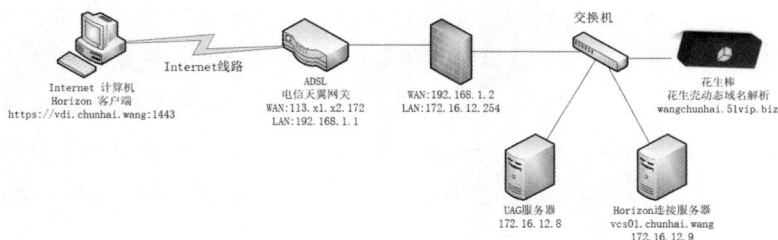

图 10-3-1　网络拓扑

在图 10-3-1 中，该单位使用电信 500M ADSL 接入 Internet。单位配置了一个花生壳实现动态 IP 地址到域名的解析，在花生壳中申请的域名是 wangchunhai.51vip.biz，在阿里云申请的域名是 chunhai.wang。在阿里云中申请了名为 vdi 的 CNAME 记录，将 vdi 转发到 wangchunhai.51vip.biz。

Internet 计算机使用 Blast 协议访问 https://vdi.chunhai.wang;1443 访问虚拟桌面，Horizon Client 在解析 vdi.chunhai.wang 的域名时转发到 wangchunhai.51vip.biz，wangchunhai.51vip.biz 指向 113.x1.x2.172。下面介绍具体的配置。

10.3.1　为 UAG 服务器映射端口

在图 10-3-1 中，该单位使用电信 500M ADSL 接入 Internet。天翼网关 LAN 端口设置的 IP 地址为 192.168.1.1，WAN 端口每次获得的公网 IP 地址不同。登录天翼网关管理界面，在"高级设置→网关信息"中可以检查当前 WAN 端口的 IP 地址，当前是 113.x1.x2.172，如图 10-3-2 所示。

图 10-3-2　查看 WAN 端口 IP 地址

在图 10-3-1 的网络拓扑中，该网络配置了一台 Panabit 上网行为管理设备，这个设备出口设置 192.168.1.2 的 IP 地址（网关为 192.168.1.1），连接核心交换机的 LAN 端口设置了 172.16.12.254 的 IP 地址。

在使用动态 IP 地址时，不能使用 PCoIP 协议，因为 PCoIP 协议需要在 UAG 服务器指定 IP 地址。使用动态域名时，可以使用 Blast 协议，在 UAG 服务器配置 Blast 协议时，可以指定 IP 地址也可以指定域名。IP 地址是动态变化的，但域名是固定的，所以在 UAG 服务器中指定固定的域名就可以了。Blast 协议需要 TCP 的 443 和 8443 端口，但是大多数的情况下，外网的 443 端口是被关闭的，但可以修改成其他端口，本示例中使用 1443 端口。

在图 10-3-1 的示例中，网络中配置了 Panabit 的上网行为管理设置，在这种情况下，先在电信天翼网关映射 TCP 的 1443 和 8443 以及 UDP 的 8443 端口到 Panabit，再在 Panabit 中映射 1443 和 8443 端口到 UAG 安全服务器。天翼网关映射如图 10-3-3 所示。

Panabit 再将 TCP 的 1443 映射到 UAG 服务器 172.16.12.8 的 443 端口，将 TCP 和 UDP 的 8443 映射到 UAG 服务器 172.16.12.8 的 8443 端口，配置如图 10-3-4 所示。

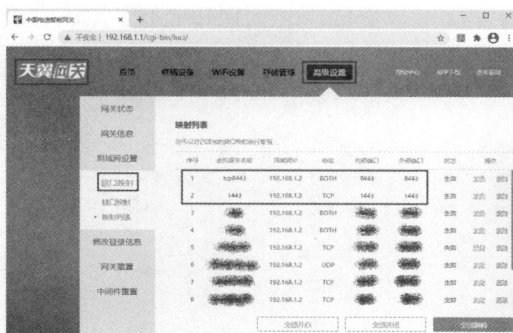

图 10-3-3　网关映射到 Panabit　　　　图 10-3-4　映射端口到 UAG 服务器

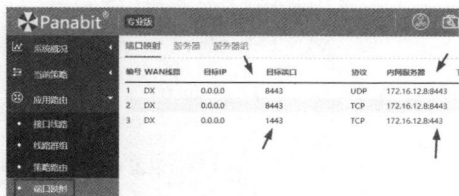

10.3.2　在 UAG 中配置 Blast 隧道地址和端口

在映射了端口之后，登录 UAG 配置界面进行配置，主要步骤如下。

在"Horizon 设置"对话框中启用 Horizon，然后进行配置。在本示例中，配置信息如下：

- 连接服务器 URL：https://vcs01.chunhai.wang:443；
- 连接服务器 URL 指纹 sha1=db 28 c8 d7 4a 4c 9d 5b b5 46 e5 b8 8a 8f 89 c1 cb d8 0f 8d；
- Blast 外部 RUL：https://vdi.chunhai.wang；
- 隧道外部 URL：https://vdi.chunhai.wang:1443。

设置之后如图 10-3-5 所示。

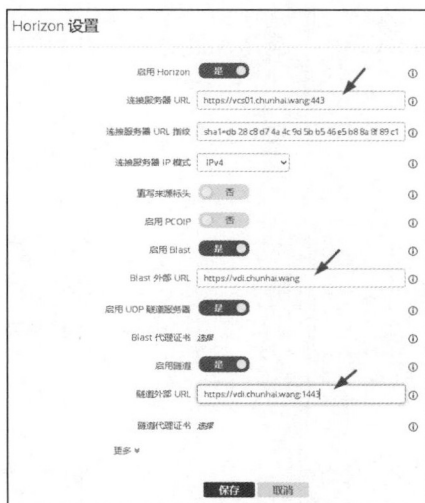

图 10-3-5　配置 Horizon

Horizon 连接服务器配置与前文配置相同，这些不再介绍。

10.3.3 使用 Horizon 客户端测试

登录阿里云管理界面，为 chunhai.wang 创建一个名为 vdi 的 CNAME 记录并指向 wangchunhai.51vip.biz，如图 10-3-6 所示。

图 10-3-6 创建 CNAME 记录

使用 ping 命令测试 vdi.chunhai.wang 的解析，如图 10-3-7 所示。

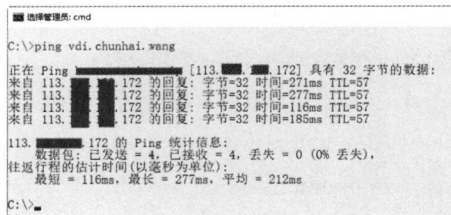

图 10-3-7 测试域名解析

Internet 用户使用 Horizon Client，在添加服务器时地址添加 vdi.chunhai.wang:1443 即可登录到虚拟桌面，如图 10-3-8 所示。

登录之后，为虚拟桌面选择 Blast 协议，如图 10-3-9 所示。

图 10-3-8 登录到虚拟桌面

图 10-3-9 使用 Blast 协议登录

然后使用 Blast 协议登录到 Horizon 虚拟桌面。这些不再一一介绍。

读 者 意 见 反 馈 表

亲爱的读者：

感谢您对中国铁道出版社有限公司的支持，您的建议是我们不断改进工作的信息来源，您的需求是我们不断开拓创新的基础。为了更好地服务读者，出版更多的精品图书，希望您能在百忙之中抽出时间填写这份意见反馈表发给我们。随书纸制表格请在填好后剪下寄到：北京市西城区右安门西街8号中国铁道出版社有限公司大众出版中心 荆波 收（邮编：100054）。或者采用传真（010-63549458）方式发送。此外，读者也可以直接通过电子邮件把意见反馈给我们，E-mail地址是：176303036@qq.com。我们将选出意见中肯的热心读者，赠送本社的其他图书作为奖励。同时，我们将充分考虑您的意见和建议，并尽可能地给您满意的答复。谢谢！

- -

所购书名：＿＿＿＿＿＿＿＿＿＿＿＿＿＿＿＿＿＿＿＿＿＿＿＿

个人资料：

姓名：＿＿＿＿＿＿＿＿＿性别：＿＿＿＿＿＿年龄：＿＿＿＿＿＿文化程度：＿＿＿＿＿＿＿＿＿

职业：＿＿＿＿＿＿＿＿＿＿＿电话：＿＿＿＿＿＿＿＿＿E-mail：＿＿＿＿＿＿＿＿＿＿

通信地址：＿＿＿＿＿＿＿＿＿＿＿＿＿＿＿＿＿＿＿＿＿邮编：＿＿＿＿＿＿＿＿＿＿

您是如何得知本书的：

□书店宣传 □网络宣传 □展会促销 □出版社图书目录 □老师指定 □杂志、报纸等的介绍 □别人推荐
□其他（请指明）＿＿＿＿＿＿＿＿＿＿＿＿＿＿＿＿＿＿＿＿＿＿＿

您从何处得到本书的：

□书店 □邮购 □商场、超市等卖场 □图书销售的网站 □培训学校 □其他

影响您购买本书的因素（可多选）：

□内容实用 □价格合理 □装帧设计精美 □带多媒体教学光盘 □优惠促销 □书评广告 □出版社知名度
□作者名气 □工作、生活和学习的需要 □其他

您对本书封面设计的满意程度：

□很满意 □比较满意 □一般 □不满意 □改进建议

您对本书的总体满意程度：

从文字的角度 □很满意 □比较满意 □一般 □不满意
从技术的角度 □很满意 □比较满意 □一般 □不满意

您希望书中图的比例是多少：

□少量的图片辅以大量的文字 □图文比例相当 □大量的图片辅以少量的文字

您希望本书的定价是多少：

本书最令您满意的是：

1.
2.

您在使用本书时遇到哪些困难：

1.
2.

您希望本书在哪些方面进行改进：

1.
2.

您需要购买哪些方面的图书？对我社现有图书有什么好的建议？

您更喜欢阅读哪些类型和层次的书籍（可多选）？

□入门类 □精通类 □综合类 □问答类 □图解类 □查询手册类 □实例教程类

您在学习计算机的过程中有什么困难？

您的其他要求：